计算机应用基础

Foundations of Computer Application

主　编　舍乐莫　赵　亮

副主编　郭　俐　杨　舒　王雪莹　邓泽华　殷文辉

编　写　舍乐莫　赵　亮　郭　俐　杨　舒　王雪莹
邓泽华　殷文辉　胡　健　蒙晓燕　李丽君

復旦大學出版社

目　录

项目一
计算机文化

项目导图

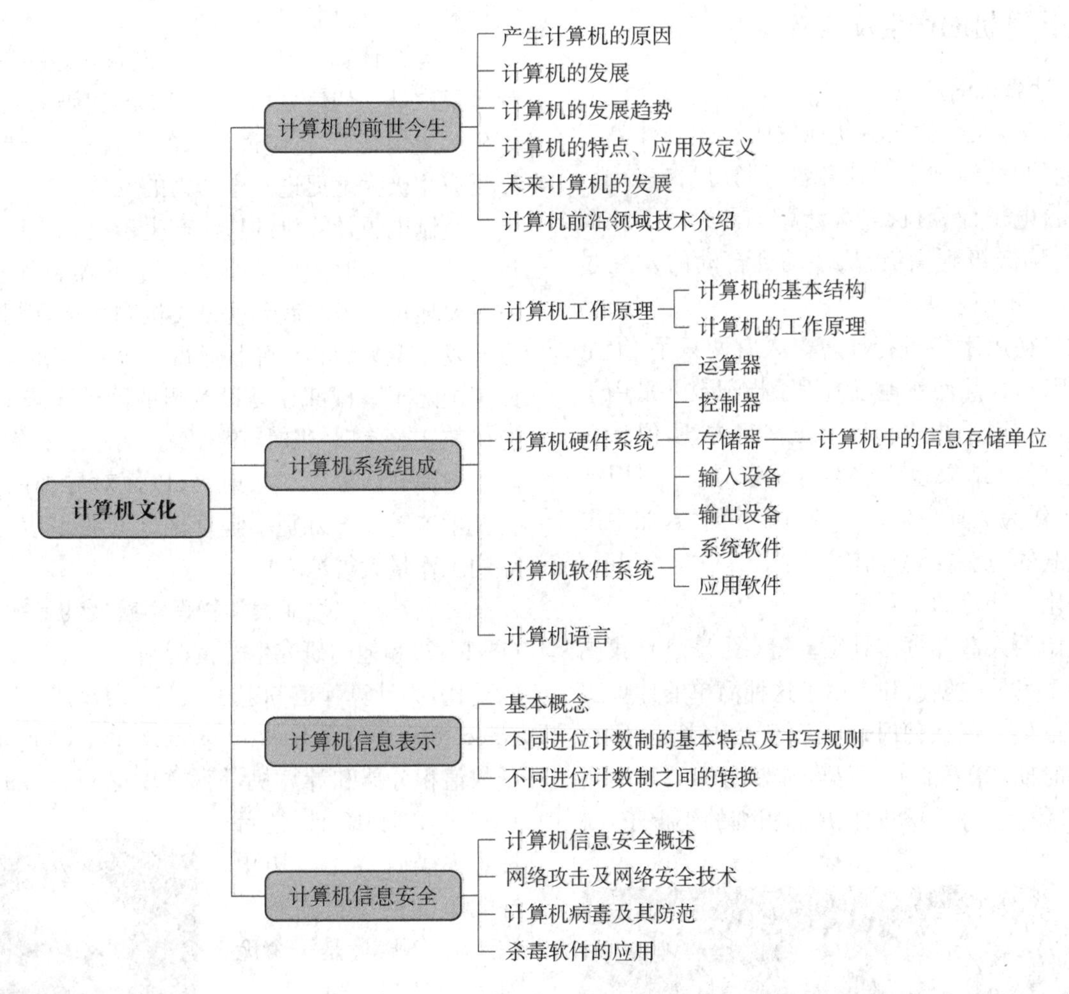

项目能力目标

任务一　计算机的前世今生
任务二　计算机系统组成
任务三　计算机信息表示
任务四　计算机信息安全

项目知识目标

(1) 掌握计算机的定义、发展、分类及应用；
(2) 掌握计算机系统组成；
(3) 掌握杀毒软件的应用；
(4) 了解进制数间转换；
(5) 了解计算机配件安装。

任务一　计算机的前世今生

任务目标

(1) 掌握计算机的定义及发展趋势；

(2) 掌握人类第一台电子计算机概况；

(3) 掌握计算机的分类。

任务资讯

一、计算机的产生及定义

(一) 计算机的产生

自古以来，人类就在不断地发明和改进计算工具，从古老的“结绳记事”，到算盘、计算尺、差分机，直到第一台电子计算机诞生，计算工具经历了从简单到复杂、从低级到高级、从手动到自动的发展过程，而且还在不断发展。

人类最初用手指进行计算。人有两只手、十个手指头，所以，自然而然地习惯用手指记数并采用十进制记数法。用手指进行计算虽然很方便，但计算范围有限，计算结果也无法存储。于是，人们用绳子、石子等作为工具来延长手指的计算能力，如中国古书中记载的“上古结绳而治”，拉丁文中“calculus”的本意是用于计算的小石子。

最原始的人造计算工具是算筹(图 1－1)，我国古代劳动人民最先创造和使用了这种简单的计算工具。算筹最早出现在何时现在已经无法考证，但在春秋战国时期，算筹的使用已经非常普遍。根据史书记载，算筹是一根根相同长短和粗细的小棍子，一般长为 13～14 cm，径粗 0.2～0.3 cm，多用竹子制成，也有用木头、兽骨、象牙、金属等材料制成的。

图 1－1　算筹

计算工具发展史上的第一次重大改革是算盘，也是我国古代劳动人民首先创造和使用的。算盘由算筹演变而来，并且和算筹并存竞争了一个时期，终于在元代后期取代了算筹。

现在我们所说的计算机，其全称是通用电子数字计算机。“通用”是指计算机可服务于多种用途，“电子”是指计算机是一种电子设备，“数字”是指在计算机内部一切信息均用 0 和 1 的编码来表示。计算机的出现是 20 世纪最卓越的成就之一，计算机的广泛应用极大地促进了生产力的发展。

研制电子计算机的想法产生于第二次世界大战进行期间。当时激战正酣，各国的武器装备还很差，占主要地位的战略武器就是飞机和大炮，因此，研制和开发新型大炮和导弹就显得十分必要和迫切。为此美国陆军军械部在马里兰州的阿伯丁设立了“弹道研究实验室”。当时，美国军方要求实验室每天为陆军炮弹部队提供 6 张射表，以便对导弹的研制进行技术鉴定。千万别小瞧这区区 6 张射表，它们所需的工作量大得惊人！

美国宾夕法尼亚大学物理学教授约翰·莫克利(图 1－2)和他的研究生普雷斯帕·埃克特受军械部的委托，为计算弹道和射击表启动了研制“ENIAC”(electronic numerical integrator and computer，电子数值积分器和计算机，简称“埃尼阿克”)的计划。1946 年 2 月 15 日，这台标志人类计算工具历史性变革的巨型机器宣告竣工。ENIAC 是一个庞然大物，它长 30.48 米，宽 6 米，高 2.4 米，占地面积约 170 平方米，有 30 个操作台，重达 30 吨，造价 48 万美元(图 1－3)。共使用 18 000 多个电子管、1 500 多个继电器、10 000 多个电容和 7 000 多个电阻，有 6 000 多个开关，每秒执行 5 000 次加法或 400 次乘法。ENIAC

图 1－2　约翰·莫克利

的最大特点就是采用电子元器件代替机械齿轮或电动机械来执行算术运算、逻辑运算和存储信息，因此，与以往的计算机相比，ENIAC 最突出的优点就是高速度。ENIAC 是世界上第一台能真正运转的大型通用电子计算机，ENIAC 的出现标志着电子计算机时代的到来。

图 1－3 ENIAC

1945 年 6 月，冯·诺伊曼发表了“EDVAC”(electronic discrete variable computer，离散变量自动电子计算机)方案，确立了现代计算机的基本结构，提出计算机应具有 5 个基本组成成分，即运算器、控制器、存储器、输入设备和输出设备，描述了这五大部分的功能和相互关系，并提出“采用二进制”和“存储程序”这两个重要的基本思想。其中，“存储程序”是现代计算机的基本原理，迄今大部分计算机仍基本遵循冯·诺伊曼结构。

1946 年，英国剑桥大学数学实验室的莫里斯·威尔克斯教授和他的团队受冯·诺伊曼 EDVAC 的启发，并以 EDVAC 为蓝本，设计和建造了英国的早期计算机“EDSAC”(electronic delay storage automatic calculator，电子延迟存储自动计算器，简称“爱达赛克”)。1949 年 5 月 6 日 EDSAC 正式运行，它是世界上第一台实际运行的存储程序式电子计算机，也是所有现代计算机的原型和范本(图 1－4)。

(二) 计算机的定义

计算机(computer)又称电脑，它是一种能够按照人们事先编写的程序指令代码，对各类数据和信息进行自动、快速、高效、精确地进行加工和处理的现代化电子设备。也就是说，计算机是一种由电子元器件构成，具有计算能力和逻辑判断能力，拥有自动控制和记忆功能的信息处理机器。

当前计算机是按照冯·诺伊曼“存储程序”的思想制成的，故也称冯·诺伊曼计算机。

图 1－4 EDSAC

二、计算机的发展及趋势

(一) 计算机的发展

计算机硬件的发展以用于构建计算机硬件的元器件的发展为主要特征，而元器件的发展与电子技术的发展紧密相关。每当电子技术有突破性的进展，就会导致计算机硬件的一次重大变革。因此，计算机发展史中的“代”通常以其所使用的主要元器件(即电子管、晶体管、集成电路、大规模集成电路和超大规模集成电路)来划分(表 1－1)。

表 1－1 计算机发展史

发展阶段	时间段	核心元器件	代表
第一代	1946—1957 年	电子管	ENIAC
第二代	1958—1964 年	晶体管	TRADIC 催迪克、441－B 型
第三代	1965—1970 年	中小规模集成电路	IBM360
第四代	1971 年至今	大或超大规模集成电路	ILLIAC－Ⅳ、470V/6、日本富士通公司生产 M－190

计算机经历了 4 代的发展，从 20 世纪 80 年代开始向第五代(即人工智能计算机)发展。1981 年 10 月，日本首先向世界公布了第五代计算机的研制计划，并于 90 年代开发出新一代的能够识别图像，能够听懂人的语言，具有学习、联想、推理、决策等类似人的智能的计算机。在 1997 年 5 月的一场国际象棋“人机大战”中，连续 12 年的国际象棋世界冠军保持者卡斯帕罗夫输给了 IBM 公司研制的人工智能计算机——“深蓝”。这是人类制造的机器第一次在智能领域超越人类自己，对人工智能计算机的研制开发无疑具有极其深远的意义。有关专家认为，

尽管“人机大战”以计算机获胜而告终，说明计算机在记忆、运算等方面的能力远远超过人类，但是，这并不意味着“深蓝”比人类更聪明。

从20世纪90年代以来，计算机性能提高、成本降低的发展趋势进一步加快，市场竞争日趋激烈，对于计算机，学界和业界已经不再沿用“第×代”这样的表述。

（二）计算机的发展趋势

随着微电子技术、光学技术、超导技术和电子仿生技术的发展，计算机的发展呈现多元化发展的态势。从总体上来讲，计算机向巨型化、微型化、网络化、智能化和多媒体化方向发展。

（1）巨型化是指发展运算速度快、存储容量大和功能强的巨型计算机，通常由数百、数千甚至更多的处理器组成，主要用于尖端科学技术和国防军事系统的研究开发。巨型计算机的发展集中体现了一个国家的科学技术和工业发展的程度。

（2）微型化是指发展体积小、重量轻、性价比高的微型计算机。微型计算机的发展扩大了计算机的应用领域，推动了计算机的普及。例如，微型计算机主要在仪表、家电、导弹弹头等领域中应用，这些应用是中、小型计算机无法进入的领域。

（3）网络化是指利用通信技术和计算机技术，把分布在不同地点的计算机互连起来，按照网络协议相互通信，以达到所有用户都可以共享资源的目的。现在，计算机网络在交通、金融、企业管理、教育、邮电、商业等各行各业中应用广泛，未来的计算机网络必将给人们的工作和生活提供极大的方便。

（4）智能化是第五代计算机要实现的目标，是指计算机具有“听觉”、“思维”、“语言”等功能，能模拟人的行为动作。智能化的研究包括模式识别、图像识别、自然语言的生成和理解、博弈、专家系统、学习系统和智能机器人等。

（5）多媒体化是指计算机技术对数字化信号处理技术、音频和视频技术、计算机软硬件技术、人工智能及模式识别技术、通信技术及图像技术的集成和应用。集成的多媒体计算机系统具有全数字式、全动态、编辑和创作多媒体信息的功能，具有控制和传播多媒体电子邮件、电视视频会议、视频点播控制等多种功能。

三、计算机的分类

（一）按规模划分

1. 巨型机

巨型机又称超级计算机（super computer），它是计算机中功能最强、运算速度最快、存储容量最大的一类，通常由数百、数千甚至更多的处理器组成，多用于高精尖科技研究领域，如战略武器开发、空间技术、天气预报等，是一个国家综合国力的重要体现。

2020年6月发布的全球超级计算机TOP 500榜单显示，中国部署的超级计算机数量继续位列全球第一（表1-2），中国客户部署了226台，总体份额占比超过45%。中国厂商联想、曙光、浪潮是全球排名前三的超级计算机（超算）供应商，总交付312台，TOP 500份额占比超过62%。其中，联想交付的超级计算机贡献总算力超过355PFLOPS（35.5亿亿次），位列全球第二。

表1-2　中美超级计算机数量对比

时间	中国（台）	美国（台）
2016年6月	167	165
2016年11月	171	171
2017年6月	159	169
2017年11月	202	144
2018年6月	206	124
2018年11月	227	109
2019年6月	219	116
2019年11月	228	117
2020年6月	226	109
2020年11月	217	113

2020年11月，全球超级计算机排行榜中排名第一的是来自日本神户市科学中心和富士通联合开发的“Fugaku”（富岳）超级计算机（图1-5），其峰值浮点性能高达513PFLOPS（51.3亿亿次），第二名是美国的超级计算机“Summit”（顶点）（图1-6）。日本凭借“Fugaku”重新拿到第一名，这意味着在超

图1-5　日本超级计算机“Fugaku”

图 1-6 美国超级计算机“Summit”

算领域已不再是“中美两家争夺冠军”，而是变成“三足鼎立”态势，这体现了日本再度重视基础科学领域的研究。

2. 大型机

大型机又称大型主机(mainframe)，它具有很高的运算速度、很大的存储量，并允许相当多的用户同时使用，主要应用于科研领域。大型机使用专用的处理器指令集、操作系统和应用软件。“大型机”一词，最初是指装在非常大的带框铁盒子里的大型计算机系统，用来同小一些的迷你机和微型机有所区别。大多数时候大型机是指 system/360 开始的一系列 IBM 计算机(图 1-7)。这个词也可以用来指由其他厂商，如 Amdahl、Hitachi Data Systems (HDS)制造的兼容的系统。有些人会用这个词来指 IBM 的 AS/400 或者 iSeries 系统，这种用法是不恰当的，因为即使 IBM 自己也只把这些系列的机器看作中等型号的服务器，而不是大型机。自 20 世纪 80 年代以来，计算机的网络化和微型化日趋明显，传统的集中式处理和主机/终端模式越来越不能适应人们的需求，在这种情况下，传统的大型机和小型机都陷入危机。为了应对危机，一些大型机和小型机改变原先的一些功能和模式，加入以 C/S 模式为特点的服务器阵营，重新适应了人们的需求。在微型计算机、Unix 服务器、集群技术、工作站的冲击下，不能适应这种变化的传统小型机已经被淘汰，而 IBM 大型主机长盛不衰，其中主要的原因是 RAS (reliability, availability, serviceability，即高可靠性、高可用性、高服务性)、I/O 处理能力以及 ISA。目前，大型主机在 MIPS(每秒百万指令数)方面已经不及微型机(microcomputer)，但是，它的 I/O 能力、非数值计算能力、稳定性、安全性却是微型计算机所望尘莫及的。

图 1-7 IBM System zEnterprise 196 大型机

大型机和巨型机的主要区别体现在以下 5 个方面：①大型机使用专用指令系统和操作系统，巨型机使用通用处理器及 Unix 或类 Unix 操作系统(如 Linux)；②大型机擅长于非数值计算(数据处理)，巨型机擅长于数值计算(科学计算)；③大型机主要用于商业领域，如银行和电信，而巨型机主要用于尖端科学领域，特别是国防领域；④大型机大量使用冗余等技术确保其安全性及稳定性，内部结构通常有两套，而巨型机使用大量处理器，通常由多个机柜组成；⑤为了确保兼容性，大型机主机部分的技术较为保守。

3. 小型机

小型机是指性能和价格低于大型机、但高于高档微型机(PC 服务器)的一种高性能 64 位计算机。国外小型机对应的英文名是“minicomputer”和“midrange computer”。“midrange computer”相对于大型机和微型机而言，该词汇也被国内一些教材译为“中型机”，“minicomputer”一词由 DEC 公司于 1965 年创造。在中国，小型机习惯上用来指 Unix 服务器。1971 年贝尔实验室发布多任务、多用户操作系统 Unix，随后被一些商业公司采用，后来成为服务器的主流操作系统。在国外，“小型机”是一个已经过时的名词，DEC 公司首先开发之后于 20 世纪 90 年代消失。

4. 微型机

微型机又称“微型计算机”、“微机”，由于其具备人脑的某些功能，故又被称为“微电脑”。微型机是由大或超大规模集成电路组成，体积较小、重量轻、价格低、使用最普及、产量最大的一类计算机。它是以微处理器为基础，配以内存储器及输入、输出(I/O)接口电路和相应的辅助电路而构成的裸机，也就是说，微型计算机是使用微处理器作为 CPU 的计算机。这类计算机的另一个普遍特征就是占用很少的空间。桌面计算机、游戏机、笔记本电脑、平板电脑，以及种类众多的手持设备都属于微型计算机。

（二）按处理的信息（信号）划分

1. 数字计算机

数字计算机所处理的数据都是以 0 和 1 表示的二进制数字，不是连续的离散数字，具有运算速度快、准确、存储量大等优点，因此，适宜科学计算、信息处理、过程控制和人工智能等，具有最广泛的用途。

2. 模拟计算机

模拟计算机所处理的数据是连续的，称为模拟量。模拟量以电信号的幅值来模拟数值或某物理量的大小，如电压、电流、温度等均为模拟量。模拟计算机解题速度快，适用于解高阶微分方程，在模拟计算和控制系统中应用较多。

3. 混合计算机

混合计算机把模拟计算机与数字计算机联合在一起，这种应用于系统仿真的计算机系统称为混合计算机。混合计算机出现于 20 世纪 70 年代。那时，数字计算机是串行操作的，运算速度受到限制，但运算精度很高；而模拟计算机是并行操作的，运算速度很高，但精度较低。把两者结合起来可以互相取长补短，因此，混合计算机主要适用于一些严格要求实时性的复杂系统的仿真。例如，在导弹系统仿真中，连续变化的姿态动力学模型由模拟计算机来实现，而导航和轨道计算则由数字计算机来实现。

简单来说，混合计算机集中数字计算机和模拟计算机的优点，避免两者的缺点。现代混合计算机已发展成为一种具有自动编排模拟程序能力的混合多处理机系统，包括一台超小型计算机、一两台外围阵列处理机、几台具有自动编程能力的模拟处理机；在各类处理机之间，通过一个混合智能接口，完成数据和控制信号的转换与传送。这种系统具有很强的实时仿真能力，但价格昂贵。

（三）按用途（功能）划分

1. 专用计算机

专用计算机针对性强、特定服务、专门设计，也就是说，它是为适应某种特殊需要而设计的计算机，所以，专用计算机能高速度、高效率地解决特定问题，具有功能单纯、使用面窄的特点，可以说“专机专用”。模拟计算机通常都是专用计算机，在军事控制系统中被广泛使用，如飞机上的自动驾驶仪和坦克上的兵器控制计算机。

2. 通用计算机

通用计算机广泛适用于一般科学运算、学术研究、工程设计和数据处理等，具有功能多、配置全、用途广、通用性强的特点，可以用来解决各类问题。市场上销售的计算机大多属于通用计算机。

（四）按工作模式划分

1. 服务器

服务器（server）专指某些高性能计算机，能通过网络对外提供服务。相对于普通计算机来说，服务器的稳定性、安全性、性能等方面都要求更高，因此，在 CPU、芯片组、内存、磁盘系统、网络等硬件方面和普通计算机有所不同。服务器是网络的节点，存储和处理网络上 80% 的数据、信息，在网络中起到举足轻重的作用。它们是为客户端计算机提供各种服务的高性能的计算机，这种高性能主要表现为高速度的运算能力、长时间的可靠运行、强大的外部数据吞吐能力等。服务器的构成与普通计算机相类似，也有处理器、硬盘、内存、系统总线等，但因为它是针对具体的网络应用特别制定的，因而服务器与普通计算机在处理能力、稳定性、可靠性、安全性、可扩展性、可管理性等方面存在很大差异。服务器主要有网络服务器（DNS、DHCP）、打印服务器、终端服务器、磁盘服务器、邮件服务器、文件服务器等（图 1 - 8）。

图 1 - 8　Dell EMC Power Edge T340 塔式服务器

图 1 - 9　联想 ThinkStation P410/P510 工作站

2. 工作站

工作站（workstation）是一种以个人计算机和分布式网络计算为基础，主要面向专业应用领域，具备强大的数据运算与图形、图像处理能力，为满足工程设计、动画制作、科学研究、软件开发、金融管理、信息服务、模拟仿真等专业领域而设计开发的高性能计算机。它是介于微型机与小型机之间的一种高档计算机，一般拥有较大的屏幕显示器、大容量的内存和硬盘，也拥有较强的信息处理功能和高性能的图形、图像处理功能以及联网功能（图 1 - 9）。

（五）按结构和性能划分

1．单片机

单片机（single-chip microcomputer）又称单片微控制器或单片微控器，它不是完成某一个逻辑功能的芯片，而是属于一种集成式电路芯片，是采用超大规模集成电路技术，把具有数据处理能力的中央处理器CPU、随机存储器RAM、只读存储器ROM、多种I/O口和中断系统、定时器/计数器等功能（可能还包括显示驱动电路、脉宽调制电路、模拟多路转换器和A/D转换器等电路）集成到一块硅片上，构成一个小而完善的微型计算机系统，也就是说，它相当于一个微型的计算机。与计算机相比，单片机只缺少I/O设备。它的使用领域十分广泛，如智能仪表、实时工控、通讯设备、导航系统、家用电器等。从20世纪80年代开始，单片机技术就已经发展起来，随着时代的进步与科技的发展，目前该技术的实践应用日渐成熟，由当时的4位、8位、32位单片机，发展到现在的300M的高速单片机（图1－10）。

图1－10　单片机

2．单板机

单板机（single board computer，SBC）又称单板电脑，是将计算机的各个部分都组装在一块印制电路板上，包括微处理器/存储器/输入输出接口，还有简单的七段发光二极管显示器、小键盘、插座等其他外部设备。单板机的功能比单片机强，适用于进行生产过程的控制。可以直接在实验板上操作，适用于教学。

单板机与单片机最大的不同在于系统组成：单板机是把微型计算机的整个功能体系电路（CPU、ROM、RAM、输入/输出接口电路以及其他辅助电路）全部组装在一块印制电路板上，再用印制电路将各个功能芯片连接起来（图1－11）。

图1－11　单板机

单片机就是一块集成电路芯片上集成有CPU、程序存储器、数据存储器、输入/输出接口电路、定时/计数器、中断控制器、模/数转换器、数/模转换器、调制解调器等部件。

3．个人计算机

个人计算机（personal computer，PC）又称个人电脑。1962年11月3日《纽约时报》于相关报道中首次使用“个人电脑”一词。1968年，惠普公司在广告中将其产品Hewlett-Packard 9100A称为“个人电脑”。

世界上公认的第一台个人电脑为1971年Kenbak Corporation推出的Kenbak-1。Kenbak-1当时售价为750美元，1971年在《科学美国人》杂志做广告销售。电脑历史博物馆中记载：“Kenbak-1由约翰·布兰肯巴克使用标准的中规模和小规模集成电路设计，存储容量为256字节。”但Kenbak-1仅售出40台。另一款早期个人电脑是Computer Terminal Corporation推出的Datapoint 2200，也是在1971年开始销售。1973年法国工程师夫朗索瓦·热尔内尔及其合作者发明了最早的个人电脑Micral，它是第一款使用Intel微处理器的商业个人电脑。这款电脑并非只是简单组装件，而是形成一套完整系统，基于英特尔8008微处理器设计。1974年，第一个具有内置鼠标的工作站在Alto电脑上出现。Alto电脑是在施乐帕洛阿尔托研究中心建造的。在1975年，著名工程师李·费尔森斯泰因设计的图形显示组件帮助将个人电脑变成了游戏机。1984年，苹果推出了第一款具有图形用户界面的Macintosh电脑，这是对家用电脑有着里程碑意义的一年。1985年，东芝采用x86架构开发出世界第一台真正意义的笔记本电脑。

从狭义来说，个人电脑是指IBM的PC/AT机，IBM PC/AT标准由于采用x86开放式架构而获得大部分厂商支持，成为市场的主流，因此，一般所说的“PC”意指IBM PC/AT兼容机种，此架构中的中央处理器采用英特尔或AMD等厂商所生产的中央处理器。

四、计算机的特点和应用

1．计算机的特点

计算机具有以下四大特点：运行速度快，计算能力强；计算精度高，数据准确度高；具有超强的记忆和逻辑判断能力；自动化程度高。

2．计算机应用领域

计算机技术已渗透到各个领域，正在改变人们的学习、工作和生活，归纳起来，计算机的应用领域主要有以下各个方面：科学计算；数据处理；实时控制（即让计算机直接参与生产过程的各个环节，并且根据规定的控制模型进行计算和判断来直接干预生产过程、校正偏差，对所有控制的对象进行调整，实现对生产过程的自动控制，主要应用于工业生产系统、军事领域、航空航天等领域）；计算机通信（如电子邮件、IP 电话等）；网络应用；多媒体技术；计算机辅助工程，如计算机辅助教学（CAI）、计算机辅助设计（CAD）、计算机辅助制造（CAM）、计算机辅助测试（CAT）、计算机集成制造（CIMS）、计算机管理教学（CMI）；过程控制；人工智能（AI）；电子商务；休闲娱乐；远程教育等。

任务实施

一、计算机前沿技术

（一）人工智能

人工智能（artificial intelligence，AI）是一项计算机前沿技术。它通过了解智能的实质，并生产出一种新的能以人类智能相似的方式做出反应的智能机器，该领域的研究包括机器人、语言识别、图像识别、自然语言处理和专家系统等。也就是说，人工智能是研究、开发用于模拟、延伸和扩展人的智能的理论、方法、技术及应用系统的一门新的技术科学。20 世纪 70 年代以来它被称为世界三大尖端技术（空间技术、能源技术、人工智能）之一，也被认为是 21 世纪三大尖端技术（基因工程、纳米科学、人工智能）之一。

人工智能的发展历史是和计算机科学技术的发展史联系在一起的。除了计算机科学以外，人工智能还涉及信息论、控制论、自动化、仿生学、生物学、心理学、数理逻辑、语言学、医学和哲学等多门学科。人工智能研究工作始于 20 世纪 40 年代，1956 年夏，在美国达特茅斯学院举行的“人工智能夏季研讨会”上，以麦卡赛、明斯基、罗切斯特和申农等为首的一批有远见卓识的年轻科学家共同研究和探讨用机器模拟智能的一系列有关问题，并首次提出“人工智能”这一术语，它标志着“人工智能”这门新兴学科的正式诞生。

第一个阶段（1956—1976 年）：基于符号逻辑的推理证明阶段。

这一阶段的主要成果是利用布尔代数作为逻辑演算的数学工具，利用演绎推理作为推理工具，发展了逻辑编程语言，实现了包括代数机器定理证明等机器推理决策系统。

第二个阶段（1976—2006 年）：基于人工规则的专家系统阶段。

此阶段的主要进展是打开了知识工程的新研究领地，研制出专家系统工具与相关语言，开发出多种专家系统，如故障诊断专家系统、农业专家系统、疾病诊断专家系统、邮件自动分拣系统等。

第三个阶段（2006 年至今）：大数据驱动的深度神经网络阶段。

人工神经网络的发展，随着人工智能的发展起起伏伏。初期人们对其可以模拟生物神经系统的某些功能十分关注，直到 20 世纪 80 年代反向传播算法的发明和 90 年代卷积网络的发明，神经网络研究取得重要突破。深度神经网络方法走到前台，开启了人工智能新阶段。

人工智能按着智能程度一般分为弱人工智能、强人工智能和超人工智能。弱人工智能，也称狭义人工智能，是指人工系统实现专用或特定技能的智能，如人脸识别、机器翻译等。现阶段大家熟悉的各种人工智能系统，都只实现了特定或专用的人类智能，属于弱人工智能系统。弱人工智能可以在单项上挑战人类，比如下围棋，人类已经不是人工智能的对手。强人工智能，也称通用人工智能，是指达到或超越人类水平的、能够自适应地应对外界环境挑战的、具有自我意识的人工智能。超人工智能是超级智能的一种，它可以实现与人类智能等同的功能，即拥有类比生物进化的自身重编程和改进功能。

人工智能学科研究的主要内容包括知识表示、自动推理和搜索方法、机器学习和知识获取、知识处理系统、自然语言理解、计算机视觉、智能机器人、自动程序设计等方面。所以，人工智能的主要研究思想包括：基于符号处理的符号主义；以人工神经网络为代表的连接主义；以演化计算为代表的演化主义；以多智能体系为代表的行为主义。

中国是世界上人工智能研发和产业规模最大的国家之一。虽然我们在人工智能基础理论与算法、核心芯片与元器件、机器学习算法开源框架等方面起步较晚，但在国家人工智能优先发展策略、大数据规模、人工智能应用场景与产业规模、青年人才数量等方面具有优势。

2015 年起全球人工智能市场收入规模持续增长；2019 年约为 6 560 亿美元，同比增长 26.5%；预计 2024 年将突破 30000 亿美元（图 1-12）。中国人工智能核心产业规模保持高增长趋势，预计至 2030 年人工智能核心产业规模将突破 10 000 亿元。

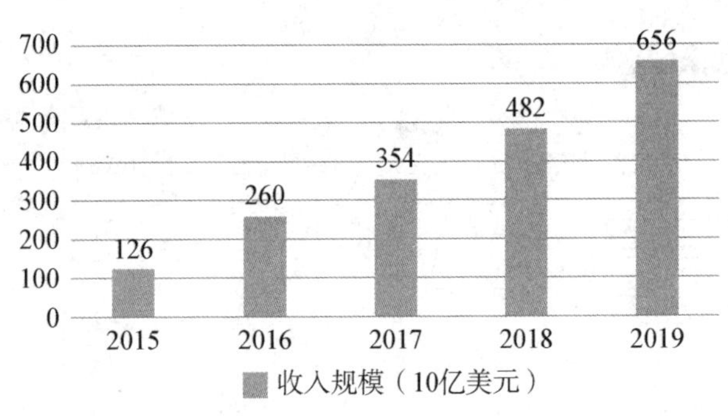

图 1－12　2015—2019 年全球人工智能市场收入

自 2015 年开始，中国人工智能产业发展迅速，产业规模逐年上升，2015—2018 年复合平均增长率为 54.6%，高于全球平均水平(约 36%)。截至 2019 年，我国人工智能市场规模已经达到 554 亿元(图 1－13)。

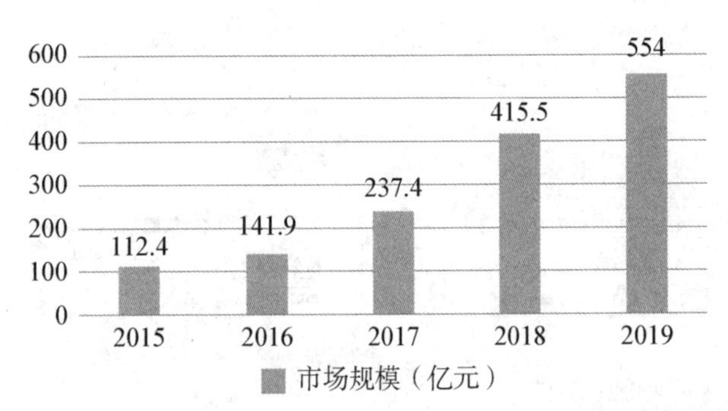

图 1－13　2015—2019 年中国人工智能市场规模

2019 年我国人工智能专利申请数量首次超越美国，成为世界第一，专利申请数高达 11 万项；美国人工智能申请数量约有 8 万项；英国、澳大利亚、加拿大和日本均入围全球人工智能技术专利申请数量 TOP 6 国家，与中国申请数量有较大差距(图 1－14)。目前我国人工智能发展面临的最大问题是基础层相对薄弱，高端芯片依赖进口。因此，国家一直高度关注人工智能芯片产业的发展，相继发布一系列产业支持政策。

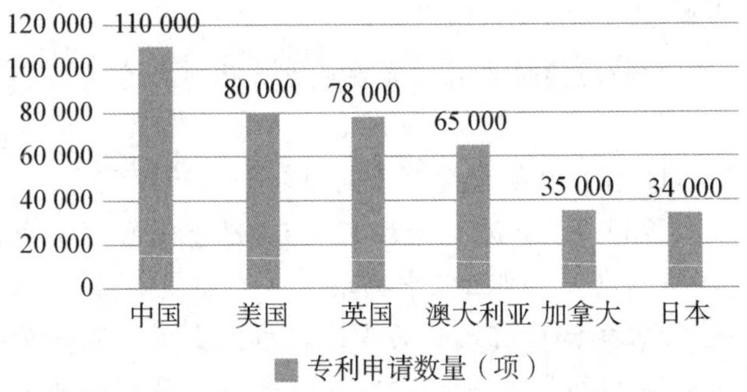

图 1－14　2019 年全球人工智能技术专利申请数量 TOP 6 国家

《促进新一代人工智能产业发展三年行动计划(2018—2020 年)》提出，重点扶持神经网络芯片，实现人工智能芯片在国内实现量产且规模化应用。该计划也提出研发神经网络处理器以及高能效、可重构类脑计算芯片等，还有新型感知芯片与系统、智能计算体系结构与系统、人工智能操作系统等。随着国家不断加大力度支持芯片研发，国内人工智能领域领先企业逐步开展人工智能芯片技术研发，如商汤科技和旷视科技(图 1－15)。近年来我国人工智能芯片市场规模也持续扩大，到 2019 年已经突破 50 亿元(图 1－16)。

图 1－15　商汤科技和旷视科技

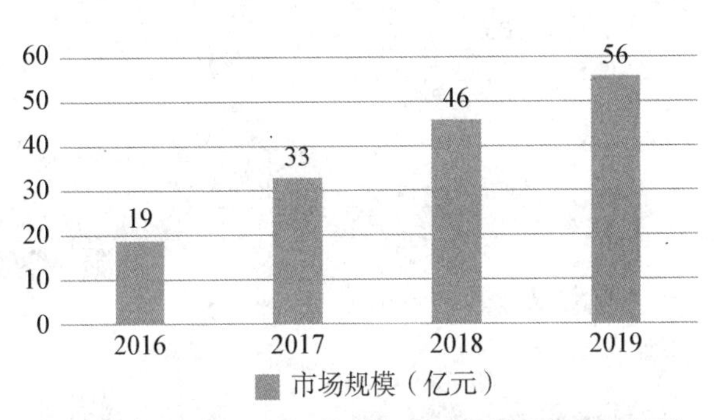

图 1－16　2016—2019 年中国人工智能芯片市场规模

与国外相比，我国高校人工智能培育起步较晚，但近年来我国人工智能学科和专业加快推进，多层次地促进人工智能人才培养体系的建成。2018 年 4 月，教育部发布的《高等学校人工智能创新行动计划》提出，到 2020 年建立 50 家人工智能学院、研究院或交叉研究中心。2019 年，全国共有 35 所高校获得首批人工智能专业建设资格。2020 年 3 月，教育部再次审批通过 180 所高校开设人工智能专业，其中，教育部直属高校有 15 所。此外，山东、江苏、河南、安徽、湖南等人口教育大省也新增人工智能专业的院校，旨在加快培养地区人工智能人才，推进地方人工智能的发展(图 1－17)。

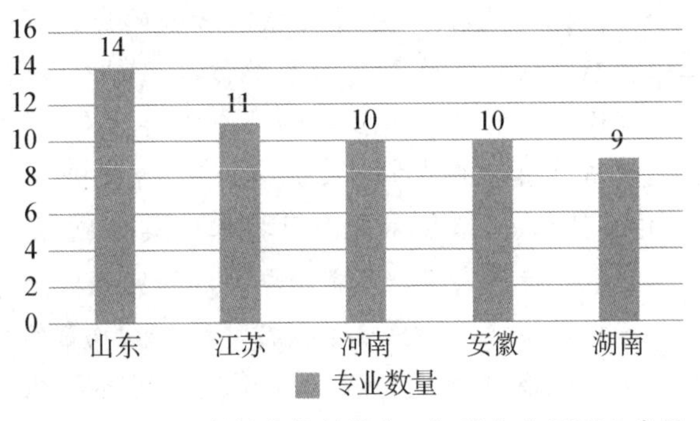

图 1－17　2020 年教育部新增人工智能专业 TOP 6 省份

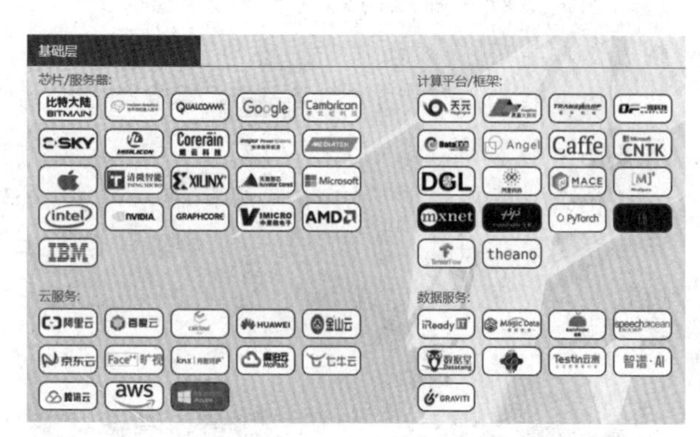

(a) 基础层

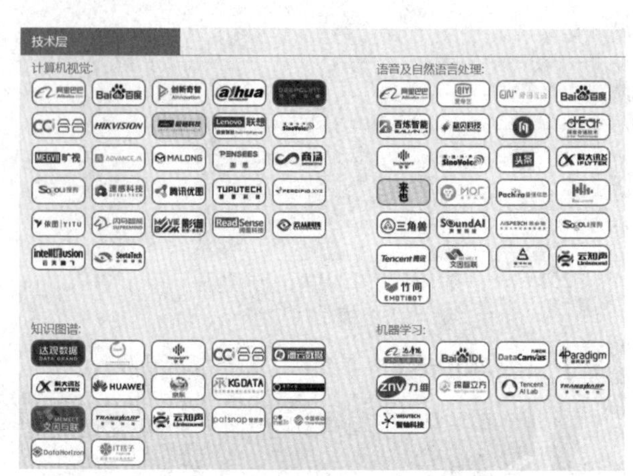

(b) 技术层

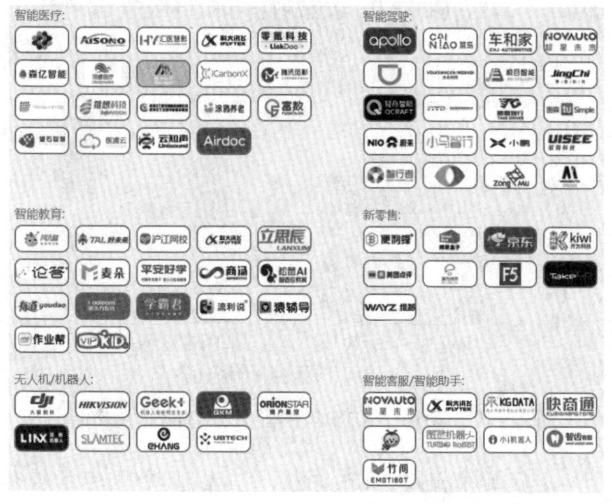

(c) 应用层 1

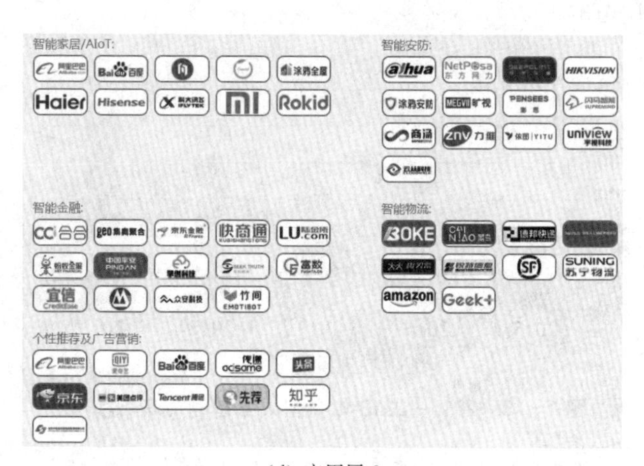

(d) 应用层 2

图 1-18　2020 年中国人工智能产业图谱

人工智能从诞生以来，理论和技术日益成熟，应用领域也不断扩大，可以设想，未来人工智能带来的科技产品将会是人类智慧的“容器”(图 1-18)。人工智能可以对人的意识、思维的信息过程进行模拟。人工智能并不是人的智能，但能像人那样思考，也可能超过人的智能。

(二) 虚拟现实技术

虚拟现实(virtual reality, VR)是一种可以创建和体验虚拟世界的计算机仿真系统，利用计算机生成一种模拟环境，是一种多源信息融合的交互式的三维动态视景和实体行为的系统仿真，使用户沉浸到该环境中。它是仿真技术的一个重要方向，是仿真技术与计算机图形学、人机接口技术、多媒体技术、传感技术、网络技术等多种技术的集合，也是一门富有挑战性的交叉技术前沿学科和研究领域。

虚拟现实技术主要包括模拟环境、感知、自然技能和传感设备等方面。模拟环境是由计算机生成的、实时动态的三维立体逼真图像。感知是指理想的 VR 应该具有一切人所具有的感知。除计算机图形技术所生成的视觉感知外，还有听觉、触觉、力觉、运动等感知，甚至包括嗅觉和味觉等，也称为多感知。自然技能是指人的头部转动，以及眼睛、手势或其他人体行为动作，由计算机来处理和参与者动作相适应的数据，并对用户的输入作出实时响应，并分别反馈到用户的五官。传感设备是指三维交互设备。

虚拟现实技术的演变发展史大体可以分为 5 个阶段。

1. 虚拟现实概念萌芽期(1935—1961 年)

1935 年，小说家斯坦利·温鲍姆在他的小说《皮格马利翁的眼镜》中描述了一款虚拟现实的眼镜，首次提出目前火热的 VR 技术。小说以眼睛为背景，涉及包括视觉、嗅觉、触觉等为大家提供极具沉浸感的体验。

1957 年，电影摄影师 Morton Heiling 发明了名为“Sensorama”的仿真模拟器，并为这项技术申请了专利。Sensorama设备通过三面显示屏来实现空间感，Sensorama体积庞大、构造复杂，由震动座椅、立体声音响、大型显示器等部分组成，具有三维显示及立体声效果，能产生振动和风吹的感觉，甚至还有气味，体验感类似于现在的4D电影（图1-19）。不过由于它体型巨大且笨重无比，体验者需要坐在椅子上，将头探进设备内部，才会有沉浸感。这种有声形动态的模拟是虚拟现实技术的第一阶段。

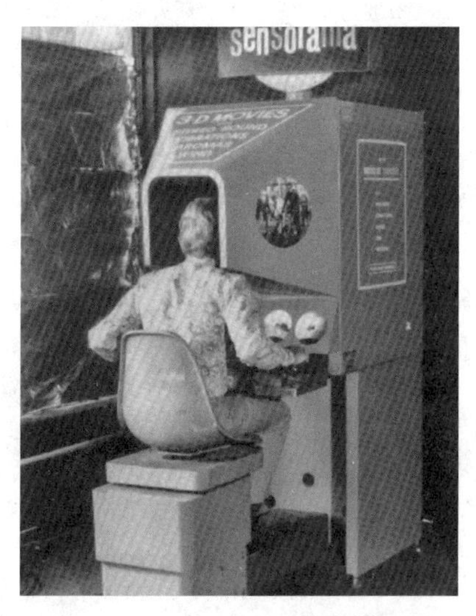

图1-19 Sensorama仿真模拟器

2. 虚拟现实技术萌芽期（1962—1972年）

1968年美国计算机图形学之父伊万·苏泽兰开发了第一个计算机图形驱动的头盔显示器及头部位置跟踪系统“Sutherland”，它标志着头戴式虚拟现实设备与头部位置追踪系统的诞生，为现今的虚拟技术奠定了坚实基础。此设备受当时技术的限制，体积十分沉重，因为它需要在天花板上设计专门的支撑杆，所以，被用户们戏称为悬在头上的“达摩克利斯之剑”（图1-20）。

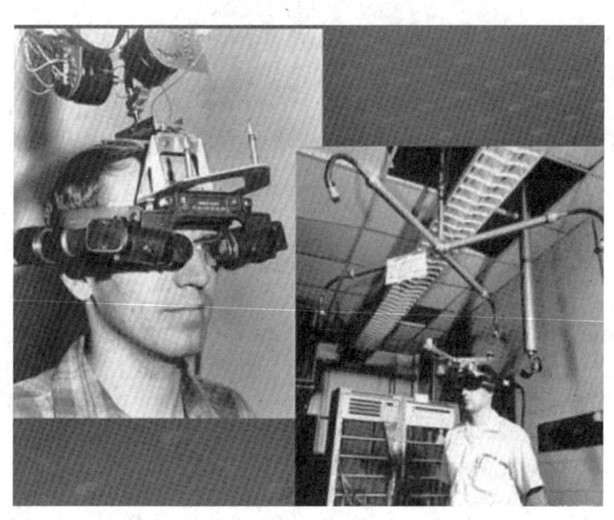

图1-20 世界上首台头戴式VR设备

20世纪60年代尚无现代计算机图形学出现，同时，计算机的运算能力极为有限，虚拟现实的技术仍处于原型机阶段。但头戴式Sutherland显示器的出现，是虚拟现实技术发展史上一个重要的里程碑，此阶段也是虚拟现实技术的探索阶段，为虚拟现实技术基本思想的产生和理论发展奠定了基础。伊万·苏泽兰也因此被称为“虚拟现实之父”。他是计算机图形学、人机交互或计算机辅助设计之父，1988年获得图灵奖（图1-21）。

图1-21 伊万·苏泽兰

3. 虚拟现实概念的产生和理论初步形成期（1973—1989年）

1982年，Atari游戏公司开始推进有关虚拟现实的街机项目。

计算机科学家贾龙·拉尼尔在1985年成立了VPL Research公司，它是第一家推出商用VR产品的公司，并且推出了数据手套和EyePhone等产品。EyePhone实际上就是一个头戴式显示器，与现在的VR头显在概念上是一致的（图1-22）。

图1-22 VPL Research Eyephone虚拟现实设备的头戴式显示器

埃里克·豪利特基于大跨度超视角(LEEP)技术,于1989年推出虚拟现实头盔Cyberface。原始Cyberface还配有平面面板,实际上是为穿戴在胸前而设计的。它使用复合电缆,可以平衡分布头盔重量。

1989年首个消费级数据手套——任天堂红白机外设Power Glove,由任天堂授权美国玩具公司Mattel推出。事实上,Power Glove就是VPL的数据手套的廉价版,同样采用光学原理,还包含超声波传感器用来感知手套的旋转。

4. 虚拟现实理论进一步完善和应用期(1990—2015年)

1990年,名为"WIndustries"的虚拟现实设备声名鹊起。

1991年,名为"Virtuality 1000CS"的虚拟现实是其中的典型代表。它外形笨重、功能单一、价格昂贵,但VR游戏的火种也在这一时期被种下。

1991年著名的游戏公司世嘉公布用于街机游戏的虚拟现实头显Sega VR,同年另一款街机VR设备Virtuality发布,成为第一款大规模生产的VR娱乐系统。这些设备虽然没有进入普通消费者家庭,却提供了普遍的VR体验。

1993年雅达利公司发布与娱乐VR系统制造商Virtuality联合开发的Jaguar VR虚拟现实头盔(图1-23)。

图1-23 Jaguar VR虚拟现实头盔

20世纪90年代中期,雅达利、索尼、飞利浦、IBM都发布了自己的头戴设备。从整体上看,还仅限于相关的技术研究,并没有带来能真正交付到使用者手上的产品。其中,最有名的要数日本游戏公司世嘉于1994年推出的Sega VR-1和任天堂于1995年推出的Virtual Boy。

Philips Scuba RV是飞利浦公司1997年推出的虚拟现实设备,售价299美元。它可以提供生动的颜色和动态立体声,也可以利用PC鼠标接口模拟头部追踪系统。

2000年,美国SEOS公司发布虚拟现实产品SEOS HDM 120/40,这是沉浸式头显设备,视场角能达到120度,重量为1.13千克,该产品被用在美国军方战斗飞行员的训练器材中。SEOS公司还为美国飞行训练器材设计了一些VR作品,为飞行员配合头显设备进行训练。但该头显设备因同样的问题以及售价和专业要求太高而无法实现商业化。

在这一时期,光学工程技术、传感器技术、计算机技术、计算机图形学和图像识别技术等尚处于高速发展的早期,虚拟现实的产业链还不完备,再加上虚拟现实设备存在成像质量不高等缺陷,除了少数游戏爱好者使用这些VR头显设备外,虚拟现实的推广和商业化尝试没有得到普通消费者的积极响应。但是,一些企业和研究机构一直在发展虚拟现实技术,包含非沉浸式和沉浸式虚拟现实技术,改进虚拟现实设备,并不停地进行虚拟现实商业化的推广尝试。

直到2012年Kickstarter的众筹模式给刚刚成立的Oculus公司一个机会,Oculus Rift募资达160万美元,后来又被Facebook以20亿的天价收购。Oculus直接将VR设备拉低到300美元(约合人民币1 900余元,而同期的索尼头戴式显示器HMZ-T3高达6 000元左右),这使得VR与大众走近了一大步。这种亲民的设备定价也为技术的爆发奠定了基础(图1-24)。

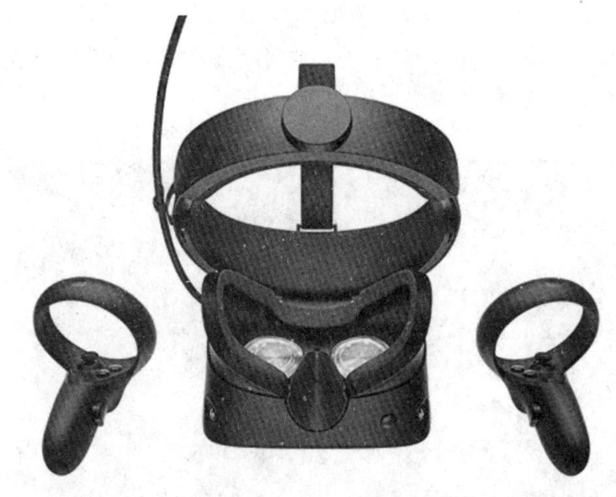

图1-24 Oculus Rift S PC驱动VR游戏头戴设备

5. 虚拟现实技术爆发期(2016年至今)

到2016年,沉浸式虚拟现实在世界上获得普遍重视,国内外很多著名公司都投资了VR行业。除了虚拟现实头显设备公司外,计算芯片和显示芯片公司、内容制作公司和应用系统开发软件公司等都对虚拟现实产生极大的兴趣，并积极投资。一些公司还推出全景相机和全景摄影机，让全景拍摄更为容易。围绕虚拟现实，一条产业链正在被建立起来，全球与虚拟现实有关的公司不断涌现，我国到2017年底也出现多家与虚拟现实有关的公司。虚拟现实技术被广泛运用到科研、航空、医学、军事等人类生活各个领域。例如，美军开发的空军任务支援系统和海军特种作战部队计划和演习系统，对虚拟的军事演习也能达到真实军事演习的效果。浙江大学开发了虚拟故宫虚拟建筑环境系统，CAD&CG国家重点实验室开发出桌面虚拟建筑环境实时漫游系统，北京航空航天大学开发了虚拟现实与可视化新技术研究室的虚拟环境系统。因此，虚拟现实被誉为终极的多媒体，是下一代计算机平台。

国内的VR行业是在近5年才开始发展的。据调查数据显示，在2015年国内的VR市场规模仅有15.2亿元，仅1年时间，市场就飞速增长，2016年中国VR市场规模为34.6亿元。2019年，全球VR市场规模达到1 000亿元左右，同比增速超过50%，其中，中国VR市场规模约310.2亿元，同比增长约36.35%。2020年，我国VR产业成为全球最大的VR市场。从市场增速来看，VR行业的规模几乎是几何增长，因为VR硬件涉及的领域太过广泛，一旦在任何一个领域大规模应用，都会产生巨大的市场增量。

（三）数据挖掘技术

数据挖掘(data mining, DM)又称数据库中的知识发现(knowledge discover in database, KDD)，是目前人工智能和数据库领域研究的热点问题。传统的数据库技术是单一的数据资源，即：以数据库为中心，从事务处理、批处理到决策分析等各种类型的数据处理工作。近年来，随着计算机技术的发展，对数据库中数据操作提出更高的要求，希望计算机能够更多地参与数据分析与决策制定。

数据挖掘是指从数据库的大量数据中揭示出隐含的、先前未知的、并有潜在价值的信息的过程。简单地说，数据挖掘就是从大量数据中提取或“挖掘”知识。数据挖掘是一种决策支持过程，它主要基于人工智能、机器学习、模式识别、统计学、数据库、可视化技术等，高度自动化地分析企业的数据，作出归纳性的推理，从中挖掘出潜在的模式，帮助决策者调整市场策略、减少风险、作出正确的决策。

数据挖掘是通过分析每个数据，从大量数据中寻找其规律的技术，主要有数据准备、规律寻找和规律表示3个步骤。数据准备是从相关的数据源中选取所需的数据，并整合成用于数据挖掘的数据集；规律寻找是用某种方法将数据集所含的规律找出来；规律表示是尽可能以用户可理解的方式(如可视化)将找出的规律表示出来。

近年来，数据挖掘引起信息产业界的极大关注，其主要原因是存在大量数据可以广泛使用，并且迫切需要将这些数据转换成有用的信息和知识。获取的信息和知识可以广泛用于各种应用，包括商务管理、生产控制、市场分析、工程设计和科学探索等。

数据挖掘利用了来自以下领域的思想：①来自统计学的抽样、估计和假设检验；②人工智能、模式识别和机器学习的搜索算法、建模技术和学习理论。数据挖掘也迅速地接纳来自其他领域的思想，这些领域包括最优化、进化计算、信息论、信号处理、可视化和信息检索。一些其他领域也起到重要的支撑作用。特别地是，需要数据库系统提供有效的存储、索引和查询处理支持。源于高性能(并行)计算的技术在处理海量数据集方面常常很重要。分布式技术也能帮助处理海量数据，并且当数据不能集中到一起处理时更是至关重要。

并非所有的信息发现任务都被视为数据挖掘。例如，使用数据库管理系统查找个别的记录，或通过因特网的搜索引擎查找特定的Web页面，则是信息检索(information retrieval)领域的任务。虽然这些任务是重要的，可能涉及使用复杂的算法和数据结构，但是，它们主要依赖传统的计算机科学技术和数据的明显特征来创建索引结构，从而有效地组织和检索信息。尽管如此，数据挖掘技术也已经被用来增强信息检索系统的能力。

（四）互联网＋

“互联网＋”是指在创新2.0(信息时代、知识社会的创新形态)推动下由互联网发展的新业态，也是在知识社会创新2.0推动下由互联网形态演进、催生的经济社会发展新形态。“互联网＋”也是互联网思维的进一步实践成果，它代表一种先进的生产力，推动经济形态不断地发生演变，从而带动社会经济实体的生命力，为改革、创新、发展提供广阔的网络平台。

“互联网＋”概念的中心词是互联网，它是“互联网＋”计划的出发点。“互联网＋”计划具体可分为两个层次的内容来表述。一方面，可以将“互联网＋”概念中的文字“互联网”与符号“＋”分开理解。符号“＋”意为加号，即代表着添加与联合。这表明“互联网＋”计划的应用范围为互联网与其他传统产业，它是针对不同产业间发展的一项新计划，应用手段则是通过互联网与传统产业进行联合和深入融合的方式进行。另一方面，“互联网＋”作为一个整体概念，其深层意义是通过传统产业的互联网化完成产业升级。互联网通过将开放、平等、互动等网络特性在传统产业的运用，通过大数据的分析与整合，试图理清供求关系，通过改造传统产业的生产方式、产业结构等内容，来增强经济发展动力、提升效益，从而促进国民经济健康、有序发展。

“互联网＋”简单地说就是“互联网＋传统行业”，但这并不是简单的两者相加，而是利用信息通信技术以及互联网平台，让互联网与传统行业进行深度融合，利用互联网具备的优势特点，创造新的发展生态和新的发展机会，即：充分发挥互联网在社会资源配置中的优化和集成作用，将互联网的创新成果深度融合于经济、社会各领域之中，提升全社会的创新力和生产力，形成更广泛的、以互联网为基础设施和实现工具的经济发展新形态。“互联网＋”通过其自身的优势，对传统行业进行优化、升级、转型，使得传统行业能够适应当下的新发展，从而最终推动社会不断地向前发展。近年来，“互联网＋”已经改造及影响了多个行业，当前大众耳熟能详的电子商务、互联网金融、在线旅游、在线影视、线上教育、在线房产等行业都是“互联网＋”的杰作。

国内“互联网＋”理念的提出，最早可以追溯到2012年11月于扬在易观第五届移动互联网博览会的发言。易观国际董事长兼首席执行官于扬首次提出“互联网＋”理念。他认为“在未来，‘互联网＋’公式应该是我们所在的行业的产品和服务，在与我们未来看到的多屏全网跨平台用户场景结合之后产生的这样一种化学公式。我们可以按照这样一个思路找到若干这样的想法。而怎么找到你所在行业的‘互联网＋’，则是企业需要思考的问题”。

2014年11月，李克强出席首届世界互联网大会时指出，互联网是大众创业、万众创新的新工具。其中，“大众创业、万众创新”正是政府工作报告中的重要主题，被称作中国经济提质增效升级的“新引擎”，可见其重要作用。

2015年3月，全国人大代表马化腾提交了《关于以“互联网＋”为驱动，推进我国经济社会创新发展的建议》的议案，表达了对经济社会创新的建议和看法。他呼吁，我们需要持续以“互联网＋”为驱动，鼓励产业创新，促进跨界融合，惠及社会民生，推动我国经济和社会的创新发展。马化腾表示，“互联网＋”是指利用互联网的平台、信息通信技术把互联网和包括传统行业在内的各行各业结合起来，从而在新领域创造一种新生态。他希望这种生态战略能够被国家采纳、成为国家战略。

在2015年3月5日十二届全国人大三次会议上，李克强总理在政府工作报告中首次提出“互联网＋”行动计划，提出“制定‘互联网＋’行动计划，推动移动互联网、云计算、大数据、物联网等与现代制造业结合，促进电子商务、工业互联网和互联网金融健康发展，引导互联网企业拓展国际市场”。

2015年7月4日，国务院印发《关于积极推进“互联网＋”行动的指导意见》，这是推动互联网由消费领域向生产领域拓展、加速提升产业发展水平、增强各行业创新能力、构筑经济社会发展新优势和新动能的重要举措。

2020年5月22日，国务院总理李克强在发布的2020年国务院政府工作报告中提出，全面推进“互联网＋”，打造数字经济新优势。

“互联网＋”有六大特征：①跨界融合。“＋”就是跨界，就是变革，就是开放，就是重塑融合。敢于跨界，创新的基础就更坚实；融合协同，群体智能才会实现，从研发到产业化的路径才会更垂直。融合本身也指代身份的融合，客户消费转化为投资，伙伴参与创新，等等。②创新驱动。中国粗放的资源驱动型增长方式早就难以为继，必须转变到创新驱动发展这条正确的道路上来。这正是互联网的特质，用所谓的互联网思维来求变、自我革命，也更能发挥创新的力量。③重塑结构。信息革命、全球化、互联网业已打破原有的社会结构、经济结构、地缘结构、文化结构。权力、议事规则、话语权不断在发生变化。“互联网＋”社会治理、虚拟社会治理会有很大的不同。④尊重人性。人性的光辉是推动科技进步、经济增长、社会进步、文化繁荣最根本的力量，互联网的力量之强大最根本地也来源于对人性的最大限度的尊重、对人体验的敬畏、对人的创造性发挥的重视，如卷入式营销、分享经济。⑤开放生态。关于“互联网＋”，生态是非常重要的特征，而生态的本身就是开放的。推进“互联网＋”，其中一个重要的方向就是要把过去制约创新的环节化解掉，把孤岛式创新连接起来，让研发由人性决定的市场驱动，让创业并努力者有机会实现价值。⑥连接一切。连接是有层次的，可连接性是有差异的，连接的价值是相差很大的，但是，连接一切是“互联网＋”的目标。

二、为计算机的诞生做出杰出贡献的人物

电子计算机是人类智慧的结晶，是科学发展的

必然产物，但是，没有天才的头脑和坚毅的精神，就不会有今天蓬勃发展的计算机产业，让我们永远纪念那些为科技进步献身的人们。

（一）查尔斯·巴贝奇

查尔斯·巴贝奇（Charles Babbage，1792—1871）构想出计算机的雏形，被誉为“机械计算机之父”（图 1－25）。他于 1823 年设计了世界上第一台计算机小型差分机，这是最早采用寄存器来存储数据的计算工具，体现了早期程序设计思想的萌芽，使计算工具从手动机械跃入自动机械的新时代，其基本原理后被应用于巴勒式会计计算机中（图 1－26）。

图 1－25　查尔斯·巴贝奇

图 1－26　巴贝奇的差分机

（二）艾达·洛普雷斯

艾达·洛普雷斯（Ada Lovelace，1815—1852）发明了穿孔机程序，建立了循环和子程序的概念，为计算机程序设计“算法”写出了第一份“程序设计流程图”，她是世界上公认的第一位程序员，被誉为“计算机之母”（图 1－27）。

图 1－27　艾达·洛普雷斯

（三）阿兰·图灵

阿兰·图灵（Alan Turing，1912—1954）被称为“计算机科学之父、人工智能之父”。他提出的图灵机模型为现代计算机的逻辑工作方式奠定了基础，故又被称为计算机逻辑的奠基人（图 1－28）。美国计算机协会于 1966 年设立“图灵奖”（又叫“A. M. 图灵奖”），专门奖励那些对计算机事业做出重要贡献的个人。截至 2020 年，获此殊荣的华人仅有 1 位，就是 2000 年的图灵奖得主姚期智，他在计算机理论、算法设计与分析、密码学等方面做出贡献（图 1－29）。

图 1－28　阿兰·图灵

图 1－29　姚期智

(四) 约翰·冯·诺伊曼

约翰·冯·诺伊曼(John Von Nouma，1903—1957)是美籍匈牙利数学家，是现代计算机、博弈论、核武器和生化武器等诸多领域有杰出建树的科学全才之一，被称为“计算机之父”和“博弈论之父”(图1-30)。

图1-30 冯·诺伊曼

冯·诺伊曼早期以算子理论、共振论、量子理论、集合论等方面的研究闻名，开创了冯·诺伊曼代数。第二次世界大战期间他为第一颗原子弹的研制做出贡献，为研制电子数字计算机提供了基础性的方案。1944年他与摩根斯特恩合著《博弈论与经济行为》，是博弈论学科的奠基性著作。晚年，冯·诺伊曼研究自动机理论，著有对人脑和计算机系统进行精确分析的著作《计算机与人脑》。

冯·诺伊曼对世界上第一台电子计算机ENIAC的设计提出过建议。1945年3月，他在共同讨论的基础上起草EDVAC设计报告初稿，这对后来计算机的设计有决定性的影响，特别是确定计算机的结构、采用存储程序以及二进制编码等，至今仍为电子计算机设计者所遵循。

(五) 康拉德·楚泽

康拉德·楚泽(Konrad Zuse，1911—1995)是一位德国工程师、发明家。1938年，楚泽完成了一台可编程数字计算机“Z-1”。其实，“Z-1”计算机实际上是一台实验模型，采用“穿孔带”输入程序，不过“穿孔带”不是纸带，而是35毫米电影胶片；数据则由数字键盘敲入，计算结果用小电灯泡显示。虽然“Z-1”计算机可以完成3×3矩阵运算过程，但始终未能投入实际使用。

计算机程序控制的基础概念是楚泽提出的，并且付诸实施“程序控制”的第一人也是他。1941年制造的世界上第一台能编程的电磁式计算机“Z-3”，是一台使用继电器的程序控制计算机，共设有2000个电开关，也是当时世界上最高水平的编程语言的计算机。因此，康拉德·楚泽被称为现代计算机发明人之一，被誉为“数字计算机之父”(图1-31)。

图1-31 康拉德·楚泽

任务拓展

一、未来计算机的发展

(一) 分子计算机

分子计算机是指利用分子计算的能力进行信息处理的计算机。它的运行是靠分子晶体吸收以电荷形式存在的信息，并以更有效的方式进行组织排列。凭借分子纳米级的尺寸，分子计算机的体积将剧减。此外，分子计算机耗电可大大减少，并能更长期地存储大量数据。

美国惠普公司和加州大学在1999年7月16日宣布，已成功地研制出分子计算机中的逻辑门电路，其线宽只有几个原子直径之和，分子计算机的运算速度是目前计算机的1000亿倍，最终将取代硅芯片计算机。

(二) 量子计算机

量子计算机(quantum computer)是一种全新的基于量子理论的计算机，遵循量子力学规律进行高速数学和逻辑运算、存储及处理量子信息的物理装置。量子计算机的概念源于对可逆计算机的研究。量子计算机应用的是量子比特，可以同时处在多个状态，而不像传统计算机那样只能处于0或1的二进制状态。

量子计算机由理查德·费曼提出，一开始是从物理现象模拟而来。他发现当模拟量子现象时，因为庞大的希尔伯特空间使资料量变得庞大，一个完好的模拟所需的运算时间变得相当可观，甚至是不切实际的天文数字。理查德·费曼当时就想到，如果用量子系统构成的计算机来模拟量子现象，则运算时间可大幅度减少。量子计算机的概念由此诞生，而20世纪80年代量子计算机尚处于理论推导的纸上谈兵状态。一直到1994年彼得·秀尔提出量子质因子分解算法，因该算法破解了通行于银行及网络等的RSA加密算法、对其构成威胁后，量子计算机变成热门话题。

2011年5月11日，加拿大D-Wave系统公司发布了一款号称“全球第一款商用型量子计算机”的计算设备“D-Wave One”。在理论上，它的运算速度远超现有的任何超级电子计算机，但严格来说，这还算不上真正意义的通用量子计算机，只是一台能用一些量子力学方法解决特殊问题的机器(图1-32)。

图1-32 “D-Wave One”量子计算机系统

2017年5月3日，中国科学技术大学潘建伟教授宣布，在2016年首次实现十光子纠缠操纵的基础上，利用高品质量子点单光子源构建了世界首台超越早期经典计算机的单光子量子计算机。

2019年1月10日，IBM宣布推出世界上首个专为科学和商业用途设计的集成通用近似量子计算系统“IBM Q System One”，它是全球首个商用集成量子计算系统(图1-33)。

图1-33 “IBM Q System One”

2020年12月，中国科学技术大学潘建伟教授、陆朝阳组成的研究团队与中科院上海微系统所、国家并行计算机工程技术研究中心合作，成功构建76个光子的量子计算原型机——“九章”，实现了具有实用前景的“高斯玻色取样”任务的快速求解。它在求解数学算法高斯玻色取样只需200秒，这一突破使我国成为全球第二个实现“量子优越性”的国家。根据目前最优的经典算法，“九章”对于处理高斯玻色取样的速度比目前世界排名第一的超级计算机“富岳”快100万亿倍，比谷歌的超导量子比特计算机“悬铃木”快100亿倍。通过高斯玻色取样证明的量子计算优越性不依赖于样本数量，克服了“谷歌53”比特随机线路取样实验中量子优越性依赖于样本数量的漏洞。“九章”输出量子态空间规模达到了1030(“悬铃木”输出量子态空间规模是1016，目前全世界的存储容量是1022)。这一成果牢固确立了我国在国际量子计算研究中的第一方阵地位。

(三) 光子计算机

光子计算机是靠光而不是靠电来运行的，也就是说，是利用光子取代电子进行数据运算、传输和存储。在光子计算机中，不同波长的光表示不同的数据，可快速完成复杂的计算工作。光子计算机的运算速度在理论上可达每秒千亿次以上，其信息处理速度比电子计算机要快数百万倍。

1984年，国际商用机器公司研发出能够在接近绝对零度的环境下工作的光子计算机；1990年，美国电话电报公司贝尔实验室以美籍华裔科学家黄庚珏为首的小组，研制成功了第一台光子计算机，它由棱镜、透镜和激光器等元器件完成，走出了光子计算机的关键步伐。

光子计算机主要有3类：光模拟信号计算机(也称光模拟机)、全光数字信号计算机(也称光数字机)、光智能形式计算机。光子计算机起始于模拟机。

1. 纳米计算机

纳米计算机是指将纳米(1纳米$=10^{-9}$米，大约是氢原子直径的10倍)技术运用于计算机领域所研制出的一种新型计算机。纳米技术是从20世纪80年代初迅速发展起来的一种新的科研领域。纳米技术正从微电子机械系统(MEMS)起步，把传感器、电动机和各种处理器都放在一个硅芯片上而构成一个系统。应用纳米技术研制的计算机内存芯片，其体积不过数百个原子大小，相当于人的头发丝直径的千分之一。纳米计算机不仅几乎不需要耗费任何能源，而且其性能要比今天的计算机强大许多倍。

2013年9月26日斯坦福大学马克斯·夏拉克

尔宣布，人类首台基于碳纳米晶体管技术的计算机已成功测试运行。夏拉克尔团队打造的人类首台纳米计算机实际只包括178个碳纳米管，运行只支持计数和排列等简单功能的操作系统。尽管纳米计算机的原型看似简单，但它已是人类多年的研究成果。

2. 生物计算机

生物计算机也称仿生计算机，主要原材料是生物工程技术产生的蛋白质分子，并以此作为生物芯片来替代半导体硅片，利用有机化合物存储数据。信息以波的形式传播，当波沿着蛋白质分子链传播时，会引起蛋白质分子链中单键、双键结构顺序的变化。运算速度要比当今最新一代计算机快10万倍，它具有很强的抗电磁干扰能力，并能彻底消除电路间的干扰。能量消耗仅相当于普通计算机的10亿分之一，且具有巨大的存储能力。

生物计算机具有生物体的一些特点。例如，能发挥生物本身的调节机能，自动修复芯片上发生的故障，还能模仿人脑的机制等。生物芯片一旦出现故障，可以进行自我修复，故具有自愈能力。也就是说，生物计算机具有生物活性，能够和人体的组织有机地结合起来，尤其是能够与大脑和神经系统相连。因此，生物计算机就可直接接受大脑的综合指挥，成为人脑的辅助装置或扩充部分，并能由人体细胞吸收营养、补充能量，因而不需要外界能源。它将能植入人体内，成为帮助人类学习、思考、创造、发明最理想的伙伴。

生物计算机是以核酸分子作为"数据"，以生物酶及生物操作作为信息处理工具的一种新颖的计算机模型。生物计算机的早期构想始于1959年，诺贝尔奖获得者Feynman提出利用分子尺度研制计算机；20世纪70年代以来，人们发现脱氧核糖核酸(DNA)处在不同的状态下，可产生有信息和无信息的变化。科学家发现生物元件可以实现逻辑电路中的0或1、晶体管的通导或截止、电压的高或低、脉冲信号的有或无等。经过特殊培养后制成的生物芯片可作为一种新型高速计算机的集成电路；1983年，美国提出生物计算机的概念；1994年，图灵奖获得者Adleman提出基于生化反应机理的DNA计算模型；北京大学在2007年提出并行型DNA计算模型，将具有61个顶点的一个3-色图的所有48个3-着色全部求解，其算法复杂度为359，而此搜索次数，即使是当今最快的超级电子计算机，也需要13217年方能完成，该结果预示生物计算机时代即将来临。

二、我国的计算机发展简史

1958年，中科院计算所研制成功我国第一台小型电子管通用计算机"103机"(八一型)，标志着我国第一台电子计算机的诞生。

1965年，中科院计算所研制成功第一台大型晶体管计算机"109乙"，之后推出"109丙机"，该机为两弹试验发挥了重要作用。

1974年，清华大学等单位联合设计、研制成功采用集成电路的DJS-130小型计算机，运算速度达每秒100万次。

1983年，国防科技大学研制成功运算速度每秒上亿次的银河-Ⅰ巨型机，这是我国高速计算机研制的一个重要里程碑。

1985年，电子工业部计算机管理局研制成功与IBM PC机兼容的长城0520CH微机。

1992年，国防科技大学研究出银河-Ⅱ通用并行巨型机，峰值速度达每秒4亿次浮点运算(相当于每秒10亿次基本运算操作)，为共享主存储器的四处理机向量机，其向量中央处理机是采用中小规模集成电路自行设计的，总体上达到80年代中后期国际先进水平。它主要用于中期天气预报。

1993年，国家智能计算机研究开发中心(后成立北京市曙光计算机公司)研制成功"曙光一号"全对称共享存储多处理机，这是国内首次以基于超大规模集成电路的通用微处理器芯片和标准Unix操作系统设计开发的并行计算机。

1995年，曙光公司又推出国内第一台具有大规模并行处理机(MPP)结构的并行机"曙光1000"(含36个处理机)，峰值速度达每秒25亿次浮点运算，实际运算速度登上每秒10亿次浮点运算这一高性能台阶。"曙光1000"与美国Intel公司在1990年推出的大规模并行机体系结构与实现技术相近，与国外的差距缩小到5年左右。

1997年，国防科技大学研制成功银河-Ⅲ百亿次并行巨型计算机系统，采用可扩展分布共享存储并行处理体系结构，由130多个处理结点组成，峰值性能为每秒130亿次浮点运算，系统综合技术达到20世纪90年代中期国际先进水平。

1997—1999年，曙光公司先后在市场上推出具有机群结构(cluster)的"曙光1000A"、"曙光2000-Ⅰ"、"曙光2000-Ⅱ"超级服务器，峰值计算速度已突破每秒1000亿次浮点运算，机器规模已超过160个处理机。

1999年，国家并行计算机工程技术研究中心研制的神威Ⅰ计算机通过国家级验收，并在国家气象中心投入运行。系统有384个运算处理单元，峰值运算速度达每秒3840亿次。它是我国在巨型计算

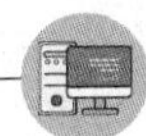

机研制和应用领域取得的重大成果，标志着我国继美国、日本之后，成为世界上第三个具备研制高性能计算机能力的国家。

2000 年，曙光公司推出每秒 3 000 亿次浮点运算的"曙光 3000"超级服务器。

2001 年，中科院计算所研制成功我国第一款通用 CPU——"龙芯"芯片。

2002 年，曙光公司推出完全自主知识产权的龙腾服务器，龙腾服务器采用"龙芯- 1"CPU，采用曙光公司和中科院计算所联合研发的服务器专用主板，采用曙光 LINUX 操作系统，该服务器是国内第一台完全实现自主产权的产品，在国防、安全等部门发挥重大作用。

2003 年，百万亿次数据处理超级服务器"曙光 4000L"通过国家验收，再一次刷新国产超级服务器的历史纪录，使得国产高性能产业再上新台阶。

2009 年 10 月 29 日，中国首台千万亿次超级计算机"天河一号"诞生。2010 年 11 月 14 日，国际 TOP 500 组织公布最新全球超级计算机前 500 强排行榜，中国首台千万亿次超级计算机系统"天河一号"排名全球第一(2014 年，"天河一号"荣获国家科技进步特等奖)。2011 年被日本超级计算机"京"超越。到了 2012 年，美国的"泰坦"又超越了日本的"京"。

2011 年，我国成为第三个自主构建千万亿次计算机的国家，"神威蓝光"千万亿次系统的 CPU 是申威 1600，这是国内首台全部采用国产中央处理器和系统软件构建的千万亿次计算机系统。2012 年，"神威蓝光"千万亿次计算机系统在国家超级计算(济南)超级计算中心成功投入应用，这标志着我国继美国、日本之后，成为世界第三个能够采用自主 CPU 构建千万亿次计算机的国家。

从 2013 年 6 月起，"天河二号"超级计算机以每秒 33.86 千万亿次连续称霸世界(图 1 - 34)。

图 1 - 34 中国"天河二号"

2016 年，由国家并行计算机工程技术研究中心研制的超级计算机"神威 · 太湖之光"成为世界上首台运算速度超过十亿亿次的超级计算机。2016 年 7 月，获吉尼斯世界纪录认证。2016 年 11 月 18 日，中国凭借在"神威 · 太湖之光"上运行的"全球大气非静力云分辨模拟"应用而获得 2016 年度"戈登 · 贝尔"奖(图 1 - 35)。2017 年 11 月，新一期的全球超级计算机 500 强发布，中国的"神威 · 太湖之光"连续第四次获得冠军。

图 1 - 35 中国超级计算机"神威 · 太湖之光"

2018 年 11 月 12 日，新一期全球超级计算机 500 强榜单在美国达拉斯发布，中国超级计算机"神威 · 太湖之光"位列第三名。排名第一的超级计算机"顶点"，其浮点运算能力为每秒 12.23 亿亿次，峰值接近每秒 18.77 亿亿次。2018 年 5 月，我国在国家超算天津中心发布我国新一代百亿亿次(1000PFlops)超级计算机"天河三号"原型机。原型机采用全自主创新，包括"飞腾"CPU、"天河"高速互联通信模块和"麒麟"操作系统等。

截至 2020 年，在超级计算机领域，中国、美国和日本正在形成交错领先的发展态势(表 1 - 3)。2020 年 11 月 16 日，最新一期 TOP 500 超级计算机榜单公布，中国有 217 台(含中国台湾 3 台和中国香港 1 台)，美国有 113 台，日本有 34 台，德国有 18 台，法国有 18 台，荷兰有 15 台，爱尔兰有 14 台，英国有 12 台，加拿大有 12 台，其他国家有 47 台(图 1 - 36)。

表 1 - 3 截至 2020 年底超级计算机计算速度前 10 名

2020 年 11 月 TOP 500 前十名			
本届排名	上届排名	名称	国家
1	1	Supercomputer Fugaku	日本
2	2	Summit	美国
3	3	Sierra	美国
4	4	Sunway TaihuLight	中国
5	7	Selene	美国

（续表）

本届排名	上届排名	名称	国家
6	5	Tianhe-2A	中国
7		JUWELS Booster Module	德国
8	6	HPC5	意大利
9	8	Frontera	美国
10		Dammam-7	沙特

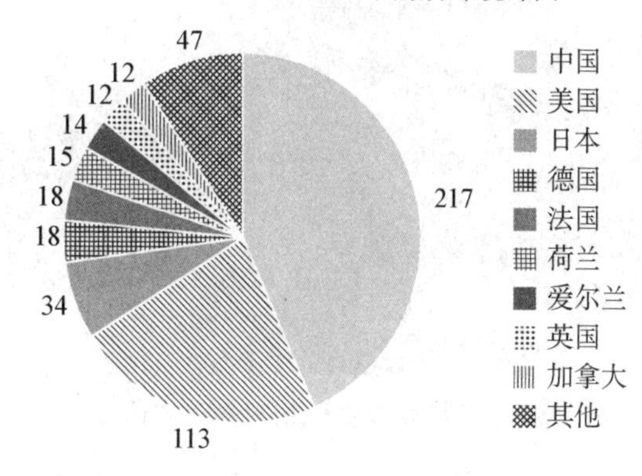

图 1-36　截至 2020 年底超级计算机数量世界前 9 名

2020 年中国超级计算机排行榜单（图 1-37）显示，与 2019 年相比，此次共计提交了 73 台计算机，其中，联想提交了 32 台，浪潮提交了 38 台，联泰集群、Dell 和同方各提交了 1 台。曙光、华为等知名企业未提交。经过同类合并，2020 高性能计算机百强名单共计新增 49 台计算机，联想新增机器合并 10 台，合并后为 22 台。浪潮新增机器合并 14 台，合并后为 24 台。

此外，中国百强高性能计算机共计新增 47 台超级计算机，其中，联想合并后有 22 台机器、上榜 21 台，浪潮合并后有 24 台机器、上榜 23 台，联泰集群、Dell 和同方均有 1 台新增机器上榜。

序号	研制厂商	型号	安装地点	安装年份	应用领域	CPU 核数	Linpack 值 (Tflops)	来源	峰值 (Tflops)
1	国家并行计算机工程技术研究中心	神威太湖之光,40960*Sunway SW26010 260C 1.45GHz,自主网络	国家超级计算无锡中心	2016	超算中心	10,649,600	93,015	Q	125,436
2	国防科大	天河二号升级系统(Tianhe-2A),TH-IVB-MTX Cluster + 35584*Intel Xeon E5-2692v2 12C 2.2GHz+35584*Matrix-2000,TH Express-2	国家超级计算广州中心	2017	超算中心	427,008	61,445	Q	100,679
3	DELL	北京超级云计算中心 A 分区,6000*AMD EPYC 7452 32C 2.350GHz,FDR	北京超级云计算中心	2020	超算中心	192,000	3,743	Q	7,035
4	清华同方	内蒙古高性能计算公共服务平台（青城之光）3200*Intel Xeon Gold 6254 18C 3.1GHz, EDR	内蒙古和林格尔新区	2020	超算中心	57,600	3,185	C	5,345
5	联想	深腾 8800 系列,3800*Intel Xeon Gold 6133 20C 2.5GHz,25GbE	网络公司	2019	大数据	76,000	3,089	C	6,080
6	联想	深腾 8800 系列, 3760*Intel Xeon Gold 6133 20C 2.5GHz, 25GbE	网络公司	2019	大数据	75,200	3,050	C	6,016
7	联想	深腾 8800 系列, 4000*Intel Xeon Gold 6240 18C 2.6GHz, 10GbE	网络公司	2020	云计算	72,000	3,019	C	5,990
8	联想	深腾 8800 系列,3680*Intel Xeon Gold 6133 20C 2.5GHz,25GbE	网络公司	2019	大数据	73,600	2,994	C	5,888
9	联想	深腾 8800 系列, 3720*Intel Xeon Gold 6133 20C 2.5GHz, 25GbE	网络公司	2019	大数据	74,400	2,981	C	5,952
10	联想	深腾 8800 系列, 3640*Intel Xeon Gold 6133 20C 2.5GHz, 25GbE	网络公司	2019	大数据	72,800	2,962	C	5,824

图 1-37　2020 年中国超级计算机排行榜单

当前，全球的超级计算机正在进入 E 级计算时代，核心技术研发成为关键。我国超级计算机在自主可控、持续性能等方面实现较大突破。我国的 E 级计算规划布局已经展开，有望在超级计算机领域再次领先世界。2020 年 6 月 23 日，在第四届世界智能大会“云智能科技展”上，“天河三号”原型机首次以 3D 模型形式亮相，引起广泛关注（图 1-38）。

图 1-38　超级计算机“天河三号”原型机

任务二　计算机系统组成

任务目标

（1）掌握计算机硬件系统组成；

（2）掌握计算机软件系统组成；

（3）掌握计算机中信息存储单位；

（4）了解计算机的基本结构及工作原理；

（5）了解我国 CPU 芯片现状。

任务资讯

一个完整的计算机系统由硬件（hardware）系统及软件（software）系统两部分组成（图 1-39）。

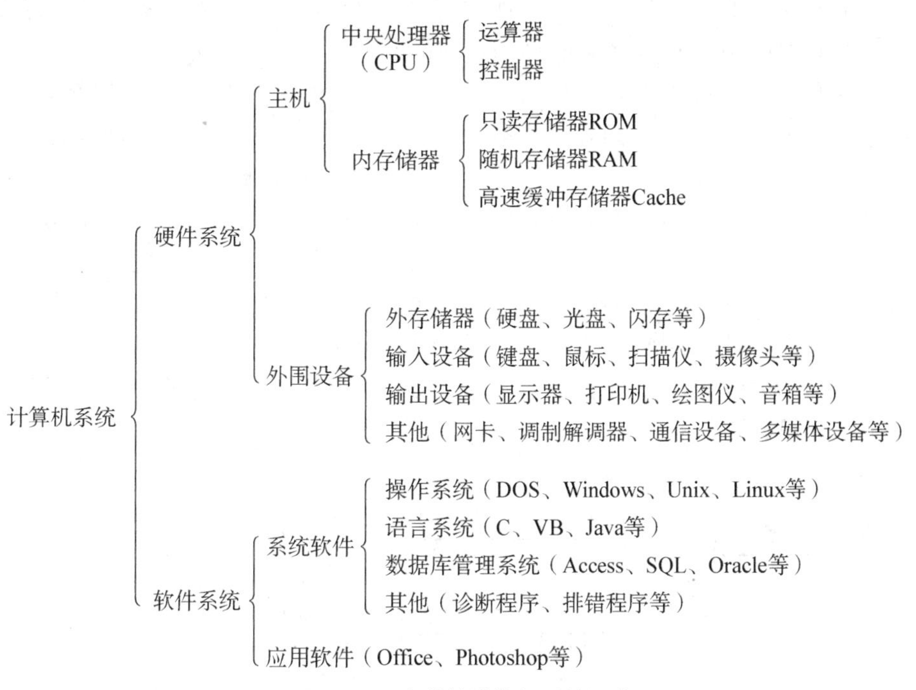

图 1－39　完整的计算机系统组成

计算机硬件系统是组成计算机系统的各种物理设备总称，它们是看得见、摸得着的物理实体，通常称为“硬件”，它们是计算机的“躯壳”。软件系统是为了运用、管理和维护计算机而编制的各种程序、数据和相关文档的总称，即指管理和控制计算机软、硬件资源的软件，它们是计算机的“灵魂”。通常把不装备任何软件的计算机称为裸机。计算机系统的各种功能都是由硬件和软件共同完成的。一般来说，计算机硬件是软件的物质基础，计算机软件是硬件的“灵魂”。

一、计算机的基本结构

计算机经历了近 80 年的发展，俨然形成一个庞大的家族。尽管各种类型的计算机在性能、结构、应用等方面存在差异，但就其体系结构而言，仍旧没有脱离冯・诺伊曼的思想。也就是说，各类计算机的工作原理还是采用冯・诺伊曼原理。冯・诺伊曼原理的核心是“存储程序控制”，它确立了现代计算机的基本组成和工作方式。所谓的“存储程序控制”，就是将程序和数据事先放在存储器中，使计算机在工作时能够自动、高速地从存储器中取出指令加以执行，从而完成预定工作（图 1－40）。这就是“存储程序控制”的工作原理，它实现了计算机的自动工作。

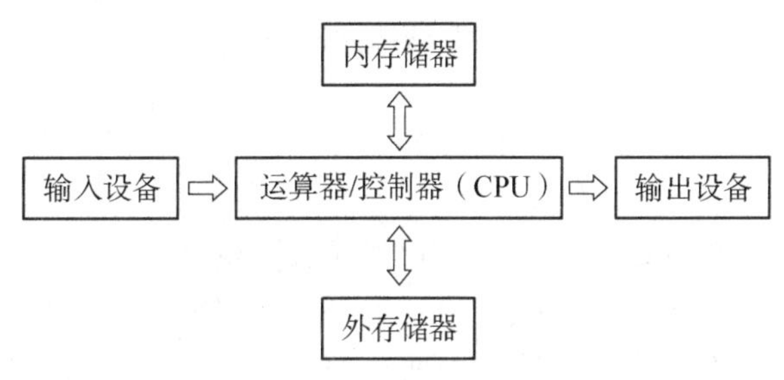

图 1－40　现代计算机结构

冯・诺伊曼原理的基本内容如下。

（1）计算机内部应采用二进制来表示指令和数据。每条指令一般具有一个操作码和一个地址码。其中，操作码表示运算性质，地址码定义操作数在存储器中的地址。

（2）将编写好的程序和原始数据预先存入主存储器（内存储器）中，使计算机启动工作时能够自动、高速地从存储器中取出指令并加以执行，从而完成预定工作。

（3）计算机硬件由运算器、控制器、存储器、输入设备和输出设备 5 个部分组成，并规定了它们的基本功能。

以上这些理论的提出，解决了运算自动化问题和速度配合问题，对后来的计算机发展起到决定性作用。根据这个方案构成的计算机，被称为“冯・诺伊曼”计算机。

二、计算机工作原理

了解了“存储程序控制”的思想，再去理解计算机的工作过程就变得十分容易。如果想要通过计算机解决问题，则需要先把程序编写出来，然后通过输入设备送到存储器中保存起来，即存储程序；接着便是执行程序的问题，根据冯·诺伊曼的设计思想，计算机应该能够自动执行程序，而执行程序又归结为逐条执行指令，指令是计算机能够识别和执行的一些基本操作。执行一条指令又可分为以下基本操作。

(1) 取出指令：从存储器某个地址中取出要执行的指令，送到CPU内部的指令寄存器暂存。

(2) 分析指令：把保存在指令寄存器中的指令送到指令译码器，译出该指令对应的操作。

(3) 执行指令：根据指令译码，向各个部件发出相应控制信号，完成指令规定的各种操作。

(4) 最后，计算机为执行下一条指令做好准备，即取出下一条指令地址。

如此循环下去，直到程序结束指令时才停止执行，其工作过程就是不断地取出指令和执行指令的过程，最后将计算的结果放入指令指定的存储器地址中(图1-41)。这也就是说，程序是由若干个指令构成的指令序列。计算机运行程序时，实际上是顺序执行程序中所有包含的指令，即不断重复“取出指令、分析指令、执行指令”这个过程，直到构成程序的所有指令全部执行完毕，就完成了程序的运行，实现了相应的功能。

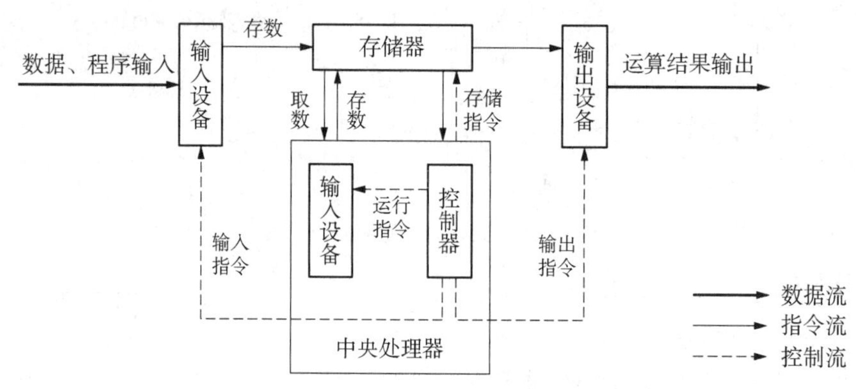

图1-41 冯·诺伊曼体系结构及工作流程图

指令是对计算机进行程序控制的最小单元，是被计算机识别并执行的二进制代码，用于完成某一特定的操作。它通常由两个部分组成，即操作码和操作数，分别表示何种操作和存储地址。

任务实施

一、计算机硬件系统

计算机硬件是由电子、机械和光电元件组成的各种计算机部件和设备的总称，而计算机组成指的是系统结构的逻辑实现，包括机内的数据流和控制流的组成及逻辑设计等。主要分为5个部分，分别是控制器、运算器、存储器、输入设备、输出设备(图1-42)。

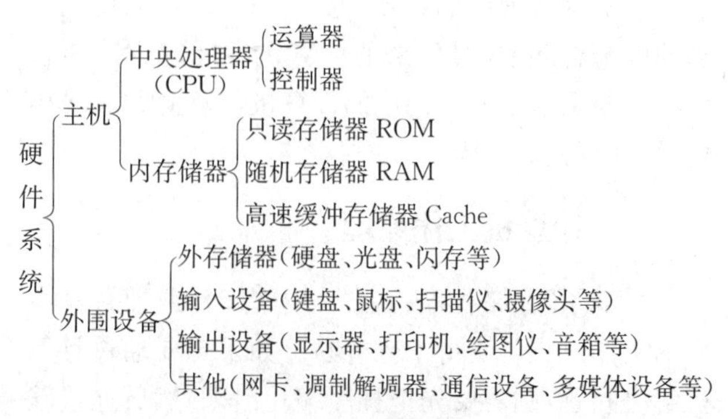

图1-42 硬件系统

计算机硬件系统又可以分为主机和外围设备(外部设备)两大部分。主机部分主要包括CPU和内存等设备；外部设备包括鼠标、键盘、显示器、打印机和扫描仪等I/O设备。

(一) 控制器

控制器是计算机的指挥中心，是整个计算机系统的控制中心，负责有序地向计算机各部件发出信号，使各部件按照指令开始工作。

控制器主要由指令寄存器、译码器、程序计数器和操作控制器等组成。

(二) 运算器

运算器是对数据进行加工处理的部件，它在控制器的指挥下与内存交换数据，负责进行各类基本的算术运算、逻辑运算和其他操作。

运算器由算术逻辑单元(arithmetic logic unit，ALU)、累加器、状态寄存器和通用寄存器等组成，其中，算术逻辑单元主要完成二进制数的加、减、乘、除等算术运算和与、或、非等基本逻辑运算，实现逻辑判断。

运算器的控制器构成中央处理器(central processing unit，CPU)，又称微处理器或CPU芯片，它直接影响计算机的整体性能，因此，被称为“计算机的心脏”。

（三）存储器

存储器是计算机系统中存放程序和数据的“仓库”，可以保存大量信息。它根据控制器指定的位置存入和取出信息。有了存储器，计算机才有记忆功能，才能保证正常工作。

存储器如果按在计算机系统中的作用可分为3种：首先是内部存储器（简称内存储器），也称主存储器（主存），平常所说的“内存”即指它。它直接与CPU相连接，存储容量较小，但速度快，用来存放当前运行程序和数据，并直接与CPU交换信息。其次是外部存储器（简称外存储器），又称辅助存储器（辅存）。它是内存的扩充，外存存储容量大、价格低，但存储速度较慢，一般用来存放大量暂时不用的程序、数据和中间结果。外存只能与内存交换信息，不能被计算机系统的其他部件直接访问。常用的外存有磁盘、光盘等。最后一种是高速缓冲存储器Cache，它位于CPU和内存之间，以弥补内存的运行速度与CPU之间的差距，减少CPU直接访问内存的次数，提高处理速度。CPU对高速缓冲存储器Cache的访问速度比一般内存快数倍。Cache的工作过程如下：当CPU从内存中读取数据时，把附近的一批数据读入Cache。若CPU需继续读取数据时，将首先从Cache中读取；若所需数据不在Cache中，再从内存中读取。这样就降低了CPU直接读取内存的次数，减少了CPU等待从内存读取数据的时间，从而提高了计算机的运行速度。目前，微型计算机的Cache主要为集成在CPU上的一级、二级和三级缓存，即内部高速缓存的L1 Cache、L2 Cache、L3 Cache，而把安装在主板上的高速缓存称为外部高速缓存。

在计算机中，内存由RAM、ROM和Cache 3个部分组成（图1-43）。也就是说，主存储器按其存取方式来分，还可分为随机存储器（random access memory，RAM）和只读存储器（read only memory，ROM），而高速缓冲存储器Cache是静态RAM（SRAM）的一种，是内存的一部分。其中，RAM是短期存储器，只要断电，其存储内容将全部丢失。人们通常所说的内存实际上是指以内存条的形式插在主板内存插槽中的RAM。所以，用户应将新建、修改过的文件及时保存到外存中。而ROM的数据是厂家在生产芯片时以特殊的方式固化在上面的，用户一般不做修改。所以，ROM中一般存放系统管理程序，即使断电，ROM中的数据也不会丢失。典型的ROM是主板上的ROM BIOS，它固化了BIOS（basic input/output system，基本输入输出系统）和CMOS设置程序。BIOS由一系列系统服务程序组成，如系统自举程序、上电自检程序等。在系统运行过程中，BIOS是连通硬件和软件的枢纽，可以提供最低级、最直接的硬件控制和支持，所以，把它放在一个不需要供电的记忆体（芯片）中，这就是平时所说的“BIOS”；而分别由一块ROM和一块RAM组成的COMS（complementary metal oxide semiconductor，互补金属氧化物半导体）是一个硬件，其中存储了系统运行所必需的配置信息，如系统时期时间、存储器、CPU等设备的参数，即主要用来保存当前系统的硬件配置和操作人员对某些参数的设定。CMOS RAM芯片由系统通过一块后备电池供电，因此，无论是在关机状态中，还是遇到系统掉电情况，CMOS信息都不会丢失。

内存储器
- 只读存储器ROM
- 随机存储器RAM
- 高速缓冲存储器Cache

图1-43 内存的种类

BIOS和CMOS的区别与联系如下。两者的区别在于BIOS是软件、是程序，而CMOS是芯片、是硬件。也就是说，BIOS是一组设置硬件的电脑程序，里面装有系统的重要信息和设置系统参数的设置程序——BIOS Setup程序。而CMOS是主板上的一块可读写的RAM芯片，用来保存当前系统的硬件配置和用户对参数的设定。CMOS芯片由主板上的钮扣电池供电，即使系统断电，参数也不会丢失。CMOS芯片只有保存数据的功能，而对CMOS中各项参数的修改要通过BIOS的设定程序来实现。BIOS中的系统设置程序是完成CMOS参数设置的手段；CMOS RAM既是BIOS设定系统参数的存放场所，也是BIOS设定系统参数的结果。因此，完整的说法应该是“通过BIOS设置程序对CMOS参数进行设置”。在实际使用过程中，BIOS设置和CMOS设置其实指的都是同一件事，但BIOS与CMOS却是两个完全不同的概念，切勿混淆。

一般情况下，主机存储器是指内存储器，内存储器中存放运行的程序和数据。所以，人们通常把内存储器、中央处理器合称为计算机主机。而主机以外的装置称为外部设备，如输入和输出设备、外存储器等。

高速缓冲存储器、内存储器、外存储器构成的三级存储系统可以分为两个层次：高速缓冲存储器和内存可称为Cache-内存层次，而内存和外存可称为内存-外存层次（图1-44）。

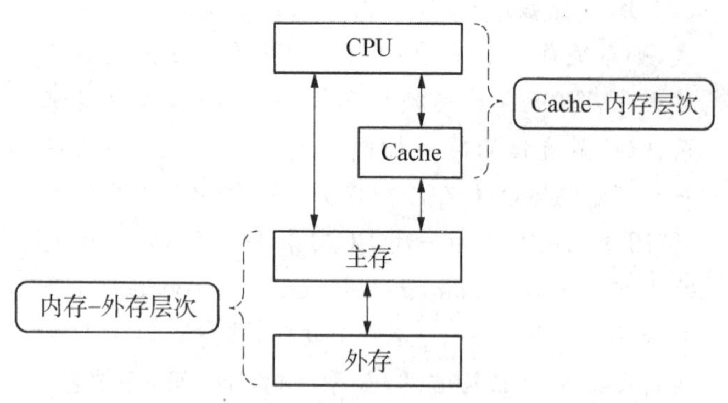

图 1-44 存储系统的层次结构

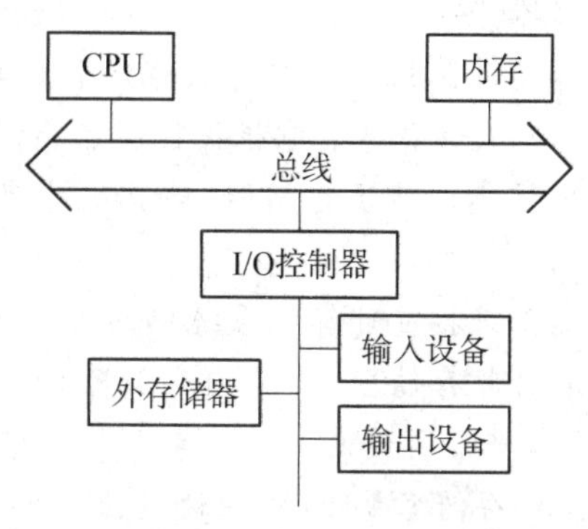

图 1-45 计算机总线结构

(四) I/O 设备

输入/输出设备，简称 I/O（Input/Output）设备。

输入设备是用来接收用户输入的原始数据和程序，并将它们变为计算机能识别的二进制存入内存中。常用的输入设备有键盘、鼠标器、扫描仪、数字化仪、光笔等。

输出设备用于将存入在内存中的由计算机处理的结果转变为人们能接受的形式输出。常用的输出设备有显示器、打印机、绘图仪等。

二、计算机总线结构

总线是一组系统部件之间数据传送的公用信号线，具有汇集与分配数据信号、选择发送信号的部件与接收信号的部件、建立与转移总线控制权等功能（图 1-45）。当前微型计算机各部件之间用系统总线（bus）相连接。

微机中的总线根据传送的信号不同一般有 3 种：数据总线（data bus）、地址总线（address bus）和控制总线（control bus）。数据总线负责传输各部件之间的数据信号；地址总线负责指出数据存放的存储位置信号；控制总线在传输信息时起控制作用。于是，各部件之间传输的信息可分为 3 种类型，即数据（含指令）信号、地址信号、控制信号。

总线涉及各部件之间的接口和信号交换规程，它与计算机系统对硬件结构的扩展和各类外部设备的增加有密切的关系。因此，总线在计算机的组成与发展过程中起着重要的作用。

三、主板

主板，又称主机板（main board）、系统板（system board）或母板（mother board），是安装在微型计算机主机箱内的一个矩形印刷电路板，上面布置了主要电路系统及 BIOS 芯片、I/O 控制芯片、键盘和面板控制形状接口、指示灯插接件、扩充插槽、供电插接件，是连接 CPU、内存储器、外存储器、各种适配卡、外部设备的中心枢纽（图 1-46）。

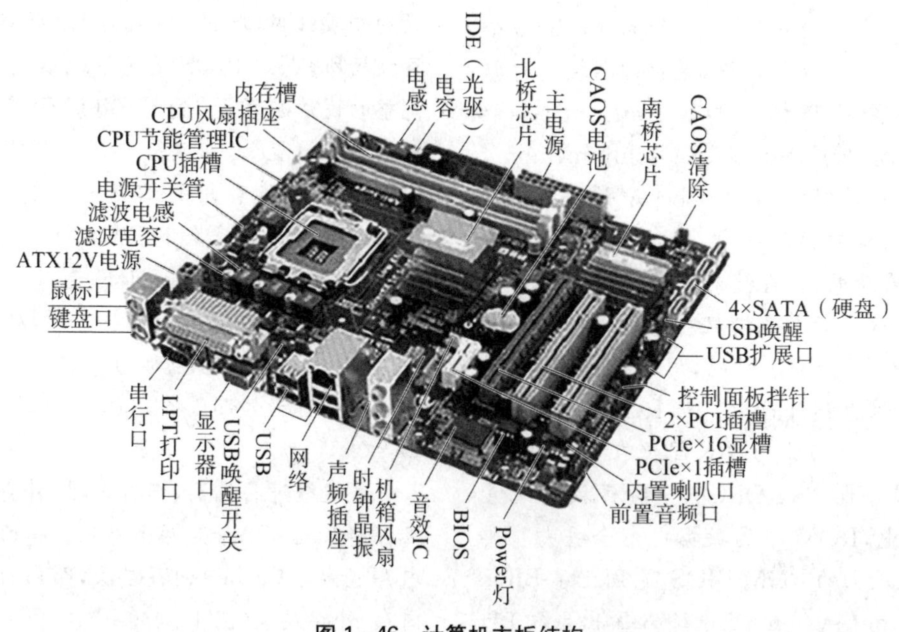

图 1-46 计算机主板结构

主板的类型和档次决定整个微机系统的类型和档次，主板的性能影响整个微机系统的性能。技嘉X299X AORUS MASTER主板及相关参数分别如图1－47、图1－48所示。

图1－47　技嘉X299X AORUS MASTER主板

型号	X299X AORUS MASTER
适用类型	台式机
芯片厂商	英特尔(Intel)
芯片组或北桥芯片	Intel X299
支持CPU类型	Intel Core i7-7800X以上X系列处理器/Intel Core i9 X系列处理器
主板架构	EATX
支持内存类型	DDR4
支持通道模式	双通道
内存插槽	8 DDR4 DIMM
内存频率	支持DDR4 2933/2666/2400/2133MHz
最大支持内存容量	256GB
板载芯片	
集成显卡核心	需要搭配内建GPU的处理器
板载声卡	支持2/4/5.1/7.1声道，集成Realtek ALC1220-VB芯片；集成ESS SABRE9218 DAC芯片；支持High Definition Audio；支持S/PDIF输出
板载网卡	集成1个Aquantia 5GbE网络芯片(5 Gbit/2.5 Gbit/1000 Mbit/100 Mbit)；集成1个Intel GbE 网络芯片(10/100/1000 Mbit)
扩展参数	
SATA Ⅲ接口数量	SATA×8
磁盘阵列模式	RAID 0,RAID 1,RAID 5,RAID 10
插槽接口	2×PCI-E X8,2×PCI-E X16

图1－48　技嘉X299X AORUS MASTER主板参数

四、计算机软件系统

计算机软件是指支持计算机运行或解决某些特定问题所需要的程序、数据以及相关的文档，包括系统软件和应用软件。

系统软件是指维持计算机系统正常运行和支持用户运行应用软件的基础软件，即系统软件是用户与计算机系统进行信息交换、通信对话、控制和管理的接口，是生产、准备和执行其他程序所必需的一组程序。它通常负责管理、控制和维护计算机的各种软硬件资源，并为用户提供一个友好的操作界面，其他软件一般都通过它发挥作用。系统软件包括操作系统、程序设计语言、数据库管理系统等。

应用软件是特定应用领域的专用软件，是专业人员为各种应用目的而编制的程序及软件开发商推出的一些专用软件包、数据管理系统等，如文字处理软件、表格处理软件、绘图软件、财务软件、过程控制软件等。

最基本、最重要的系统软件是操作系统，它是附着在计算机硬件上的第一层软件，是用户与硬件联系的接口，又是用户进行软件开发的基础，是系统软件的核心。它的主要功能是对计算机系统的全部硬件和软件资源进行统一管理、统一调度、统一分配（图1－49）。

其他系统软件和应用软件必须在操作系统的支持下才能合理调度工作流程、正常工作。所以，系统软件的核心是操作系统。

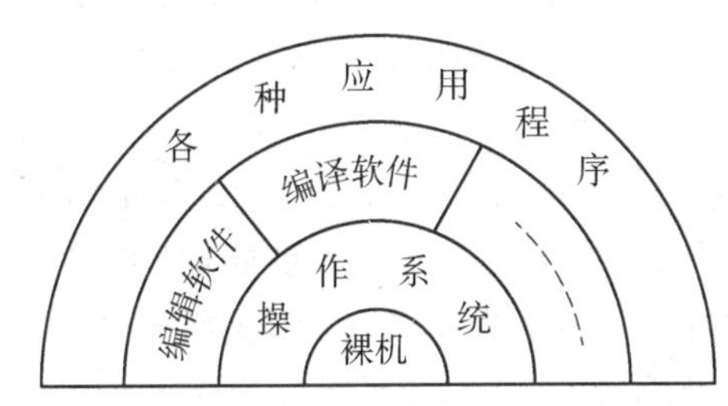

图1－49　操作系统与硬件和软件的关系

五、操作系统的分类

操作系统的分类有3种：①按与用户对话的界面分类，如图1－50(a)所示；②按操作系统的工作方式分类，如图1－50(b)所示；③按操作系统的功能分类，如图1－50(c)所示。

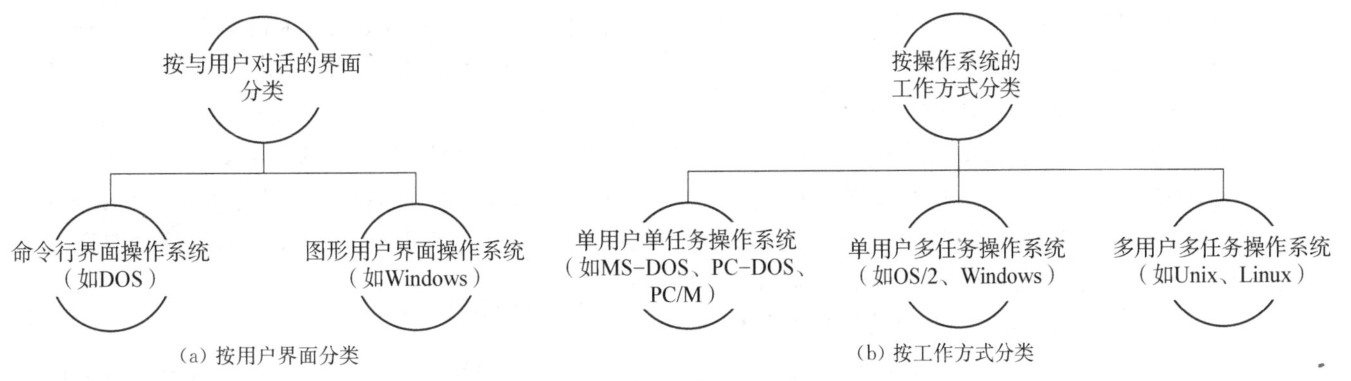

图1－50

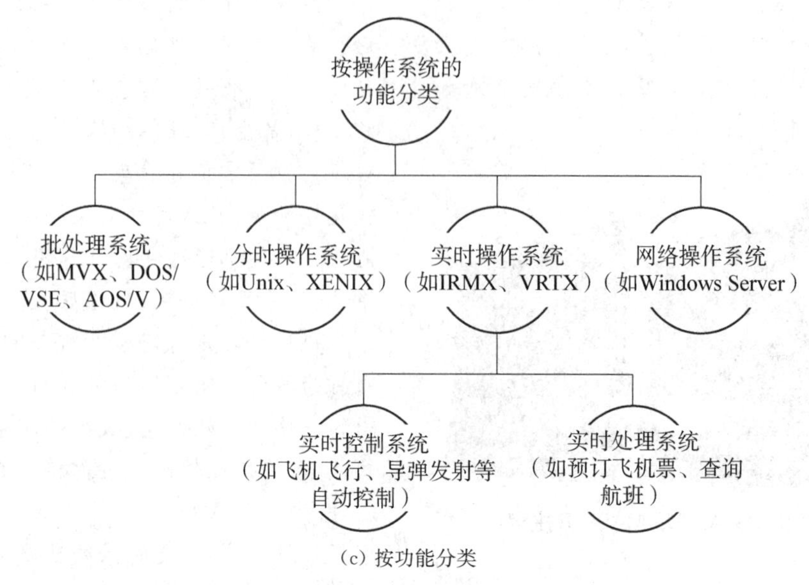

(c) 按功能分类

图 1－50 操作系统的分类

六、计算机的信息存储单位

在计算机中，作为存储器的所有设备都有其存储容量单位。存储容量是指存储器中能包含的字节数，而计算机存储容量的计量单位有字节（B：byte）、千字节（KB：kilobyte）、兆字节（MB：megabyte）、吉字节（GB：gigabyte）、太字节（TB：terabyte）、拍字节（PB：Petabyte）、艾字节（EB：Exabyte）、泽字节（ZB：Zetabyte）、尧字节（YB：Yottabyte）、BB（Brontobyte）、NB（Nonabyte）、DB（Doggabyte）等。通常用 B(字节)、KB(千字节)、MB(兆字节)、GB(吉字节)、TB(太字节)等来表示。

在计算机中，以二进制进行计量：

1 B=8 bit；

1 KB=2^{10} B =1 024 B；

1 MB=2^{10} KB=1 024 KB=2^{20} B；

1 GB=2^{10} MB=1 024 MB=2^{30} B；

1 TB=2^{10} GB=1 024 GB=2^{40} B；

1 PB=2^{10} TB=1 024 TB=2^{50} B；

1 EB=2^{10} PB=1 024 PB=2^{60} B；

1 ZB=2^{10} EB=1 024 EB=2^{70} B；

1 YB=2^{10} ZB=1 024 ZB=2^{80} B；

1 BB=2^{10} YB=1 024 YB=2^{90} B；

1 NB=2^{10} BB=1 024 BB=2^{100} B；

1 DB=2^{10} NB=1 024 NB=2^{110} B。

计算机存储数据的最小单位是位(bit)。在计算机中，一个二进制代码称为 1 位，记为 bit，如“10110100”为 8 bit。计算机用来存储信息的基本容量单位是字节。在计算机中，以 8 位二进制代码为一个单元存放在一起，称为一个字节，记为 byte。一个汉字由两个字节组成，即两个字节可以存储一个汉字国际码。一个字节可以存储一个 ASCII 码。例如，U 盘里有一篇容量为 1M 的文章，则其内可容纳 1×1 024×1 024 个字节信息，理论上可保存 524 288 个汉字。

计算机处理数据时在同一时间内处理一组二进制数，即能作为一个整体来处理或运算一串数码，这组二进制数称为一个计算机的“字”(word)，这组二进制数的位数就是字长。一个字可以是一个字节，也可以是多个字节，字通常分为若干个字节(每个字节一般是 8 位)。常用的字长有 8 位、16 位、32 位和 64 位等。

在计算机的运算器和控制器中，通常都是以字为单位进行传送的。字出现在不同的地址，其含义是不相同的。例如，送往控制器去的字是指令，而送往运算器去的字就是一个数。字长越长的计算机的运算速度越快、精度也越高，字长通常成为计算机性能的一个标志。

字节的长度是固定的(8 bit)，而字长的长度是不固定的，对于不同的 CPU(不同的计算机系统)，字长的长度也不相同。8 位的 CPU 一次只能处理 1 个字节，32 位的 CPU 一次就能处理 4 个字节，同理，字长为 64 位的 CPU 一次可以处理 8 个字节。目前主流微机都是 64 位机。注意字与字长的区别：字是单位，而字长是指标，指标需要用单位去衡量。

七、计算机语言

计算机系统的最大特征是指令通过一种语言传

达给机器。为了使电子计算机进行各种工作,就需要有一套用以编写计算机程序的数字、字符和语法规划,由这些字符和语法规则组成计算机各种指令(或各种语句)。这些就是计算机能接受的语言。

计算机语言(computer language)是指用于人与计算机之间通讯的语言。计算机语言是人与计算机之间传递信息的媒介。计算机刚刚问世时,唯一想到利用程序设计语言来解决问题的是德国工程师康拉德·楚泽。

计算机语言分为机器语言、汇编语言、高级语言3类,这3种语言也恰恰对应计算机语言发展历史的3个阶段。1946年2月14日,世界上第一台通用计算机ENIAC诞生,使用的是最原始的穿孔卡片,卡片上使用的语言是只有专家才能理解的语言,与人类语言差别极大,这种语言就称为机器语言。机器语言是第一代计算机语言,是计算机唯一能直接加以识别、执行的语言。计算机语言发展到第二代,出现了汇编语言。汇编语言用助记符代替操作码,用地址符号或标号代替地址码,这样就用符号代替了机器语言的二进制码。汇编语言也称为符号语言。当计算机语言发展到第三代时,就进入“面向人类”的高级语言。高级语言是一种接近于人们使用习惯的程序设计语言。它允许用英文写计算程序,程序中的符号和算式也与日常用的数学式相差不多。高级语言发展于20世纪50年代中叶到70年代,流行的高级语言已经开始固化在计算机内存里,如Basic语言。计算机语言仍然在不断地发展,种类也相当多,如COBOL语言、C语言、C++、C#、JAVA、Python、PHP等。

高级语言所编制的程序不能直接被计算机识别,必须经过转换才能被执行,按转换方式可将它们分为解释类和编译类。解释类执行方式类似于日常生活中的“同声翻译”,应用程序源代码一边由相应语言的解释器翻译成目标代码(机器语言),一边执行。此类方式效率比较低,而且不能生成可独立执行的可执行文件,应用程序不能脱离其解释器,但可以动态地调整、修改应用程序。编译类执行方式是指在应用源程序执行之前,就将程序源代码翻译成目标代码(机器语言),因此,其目标程序可以脱离其语言环境独立执行,使用比较方便,效率也比较高。应用程序一旦需要修改,必须先修改源代码,再重新编译生成新的目标文件才能执行,只有目标文件而没有源代码,修改很不方便。现在大多数的编程语言都是编译型的,如Visual C++、Visual Foxpro等。

伪代码(pseudocode)是一种算法描述语言。使用伪代码的目的是使被描述的算法可以容易地以任何一种编程语言实现。因此,伪代码必须结构清晰、代码简单、可读性好,并且类似自然语言,介于自然语言与编程语言之间,以编程语言的书写形式指明其算法职能。使用伪代码,不用拘泥于具体实现。与程序语言(如Java、C++、C、Dephi等)相比,它更类似自然语言,是半角式化、不标准的语言,可以将整个算法运行过程的结构用接近自然语言的形式描述出来。伪代码常被用于技术文档和科学出版物中来表示算法,也被用于在软件开发的实际编码过程之前表达程序的逻辑。伪代码不是用户和分析师的工具,而是设计师和程序员的工具。

任务拓展

一、哈佛结构

哈佛结构是一种将程序指令存储和数据存储分开的存储器结构。它是一种并行体系结构,主要特点是将程序和数据存储在不同的存储空间中,即程序存储器和数据存储器是两个独立的存储器,每个存储器独立编址、独立访问(图1-51)。

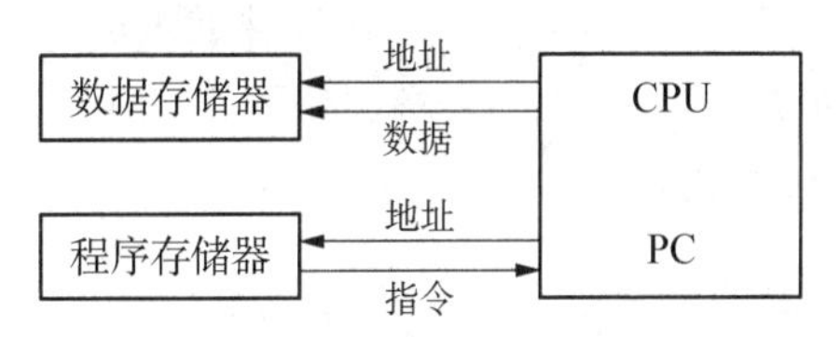

图1-51 哈佛结构图

与两个存储器相对应的是系统的4条总线:程序和数据的数据总线与地址总线。这种分离的程序总线和数据总线可允许在一个机器周期内同时获得指令字(来自程序存储器)和操作数(来自数据存储器),从而提高执行速度和数据吞吐率。由于程序和数据分别存储在两个分开的物理空间中,因此,取址和执行能完全重叠。中央处理器首先到程序指令存储器中读取程序指令内容,解码后得到数据地址,再到相应的数据存储器中读取数据,并进行下一步的操作(通常是执行)。程序指令存储和数据存储分开,可以使指令和数据有不同的数据宽度。

哈佛结构的计算机由CPU、程序存储器和数据存储器组成,程序存储器和数据存储器采用不同的总线,从而提供较大的存储器带宽,使数据的移动和交换更加方便,尤其是提供较高的数字信号处理性能。

哈佛结构与冯·诺伊曼结构处理器相比,处理器有两个明显的特点:使用两个独立的存储器模块,分别存储指令和数据,每个存储模块都不允许指

令和数据并存；使用独立的两条总线，分别作为CPU与每个存储器之间的专用通信路径，而这两条总线之间毫无关联。

目前，大部分计算机体系都是在CPU内部使用哈佛结构，在CPU外部使用冯·诺伊曼结构。

二、龙芯CPU

“龙芯”是我国最早研制的高性能通用处理器系列。2001年中国科学院计算所开始研发，得到中国科学院、“863”、“973”、“核高基”等项目大力支持，完成10年的核心技术积累。2010年，中国科学院和北京市政府共同牵头出资，龙芯中科技术有限公司正式成立，开始市场化运作。龙芯中科坚持“为人民做龙芯”的核心理念，坚持实事求是的思想方法，坚持自力更生、艰苦奋斗的工作作风，掌握高性能通用CPU的核心设计能力，具备完全自主知识产权。龙芯中科致力于龙芯系列CPU设计、生产、销售和服务。主要产品包括面向行业应用的“龙芯1号”小CPU、面向工控和终端类应用的“龙芯2号”中CPU，以及面向桌面与服务器类应用的“龙芯3号”大CPU。目前，龙芯面向网络安全、办公与信息化、工控及物联网等领域，与合作伙伴展开广泛的市场合作，并在政府、能源、金融、交通、教育等行业领域取得广泛应用(图1-52)。

图1-52 龙芯中科官网

龙芯CPU采用自主的GS464E架构，使用简单指令集，类似MIPS指令集。“龙芯1号”(国内第一款32位通用CPU)的频率为266 MHz，最早在2002年开始使用。“龙芯2号”(国内第一款64位通用CPU)的频率最高为1GHz。2009年研制成功的“龙芯3号”是我国第一款多核通用CPU。龙芯3A是首款国产商用4核处理器，其工作频率为900 MHz～2 GHz；龙芯3B是首款国产商用8核处理器，主频达到2 GHz，支持向量运算加速，具有很高的性能功耗比。

龙芯1E和龙芯1F为宇航级国防芯片。2015年3月31日中国发射首枚使用“龙芯”的北斗卫星。2015年4月，随着搭载龙芯抗辐照芯片的第17颗北斗卫星升空并开机运行，我国卫星导航系统在自主可控的征程上迈出关键一步。

2017年4月25日，龙芯中科公司正式发布龙芯3A3000/3B3000、龙芯2K1000、龙芯1H等产品。龙芯3A3000/3B3000芯片是基于龙芯3A2000设计的，龙芯3A3000进行结构上的少量改进，增加处理器核关键队列项数，扩充片上私有/共享缓存容量，有利于主频性能提升，并在新工艺下实现芯片频率的提升，实测主频突破1.5 GHz以上。另外，继续维持芯片封装管脚的向前兼容性，可直接替换原龙芯3A1000/3A2000芯片，升级BIOS和内核，即可获取更佳的用户体验(图1-53和表1-4)。龙芯3B3000在龙芯3A3000的基础上，支持多达4片全相联结构的多路一致性互连。

图1-53 龙芯3A3000CPU

表1-4 龙芯3A3000CPU参数

芯片	龙芯3A3000
内核	四核64位
主频	1.35 GHz～1.50 GHz(商业级)
功耗	30 W
浮点单元	64位
峰值运算速度	24GFlops
高速I/O	HT3.0×2
其他I/O	PCI控制器、LPC、SPI、UART、GPIO
流水线	12
微体系结构	四发射乱序执行GS464E
制造工艺	28 nm
私有一级指令缓存	64 KB
私有一级数据缓存	64 KB
私有二级缓存	256 KB
共享三级缓存	共享8M
内存控制器	72位DDR2/3-1600×2，支持ECC
引脚数	1121
封装方式	40 mm×40 mm FCBGA

2019 年第三代处理器产品 3A4000/3B4000 成功推出。龙芯 3A4000/3B4000 是“龙芯 3 号”系列处理器中首款基于 GS464v 微架构的 4 核处理器。与上一代 GS464e 微架构相比，进一步优化流水线，提升运行频率，加强对虚拟化、向量支持、加解密、安全机制等方面的支持。与上一代 4 核处理器龙芯 3A3000 相比，芯片整体实测性能提升约 1 倍。操作系统应用程序与龙芯 3A3000 实现二进制兼容。龙芯 3A4000/3B4000 采用全新的 FCBGA - 1211 封装，不再向前兼容(图 1 - 54 和表 1 - 5)。龙芯 3B4000 支持多达 8 片结构的多路一致性互连。

图 1 - 54　龙芯 3A4000CPU

表 1 - 5　龙芯 3A4000CPU

芯片	龙芯 3A4000/3B4000
主频	1.8 GHz~2.0 GHz(商业级)
峰值运算速度	128GFlops@2.0 GHz
核心个数	4
处理器核	64 位超标量处理器核 GS464v； MIPS64 兼容； 支持 128/256 位向量指令； 四发射乱序执行； 2 个定点单元、2 个向量单元和 2 个访存单元
高速缓存	64 KB 私有一级指令缓存、64 KB 私有一级数据缓存； 256 KB 私有二级缓存； 共享 8 MB 三级缓存
内存控制器	2 个 72 位 DDR4 - 2400 控制器，支持 ECC 校验
高速 I/O	2 个 16 位 Hyper Transport 3.0 控制器； 支持多处理器数据一致性互连(CC - NUMA) 支持 2/4/8 路互连
其他 I/O	1 个 SPI、1 个 UART、2 个 I2C、16 个 GPIO 接口
制造工艺	28 nm
封装	37.5 mm × 37.5 mm FC - BGA 封装
引脚数	1211
功耗管理	支持主要模块时钟动态关闭； 支持主要时钟动态变频； 支持主电压域动态调压
典型功耗	<30 W@1.5 GHz <40 W@1.8 GHz <50 W@2.0 GHz

三、兆芯 CPU

上海兆芯集成电路有限公司成立于 2013 年 4 月，是一家国资控股公司，总部位于上海张江，在北京、西安、武汉、深圳等地设有研发中心和分支机构。公司同时掌握 CPU、GPU、芯片组三大核心技术，具备三大核心芯片及相关 IP 设计研发能力(图 1 - 55)。

图 1 - 55　兆芯官网

兆芯致力于通过技术创新与兼容主流的发展路线，为行业用户提供通用处理器和配套芯片等产品，推动信息产业的整体发展。自公司成立以来，兆芯已成功研发并量产多款通用处理器产品，形成“开先”、“开胜”两大产品系列，更有效地推动产品性能提升和规模应用。兆芯通用处理器及配套芯片具有杰出的操作系统和软硬件兼容性，性能卓越，广泛应用于电脑整机、笔记本、一体机、云终端、服务器和嵌入式计算平台等产品的设计开发。

采用 X86 授权来开发的兆芯新一代 16 nm 3.0 GHz 处理器——开先 KX - 6000 系列先后荣获“第二十届中国国际工业博览会金奖”、“第二届集成电路产业技术创新奖”和“2019 年度中国 IC 设计成就奖”，并获选“上海设计 100+”优秀成果，得到行业的积极认可。此外，开先 ZX - C 系列处理器也先后荣获“第十八届中国国际工业博览会金奖”、“第十一届(2016 年度)中国半导体创新产品和技术”和“2017 年度大中华 IC 设计成就奖”三大奖项。

2014 年 5 月，完成 ZX - C 系列处理器的自主研发工作，包括ZX－C处理器的全新架构、微架构和代码设计工作。

2015年4月，ZX－C系列处理器正式规模量产，当年9月采用ZX－C系列处理器的联想开天M6100台式机量产。

2016年2月，采用ZX－C系列处理器的联想开天A6100一体机批量生产，6月ZX－C+系列8核处理器规模量产。当年8月正式启用“开先”、“开胜”两大系列全新命名，并在当月开先ZX－C+系列4核处理器、ZX－100S芯片组规模量产。

2017年12月，首款支持双通道DDR4内存的国产通用处理器——开先KX－5000系列处理器正式发布，同期发布的还包括开胜KH－20000系列处理器及ZX－200 IO扩展芯片。

2018年3月，采用16 nm FFC工艺，主频高达3.0 GHz的开先KX－6000系列处理器成功流片，6月ZX－200 IO扩展芯片通过USB协会PIL测试认证工作，被正式列入USB 3.1认证产品列表。兆芯也因此成为国内首家自主设计开发该IP并且成功实现量产的公司。

2019年6月，开先KX－6000/开胜KH－30000系列处理器正式发布，这是首款主频达到3.0 GHz的国产通用处理器，产业发展意义重大。

开先KX－6000系列处理器是兆芯自主创新研发的最新一代通用SoC处理器产品，为国内率先采用16 nm CMOS制程工艺的处理器芯片，采用尺寸为35 mm×35 mm的HFCBGA封装技术，单芯片集成4/8个核心CPU，内置双通道DDR4内存控制器、3D图形加速引擎、高清流媒体解码器，以及PCIe 3.0、SATA、USB等通用外设接口，可良好兼容市场主流的硬件配置环境。开先KX－6000系列CPU核心采用超标量、多发射、乱序执行架构设计，兼容最新的x86指令集，可支持64位系统以及CPU硬件虚拟化技术，同时支持SM3/SM4国密算法，可提供基于硬件的数据加密保护。开先KX－6000系列处理器可以满足多种市场的应用需求，主要面向高性能桌面、便携终端、嵌入式等市场应用领域（图1－56）。

图1－56　开先KX－6000

开胜KH－30000系列处理器是兆芯自主研发的最新一代服务器通用SoC处理器产品，为国内率先采用16 nm CMOS制程工艺的处理器芯片，采用尺寸为35 mm×35 mm的HFCBGA封装技术，单芯片集成8个核心CPU、双通道DDR4内存控制器（可支持ECC UDIMM/RDIMM），以及PCIe 3.0、SATA、USB等通用外设接口，可良好兼容市场主流的硬件配置环境。开胜KH－30000系列CPU核心采用超标量、多发射、乱序执行架构设计，支持芯片间双路互联技术，同时兼容最新的x86指令集，可支持64位系统以及CPU硬件虚拟化技术。同时支持SM3/SM4国密算法，可提供基于硬件的数据加密保护。开胜KH－30000系列处理器可以满足多种市场应用需求，主要面向服务器、存储等市场应用领域（图1－57）。

图1－57　开胜KH－30000（服务器芯片）

任务三　计算机的信息表示

任务目标

（1）掌握进位计数制的相关概念；

（2）掌握不同进位计数制间的转换；

（3）了解数据信息编码。

任务资讯

一、相关概念

计算机中使用和处理的数据有两类，即数值数据和字符数据。任何形式的数据，无论是数字、文字、图形、图像、声音或视频数据，在计算机中都要进行数据的数字化，以一定的数制进行表示。信息在计算机中是以二进制数进行处理和存储的。信息是经过组织的数据，是将原始数据提炼成为有意义的数据。信息是信息论中的术语，常常把消息中有意义的内容称为信息。1948 年，美国数学家、信息论的创始人香农指出："信息是用来消除随机不定性的东西。"

数据是对客观事物的符号表示，是指能够输入计算机并由计算机处理的符号，如数值、文字、语言、图形、图像等。数据是信息的载体，是信息的具体表示形式。

信息是数据所表达的含义，也就是说，信息是数据的具体内涵。当数据以某种形式经过处理、描述或与其他数据比较时，才能成为信息，即：信息是对事物变化和特征的反映，又是事物之间互相作用、联系的表征。例如，数据 39℃ 本身是没有意义的，某个患者的体温为 39℃，这才是信息。信息具有针对性和时效性，是有意义的，数据则没有。信息本身也是数据，但数据不一定是信息。

数制就是用一组固定的数字符号和一套统一的规则来表示数值的方法。它是一种科学的计数方法，实现以很少的符号表示大范围的数字的目的。数制有很多种，如日常生活中最常使用的十进制、钟表的 60 进制（每分钟 60 秒、每小时 60 分钟）、年月的 12 进制（一年 12 个月）等。

进位计数制又称进位数制或进制。按照进位方式计数的数制是进位计数制，即：它是用一组特定的数字符号按照先后顺序排列起来、从低位向高位进位计数表示数的方法，也就是说，它是按进位的原则（指逢基数进位）进行计数的数制。例如，十进制数 2615 就是用 2，6，1，5 这 4 个数字从低位到高位排列起来的，表示二千六百一十五。一般来说，如果数值只采用 N 个基本符号，则称为 N 进制。例如，二进制只有两个数值，即 0 和 1。

在进位计数制中，包含基数和位权两个基本要素。

基数是指某计数制中数码的个数，即：在一种数制中，一组固定不变的不重复数字的个数。例如，十进制的基数为 10，数码为 0，1，2，3，…，9。

位权是指单位数码在该数位上所表示的数量，简单来说，是以基数为底、数码所在位置的序号为指数的整数次幂。可以理解为某个位置上的数代表的数量大小。它是以指数形式表达，指数的底是进位计数制的基数。十进制数个位的"1"代表 1，即个位的位权是 1；十位的"1"代表 10，即十位的位权是 10；百位的"1"代表 100，即百位的位权是 100，依此类推。再如，十进制中数字"5"在个位、十位、小数点后 1 位分别代表 5，50 和 0.5，这是因为在十进制中，个位、十位、小数点后 1 位的位权不同，分别为 1，10 和 0.1。

位权与基数的关系是位权的值等于基数的若干次幂。例如，在十进制数 327.5 中，"3"表示的是 300，即 3×10^2；"2"表示的是 20，即 2×10^1；"7"表示的是 7，即 7×10^0；"5"表示的是 0.5，即 5×10^{-1}。

位权的两要素是基数和位置序号。各进位计数制间的位权、基数及位置序号对照如图 1－58 所示。其中，位置序号的排列规则如下：小数点左边从右至左分别为 0，1，2，3，…，小数点右边从左至右分别为 −1，−2，−3，…。

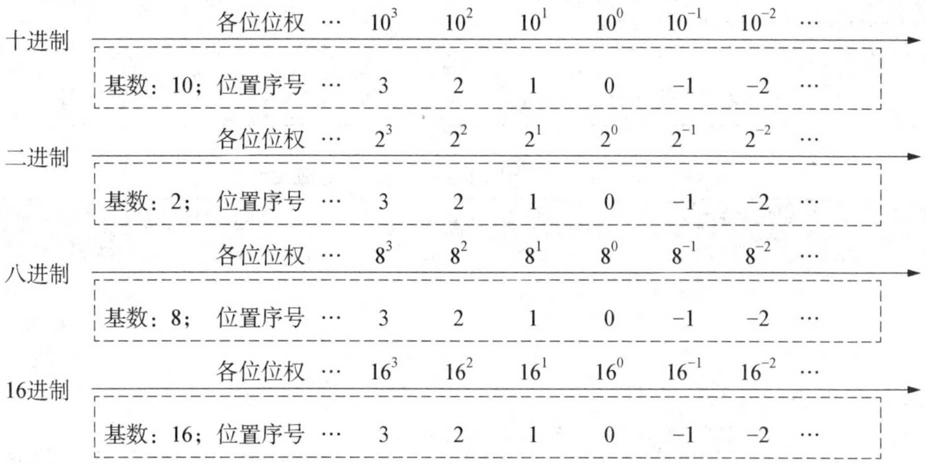

进制									
十进制	各位位权 …	10^3	10^2	10^1	10^0	10^{-1}	10^{-2}	…
	基数：10；位置序号 …	3	2	1	0	−1	−2	…
二进制	各位位权 …	2^3	2^2	2^1	2^0	2^{-1}	2^{-2}	…
	基数：2；位置序号 …	3	2	1	0	−1	−2	…
八进制	各位位权 …	8^3	8^2	8^1	8^0	8^{-1}	8^{-2}	…
	基数：8；位置序号 …	3	2	1	0	−1	−2	…
16进制	各位位权 …	16^3	16^2	16^1	16^0	16^{-1}	16^{-2}	…
	基数：16；位置序号 …	3	2	1	0	−1	−2	…

图 1－58 各进位计数制间的位权、基数及位置序号对照

任何一个数字都可以按位权展开式表示，位权展开式又称乘权求和。进位计数制的编码遵循"逢 R 进一"原则。各位的权是以 R 为底的幂。对于任意一个具有 n 位整数和 m 位小数的 R 进制数 N，按

各位的权展开可表示为

$(N)_R = a_{n-1}R^{n-1} + a_{n-2}R^{n-2} + \cdots\cdots + a_1R^1 + a_0R^0 + a_{-1}R^{-1} + \cdots\cdots + a_{-m}R^{-m}$，

其中，a_i 表示各个数位上的数码，其取值范围为 0～$(R-1)$，R 为计数制的基数，i 为数位的编号。例如，

$(876.54)_{10} = 8\times10^2 + 7\times10^1 + 6\times10^0 + 5\times10^{-1} + 4\times10^{-2}$，

$(101.01)_2 = 1\times2^2 + 0\times2^1 + 1\times2^0 + 0\times2^{-1} + 1\times2^{-2}$，

$(357.01)_8 = 3\times8^2 + 5\times8^1 + 7\times8^0 + 0\times8^{-1} + 1\times8^{-2}$，

$(A6.E4)_{16} = 10\times16^1 + 6\times16^0 + 14\times16^{-1} + 4\times16^{-2}$。

数码是某进制中的记数符号。例如，八进制的数码为 0,1,2,3,4,5,6,7。数位是指数码在一个数中所处的位置。

二、进位计数制的 3 个基本特点及书写规则

（一）进位计数制的基本特点

在进位计数制中，有基数、数位和位权 3 个基本要素（有时说有基数和位权两个基本要素）。进位计数制的 3 个基本特点则为基数、位权和逢 n 进一。例如，十进制中逢 10 进 1。

（二）进位计数制的书写规则

进位计数制的书写规则有两种：在数字后面加英文标识，或在括号外面加数字下标。

1. 在数字后面加英文标识

(1) B(binary)表示二进制数。例如，二进制数 500 可写成 500B。

(2) O(octonary)表示八进制数。例如，八进制数 500 可写成 500O。

(3) D(decimal)表示十进制数。例如，十进制数 500 可写成 500D。一般约定 D 可省去不写，即无后缀的数字为十进制数。

(4) H(hexadecimal)表示十六进制数。例如，十六进制数 500 可写成 500H。

2. 在括号外面加数字下标

(1) $(1001)_2$ 表示二进制数 1001。

(2) $(3423)_8$ 表示八进制数 3423。

(3) $(5679)_{10}$ 表示十进制数 5679。

(4) $(3FE5)_{16}$ 表示 16 进制数 3FE5。

三、常用进位计数制的表示方法

常用进位计数制的特征对照如表 1－6 所示。二进制、八进制、十进制与 16 进制的对应关系如表 1－7 所示。

表 1－6　常用进位计数制的特征对照表

进位计数制	基数	基本符号	权	表示符号	运算规则	数的表示方法
二进制	2	0,1	2^n	B	逢二进一	$(1101)_2$
八进制	8	0,1,2,3,4,5,6,7	8^n	O	逢八进一	$(17)_8$
十进制	10	0,1,2,3,4,5,6,7,8,9	10^n	D	逢十进一	$(23)_{10}$
十六进制	16	0,1,2,3,4,5,6,7,8,9,A,B,C,D,E,F	16^n	H	逢 16 进一	$(2F)_{16}$

表 1－7　二、八、十进制与 16 进制的对应关系表

十进制数	二进制数	八进制数	16 进制数	对应规律
0	0	0	0	$(2^0)_{10}=(1)_2$
$1(2^0)$	1	1	1	$(2^1)_{10}=(10)_2$
$2(2^1)$	10	2	2	$(2^2)_{10}=(100)_2$
3	11	3	3	$(2^n)_{10}=(\underbrace{10\cdots0}_{N个0})_2$
$4(2^2)$	100	4	4	八进制的一个数字与一个 3 位的二进制数对应
5	101	5	5	
6	110	6	6	
7	111	7	7	
$8(2^3)$	1000	10	8	

（续表）

十进制数	二进制数	八进制数	16 进制数	对应规律
9	1001	11	9	
10	1010	12	A	
11	1011	13	B	
12	1100	14	C	
13	1101	15	D	
14	1110	16	E	
15	1111	17	F	
16(2^4)	10000	20	10	
17	10001	21	11	
32(2^5)	100000	40	20	
64(2^6)	1000000	100	40	16 进制的一个数字与一个 4 位的二进制数对应
128(2^7)	10000000	200	80	
256(2^8)	100000000	400	100	
512(2^9)	1000000000	1000	200	
1024(2^{10})	10000000000(1K)	2000	400	
2^{20}	(1M)	4000000	100000	
2^{30}	(1G)	10000000000	40000000	

任务实施

一、不同进位计数制间的转换

（一）非十进制数转换成十进制数

转换方法：将要转换的非十进制数的各位数字与它的位权相乘，其积相加，和数就是十进制数，即按位权展开求和。举例说明如下。

例 1-1 将二进制数 101101.11 转换为十进制数。

$(101101.11)_2=1\times2^5+0\times2^4+1\times2^3+1\times2^2+0\times2^1+1\times2^0+1\times2^{-1}+1\times2^{-2}$
$=32+0+8+4+0+1+0.5+0.25=(45.75)_{10}$。

例 1-2 将二进制数 1010011 转换为十进制数。

$(1010011)_2=1\times2^6+0\times2^5+1\times2^4+0\times2^3+0\times2^2+1\times2^1+1\times2^0$
$=64+16+2+1=(83)_{10}$。

例 1-3 将八进制数 123.4 转换为十进制数。

$(123.4)_8=1\times8^2+2\times8^1+3\times8^0+4\times8^{-1}=64+16+3+0.5=(83.5)_{10}$。

例 1-4 将八进制数 325 转换为十进制数。

$(325)_8=3\times8^2+2\times8^1+5\times8^0=192+16+5=(213)_{10}$。

例 1-5 将 16 进制数 5F.A 转换为十进制数。

$(5F.A)_{16}=5\times16^1+15\times16^0+10\times16^{-1}=80+15+0.0625=(95.0625)_{10}$。

例 1-6 将 16 进制数 F6A 转换为十进制数。

$(F6A)_{16}=15\times16^2+6\times16^1+10\times16^0=(3946)_{10}$。

（二）十进制数转换成非十进制数

转换方法：将十进制数转换为其他进制数时，可将此数分成整数与小数两个部分分别进行转换，然后按照规则组合起来即可。

整数部分转换：将十进制整数连续除以非十进制数的基数，并将所得余数保留下来，直到商为 0，然后用“倒数”的方式（第一次相除所得余数为最低位，最后一次相除所得余数为最高位），将各次相除所得余数组合起来，即为所要求的结果。此法称为“除以基数倒取余法”（除基数取余倒读法）。

小数部分转换：将十进制小数连续乘以非十进制数的基数，并将每次相乘后所得的整数保留下来，直到小数部分为 0 或已满足精确度要求为止，然后将每次相乘所得的整数部分按先后顺序（第一次相乘所得整数部分为最高位，最后一次相乘所得的整数部分为最低位）组合起来。此法称为“乘基数取整正读法”。举例如下。

例 1-7 将$(25.6875)_{10}$转换成二进制数。

方法：将十进制数的整数部分和小数部分分开进行。将十进制的整数转换成二进制整数，遵循“除2取余、逆序排列（自底向上）”的规则；将十进制小数转换成二进制小数，遵循“乘2取整、顺序排列（自顶向下）”的规则；然后将二进制整数和小数拼接起来，形成最终转换结果。

整数部分转换如图1-59所示。

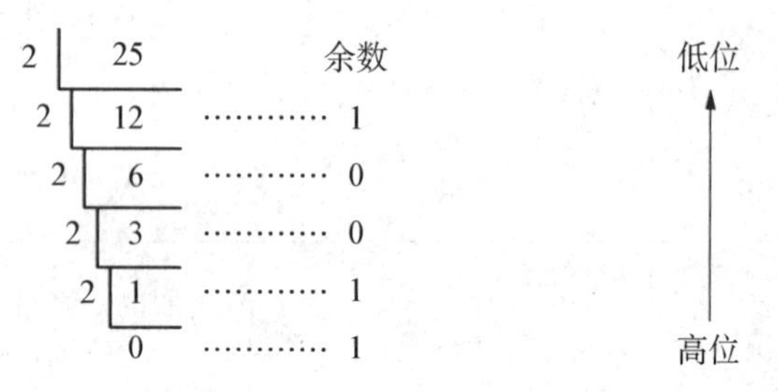

图1-59 $(25.6875)_{10}$ 整数部分转换方法图解

小数部分转换如图1-60所示，小数部分为 $(0.1011)_2$。

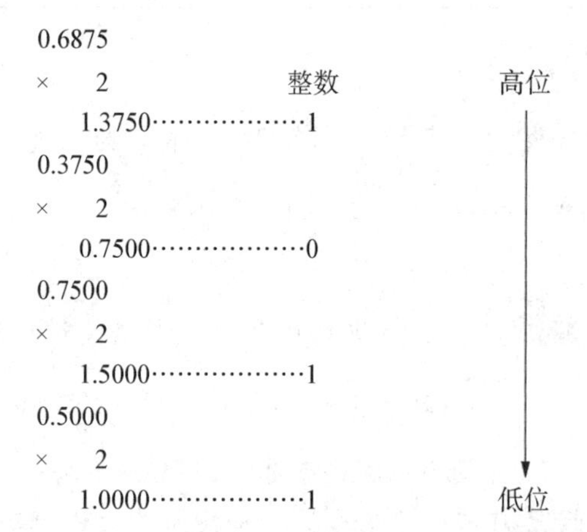

图1-60 $(25.6875)_{10}$ 小数部分转换方法图解

再将整数部分与小数部分组合起来，即 $(25.6875)_{10}=(11001.1011)_2$。

例1-8 将十进制45转换成二进制数。

方法：将十进制的整数转换成二进制数，遵循“除2取余、逆序排列（自底向上）”，即“先余为低，后余为高”的规则，如图1-61所示。

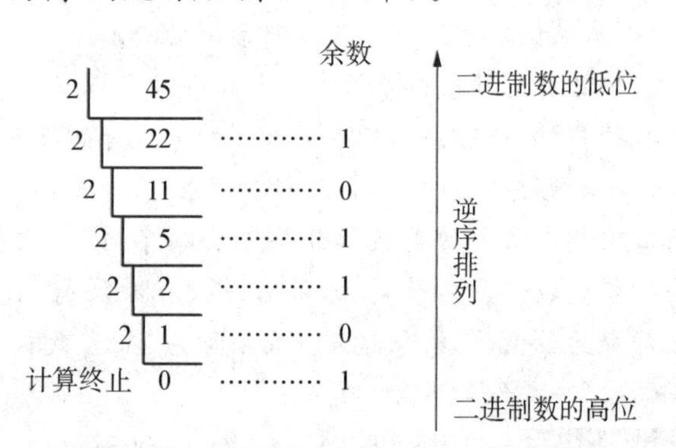

图1-61 十进制整数45转换成二进制数方法图解

结果：$(45)_{10}=(101101)_2$。

例1-9 将十进制小数0.8125转换成二进制数。

方法：将十进制的小数转换成二进制数，遵循“乘2取整、顺序排列（自顶向下）”，即“先整为高，后整为低”的规则，如图1-62所示。

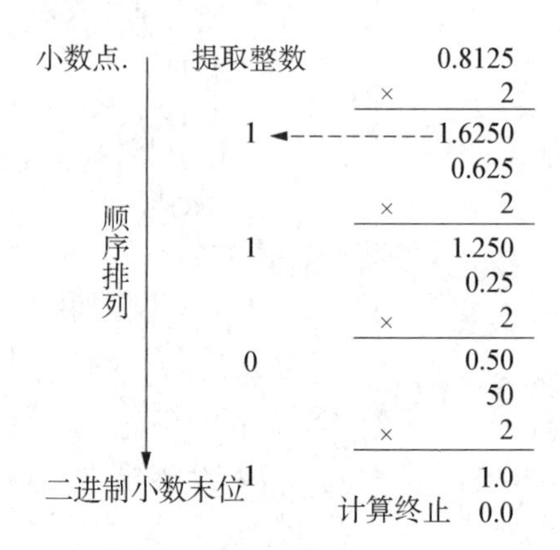

图1-62 十进制小数0.8125转换成二进制数方法图解

结果：$(0.8125)_{10}=(0.1101)_2$。

例1-10 将 $(678.156)_{10}$ 转换成八进制数。

方法：将十进制数的整数部分和小数部分分开进行。将十进制的整数转换成八进制整数，遵循“除8取余、逆序排列（自底向上）”，即“先余为低，后余为高”的规则；将十进制小数转换成八进制小数，遵循“乘8取整、顺序排列（自顶向下）”，即“先整为高，后整为低”的规则；再将八进制整数和小数拼接起来，形成最终转换结果，如图1-63所示。

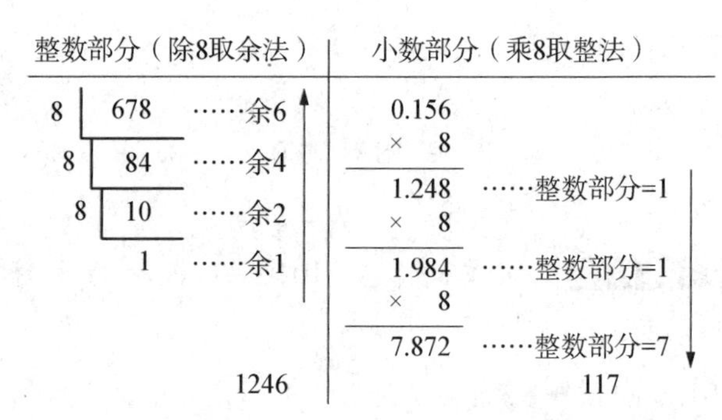

图1-63 十进制数678.156转换成八进制数方法图解

结果：$(678.156)_{10}=(1246.117)_8$。

例1-11 将 $(110.65)_{10}$ 转换成八进制数。

方法：十进制数转换成八进制数的方法与转换成二进制的方法相类似，唯一的变化是整数部分除数由2变成8，小数部分则是乘8取整，如图1-64所示。

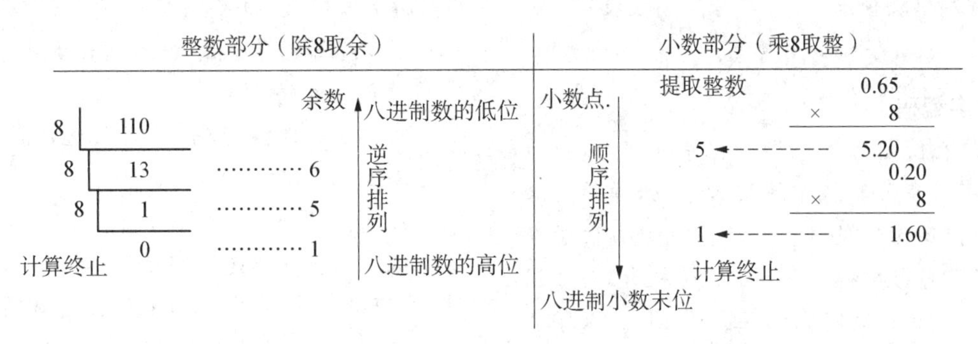

图 1-64 十进制数 110.65 转换成八进制数方法图解

结果：$(110.65)_{10}=(156.51)_8$。

注意 对于十进制纯小数转换，若遇到转换过程无穷尽时，应根据精度的要求，确定保留几位小数，以得到一个近似值；十进制与八进制、16 进制的转换方法和十进制与二进制之间的转换方法相同。

二、数据信息编码

计算机最重要的功能就是处理信息，如数值、文字、符号、语音、图形、视频等。在计算机内部，各种信息都必须采用数字化的形式才能被保存、加工和传送，掌握信息编码的概念和技术至关重要，也就是说，计算机中的数据是用二进制表示的。而人们习惯使用十进制，在输入、输出时，数据就要进行十进制和二进制之间的转换处理，因此，必须采用一种编码的方法，由计算机自己来承担这种识别和转换工作。

编码就是采用少量的、简单的基本符号，按照一定的规则，通过不同的符号组合来表示大量复杂多样的信息，其两大要素是基本符号的种类、符号的组合规则。

（一）数值编码

数值编码就是在计算机内表示二进制数的方法，这个数称为机器数。要全面、完整地表示一个机器数，应该考虑 3 个因素，即机器数的范围、机器数的符号、机器数中小数点的位置。

例如，最简单、最常用的是 8421 码，或称 BCD 码(binary code decimal，二-十进制代码)。BCD 码就是将十进制的每一位数用多位二进制数表示的编码方式，主要用在 IBM 大型机中。它利用 4 位二进制代码进行编码，这 4 位二进制代码从高位至低位的位权分别为 $2^3,2^2,2^1,2^0$，即 8，4，2，1，并用来表示一位十进制数。表 1-8 列出十进制数与 BCD 码之间的 8421 码对应关系。

表 1-8 十进制数与 BCD 码之间的 8421 码对应关系

十进制数	BCD 码	十进制数	BCD 码
0	0000	5	0101
1	0001	6	0110
2	0010	7	0111
3	0011	8	1000
4	0100	9	1001

根据这种对应关系，任何十进制都可以用 8421 码进行转换。例如，

$(52)_{10}=(01010010)_{BCD}$，

$(1001010010000101)=(9485)_{10}$，

$(29.06)_{10}=(00101001.00000110)_{BCD}$。

（二）字符编码

在计算机中，对非数值的文字和其他符号进行处理时，要对文字和符号进行数字化处理，即用二进制编码来表示文字和符号。字符编码(character code)是用二进制编码来表示字母、数字以及专门符号。

目前计算机中普遍采用的是 ASCII 码(American standard code for information interchange，美国信息交换标准代码)。ASCII 码使用最为普遍，主要用在微型机与小型机中。它是基于拉丁字母的一套计算机编码系统，主要用于显示现代英语和其他西欧语言。它是现今最通用的单字节编码系统，已被国际标准化组织(ISC)定为国际标准。ASCII 码有 7 位码版本和 8 位码版本两种，国际上通用的是 7 位码(即用 7 位二进制数表示一个字符)版本。7 位码版本的 ASCII 码有 128 个字符($2^7=128$)，其中，专用字符 32 个(标点符号和运算符)，阿拉伯数字 10 个，大小写英文字母 52 个，通用控制字符 34 个。

ASCII 码是 7 位二进制编码，而计算机的基本存储单位是字节，一个字节包含 8 个二进制位。因此，ASCII 码的机内码要在最高位增补一个 0。在 ASCII 码中，

数字字符编码数值＜大写字母编码数值＜小写字母编码数值。

(三) 汉字编码

我国用户在使用计算机进行信息处理时，一般都要用到汉字。在计算机中使用汉字，必须解决汉字的输入、输出及汉字处理等一系列问题。由于汉字数量多，汉字的形状和笔画多少差异极大，无法用一个字节的二进制代码实现汉字编码，因此，汉字有自己独特的编码方法。在汉字处理的各个环节中，由于要求不同，采用的编码也不同。在汉字输入、输出、存储和处理的不同过程中，所使用的汉字编码并不相同，归纳起来主要有汉字输入码、汉字国际码、汉字机内码和汉字字形码等编码形式(图 1-65)。

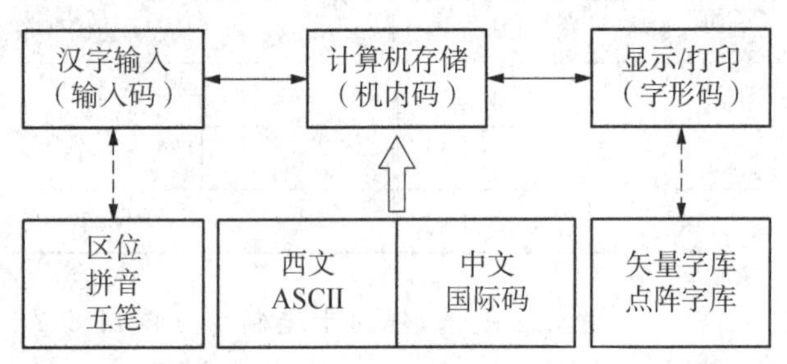

图 1-65 汉字在不同阶段的编码

1. 汉字输入码

汉字输入码又称外部码(外码)，是为了用户利用西文键盘输入汉字而设计的编码。设计人员从不同的角度总结出各种汉字的构字规律，设计出多种输入码方案，主要有以下 4 种：数字编码的，如区位码；字音编码的，如全拼、双拼等；字形编码的，如五笔字型；音形编码，如根据语音和字形双重因素确定的输入码。

2. 区位码

《信息交换用汉字编码字符集基本集》(GB2312-1980)规定，将字符集放置在一个 94 行、94 列的方阵中，每一行称为汉字的一个“区”，区号范围为 1～94，方阵的每一列称为汉字的一个“位”，位号范围为 1～94。于是，汉字在方阵中的位置可以用它的区号和位号来确定，组合起来就是该字的区位码。区位码用 4 位数字编码，前两个是区号，后两个是位号。但是，区位码与国际标准通信码并不兼容，不能用于汉字的通信。

3. 国际码

区位码不能用于汉字通信，根据《信息技术字符代码结构与扩充技术》(ISO2022-1994)的规定，必须将区位码中的区号和位号分别加上 32，得到的代码称为汉字的国标码(又称国际交换码或交换码)。国标码用于汉字的传输和交换。它是一个 4 位 16 进制数，用两个字节表示一个汉字。区位码是一个 4 位的十进制数，每个国标码或区位码都对应一个唯一的汉字或符号。因为 16 进制数人们很少用到，常用的是区位码。

有了统一的国标码，不同系统之间的汉字信息就可以互相交换。

4. 机内码

汉字的机内码是汉字在计算机系统内部实际存储、处理统一使用的代码，又称汉字内码。对一种文字而言，其机内码是唯一的。机内码用两个字节表示一个汉字，每个字节的最高位都为“1”，低 7 位与国标码相同。这种规则能够将汉字与英文字符方便地区别开来(ASCII 码每个字节的最高位为 0)。

需要指出，无论采用哪一种汉字输入法，当用户向计算机输入汉字时，存入计算机中的总是它的机内码，与其采用的输入法无关。实际上不管使用何种输入法，在输入码与机内码之间存在一个对应关系，很容易通过“输入管理程序”把输入码转换为机内码，由此可见输入码仅是供用户选用的编码(也称“外码”)，机内码则是供计算机识别的“内码”，其码值是唯一的。

汉字机内码、国标码和区位码三者之间的关系如下：区位码(十进制)的区码和位码分别转换为 16 进制后加 20H，得到对应的国标码；机内码是国标码两个字节的最高位分别为 1，即国标码的两个字节分别加 80H 得到对应的机内码；区位码的两个字节分别转换为 16 进制后 A0H 得到对应的机内码。

任务拓展

一、非十进制数之间的数据转换

由于二进制与八进制、16 进制的特殊关系(8 和 16 都是 2 的整数次幂，$8=2^3$，$16=2^4$)，由二进制转换成八进制、16 进制或者做反向转换，都非常简单。

(一) 二进制数转换为八进制数

方法：将二进制数以小数点为界，分别向左、向右每 3 位分为 1 组，不足 3 位时用 0 补足(整数在高位补 0，小数在低位补 0)，然后将每组的 3 位二进制数转换成对应的八进制数。

例 1-12 将$(1011010.1)_2$转换成八进制数。

分　组：001　011　010.　100，

对应值：1　3　2　4，

结　果：$(1011010.1)_2=(132.4)_8$。

(二) 二进制数转换为 16 进制数

方法：将二进制数以小数点为界，分别向左、向右每 4 位分为 1 组，不足 4 位时用 0 补足(整数在高

位补 0,小数在低位补 0),然后将每组的 4 位二进制数等值转换成对应的 16 进制数。

例 1-13 将二进制数$(1100111001.001011)_2$转换成 16 进制数。

分　组：0011　0011　1001.　0010　1100，

对应值：3　3　9　2　C，

结　果：$(1100111001.001011)_2=(339.2C)_{16}$。

(三) 八进制数转换为二进制数

方法：按原数位的顺序，将每 1 位八进制数转换成 3 位二进制数。

例 1-14 将八进制数$(756.3)_8$转换成二进制数。

分　组：7　5　6.　3，

对应值：111　101　110　011，

结　果：$(756.3)_8=(111101110.011)_2$。

(四) 八进制数转换为 16 进制数

方法：先将被转换进制数转换成相应的二进制数，然后将二进制数转换成目标进制数。

例 1-15 将八进制数$(324.65)_{16}$转换成 16 进制数。

如图 1-66 所示求解。

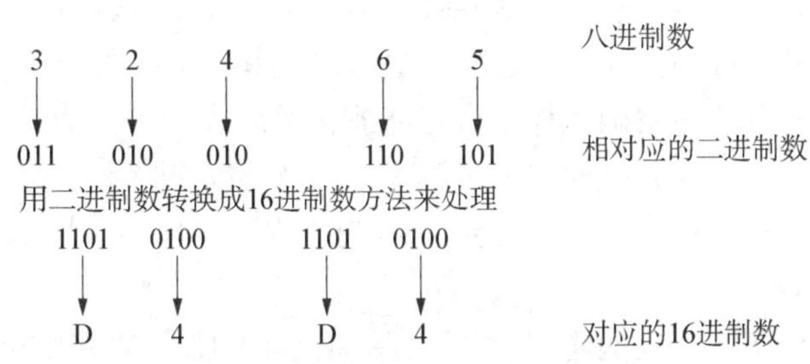

图 1-66 八进制数 324.65 转换成 16 进制数方法图解

结果：$(324.65)_8=(D4.D4)_{16}$。

(五) 16 进制数转换为二进制数

方法：每 1 位 16 进制数可以用 4 位的二进制数表示。

例 1-16 将 16 进制数$(3B7D2)_{16}$转换成二进制数。

16 进制数：3　B　7　D　2，

对应的 4 位二进制数：0011　1011　0111　1101　0010，

结果：$(3B7D2)_{16}=(111011011111010010)_8$。

(六) 16 进制数转换为八进制数

方法：先将被转换的 16 进制数按位权展开求和转换成相应的十进制数，然后将对应的十进制数转换成目标八进制数。

例 1-17 将 16 进制数$(2FB)_{16}$转换成八进制数。

$$(2FB)_{16}=2\times16^2+15\times16^1+11\times16^0$$
$$=(512+240+11)_{10}=(763)_{10}。$$

如图 1-67 所示求解。

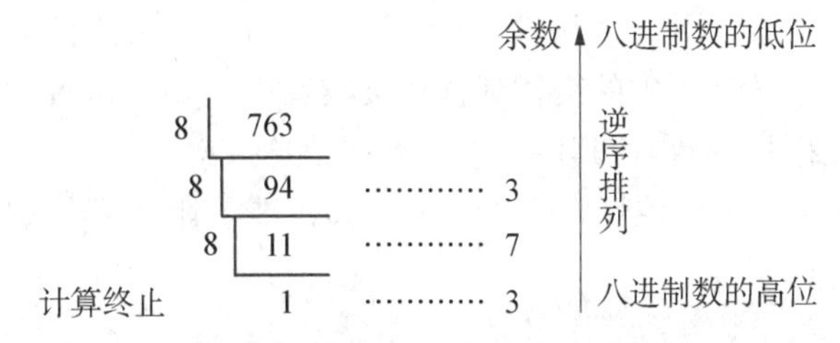

图 1-67 十进制数 763 转换成八进制数方法图解

结果：$(2FB)_{16}=(763)_{10}=(1373)_8$。

任务四　计算机信息安全

任务目标

(1) 掌握计算机病毒的定义；

(2) 掌握计算机病毒的发作征兆；

(3) 掌握杀毒软件的安装、使用；

(4) 了解信息安全的相关概念及政策法规；

(5) 了解计算机病毒的发展及种类。

任务资讯

随着计算机网络技术的迅猛发展，信息安全问题日益突出。近年来，计算机网络信息泄露和信息破坏事件呈不断上升趋势，计算机信息安全问题已经从单一的技术问题，演变成突出的社会问题。

此外，计算机在给我们的学习、工作和生活带来便利的同时，也带来许多安全威胁。使用计算机过程中稍有不慎，计算机就会感染病毒或被黑客攻击，导致不能正常使用或损失重要的数据。保护计算机及信息的安全格外重要。

一、信息安全

信息安全是一门涉及计算机科学、网络技术、通信技术、密码技术、信息安全技术、应用数学、数论、信息论等多种学科的综合性学科。它是指防止信息财产被故意或偶然的非授权泄露、更改、破坏或使信息被非法的系统辨识、控制，在一定程度上可以理解成数据安全。数据一般包括所有用户需要的程序和数据，以及其他以存储形式存在的信息资料，这些数据一旦被破坏或丢失，将给用户造成重大损失。

信息安全具有保密性、完整性、可用性、可认证性、不可否认性和可控性。

(1) 保密性(confidentiality)。保证信息与信息系统不被非授权者所获取与使用。

(2) 完整性(integrity)。信息是真实可信的，其发布者不被冒充，来源不被伪造，内容不被篡改。

(3) 可用性(availability)。保证信息与信息系统可被授权人正常使用。

(4) 可认证性(authenticity)。能够核实和信赖一个合法的传输、消息或消息源的真实性。

(5) 不可否认性(non-repudiation)。保证信息的发送者提供的交付证据和接收者提供的发送者的证据相一致，使其以后不能否认信息过程。

(6) 可控性(controllability)。能够阻止未授权的访问。

二、我国计算机信息安全相关法律法规

(1) 1988 年 9 月 5 日通过、2010 年 4 月 29 日修订的《中华人民共和国保守国家秘密法》。

(2) 1994 年 2 月 18 日发布、实施的《中华人民共和国计算机信息系统安全保护条例》，2011 年 1 月修订。

(3) 1997 年 12 月 11 日批准、1997 年 12 月 30 日实施的《计算机信息网络国际联网安全保护管理办法》，2011 年 1 月修订。

(4) 2000 年 12 月 28 日在第九届全国人民代表大会常务委员会第十九次会议通过的《全国人民代表大会常务委员会关于维护互联网安全的决定》。

(5) 2000 年 9 月 20 日通过、实施的《互联网信息服务管理办法》，2011 年 1 月 8 日修订。

(6) 2002 年 9 月 29 日公布、实施的《互联网上网服务营业场所管理条例》。

(7) 2006 年 5 月 18 日公布、2013 年 1 月 30 日修订的《信息网络传播权保护条例》。

(8) 2016 年 11 月 7 日通过、2017 年 6 月 1 日实施的《中华人民共和国网络安全法》。

(9)《中华人民共和国刑法》第二百八十五条、第二百八十六条、第二百八十七条相关内容。

三、计算机病毒

(一) 计算机病毒的定义

计算机病毒是指编制或者在计算机程序中插入的、破坏计算机功能或者毁坏数据、影响计算机使用并能自我复制的一组计算机指令或程序代码。简单地说，计算机病毒是一种人为编制的特殊程序或普通程序中的一段特殊代码。

在大多数情况下，计算机病毒不是独立存在的，而是依附(寄生)在其他计算机文件中。由于它像生物病毒一样，具有传染性、破坏性并能够进行自我复制，因此被称为计算机病毒。

(二) 计算机病毒的特点

计算机病毒是一种特殊的危害计算机系统的程序，它能在计算机系统中驻留、繁殖和传播。

计算机病毒不是天然存在的，是人利用计算机软件和硬件所固有的脆弱性而编制的一组指令集或程序代码。它能潜伏在计算机的存储介质(或程序)里，条件满足时即被激活，通过修改其他程序的方法将自己的精确拷贝或者可能演化的形式放入其他程序中，从而感染其他程序，对计算机资源进行破坏。计算机病毒是人为造成的，对其他用户的危害性很大。

计算机病毒具有寄生性、繁殖性、隐蔽性、触发性、破坏性、传染性、潜伏性、变异性 8 个特点。其中，破坏性、传染性是判断某段程序为计算机病毒的首要条件。

四、计算机病毒的发展

1949 年冯・诺伊曼以“Theory and organization of complicated automata”为题，在伊利诺伊大学发表演讲，后来改以“Theory of self-reproducing automata”为题正式发表。他在论文中描述了计算机程序如何复制其自身。

1983 年 11 月，在一次国际计算机安全学术会议上，美国学者弗雷德・科恩第一次明确提出“计算机病毒”的概念，并进行了演示。“病毒”一词最早用来表达此意是在科恩 1984 年的论文《电脑病毒实验》中。

业界一般公认真正具备完整特征的电脑病毒是 1986 年年初发作、流行的“大脑”病毒，又被称为“巴基斯坦”病毒。

中国最早发现的计算机病毒是1988年在财政部的计算机上发现的“小球”病毒,又称“乒乓”病毒。它的触发条件是当系统时钟处于半点或整点,而系统又在进行读盘操作时,该病毒就会发作。发作时屏幕上会出现一个小球,不停地跳动,呈近似正弦曲线状运动。小球碰到的英文字母就会被整个“削”去,而碰到的中文会被“削”去半个或整个,也可能留下制表符乱码。

通过互联网传播的第一种蠕虫病毒是1988年11月2日美国康乃尔大学一年级研究生罗伯特·莫里斯把名为“蠕虫”的病毒(又称莫里斯蠕虫或大虫病毒)从麻省理工学院施放到互联网上。

五、计算机病毒的传播途径及防范

(一) 计算机病毒的传播途径

计算机病毒的传播是通过一定途径实现的。目前,计算机病毒传播的主要途径是通过存储设备(主要是移动存储设备)、局域网和因特网等传播。

传播途径具体包括:

(1) 通过文件系统传播。

(2) 通过电子邮件传播。

(3) 通过局域网传播。

(4) 通过互联网上的即时通信软件和点对点软件等常用工具传播。

(5) 利用系统、应用软件的漏洞进行传播。

(6) 利用系统配置缺陷传播,如弱口令、完全共享等。

(7) 利用欺骗等社会工程的方法传播。

计算机病毒的防治可以按3个层次进行:计算机病毒的预防、计算机病毒的检测及计算机病毒的清除。通常这3个层次是结合起来执行的。

(二) 计算机病毒的防范

凯文·米特尼克是第一个被美国联邦调查局通缉的黑客,有评论称他为世界上“头号电脑黑客”。他曾经攻击过“北美空中防护指挥系统”、“太平洋电话公司”、“美国联邦调查局”。由于米特尼克对联邦调查局的不屑一顾,他成为世界上第一个因为网络犯罪而入狱的人。

米特尼克为了补偿过去所犯下的罪行,后来在《反欺骗的艺术——世界传奇黑客的经历分享》中提供了许多指导意见,让企业在开发安全行为规程、培训计划和安全手册时参考,以确保公司投入资金建立起来的高科技安全屏障不至于形同虚设。他凭借自己的经验,提出10条防止安全漏洞的建议。

(1) 备份资料。记住系统永远不会是无懈可击的,灾难性的数据损失往往随时可能发生。

(2) 选择很难猜的密码,在任何情况下都要及时地修改默认密码。

(3) 安装杀毒软件,并每天更新。

(4) 及时更新操作系统,时刻留意软件制造商发布的各种补丁,并及时安装应用。

(5) 在发送敏感邮件时使用加密软件,也可用加密软件保护硬盘上的数据。

(6) 安装一个或几个反间谍程序,并且要经常运行检查。不用电脑时千万别忘记断开网线和电源。

(7) 使用个人防火墙并正确设置,阻止其他计算机、网络和网址与你的计算机建立连接,指定哪些程序可以自动连接到网络。

(8) 关闭所有不使用的系统服务,特别是那些可以让别人远程控制的计算机服务,如RemoteDesktop、RealVNC和NetBIOS等。

(9) 保证无线链接的安全,在家里可以使用无线保护接入WPA和至少20个字符的密码。正确设置笔记本电脑,不要加入任何网络,除非它使用WPA。

(10) 在IE或其他浏览器中会出现一些黑客“鱼饵”,对此要保持清醒、拒绝点击,同时将电子邮件客户端的自动脚本功能关闭。

综上所述,计算机病毒尽管相当厉害,但并不是不可预防,只要我们清楚“毒从磁盘入、毒从网络进”这一点,在平时的使用过程中严格把好这一关,再加上其他措施是能够避免计算机病毒感染的。预防计算机病毒要注意做好以下8点。

(1) 要提高对计算机病毒危害的认识。

(2) 养成使用计算机的良好习惯。对重要文件必须保留备份,不在计算机上随意使用盗版光盘和来路不明的U盘,经常用反病毒软件检查硬盘和每一张外来盘等。

(3) 正确使用现有的反病毒软件,定期查杀计算机病毒,并及时升级杀毒软件。

(4) 开启反病毒软件的实时监测功能。

(5) 及时采取打补丁和系统升级等安全措施,并加强对网络流量等异常情况的监测。

(6) 有规律地备份系统的关键数据,建立应对灾难的数据安全策略,并保证备份的数据能够正确、迅速地恢复。

(7) 在重要部门的计算机上不上网、不玩游戏。

(8) 关闭计算机后务必关掉电源、拔掉网线。

六、网络攻击的常用手段

(一) 口令入侵

口令入侵是指使用某些合法用户的帐号和口令登录到目的主机，然后实施攻击活动。这种方法的前提是必须先得到该主机某个合法用户的帐号，然后进行合法用户口令的破译。获取用户的帐号后，可以利用一些专门软件强行破解用户口令。

(二) 放置木马程序

"木马"源于古希腊传说《荷马史诗》中"木马计"的故事。"Trojan"一词的本意是特洛伊木马，也就是"木马计"的故事。

木马(Trojan)，也称木马病毒，是指通过特定的木马程序来控制另一台计算机。木马与计算机网络中常常要用到的远程控制软件有些相似，但由于远程控制软件是"善意"的控制，通常不具有隐蔽性；木马则完全相反，木马要达到的是"偷窃"性的远程控制，如果没有很强隐蔽性的话，那就"毫无价值"。

木马通常有两个可执行程序：一个是控制端，另一个是被控制端。木马程序是目前比较流行的病毒文件。与一般的病毒不同，它不会自我繁殖，也并不刻意地去感染其他文件，它通过将自身伪装，吸引用户下载执行，向施种木马者提供打开被种主机的门户，使施种者可以任意毁坏、窃取被种者的文件，甚至远程操控被种主机。木马病毒的产生严重危害现代网络的安全运行。

特洛伊木马程序能直接侵入用户的计算机并进行破坏。它常被伪装成工具程式或游戏等，诱使用户打开带有特洛伊木马程式的邮件附件或从网上直接下载。一旦用户打开这些邮件的附件或执行这些程式之后，就会像古特洛伊人在敌人城外留下的藏满士兵的木马一样，病毒留在计算机中，并在计算机系统中隐藏一个能在 Windows 启动时悄悄执行的程式。当计算机连接到因特网上时，这个程式就会通知攻击者，报告 IP 地址及预先设定的端口。攻击者在收到这些信息后，再利用这个潜伏于其中的程式，就能任意地修改计算机的参数设定、复制文件或窥视整个硬盘中的内容等，从而达到控制计算机的目的。

随着病毒编写技术的发展，木马程序对用户的威胁越来越大，尤其是一些木马程序采用极其狡猾的手段来隐蔽自己，使普通用户很难在中毒后发觉。

(三) 后门程序

后门程序一般是指那些绕过安全性控制而获取对程序或系统访问权的程序方法。在软件的开发阶段，程序员常常会在软件内创建后门程序，以便可以修改程序设计中的缺陷。但是，如果这些后门被其他人知道，或是在发布软件之前没有删除后门程序，那么，它就成为安全风险，容易被黑客当成漏洞进行攻击。

后门程序也称特洛伊木马，是一种可以为计算机系统秘密开启访问入口的程序代码。

后门程序与计算机病毒的区别在于它一般不具有传染性，只是为后门程序的使用者提供一种秘密登录的方法，不仅绕过系统已有的安全设置，而且能"挫败"系统各种增强的安全设置。后门一般带有"backdoor"字样，而木马一般是"Trojan"字样。

后门程序与木马有联系也有区别。联系在于都是隐藏在用户系统中向外发送信息，而且本身具有一定权限，以便远程机器对本机的控制。区别在于木马是一个完整的软件，后门则体积较小且功能单一。

后门程序与木马的传播方式如下。

(1) 电子邮件。控制端将后门或木马程序以附件的形式夹在邮件中发送，收信人只要打开附件系统就会感染后门或木马程序。

(2) 软件下载。一些非正规的网站以提供软件下载为名，将木马捆绑在软件安装程序上，用户下载后只要运行，木马就会自动安装。

(3) 网页链接。一些非正规的网站和论坛往往存在以淫秽色情等诱惑性内容为标题的网页链接，当用户打开网页时，网页上夹带的后门程序就植入计算机。

(四) 钓鱼网站

在网上可以用 IE 等浏览器进行各种 Web 站点访问，如阅读新闻、咨询产品、订阅报纸、电子商务等。一般用户恐怕不会想到会存在以下这些问题。正在访问的网页已被黑客篡改，网页上的信息是虚假的！这就是"钓鱼网站"，它是一种网络欺诈行为，即：不法分子利用各种手段，仿冒真实网站的 URL 以及页面内容，将网页的 URL 改写成指向黑客自己的服务器，当用户浏览目标网页的时候，实际上是向黑客服务器发出请求，那么，黑客就能达到欺骗的目的，或者利用真实网站服务器程序上的漏洞在站点的某些网页中插入危险的 HTML 代码，以此来骗取用户的银行或信用卡账号、密码等私人信息资料。

钓鱼网站通常伪装成银行网站，窃取访问者提交的账号和密码信息。它一般通过欺骗方式诱骗他人单击伪装的链接，让使用者打开钓鱼网站。

Web 欺骗一般使用两种技术手段，即 URL 地址重写技术和相关信息掩盖技术。利用 URL 地址，使这些地址都指向攻击者的 Web 服务器，即攻击者

能将自己的Web地址加在所有URL地址的前面。当用户和站点进行安全链接时，就会毫不防备地进入攻击者的服务器，所有信息便处于攻击者的监视之下。由于浏览器一般均设有地址栏和状态栏，当浏览器和某个站点连接时，能在地址栏和状态栏中显示连接中的Web站点地址及其相关的传输信息，所以，攻击者往往在重写URL地址的同时，利用相关信息掩盖技术(一般用Java Script程式来重写)以达到掩盖、欺骗的目的。

钓鱼网站的传播方式如下。

(1) 通过QQ、阿里旺旺等客户端聊天工具发送、传播钓鱼网站链接。

(2) 在搜索引擎、中小网站投放广告，吸引用户单击钓鱼网站链接。

(3) 通过E-mail、论坛、博客、微博等散布钓鱼网站链接。

(4) 通过仿冒邮件，如冒充银行密码重置邮件，来欺骗用户进入钓鱼网站。

(5) 感染病毒后弹出模仿QQ、阿里旺旺等聊天工具的窗口，用户单击后即进入钓鱼网站。

(6) 恶意导航网站、恶意下载网站弹出仿真悬浮窗口，单击后进入钓鱼网站。

(7) 伪装成用户输入网址时易发生的错误网址，如gogle.com、sinz.com等，一旦用户写错，就会误入钓鱼网站。

钓鱼网站防治的方法包括查验可信网站、核对网站域名、比较网站内容、查看安全证书、查询网站备案。

(1) 查验可信网站。通过第三方网站身份诚信认证辨别网站真实性。目前不少网站已在网站首页安装第三方网站身份诚信认证——“可信网站”，可以帮助网民判断网站的真实性。“可信网站”验证服务，通过对企业域名注册信息、网站信息和企业工商登记信息进行严格交互审核来验证网站真实身份，通过认证后，企业网站就进入中国互联网络信息中心(CNNIC)运行的国家最高目录数据库中的“可信网站”子数据库，从而全面提升企业网站的诚信级别，网民可通过点击网站页面底部的“可信网站”标识来确认网站的真实身份。网民在网络交易时应养成查看网站身份信息的使用习惯，企业也要安装第三方身份诚信标识，加强对消费者的保护。

(2) 核对网站域名。假冒网站一般和真实网站有细微区别，有疑问时要仔细辨别其不同之处。例如，在域名方面，假冒网站通常将英文字母“I”被替换为数字“1”，“CCTV”被换成“CCYV”或者“CCTV - VIP”这样的仿造域名。

(3) 比较网站内容。假冒网站的字体样式不一致且模糊不清。假冒网站没有链接，用户可点击栏目或图片中的各个链接，查看是否能够打开。

(4) 查看安全证书。目前大型的电子商务网站都应用可信证书类产品。这类网站的网址一般都是以“https”开头，如果发现不是以“https”开头，应谨慎对待。

(5) 查询网站备案。通过ICP备案可以查询网站的基本情况、网站拥有者的情况，对于没有合法备案的非经营性网站或没有取得ICP许可证的经营性网站，根据网站性质将予以罚款，严重的可关闭网站。

(五) 系统漏洞

系统漏洞是指操作系统或应用软件在逻辑设计上有缺陷或错误，这些缺陷或错误可以被不法分子或者计算机黑客所利用，通过植入木马、病毒等方式来控制或攻击计算机，从而窃取被攻击计算机中的重要资料和信息，甚至破坏计算机中的系统和数据。

漏洞影响的范围很大，包括系统本身及其支撑软件、网络客户和服务器软件、网络路由器和安全防火墙等。在不同种类的软、硬件设备，同种设备的不同版本，由不同设备构成的不同系统，以及同种系统在不同的设置条件下，都会存在各自不同的安全漏洞问题。新版系统在纠正了旧版本漏洞的同时，也会引入新的漏洞。随着时间的推移，旧的系统漏洞会不断消失，新的系统漏洞会不断出现。

(六) 电子邮件攻击

电子邮件攻击是目前商业应用最多的一种攻击，也称“邮件炸弹攻击”。它是指对某个或多个邮箱发送大量的邮件，使网络流量加大占用处理器时间，消耗系统资源，从而使系统瘫痪。目前有许多邮件炸弹软件，虽然操作有所不同，成功率也不稳定，但有一点就是它们可以隐藏攻击、不被发现。

电子邮件的可实现性比较广泛，所以，使网络面临很大的电子邮件攻击安全危害。恶意的针对25(缺省的SMTP端口)进行SYN-Flooding攻击等，都是很可怕的事情。电子邮件攻击有很多种，主要表现为以下4种。

(1) 窃取、篡改数据。通过监听数据包或者截取正在传输的信息，可以使攻击者读取或者修改数据。通过网络监听程序，在Windows系统中可以使用NetXRay来实现。Unix、Linux系统可以使用Tcpdump、Nfswatch(SGI Irix、HP/US、SunOS)来实现。著名的嗅探器(Sniffer)则是有硬件也有软件，这就更为专业。Sniffer是一种网络监控数据运行的软件设备，最初由Network General推出，由

Network Associates 所有。

(2) 伪造邮件。通过伪造的电子邮件地址，可以用诈骗的方法进行攻击。

(3) 拒绝服务。让系统或者网络充斥大量的垃圾邮件，从而没有余力去处理其他事情，造成系统邮件服务器或者网络瘫痪。在生活中，很多病毒的广泛传播是通过电子邮件传播的。

(4) 网络监听。网络监听是一种监视网络状态、数据流以及网络信息传输的管理工具，它可以将网络界面设定成监听模式，并且可以截获网络上所传输的信息。也就是说，网络监听是主机的一种工作模式，在这种模式下，主机能接收到本网段在同一条物理通道上传输的所有信息，而不管这些信息的发送方和接收方是谁。因为系统在进行密码校验时，用户输入的密码需要从用户端传送到服务器端，而攻击者就能在两端之间进行数据监听。此时，若两台主机进行通信的信息没有加密，只要使用某些网络监听工具(如 NetXRay for Windows95/98/NT、Sniffit for Linux、Solaries 等)，就可轻而易举地截取包括口令和帐号在内的信息资料。虽然网络监听获得的用户帐号和口令具有一定的局限性，但监听者往往能够获得其所在网段的所有用户帐号及口令。防范网络监听可以通过安装防火墙等实现。

七、防火墙

防火墙(firewall)，也称防护墙，由 Check Point 的创立者 Gil Shwed 于 1993 年发明并引入国际互联网。它是一种位于内部网络与外部网络之间的网络安全系统。防火墙作为信息安全的防护系统，依照特定的规则，允许或限制传输的数据通过。也就是说，防火墙是两个网络通信时执行的一种访问控制屏障，依据定义的规则，它能允许同意数据进入内部网络，并将不同意数据拒之门外，从而最大限度地阻止黑客访问网络。如果防火墙关闭，则内部网络无法访问外部网络，外部网络也无法与内部网络进行通信。

防火墙型安全保障技术基于被保护网络具有明确定义的边界和服务，并且网络安全的威胁仅来自外部的网络。通过监测、限制以及更改跨越“防火墙”的数据流，尽可能地对外部网络屏蔽有关被保护网络的信息、结构，实现对网络的安全保护，因此，比较适合于相对独立、与外部网络互连途径有限并且网络服务种类相对单一和集中的网络系统，如因特网。防火墙型系统在技术原理上对来自内部网络系统的安全威胁不具备防范作用，对网络安全功能的加强往往以网络服务的灵活性、多样性和开放性为代价，且需要较大的网络管理开销。

防火墙可以是一种硬件、固件或者软件。例如，专用防火墙设备就是硬件形式的防火墙，内容过滤路由器是嵌有防火墙固件的路由器，而代理服务器等软件就是软件形式的防火墙。从技术角度来讲，防火墙可以分为传统防火墙和下一代防火墙两类。从应用角度来讲，防火墙还可以分为企业级和个人用户防火墙。防火墙的价格从几千元到几十万元不等。防火墙产品主要提供商有华为、新华三、思科、天融信、锐捷网络、深信服、中科网威等。

对于个人用户，安装一套好的个人防火墙是非常实际而且有效的方法。现在许多公司都开发了个人防火墙，这些防火墙往往具有智能防御核心，进行自动防御，保护内部网络安全。

任务实施

一、使用 360 杀毒软件

(一) 启动 360 杀毒软件

单击任务栏通知区中的“360 杀毒软件”图标，或在桌面上单击 360 杀毒软件快捷图标，如图 1-68 所示。

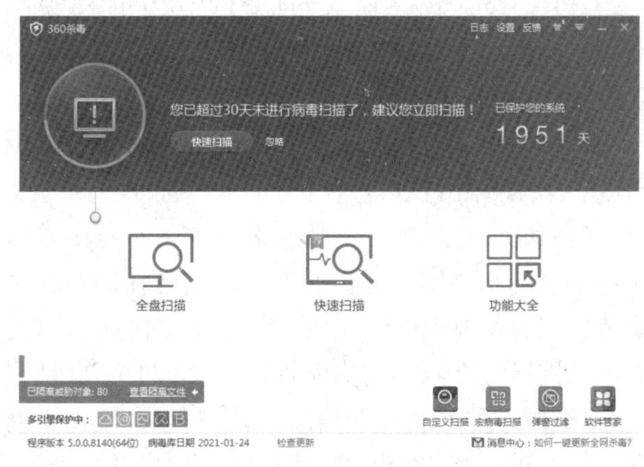

图 1-68 “360 杀毒软件”工作界面

(二) 全盘杀毒

(1) 在如图 1-68 所示的状态下，单击“全盘扫描”，即可对系统进行全盘扫描。如果出现如图 1-69

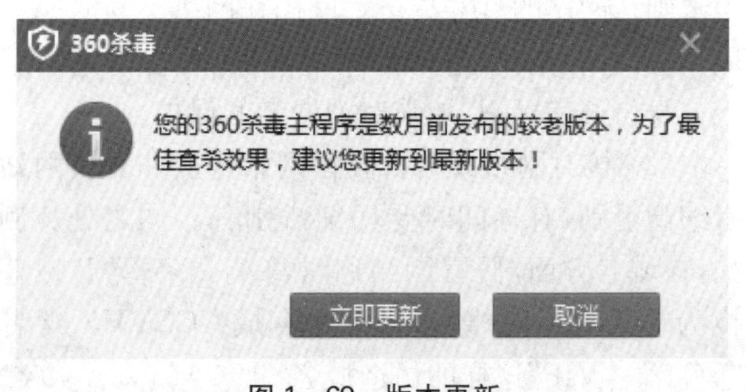

图 1-69 版本更新

所示画面，则表明是旧版本，需要点击"立即更新"。然后，会出现如图 1－70、图 1－71 所示画面，最后，出现如图 1－72 所示画面，表示更新完毕。

图 1－70　新版本下载

图 1－71　新版本安装

图 1－72　安装完成

(2) 再一次进入如图 1－68 所示画面状态，单击"全盘扫描"，即可对系统进行全盘扫描，并在扫描过程中自动消除有威胁的病毒，如图 1－73 所示。扫描完毕，会显示扫描结果。用户可根据提示进行相应操作，清除一些没有在扫描过程中被自动清除的病毒，如图 1－74 所示。

(3) 更新病毒库。在如图 1－68 所示画面状态下，单击"检查更新"，如图 1－75 所示。升级成功后单击"确定"，如图 1－76 和图 1－77 所示。

图 1－73　全盘扫描

图 1－74　手动清除

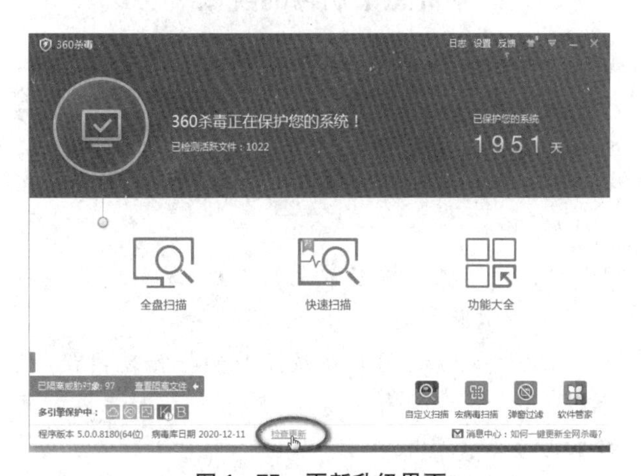

图 1－75　更新升级界面

图 1－76　软件升级

图 1-77　软件升级更新后界面

反病毒软件又称安全防护软件，国内也称为杀毒软件。近年来陆续出现集成防火墙的“互联网安全套装”或“全功能安全套装”一类软件，这类软件是用于消除计算机病毒、木马和恶意软件的安全防护软件。

另外，反病毒软件不可能查杀所有的计算机病毒和木马。有的计算机病毒即使能被查到，但不一定能被杀掉。反病毒软件对被感染病毒的文件杀毒有多种方式，如清除、删除、禁止访问、隔离、不处理。

二、计算机感染病毒的现象

不同病毒感染所呈现的症状是不完全相同的，一般可以从以下 10 个方面来判断计算机是否染上病毒。

(1) 系统引导速度变慢，或计算机运行速度明显降低。

(2) 计算机系统经常无故死机，或无故进行磁盘读写、格式化操作等。

(3) Windows 操作系统无故频繁出现错误，或计算机运行时突然有蜂鸣声、尖叫声、报警声或重复演奏某种音乐等。

(4) 系统异常重新启动，或不能正常启动。

(5) 计算机系统中的文件长度、日期、时间、属性等发生变化。

(6) 文件无法正确读取、复制或打开，甚至丢失文件或文件损坏。

(7) 计算机屏幕出现异常显示，出现特定画面或一些莫名其妙的信息，如“Your PC is now stoned”、“I want a cookie”或屏幕下雨、出现骷髅或出现黑屏等。

(8) 系统不识别硬盘，或磁盘上突然出现坏的扇区，或磁盘信息严重丢失。

(9) 对存储系统异常访问，如磁盘空间仍有空闲但不能存储文件或显示内存不够等。

(10) 键盘输入异常，或打印机、扫描仪等外部设备突然出现异常现象。

如果出现以上问题，就应该考虑可能是感染了计算机病毒，应该及时对系统进行检查。

任务拓展

一、计算机部分部件的安装

(一) Intel CPU 的安装

Intel 近年来主流的产品是 Core i 智能酷睿系列 CPU，分一代、二代、三代和四代，其中，二代和三代都采用 LGA1155 接口，一代是 LGA1156，四代是 LGA1150，它们互不兼容，可分为 3 类，可以通过查看 CPU 上面的金色点的行数和宽度来区分。3 行长金点是一代，3 行短金点是二代或三代，2 行短金点是四代，如图 1-78 所示。

图 1-78　Intel Core i 一代、二代、三代和四代 CPU

Intel 平台的针脚都在主板上而不是在 CPU 上，因此，对应有 3 种 CPU 护盖用来保护主板的 CPU 插槽。LGA1156 的专用内嵌护盖对应一代 Core i 的 5 系列主板，LGA1155 的专用内嵌护盖对应二代/三代的 6、7 系列主板，这两种护盖都没有泛用性，使用比较不方便。目前 8 系列以及大部分 7 系列主板都采用外扣的护盖，这种护盖可以兼容所有 Core i 系列主板(LGA1156/LGA1155/LGA1150)，如图 1-79 所示。

图 1-79　Intel Core i 一代、二代、三代和四代 CPU 护盖

Intel 主板都有护盖来保护 CPU 插槽，因此，安装 CPU 的第一步就是拆除内外护盖。对于外扣

CPU 护盖，首先要掀起扣具，捏住图 1－80 所示位置，然后用拇指顶一下，即可把护盖拆下。

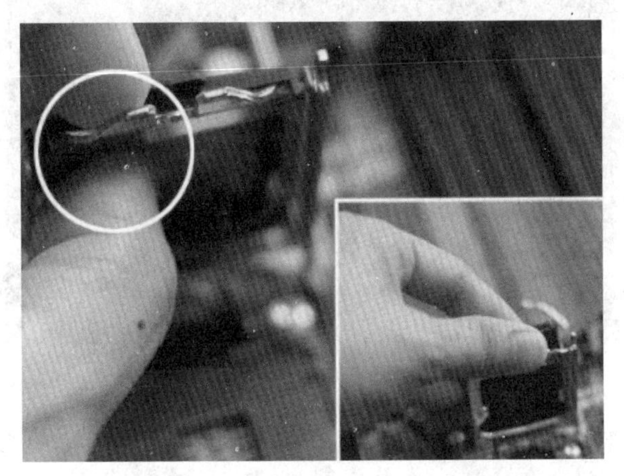

图 1－80　外扣 CPU 护盖的拆解

对于内嵌式护盖的拆解会更危险一点。当掀起扣具后，食指按住护盖上部，拇指从“REMOVE”突出部分把护盖掀起，然后两指捏住轻轻一拔就可以拆下，如图 1－81 所示。在没有安装之前，要防止 CPU 插槽的针脚被碰到。

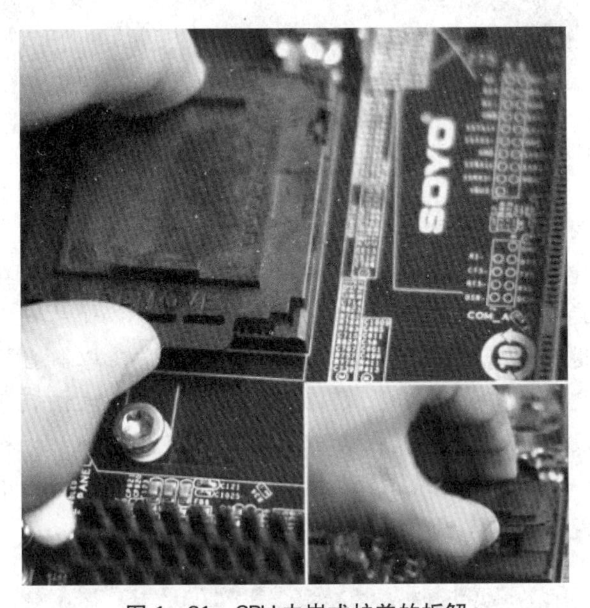

图 1－81　CPU 内嵌式护盖的拆解

Intel 和 AMD 都有一个通用的防呆设计（又称防插错设计，就是“三角形”），通常 CPU 的扣具或插槽上会有一个指向左下角的三角形，如图 1－82 所示。当 CPU 上的金色小三角指向和它相对应时，就是正确的安装方向。

两个手指捏住 CPU，让 CPU 上的金色小三角与扣具上的三角形指向相对应，对应主板上的缺口位置对准两侧的防呆卡口，将 CPU 缓缓地放入（直上、直下放入），放入时切记不要来回移动。如图 1－83 所示，即可完成 CPU 的安装。如果卡口对不

图 1－82　CPU 的防呆设计

上，要么是方向错了，要么就是 CPU 和主板不匹配、需要更换。安装 CPU 另外一种更安全的放置方式是先把有卡口的部分对上、放下，再来放下 CPU 的另一部分。

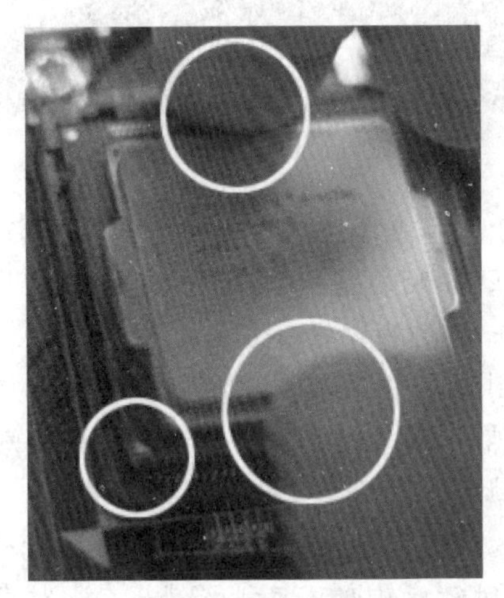

图 1－83　CPU 的安装

如果 CPU 安装没问题，其在插槽里应该是平整的。在确认没问题后，可以压下扣具杆，锁定扣具，完成安装，如图 1－84 所示。如果 CPU 不平整，可能是背面沾污，要拿出来擦干净重新放置。如果在 CPU 没放平整的情况下压下扣具，可能会把 CPU 插槽的针脚压弯甚至压断，会让主板报废。

图 1－84　CPU 扣具的固定

(二) 安装 CPU 风扇

CPU 散热器一般都是在第二步安装。当然也有例外,如高端水冷散热器由于需要固定在机箱内部,故这种散热器需要主板安装在机箱后才能安装。也就是说,无论 CPU 散热器有多大,优先安装 CPU 散热器能够减少因主板装入机箱后空间不足而引起的麻烦。建议风冷 CPU 散热器应当优先安装,若是水冷 CPU 散热器,可以仅先安装扣具。

下面以 Intel 原装散热器为例讲解,如图 1-85 所示。

图 1-85 Intel 原装散热器的正、反面

由于无扣具式散热器一般只针对特定平台,通用性不强,孔距必须要对应。Intel 原装散热器的扣具接近正方形,所以没有方向的要求。

Intel 原装散热器的扣具是通过按压 4 个角的扣锁实现固定的,图 1-86 中两个箭头分别是解锁(上)与锁定(下)两个状态。在解锁状态下,向下压即可进入锁定状态;在锁定状态下,逆时针旋转向上提,再顺时针旋转即可回到解锁状态。对准孔之后下压即可固定散热器,4 个方向的锁扣向下压即可锁紧散热器。

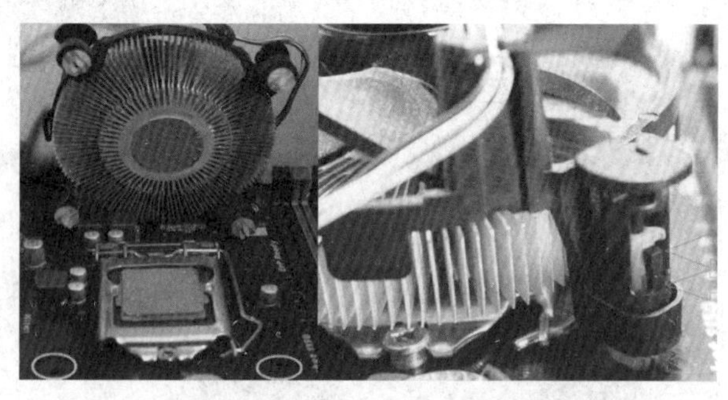

图 1-86 Intel 原装散热器的固定

最后将 CPU 散热器上的供电接口,插入主板的对应供电插口。CPU 风扇线的一侧有防呆接口(无论 4PIN 还是 3PIN),按方向安装即可正确插入 CPU 风扇电源线,如图 1-87 所示。

图 1-87 安装 CPU 风扇供电线

(三) 安装内存条

目前常见的内存基本为 DDR3(三代)与 DDR4(四代)内存,三代、四代内存互不兼容,这一点从它们的防呆设计就可以看出来(图 1-88)。

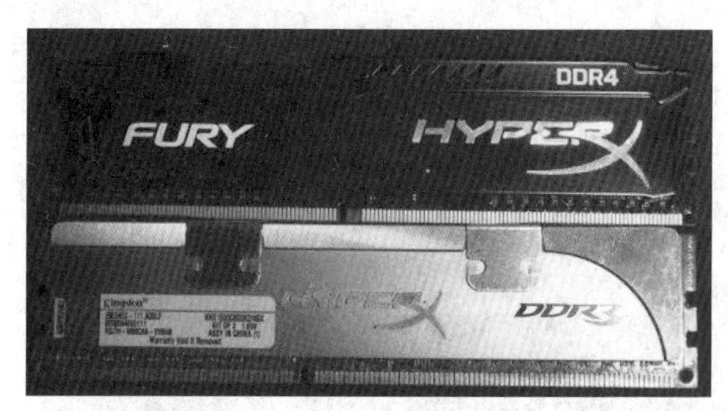

图 1-88 三代、四代内存

一般主板上都会注明内存插槽的编号,由于不同主板的编号方式不同,故参考意义不大。为了组建双通道,必须要正确插入能够组建双通道的内存插槽,一般而言,当前插槽隔一个即为可以组建双通道的插槽,如图 1-89 所示,是 1 与 2 或 3 与 4(当然更简单的就是颜色相同插一起,当然有些主板颜色没分开)。如果仅一条内存则可以随意选一个插槽(一般是离 CPU 最近的插槽隔一个,图 1-89 中是 2)。

图 1-89 主板内存插槽

内存与 CPU 一样有防呆设计,打开插槽两侧的固定锁,让内存能够滑入。垂直插入内存槽,两侧稍微用力(不要用蛮力),当听到两声清脆的咔嗒声就说明已经正确插入内存,也可以看到扣锁咬住内存的卡口,如图 1-90 所示。

图 1-90　安装内存条

有时无论怎么用力都只能听到一声咔嗒声，这并不是内存插不进去，只是内存卡扣没有咬住内存的卡口。此时，要用手稍微用力，把内存卡卡入内存的卡口内，如图 1-91 所示。

图 1-91　处理内存条扣锁

（四）安装固态硬盘

拿出固态硬盘，找到机箱上安装固态硬盘的孔位，如图 1-92 所示。

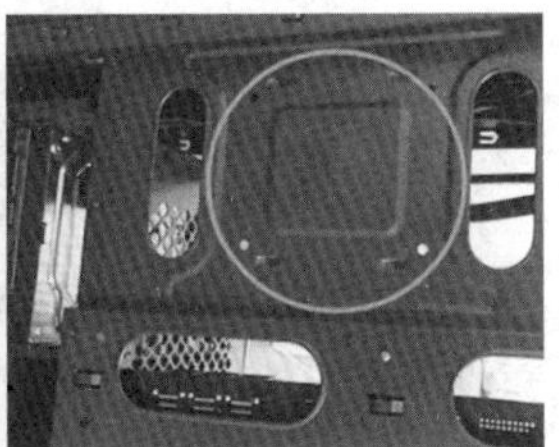

图 1-92　固态硬盘及固定孔位

将固态硬盘的背部孔位对准机箱的 4 个孔位，拧上螺丝，即可完成固态硬盘的安装，如图 1-93 所示。

图 1-93　固定固态硬盘

最后，按图 1-94 所示连接好固态硬盘的电源线、数据线。

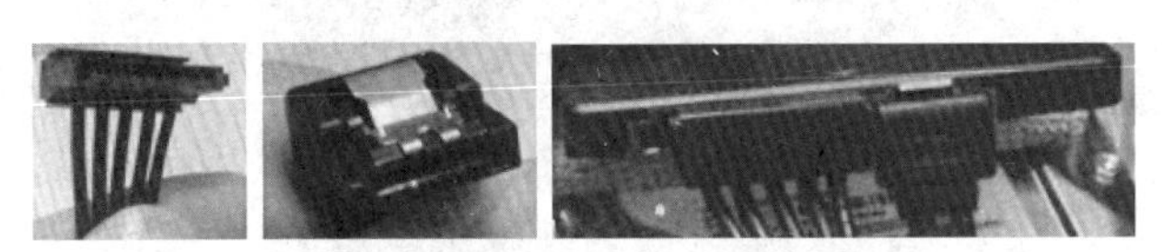

图 1-94　安装固态硬盘的电源和数据线

二、组装电脑配置单

一名新入学的大学生想组装一台计算机，满足在校期间基本的学习及娱乐需求，准备投入 3500 元左右。要求通过市场调研，给出一个基本配置的清单，填入表 1-9 中。

表 1-9　组装电脑配置单

配件名称	型号	价格	备注
主板			
电源			
CPU			
内存			
硬盘			
显示器			
显卡			
声卡			
网卡			
光驱			
机箱			
键盘、鼠标			
音箱、耳麦			
合计			

三、设置 Windows 防火墙

Windows 防火墙就是在 Windows 操作系统中系统自带的软件防火墙。Windows 7 自带的防火墙功能比之前的系统更实用，且操作更简单。

（一）打开 Windows 7 自带的防火墙窗口

选择“开始菜单”内的“控制面板”，如图 1-95 所示。再单击打开“Windows 防火墙”窗口，如图 1-96 所示。

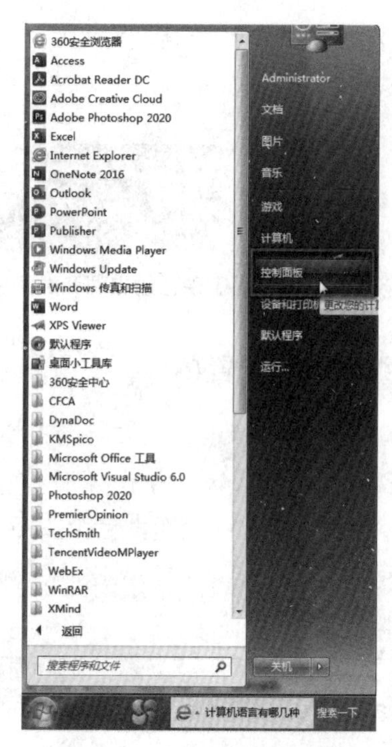

图 1-95　启动“控制面板”

图 1-96　打开“Windows 防火墙”

(二) 启动、关闭或设置 Windows 防火墙

在如图 1-97 所示窗口中,单击“打开或关闭 Windows 防火墙”,用户可以设置在不同应用场景下启用或者关闭 Windows 防火墙(图 1-98),还可以设置防火墙阻止新程序时是否发送通知(图 1-99)。

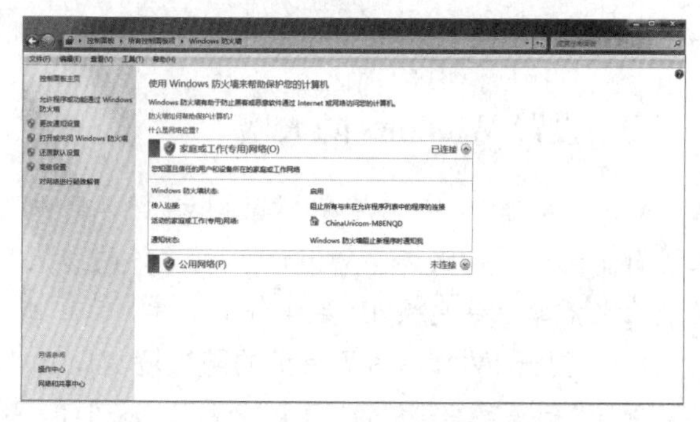

图 1-97　Windows 防火墙窗口

(三) 允许程序或功能通过 Windows 防火墙

在如图 1-97 所示窗口中,单击“允许程序或功能通过 Windows 防火墙”,会打开如图 1-100 所示

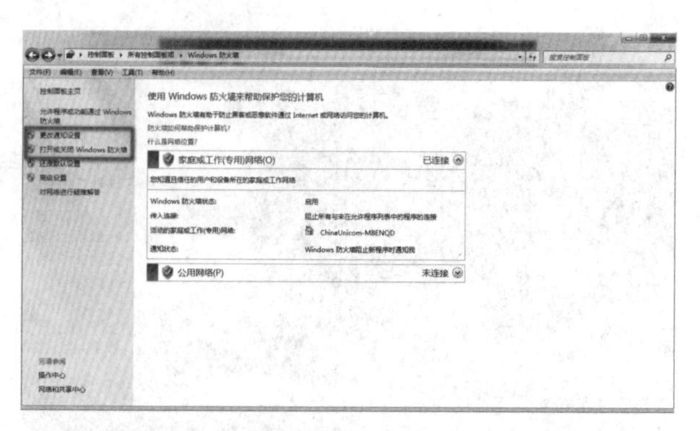

图 1-98　打开或关闭 Windows 防火墙

图 1-99　设置 Windows 防火墙

窗口,在此窗口中用户可以手动添加某个应用程序是否可以通过防火墙。单击“允许运行另一个程序”,在弹出的“添加程序”对话框中显示电脑上已经安装的所有程序,如图 1-101 所示。找到想要添加的程序,用鼠标单击它,再单击“添加”按钮即可。

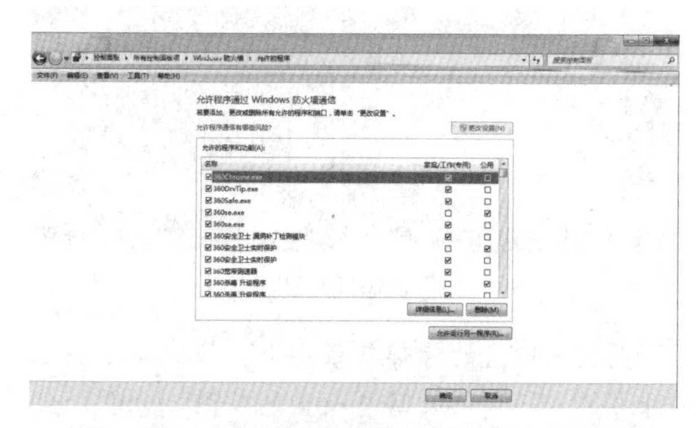

图 1-100　允许程序或功能通过 Windows 防火墙

图 1-101　添加程序

项目阶段测试

一、选择题

1. 一个完整的计算机系统是由(　　)组成的。

A. 主机及外部设备　　B. 硬件系统和软件系统

C. 系统软件和应用软件　　D. 主机、键盘、显示器和打印机

2. 冯·诺伊曼计算机工作原理的设计思想是(　　)。

A. 程序编制　　B. 程序存储　　C. 程序设计　　D. 算法设计

3. 在下面的 4 种存储器中,易失性存储器是(　　)。

A. RAM　　B. PROM　　C. ROM　　D. CD-ROM

4. 办公自动化是计算机的一项应用,按计算机应用的分类,它属于(　　)。

A. 辅助设计　　B. 实时控制　　C. 数据处理　　D. 科学计算

5. 操作系统是一种对计算机(　　)进行控制和管理的系统软件。

A. 文件　　B. 资源　　C. 软件　　D. 硬件

6. 计算机硬件能直接识别和执行的只有(　　)。

A. 符号语言　　B. 高级语言　　C. 汇编语言　　D. 机器语言

7. CPU 包括(　　)。

A. 内存储器和运算器　　B. 控制器和运算器

C. 内存储器和控制器　　D. 控制器、运算器和内存储器

8. 计算机中存储信息的最小单位是(　　)。

A. byte　　B. 帧　　C. 字　　D. bit

9. 运算器的主要功能是(　　)。

A. 控制计算机各个部件协同动作进行计算

B. 进行算术和逻辑运算

C. 进行运算并存储结果

D. 进行运算并存取结果

10. 微型计算机的外存主要包括(　　)。

A. 硬盘、CD-ROM 和 DVD　　B. 软盘、硬盘和光盘

C. 软盘和硬盘　　D. RAM、ROM、软盘和硬盘

11. 关于解释程序和编译程序的论述,正确的一条是(　　)。

A. 编译程序和解释程序均不能产生目标程序

B. 编译程序和解释程序均能产生目标程序

C. 编译程序能产生目标程序而解释程序不能

D. 编译程序不能产生目标程序而解释程序能

12. Pentium Ⅲ/500 微型计算机,其 CPU 的时钟频率是(　　)。

A. 250 KHz　　B. 500 MHz　　C. 500 KHz　　D. 250 MHz

13. 存储容量 1 GB 等于(　　)。

A. 1 024 B　　B. 128 MB　　C. 1 024 MB　　D. 1 024 KB

14. 在计算机中,一个字节由(　　)个二进制位组成。

A. 2　　B. 16　　C. 8　　D. 4

15. 下列 4 种存储器中,存取速度最快的是(　　)。

A. 磁带　　B. 软盘　　C. 硬盘　　D. 内存

16. 以下叙述中,错误的是(　　)。

A. 平时所说的内存是指 RAM　　B. 外存不怕停电,信息可长期保存
C. 从输入设备输入的数据直接存放在内存　　D. 内存和外存都是由半导体器件组成的

17. 应用软件是指(　　)。
A. 所有能够使用的软件　　B. 能被各应用单位共同使用的某种软件
C. 所有微机都应使用的软件　　D. 专门为某一应用目的而编制的软件

18. 我们说汉字占两个字节的位置是指汉字的(　　)。
A. 区位码　　B. 机内码　　C. 输入码　　D. 字形码

19. 汉字字库中存放的是汉字的(　　)。
A. 国标码　　B. 机内码　　C. 输入码　　D. 字形码

20. 世界上第一台电子计算机是 1946 年在美国研制成功的,该机的英文缩写名是(　　)。
A. ENIAC　　B. EDVAC　　C. MARK　　D. EDSAC

21. 人们习惯于将计算机的发展划分为 4 代,划分的主要依据是(　　)。
A. 计算机的规模　　B. 计算机的运行速度
C. 计算机的应用领域　　D. 计算机主机所使用的主要元器件

22. 我国研制的“银河”系列计算机属于(　　)。
A. 小型机　　B. 大型机　　C. 巨型机　　D. 微型机

23. 用计算机进行资料检索工作属于计算机应用中的(　　)。
A. 科学计算　　B. 实时控制　　C. 数据处理　　D. 人工智能

24. 关于计算机中的数据,不正确的选项是(　　)。
A. 数据分为数值型数据和非数值型数据　　B. 信息的符号化就是数据
C. 数据包括文字、声音、图像、视频等,是信息的具体形式
D. 音频、视频等信息不是数据

25. 下列叙述中,正确的选项是(　　)。
A. 计算机系统由硬件系统和软件系统组成
B. 程序语言处理系统是常用的应用软件
C. CPU 可以直接处理外部存储器中的数据
D. 汉字的机内码与汉字的国标码是一种代码的两种名称

26. 计算机硬件能直接执行的程序设计语言是(　　)。
A. C　　B. BASIC　　C. 汇编语言　　D. 机器语言

27. 下列英文名称分别指目前常见的软件,其中,(　　)是指一种操作系统软件。
A. BASIC　　B. Unix　　C. AutoCAD　　D. Kill

28. WPS office、Word2013 等字处理软件属于(　　)。
A. 管理软件　　B. 应用软件　　C. 网络软件　　D. 系统软件

29. 下列 4 组数应依次为二进制、八进制和 16 进制,符合这个要求的是(　　)。
A. 11,78,19　　B. 12,77,10　　C. 12,80,10　　D. 11,77,19

30. 在微机中,访问速度最快的存储器是(　　)。
A. 硬盘　　B. 软盘　　C. 光盘　　D. 内存

31. 计算机总线包括(　　)。
A. 地址总线和数据总线　　B. 地址总线和控制总线
C. 数据总线和控制总线　　D. 地址总线、数据总线和控制总线

32. 计算机字长取决于(　　)的总线宽度。
A. 控制总线　　B. 数据总线　　C. 地址总线　　D. 通信总线

33. 计算机最主要的工作特点是(　　)。
A. 高速度　　B. 高精度　　C. 存储记忆能力　　D. 存储程序和程序控制

34. 软件与程序的区别是(　　)。

A. 程序价格便宜、软件价格昂贵
B. 程序是用户自己编写的，而软件是由厂家提供的
C. 程序是用高级语言编写的，而软件是由机器语言编写的
D. 软件是程序以及开发、使用和维护所需要的所有文档的总称，而程序是软件的一部分

35. 目前微型计算机中采用的逻辑元器件是（　　）。
A. 小规模集成电路　　B. 中规模集成电路
C. 大规模和超大规模集成电路　　D. 分立元件

36. 在操作系统中，文件系统的主要作用是（　　）。
A. 实现对文件的按内容存取　　B. 实现虚拟存储
C. 实现文件的高速输入、输出　　D. 实现对文件的按名存取

37. 计算机内部所有的信息都是以（　　）数码形式表示的。
A. 十进制　　B. 二进制　　C. 16 进制　　D. 八进制

38. 计算机能直接识别并进行处理的语言是（　　）。
A. 高级语言　　B. 机器语言　　C. 汇编语言　　D. C 语言

39. 小李使用一部标配为 4GRAM 的手机，因存储空间不够，他将一张 128G 的 mircoSD 卡插入手机，此时，小李这部手机的 4G 和 128G 参数分别代表的指标是（　　）。
A. 内存、内存　　B. 内存、外存　　C. 外存、内存　　D. 外存、外存

40. 作为现代计算机理论基础的冯·诺伊曼原理和思想是（　　）。
A. 十进制和存储程序概念　　B. 16 进制和存储程序概念
C. 二进制和存储程序概念　　D. 自然语言和存储程序概念

41. 下列设备中属于计算机设备的是（　　）。
A. 键盘、打印机　　B. 显示器、鼠标
C. 打印机、显示器　　D. 打印机、移动硬盘

42. 1946 年首台电子数字计算机 ENIAC 问世后，冯·诺伊曼在研制 EDVAC 计算机时提出两个重要的改进，它们是（　　）。
A. 引入 CPU 和内存储器的概念　　B. 采用机器语言和 16 进制
C. 采用二进制和存储程序控制的概念　　D. 采用 ASCII 编码系统

43. 汇编语言是一种（　　）。
A. 依赖于计算机的低级程序设计语言　　B. 计算机能直接执行的程序设计语言
C. 独立于计算机的高级程序设计语言　　D. 面向问题的程序设计语言

44. 电子计算机最早的应用领域是（　　）。
A. 数据处理　　B. 数值计算　　C. 工业控制　　D. 文字处理

45. 下列叙述中，正确的是（　　）。
A. 内存中存放的是当前正在执行的程序和所需的数据
B. 内存中存放的是当前暂时不用的程序和数据
C. 外存中存放的是当前正在执行的程序和所需的数据
D. 内存中只能存放命令

46. 计算机上广泛使用的操作系统 Windows 7 是（　　）。
A. 多用户、多任务操作系统　　B. 单用户、多任务操作系统
C. 实时操作系统　　D. 多用户、分时操作系统

二、填空题

1. 显示器的分辨率使用（　　）表示。
2. 计算机软件主要分为（　　）和（　　）。
3. 型号为“Pentium4 3.2G”的 CPU 主频是（　　）Hz。
4. 指令是计算机进行程序控制的（　　）。

5. 在 CPU 中,用来暂时存放数据和指令等各种信息的部件是(　　)。
6. CPU 执行一条指令所需的时间被称为(　　)。
7. 把计算机高级语言编制的程序翻译成计算机能直接执行的机器语言,有(　　)和(　　)两种方法。
8. 存储程序把(　　)和(　　)存入(　　)中,这是计算机能够自动、连续工作的先决条件。
9. 计算机系统中的硬件如果按功能来划分,主要包括(　　)、(　　)、(　　)、(　　)和(　　)5 个部分。
10. 存储器一般可以分为主存储器和(　　)两种。
11. 计算机系统软件中的核心软件是(　　)。
12. KB、MB、GB 和 TB 都是存储容量的单位,1 TB=(　　)KB。
13. 微机的主要技术指标有(　　)、(　　)、(　　)和(　　)等,技术指标的好坏由硬件和软件两方面决定。
14. 计算机的性能指标,在一般情况下,可参照(　　)、字长、运算速度和(　　)。
15. 数据是指能够输入计算机并由计算机处理的符号,如数值、文字、语言、图形、图像等,所以,数据是(　　)的载体,是信息的具体表示形式。
16. 在不同的进位计数制中,都有(　　)、(　　)和(　　)3 个方面的特点。如果说到要素,则可以理解为有(　　)和(　　)。
17. 进位制数中位权与基数的关系是(　　)。
18. 按照其对硬件的依赖程度,通常把程序设计语言分为(　　)、(　　)、(　　)3 类。
19. 在汉字输入、输出、存储和处理的不同过程中,使用的汉字编码不同,归纳起来主要有(　　)、汉字交换码、(　　)和汉字字形码等编码形式。
20. 8 个字节中含有(　　)个二进制位。
21. 计算机的工作过程实际上是周而复始地(　　)、执行指令的过程。
22. 计算机中系统软件的核心是(　　),它主要用来控制和管理计算机的所有软硬件资源。
23. 一组排列有序的计算机指令的集合称为(　　)。
24. 电子计算机能够自动地按照人们的意图进行工作的最基本思想是(　　)。
25. 计算机进行数据存储的最小单位是(　　),进行数据处理和数据存储的基本单位是(　　)。
26. 1946 年,世界上第一台现代意义的电子计算机在美国(　　)大学诞生,其中文全称为(　　)。
27. 微机中的 CPU 是由(　　)、(　　)和(　　)组成的。
28. 我国从 1956 年开始研制计算机,目前成绩斐然,2018 年研制的(　　)运算速度达 12.54 亿亿次/秒,居世界第一。
29. 在计算机中常说的主机是指(　　)、(　　)。
30. 运算器主要完成对数据的运算,包括(　　)运算和(　　)运算。
31. 按照计算机应用类型划分,某单位自行开发的工资管理系统属于计算机的(　　)应用范围。
32. 计算机语言通常分为(　　)、(　　)和(　　)3 类。
33. 在计算机领域中,常用英文单词“byte”来表示(　　)。
34. 主板上最主要的部件是(　　)。

三、判断题

1. 计算机中的内存容量 128 MB 就是 128×1 024×1 024×8 个字节。(　　)
2. 操作系统是用户与计算机的接口。(　　)
3. U 盘属于外存储器,主要用于存放需长期保存的程序和数据。(　　)
4. 操作系统是一种对所有硬件进行控制和管理的系统软件。(　　)
5. 若一台微机感染了病毒,只要删除所有带毒文件,就能消除所有病毒。(　　)
6. 指令和数据在计算机内部都是以区位码形式存储的。(　　)
7. 计算机中的信息以数据的形式出现,数据是信息的载体。(　　)
8. 数据具有针对性、时效性。(　　)
9. 云计算是分布式计算、网格计算、并行计算、网络存储及虚拟化计算机和网络技术发展融合的产物。(　　)

10. 计算机辅助设计、计算机辅助教学、人工智能的英文缩写分别是 CAD、CAT、AI。（　　）

11. 计算机病毒的清除是指从内存、磁盘和文件中清除掉病毒程序。（　　）

12. 当系统硬件发生故障或更换硬件设备时，为了避免系统意外崩溃，正确启动方式为安全模式。（　　）

13. 人类第一台机械齿轮计算机是德国科学家卡什尔研发的。（　　）

14. 使用计算机综合处理声音、图像、动画、文字、视频和音频信号，称为面向对象技术。（　　）

15. 如果一个存储单元能存放一个字节，那么，一个 32K 存储器共有 32 768 个存储单元。（　　）

16. 计算机病毒是具有传染性、可以使计算机无法正常工作、危害极大的一段特制程序。（　　）

四、简答题

1. 简述冯・诺伊曼思想体系的主要内容。

2. 简述计算机的数据、信息的定义及其区别。

3. 请写出将文档中所有的“计算机”用“电脑”来替换的操作步骤，并将修改后的文档另存于 E 盘根目录下，简述操作步骤。

五、标识题

图 1－102　机箱内部组成 1

1. 在图 1－102 中，请用文字标识机箱内部组成。

2. 在图 1－103 中，请用文字分别标出 CPU 插座、PCI 插槽、PCI－E 插槽、内存插槽、鼠标，以及键盘接口、主电源接口、辅助电源接口、光驱和硬盘接口位置。

图 1－103　机箱内部组成 2

六、计算题

$(1010.101)_2=(\qquad)_{10}$；

$(42.57)_8=(\qquad)_{10}$；

$(11011.01)_2=(\qquad)_{10}$；

$(1246.12)_8=(\qquad)_{10}$；

$(314.12)_{16}=(\qquad)_{10}$；

$(11101.1101)_2=(\qquad)_8$；

$(111101.010111)_2=(\qquad)_{16}$；

$(83)_{10}=(\qquad)_2$；

$(83.8125)_{10}=(\qquad)_2$；

$(11001011.01011)_2=(\qquad)_{16}$；

$(576.35)_{16}=(\qquad)_2$；

$(101.11)_2=(\qquad)_{10}$；

$(2B8F.5)_{16}=(\qquad)_{10}$；

$(18.8125)_{10}=(\qquad)_2$；

$(678.156)_{10}=(\qquad)_8$；

$(314.31)_{10}=(\qquad)_{16}$；

$(45.61)_8=(\qquad)_2$；

$(4B.61)_{16}=(\qquad)_2$；

$(0.8125)_{10}=(\qquad)_2$；

$(1101.01)_2=(\qquad)_{10}$；

$(101010001.001)_2=(\qquad)_8$；

$(576.35)_8=(\qquad)_2$。

项目二
键盘及文字录入

项目导图

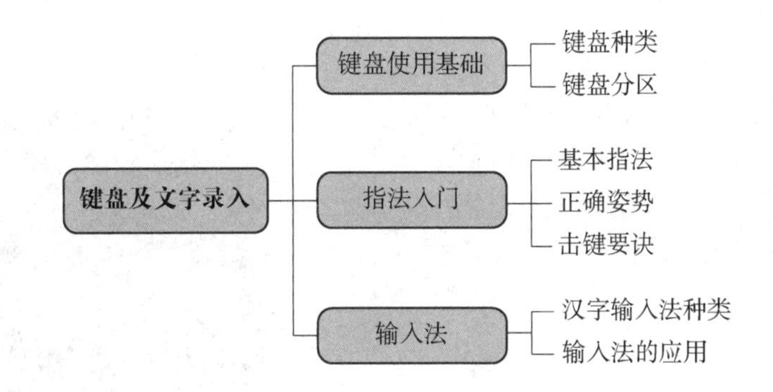

项目能力目标

任务一　键盘使用基础

任务二　指法入门

任务三　输入法

项目知识目标

（1）掌握键盘每一键位名称及使用方法；

（2）掌握正确的打字姿势；

（3）掌握软键盘的应用；

（4）熟悉键盘手指分工；

（5）了解键盘种类。

任务一　键盘使用基础

任务目标

（1）熟悉键盘各个键位的名称和作用；

（2）掌握键盘分区；

（3）了解键盘种类。

任务资讯

一、键盘的种类

（一）标准键盘

PC XT/AT 时代的键盘主要以 83 键为主；升级到 101 键，主要是增加了一些功能键；随着 Windows 操作系统的流行，键盘又增加到 104 键。现在市场主流的标准键盘就是 104 键，与 101 键相比，主要增加了两个 Win 键和一个菜单键，如图 2－1 所示。

图 2－1　标准 104 键盘

（二）多媒体键盘

多媒体键盘是指在传统的键盘基础上，增加了常用于多媒体播放的控制按键以及音量调节装置，使 PC 操作进一步简化，对于收发电子邮件、打开浏览器软件、启动多媒体播放器等，都只需要按一个特殊按键即可。同时，在外形上做了改善，着重体现键盘的个性化，如图 2－2 所示。

图 2－2　多媒体键盘

（三）Office 键盘

Office 键盘即办公键盘，是指为了提高工作效率，减轻长时间使用的疲劳感，采用人体工学设计：在标准键盘上，将指法规定的左手键区和右手键区这两大板块左右分开，并形成一定角度，操作者不必有意识地夹紧双臂，保持一种比较自然的形态；采用舒适型曲线设计，超薄外形的按键让用户使用起来手感舒适；增加了办公常用的快捷键，如图 2－3 所示。

图 2－3　Office 键盘

任务实施

一、键盘分区

键盘一般包括 26 个英文字母键、10 个数字键（0～9）、12 个功能键（【F1】～【F12】）、4 个方向键以及其他辅助功能键。所有按键分为 5 个区，分别是主键盘区（主键区）、功能键区、编辑键区（控制键区）、数字键区、状态指示区，如图 2－4 所示。

图 2－4　键盘分区

（一）功能键区

功能键区位于键盘的最上边，由【ESC】和

【F1】～【F12】组成，共计13键。

【Esc】：退出键。“Esc”是英文“escape”的缩写，中文有逃脱、出口等含义。在计算机应用中的主要作用是退出某个程序。例如，在玩游戏时想退出，就可以按下【Esc】。

【F1】～【F12】均在功能键区。英文“function”的中文含义为功能。在不同的软件中，【F1】～【F12】定义的功能不同，也可以配合其他键起作用。下面就以【F1】～【F12】在Windows系统中具有的功能做介绍。

【F1】：帮助键。如果不是处在任何程序中，而是处在资源管理器或桌面，按下【F1】就会出现Windows的帮助程序。如果正在对某个程序进行操作，想得到Windows的帮助，则需要按下【Win】+【F1】组合键。按下【Shift】+【F1】组合键，会出现“What's This?”的帮助信息。

【F2】：如果在资源管理器中选定了一个文件或文件夹，按下【F2】则会对这个选定的文件或文件夹重命名。

【F3】：在资源管理器或桌面上按下此功能键，则会出现“搜索文件”的窗口。因此，如果想对某个文件夹中的文件进行搜索，那么，直接按下【F3】就能快速打开搜索窗口，并且搜索范围已经默认设置为该文件夹。

【F4】：这个键用来打开IE中的地址栏列表。要关闭IE窗口，可以使用【Alt】+【F4】组合键。

【F5】：用来刷新IE或资源管理器中当前所在窗口的内容。

【F6】：可以快速在资源管理器及IE中定位到地址栏。

【F7】：在Windows中没有任何作用。但在DOS中，【F7】是有用的，试试看吧！

【F8】：在启动电脑时，可以用它来显示启动菜单。有些电脑还可以在电脑启动之初按下【F8】来快速调出启动设置菜单，从中可以快速选择是软盘启动还是光盘启动，或者直接用硬盘启动，不必进入BIOS进行启动顺序的修改。另外，可以在安装Windows时接受微软的安装协议。

【F9】：在Windows中同样没有任何作用。但在Windows Media Player中，可以用来快速降低音量。

【F10】：用来激活Windows或程序中的菜单，按下【Shift】+【F10】组合键会出现右键快捷菜单。在Windows Media Player中，它的功能是提高音量。

【F11】：在Windows环境下，按下【F11】会使IE或资源管理器变成全屏显示模式，会使菜单栏消失，这样就可以在屏幕上看到更多的信息，再次按下【F11】可以恢复。

【F12】：在Windows中同样没有任何作用。但在Word中，按下【F12】会快速弹出另存为文件的窗口。

（二）主键盘区

主键盘区又称主键区，是常见键盘上面积最大、使用频率最高的区域。主键盘区还被称为打字键区，有A～Z共26个字母键、数字键、符号键以及空格键、回车键等。

【Tab】：表格键。“Tab”是英文“table”的缩写，中文的含义是表格。主要是在文字处理软件（如Word）里起到等距离移动的作用。例如，在处理表格时，不需要用空格键一格一格地移动，只要按下【Tab】就可以等距离地移动，因此也叫制表定位键。

【Caps Lock】：大写锁定键。“Caps Lock”是英文“capital lock”的缩写。用于输入大写英文字符。它是一个单项开关（循环）按键，再按一下就又恢复为小写。当启动大写状态时，键盘上的【Caps lock】指示灯会亮。注意当处于大写的状态时，中文输入法无效，也就是说，中文只能在小写状态下输入。

【Shift】：转换键，又称上档键。“Shift”的英文表示转换。【Shift】用以转换大小写，或用作上档键配合其他键共同起作用。例如，要输入电子邮件的@，在英文状态按下【Shift】+【2】组合键就可以了。

【Ctrl】：控制键。“Ctrl”是英文“control”的缩写，中文的含义是控制。【Ctrl】单独使用无效，必须要与其他键或鼠标配合使用。例如，在Windows状态下配合鼠标使用，可以选定多个不连续的对象。

【Alt】：可选（切换）键，又称特殊键。“Alt”是英文“aternative”的缩写，中文的含义是可以选择的。【Alt】需要和其他键配合使用来达到某一操作目的。例如，要将计算机热启动，可以同时按下【Ctrl】+【Alt】+【Del】组合键完成。【Ctrl】和【Alt】是组合键，与其他按键一起完成某些功能。例如，【Ctrl】+空格键是中英文切换，【Alt】+【F4】组合键是退出。

【Del】：删除键。用于删除光标右侧字符。例如，【Shift】+【Del】组合键将永久删除所选项，而不是将它放到回收站中。

【Enter】：回车键，又称确定键。“enter”的英文表示输入。【Enter】是用得最多的键，因而在键盘上设计成面积较大的键，便于用小指击键。【Enter】的主要作用是执行某一命令，在文字处理软件中可以用作换行。

【Backspace】：退格键，又称删除键。用于删除光标左侧字符。

【Space bar】：空格键。

笔记本键盘上的【Fn】也是一个功能键（也称上档键），可以与其他按键组合成功能键。按键上画有月亮表示休眠、关机等。

【Win】：开始键。在主键盘区最底端两边各有一个标有 Windows 图标的【Win】。直接按下【Win】会弹出 Windows 开始菜单，在 Windows 环境中还可以与其他键配合使用达到某一特定操作。

（三）数字键区

处于键盘右侧的主要是数字键和加减乘除运算键。

【Num Lock】：数字锁定键。默认对应的指示灯亮，表示此时该区数字有效，而数字下方的符号无效；默认该灯暗，表示此时该区数字无效，而数字下方的符号有效。

（四）编辑键区

在主键盘区和数字键区的中间，主要有上下左右 4 个方向键和【Home】、【End】、【Insert】、【Delete】等光标控制键。

【Home】：原位键（光标移至行首）。英文“home”的中文含义是家，即原地位置。在文字编辑软件中，【Home】定位于本行的起始位置。【Home】和【Ctrl】一起使用，可以定位到文章的开头位置。

【End】：结尾键（光标移至行尾）。英文“end”的中文含义是结束、结尾。在文字编辑软件中，【End】定位于本行的末尾位置。【End】与【Home】相呼应，与【Ctrl】一起使用，可以定位到文章的结尾位置。

【PageUp】：向上翻页键。“page”的中文表示页，“up”的中文表示向上。在软件中【PageUp】可以将内容向上翻页。

【PageDown】：向下翻页键。“page”的中文表示页，“down”的中文表示向下。【PageDown】与【PageUp】相呼应。

【Print Screen】：屏幕打印按键。【Print Screen】可以复制屏幕上的内容，即可以实现全屏截图。如果与【Alt】配合使用，可以实现复制当前活动窗口的目的。在打印机已联机的情况下，按下【Print Screen】可以将计算机屏幕的显示内容通过打印机输出。

【Scrol Lock】：滚动锁定键。【Scrol Lock】可以将滚动条锁定。在 Excel 中，可以作为滚动键。

【Pause Break】：暂停键。用于将某一动作或程序暂停，如将打印暂停。如果按【Ctrl】+【Break】组合键可中断命令的执行或程序的运行。

【Insert】：插入键（插入/改写转换键）。在文字编辑中，主要用于插入字符。【Insert】是一个单项开关按键（循环键），按一次变成改写状态，再按一次该键即进入字符插入状态。

任务拓展

一、【Win】的使用

【Win】是在主键盘区键盘最底端两边、标有 Windows 图标的开始键。在 Windows 环境中，可以与其他键位配合使用，达到某一特定操作。例如，

【Win】+【F1】：打开 Windows 的帮助文件；

【Win】+【F】：打开 Windows 的查找文件窗口；

【Win】+【E】：打开 Windows 的资源管理器；

【Win】+【Break】：打开 Windows 的系统属性窗口；

【Win】+【M】：最小化所有打开的 Windows 的窗口；

【Win】+【Shift】+【M】：恢复所有最小化的 Windows 的窗口；

【Win】+【U】：打开 Windows 工具管理器；

【Win】+【Ctrl】+【F】：打开 Windows 查找计算机窗口；

【Win】+【D】：快速显示/隐藏桌面；

【Win】+【R】：打开运行对话框，重新开始一个 Windows 任务；

【Win】+【L】：在 Windows XP 中快速锁定计算机；

【Win】+【Tab】：在目前打开的多个任务之间切换，按下回车键即变成当前任务；

【Win】+【Break】：打开“系统属性”窗口。

二、快捷菜单按键

主键盘区有一个键，可当作鼠标右键使用，这就是快捷菜单按键。按下此按键时，会弹出与当前指向有关的快捷菜单。

三、键位的常用组合功能

键位的常用组合功能如表 2-1 所示。

表 2-1　常用组合键功能

组合键	功能
【Ctrl】+【A】	全部选中当前页面内容
【Ctrl】+【C】	将所选内容复制到“剪贴板”

（续表）

组合键	功能
【Ctrl】+【X】	将所选内容剪切到“剪贴板”
【Ctrl】+【V】	粘贴当前剪贴板内的内容
【Ctrl】+【Z】	撤销上一步操作
【Ctrl】+【Y】	恢复或重复操作
【Ctrl】+【N】	新建文件
【Ctrl】+【S】	保存文件
【Ctrl】+【O】	在当前页面打开其他文件
【Ctrl】+【Shift】	输入法间切换
【Ctrl】+【Space】(空格)	中英文输入法间切换
【Ctrl】+【F4】	在允许同时打开多个文档的程序中关闭当前文档
【Ctrl】+【Esc】	显示“开始”菜单
【Ctrl】+【Alt】+【Del】	启动“任务管理器”
【Ctrl】+【Alt】+【Del】	强制终止进程
【Ctrl】+【Backspace】	删除光标左侧的一个单词
【Ctrl】+【Del】	删除光标右侧的一个单词
【Shift】+【Del】	永久删除所选项，不将其放到“回收站”中

（续表）

组合键	功能
【Shift】+【F10】	会出现右键快捷菜单
【Ctrl】+向右方向键	将插入点移动到后一个单词的起始处
【Ctrl】+向左方向键	将插入点移动到前一个单词的起始处
【Ctrl】+向上方向键	将插入点移动到上一段落的起始处
【Ctrl】+向下方向键	将插入点移动到下一段落的起始处
【Alt】+【F4】	关闭当前项目或者关闭计算机
【Alt】+【PrintScreen】	拷贝当前窗口
【Alt】+【Tab】	在打开的项目之间切换
【Alt】+菜单名中带下划线的字母	显示相应的菜单
【Win】+【D】	显示桌面
【Win】+【M】	最小化所有窗口
【Win】+【F】	打开“搜索”对话框，搜索文件或文件夹
【Win】+【R】	打开“运行”对话框

任务二 指法入门

任务目标

(1) 掌握正确的手指分工；
(2) 掌握正确的打字姿势；
(3) 熟练运用指法。

任务资讯

一、基本指法

(一) 基准键

操作键盘时，应首先将各手指放在其对应的基准键位上(图 2-5)。拇指放在空格键，10 指分工明确。基准键位是指【A】、【S】、【D】、【F】、【J】、【K】、【L】、【;】这 8 个键，其中，【F】和【J】称为定位键，在这两个键上各有一个凸起的小横杠。

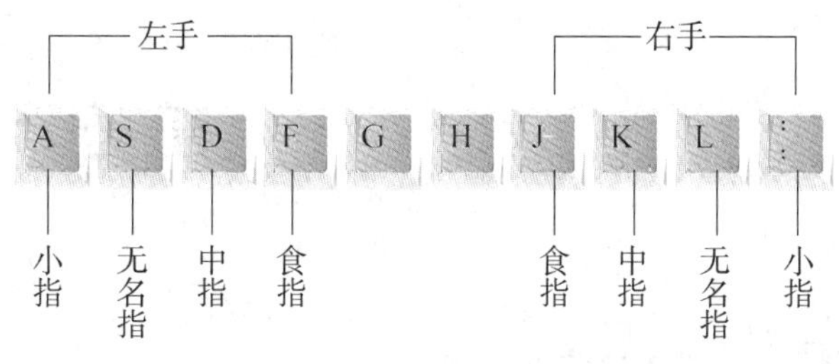

图 2-5 基准键位

(二) 键位分区

左右手指键位分工，如图 2-6 所示。

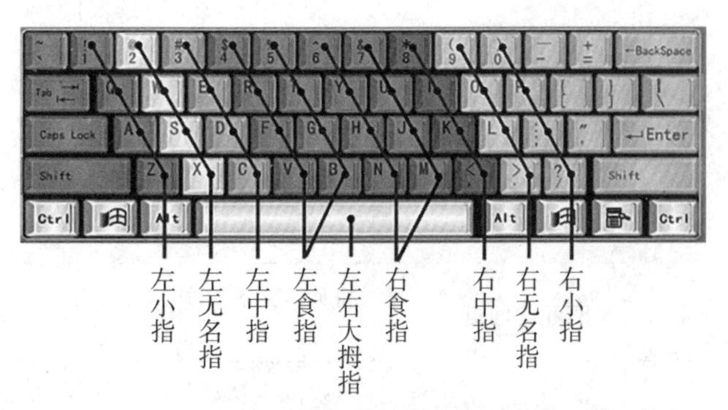

图 2-6　键盘手指分工

二、击打字母键的注意事项

(1) 注意击键总体方向；

(2) 注意改变击键方向的字母；

(3) 注意与基准键间距离较远的字母。

任务实施

一、正确的打字姿势

(1) 两脚平放，腰部挺直，两臂自然下垂，两肘贴于腋边。

(2) 身体可略倾斜，离键盘的距离约 20～30 厘米。眼睛与显示器屏幕的距离约 30～40 厘米，且显示器的中心应与水平视线保持 15°～20°夹角。另外，不要长时间盯着屏幕。

(3) 打字的教材或文稿放在键盘的左边，或用专用夹夹在显示器旁边。

(4) 一般以双手自然垂放在键盘上时肘关节略高于手腕为宜。

(5) 打字时眼观文稿，进行盲打，身体不要跟着倾斜。

注意　初学者要养成良好的触键习惯，即：随时保持双手 8 根手指分别放置在基准键位，完成其他键的击键动作后，应迅速回到相应的基准键位，双手拇指轻放于空格键位。

二、手指击键要诀

(1) 打字时，手指自然弯曲成弧形，用手指第一关节的圆肚部分轻触基准键位（图 2-7），手腕悬起轻放在键盘上，左手腕略有弯曲，右手自然下垂。

图 2-7　手指第一关节的圆肚部分轻触基准键位

(2) 击键时应该是指关节用力，而不是手腕用力。敲击键位要迅速，按键时间不宜过长，击键要短促、轻快、有弹性。

(3) 每一次击键动作完成后，只要时间允许，一定要习惯性地回到各自的基准键位。

(4) 输入时应注意严格遵守手指分工。只有要击键时，手指才可伸出击键，击毕立即返回到基准键位。

任务拓展

数字小键盘的用法

用右手食指、中指、无名指的第一关节的圆肚部分轻轻触放数字键位【4】、【5】、【6】。手腕悬起，上下击打键位即可。

任务三　输入法

任务目标

(1) 了解输入法的种类；

(2) 掌握输入法软键盘的应用。

任务资讯

一、输入法的种类

汉字输入法基本上都采用将音、形、义与特定的

键位相联系，再根据不同汉字进行组合来完成汉字的输入。

（一）汉字输入法

（1）音码。音码即拼音输入法，按照拼音输入汉字。常见的有微软拼音、智能 ABC、搜狗拼音输入法等。

（2）形码。形码是按照汉字的字形（笔画、部首）来进行编码。常见的有五笔字型、表形码输入法等。

（3）音形码。音形码是将音码和形码相结合的一种输入法。常见的有郑码、丁码输入法等。

（4）混合输入法。混合输入法是同时采用音、形、义多途径输入。例如，万能五笔输入法包含五笔、拼音、中译英等多种输入法。

二、搜狗输入法

搜狗输入法是搜狗公司于 2006 年 6 月推出的一款汉字输入法工具。

与传统输入法不同，搜狗输入法通过搜索引擎技术，将互联网变成一个巨大的“活”词库，使输入的首选词准确率非常高。网民不仅是词库的使用者，也是词库的生产者。在词库的广度、首选词准确度等数据指标方面，都远远领先于其他输入法。搜狗拼音输入法还有拼音纠错、网址输入、词语联想、自动在线升级词库等功能。

任务实施

一、输入法间的切换（Windows 系统）

（1）中英文输入法间的切换，使用【Ctrl】＋空格键。

（2）各种汉字输入法（包括英文）之间的循环切换，使用【Ctrl】＋【Shift】组合键。

（3）全角和半角间的切换，使用【Shift】＋空格键。

二、使用搜狗输入法

从状态栏中选择搜狗拼音输入法后，默认将显示如图 2－8 所示的状态条。

图 2－8　搜狗拼音输入状态条

1. 中英文输入法间的切换

实现中英文输入法间的切换，若当前是中文输入法状态，①使用【Shift】或【Ctrl】＋空格键；②可单击状态条中的“中/英”切换按钮。

2. 中英文标点符号的切换

实现中英文标点符号的切换，①使用【Ctrl】＋【.】组合键；可单击②状态条中的“中/英文标点”切换按钮。

3. 切换软键盘

单击状态条中的“输入方式”按钮，此时会在输入法状态条上方出现如图 2－9 所示内容。此时再单击“软键盘”图标，则会在屏幕下方出现默认的软键盘，如图 2－10 所示。如果在如图 2－8 所示的“输入方式”按钮处右键单击，则会出现如图 2－11 所示内容。

图 2－9　单击状态条“输入方式”按钮

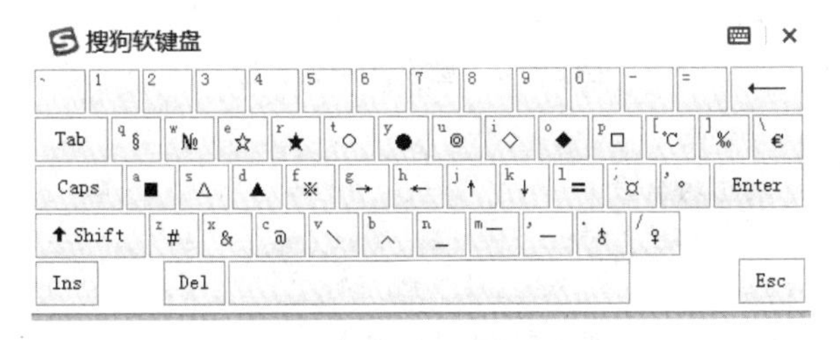

图 2－10　搜狗软键盘

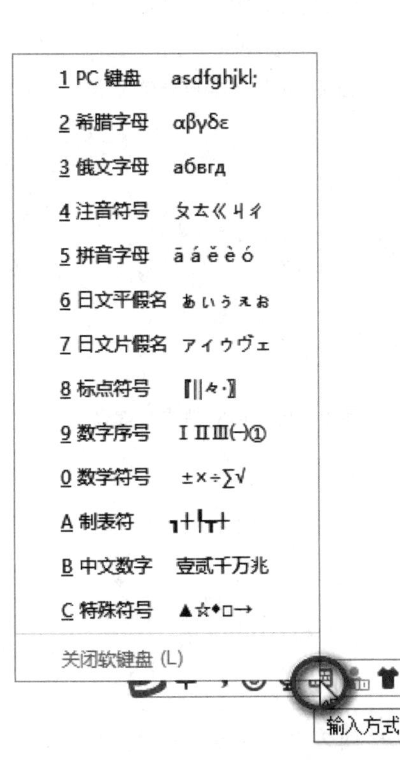

图 2－11　搜狗软键盘的种类

分别用左键选择图 2-11 所示中的“标点符号”、“数字序号”、“数学符号”、“中文数字”、“特殊符号”等选项，可以找到标点符号软键盘(图 2-12)、数字序号软键盘(图 2-13)、数学符号软键盘(图 2-14)、中文数字软键盘(图 2-15)和特殊符号软键盘(图 2-16)。

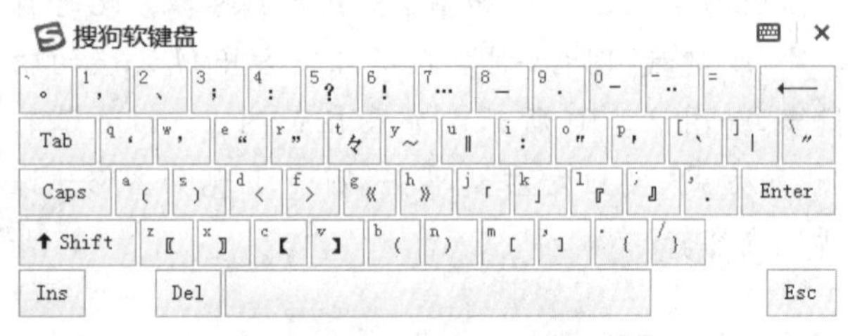

图 2-12　标点符号软键盘

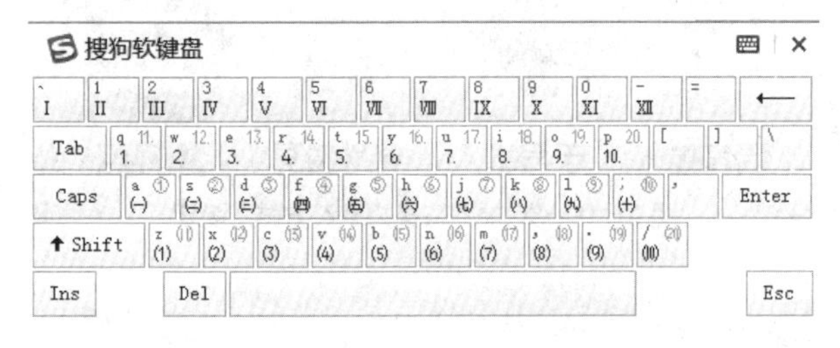

图 2-13　数字序号软键盘

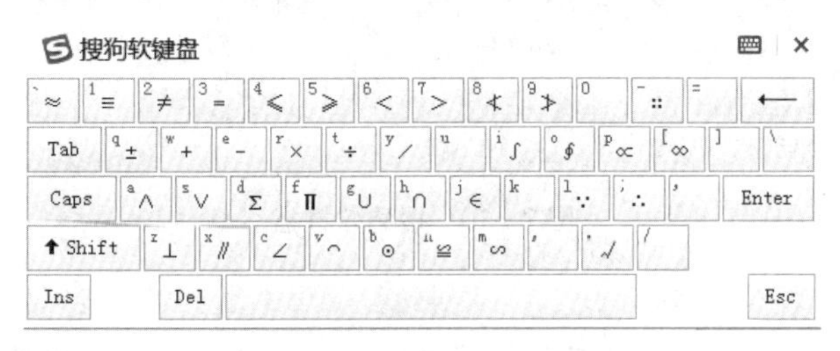

图 2-14　数学符号软键盘

图 2-15　中文数字软键盘

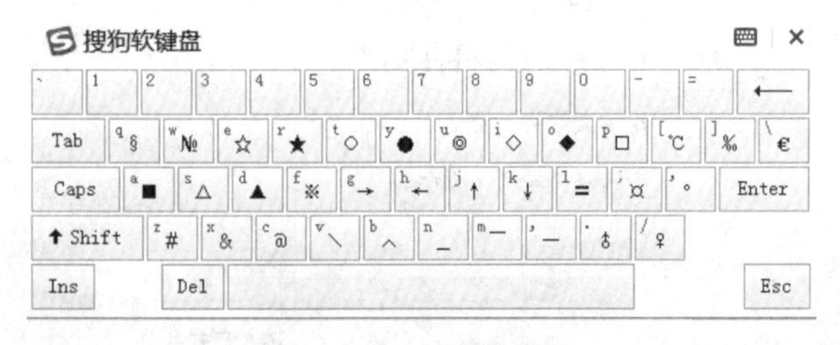

图 2-16　特殊符号软键盘

任务拓展

一、搜狗输入法的安装

(一) 下载安装包

(1) 打开浏览器后在搜索栏中输入“搜狗输入法官方下载电脑版”关键字，点击“搜索”后，再单击“搜狗输入法　首页　官网”，如图 2-17 所示。

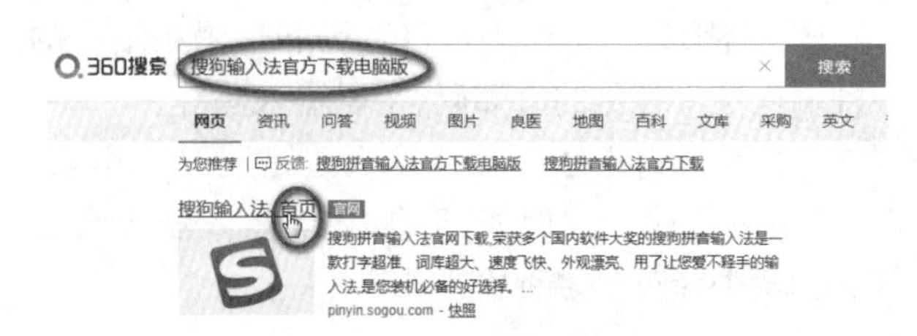

图 2-17　查找搜狗输入法

(2) 进入官网首页后单击“立即下载”，如图 2-18 所示。然后，在“下载到”处指定下载的文件夹位置，单击“立即下载”，如图 2-19 所示。

图 2-18　找到官网首页

图 2-19　指定下载位置

(二) 软件安装

(1) 双击搜狗输入法安装包，如图 2-20 所示。再单击“立即安装”，或根据实际需要单击“自定义安装”，指定安装位置等信息，如图 2-21 所示。

图 2－20　安装包图标

图 2－21　安装启动界面

(2) 此后进入安装过程，如图 2－22 所示。最后，会出现“安装完成”界面，此时，可以根据需要去除自己不需要的内容，如图 2－23 所示。

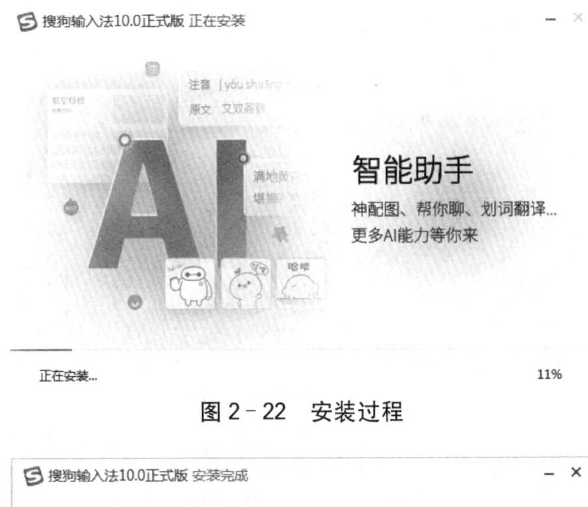

图 2－22　安装过程

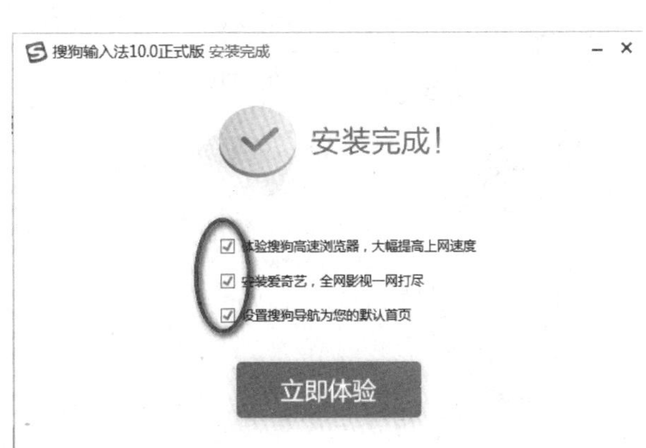

图 2－23　安装完成界面

(3) 最后，根据个人喜好设置个性化参数，如图 2－24 所示。

(a) 设置主要输入习惯

(b) 设置皮肤

图 2－24　个性化设置

二、安装金山打字通 2016 版

(1) 双击金山打字通安装包，进入安装启动界面，如图 2－25 所示。然后，进入是否接受许可协议界面(图 2－26)和是否安装 WPS Office 2019 校园版界面(图 2－27)。

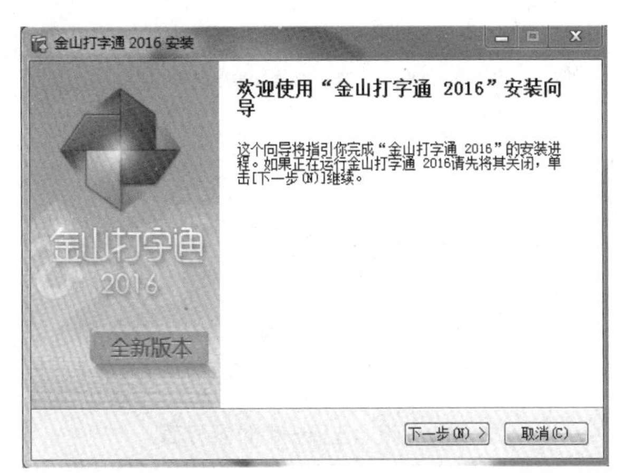

图 2－25　安装启动界面

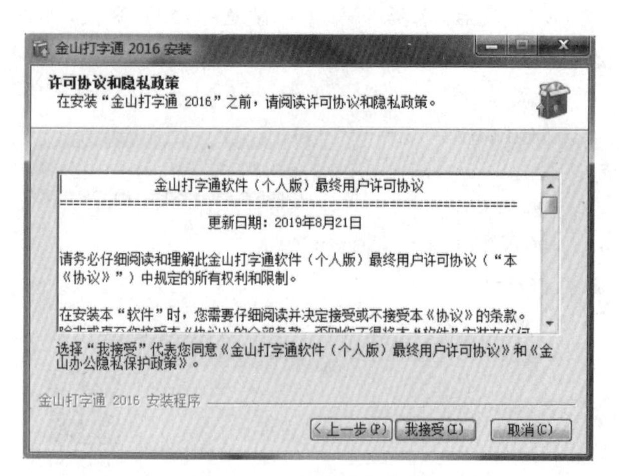

图 2-26　许可协议界面

图 2-27　是否安装 WPS Office 2019 校园版界面

（2）单击"下一步"后进入"选择安装位置"界面（图 2-28）。如图 2-29 所示，单击"下一步"和"安装"后，便进入安装过程（图 2-30）。安装结束时进入"软件精选"界面（图 2-31），取消不需要的软件对勾后，进入安装完成界面（图 2-32）。依旧是把不需要的软件取消后单击"完成"。

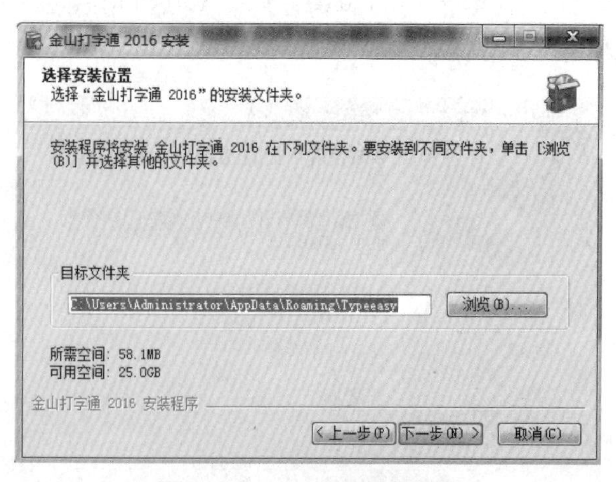

图 2-28　选择安装位置界面

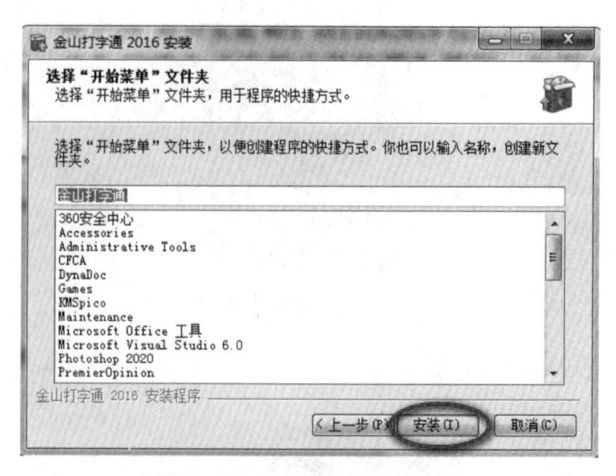

图 2-29　设置安装程序名称

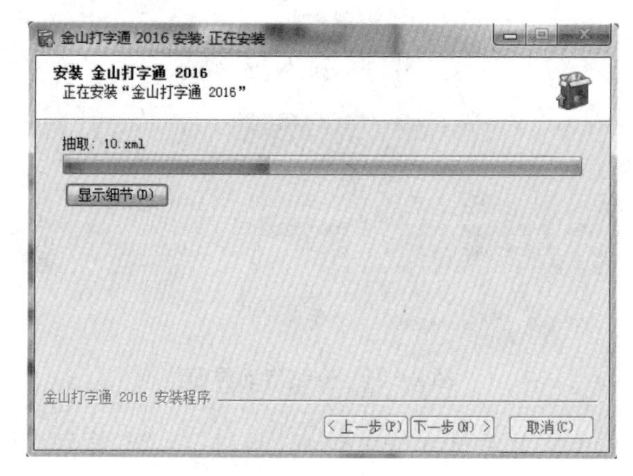

图 2-30　程序安装过程

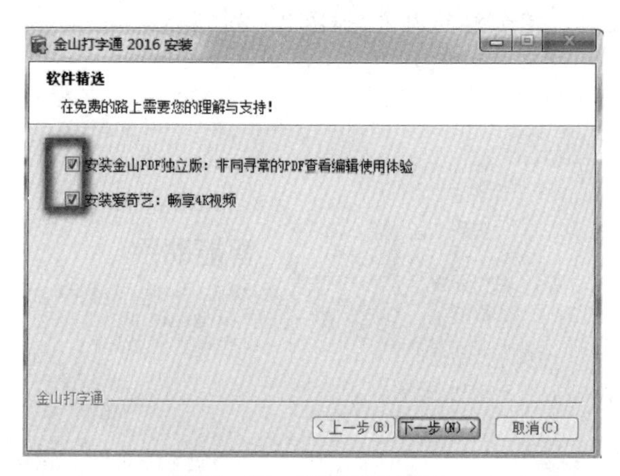

图 2-31　软件精选界面

图 2-32　软件安装完成界面

三、使用金山打字通 2016

在第一次使用时，必须登录、进行相关设置。

(1) 双击桌面上的金山打字通 2016 程序快捷图标 ，此后会出现如图 2-33 所示界面。

图 2-33　金山打字通界面

(2) 单击“登录”后，如图 2-34 所示，创建一个昵称或选择现有昵称。再单击“下一步”后选择“绑定”，如图 2-35 所示。此时，需要用手机 QQ 扫码(图 2-36)、确认授权登录(图 2-37)。当在手机 QQ 上确认“QQ 授权登录”(图 2-38)后，才能进入金山打字通登录界面(图 2-39)，进行“保存打字记录”、“漫游打字成绩”和“查看全球排名”操作。

图 2-34　给定昵称

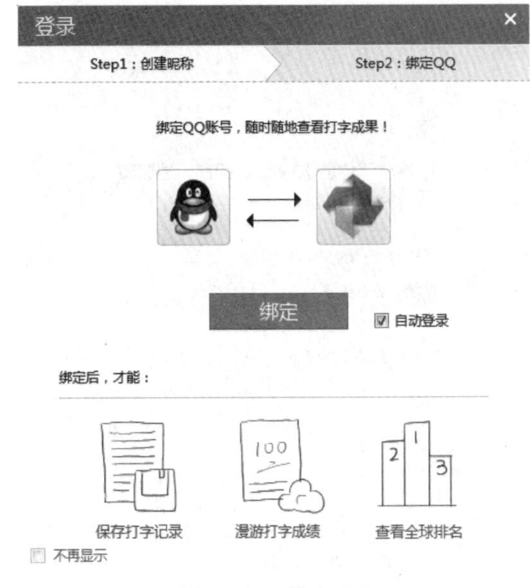

图 2-35　绑定 QQ

图 2-36　手机 QQ 扫码

图 2-37　扫码成功

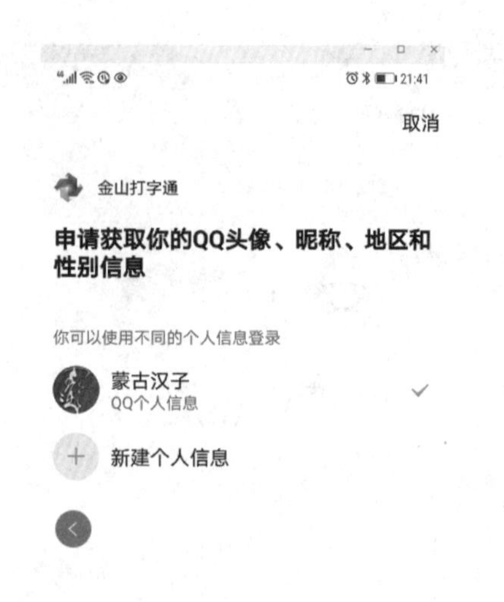

图 2-38 手机 QQ 授权登录

图 2-39 金山打字通登录界面

项目阶段测试

一、选择题

1. 可以用来删除光标左侧字符的是(　　)。

A. 【Backspace】　B. 【Alt】　C. 【Enter】　D. 【Caps Lock】

2. 键盘上最长的键是(　　)。

A. 【Backspace】　B. 【Alt】　C. 【Space】　D. 【Caps Lock】

3. 【F1】至【F12】的具体功能根据具体的操作系统和应用程序而定，通常(　　)。

A. 【F2】代表帮助，【F5】代表刷新　B. 【F1】代表帮助，【F6】代表刷新

C. 【F1】代表帮助，【F5】代表刷新　D. 【F3】代表帮助，【F7】代表刷新

4. 【Insert】的功能是(　　)。

A. 制表符，用于光标的移动　B. 大小写切换

C. 上档键，也可以用于大小写的切换　D. 插入、改写状态的转换

5. 【PrintScreet】的功能是(　　)。

A. 制表符，用于光标的移动　B. 拷贝屏幕，常与【Alt】进行组合

C. 上档键，也可用于大小写的切换　D. 插入、改写状态的转换

6. 打字之前一定要端正坐姿，下列叙述中错误的是(　　)。

A. 两脚平放，腰部挺直，两臂自然下垂，两肘贴于腋边

B. 身体可略倾斜，离键盘的距离约为 50 厘米

C. 打字教材或文稿放在键盘的左边，或用专用夹夹在显示器旁边

D. 打字时眼观文稿，身体不要跟着倾斜

7. 打字时，除了拇指外其余的8根手指分别放在基本键上，拇指放在（　　）上。

A.【Backspace】　B.【Alt】　C.【Space】　D.【Caps Lock】

8. 数字小键区的标准用法是（　　）。

A. 用右手食指击打

B. 用左手食指击打

C. 用右手食指、中指、无名指轻放于【4】、【5】、【6】上，上下移动击打键位

D. 用左手手食指、中指、无名指轻放于【4】、【5】、【6】上，上下移动击打键位

9.【Ctrl】+【Shift】组合键的功能是（　　）。

A. 输入法之间的切换　B. 打开/关闭输入法

C. 全角/半角的切换　D. 中英文标点的切换

10.【Ctrl】+【Space】组合键的功能是（　　）。

A. 输入法之间的切换　B. 打开/关闭输入法

C. 全角/半角的切换　D. 中英文输入法间的切换

11.【Shift】+【Space】组合键的功能是（　　）。

A. 输入法之间的切换　B. 打开/关闭输入法

C. 全角/半角的切换　D. 中英文标点的切换

12.【Ctrl】+【C】组合键的功能是（　　）。

A. 复制　B. 粘贴　C. 剪切　D. 打开

13.【Tab】的功能是（　　）。

A. 上档键，也可用于大小写的切换

B. 退格键，可用来删除光标左侧字符

C. 空格键，使用频率非常高

D. 制表符，用于光标的移动

14.【Delete】的功能是（　　）。

A. 插入/改写转换键　B. 向上翻页键

C. 删除光标右侧字符　D. 删除光标处或光标右侧字符

15. 在输入法默认状态下，按（　　）可切换到英文输入法状态，再按一下（　　）就会返回中文状态。

A.【Shift】【Ctrl】　B.【Ctrl】【Shift】

C.【Shift】【Shift】　D.【Ctrl】【Ctrl】

二、填空题

1. 拼音输入法的缺点有（　　　　　　　　　　）。

2. 击打汉字时手指分工中左右无名指分别控制（　　　　　　）和（　　　　　　）。

3. 击打汉字时手指分工中左食指要控制（　　　　　　）字母。

4. 手指按分工放在正确的位置，击完它迅速返回（　　），食指击键注意角度，小指击键力量保持均匀，数字键采用跳跃式击落键。

5. 键盘的主键区称为（　　），是最常用的区域，这里除了（　　）个字母，0～10的（　　）数字外，还有（　　）个符号键。

6. 若想输入键盘上的“%”、“*”、“#”等符号，输入时先按（　　）键，再输入对应的（　　）。

7. 键盘上的【Num Lock】，称为（　　），默认其对应指示灯亮，表示此时该区数字有效，而数字下方的符号无效。

8. 笔记本键盘上的【Fn】是一个（　　），也称（　　），可以与其他按键组合成一些功能键。

9.（　　　　　）位于键盘的最上边，含有【ESC】和【F1】至【F12】共计13个键。

10. 在Windows操作系统下，（　　）键是用来刷新IE或资源管理器中当前所在窗口的内容。

11. 使用（　　　　　）键可以打印屏幕上的内容。如果与【Alt】配合使用，可实现复制当前活动窗口的目的。

12. 利用键盘进行击键时，应该是指关节用力而不是手腕用力。敲击键位要迅速，按键时间不宜过长，击键要有(　　)、(　　)、弹性。
13. 每次击键动作完成后，只要时间允许，一定要习惯性地回到各自的(　　　　)上。
14. 汉字输入法基本上都是采用将(　　)、(　　)、(　　)与特定的键相联系，再根据不同汉字进行组合来完成汉字的输入。
15. 在搜狗汉字拼音输入法中，要想输入"№"、"◎"、"‰"、"℃"等符号时，需要利用(　　)进行键盘的转换进行输入。

三、判断题

1. 键盘一般分成主键区、功能键区、编辑键区和数字小键区 4 个部分。(　　)
2. 一般利用键盘上的【PgDn】进行文稿页面的向上翻页。(　　)
3. 特殊控制键一般是指【Home】、【Ctrl】。(　　)
4. 五笔字型汉字输入法是一种形码方案。(　　)
5. 键盘上的【Pause break】称为暂停键，其功能是将某一动作或程序暂停，如将打印暂停。(　　)
6. 打字时，手腕悬起，手指肚要轻轻放在字键的正中面上，两手拇指悬空放在空格键上。(　　)
7. 击键时手指自然弯曲成弧形，指端的第一关节与键盘成垂直角度，两手与两前臂成直线，手不要过于向里或向外弯曲。(　　)
8. 字母【F】和【J】的下边缘分别有一个突起，是供左右手定位的。(　　)
9. 常用的拼音输入法中包括五笔字型输入法。(　　)
10. 击打键盘右侧数字小键盘内容时，需要用右手食指、中指、无名指上下击打键位。(　　)
11. 计算机病毒的清除是指从内存、磁盘和文件中清除病毒程序。(　　)
12. 在击打文字时把【A】、【S】、【D】、【F】、【J】、【K】、【L】、【;】这 8 个键位称为基准键。(　　)
13. 在拼音输入法中，左食指在击打文字时需要控制的键位是【T】、【Y】、【G】、【H】、【B】、【N】。(　　)
14. 手指按分工放在【A】、【S】、【D】、【F】、【G】、【H】、【J】、【K】、【L】键位上。(　　)
15. 利用计算机进行文字录入时，手指没有具体要求，可随意击打。(　　)

四、简答题

1. 简述计算机的冷启动和热启动。

2. 简述系统复位启动。

3. 简述正确的击键操作姿态及手指分工。

项目三
计算机网络及Internet

项目导图

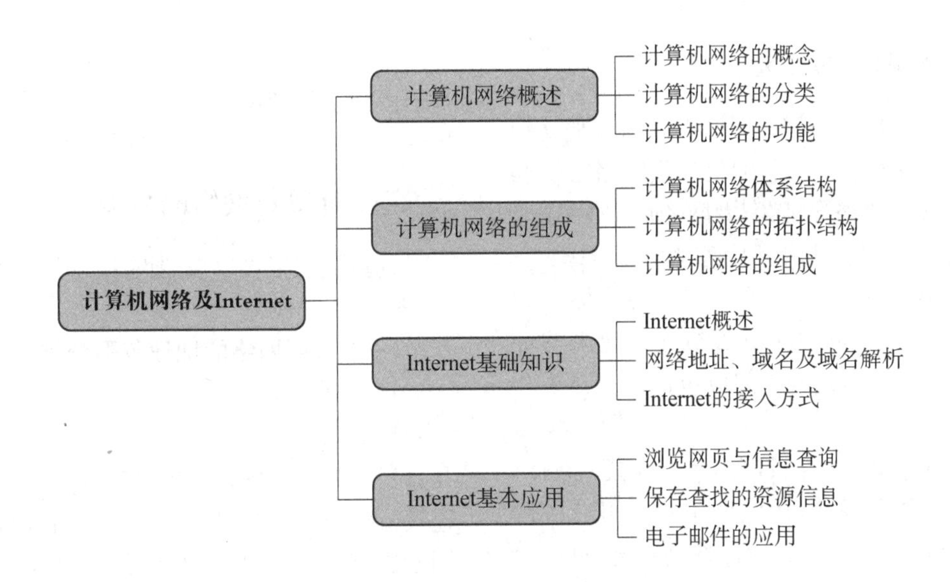

项目能力目标

任务一　计算机网络概述
任务二　计算机网络的组成
任务三　Internet 基础知识
任务四　Internet 基本应用

项目知识目标

(1) 了解 Internet 概况;

(2) 掌握计算机网络的定义、组成、分类及功能;

(3) 掌握 IE 浏览器的应用;

(4) 掌握查找、保存信息资源的方法;

(5) 掌握电子邮件的应用。

任务一　计算机网络概述

任务目标

(1) 掌握计算机网络的定义；
(2) 掌握计算机网络的分类；
(3) 掌握计算机网络的功能；
(4) 了解局域网概况。

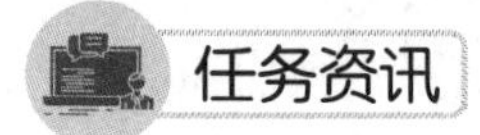

任务资讯

一、计算机网络的定义

计算机网络是指将地理位置不同的、具有独立功能的多台计算机及其外部设备通过通信线路连接起来，在网络操作系统、网络管理软件及网络通信协议的管理和协调下，实现资源共享和信息传递的计算机系统。

从逻辑功能来看，计算机网络是以传输信息为基础目的，用通信线路将多个计算机连接起来的计算机系统的集合。计算机网络组成包括传输介质和通信设备。

从用户角度来看，计算机网络是一个能为用户自动管理的网络操作系统，由它调用完成用户所调用的资源，整个网络像一个大的计算机系统，对用户是透明的。

从整体上来说，计算机网络就是把分布在不同地理区域的计算机与专门的外部设备用通信线路互联成一个规模大、功能强的系统，从而使众多的计算机可以方便地互相传递信息，共享硬件、软件、数据信息等资源。简单来说，计算机网络就是由通信线路互相连接的、许多自主工作的计算机构成的集合体。

二、计算机网络的发展

(1) 第一代计算机网络：以单个主机为中心、面向终端设备的网络结构。系统中除主计算机(host)具有独立的数据处理功能外，系统中所连接的终端设备均无独立处理数据的功能。

(2) 第二代计算机网络：以分组交换网为中心的计算机网络。网络中的通信双方都是具有自主处理能力的计算机，功能以资源共享为主。

(3) 第三代计算机网络：国际标准化组织于1983年提出著名的开放系统互联参考模型，给网络的发展提供了一个可以遵循的规则。从此，计算机网络走上标准化的轨道。体系结构标准化的计算机网络被称为第三代计算机网络。

(4) 第四代计算机网络：Internet的建立把分散在各地的网络连接起来，形成一个跨越国界范围、覆盖全球的网络。网络互联和以异步传输模式技术为代表的高速计算机网络技术的发展，使计算机网络进入第四代。

(5) 下一代计算机网络：以软交换为核心，能够提供语音、视频和数据等多媒体综合业务，采用开放、标准体系结构，能够提供丰富业务的下一代网络。

三、计算机网络的分类

计算机网络可以按照网络的地理范围和使用范围进行分类。

(一) 按照网络的地理范围分类

1. 局域网

局域网(local area network, LAN)是指范围在几百米到几千米内办公楼群或校园内的计算机相互连接所构成的计算机网络。计算机局域网被广泛应用于连接校园、工厂以及机关的个人计算机或工作站，以利于个人计算机或工作站之间共享资源(如打印机)和数据通信。

局域网是将较小地理区域内的计算机和通信设备连接在一起的计算机网络。在局域网中经常使用共享信道，即所有的机器都接在同一条电缆上。局域网具有高数据传输率(10 Mbps或100 Mbps)、低延迟和低误码率的特点。新型局域网的数据传输率可达每秒千兆位甚至更高。局域网主要采用总线型、星型、树型和环型拓扑结构。

在已有的局域网标准中，以太网(Ethernet)是基于总线型的广播式网络，是最成功的局域网技术，也是当前应用最广泛的局域网。迄今为止，在10 Mbps以太网技术的基础上，又开发出100 Mbps快速以太网、1 000 Mbps高速以太网和高带宽、全交换的以太网技术。目前10 Gbps以太网的标准已公布，实验性网络已在试用。

100 Base-T是一种快速以太网标准。100 Base-T使用双绞线电缆和星形拓扑结构，以100 Mbps的速

率发送数据。100 Base-T 以太网上的节点连接到星形结构的中心交换式集线器。在 100 Base-T 网络上的每个节点使用 RJ－45 连接器，在工作站端用于连接网络电缆和网络接口卡，在网络端用于连接电缆和集线器。

2. 城域网

城域网（metropolitan area network，MAN）所采用的技术基本上与局域网相类似，只是规模上要大一些。城域网既可以覆盖相距不远的几栋办公楼，也可以覆盖一个城市；MAN 连接着多个 LAN，每一个 LAN 可以属于同一组织，也可以属于多个不同的组织。城域网既可以支持数据和话音传输，也可以与有线电视相连。城域网一般只包含一到两根电缆，没有交换设备，因而其设计比较简单。

3. 广域网

广域网（wide area network，WAN）通常跨接很大的地理范围（如一个国家）。广域网中的主机通过通信子网互联在一起。与局域网不同，广域网通常采用点到点式传输链路，使用的传输技术主要有电路交换、分组交换和信元交换。它常借助一些电信部门的公用网络系统作为它的通信子网，如公用电话交换网 PSTN、DDN 数字专线、B-ISDN 宽带综合业务数字网络等，以及微波、卫星、无线电波等无线传输系统。

（二）按照网络的使用范围分类

1. 公用网

公用网（public network）一般是由国家邮电部门建设的网络。愿意按规定缴纳费用的人都可以使用公用网。

2. 专用网

专用网（private network）是某部门为本单位特殊业务需要建造的网络。这种网络不向本单位以外的人提供服务。如军队、铁路、电力等系统均拥有本系统的专用网。

四、计算机网络的功能

计算机网络的功能主要包括信息交换、资源共享和分布式处理 3 个方面。

（一）信息交换

信息交换功能是计算机网络最基本的功能，主要完成网络中各个节点之间的通信。任何人都需要与他人交换信息，计算机网络提供最快捷、最方便的途径。人们可以在网上传送电子邮件，发布新闻消息，进行电子商务、远程教育、远程医疗等活动。

（二）资源共享

资源指的是网络中所有的软件、硬件和数据。共享指的是网络中的用户都能够部分或全部享用这些资源。

通常，在网络范围内的各种输入输出设备、大容量的存储设备、高性能的计算机等，都是可以共享的硬件资源。例如，主机 1 要共享主机 2 的硬件资源，必须将要使用主机 2 的硬件资源的软件或数据传送到主机 2，在主机 2 上运行程序。

软件共享是网络用户对网络系统中各种软件资源的共享。数据共享是网络用户对网络系统中的各种数据资源的共享。例如，主机 1 共享主机 2 的软件或数据资源有两种共享方式：方式 1 是将主机 2 上被共享的软件或数据资源传送到主机 1，在本地主机 1 上运行程序；方式 2 是将主机 1 上的软件或数据传送到主机 2，在远程主机 2 上运行程序。

（三）分布式处理

当某台计算机负担过重时，或该计算机正在处理某项工作时，网络可将任务转交给空闲的计算机来完成，这样处理能均衡各计算机的负载，提高处理问题的实时性；对大型综合性问题，可将问题各部分交给不同的计算机分头处理，充分利用网络资源，扩大计算机的处理能力，即增强实用性。对解决复杂问题来说，多台计算机联合使用并构成高性能的计算机体系，这种协同工作、并行处理要比单独购置高性能的大型计算机便宜得多。

任务二　计算机网络的组成

（1）掌握计算机网络的拓扑结构；

（2）了解计算机网络的体系结构；

（3）了解计算机网络的组成；

（4）了解计算机网络的传输介质。

任务资讯

一、计算机网络的拓扑结构

计算机网络的拓扑结构是应用拓扑学中研究与大小、形状无关的点、线关系的方法，把网络中的计算机和通信设备抽象为一个点，把传输介质抽象为一条线，由点和线组成的几何图形就是计算机网络的拓扑结构。网络的拓扑结构反映出网络中各实体的结构关系，是建设计算机网络的第一步，是实现各种网络协议的基础，它对网络的性能、系统的可靠性与通信费用都有重大影响。

简单来说，网络拓扑结构就是网络中各个站点相互连接的形式，在局域网中就是文件服务器、工作站和电缆等的连接形式。

最基本的网络拓扑结构有总线型、环型、星型、网状型、树型拓扑和蜂窝拓扑结构。

（一）总线型拓扑

总线型拓扑是局域网最主要的拓扑结构之一，它采用单根传输线作为传输介质。

（1）主要特点：总线型拓扑结构的所有设备连接到一条连接介质上。所需要的电缆数量少，线缆长度短，易于布线和维护。多个结点共用一条传输信道，信道利用率高。但不易查找诊断故障（图 3－1）。

（2）优点：布线容易，电缆用量小；可靠性高；易于扩充，易于安装。

（3）缺点：故障诊断困难；故障隔离困难；中继器配置、通信介质或中间某一接口点出现故障，会导致整个网络瘫痪；终端必须是智能的。

（4）适用范围：总线型拓扑结构适用于计算机数目相对较少的局域网络，通常这种局域网络的传输速率在 100 Mbps，网络连接选用同轴电缆。总线型拓扑结构曾流行一段时间。典型的总线型局域网有以太网。

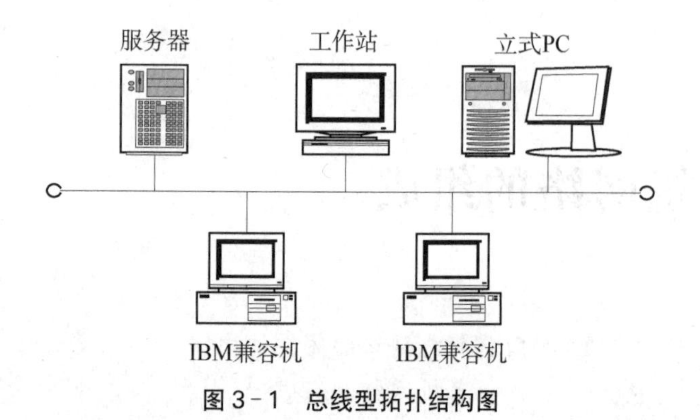

图 3－1　总线型拓扑结构图

（二）环型拓扑

环型拓扑是将互联网的计算机由通信线路连接成一个闭合的环（图 3－2）。

（1）优点：电缆长度短；增加或减少工作站时，仅需简单的连接操作；可使用光纤。

（2）缺点：节点的故障会引起全网故障；故障检测困难；媒体访问控制协议都采用令牌环传递的方式；在负载很小时，信道利用率相对来说就比较低。

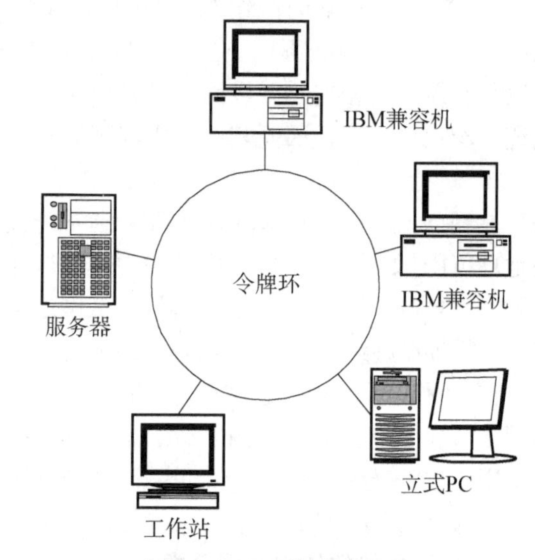

图 3－2　环型拓扑结构图

（三）星型拓扑

星型拓扑是由各站点通过点对点链路连接到中央节点上而形成的网络结构（图 3－3）。

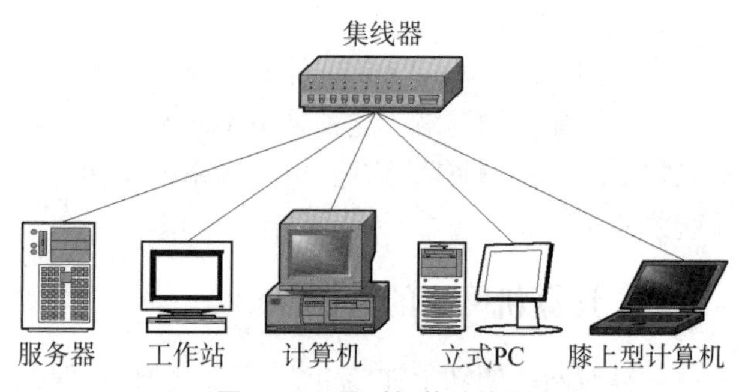

图 3－3　星型拓扑结构图

（1）优点：可靠性强（在网络中，连接点往往容易产生故障。由于星型拓扑结构每一个连接点只连接一个设备，当一个连接点出现故障时，只影响相应的设备，不会影响整个网络）；故障诊断和隔离容易（由于每个节点直接连接到中心节点，如果是某一节点的通信出现问题，就能很方便地判断出有故障的连接，方便地将该节点从网络中删除。如果是整个网络的通信都不正常，则需要考虑是否是中心节点出现错误）。

(2) 缺点：所需电缆多(由于每个节点直接与中心节点连接,整个网络需要大量电缆,增加了组网成本);可靠性依赖于中心节点(如果中心节点出现故障,则全网不能工作)。

(四) 网状型拓扑

网状型拓扑使用单独的电缆将网络上的站点两两相连,从而提供直接的通信路径(图 3-4)。

(1) 优点：可靠性强;不受瓶颈问题和失效问题的影响。

(2) 缺点：结构复杂;成本比较高;为不受瓶颈问题和失效问题的影响,网状型拓扑结构的网络协议比较复杂。

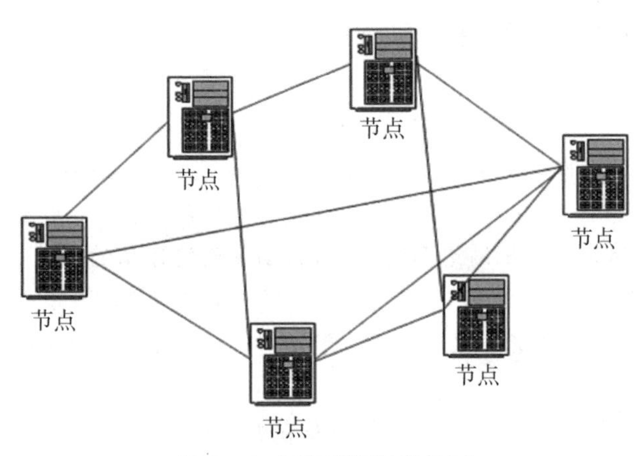

图 3-4　网状型拓扑结构图

(五) 树型拓扑

树型拓扑从总线型拓扑演变而来,形状像一棵倒置的树,顶端是"树根",树根以下带分支,每个分支还可再带子分支。

(1) 优点：易于扩展;故障隔离较容易。

(2) 缺点：各个节点对"根"的依赖性太大。

(六) 蜂窝拓扑结构

蜂窝拓扑结构是无线局域网中常用的结构。它以无线传输介质(微波、卫星、红外线、无线发射台等)点到点和点到多点传输为特征,是一种无线网,适用于城市网、校园网、企业网,更适合于移动通信。

二、计算机网络的组成

计算机网络是计算机应用的高级形式,充分体现信息传输与分配手段、信息处理手段的有机联系。从用户角度出发,计算机网络可看成一个透明的数据传输机构,网上的用户在访问网络资源时不必考虑网络的存在。从网络逻辑功能角度来看,可以将计算机网络分成通信子网和资源子网两个部分(图 3-5)。

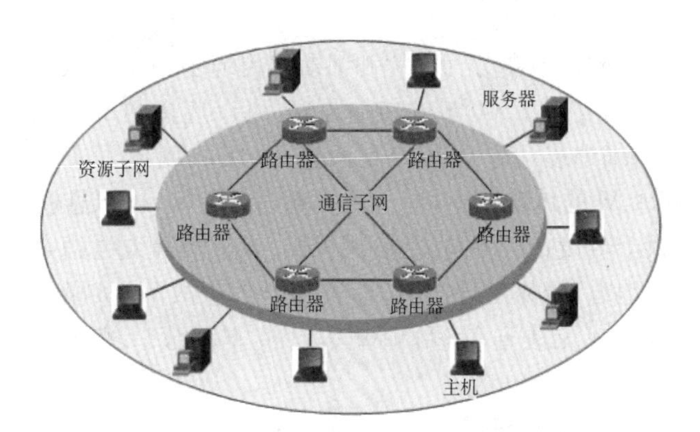

图 3-5　计算机网络的组成

计算机网络系统以通信子网为中心,通信子网处于网络的内层,由网络中的通信控制处理机、其他通信设备、通信线路和只用作信息交换的计算机组成,负责完成网络数据传输、转发等通信处理任务。当前的通信子网一般由路由器、交换机和通信线路组成。

资源子网处于计算机网络的外围,由主机系统、终端、终端控制器、外设、各种软件资源与信息资源组成,负责全网的数据处理业务,向网络用户提供各种网络资源和网络服务。主机系统是资源子网的主要组成部分,它通过高速通信线路与通信子网的通信控制处理机相连接。普通用户终端可通过主机系统连接入网。

三、计算机网络的传输介质

网络通信介质分为有线介质和无线介质两种。有线介质有双绞线、同轴电缆和光纤 3 种,无线介质又分为微波、卫星和红外线等多种。

(一) 双绞线

每一对双绞线由绞合在一起的相互绝缘的两根铜线组成,每根铜线的直径大约 1 毫米。两根线绞在一起是为了减少电磁干扰、提高传输质量。现行双绞线电缆中一般包含 4 个双绞线对,可以用于模拟传输或数字传输。双绞线分为屏蔽双绞线(shielded twisted pair, STP)和非屏蔽双绞线(unshielded twisted pair, UTP)。前者抗干扰性好,性能高。在用于远程中继线时,最大传输距离可以达到十几千米,但成本也较高,故一直没有广泛使用。后者的传输距离一般为 100 米,由于它具有较好的性能价格比,目前被广泛使用。

(二) 同轴电缆

同轴电缆由同轴的内外两个导体组成：内导体是一根金属线;外导体是一根圆柱形的套管,一般是细金属线编织而成的网状结构;内外导体之间有绝缘层。

同轴电缆分为粗缆和细缆。粗缆多用于局域网主干,支持 2 500 米的传输距离,可以连接数千台设备;细缆多用于与用户桌面连接,级联使用可支持 800 M 的传输距离,但一般不超过 180 M,可以连接数千台设备。但是,在公用机房、教学楼等人员嘈杂的地方,极易出现故障,而且一旦发生故障,整段局域网都无法通信,目前基本已被非屏蔽双绞线所取代。

(三) 光纤

光纤即光导纤维。利用光导纤维作为光的传输介质,以光波为信号载体的光纤通信,只有二三十年的历史。光纤传输媒介较贵,但传输光波信号不受电磁干扰,适用于长距离、高速率的信号传输。

(四) 微波和卫星

无线通信介质主要是微波和卫星。

(1) 微波通信是指用频率为 100 兆赫～10 吉赫的微波信号进行通信。其特点如下:只能进行可视范围内的通信;大气对微波信号的吸收与散射影响较大。微波通信主要用于几千米范围之内、不适合铺设有线传输介质的情况,而且只能用于点到点的通信,速率也不高,一般为每秒几百千比特。

(2) 卫星通信是指利用人造卫星进行中转的通信方式。商用通信卫星一般被发射在赤道上方 3.2 万千米的同步轨道上,也有中低轨道的小卫星通信,如 Motorala 公司的铱星系统。其特点是适合于很长距离的传输,如国际之间、洲际之间的传输;传输延时较大;费用较高。

任务实施

一、计算机网络的体系结构

计算机网络的各层及协议集合称为网络的体系结构。换一种说法,计算机网络的体系结构就是这个计算机网络及其构件所应完成的功能的精确定义。

国际标准化组织 ISO 于 1981 年正式推荐 7 层参考模型,又称开放系统互连模型(open system interconnection, OSI)。这一标准模型的建立,使得各种计算机网络向它靠拢,推动了网络通信的发展。

由于 OSI 体系结构太复杂,在实际应用中 TCP/IP 的 4 层体系结构得到广泛应用(图 3-6)。

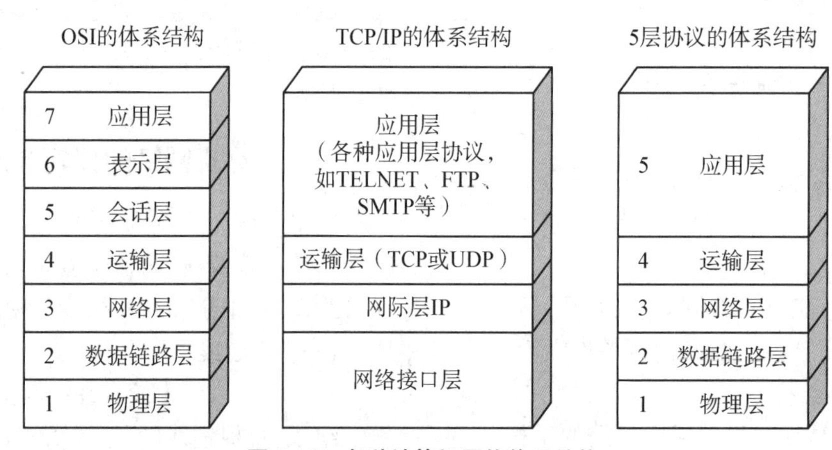

图 3-6 各种计算机网络体系结构

每一层都是为了完成一种功能。为了完成这些功能,需要遵循一些规则,这些规则就是协议,每一层都定义了一些协议。

(一) 物理层

在物理层(physical layer)上传输的数据单位是比特,物理层的任务就是透明的传输比特流。也就是说,发送方发送"1"(或"0")时,接收方应当接收"1"(或"0")而不是"0"(或"1")。因此,物理层要考虑的是多大的电流代表"1"或"0",以及接收方如何识别发送方所发送的比特。物理层还要确定连接电缆的插头应当有多少个引脚,以及各个引脚应如何连接。注意传递信息的物理媒体,如双绞线、同轴电缆、光缆无线信道等,并不在物理层协议之内。物理层规定了网络中的电气特性,负责传送"0"和"1"电气信号。

(二) 数据链路层

两个主机之间的数据传输,总是在一段一段的链路上传送的,也就是说,两个相邻节点(主机和路由器之间或两个路由器之间)传送数据是直接传送的(点对点)。这就需要专门的链路层协议。两个相邻节点之间传送数据时,数据链路层(data link layer)将网络层传下来的 IP 数据报组转成帧(framing),在两个相邻节点透明的传送帧(frame)中传输数据。每一帧包含必要的控制信息,如同步

信息、地址信息、差错控制等。

以太网规定一组电信号组成帧，帧由标头(head)和数据(data)组成。标头包含发送方和接收方的地址(MAC 地址)以及数据类型等。数据则是数据的具体内容(IP 数据包)。

MAC 地址每个连入网络的设备都有网卡接口，每个网卡接口在出厂时都有一个独一无二的 MAC 地址。通过 ARP 协议可以知道本网络内所有机器的 MAC 地址，以太网通过广播的方式，把数据发送到本网络内所有机器上，让其根据 MAC 地址判断是否接受数据。

(三) 网络层

网络层(network layer)负责为分组交换网上的不同主机提供服务。在发送数据时，网络层把运输层产生的报文段或用户数据报封装成分组或包进行传送。由于网络层使用 IP 协议，因此，分组也叫做 IP 数据包(简称数据报)。

网络层的另一个任务就是选择合适的路由，是源主机运输层所传输下来分组，能够通过网络中的路由器找到目标主机。

因特网是一个很大的互联网，由大量的异构网络相互连接。因特网的主要网络层协议是无连接的网际层协议 IP(internet protocol)和许多路由选择协议，因此，网络层也叫做网际层或 IP 层。

依靠以太网的 MAC 地址发送数据，理论上可以跨地区寻址，但是，以太网的广播方式发送数据不仅效率低，而且局限在发送者所在的局域网。如果两台计算机不在一个子网内，广播是发送不过去的。

网络层引入一种新的地址，能够区分两台计算机是否在同一个子网内，这套地址叫做网络地址(简称网址)。

规定网络地址的协议叫做 IP 协议，所定义的地址叫做 IP 地址，由 32 个二进制位组成，从 0.0.0.0 一直到 255.255.255.255。IP 地址分为两个部分，前一部分代表网络，后一部分代表主机。处于同一个子网的 IP 地址，其网络部分必定是相同的。例如，前 24 位代表网络，后 8 位代表主机，IP 地址 172.251.23.17 和 172.251.23.108 处在同一个子网。如何判断网络部分是多少位，这就需要子网掩码，它和 IP 地址都是 32 个二进制位，代表网络的部分都由“1”表示，主机部分为“0”。那么，24 位的网络地址子网掩码就是 255.255.255.0。将两个 IP 地址分别与其对应的子网掩码进行 AND 运算，结果相同则说明两个 IP 地址在同一个子网络。

因此，如果是同一个子网络，就采用广播方式发送，否则就采用路由方式发送。IP 协议的作用主要是分配 IP 地址，判断哪些 IP 地址在同一个网络。

(四) 运输层

运输层(transport layer)的任务是负责两个主机进程之间的通信提供服务。由于一个主机可同时运行多个进程，因此，运输层有复用和分用的功能。复用就是多个应用进程可同时使用运输层的服务，分用是运输层把收到的信息分别交付上面的应用层的相应进程。

运输层主要使用 TCP-面向连接的和 UDP-无连接的两种协议。

计算机有许多需要网络的程序，如 QQ、浏览器等。如何区分从网络传输的数据是属于谁的，于是就有一个参数，这个参数叫做端口(port)，它其实是每一个使用网卡的程序的编号。每个数据包都发到主机的特定端口，所以，不同的程序就能取到自己所需要的数据。

端口是 0 到 65535 之间的一个整数，正好 16 个二进制位。0 到 1023 的端口被系统占用，用户只能选用大于 1023 的端口。不管是浏览网页还是在线聊天，应用程序会随机选用一个端口，然后与服务器的相应端口联系。

运输层的功能就是建立端口到端口的通信，网络层的功能是建立主机到主机的通信。只要确定主机和端口，就能实现程序之间的交流。因此，Unix 系统就把“主机＋端口”叫做“套接字”(socket)。有了它，就可以进行网络应用程序开发。

(五) 应用层

应用层(application layer)是体系结构的最高层，直接为用户提供进程服务。这里的进程指的就是正在运行的程序。应用层的协议很多，如 HTTP、FTP、SMTP 等。

应用程序收到传输层的数据，就要进行解读。由于互联网是开放架构，数据来源五花八门，必须事先规定格式，否则根本无法解读。应用层的作用，就是规定应用程序的数据格式。

TCP 协议可以为各种各样的程序传递数据，如 Email、WWW、FTP 等。那么，必须有不同协议规定电子邮件、网页、FTP 数据的格式，这些应用程序协议就构成了应用层。

信息的发送、接收过程如图 3-7 所示。

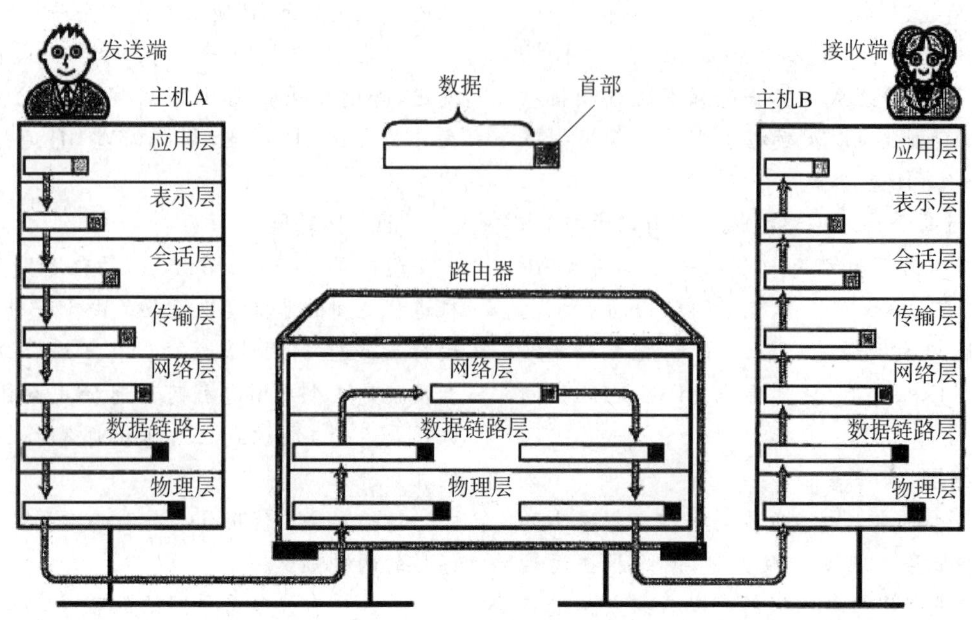

图 3－7　信息发送接收过程

任务拓展

一、局域网简介

局域网的范围一般是在方圆几千米以内，可以实现文件管理、应用软件共享、打印机共享、工作组内的日程安排、电子邮件和传真通信服务等功能。局域网的专用性非常强，具有比较稳定和规范的拓扑结构(图 3－8)。

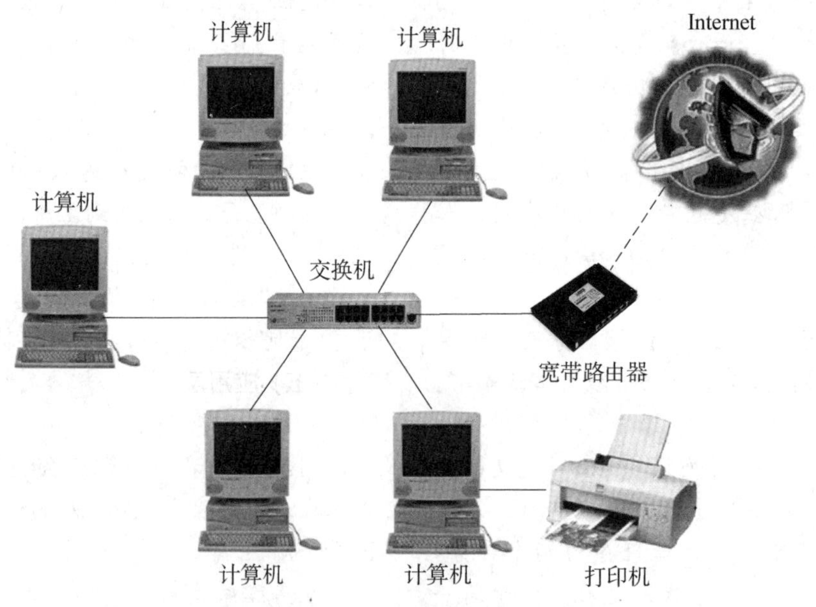

图 3－8　局域网结构图

(一) 几种局域网新技术

1. 无线局域网

无线局域网(wireless LAN，简称 WLAN)是 20 世纪 90 年代计算机网络与无线通信技术相结合的产物，它利用无线多址信道的一种有效方法来支持计算机之间的通信，并为通信的移动化、个性化和多媒体应用提供可能。

无线局域网最重要的优点就是安装便捷。在有线网络建设中，大楼的综合布线需要花费大量的时间和精力，而无线网络的安装建设不需要布线或开挖沟槽，一般只要安装一个或多个接入点 AP (access point)设备，就可建立覆盖整个建筑或地区的局域网络。

2. 虚拟局域网

虚拟局域网(virtual local area network，VLAN)是指在局域网交换机里采用网络管理软

件所构建的可跨越不同网段、不同网络、不同位置的端到端的逻辑网络。VLAN 可以根据网络用户的位置、作用、部门或者根据网络用户所使用的应用程序和协议来进行逻辑网段的划分。经过 VLAN 技术的划分，一个物理上的局域网就划分为逻辑上不同的广播域，即虚拟 LAN 或 VLAN。由于它是逻辑上的而不是物理上的划分，同一个 VLAN 内的各个工作站无须在同一个物理空间里。一个 VLAN 上的节点既可以连接在同一个交换机上，也可以连接在不同的交换机上。一个 VLAN 内部的广播不会转发到其他 VLAN 中。

（二）局域网主要特点

局域网覆盖范围相对较小，是封闭型的；局域网的 IP 地址内部分配，不同局域网的 IP 地址可以重复，但互不影响；路由器或网关不会对来自局域网内电脑发起的对外连接请求加以阻拦；价格低廉，结构简单，便于维护，容易实现。

任务三 Internet 基础知识

任务目标

（1）掌握 Internet 概况；

（2）掌握 Internet 接入方式；

（3）了解网络地址、域名及域名解析。

任务资讯

一、Internet 的起源和发展

Internet 起源于美国。20 世纪 20 年代末，美国出于战略考虑，由美国国防部高级研究计划局（ARPA）提供资金，开展计算机网互联研究，正式拉开计算机网络研究的序幕。他们试验把计算机连入公用电话交换网，形成计算机网络，使得彼此之间的通信获得成功，产生人们预想不到的种种效果，吸引成千上万人介入。

20 世纪 80 年代以来，随着计算机技术的发展和完善，全世界越来越多的计算机采用各种通信媒体连接起来，组成一个超级的“网络”，这就是人们所称的 Internet 网。在我国曾被译为“国际互联网”、“国际网”等。1997 年 7 月，全国科学技术名词审定委员会推荐使用中文译名“因特网”。为了叙述方便，本书将主要使用“Internet”这一称呼。Internet 从发源地美国迅速扩展到全世界。据有关部门统计：截至 2020 年 5 月 31 日，全球互联网用户数量达到 46.48 亿人，占世界人口的比重达到 59.6%。

中国的 Internet 起步较晚，但发展迅速。

（1）1987—1993 年是 Internet 在中国的起步阶段，在此期间，以中科院高能物理所为首的一批科研院所与国外机构合作开展一些与 Internet 联网的科研课题，国内的科技工作者开始接触 Internet 资源。当时主要提供的是国际 Internet 电子邮件服务。

（2）从 1994 年开始至今，中国以 TCP/IP 协议与互联网连接，从而逐步开通互联网的全功能服务；大型计算机网络项目正式启动，互联网在中国进入飞速发展时期。经国家批准，最早国内可直接连接互联网的网络有 10 个，即中国公用计算机互联网（中国电信网，CHINANET，www.chinatelecom.com.cn）、中国网通公用互联网（CNCNET，包含金桥网 CHINAGBN，www.chinanetcom.com.cn）、中国移动互联网（CMNET，www.chinamobile.com）、中国联通互联网（UNINET，www.chinaunicom.com.cn）、中国铁路互联网（CRCNE，www.crc.net.cn）、中国卫星集团互联网（CSNET，www.chinasatcom.com）、中国科技网（CSTNET，www.cstnet.net.cn）、中国教育和科研计算机网（CERNET，www.edu.cn）、中国国际经济贸易互联网（CIETNET，www.ciet.com.cn）、中国长城互联网（CGWNET，www.cgw.net.cn）。其中，CSTNET、CERNET、CIETNET、CGWNET 是为科研、教育、经贸、医疗、新闻等提供非盈利的公益性互联网络，其他的网络是为社会提供 Internet 服务的盈利性互联网络。

二、Internet 的特点

Internet 在很短的时间内风靡全世界，还在以越来越快的速度扩展，这与它具有的以下显著特点是分不开的。

(1) TCP/IP 协议是 Internet 的核心。网络互联离不开协议,Internet 正是依靠 TCP/IP 协议,才能实现各种网络的互联。因此,TCP/IP 协议是 Internet 的基础和核心。

(2) Internet 实现与公用电话交换网的互联。由于 Internet 实现了与公用电话交换网的互联,使全世界众多的个人用户入网很方便。就是说任何用户只要有一条电话线、一台 PC 和一个 Modem,就可以连入 Internet。这也是 Internet 迅速普及的重要原因之一。

(3) Internet 是一个广大用户自己的网络。由于 Internet 的通信没有统一的管理机构,因此,网上的许多服务和功能都是由用户自己进行开发、经营和管理。例如,著名的 WWW 软件就是由位于瑞士日内瓦的欧洲核子物理研究所(CERN)开发出来交给公众使用的。

三、Internet 的基本概念

(一) IP 地址

IP 是"internet protocol"的缩写,即互联网协议。为了能在网络上准确地找到一台计算机,TCP/IP 协议为每个连到 Internet 上的计算机分配了一个唯一的用 32 位二进制数字表示的地址,这就是常说的 IP 地址。Internet 上的每台主机(host)都有一个唯一的 IP 地址,这是 Internet 能够运行的基础。IP 地址的长度为 32 位,分为 4 段,每段 8 位,用十进制数表示,每段数字的范围为 0～255,段与段之间用小圆点隔开。例如,203.22.77.39 这个 32 位的 IP 地址包含了 Network ID 与 Host ID 两个部分。①Network ID:网络标识符,每一个网络区段都有一个网络标识符。②Host ID:主机标识符,每一个网络区段中的每一台计算机都赋予一个主机标识符。

IP 地址分为 A、B、C、D、E 共 5 类(class),以符合不同大小规模的网络需求,其中,A、B、C 是 3 种主要类型地址。大型网络可以使用 CLASS A,中型网络可以使用 CLASS B,其他较小的网络可以使用 CLASS C(表 3-1)。

表 3-1 各类 IP 地址的特性

类别	第一字节范围	应用
A	1～127	用于大型网络
B	128～191	用于中型网络
C	192～223	用于小型网络
D	224～239	多地址发送
E	240～247	Internet 试验和开发

(1) A 类地址的第一位为"0",网络地址占 7 个二进制位,可分配 122 个网络地址;主机地址共 24 位,每个 A 类网络可支持 $2^{24}-2$ 台主机(主机地址位全为"0"或"1"的不可使用)。

(2) B 类地址的前 2 位为"10",网络地址占 14 个二进制位,可有 12 384 个网络地址;主机地址共 12 位,每个 B 类网络可支持 $2^{12}-2$ 台主机。

(3) C 类地址的前 3 位为"110",网络地址占 21 个二进制位,可有 2 097 152 个网络地址;主机地址共 8 位,每个 C 类网络可支持 $2^{8}-2$ 台主机。

所有联网主机的 IP 地址统一由国际组织按级别统一分配。中国的国家级网管中心负责分配 IP 地址;各级网络中心分级进行管理与分配。我国高等学校校园网的网络地址一律由 CERNET 网络中心管理,由它申请并分配给各所学校。例如,分配给清华大学校园网的地址为 B 类,网络号为"122.111.0.0";分配给西北大学校园网的网络地址为 C 类,网络号为"202.117.92.0"。

需要说明的是以下 3 点。

(1) 网络地址等于"127"是用来做循环测试(lookback test)使用的,不可用作他用。例如,如果送信息给 IP 地址"127.0.0.1",此信息将回传给自己。

(2) 主机地址位全为"0",则其与 IP 地址中的网络地址结合整个网络。主机地址位全为"1",表示为广播(broadcast)。例如,送信息到"128.95.255.255",表示将信息送给网络地址为 128.95 的每一台主机。

(3) 网络地址位和主机地址位全为"1"("255.255.255.255"),表示将信息送给每一台主机。

(二) 子网掩码

子网掩码(subnet masks)是一种位掩码,用来指明一个 IP 地址的哪些位标识的是主机所在的子网,以及哪些位标识的是主机。子网掩码不能单独存在,它必须结合 IP 地址一起使用。

子网掩码是一个 32 位的值,它有两大功能:①用来区分 IP 地址中的 Network ID 和 Host ID,即将 IP 地址划分为网络地址和主机地址。②用来将网络分割为多个子网。

(1) A 类 IP 地址的标准子网掩码为"255.0.0.0";

(2) B 类 IP 地址的标准子网掩码为"255.255.0.0";

(3) C 类 IP 地址的标准子网掩码为"255.255.255.0"。

一旦设置了子网掩码,网络地址和主机地址就固定了。只有通过子网掩码,才能表明一台主机所在的子网与其他子网的关系,使网络正常工作。

(三) 域名系统

IP 地址的缺点是难于记忆。为此又产生一种字符型标识,即域名系统(domain name system, DNS),以方便用户记忆使用。域名地址是分层次的,各层之间用由圆点“.”隔开。Internet 上每一个网站都有自己的域名,并且域名是独一无二的。

主机域名的一般格式是:主机名.单位名.类型名.国家代码(或网点名)。

(1) 顶级域名就是主机域名中最后一个圆点后的域名,它代表主机所在的国家与地区,其代码由两个字母组成。如 cn(中国)、jp(日本)、uk(英国)等。

(2) 中国登记的最高域名是“.cn”,又根据国内实际情况,规定了第二级域名,从第二级域名可以判断主机所在单位的类型或所在的省份与地区。中国的第二级域名包括 edu(教育)、com(商业)、gov(政府机构)、org(非营利组织)等。

(3) 主机域名的第三部分一般表示主机所在的域或单位,从这一部分可以判断出主机所在的单位。例如,“.pku”表示北京大学,“.tsinghua”表示清华大学,等等。

(4) 主机名的第四部分表示主机所在的院、系、研究所等下一级单位。不同单位的命名方法不同,有的采用系名的缩写,有的采用主机的商标等。

例如,主机域名为“netlab.cs.chd.edu.cn”,表示的是中国长安大学计算机系网络实验室(图 3-9)。

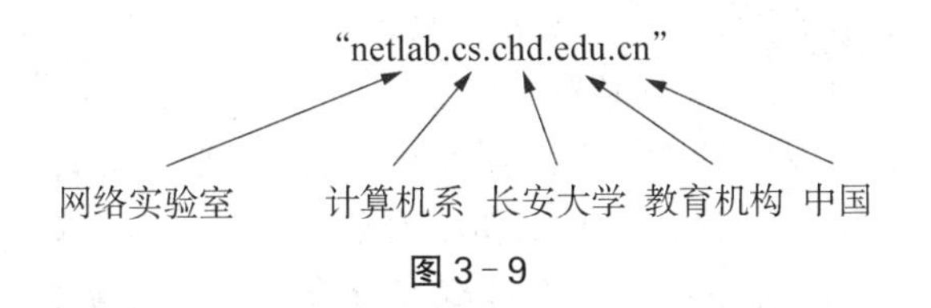

图 3-9

再如,某大学的 WWW 服务器域名地址为“www.abc.edu.cn”,其 4 个部分依次代表 WWW 服务器、某大学、教育科研网、中国。每台主机的域名地址是唯一的,并与它的 IP 地址一一对应。二者间的转换由计算机自动进行。

有了域名服务系统,凡域名空间中有定义的域名都可以有效地转换成 IP 地址,反之,IP 地址也可以转换成域名。因此,用户可以等价地使用域名或 IP 地址。机构性域名和地域性域名分别如表 3-2 和表 3-3 所示。

表 3-2 机构性域名

域名	意义	域名	意义
com	营利性商业实体	firm	商业或公司
int	国际性机构	ar	消遣性娱乐
org	非营利性组织	web	WWW 有关的实体
arts	文化娱乐	gov	政府组织
nom	个人	net	网络资源
edu	教育机构或设施	store	商场
mil	军事机构或设施	info	信息

表 3-3 地域性域名

域名	意义	域名	意义
au	澳大利亚	jp	日本
br	巴西	kr	韩国
de	德国	nl	荷兰
fr	法国	cn	中国
gb	英国	tw	中国台湾
us	美国	ca	加拿大

(四) E-mail 地址

在 Internet 上,人们使用得最多的是电子邮件功能。使用电子邮件的首要条件是拥有一个电子邮箱(mail box)。电子邮箱是由通过电子邮件服务的机构(一般是 ISP)为用户建立的。建立电子邮箱,实际上是在 ISP 的 E-mail 服务器上为用户开辟一块专用的存储空间,用来存放该用户的电子邮件。用户的 E-mail 帐户包括用户名(User Name)与用户密码(Password)。

用户拥有的电子邮件地址称为 E-mail 地址,它具有如下的统一格式:“用户名@主机域名”。其中,用户名就是用户向网管机构注册时获得的用户码。“@”符号后面使用的是计算机主机域名。例如,abc@online.sh.cn,就是中国(cn)上海(sh)上海热线(online)主机上的用户 abc 的 E-mail 地址。

(五) TCP/IP 协议

TCP/IP(transfer control protocol/internet protocol)协议也称传输控制/网际协议,是 Internet 的基础。它是当今计算机网络中最为成熟、应用最广泛的一种网络协议标准。从名字上看,TCP/IP 包括两个协议,实际上通常所说的 TCP/IP 协议是一组协议,或者说是 Internet 协议族。TCP/IP 协议族中常用的协议包括:

(1) TCP 协议：保证数据传输的质量。

(2) IP 协议：保证数据的传输(给出数据接收的地址)。

(3) Telnet：提供远程登录功能。

(4) FTP 协议：远程文件传输协议。

(5) SMTP 协议：简单邮件传输协议，用于传输电子邮件。

任务实施

一、如何连接 Internet

(一) 联网方式

用户要进入 Internet 网，基本上有两种连通方式：通过局域网进入，多用于单位用户；用电话拨号直接上网，常用于个人用户。

可以从不同角度对 Internet 接入方式分类。从通信介质角度来看，可分为专线接入和拨号接入；按组网架构角度来看，可分为单机直接连接和局域网连接。

1. 单机连接方式

这是一种最简单方便的联网方式，特别适合个人、家庭用计算机。可以根据计算机所在地的通信线路状况，选择普通电话线、ADSL、有线电视网或宽带线路。此外，还可选择无线上网的方式。

单机接入 Internet，在使用前需要向所连接的 ISP 申请一个账号。用户向 ISP 申请账号成功后，该 ISP 会告诉用户合法的账号名与密码，还会向用户提供以下信息：

(1) 电子邮件地址，打开电子信箱的密码；

(2) 接收电子邮件服务器的主机名和类型；

(3) 发送电子邮件服务器的主机名；

(4) 域名服务器的 IP 地址；

(5) 拨号使用的电话号(或 ISDN、ADSL 接入号)；

(6) 其他服务器的 IP 地址。

如果想通过校园网接入 Internet，则需要向学校的校园网网络管理中心申请注册。使用网卡将计算机与校园网通信线路相连，并对主机进行静态 IP 地址或动态 IP 地址的配置。

2. 局域网连接方式

很多企业和单位都已经建立自己的局域网，如果局域网已经与 Internet 的一台主机连接，那么，局域网内的用户无须增加设备就能访问 Internet 资源。

局域网与 Internet 连接一般采用专线接入方式。专线接入是指通过相对固定不变的通信线路(如 DDN、ADSL、帧中继)接入 Internet，以保证局域网的每个用户都能正常地使用 Internet 的资源。采用专线接入的实现方法是在局域网和已连入 Internet 的主机所在网络的通信线路上分别安装路由器，通过专线使两个网络的一对路由器经过 Internet 连接起来。

当专线将局域网连接到 Internet 上后，局域网就变成 Internet 上的一个子网，局域网中的每台计算机都可以拥有单独的静态 IP 地址。因此，局域网需要事先申请网络 IP 地址，或者从所连接的 ISP 处获取 IP 地址。

当然，局域网的服务器也可使用电话拨号与 Internet 的主机连接。在这种连接方式中，局域网中的所有计算机都拥有一个共同的 IP 地址。

(二) 个人用户如何通过电话线拨号上网

在电话拨号连接方式中，直接用电话线接入则不能兼顾上网和通话；用综合业务数字网 ISDN 接入，上网和通话两不误，但速率低；用非对称数字用户线路 ADSL 接入技术，其非对称性表现在上、下行速率不同，下行可以高速地向用户传输视频和音频信息。

1. 拨号连接到 Internet 的准备条件

拨号连接到 Internet 需要做如下准备。

(1) 硬件：计算机、电话线、调制解调器。

(2) 软件：拨号入网软件、浏览器软件。

(3) 选择 ISP 并申请账号：ISP 是指因特网服务提供商。用户向 ISP 提出入网申请，申请成功后，ISP 会提供如下信息：用户拨号上网的电话号码、用户账号(包括用户名和口令)、电子邮件地址、电子邮件服务器地址、域名服务器地址。

2. 拨号上网前的设置

在拨号上网前，要在 Windows 中进行设置，具体包括调制解调器设置、拨号网络组件设置和 TCP/IP 协议配置 3 个过程。所有这些设置都可以在控制面板中完成，双击其中的“电话和调制解调器”和“网络和拨号连接”图标即可。

3. 创建新的连接

完成上述设置后，用户需要根据注册的 ISP 的要求，创建一个与 ISP 的拨号连接，具体过程如下：

(1) 双击“控制面板”中的“拨号网络”图标，打开“拨号网络”窗口。

(2) 双击“拨号网络”窗口中的“建立新连接”图标，打开连接向导，输入对方计算机的名字后单击“下一步”按钮，再输入 ISP 提供的电话号码后单击

“下一步”按钮，为新建的拨号连接命名后单击“完成”按钮。

(3) 为新建的“拨号网络”设置属性，在“拨号网络”窗口中右击新建的连接，并在弹出的快捷菜单中单击“属性”命令，打开“属性”对话框并在其中进行设置。

二、如何查看本机 IP 地址

方法 1：在 Windows 7 桌面的“网络”图标处，右单左选“属性”，选择“更改适配器设置”，在“本地连接”处右单左选“属性”，双击“Internet 协议版本 4 (TCP/IPv4)”确定(图 3-10)。

图 3-10 更改适配器设置

方法 2：单击“开始”内的“运行”，输入“cmd”回车，再输入“ipconfig/all”回车，如图 3-11 所示。

图 3-11 查看本机 IP 地址

三、查看电脑在当前互联网中的 IP 地址

互联网中的 IP 地址不像局域网中的 IP 地址那样，自己可以随意地指定与设置，该 IP 地址是固定的，是由网络供应商提供的，也可以说是真正意义上的互联网上的 IP 地址。

方法：启动浏览器窗口，输入“IP”后单击“搜索”，如图 3-12 所示。

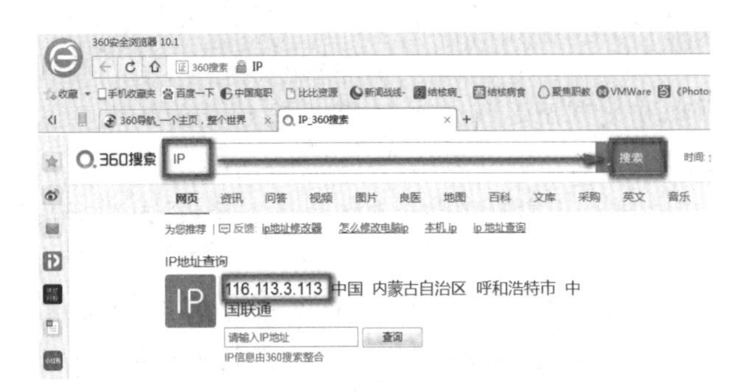

图 3-12 查看电脑在当前互联网中的 IP 地址

任务拓展

一、Internet 网络的功能与服务

Internet 上的资源分为信息资源和服务资源两类。

(一) 信息资源

Internet 上的信息资源极为丰富，可以说人类知识的任一方面都可以在网上找到，从文艺小说到科学论文，从菜谱到航天技术，从医疗保健到体育运动，等等。它可以把五彩缤纷的世界“搬入”我们的家中。Internet 是人类可以共享的、永不关闭的全球图书馆。

(二) 服务资源

Internet 的巨大吸引力还来源于它强大的服务功能。遍布世界各国的 Internet 服务商，可以向用户提供五花八门的服务。这里仅介绍部分服务功能。电子邮件 E-mail、文件传输 FTP 和远程登录 Telnet 是 Internet 向用户提供的 3 类基本服务。

1. 电子邮件 E-mail

E-mail 是 Internet 最基本、最重要的服务功能，其业务量约占 Internet 总服务量的 30%。它对通信设施和速度的要求较低，比其他 Internet 服务有更大的实用性。与传统的邮件相比，E-mail 的主要优点是速度快、价格低。从中国发一份 E-mail 到美国，只需要几秒钟时间。向 ISP 申请一个 E-mail 信箱，每月的服务费不过数十元人民币。

2. 文件传输 FTP

FTP 是 Internet 提供的又一基本服务功能。它支持用户将文件从一台计算机复制到另一台计算机。为了在具有不同结构、运行不同操作系统的计算机之间能够交换文件(包括软件、论文等),需要有一个统一的文件传输协议(file transfer protocol),这就是 FTP 的由来。

使用 FTP 时必须首先登录,在远程主机上获得相应的权限以后,方可上传(upload)或下载(download)文件。上传文件是指将文件从自己的计算机中复制至远程主机上;下载文件是指从远程主机复制至自己的计算机上。要想从一台计算机下载文件,就必须具有那台计算机的适当授权,回答有效的账号与口令,经检验无误才能将文件下载到自己的计算机。有许多公司为了宣传新产品,常常在 Internet 网上推出测试版(beta 版)软件,供用户免费试用。这些公司在网上设置的匿名(anonymous) FTP 服务点,不要求用户提供特定的账号与口令,用户不花分文即可获得有用的软件,因而很受欢迎。

3. 远程登录 Telnet

远程登录(remote login)允许用户将自己的本地计算机与远程的服务器进行连接,然后在本地计算机发出字符命令,送到远方计算机上执行,使本地机就像远方机的一个终端一样工作。Telnet 是 Internet 的远程登录协议。用户使用这种服务时,首先要在远程服务器上登录,输入自己的账号与口令,使自己成为该服务器的合法用户。一旦登录成功,就可实时使用该远程机对外开放的各种资源。国外有许多大学图书馆都通过 Telnet 对外提供联机检索服务。一些研究院、所或政府部门,也向外开放他们的公用数据库,用户可通过菜单界面进行查阅。早些年在国外颇为流行的电子公告板(bulletin board system, BBS)服务,也是通过 Telnet 功能实现的:一批联网的服务器在公告板软件支持下,为网络用户发布消息、讨论问题、学习交流等活动提供方便,很受用户欢迎。前些年由于网络新闻组(newsgroup)的出现,才使 BBS 服务在国外逐渐减少。很多学校都在 CERNET 网上设有 BBS 站。例如,清华大学 BBS 站的地址是"Telnet://bbs.tsinghua.edu.cn"。

4. WWW 服务

WWW 是环球网(world wide web)的简称,还可称为 Web 和 3W。它的中文名是万维网。它是建立在因特网上的全球性的、交互的、超文本超媒体的信息查询系统,因而成为因特网应用中发展最迅速的一个方面。本节主要介绍万维网中信息的保存和查询方法。

WWW 由 3 个部分组成:浏览器、Web 服务器和超文本传送协议(HTTP protocol)。浏览器向 Web 服务器发出请求,Web 服务器向浏览器返回其所要的 WWW 文档,然后,浏览器解释该文档并按照一定的格式将其显示在屏幕上。浏览器与 Web 服务器之间使用 HTTP 协议进行互相通信。

(1) 网页。网页又称 Web 页,各个 WWW 网站的所有信息都以网页的形式保存。每个网页都是以超文本标记语言(hyper markup language, HTML)编写的,网站上所有的网页通过链接的形式联系起来,一个网站上的第一个网页称为主页,它是网站的门户和入口,每个网页都有一个唯一的地址,称为 URL 地址。

(2) 超文本和超链接。超文本是指 WWW 的网页中不仅含有文本,还含有声音、图像和视频等多媒体信息,同时包含作为超链接的文字、图像和图标等。这些超链接通过颜色和字体的改变与普通文本相区别,含有指向其他 Internet 信息的 URL 地址。将鼠标移到超链接上,光标变成一个手的形状。单击该链接,Web 就根据超链接所指向的 URL 地址跳转到不同站点、不同文件。

(3) 统一资源定位器。统一资源定位符(uniform resource locator, URL)是 WWW 中用来寻找资源地址的方法。这里的"资源"是指在 Internet 可以被访问的任何对象,包括文件、文件目录、文档、图像、声音、视频等。

URL 通常由 3 个部分组成:协议、主机名、文件路径和文件名。一般格式为"协议://主机/路径/文件名"。其中,①协议是指不同服务方式,如超文本传输协议 HTTP、文件传输协议 FTP 等。②主机是指存放该资源的主机,可以使用 IP 地址,也可以使用域名。③路径是文件在主机中的具体位置,通常由一系列的文件夹名称构成。

二、中国互联网的发展

第一阶段(1986—1993 年):研究试验阶段。1987 年 9 月 20 日,北京计算机应用技术研究所钱天白教授发出中国第一封电子邮件,成为我国 Internet 的开山之笔。

第二阶段(1994—1996 年):起步阶段。1994 年 4 月,中关村地区教育与科研示范网络工程进入互联网,实现和 Internet 的 TCP/IP 连接,开通 Internet 全功能服务。从此,中国被国际上正式承

认为有互联网的国家。

第三阶段(1997—1998 年)：快速应运而起阶段。1997 年 1 月 1 日，人民网成为中国开通的第一家重点新闻宣传网站。1998 年 3 月 16 日，163. net 开通中国第一个免费中文电子邮件系统。

第四阶段(1999—2002 年)：普及和快速增长阶段。从 1999 年开始，网上高考招生开辟了网上教育的先河；招商银行推出了“一网通”网上银行、电子商务；2001 年盛大的《传奇》开创了网络游戏时代……

第五阶段(2003 年至今)：应用多元化到来，逐步走向繁荣阶段。2020 年 4 月 28 日，中国互联网络信息中心(CNNIC)发布第 45 次《中国互联网络发展状况统计报告》(以下简称《报告》)。该《报告》围绕互联网基础建设、网民规模及结构、互联网应用发展、互联网政务发展、产业与技术发展和互联网安全等 6 个方面，力求通过多角度、全方位的数据展现，综合反映 2019 年及 2020 年初我国互联网发展状况。截至 2020 年 3 月，我国网民规模为 9.04 亿人，互联网普及率达 64.5%，庞大的网民构成了中国蓬勃发展的消费市场，也为数字经济发展打下了坚实的用户基础。

任务四 Internet 基本应用

任务目标

(1) 掌握浏览网页的基本技能；

(2) 掌握信息查询方法及保存信息方式；

(3) 掌握电子邮件的应用。

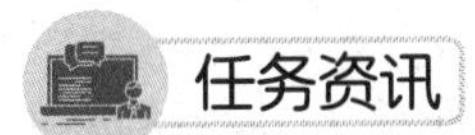

任务资讯

一、Internet 的应用

(一) 直拨 IP 电话

IP 电话(internet phone)允许通过 Internet 传输数字化声音，与平常利用电话网络通话方式一样。由于 Internet 的收费主要根据时间长短，而不是距离远近，因此，人们只需花 Internet 的本地连接费用，就可以享受到无域限制的长途电话服务。

(二) 电子商务

电子商务是指利用电子网络进行商务活动，通过网络将顾客、销售商、供货商和雇员联系在一起。它包括虚拟银行、网络购物和网络广告等内容。有人认为电子商务将会成为 Internet 最重要和最广泛的应用。

(三) 网上教育

网上教育即 Internet 远程教育，是指跨越地理空间进行的教育活动，涉及授课、讨论和实习等各种教育活动。网上教育可以克服传统教育在空间、时间、受教育者年龄和教育环境等方面的限制，带来全新的学习模式。

(四) 网上娱乐

Internet 可以说是世界上最大的“娱乐场”，其中的娱乐项目包括网上电影、网上音乐、网络游戏、网上聊天等。

(五) 信息服务

在线信息服务使人们足不出户就可以了解世界和解决生活中的各种问题。目前主要的在线信息服务形式有网上图书馆、电子报刊、网上求职、网上炒股等。

(六) 远程医疗

远程医疗是指通过计算机网络提供求医、电子挂号、预约门诊、预定病房、专家答疑、远程会诊、远程医务会议、新技术交流演示等服务。

二、浏览器的使用

(一) 浏览器的启动

以 Microsoft 公司的 Internet Explorer(简称 IE)浏览器为例。

启动浏览器可以使用以下任意一种方法：

(1) 双击桌面上的 IE 浏览器图标。

(2) 单击快速启动栏中的浏览器图标。

(3) 单击“开始”，进入“程序”中的“Internet Explorer”。

启动后打开 IE 窗口，就可以访问网站。例如，要访问百度的网站，可以直接在地址栏输入“www. baidu. com”后，按回车键即可显示百度主页(图 3 - 13)。

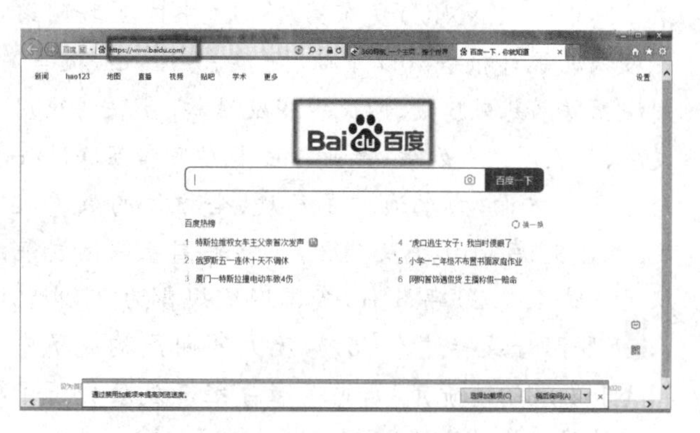

图 3-13 “百度”主页

IE 的窗口组成与其他应用窗口大致相同。

(1) 标题栏显示当前用户所在页的主题。

(2) 菜单栏提供浏览器的所有功能。

(3) 工具栏用于执行最常用的功能，使操作更加方便。

(4) 地址栏用来输入 URL 地址。

(5) 主窗口用来显示 Web 页面。

(6) 状态栏显示信息传送进展情况。

(二) 浏览网络

浏览网页时可以使用地址栏、链接到其他网页、使用命令按钮 3 种方法。

1. 使用地址栏

单击地址栏的列表框，直接在框中输入要访问网页的 URL 地址，然后按回车键或单击地址栏上的“转到”按钮，就可以进入某个网站或浏览某个网页，进入某个网站实际上是访问该网站的主页。

例如，在 http://www.nmgjdxy.com 中，http：Internet 为协议名称，指出 WWW 用来访问的协议；www.nmgjdxy.com 为主机地址，表示要访问的网页服务器的域名(图 3-14)。

图 3-14 “http://www.nmgjdxy.com”主页

使用下面的方法可以不必输入完整的 URL 地址而访问网页：

(1) 如果协议类型是 HTTP，输入时可以省略，IE 会自动加上。

(2) 第一次输入某个 URL 地址后，IE 会自动记忆。如果在地址栏输入某个 URL 地址的前几个字符时，IE 会将保存过的地址中前几个字符与输入的字符相同的地址列出，用户可以直接在列表中进行选择。

(3) 单击地址栏右侧的下拉箭头，在下拉列表框中显示曾经访问过的网页地址，单击某个地址表示访问相应的网页。

2. 链接到其他网页

每个网页都有许多链接，用于链接到不同的网页。如果将鼠标移到具有链接的文字或图形时，光标形状会变成手形，点击该链接就可以转到目标页面。同样，点击新网页中的超链接则可以转到其他页面。

3. 使用命令按钮

“标准按钮”工具栏的许多按钮可以用于浏览网页，如图 3-15 所示。

(1) 主页：单击该按钮可以返回启动 IE 时访问的网页。该网页可以在 Internet 选项中进行设置。

(2) 后退：单击该按钮可以返回刚刚访问过的网页。该按钮右侧有下拉箭头，其下拉列表框中会列出最近浏览过的几个网页，可以在列表中单击跳转到选定的网页。

(3) 前进：单击该按钮可返回单击“后退”按钮之前访问的网页。该按钮右侧同样也有下拉箭头，作用与“后退”按钮中的下拉箭头相同。

(4) 刷新：单击该按钮时，可以重传该网页的内容。

(5) 停止：单击该按钮时，可以终止网页的传送。

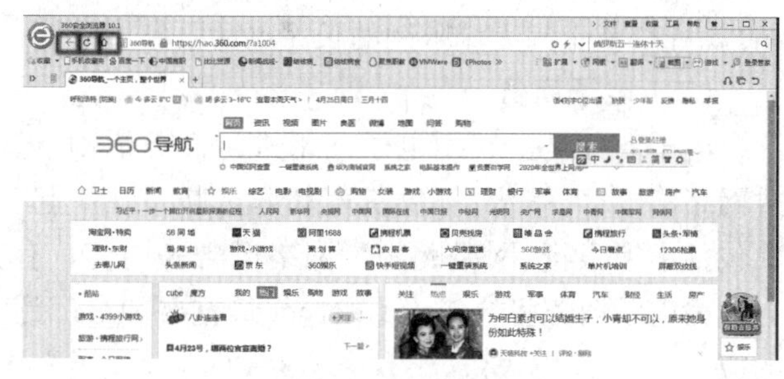

图 3-15 标准按钮

(三) 保存网页信息

在浏览网页的同时，可以保存整个网页，也可以保存网页的一部分，如某些文本或某张图片。

1. 保存当前页

要保存正在浏览的某个网页，执行“文件”菜单中的“保存网页”命令。在打开的对话框中选择用于保存网页的文件夹，并输入保存该网页的文件名，如图 3－16 所示，然后单击“保存”按钮即可。

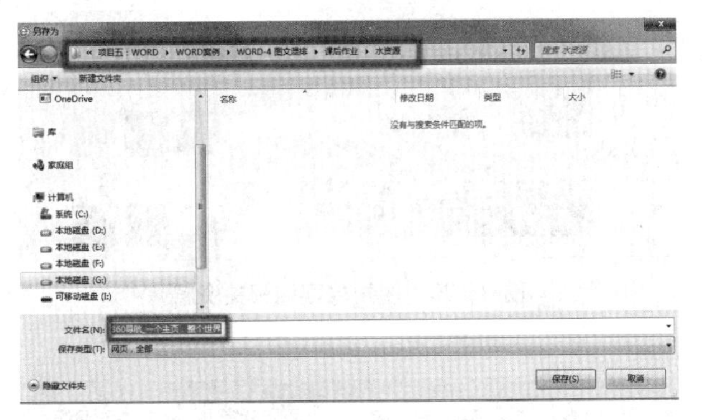

图 3－16　保存当前页

2. 保存网页中的某张图片

右击网页上要保存的图片，在弹出的快捷菜单中执行“图片另存为”命令。在打开的对话框中选择文件夹并输入文件名，然后单击“保存”按钮即可。

3. 保存当前页中的部分文本

保存当前页中的部分文本要借助于剪贴板，方法是先在当前页中选择要保存的文本，然后执行“编辑”菜单的“复制”命令。接下来启动一个文字处理程序，在该程序中执行“编辑”菜单的“粘贴”命令，将选择的文本复制到该程序中，最后对该文档进行保存。

（四）收藏夹的使用

就像在手机中保存电话号码一样，浏览器中的收藏夹提供了保存网页地址的方法。在收藏夹中，可以为每个网页起一个便于记忆的名字，这样直接在收藏夹中单击该名称，就可以链接到相应的网页。在收藏夹中对网页的管理和在资源管理器中对文件的管理方式很像，可以在收藏夹下建立若干个文件夹，然后将不同的网页分门别类地保存到不同的文件夹中。

1. 将网页地址保存到收藏夹中

将网页地址保存到收藏夹中，可以使用下面的方法。

首先，单击工具栏上的“收藏夹”按钮，在浏览器窗口右边将显示“收藏夹”窗口。在“收藏夹”窗口的上方有两个常用的按钮，分别是“添加”和“整理”按钮。

然后，打开要收藏的网页。单击“收藏夹”窗口中的“添加”按钮，打开“添加到收藏夹”对话框，在对话框中可以输入网页的名称，然后单击“确定”按钮，就可以将该网页地址保存到收藏夹中。

也可以拖动地址栏该网页地址前面的图标到收藏夹或收藏夹内的某个文件夹中，松开鼠标后，就可以将该网页地址保存到收藏夹中。

2. 整理收藏夹

单击“收藏夹”窗口中的“整理”按钮，打开“整理收藏夹”对话框。该对话框左边分别是“创建文件夹”、“重命名”、“移至文件夹”和“删除”按钮，使用这些按钮整理收藏夹中的网页或创建新的文件夹（图 3－17）。

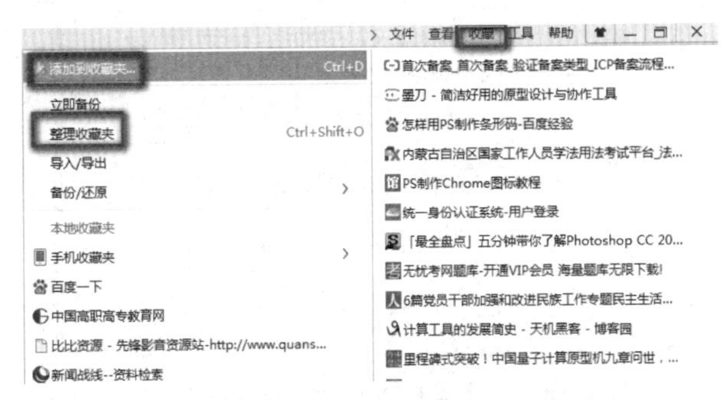

图 3－17　收藏夹

3. 使用收藏夹中的地址

单击工具栏上的“收藏夹”按钮，在 IE 窗口左边将显示“收藏夹”窗口。单击窗口中列出的网页名称，就可以转向相应的网页，也可以单击“收藏”菜单，在其下拉菜单中可以单击网页名称转到相应的网页。

（五）Internet 选项设置

单击“工具”菜单的“Internet 选项”命令，打开“Internet 选项”对话框，如图 3－18 所示。

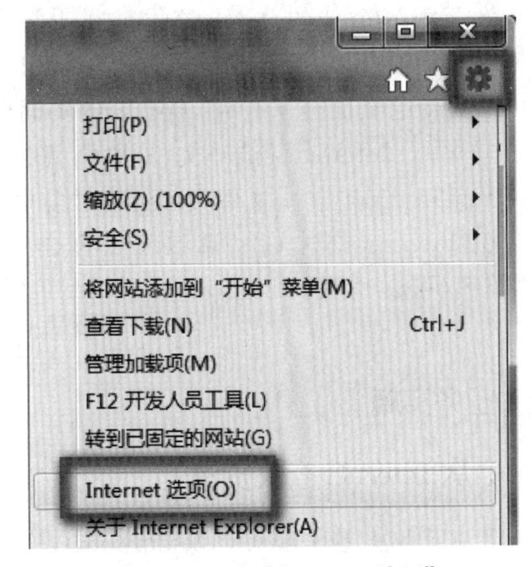

图 3－18　启动“Internet 选项”

在“Internet 选项”对话框中可以对 IE 的使用进行许多设置，在“常规”选项卡中，可设置主页和历史记录等，如图 3－19 所示。

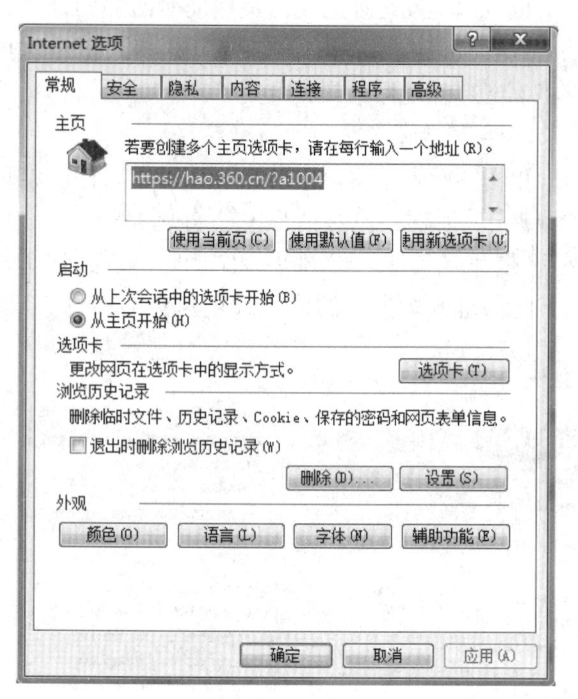

图 3-19 “Internet 选项”对话框

1. 设置主页

在“主页”选项区域的“地址”文本框中输入某个网址，如 www. baidu. com，然后单击“确定”按钮，则在以后每次启动 IE 时，系统会自动链接到百度的主页上。

2. 历史记录的天数

在“网页保存在历史记录中的天数”微调框中可以输入天数，默认的天数是 20 天。如果要删除历史记录，可以单击“清除历史记录”按钮。

3. Internet 临时文件

每次下载一个新的页面时，页面自动保存在 Windows 文件夹下的 Temporary Internet Files 文件夹中。当新的页面被下载时，会把旧的页面信息从 Temporary Internet Files 文件夹中替换掉。Temporary Internet Files 文件夹起到临时缓冲区的作用。在“Internet 临时文件”选项区域，单击“删除文件”按钮，可以删除 Temporary Internet Files 文件夹中的文件。

任务实施

一、从 Internet 查找资源

打开百度搜索引擎(www. baidu. com)，输入关键词“故宫”，搜索关于故宫的资料(图 3-20)。

单击故宫博物院的链接，即可打开关于“故宫博物院”的网页(图 3-21)。

图 3-20 搜索故宫的相关资料

图 3-21 “故宫博物院”的主页链接

二、保存查找的资源

(一) 文本内容的查找

打开关于“故宫百科”的网页，在要保存的文字左上方按住鼠标左键不放开，并向右下方拖动，选中所需文本，然后右击文本，从弹出的快捷菜单中选择“复制”命令，或直接按快捷键【Ctrl】+【C】，如图 3-22 所示。

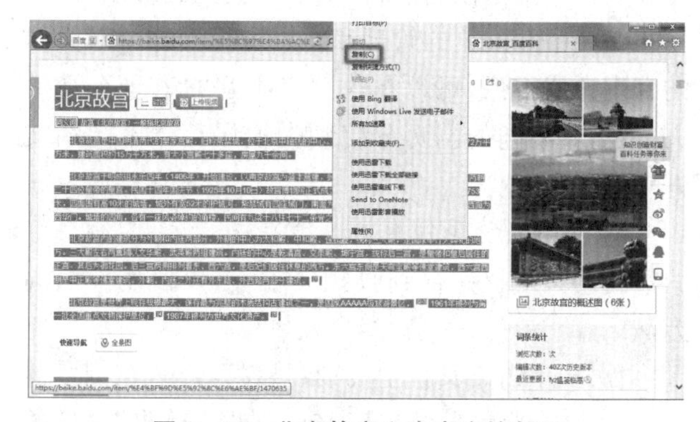

图 3-22 北京故宫文本内容的复制

选择“开始”菜单内“所有程序”的“附件”中“记事本”菜单命令。如图 3-23 所示，打开记事本程序，按【Ctrl】+【V】组合键，将复制文本粘贴到记事本中，如图 3-24 所示。

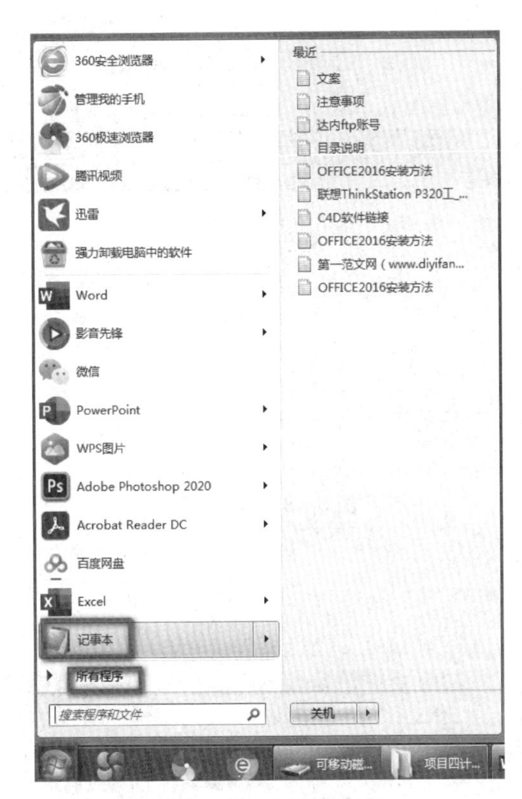

图 3－23　打开记事本

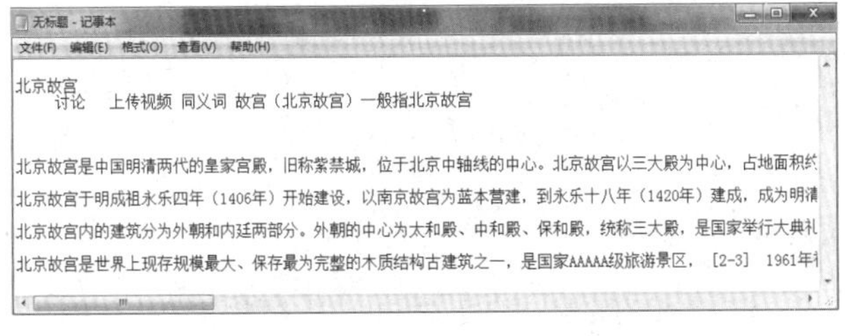

图 3－24　将内容粘贴到记事本

（二）图片的查找

在百度搜索引擎中输入关键字“故宫”，在搜索框下方，单击“图片”超链接搜索，如图 3－25 所示，在搜索结果中单击需要的图片。

图 3－25　搜索故宫的相关图片

在打开的网页中右击需要保存的图片，从弹出的快捷菜单中选择“图片另存为”对话框，单击“保存”按钮保存图片，如图 3－26 所示。

图 3－26　图片的保存

参考以上操作，继续在网页中打开相关图片并保存，也可以直接搜索网页，打开相关网页，并保存网页中的图片。

任务拓展

电子邮件应用

收发电子邮件的前提是申请一个邮箱。在不同的门户网站申请电子信箱的过程相似，下面以在网易申请电子邮箱为例说明。

（一）申请邮箱

在浏览器中的地址栏中输入“http://mail.163.com”，按回车键后便会出现如图 3－27 所示界面。

图 3－27　网易邮箱主页

单击“注册网易邮箱”，跳转到注册页面（图 3－28）。

图 3-28　注册网易邮箱

根据引导输入相关信息，完成注册个人邮箱步骤，如图 3-29 所示。注册完毕跳转回 mail.163.com 页面，用注册好的账号、密码登录即可。

图 3-29　注册邮箱

(二) 收发邮件

1. 登录邮箱

在浏览器的地址栏中输入"mail.163.com"，按回车键后便会出现如图 3-30 所示界面。输入用户名、密码后单击登录，即可进入邮箱。

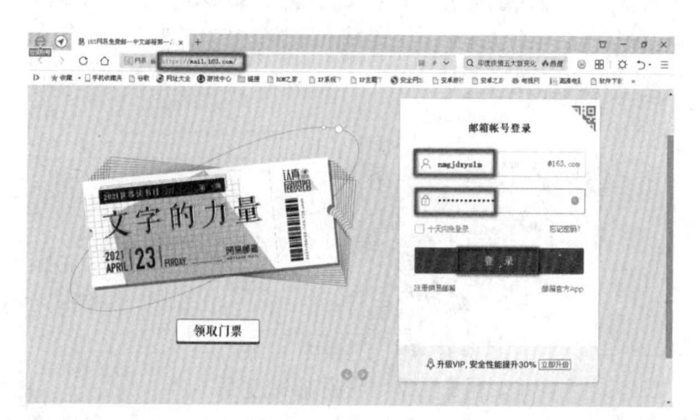

图 3-30　登录邮箱

2. 查看邮件

单击"收件箱"内邮件主题，即可看到邮件内容情况(图 3-31 和图 3-32)。

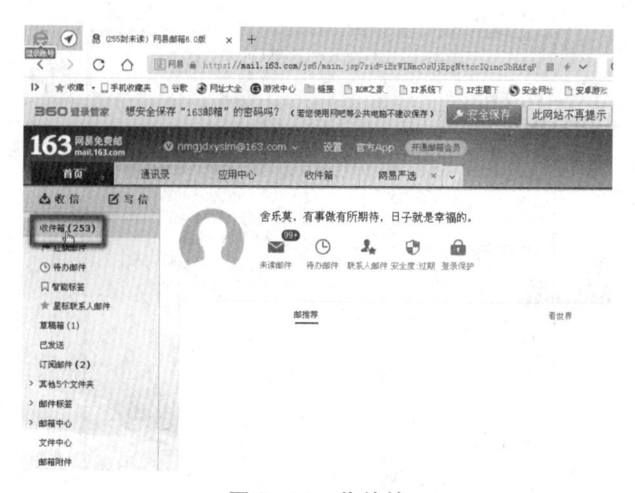

图 3-31　收件箱

图 3-32　查看邮件

3. 发送邮件

在邮箱界面中单击"写信"，即可进入编辑邮件界面(图 3-33)。填写好"收信人"电子邮箱地址、"邮件主题"，编辑完要发送的内容。如果有其他文件需要一并发送，则单击"添加附件"，然后从电脑里找到所需文件，添加到邮箱里。最后单击"发送"，即可实现发送邮件。

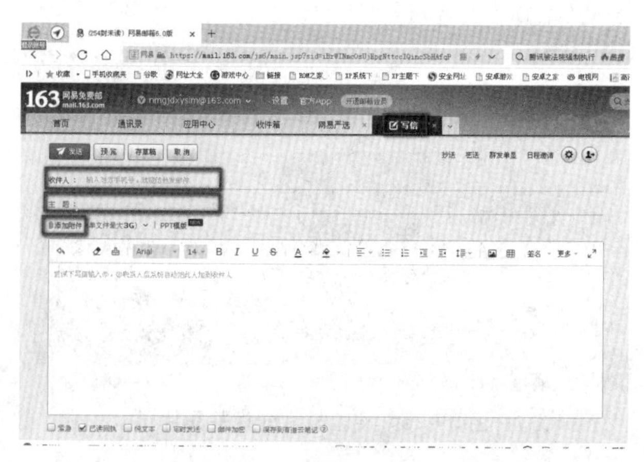

图 3-33　发送邮件

项目阶段测试

一、单项选择题

1. 一台微型计算机要与局域网连接，必需安装的硬件是（　　）。
   A. 集线器　　B. 网关　　C. 网卡　　D. 路由器
2. Internet 实现了分布在世界各地的各类网络的互联，其最基础和核心的协议是（　　）。
   A. HTTP　　B. FTP　　C. HTML　　D. TCP/IP
3. 有一域名为"bit. edu. cn"，根据域名代码的规定，此域名表示（　　）机构。
   A. 政府机关　　B. 商业组织　　C. 军事部门　　D. 教育机构
4. 在计算机网络中，英文缩写"WAN"的中文名是（　　）。
   A. 局域网　　B. 城域网　　C. 无线网　　D. 广域网
5. 下列各项中，（　　）能作为电子邮箱地址。
   A. L202@263. NET　　B. TT202#YAHOO
   C. A112. 256. 23. 8　　D. K201&YAHOO. COM. CN
6. 下列关于电子邮件的说法，正确的是（　　）。
   A. 收件人必须有 E-mail 账号，发件人可以没有 E-mail 账号
   B. 发件人必须有 E-mail 账号，收件人可以没有 E-mail 账号
   C. 发件人和收件人均必须有 E-mail 账号
   D. 发件人必须知道收件人的邮政编码
7. 就计算机网络分类而言，下列说法中规范的是（　　）。
   A. 网络可分为光缆网、无线网、局域网
   B. 网络可分为公用网、专用网、远程网
   C. 网络可分为数字网、模拟网、通用网
   D. 网络可分为局域网、远程网、城域网
8. 下列网络传输介质中传输速率最高的是（　　）。
   A. 双绞线　　B. 同轴电缆　　C. 光缆　　D. 电话线
9. Internet 是覆盖全球的大型互联网络，它用于连接多个远程网和局域网的互联设备主要是（　　）。
   A. 路由器　　B. 主机　　C. 网桥　　D. 防火墙
10. 下列 URL 的表示方法中，正确的是（　　）。
    A. http://www. microsoft. com/index. html
    B. http:\\www. microsoft. com/index. html
    C. http://www. microsoft. com\index. html
    D. http//www. microsoft. com/index. html
11. 下列不属于网络拓扑结构形式的是（　　）。
    A. 星型　　B. 环型　　C. 总线型　　D. 分支型
12. 计算机网络最突出的优点是（　　）。
    A. 运算速度快　　B. 联网的计算机能够相互共享资源
    C. 计算精度高　　D. 内存容量大
13. 网上共享的资源有（　　）。
    A. 硬件、软件和数据　　B. 软件、数据和信道
    C. 通信子网、资源子网和信道　　D. 硬件、软件和服务
14. 中国的顶级域名是（　　）。
    A. cn　　B. Ch　　C. chn　　D. China

15. FTP 是实现文件在网上的(　　)。

A. 复制　　B. 移动　　C. 查询　　D. 浏览

16. 关于发送电子邮件,下列说法中正确的是(　　)。

A. 用户必须先接入 Internet,别的用户才可以给用户发送电子邮件

B. 用户只有打开自己的计算机,别的用户才可以给用户发送电子邮件

C. 只要用户有 E-mail 地址,别的用户就可以给用户发送电子邮件

D. 没有 E-mail 地址,也可以收发电子邮件

17. 当用户登录在某网站注册的邮箱,页面上的“发件箱”文件夹一般保存的是(　　)。

A. 用户已经抛弃的邮件

B. 用户已经撰写好,但还没有成功发送的邮件

C. 包含有不礼貌语句的邮件

D. 包含有不合时宜想法的邮件

18. 用户想给某人通过 E-mail 发送某个小文件时,用户必须(　　)。

A. 在主题上写含有小文件

B. 把这个小文件复制一下,粘贴在邮件内容里

C. 无法办到

D. 使用粘贴附件功能,通过粘贴上传附件完成

19. 下列 4 项中,合法的电子邮件地址是(　　)。

A. Hou-em. Hxing. com. cn　　B. Em. hxing. com,cn-zhou

C. Em. hxing. com. cn@zhou　　D. zhou@em. Hxing. com. cn

20. 电子邮箱系统不具有的功能是(　　)。

A. 撰写邮件　　B. 发送邮件　　C. 接收邮件　　D. 自动删除邮件

21. IE 浏览器收藏夹的作用是(　　)。

A. 收集感兴趣的页面地址　　B. 记忆感兴趣的页面内容

C. 收集感兴趣的文件内容　　D. 收集感兴趣的文件名

22. 世界上第一个网络是在(　　)年诞生。

A. 1946　　B. 1969　　C. 1977　　D. 1973

23. 以下不属于无线介质的是(　　)。

A. 激光　　B. 电磁波　　C. 光纤　　D. 微波

24. Internet 网络是一种(　　)结构的网络。

A. 星型　　B. 环型　　C. 树型　　D. 网型

25. 若网络形状是由站点和连接站点的链路组成的一个闭合环,则称这种拓扑结构为(　　)。

A. 星型拓扑　　B. 总线拓扑　　C. 环型拓扑　　D. 树型拓扑

26. 下列有关计算机网络叙述错误的是(　　)。

A. 利用 Internet 网可以使用远程的超级计算中心的计算机资源

B. 计算机网络是在通信协议控制下实现的计算机互联

C. 建立计算机网络的最主要目的是实现资源共享

D. 以接入的计算机多少可以将网络划分为广域网、城域网和局域网

27. TCP/IP 协议是 Internet 中计算机之间通信所必须共同遵循的一种(　　)。

A. 信息资源　　B. 通信规定　　C. 软件　　D. 硬件

28. 在 Internet 中,用于文件传输的协议是(　　)。

A. HTML　　B. SMTP　　C. FTP　　D. POP

29. 下列说法错误的是(　　)。

A. 电子邮件是 Internet 提供的一项最基本的服务

B. 电子邮件具有快速、高效、方便、价廉等特点

C. 通过电子邮件,可向世界上任何一个角落的网上用户发送信息
D. 可发送的多媒体信息只有文字和图像

30. 下列关于广域网的叙述,错误的是(　　)。
A. 广域网能连接多个城市或国家并能提供远距离通信
B. 广域网一般可以包含 OSI 参考模型的 7 个层次
C. 目前大部分广域网都采用存储转发方式进行数据交换
D. 广域网可以提供面向连接和无连接两种服务模式

31. 广域网提供两种服务模式,对应于这两种服务模式,广域网的组网方式有(　　)。
A. 虚电路方式和总线型方式　　B. 总线型方式和星型方式
C. 虚电路方式和数据报方式　　D. 数据报方式和总线型方式

32. Internet 是由(　　)发展而来的。
A. 局域网　　B. ARPANET　　C. 标准网　　D. WAN

33. 对于下列说法,错误的是(　　)。
A. TCP 协议可以提供可靠的数据流传输服务
B. TCP 协议可以提供面向连接的数据流传输服务
C. TCP 协议可以提供全双工的数据流传输服务
D. TCP 协议可以提供面向非连接的数据流传输服务

34. 以下关于 TCP/IP 协议的描述中,错误的是(　　)。
A. TCP/IP 协议属于应用层
B. TCP、UDP 协议都要通过 IP 协议来发送、接收数据
C. TCP 协议提供可靠的面向连接服务
D. UDP 协议提供简单的无连接服务

35. 下列关于 IP 地址的说法中,错误的是(　　)。
A. 一个 IP 地址只能标识网络中唯一的一台计算机
B. IP 地址一般用点分十进制表示
C. 地址 205.106.286.36 是一个非法的 IP 地址
D. 同一个网络中不能有两台计算机的 IP 地址相同

36. 一个 IP 地址包含网络地址与(　　)。
A. 广播地址　　B. 多址地址　　C. 主机地址　　D. 子网掩码

37. 在以下 4 个 WWW 网址中,不符合 WWW 网址书写规则的是(　　)。
A. www.163.com　　B. www.nk.cn.edu
C. www.863.org.cn　　D. www.tj.net.jp

38. TCP/IP 协议簇包含一个对电子邮箱进行远程获取的协议,称为(　　)。
A. POP　　B. SMTP　　C. FTP　　D. TELNET

39. OSPF 协议是(　　)。
A. 域内路由协议　　B. 域间路由协议　　C. 无域路由协议　　D. 应用层协议

40. 通常把计算机网络定义为(　　)。
A. 以共享资源为目标的计算机系统,称为计算机网络
B. 能按网络协议实现通信的计算机系统,称为计算机网络
C. 把分布在不同地点的多台计算机互联起来构成的计算机系统,称为计算机网络
D. 把分布在不同地点的多台计算机在物理上实现互联,按照网络协议实现相互间的通信,共享硬件、软件和数据资源为目标的计算机系统,称为计算机网络

41. 计算机网络技术包含的两个主要技术是计算机技术和(　　)。
A. 微电子技术　　B. 通信技术　　C. 数据处理技术　　D. 自动化技术

42. 计算机技术和(　　)技术相结合,出现了计算机网络。

A. 自动化　B. 通信　C. 信息　D. 电缆

43. 计算机网络是一个(　　)系统。

A. 管理信息系统　B. 管理数据系统

C. 编译系统　D. 在协议控制下的多机互联系统

44. 在计算机网络中,可以共享的资源是(　　)。

A. 硬件和软件　B. 软件和数据　C. 外设和数据　D. 硬件、软件和数据

45. 计算机网络的目标是实现(　　)。

A. 数据处理　B. 文献检索

C. 资源共享和信息传输　D. 信息传输

46. 计算机网络的特点是(　　)。

A. 运算速度快　B. 精度高　C. 资源共享　D. 内存容量大

47. 关于 Internet 的概念,叙述错误的是(　　)。

A. Internet 即国际互连网络　B. Internet 具有网络资源共享的特点

C. 在中国称为因特网　D. Internet 是局域网的一种

48. 下列 4 项内容中,(　　)不属于 Internet 提供的服务。

A. 电子邮件　B. 文件传输　C. 远程登录　D. 实时监测控制

49. 万维网以(　　)方式提供世界范围的多媒体信息服务。

A. 文本　B. 信息　C. 超文本　D. 声音

50. 因特网上每台计算机有一个规定的"地址",这个地址被称为(　　)地址。

A. TCP　B. IP　C. Web　D. HTML

二、多项选择题

1. 计算机网络按照分布距离长短分为(　　)。

A. 局域网　B. 城域网　C. 互联网　D. 广域网

2. OSI 参考模型的上层分别是(　　)。

A. 表示层　B. 会话层　C. 传输层　D. 应用层

3. 局域网一般可以覆盖(　　)。

A. 一个校园　B. 一个公司　C. 一栋建筑物　D. 一个国家

4. OSI 参考模型有 3 个主要概念,它们是(　　)。

A. 服务　B. 接口　C. 协议　D. 传输

5. 计算机网络主要是(　　)相结合的产物。

A. 电子技术　B. 通信技术　C. 计算机技术　D. 多媒体技术

6. 计算机网络可以按网络的拓扑结构来划分,按此标准划分的网络包括(　　)。

A. 星型网　B. 环型网　C. 局域网　D. 总线结构网

7. 计算机网络应用广泛,在 Internet 上的应用有(　　)。

A. 电子邮件　B. 信息发布　C. 电子商务　D. 远程音频

8. 目前局域网的数据传输介质常采用(　　)。

A. 双绞线　B. 同轴电缆　C. 光纤　D. 无线通信信道

9. 下列关于拓扑结构的说法中,正确的是(　　)。

A. 总线型网络结构简单、扩展容易　B. 星型网络结构简单、便于管理

C. 环型网络实现简单,适应传输量不大的场合　D. 树型网络适用于分级管理和控制系统

10. 表示层的功能包括(　　)。

A. 数据格式变换　B. 数据压缩　C. 数据加密　D. 数据恢复

三、填空题

1. 因特网上的服务都是基于某一种协议,Web 服务是基于(　　)协议。

2. 通常一台计算机要接入因特网,应该安装的设备是(　　　)。

3. 计算机网络最突出的优点是(　　　　　　　　)。
4. 在 Internet 中完成从域名到 IP 地址或者从 IP 地址到域名转换的是(　　　　)服务。
5. 相对于有线网络,无线网络的优点是(　　　　　　　　　　　)。
6. 计算机网络系统主要由(　　　　　)、(　　　　　)和(　　　　　)构成。
7. 计算机网络按地理范围可分为(　　　　　)网和(　　　　　)网,其中,局域网主要用来构造一个单位的内部网。
8. 通常可将网络传输介质分为(　　　　　)和(　　　　　)两类。
9. 计算机内传输的信号是(　　　　　),而公用电话系统的传输系统只能传输(　　　　　)。
10. 开放系统互联参考模型 OSI 采用(　　　　　)结构的构造技术。
11. 在 IEEE802 局域网标准中,只定义了(　　　　　)和(　　　　　)两层。
12. 局域网中最重要的一项基本技术是(　　　　　)技术,也是局域网设计和组成的最根本问题。
13. TCP/IP 协议的全称是(　　　　　)协议和(　　　　　)协议。
14. 计算机网络中常用的 3 种有线媒体是(　　　　　)、(　　　　　)和(　　　　　)。
15. 覆盖一个国家、地区或几个洲的计算机网络称为(　　　　　),在同一建筑或覆盖几公里范围内的网络称为(　　　　　),介于两者之间的是(　　　　　)。
16. 在 TCP/IP 层次模型的第三层(　　　　　)中,包括的协议主要有(　　　　　)、(　　　　　)、(　　　　　)和(　　　　　)。
17. 计算机网络在逻辑功能上可以划分为(　　　　　)子网和(　　　　　)子网两个部分。
18. 计算机网络中的主要拓扑结构有(　　　　　)、(　　　　　)、(　　　　　)、(　　　　　)、(　　　　　)等。
19. 按照网络的分布地理范围,可以将计算机网络分为(　　　　　)、(　　　　　)和(　　　　　)3 种。
20. CAD 软件可用来绘制(　　　　　　　　　　　)图。
21. 在 Internet 中,WWW 是实现信息(　　　　　)服务的。
22. 网页文件的扩展名是(　　　　　)。
23. (　　　　　)的源代码由网络浏览器解释执行。
24. (　　　　　)是超文本传输协议。
25. (　　　　　)是超文本标记语言。
26. E-mail 的中文含义是(　　　　　　　　　)。
27. 计算机网络的主要功能是(　　　　　　　　　　)。
28. 计算机网络通过介质连接在一起,常用的通讯介质有(　　　　　　)等。
29. 万维网的英文简写(　　　　　　)。
30. Web 浏览器收藏夹的作用是收集感兴趣的(　　　　　)地址。
31. 通过(　　　　　　　　)实现在不同网页间跳转。
32. 用搜索引擎搜索信息主要有(　　　　　　　　)两种搜索方式。
33. 使用 IE 的(　　　　　)菜单,可以把自己喜欢的网址记录下来,以便下次快速、直接访问。
34. 使用电子邮件时,有时收到的邮件有古怪字符,即出现了乱码,这是由于(　　　　　)。
35. 在计算机网络中,表征数据传输可靠性的指标是(　　　　　)。
36. 域名主机上存放 Internet 主机的(　　　　　)。
37. 以太网使用的介质控制协议是(　　　　　)。
38. (　　　　　)是网页中常使用的动画文件格式。
39. “三网合一”中“三网”包括(　　　　　　　　　　　　　　　　　　　　)。
40. 目前世界上最大的互联网络是(　　　　　)。
41. 浏览 WWW 页面时所看到的 WWW 页面文件一般叫(　　　　　)文件。
42. 在 OSI 参考模型中,能实现路由选择、拥塞控制与互联功能的层是(　　　　　)。
43. 开放系统互连参考模型是(　　　　　　　　)。
44. 在硬盘高速缓冲区中,保存(　　　　　)上网时所调用过的 Web 文本及图像。

45. 通常所说的 ADSL 是指(   )。
46. IP 地址是 Internet 为每台主机分配的由 32 位(   )组成的唯一标识符。
47. 构成计算机网络的要素主要有通信协议、通信设备和(   )
48. 在目前的网络传输介质中,抗干扰性能最好的是(   )。
49. 堆栈指针 SP 是微处理器中用于指示(   )的专用寄存器。
50. 统一资源定位器的缩写是(   )。

四、判断题

1. Internet 中的 FTP 是用于文件传输的协议。 (   )
2. Internet 最初是以 ARPAnet 为主干网建立的,ARPAnet 最初主要用于美国的大学研究之用。 (   )
3. TCP/IP 协议是为美国 ARPAnet 设计的,目的是使不同厂家生产的计算机能在共同的网络环境下运行。 (   )
4. 数字信号比模拟信号易受干扰而导致失真。 (   )
5. 电子邮件在发送过程中不会出现丢失情况。 (   )
6. 为客户提供接入因特网服务的代理商简称为 PSP。 (   )
7. WWW 浏览器所使用的应用协议是 http。 (   )
8. Internet 采用 TCP/IP 协议实现网络互连。 (   )
9. 电子公告牌的英文缩写是“BBS”。 (   )
10. 按照 TCP/IP 协议,接入 Internet 的每一台计算机都有一个唯一的地址标识,这个地址标识称为 IP 地址,当前的 IP 地址是 32 位的十进制数。 (   )
11. 在 Internet 上,信息资源与硬件资源能共享的主要是信息资源。 (   )
12. WWW 是一个以 Internet 为基础的计算机网络。 (   )
13. 在客户机服务器结构中,提出请求的计算机称为服务器,而将受理请求的计算机称为客户机。 (   )
14. 网页是浏览网站的基本单位。 (   )
15. 如果需要将邮件发给多个收件人,地址之间用逗号隔开。 (   )
16. 关于 Windows 中文件的属性,带有只读属性的文件不可以有系统属性。 (   )
17. 在 Windows 中按【Alt】+【Shift】+【Del】组合键可以打开“任务管理器”,以关闭那些不需要或没有响应的应用程序。 (   )
18. Internet 就是局域网互联。 (   )
19. 在网络中信息安全十分重要,与 Web 服务器安全有关的措施使用高档服务器。 (   )
20. Internet 最初创建的目的是用于军事。 (   )
21. 在 Internet 上,IP 地址、E-mail 地址都是唯一的。 (   )
22. Internet 就是 Intranet,两者没有区别。 (   )
23. FTP 是 Internet 中的一种文件传输服务,它可以将文件下载到本地计算机中。 (   )
24. Web 页面可以从一个连接到另一个,主要应用 HTML 中的超链接来转移。 (   )
25. 计算机网络中使用的双绞线通常是 16 芯的。 (   )
26. 网络中的共享包括硬件、软件和数据资源。 (   )
27. 网络软件系统主要包括网络协议软件、网络通信软件、网络操作系统等。 (   )
28. 信息化社会的基础是计算机和互联计算机的信息网络。 (   )
29. 双绞线分为屏蔽双绞线和非屏蔽双绞线。 (   )
30. 同轴电缆传输处理高,抗干扰能量强,通信距离远,保密性能好。 (   )
31. 通信线路分为基带网和宽带网。 (   )
32. 分布式数据处理是将负担过重的计算机所处理的任务转交给空闲的计算机来完成。 (   )
33. 网络互连设备包括服务器、工作站、同位体、网卡、集线器、调制解调器。 (   )
34. 网络基础设备有路由器、网桥、网关和中继器。 (   )
35. 20 世纪 60 年代计算机网络出现萌芽,90 年代迎来世界信息化、网络化的高潮。 (   )

36. Internet 中的 FTP 是用于文件传输的协议。 ( )
37. 使用驱动精灵必须联网。 ( )
38. 将拨号上网和 ADSL 宽带相比较，ADSL 宽带网速较快。 ( )
39. 局域网不能使用光纤。 ( )
40. 超链接可以看作包含在网页中，并指向其他网页的“指针”。 ( )
41. 在几种传输介质中，光纤的传输距离最远。 ( )
42. 在计算机网络中，用于提供网络服务的计算机一般被称为移动 PC。 ( )
43. 计算机通信就是将一台计算机产生的数字信号通过通信信道传送给另一台计算机。 ( )
44. TCP/IP 协议中只有两个协议。 ( )
45. 防火墙软件一般用在服务器与服务器之间。 ( )
46. 反映现实世界中的实体及实体间联系的信息模型是 E-R 模型。 ( )
47. 电子邮件地址由两个部分组成，用“@”隔开，“@”前的部分为本机域名。 ( )
48. 点击 IE 工具栏的“刷新”按钮，可以更新当前浏览器的设定。 ( )
49. 当网络中任何一个工作站发生故障时，都有可能导致整个网络停止工作，这种网络的拓扑结构为环型结构。 ( )
50. 单击浏览器中工具栏的“HOME”，则打开用户定义的主页。 ( )

五、简答题

1. 什么是计算机网络？

2. 简述 IP 地址的作用。

3. 简述组建小型局域网的步骤。

4. 按网络分布距离划分，计算机网络可分为哪 3 类？

5. 什么是计算机网络体系结构？

项目四

Windows 7 操作系统

项目导图

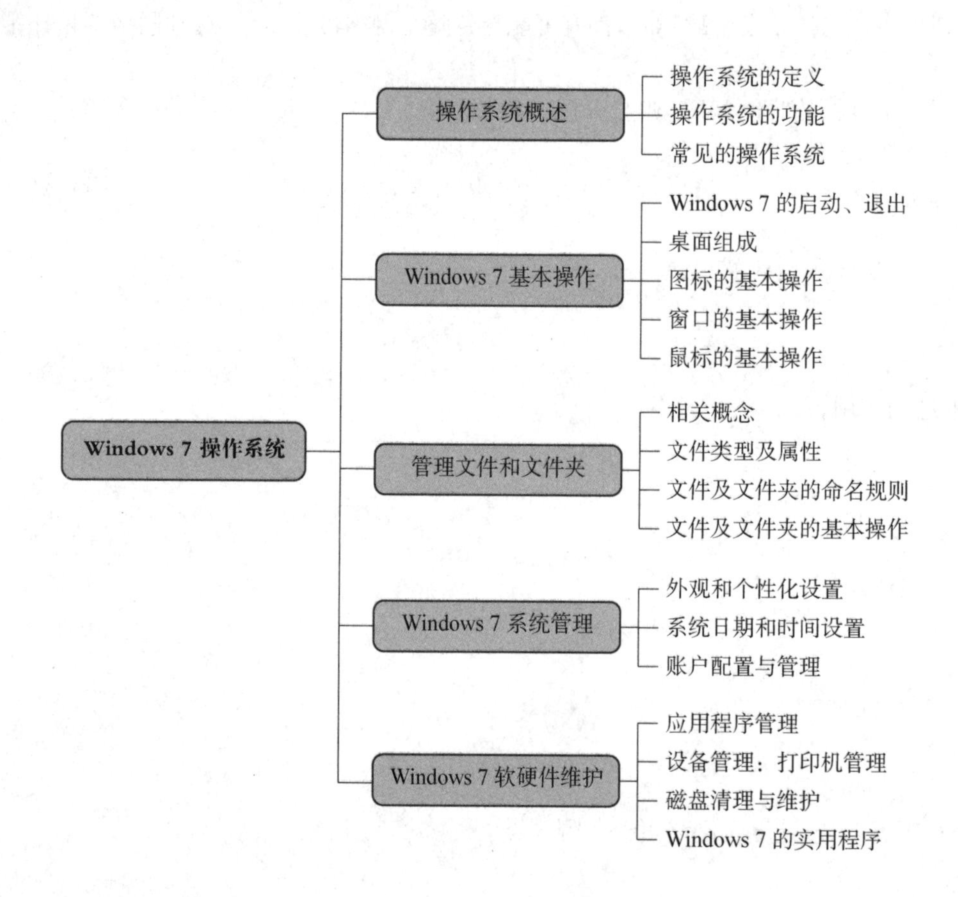

项目能力目标

任务一　操作系统概述
任务二　Windows 7 基本操作
任务三　管理文件和文件夹
任务四　Windows 7 系统管理
任务五　Windows 7 软硬件维护

项目知识目标

(1) 掌握操作系统的定义及作用；
(2) 掌握图标、窗口及鼠标的基本操作；
(3) 掌握文件、文件夹的命名规则及基本操作；
(4) 掌握 Windows 7 系统的基本管理与维护；
(5) 了解图标的作用；
(6) 了解文件及文件夹的作用。

任务一 操作系统概述

任务目标

(1) 掌握操作系统的定义;
(2) 掌握操作系统的功能;
(3) 了解常见的操作系统。

任务资讯

一、操作系统的概念

操作系统(operating system, OS)是一种特殊的计算机系统软件,用于管理和控制计算机系统的软、硬件资源,使它们充分高效工作,并方便用户合理、有效地利用这些资源的程序的集合。它是用户与计算机物理设备之间的接口,是各种应用软件赖以运行的基础。操作系统是计算机系统软件的核心。

二、操作系统的功能

如果从资源管理和用户接口的角度来看,通常可把操作系统的功能分为处理器管理、存储管理、设备管理、文件管理和作业管理5个方面。

(一) 处理器管理

在单道作业或单用户的情况下,处理器为一个作业或一个用户所独占,对处理器的管理十分简单。但在多道程序或多个用户的情况下,进入内存等待处理的作业通常有多个,要组织多个作业同时运行,就要依赖操作系统的统一管理和调度,来保证多个作业的完成和最大限度地提高处理器的利用率。

(二) 存储管理

操作系统可以对内存空间进行管理。内存中除了操作系统,可能还有一个或多个程序,这就要求内存管理应具有以下3个功能。

1. 内存分配

当有作业申请内存时,操作系统根据当时的内存使用情况分配内存,或者让使用内存的作业处于等待内存资源的状态,以保证系统及各用户程序的存储区互不冲突。

2. 存储保护

系统中有多个程序在同时运行,这就必须采用一定的措施,以保证一道程序的执行不会有意或无意地破坏另一道程序,保证用户程序不会破坏系统程序。

3. 内存扩充

通过采用覆盖、交换和虚拟存储等技术,为用户提供一个足够大的地址空间。

(三) 设备管理

操作系统可以根据一定的分配策略,把通道、控制器和输入、输出设备分配给请求输入、输出的操作程序,并启动设备完成实际的输入、输出操作。为了尽可能地发挥设备和主机的并行工作能力,常采用虚拟技术和缓冲技术。此外,设备管理程序为用户提供了良好的界面,而不必涉及具体设备特性,使用户能方便、灵活地使用这些设备。

(四) 文件管理

计算机中所有数据都是以文件的形式存储在磁盘上的,操作系统中负责文件管理模块的是文件系统。它的主要任务是解决文件在存储空间的存放位置、存放方式、存储空间的分配与回收等有关文件操作的问题。此外,信息的共享、保密和保护也是文件系统所要解决的问题。

文件系统具有以下特点:

(1) 用户接口友好,用户只对文件进行操作,不用管文件结构和存放的物理位置;

(2) 对文件按名存取,对用户透明;

(3) 某些文件可以被多个用户或进程所共享;

(4) 文件系统大都使用磁盘、磁带和光盘等大容量存储器作为存储介质,可存储大量信息。

(五) 作业管理

每个用户请示计算机系统完成的一个独立任务叫作业(job),作业管理主要完成作业的调度和作业的控制。一般来说,操作系统提供两种方式的接口为用户服务:一种用户接口是系统级的接口,即提供一级广义指令供用户去组织和控制自己作业的运行;另一种用户接口是"作业控制语言",用户使用它来书写控制作业执行的操作说明书,然后将程序和数据交给计算机,操作系统就按说明书的要求控制作业的执行,不需人为干预。

三、操作系统的特征

(1) 并发性。在多道程序环境下，并发性是指宏观上在一段时间内有多道程序同时运行。

(2) 共享性。共享性是指多个并发运行的程序共享系统中的资源。资源共享可分为互斥共享和同时访问两种。

(3) 异步性。异步性又称随机性，在多道程序环境中，虽然允许多个进程并行执行，但由于资源有限，进程的执行并不是一帆风顺，而是断断续续、走走停停。

四、PC 机常用的操作系统

自从 PC 机问世以来，PC 操作系统就成为操作系统中最活跃的一个分支。PC 操作系统在 PC 硬件发展的推动下功能日益强大。

(一) Unix 操作系统

Unix 操作系统是一个强大的多任务、多用户操作系统，支持多种处理器架构。按照操作系统的分类，属于分时操作系统。Unix 最早的版本由肯·汤普森和丹尼斯·里奇于 1969 年在贝尔实验室开发，通常安装在服务器上，面向多个用户提供多任务服务。Unix 操作系统的版本众多，较为常见的 Unix 版本有甲骨文(Oracle)公司的 Solaris、惠普(HP)公司的 HP-UX 以及 IBM 公司的 AIX。目前它的商标权由国际开放标准组织所拥有，只有符合单一 Unix 规范的 Unix 系统才能使用“Unix”这个名称，否则只能称为“类 Unix”(Unix-like)。

整个 Unix 系统可分为 5 层：最底层是裸机，即硬件部分；第二层是 Unix 的核心，它直接建立在裸机的上面，实现操作系统重要的功能，如进程管理、存储管理、设备管理、文件管理、网络管理等，用户不能直接执行 Unix 内核中的程序，而只能通过一种称为“系统调用”的指令，以规定的方法访问核心，以获得系统服务；第三层系统调用构成第四层应用程序层和第二层核心层之间的接口界面；第四层应用层主要是 Unix 系统的核外支持程序，如文本编辑处理程序、编译程序、系统命令程序、通信软件包和窗口图形软件包、各种库函数及用户自编程序；Unix 系统的最外层是 Shell 解释程序，它作为用户与操作系统交互的接口，分析用户键入的命令和解释并执行命令，Shell 中的一些内部命令可不经过应用层，直接通过系统调用访问核心层。

(二) Linux 操作系统

Linux 是一种免费的、开源的计算机操作系统。它有很多不同的应用版本，如 Debian(及其派生版本 Ubuntu)、Fedora 和 Open SUSE。Linux 可安装在各类计算设备上，应用范围非常广泛。

(三) Mac OS

Mac OS 是安装在苹果公司生产的个人计算机上的专用操作系统，目前的最新版本是 Mac OS Mountain Lion。

(四) Windows 操作系统

由微软公司开发出品的个人计算机操作系统得到广泛的应用。本项目所介绍的操作系统是 Windows 7，此前广泛流行的 Windows 操作系统版本有 Windows 95、Windows 98、Windows 2000、Windows XP、Windows Vista、Windows 7 等，目前最高版本为 Windows 11。如表 4-1 所示为部分 Windows 系统。

表 4-1 Windows 家族

早期版本	For DOS	• Windows 1.0(1985) • Windows 3.0(1990)	• Windows 2.0(1987) • Windows 3.1(1992)	• Windows 2.1(1988) • Windows 3.2(1994)
	Win 9x	• Windows 95(1995) • Windows Me(2000)	• Windows 98(1998)	• Windows 98 SE(1999)
NT 系列	早期版本	• Windows NT 3.1(1993) • Windows NT 4.0(1996)	• Windows NT 3.5(1994) • Windows 2000(2000)	• Windows NT 3.51(1995)
	客户端	• Windows XP(2001) • Windows 8(2011)	• Windows Vista(2005)	• Windows 7(2009)
	服务器	• Windows Server 2003(2003) • Windows Home Server(2008) • Windows Small Business Server(2011)		• Windows Server 2008(2008) • Windows HPC Server 2008(2010) • Windows Essential Business Server
	特别版本	• Windows PE • Windows Fundamentals for Legacy PCs		• Windows Azure
嵌入式系统		• Windows CE	• Windows Mobile	• Windows Phone(2010)

五、Windows 7 操作系统

Windows 7 是微软公司针对个人计算机开发的操作系统，2009 年 10 月 22 日正式向全球范围发布、销售，适用于家庭及商业工作环境，可运行在笔记本电脑、平板电脑、多媒体中心等载体。其核心版本号为 Windows NT 6.1。

Windows 7 操作系统是微软公司在吸取前期版本 Windows Vista 经验基础上推出的一个重大更新版本，融入很多新的特性，运行更迅速，响应能力更强，操作更方便。考虑笔记本电脑的广泛应用，针对其特点做了优化设计。程序兼容性更好，并且具有更好的安全性。

六、Windows 7 操作系统的特点

Windows 是一个支持多任务并行作业的操作系统。Windows 7 具有的新特点主要包括以下 5 个方面。

(1) 改进的触摸和手写识别功能。Windows 触控技术已被应用多年，但功能有限，主要应用在支持触控的屏幕（如 Tablet PC）。在 Windows 7（仅适用于家庭高级版、专业版和旗舰版）中，首次支持多点触控技术。为了便于触控操作，“开始”菜单和任务栏都采用加大显示、易于手指触摸的图标。同时，所有常用的 Windows 7 程序也支持触控技术，如“画图”程序。

手写识别功能提供以下 4 个方面的改进：①支持新语言的手写识别、个性化以及文本预测；②支持手写数学表达式；③具有手写识别的个性化自定义字典；④具有面向软件开发人员的新集成功能。

(2) 更好的多核处理器支持。Windows 7 针对多核处理器的硬件环境提供优化，以获取更好的实用性能。多核处理器已成为主流计算机的标准配置，与单核处理器相比，具有更强的并行处理能力。与广泛使用的 Windows XP 操作系统相比，Windows 7 改进了对多核处理器的支持，以更好地体现多核处理器的优势。

(3) 更好的启动性能。Windows 7 对启动过程进行优化，使得启动速度加快、启动时间更加稳定。

(4) 更高的安全性。Windows 7 对 Windows Vista 中的用户帐户控制功能（UAC）进行改进和优化，减少病毒、木马对系统的危害，同时具有良好的用户操作体验。

对于计算机保存的重要信息，Windows 7 提供较为全面的保护措施，确保用户数据不会丢失、被窃取和意外删除。Windows 7 高级版本支持 Bit Locker 驱动器加密功能，保护磁盘上的数据未经授权不被访问。对于移动存储设备，Windows 7 高级版本提供的 Bit Locker To Go 能够对其进行加密，防止设备丢失或被盗后里面的数据不会泄露。

(5) 全新的 Windows 任务栏。与以往的 Windows 版本相比，Windows 7 具有更好操作体验的任务栏，用户可以将应用程序图标吸附到任务栏上。即使程序关闭，任务栏上依然会显示该程序的图标，方便用户快速地启动、切换不同的应用程序。

任务实施

一、Windows 7 操作系统的运行环境及版本

(一) Windows 7 对计算机硬件的最低要求

(1) 主频不低于 1 GHz、字长为 32 位或 64 位的中央处理器(CPU)；

(2) 容量不少于 1 GB 内存（基于 32 位）或 2 GB 内存（基于 64 位）；

(3) 可用空间不少于 16 GB 的硬盘空间（基于 32 位）或 20 GB 的硬盘空间（基于 64 位）。

(二) Windows 7 版本

具体包括 Windows 7 Starter（初级版）、Windows 7 Home Basic（家庭基础版）、Windows 7 Home Premium（家庭高级版）、Windows 7 Professional（专业版）、Windows 7 Enterprise（企业版）、Windows 7 Ultimate（旗舰版）。其中，家庭基础版售价最低，具有 Windows 7 的基本系统功能，能够满足一些常用的计算机管理任务，而旗舰版囊括全部系统功能，包括一些不常使用的高级功能，比较适合对系统管理有特殊需求的应用场合。

二、Windows 7 的安装

要安装 Windows 7，首先需要准备一张 Windows 7 安装光盘或装有 Windows 7 的系统 U 盘，然后执行以下安装流程。

(1) 将 Windows 7 安装光盘放入光驱或插入 U 盘，按【Ctrl】+【Alt】+【Del】组合键重启计算机。通过 BIOS 设置，将计算机启动设置为光驱或 U 盘先启动。

(2) 稍停片刻，屏幕上会出现 Windows 7 安装启动界面。选择语言及其他首选项设置，如图 4－1 所示。

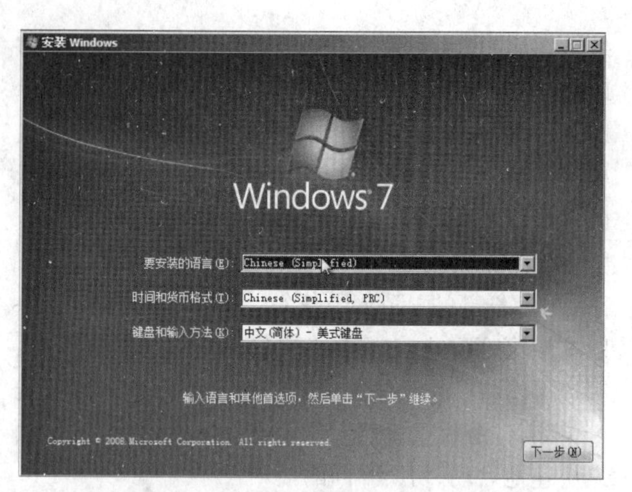

图 4-1 安装启动

单击“下一步”后出现如图 4-2 所示界面，再单击“现在安装”按钮，执行系统的安装程序。

图 4-2 单击“现在安装”按钮

(3) 此时等待安装程序从光驱或 U 盘启动，会花费一些时间。选择“我接受许可条款”复选框后单击“下一步”，如图 4-3 所示。进入安装方式选择界面，如图 4-4 所示。选择“自定义(高级)”选项，进行全新安装。在此后弹出的对话框中单击“驱动器

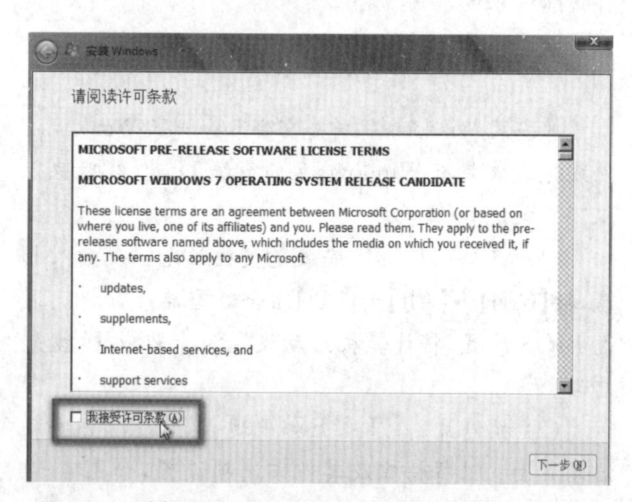

图 4-3 选择“我接受许可条款”复选框后单击“下一步”

选项(高级)”超链接，如图 4-5 所示。单击“新建”超链接，进行新建分区等工作，如图 4-6 所示。若保留原有磁盘分区，则无须进行此步操作。

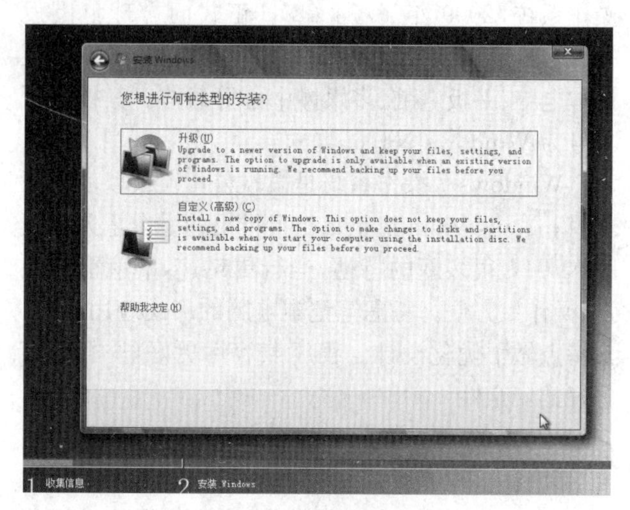

图 4-4 安装方式选择

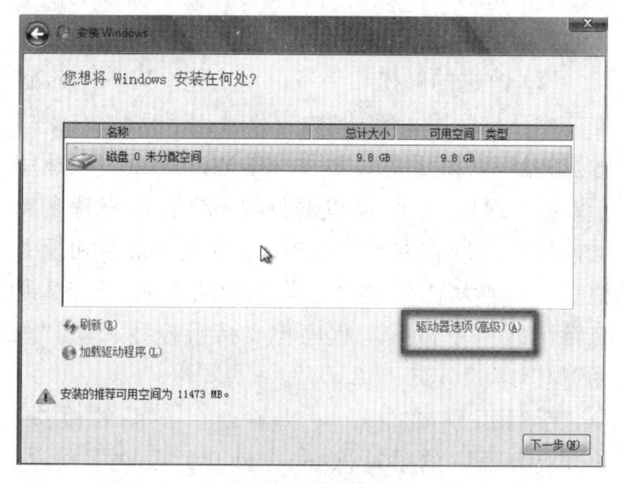

图 4-5 单击“驱动器选项(高级)”超链接

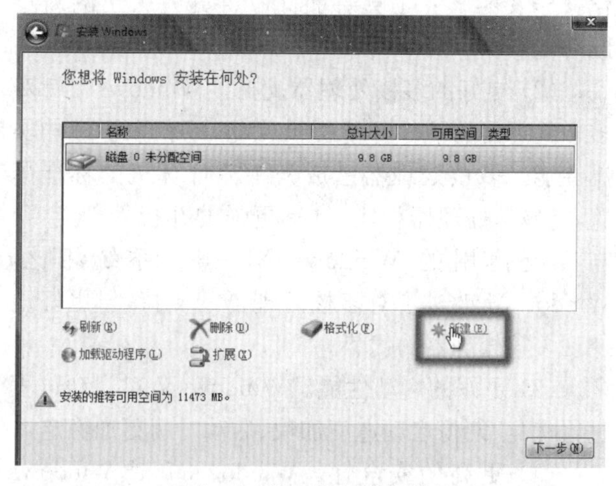

图 4-6 单击“新建”超链接

(4) 此后进入等待程序安装过程，如图 4-7 所示。安装完毕将进入 Windows 7 启动界面，如图 4-8 所示。

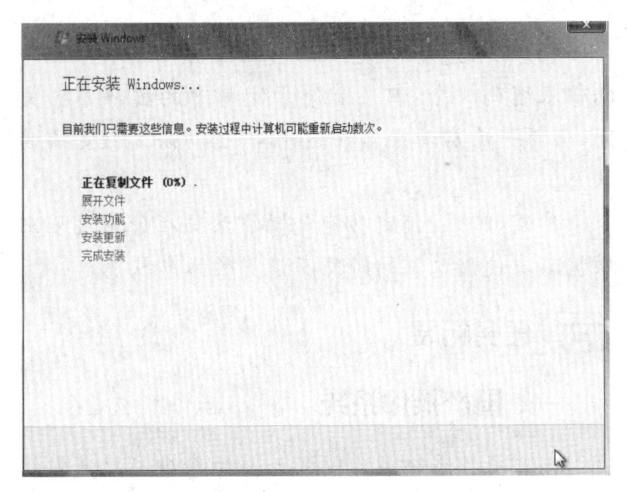

图 4－7　等待程序安装

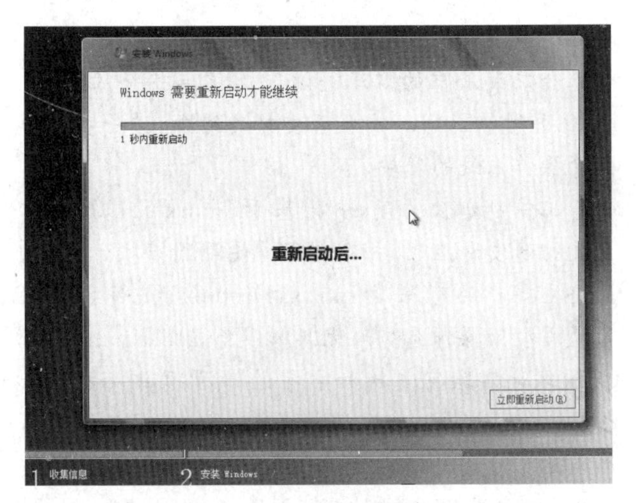

图 4－8　Windows 7 启动

(5) 此后为首次运行电脑作准备，进行一些初始设置，如“输入用户名”、“输入计算机名称”，如图 4－9 所示。还要输入帐户密码及产品密钥等，如图 4－10 所示。

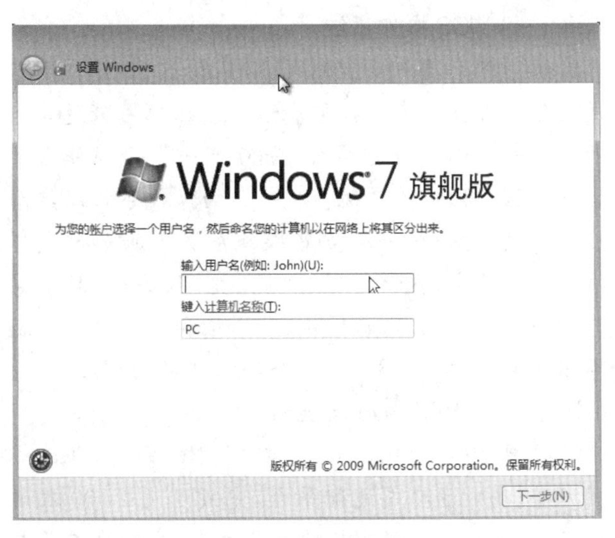

图 4－9　初始设置

图 4－10　输入产品密钥

系统再提示进行几个简单的选择和输入，即完成 Windows 7 安装设置，如图 4－11 所示。设置完毕后将进入 Windows 7 欢迎界面，再进入 Windows 7 准备桌面程序，之后就进入系统桌面，如图 4－12 所示，完成 Windows 7 的安装过程。

图 4－11　完成安装设置

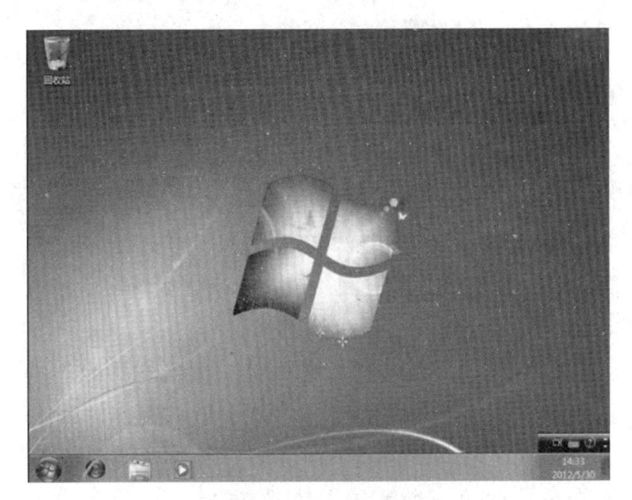

图 4－12　系统桌面

三、Windows 7 的启动和退出

(一) Windows 7 的启动

按下电脑主机电源开关后，系统会自动进行硬件自检、引导操作系统启动等一系列动作，之后进入用户登录界面。用户需要选择帐户并输入正确的密码，才能登录到桌面进行操作。如果电脑只设有一个帐户，并且该帐户没有设置密码，则开机后系统会自动登录到桌面。

(二) Windows 7 的退出

如果用户准备不再使用计算机，应该将其退出。用户可以根据不同的需要选择不同的退出方法，如关机、睡眠、锁定、注销和切换用户等，如图 4－13 所示。

图 4－13　不同的退出方法

Windows 7 的关机步骤如下。

(1) 保存数据或文件，然后关闭所有打开的应用程序，回到桌面。

(2) 单击“开始”按钮(或按【Ctrl】＋【Esc】组合键)，再单击“关机”按钮。

(3) 关闭显示器的电源及其他外设电源。

(三) Windows 7 关机种类的区别

Windows 7 关机种类有注销、睡眠、锁定等。

(1) 注销。注销是指向操作系统发出退出当前登录用户的请求，退出后将进入用户选择登录界面，并可以清空当前用户的缓存空间和注册表信息。

(2) 睡眠。睡眠是指电脑由工作状态转为等待状态的一种新的节能模式，是 Windows 7 新添加的系统功能。在睡眠状态时，系统的所有工作都会保存在硬盘中的一个系统文件里，同时关闭除了内存外所有设备的供电。

(3) 锁定。锁定是指让系统停留在进入系统时的输入密码状态，但当前处于使用中的程序不会关闭，当再一次启动操作系统时，将自动恢复锁定前的状态。

其实，睡眠、锁定功能是操作系统在使用过程中根据下次使用电脑的时间而设置的休息状态。

任务拓展

一、国产操作系统

国产操作系统多为以 Linux 为基础二次开发的操作系统。

自 2014 年 4 月 8 日起，美国微软公司停止对 Windows XP SP3 操作系统提供服务支持，这引起全社会广大用户的广泛关注及其信息安全的担忧。2020 年对 Windows 7 服务支持的终止，进一步推动国产操作系统的发展。

工信部加大力度，支持基于 Linux 的国产操作系统的研发和应用，并希望用户使用国产操作系统。目前主要产品有深度 Linux(Deepin)、安超 OS(国产通用型云操作系统)、优麒麟(Ubuntu Kylin，中国 CCN 联合实验室支持和主导的开源项目)、威科乐恩 Linux(WiOS)、起点操作系统(Start OS，原雨林木风 OS、中科方德桌面操作系统)、中兴新支点操作系统、一铭操作系统、红旗 Linux(redflag Linux)、UOS(统信操作系统)、AliOS(阿里云系统，原 Yun OS)、Phoenix OS(凤凰系统)、Hope Edge OS(面向物联网领域操作系统)等。

二、UOS 操作系统

(一) UOS 操作系统

统一操作系统(Unity Operating System, UOS)是统信软件技术有限公司基于 Linux 内核深度二次开发的一个国产操作系统，分为统一桌面操作系统和统一服务器操作系统。统一桌面操作系统以桌面应用场景为主，统一服务器操作系统以服务器支撑服务场景为主，支持龙芯、飞腾、兆芯、海光、鲲鹏等芯片平台的笔记本、台式机、一体机和工作站以及服务器。图 4－14 为 UOS 系统的官网界面，其地址为 https://www.chinauos.com。

统信 UOS 操作系统支持全 CPU 平台，并建成了完整、高效的生态适配平台，完成了近 2 000 次适配工作，建设了初具规模的开放生态，桌面生态已具备 Windows 7 替代能力。2020 年，统信 UOS 出货

图 4-14　统信软件技术有限公司官网

超过 100 万套，服务用户覆盖全国，在党政等领域市场占有率遥遥领先。在金融领域，统信软件牵头制定了金融自助设备接口标准 LFS，并成功完成了国内首个银行柜面业务迁移。在国防、交通、电力、电信等关键领域，统信 UOS 也在市场中处于前列。在 2021 年初，中望软件正式推出中望 CAD Linux 2021，率先支持统信 UOS 和国内处理器平台，UOS 用户无需重新学习或改变习惯即可快速上手。

与 Windows 不同的是，UOS 统一操作系统支持龙芯、申威、华为鲲鹏等多种国产处理器芯片。它的诞生是多家国内科技公司联合孕育的结果，包括中国电子集团、武汉深之度科技、南京诚迈、中兴新支点等。推出 UOS 的目的在于改变国产操作系统小而杂的现状，统一行业共识，推出一个大家都能够支持并贡献力量的统一的操作系统。

对于普通人而言，接触最多的还是 Windows、Mac OS 等操作系统。而目前国产操作系统的主要市场还是在服务器领域，普通消费者很少触及，中兴新支点、华为 Euler、深度 deepin 等都是凭借服务器市场而得以发展的操作系统。

2021 年 1 月 8 日正式发布了统信桌面操作系统 V20 个人版(1030)，针对用户交互体验、自研应用、系统性能等进行了全面优化与升级。新版本首先针对用户反馈的问题与人机交互习惯，调整和优化了使用交互操作方式，对触摸交互使用规则与触摸屏的硬件支持进行了全新定义，支持单指、双指、三指等多种桌面交互操作方式。同时，新增多款统信自研应用，包括邮箱(图 4-15)、安全中心(图 4-16)、磁盘管理器(图 4-17)、相机(图 4-18)

图 4-15　UOS 邮箱

图 4-16　UOS 安全中心

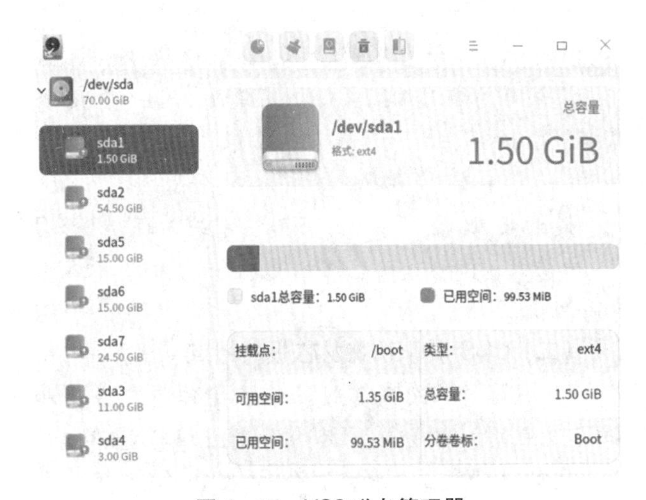

图 4-17　UOS 磁盘管理器

图 4-18　UOS 相机

等，并从启动时间、运行稳定性、资源占用等多方面对系统应用进行了优化，全面升级了性能与交互体验。

统信UOS操作系统软件官方镜像下载地址为https://www.chinauos.com/resource/download-personal，其适配情况如下：

(1) 完成适配软件有QQ、微信、企业微信、钉钉、搜狗、华宇拼音、讯飞输入法、360安全、Firefox、Chrome、QQ浏览器、360安全卫士、360杀毒软件、金山WPS、迅雷、向日葵、福昕阅读器、CAJViewer、VLC播放器、360压缩、金山词霸、雷鸟邮件、360云盘等。

(2) 完成部分适配软件有百度网盘、网易云音乐、CAD快速看图、米聊、Seafile网盘、火绒安全、百度输入法。

(3) 部分软件无法适配，但已有替代方案，包括Acrobat Reader、Edge、Photoshop、Teamviewer、XMind、WinRRAR、UltraEdit、Nero、UltraISO、360软件管家、360高速浏览器、搜狗浏览器、UC浏览器、猎豹浏览器、应用宝。

(4) 还有大量软件正在推动适配，包括金山毒霸、同花顺、爱奇艺、QQ音乐、腾讯会议、优酷、万能五笔、网易有道词典、QQ五笔输入法、美图秀秀、迅雷影音、工行网银、中国银行网银安全控件等。

除此之外，还有数据库、游戏、系统管理、图形图像、扫描仪、打印机、磁盘阵列等软件，共计5 165款软件可用。

(二) UOS操作系统龙芯版的特点

UOS操作系统龙芯版汇集了操作系统企业和CPU企业的共同成果。UOS开发团队与龙芯中科的系统软件研发团队强强联合、紧密合作，采用联合技术攻关模式，针对Linux内核、BIOS固件、编译器、浏览器、图形驱动等多项基础软件共同解决多项问题，确保UOS在龙芯平台功能完善、体验流畅、质量稳定。

UOS操作系统龙芯版目前已适用龙芯3A3000系列、龙芯3B3000系列、龙芯3A4000系列、龙芯3B4000系列。龙芯中科电脑基于64位龙芯3号CPU，能够满足日常办公、文字处理、上网、影音播放、三维应用的性能要求。目前已经有大量整机厂商生产龙芯电脑并推向市场。

UOS操作系统龙芯版的特点主要体现如下：稳定可靠，自主知识产权程度高；美观易用，自带统一深度商店、统一仓库；性能更高，自带更多原生AI智能应用。

(三) UOS操作系统的安装

(1) 在启动界面中选择第一项"Install UOS 20 desktop"，安装UOS 20桌面版，如图4-19所示。选择完语言后，如图4-20所示，单击"下一步"。

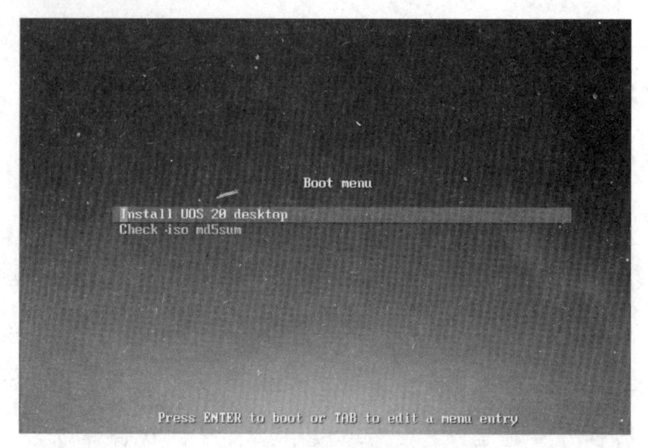

图4-19 启动界面

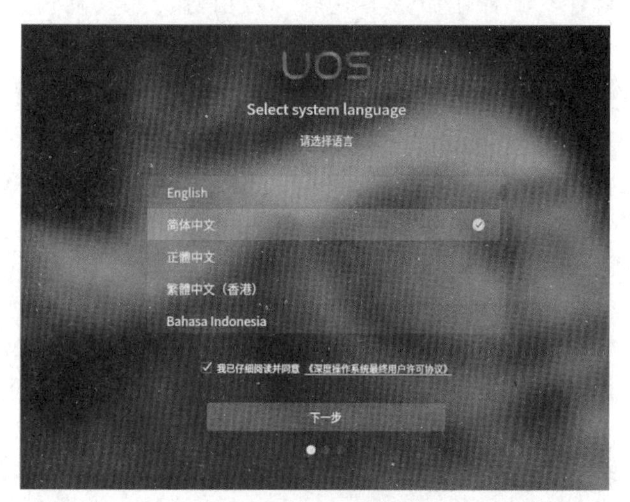

图4-20 选择语言

进入"选择安装位置"阶段，可选"全盘安装"或"手动安装"，如图4-21所示。

图4-21 选择安装位置

全盘安装即为根据磁盘选择，这里可以选择硬盘或 U 盘，程序将格式化目标磁盘并安装 UOS，自动分区并设置引导；手动安装则需根据硬盘分区选择，手动设置分区。这里除了注意备份数据，还有一点需要注意，UOS 要求 64 GB 以上的磁盘空间，所以，如果打算将其安装在 U 盘中，需要使用 128 GB 的 U 盘。

在此选择“全盘安装”，再单击“开始安装”。单击“继续”，准备安装，如图 4－22 所示。随后 UOS 系统进入安装过程，如图 4－23 所示。

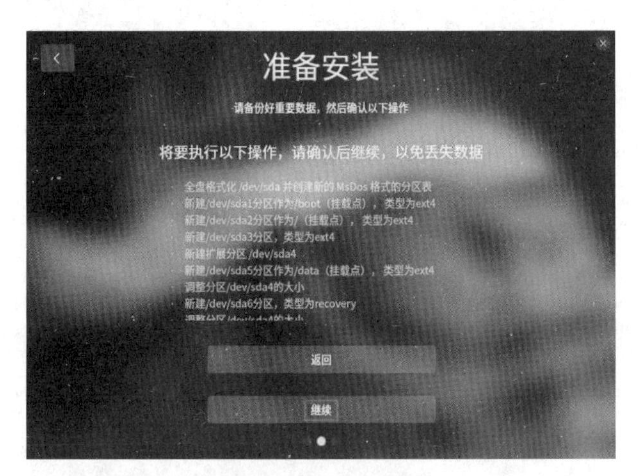

图 4－22　准备安装

图 4－23　进入安装过程

（2）经过等待以及一次重启，如图 4－24 所示，UOS 安装完成。此后会进入帐户配置阶段。先选择时区，默认为“上海”，如图 4－25 所示。

单击中“下一步”，便进入“创建用户”阶段，如图 4－26 所示。用户名可以由小写字母、数字和下划线组成。

登录系统后，再进行优化系统配置，如图 4－27 所示。

图 4－24　安装成功

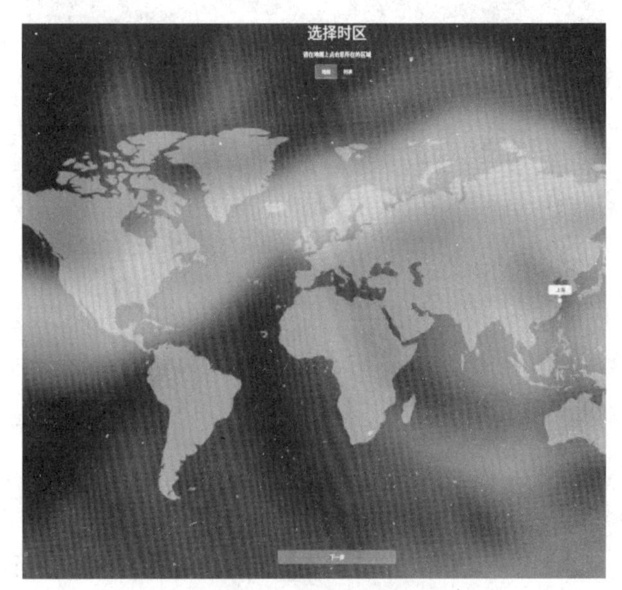

图 4－25　选择时区

图 4－26　创建用户

图 4－27　优化系统设置

（3）进行一系列桌面样式设置(图 4－28)、运行模式设置(图 4－29)、图标主题设置(图 4－30)后，就可以体验 UOS 操作系统了。

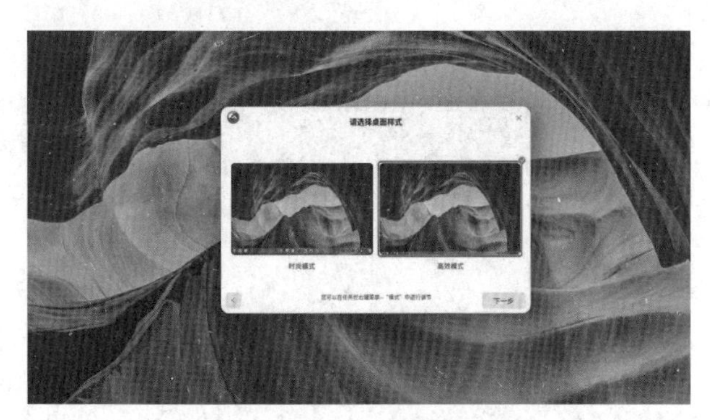

图 4－28　选择桌面样式

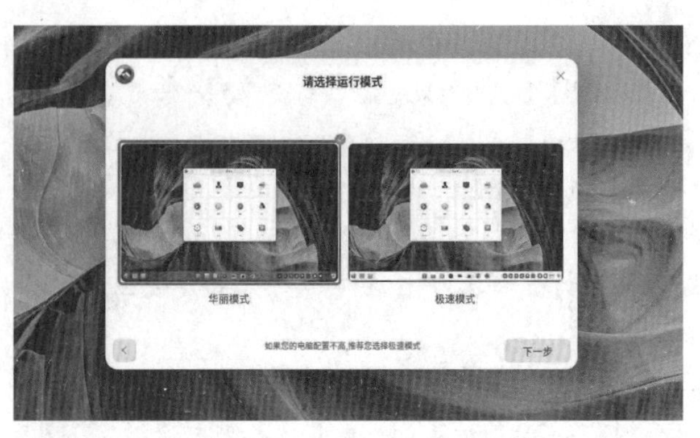

图 4－29　选择运行模式

图 4－30　选择图标主题

任务二　Windows 7 基本操作

任务目标

（1）掌握窗口的基本操作；
（2）掌握图标的基本操作；
（3）掌握鼠标的基本操作；
（4）了解图标的种类和作用。

任务资讯

一、Windows 7 桌面组成

启动 Windows 7 后首先看到的是桌面(图 4－31)，它是一种最大化的窗口，是电脑登录到 Windows 7 后看到的主屏幕区域，也是用户主要的工作区域。Windows 7 的桌面由屏幕背景、图标、开始菜单和任务栏等组成。

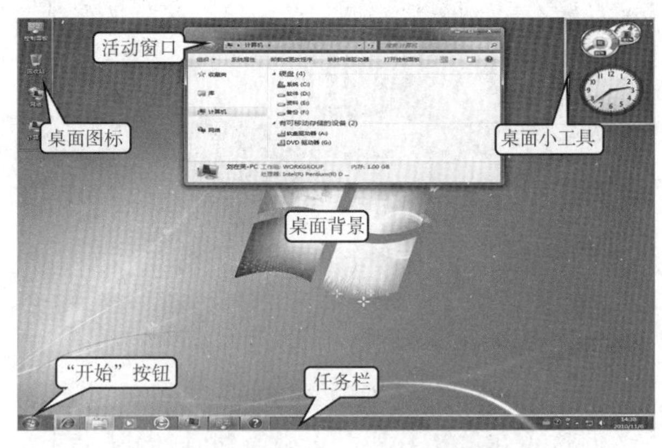

图 4－31　Windows 7 桌面

Windows 7 的所有操作都可以从桌面开始。桌面就像办公桌一样非常直观，是运行各类应用程序、对系统进行各种管理的屏幕区域。

二、任务栏

任务栏一般默认在屏幕的底部，是一个长方条，为用户提供快速启动应用程序、文档及其他已打开窗口的方法。其最左侧是带微软窗口标志的“开始”菜单按钮；紧接着是用户使用的程序按钮区；任务栏的右侧为系统通知区，有输入法、显示隐藏的图标、显示的图标（如网络、声音、当前日期与时间等指示器）；任务栏最右侧的是“显示桌面”按钮。

若将鼠标移动到任务栏的活动任务（正在运行的程序）按钮上稍微停留一会儿，便可以预览各个打开窗口的内容，并在桌面上的“预览窗口”中显示正在浏览的窗口信息，如图 4－32 所示。

图 4－32 预览窗口

三、开始菜单

任务栏的最左端就是“开始”菜单按钮，单击此按钮将弹出“开始”菜单，如图 4－33 所示。“开始”菜单是使用和管理计算机的起点，也是 Windows 7 最重要的操作菜单，通过它用户几乎可以完成任何系统使用、管理和维护工作。

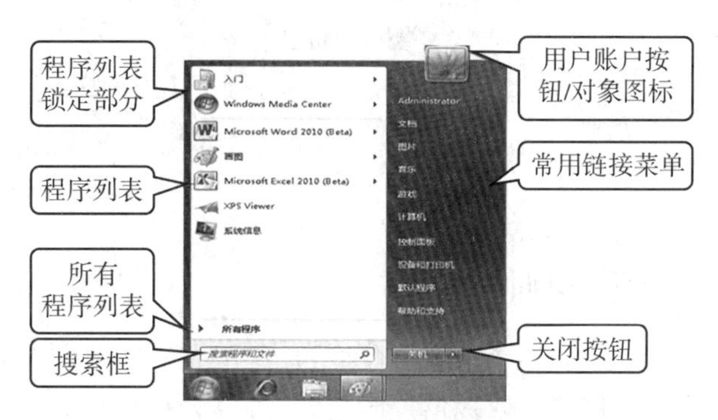

图 4－33 “开始”菜单

在“开始”菜单的列表中，包括：如果某项菜单的右侧有“▶”，则说明该菜单下面还有一级联菜单；如果后跟“…”，则说明执行该菜单，系统将弹出一个对话框；若是其他菜单，则可直接执行。

“开始”菜单主要功能部分组成，如图 4－34 所示。

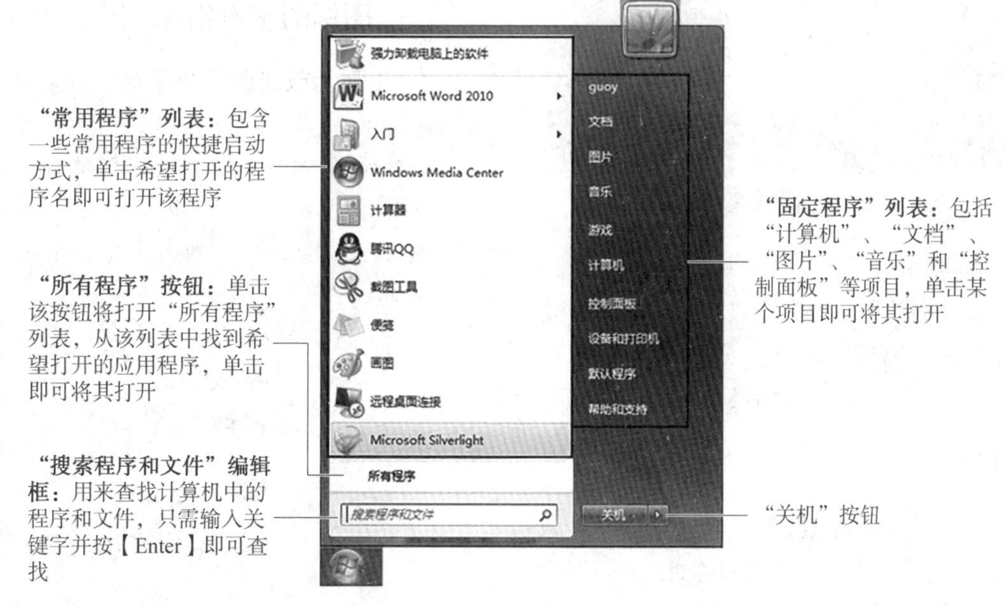

图 4－34 “开始”菜单主要功能

四、Windows 7 窗口

窗口在 Windows 7 中随处可见。当打开程序、文件或文件夹时，都会在屏幕上显示窗口，所以，窗口是用于查看应用程序或文档等信息的区域。

在 Windows 7 中有应用程序窗口、文件夹窗口、对话框窗口等。Windows 7 可以同时打开多个窗口。在打开的窗口中，当前操作的窗口为活动窗口，其标题栏的颜色鲜艳、亮度醒目。其他打开的窗口称为非活动窗口，它们的标题栏呈灰色。窗口的切换快捷键组合为【Alt】+【Tab】，窗口关闭的快捷键组合为【Alt】+【F4】。

窗口的组成如图 4－35 所示。

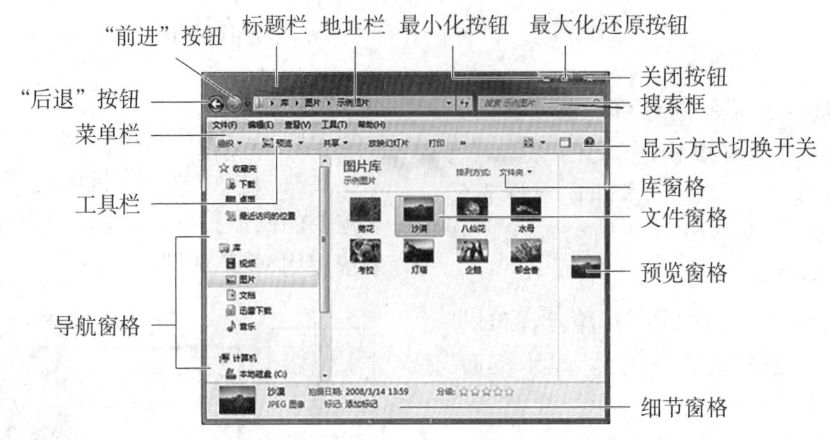

图 4－35 窗口的组成

五、桌面小工具

Windows 7 中包含被称为"小工具"的小程序，这些小程序可以提供即时信息，可以轻松访问常用工具。例如，用户可以使用小工具显示图片幻灯片、查看不断更新的标题或查找联系人等，如图 4－36 所示。

图 4－36 桌面小工具

桌面小工具可以保留信息和工具，供用户随时使用。例如，可以在打开程序的旁边显示新闻标题。这样，如果要在工作时需要跟踪正在发生的新闻事件，就无需停止当前工作，可以直接切换到新闻网站。

六、图标

在 Windows 7 中图标是以一个小图形的形式来代表不同的程序、文件或文件夹。除此之外，图标还可以表示不同的磁盘驱动器、打印机甚至是网络中的计算机等。

在一般情况下，图标可分为系统图标（桌面图标）、程序文件图标和快捷图标等。其中，Windows 7 系统自带的图标称为系统图标，如图 4－37 所示。

图 4－37 系统图标

图标由图形和文字两部分组成，如图 4－38 所示。

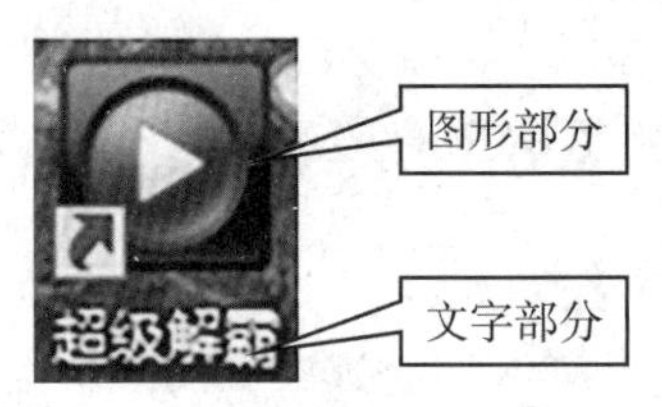

图 4－38 图标的组成

任务实施

一、图标的基本操作

（一）显示或隐藏系统图标

在桌面空白处，鼠标右键单击，左键选择"个性化"命令，如图 4－39 所示。左键选择"更改桌面图标"，如图 4－40 所示。根据实际需要，点击选择"桌面图标"中的相关内容，如图 4－41 所示。

图 4－39 选择"个性化"命令

图 4-40　选择“更改桌面图标”

图 4-41　选择“桌面图标”相关内容

(二) 桌面图标的排列

在桌面空白处，鼠标右键单击，左键选择“排序方式”命令中的相关内容，如图 4-42 所示。

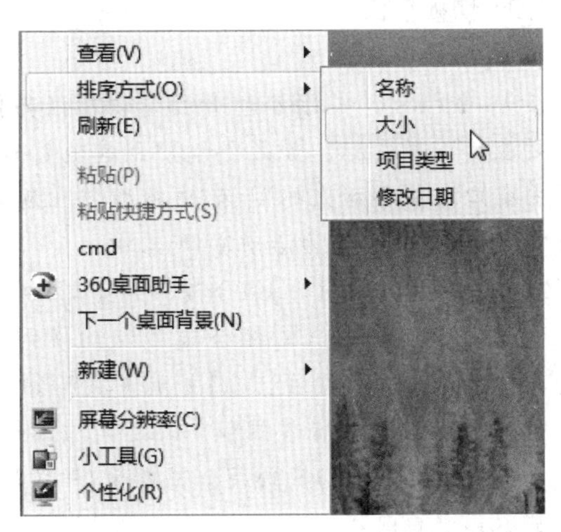

图 4-42　选择“排序方式”命令

(三) 设置图标大小

在桌面空白处，鼠标右键单击，左键选择“查看”命令中的相关内容，如图 4-43 所示。

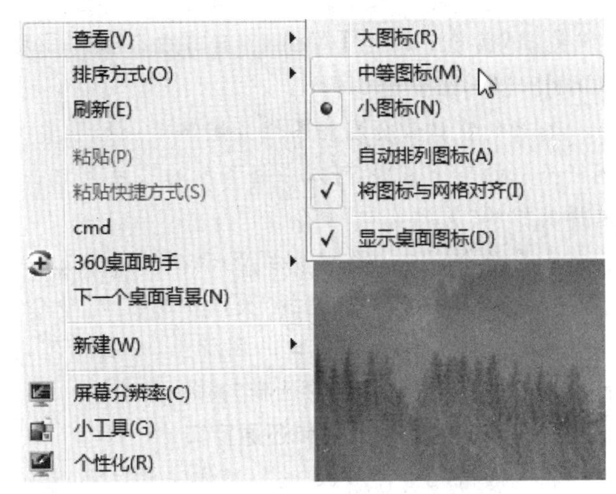

图 4-43　选择“查看”相关内容。

(四) 在桌面上创建程序或文件的快捷图标

如果希望从桌面直接启动程序或文件，可以创建它们的快捷方式。快捷方式是一个表示与某个项目链接的图标，其本身不是项目程序而是设置程序位置的指向，所以，删除快捷方式并不会影响原始程序或文件。

下面就以创建 Photoshop 程序快捷方式为例。

方法：单击“开始”菜单的“所有程序”的“Photoshop 2020”文件夹，在“Adobe Photoshop 2020”程序图标处，鼠标右键单击，左键选择“发送到”命令的“桌面快捷方式”，如图 4-44 所示。

图 4-44　选择“桌面快捷方式”

二、窗口的基本操作

(一) 打开与关闭窗口

在桌面、资源管理器或“开始”菜单等位置，通过

单击或双击相应的命令或文件夹，都可以打开该对象对应的窗口。例如，单击“开始”菜单中的“计算机”命令，能够打开“计算机”窗口。

关闭窗口可以通过下列方法实现：①单击窗口的“关闭”按钮；②按【Alt】+【F4】组合键；③按【Ctrl】+【W】组合键。

打开的窗口都会在任务栏分组显示。如果要关闭任务栏的单个窗口，可以在任务栏的项目上右击，选择其中的“关闭窗口”命令。

如果多个窗口以组的形式显示在任务栏上，可以在一组的项目上右击，选择“关闭所有窗口”命令。

将鼠标移至任务栏窗口的图标上，右击出现的窗口缩略图，从快捷菜单中选择“关闭”命令。

（二）最小化、最大化和还原窗口

在一般情况下，可以通过以下方法最大化、最小化或还原窗口。

（1）单击窗口标题栏右上角的“最小化”按钮。

（2）鼠标右击窗口的标题栏，使用“还原”、“最大化”、“最小化”命令，如图4-45所示。

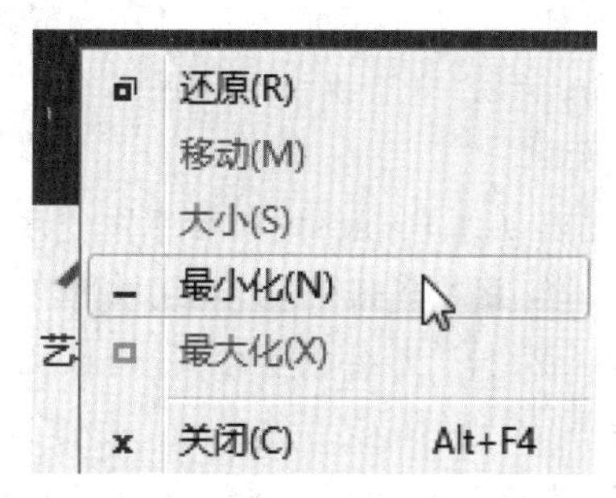

图4-45 还原、最大化和最小化窗口

（3）当窗口最大化时，双击窗口的标题栏可以还原窗口；反之，则将窗口最大化。

（4）鼠标右击任务栏的空白区域，从快捷菜单中选择“显示桌面”命令，如图4-46所示，将所有打开的窗口最小化以显示桌面。如果要还原最小化的窗口，再次右击任务栏的空白区域，从快捷菜单中选择“显示打开的窗口”命令。

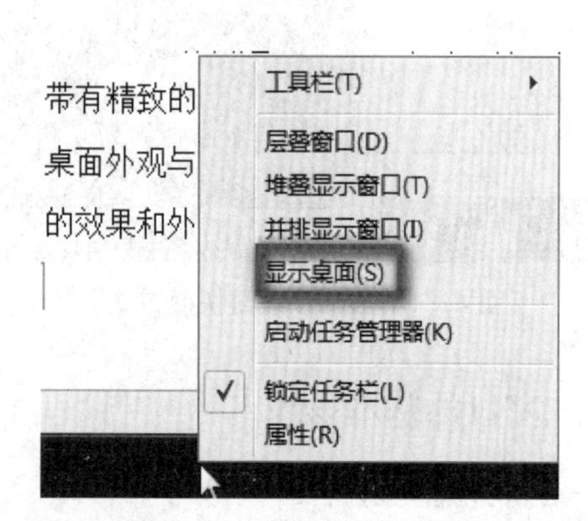

图4-46 选择“显示桌面”

（5）单击任务栏通知区域最右侧的“显示桌面”按钮，将所有打开的窗口最小化以显示桌面。如果要还原窗口，再次单击该按钮，如图4-47所示。

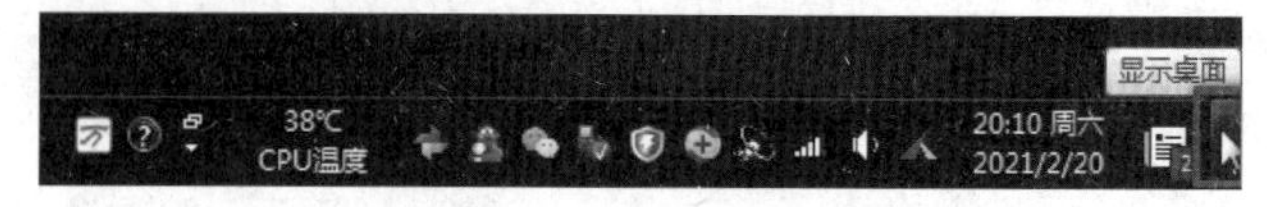

图4-47 还原桌面

（6）当只需使用某个窗口，而将其他所有打开的窗口都隐藏或最小化时，可以在目标窗口的标题栏上按住鼠标左键不放，然后左右晃动鼠标若干次，其他窗口就会被隐藏起来。这就是通过Aero晃动。

（三）移动与改变窗口大小

1. 移动窗口

将鼠标指针移到要移动的窗口标题栏上，按住左键不放，移动鼠标。到达预期位置后，松开鼠标按键。

2. 调整窗口大小

将鼠标指针放在窗口的4个角或4条边上，此时指针将变成双向箭头，按住左键向相应的方向拖动，如图4-48所示，即可对窗口的大小进行调整。注意：已最大化的窗口无法调整大小，必须先将其还原为此前的大小。另外，对话框不可调整大小。

图4-48 调整窗口大小

（四）切换窗口

1. 使用任务栏

在Windows 7中，每个打开的窗口在任务栏上都有对应的程序图标。如果要切换到其他窗口，只需单击窗口在任务栏上的图标，该窗口将出现在其他打开窗口的前面，成为活动窗口。

2. 使用【Alt】+【Tab】组合键

通过按【Alt】+【Tab】组合键可以切换到上一次查看的窗口。如果按住【Alt】并重复按【Tab】，可以在所有打开的窗口缩略图和桌面之间循环切换，如图4-49所示。当切换到某个窗口时，释放【Alt】即可显示其中的内容。

图 4-49 在打开的窗口缩略图和桌面之间循环切换

3. 使用 Aero Flip 3D

Aero 界面是 Windows 7 的一种全新图形界面，其特点是透明的玻璃图案中带有精致的窗口动画和新窗口颜色。它包括与众不同的直观样式，将轻型透明的桌面外观与强大的图形高级功能结合在一起，用户不仅可以享受具有视觉冲击力的效果和外观，而且可以更快捷、方便地访问程序。

并不是所有的计算机都能支持 Aero 特效。只有计算机的硬件和视频卡都满足特定的要求，才能显示 Aero 图形。

设置 Aero 特效的步骤如下：首先，在桌面空白处单击鼠标右键，在弹出的快捷菜单中选择"个性化"命令项，打开"个性化"窗口。其次，在"个性化"窗口中选择"我的主题"或者"Aero 主题"中的一个主题，如图 4-50 所示。最后，关闭"个性化"窗口，即可完成 Aero 特效的设置工作。

图 4-50 Aero 特效的设置

使用 Aero 三维窗口切换(Aero Flip 3D)，可以快速预览所有打开的窗口，方法有两种。

方法 1：按下【Win】+【Tab】组合键打开 Flip 3D 界面。在按下【Win】的同时，重复按【Tab】或滚动鼠标滚轮以循环切换打开的窗口。若要关闭 Flip 3D，释放【Win】+【Tab】组合键即可。

方法 2：按下【Ctrl】+【Win】+【Tab】组合键以保持 Flip 3D 处于打开状态，按【Tab】循环切换窗口，还可以按【→】或【↓】向前循环，或者按【←】或【↑】向后循环切换一个窗口。

鼠标左键单击 Flip 3D 界面中的某个窗口，则显示该窗口；单击界面外部或按【Esc】可关闭 Flip 3D 效果。

Flip 3D 以三维方式排列所有打开的窗口和桌面，可以快速地浏览窗口中的内容。在按下【Win】的同时，重复按【Tab】可以使用 Flip 3D 切换窗口，如图 4-51 所示。

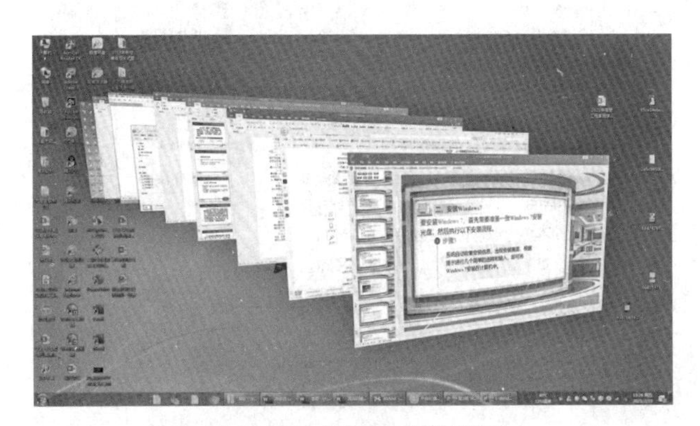

图 4-51 Flip 3D 切换窗口

(五)【Win】的组合

利用键盘中的【Win】与其他键位配合可以实现多种效果。例如，直接按【Win】就可以显示或隐藏"开始"菜单。用【Win】和其他键组合使用能够简化一些操作，具体方法见表 4-2。

表 4-2 【Win】的部分组合

组合键	作用
【Win】+【D】	显示桌面
【Win】+【E】	打开"计算机"窗口
【Win】+【M】	最小化所有打开的窗口
【Win】+【F】	打开"搜索结果"窗口
【Win】+【R】	打开"运行"对话框
【Win】+【F1】	显示 Windows 帮助
【Win】+【↑】	将当前窗口最大化
【Win】+【↓】	将当前窗口还原/最小化
【Win】+【←】	将当前窗口停靠在屏幕左侧
【Win】+【→】	将当前窗口停靠在屏幕右侧
【Win】+【T】	选择任务栏上显示的图标
【Win】+数字键	启动任务栏上从左到右的第 N 个图标对应的程序

(六) 认识对话框

对话框是提供信息或要求用户提供信息而临时出现的窗口。它是系统与用户之间的对话界面，也

是窗口的一种特殊表现形式。

(一) 对话框的组成元素

对话框由标题栏、选项卡、选择框、输入框、按钮等控件组成,如图4-52所示。

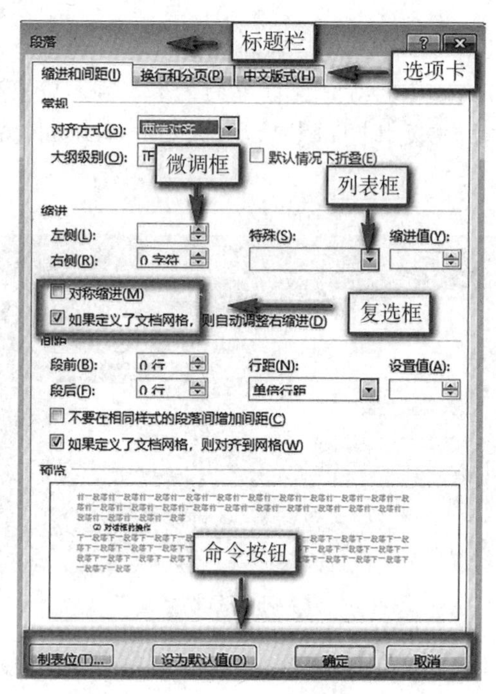

图4-52 对话框

(1) 标题栏:标题栏位于对话框的顶部,最左侧是对话框的名称,右侧一般是帮助和关闭按钮。

(2) 选项卡:一个对话框往往有多个选项卡,类似于玩扑克时的抓牌方式,选项卡之间是相互重叠的,每个选项卡都有一个标签表明它的主要功能。有时也把选项卡叫做页签(标签选项卡菜单)。选择不同的选项卡,只需单击屏幕上方的页签名称即可。

(3) 选择框:选择框分为单选框和复选框两种。如图4-53所示,单选框是指在多个选项中单击某一选项内容,圆形的单选框中出现一个圆点,表明该项被选中,而且同一时间只能选择其中一项;复选框是指(多选框)在方形的复选框中出现"√",表示该选项被选中,而且同时可以选择多个选项,或者此选项同其他选项是相关联的。

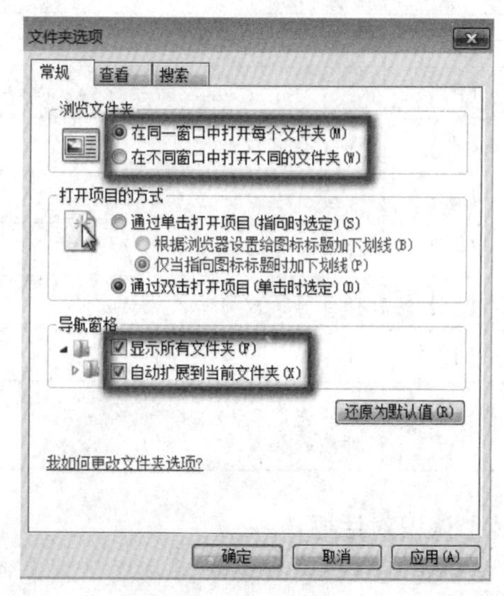

图4-53 选择框

(4) 输入框:输入框分为文本框和列表框。如图4-54所示,文本框是指用于直接输入文本内容,即可以直接在其中输入和修改文字;列表框是指以下拉式菜单的形式列出需要用户选择的项目,用户只能从列表中进行选择,而无法修改其内容,也不能手工输入其他文本。一般列表框都有位于右侧的向下的小箭头,称为下拉式列表框,使用时可单击箭头按钮弹出下拉选项列表,查看并进行选择。

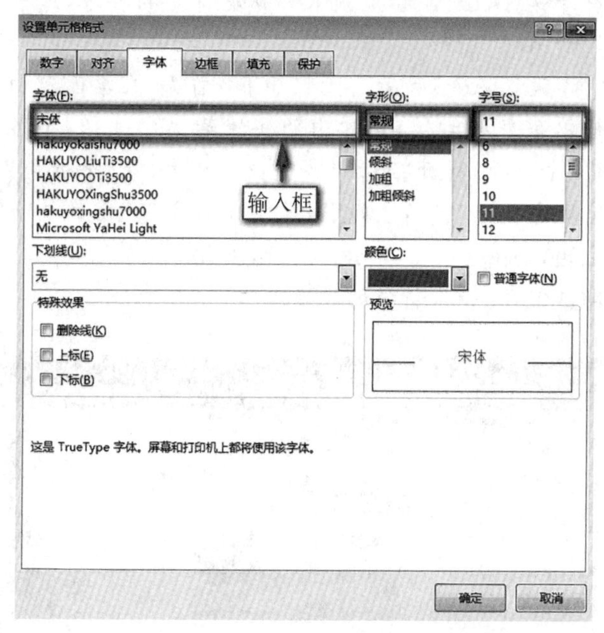

图4-54 输入框

(5) 按钮:对话框中包含多种按钮,最常见的有命令按钮、数据增减按钮(微调框)、滑动式按钮等。其中,命令按钮是指具有长方形状并带有文字说明的矩形实体,单击执行相应命令,可完成矩形块上文字标明的操作,如"确定"、"取消"、"是"、"否"等按钮。数据增减按钮(微调框)是指在数字输入框右侧出现的两个叠放在一起的小按钮,上面的向上的小箭头用来增加输入框中的数值,下面的向下的小箭头用来减少输入框中的数值,如图4-52所示。滑动式按钮(滑标)是指用鼠标拖动滑块,可以连续改变参数的值,如图4-55所示。

(二) 对话框的操作

因为对话框是一种窗口,所以,很多对话框的操作与窗口操作一致。例如,对话框的移动与前面介绍的窗口的移动相同,鼠标左键点中对话框标题栏

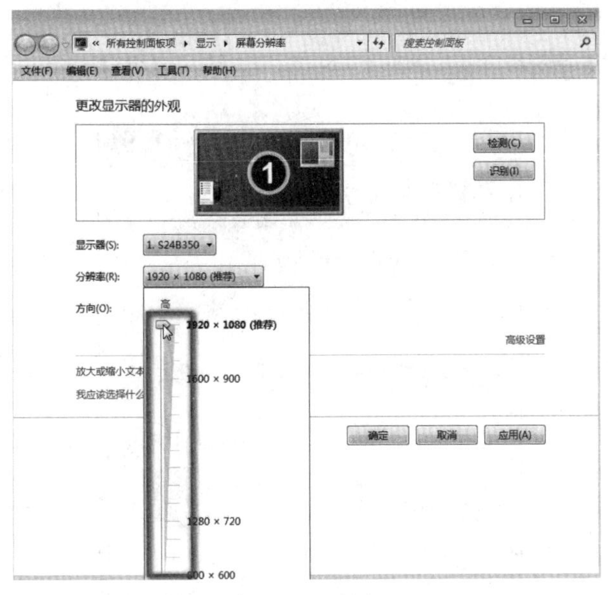

图 4-55 按钮

的空白处不要松开，将对话框进行拖动，到目的位置时松开鼠标左键。关闭对话框可以按快捷键【ALT】+【F4】，也可以单击标题栏右侧的关闭项关闭，还可以按键盘左上角的【Esc】关闭对话框。修改对话框后，可以单击“确定”命令按钮保存修改，也可以单击“取消”命令按钮取消对对话框内容的修改。

在对话框中各个选项之间移动，即选定不同部分，可用鼠标直接单击相应选项，也可以通过【Tab】，由键盘控制选项的选择，选择好后按“回车”键。

三、鼠标的基本操作

在 Windows 7 操作系统中，鼠标以其简洁、灵活的操作发挥着重要的作用。鼠标适合在 Windows 7 下对窗口、图标及菜单等进行操作，简单、方便且快速。

鼠标一般有两种类型：一种是机械式，即依靠滚球的滚动来实现鼠标指针的移动，现在基本被淘汰；另一种是光电式，即依靠鼠标激光束的运动轨迹来实现鼠标指针的移动，目前最为常见。

鼠标的基本操作有 5 种，可用来协助用户完成不同的动作，如选择文件、打开应用程序等。表 4-3 列举了鼠标左、右键的基本操作及含义。鼠标左键还可以在单击的同时按下【Shift】，再单击另外一个程序图标，实现连续选择多个对象的目的；也可以在按下【Ctrl】的同时单击鼠标左键，实现选择不连续的多个对象的目的。连片选择多个对象，则可以按住鼠标左键不放进行拖动，实现选择范围内所有对象的目的。

表 4-3 鼠标的基本操作

操作	说明
移动鼠标指针	在鼠标垫上移动鼠标，此时鼠标指针将随之移动
单击	即“左击”，将鼠标指针移到要操作的对象上，快速按一下鼠标左键并快速释放（松开鼠标左键），主要用于选择对象或打开超链接等
右击	将鼠标指针移至某个对象上并快速单击鼠标右键，主要用于打开快捷菜单
双击	在某个对象上快速双击鼠标左健，主要用于打开文件或文件夹
左键拖动	在某个对象上按住鼠标左健不放并移动，到达目标位置后释放鼠标左键，此操作通常用来改变窗口大小，以及移动和复制对象等
右键拖动	按住鼠标右键的同时并拖动鼠标，该操作主要用来复制或移动对象等
拖放	将鼠标指针移至桌面或程序窗口空白处（而不是某个对象上），然后按住鼠标左键不放并移动鼠标指针，该操作通常用来选择一组对象
转动鼠标滚轮	常用于上下浏览文档或网页内容，或在某些图像处理软件中改变显示比例

表 4-4 列举鼠标指针形状及含义。

表 4-4 鼠标指针形状及含义

指针形状	指针含义	指针形状	指针含义
	正常选择		选定文本
	帮助选择		手写
	后台运行		不可用
	对角线调整		对角线调整
	移动		忙状态
	垂直调整		精确定位
	水平调整		候选
	链接选择		

任务拓展

一、隐藏桌面所有图标

在实际工作中，如果发现出现如图 4-56 所示效果，即桌面所有图标都被隐藏看不到，想要恢复怎么处理？其实很简单，在桌面空白处右单左选“查看”中的“显示桌面图标”即可，如图 4-57 所示。

图 4－56 桌面图标被隐藏

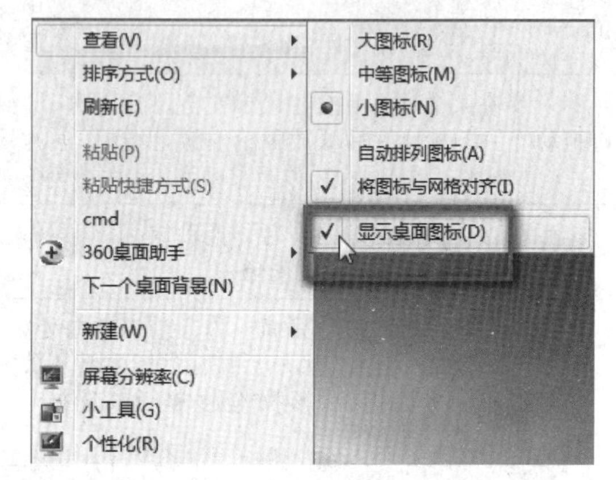

图 4－57 显示桌面图标

二、更改系统图标样式

如果想要把桌面上的计算机系统图标变成如图 4－58 所示的效果，应该如何操作？

图 4－58 更改系统图标

方法：首先在桌面空白处右单左选“个性化”命令，然后单击选择“更改桌面图标”命令，随后出现如图 4－59 所示对话框，从中选择所需的系统图标，再单击“更改图标”命令，在随后出现的对话框中选择需要的图标样式，如图 4－60 所示，单击“确定”即可。

图 4－59 桌面图标设置

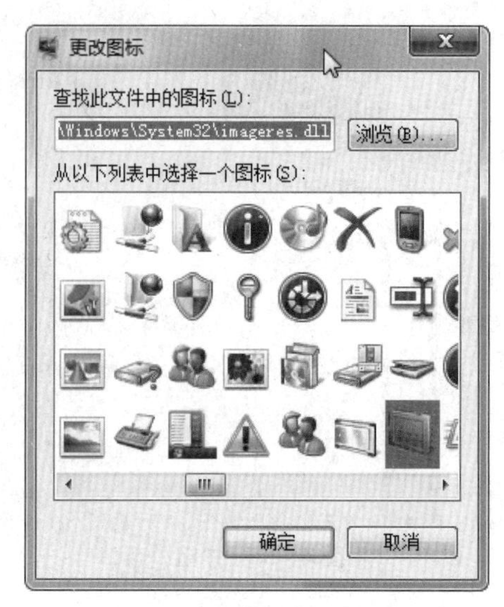

图 4－60 更改系统图标

三、更改程序文件图标样式

如果想把“影音先锋”程序文件图标变成如图 4－61 所示的效果，应该如何操作？

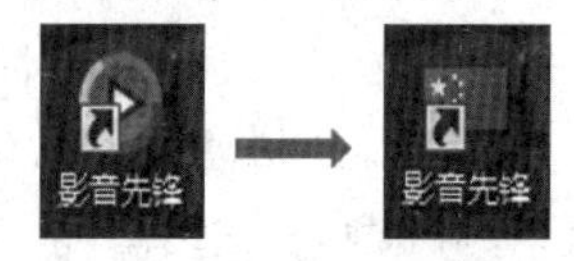

图 4－61 更改程序文件图标

方法：首先在“影音先锋”程序文件图标处鼠标右单左选“属性”，如图 4－62 所示。然后单击选择“更改图标”命令按钮，根据需要选择其中所需图标再两次单击“确定”即可。

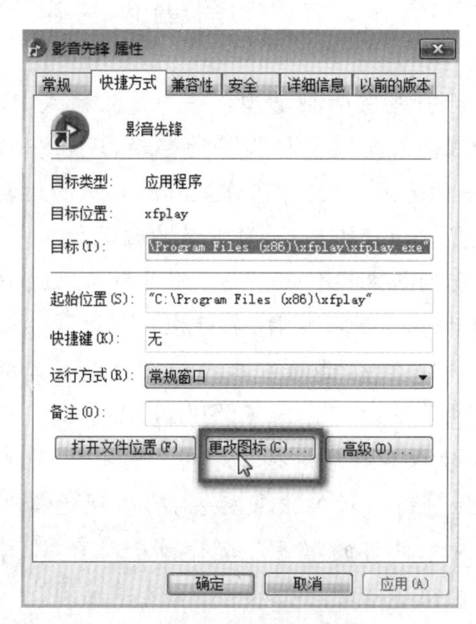

图 4－62 程序属性设置

四、如何添加图标到任务栏

(1) 打开程序后缩小窗口，自动在任务栏增加图标。在程序运行过程中，图标明亮；当退出程序后，图标自动消失。

(2) 用鼠标右键按住不放，拖动到任务栏上，松开右键，会锁定相应的程序快捷方式在任务栏上；如不再需要，可以解锁。

(3) 文件夹也可以放在任务栏上，不过它会附在“Windows 资源管理”的图标上，用右键激活。

(4) 在任务栏上可以新建工具栏：在任务栏上的空白处鼠标右击，弹出快捷菜单，选择“工具栏”中的“新建工具栏”，根据需要找到所需程序单击即可。

五、调整鼠标左、右键的主次

在 Windows 7 中，一般主要使用鼠标左键(称为主键)，而将右键称为辅键。如有需要，可以更改其左右键的主次。

方法：

(1) 在桌面空白处右单左选“个性化”命令中的“更改鼠标指针”，如图 4-63 所示，或单击“开始”菜单中的“控制面板”命令，从中选择“鼠标”命令，如图 4-64 所示。

图 4-63　通过“个性化”命令“更改鼠标指针”

(2) 在随后出现的“鼠标属性”对话框中选择“鼠标键”选项卡，再单击选择“鼠标键配置”中的“切换主要和次要的按钮”复选框，单击“确定”，如图 4-65 所示。

图 4-64　通过“控制面板”命令选择“鼠标”

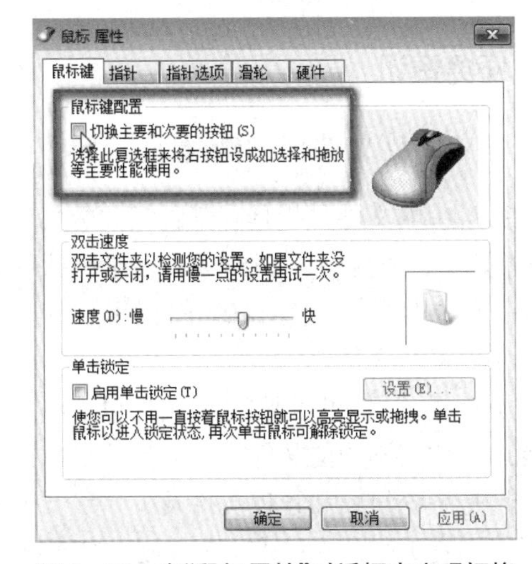

图 4-65　在“鼠标属性”对话框中实现切换

六、调整鼠标的移动速度

方法：

(1) 在桌面空白处右单左选“个性化”命令中的“更改鼠标指针”，或单击“开始”菜单中的“控制面板”命令，从中选择“鼠标”命令。

(2) 在随后出现的“鼠标属性”对话框中选择“指针选项”选项卡，再左键拖放“指针”中的“快慢”滑动式按钮至合适位置，单击“确定”即可，如图 4-66 所示。

图 4-66　调整鼠标的移动速度

任务三　管理文件和文件夹

任务目标

(1) 掌握文件、文件夹的命名规则；
(2) 掌握文件、文件夹的基本操作；
(3) 了解文件及文件夹的作用；
(4) 了解文件类型及属性。

任务资讯

一、文件及文件夹的概念

计算机中的文件是指具有某种相关数据信息的集合。例如，一个程序、一个文档、一张照片在计算机中都是以文件的形式存在的，可以说在计算机中看见的东西都叫文件。

为了查找、存储和管理文件，用户可以将文件分门别类地存放在不同的文件夹里。计算机中的文件夹(目录)是系统组织和管理文件及下一级文件夹的一种形式。它类似于公文包，文件则类似于公文包中的各种公文。每个文件夹都对应一小块磁盘空间，就像日常在存储档案的档案柜中有众多抽屉一样，可以把不同类别的文件分门别类地存放在文件夹中，以便查找和使用。当打开一个文件夹时，它会以窗口的形式显示在桌面上；关闭文件夹时，则会变成一个图标，如图 4-67 所示。

图 4-67　文件夹

二、文件和文件夹的命名规则

为了方便识别和管理文件，Windows 7 采用文件名来进行唯一的标识。每个文件、文件夹都有唯一的文件名标识，且遵循“见名知意”的命名原则。

无论文件还是文件夹的图标均由图形部分和名称部分组成：名称部分又分为文件主名(文件名)和扩展名两个部分，中间用“.”字符分隔；扩展名通常是说明文件的类型，如表 4-5 所示。如果系统设置隐藏了文件扩展名，则不显示扩展名，而只显示文件图标和文件名。

文件名可以包含字母、汉字、数字和部分符号，但不能包含英文半角状态下的“?”、“*”、“/”、“|”、“\”、“＜”、“＞”、“"”等字符。不能使用这些符号用作文件名或文件夹名，是因为这些符号在计算机中有特殊的用途。例如，当进行文件或文件夹搜索时，可以使用通配符来代替真正的字符。计算机系统用“*”和“?”作为通配符。“*”可以表示文件名或文件夹名处的任意一串合法字符，“?”则表示任意一个合法字符。例如，“*.TXT”表示所有以“txt”为后缀的文件，“a?a.TXT”则代表“aaa.TXT”、“aba.TXT”、“aca.TXT”等一系列文件。

文件名可以使用大小写，但不能利用大小写进行文件的区别。同一文件夹内不能有同名的文件或同名的文件夹。文件夹与文件的命名规则相同，但文件夹一般不使用扩展名。

表 4-5　扩展名及其说明

扩展名	说明	扩展名	说明
exe	可执行文件	sys	系统文件
com	命令文件	zip	压缩文件
htm	超文本文件	doc/docx	Word 文件
txt	文本文件	c	C 语言源程序
bmp	图像文件	pdf	Adobe Acrobat 文档
swf	Flash 文件	wav	声音文件
java	Java 语言源程序	xls/xlsx	Excel 表格文件

（续表）

扩展名	说明	扩展名	说明
ppt/pptx	Power Point 演示文稿文件	dll	Windows 动态链接库文件
wav	声音文件	jpg	图像文件

Windows 系统不能在同一个文件夹中有两个名称相同的文件或文件夹，但可以一个是文件、另一个是文件夹。

三、文件的属性

文件的属性有只读、隐藏、存档（系统默认属性）3 种，如图 4－68 所示。其中，存档属性用来标记文件改动，即在上一次备份后文件有所改动，一些备份软件在备份的时候会只去备份带有存档属性的文件。对只读属性的文件，只可以做读操作，不能进行写操作，即使进行写操作，也不能用原文件名进行保存，必须换名保存才行。隐藏属性是为了保护某些文件或文件夹不被用户看到，将其设为“隐藏”后，该对象默认情况下将不会显示在所储存的对应位置，即被隐藏起来。在设置文件属性时可以多选。

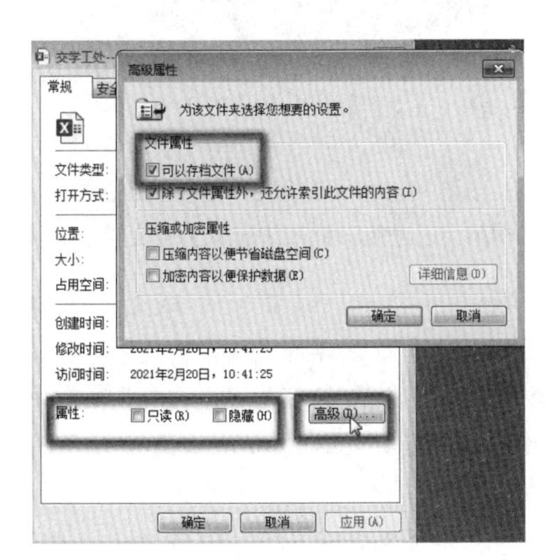

图 4－68 文件的属性

四、文件夹的结构及路径

（一）文件夹的结构

文件夹一般采用多层次结构（分层树型结构）。在这种结构中，每个磁盘有一个根文件夹，可包含若干个文件和文件夹。

在打开的“计算机”资源管理器窗口中，清楚地显示驱动器、文件夹、文件、外部设备以及网络驱动器的结构，如图 4－69 所示。“计算机”资源管理器窗口采用双窗格显示结构，系统中的所有资源以分层树型结构显示。当用户在左窗口中选择一个驱动器或文件夹后，该驱动器或文件夹所包含的所有内容都会显示在右窗口中。若将鼠标指针置于左、右窗格分界处，指针形状会变成双箭头，按下鼠标左键拖动分界限可改变左右窗口的大小。

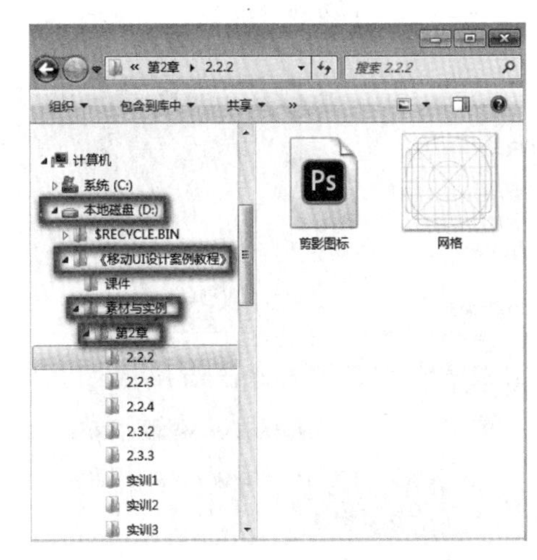

图 4－69 文件夹的结构

在一个文件夹中，不仅可以装入一个或多个文件，还可以装入一个或多个下一级子文件夹，而这些下一级子文件夹又可以装入一个或多个文件或下下级子文件夹。

（二）文件夹的路径

用户在磁盘上寻找文件时，所历经的文件夹线路称为路径。路径分为绝对路径和相对路径两种。

（1）绝对路径是指从某个盘根文件夹开始的路径，如以“C：\”、“D：\”、“E：\”作为开始的路径，如图 4－70 所示。

（2）相对路径是指从当前文件夹开始的路径。

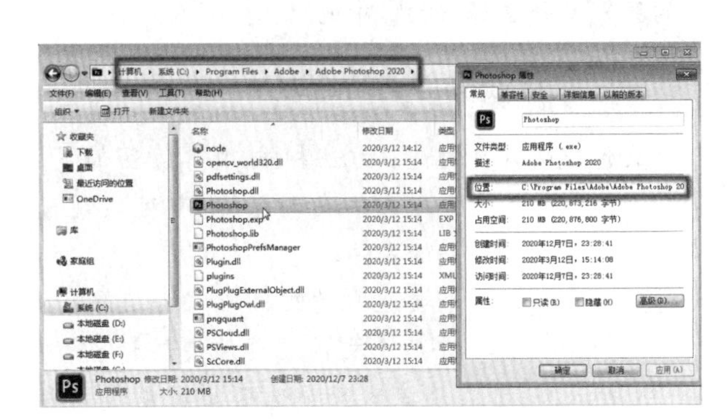

图 4－70 文件夹的绝对路径

任务实施

一、文件或文件夹的新建

（一）新建文件

创建新文件最常见的办法是打开相关的应用程序，然后保存新的文件。下面以创建.docx 文件为例，介绍新建文件的操作方法。

方法：

(1) 在桌面或某一文件夹的右窗格的空白区域，右单左选“新建”命令中的“Microsoft Word 文档”命令，如图 4-71 所示。

图 4-71 “新建”命令

(2) 在如图 4-72 所示状态下，直接输入文件名称，在空白处单击或按【Enter】即可。

图 4-72 输入文件名称

(二) 新建文件夹

创建文件夹的方法与创建文件的方法相同，唯一的区别就是选择“新建”中的“文件夹”命令。

二、文件或文件夹的选取

文件或文件夹的选取方法相同，具体方法如下。

(1) 单击某文件或文件夹的图标，即可实现选中单个文件或文件夹的目的。

(2) 单击第一个要选取的文件或文件夹图标，然后按【Shift】再单击某个文件或文件夹图标，如图 4-73 所示，就可实现以这两个选项为对角线的所有文件或文件夹的选取。

当然，也可以按住鼠标左键拖选出一个矩形框，将多个文件或文件夹框选在内，如图 4-74 所示，即可实现选中多个连续的文件或文件夹的目的。

(3) 单击第一个要选取的文件或文件夹图标，然后按【Ctrl】再逐个单击要选取的文件或文件夹，即可实现选中多个不连续的文件或文件夹的目的。

图 4-73 通过【Shift】实现选取多个文件或文件夹

图 4-74 通过矩形框实现选取多个文件或文件夹

(4) 按【Ctrl】+【A】组合键，或者按窗口中“组织”按钮，从其下拉菜单中选择“全选”命令，或者按住【Alt】，然后选择文档窗口内“编辑”菜单中的“全选”命令，这样就实现选中当前状态下的所有文件、文件夹或内容。

对于文件或文件夹而言，如果想撤选时可以在空白处单击或按【Ctrl】，然后逐个单击要撤选的对象，这样可以实现撤选全部选项或部分选项。

三、文件或文件夹属性的查看或更改

方法有以下 3 种。

方法 1：在所需文件或文件夹图标处右单左选“属性”命令，分别如图 4-75 和图 4-76 所示。

方法 2：按住【Alt】，双击要查看或更改属性的文件或文件夹图标。

方法 3：在文件夹或库窗口中，选定文件或下一级文件夹图标，然后单击“组织”按钮，选择“属性”命令，如图 4-77 所示。

图 4-75 文件的属性

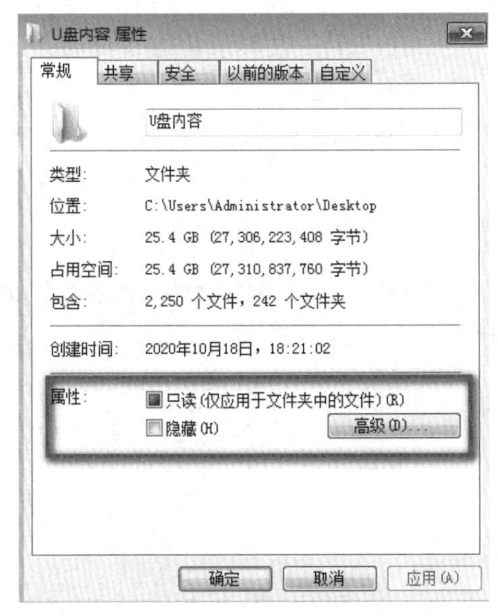

图 4-76 文件夹的属性

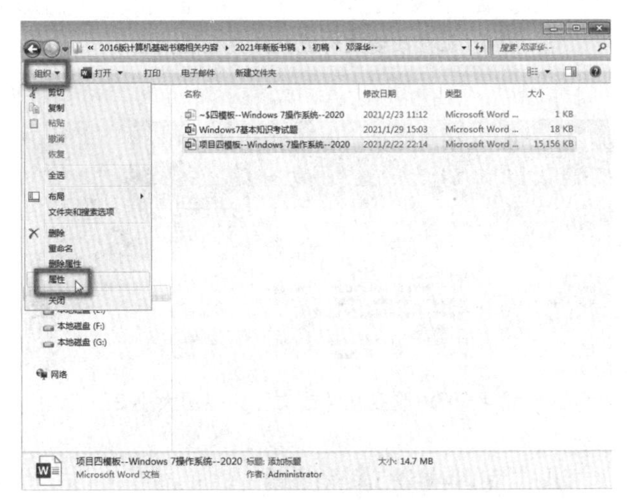

图 4-77 通过“组织”按钮选择“属性”命令

四、文件或文件夹的打开

双击所需文件或文件夹图标即可打开。如果打开的是文件，默认在创建该文件的应用程序中打开。当然，也可以通过在所需文件或文件夹图标处右单左选“打开”命令来实现。

在 Windows 7 中，打开文件并不是只能用默认的方式。例如，在打开图片文件时，可以选择打开图片文件的程序，操作步骤如下：在所需图片文件图标处，右单左选“打开方式”中的“选择默认程序”命令，系统弹出“打开方式”对话框；在对话框中选择用于打开图片文件的程序，然后单击“确定”按钮，将以选择的程序打开图片文件。如果希望以后每次打开图片文件都使用选择的程序，请在对话框内选中“始终使用选择的程序打开这种文件”复选框。若想用其他程序打开，也可以单击“浏览”按钮，找到所需的程序文件，再单击“确定”即可，如图 4-78 所示。

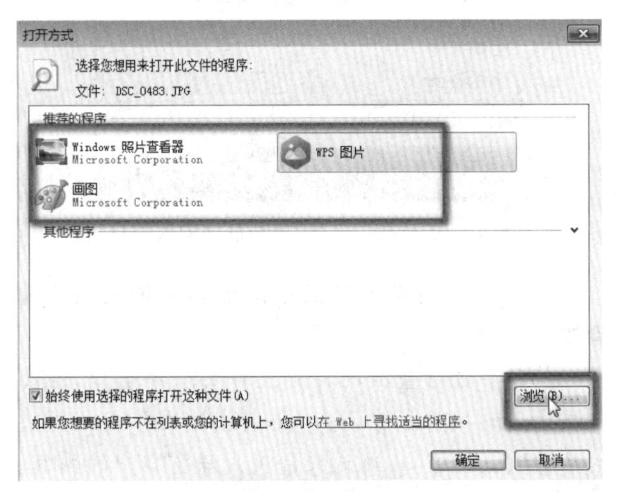

图 4-78 打开图片文件

五、文件或文件夹的重命名

使用 Windows 7 时，可以更改文件或文件夹的名称，以便合理地管理计算机中的文件。如果文件已经被打开或正在被使用，是不能进行重命名操作的。同理，也不要对系统中自带的文件或文件夹以及其他程序安装时所创建的文件或文件夹重命名，以免引起系统或其他程序的运行错误。

如果要对选定的文件或文件夹重命名，可以选择下列 3 种方法之一进行操作。

方法 1：两次单击文件或文件夹的名称，然后直接输入新的名称按【Enter】即可。

方法 2：鼠标在所需文件或文件夹图标处右单左选“重命名”命令，然后直接输入新的名称按【Enter】即可。

方法 3：在文件夹窗口中，先选中所需的文件或文件夹，然后单击“组织”按钮，从其下拉菜单中选择“重命名”命令，然后直接输入新的名称按【Enter】即可。

六、文件或文件夹的查找

（一）使用“开始”菜单的搜索框查找

打开“开始”菜单，在搜索框中输入要查找的文件或文件夹的名称（或名称中包含的关键字），与输入内容匹配的搜索结果将出现在“开始”菜单搜索框的上方，如图 4－79 所示。

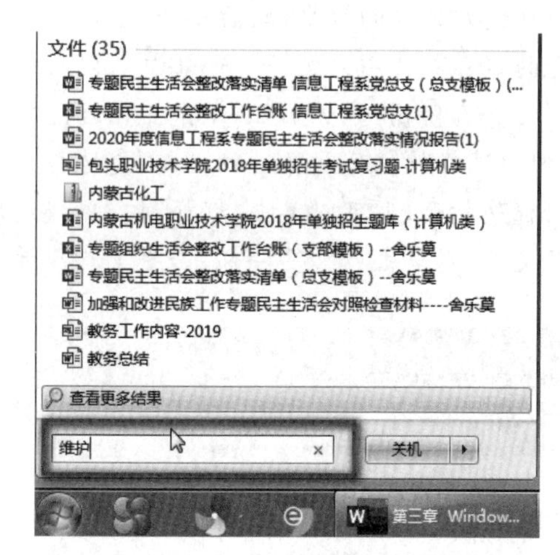

图 4－79　使用“开始”菜单的搜索框查找

（二）在打开的文件夹或库窗口中使用搜索框查找

打开要进行查找的目标文件夹或库窗口，在窗口右上角的搜索框中，输入要查找的文件或文件夹的名称或关键字，以筛选文件夹或库窗口中的内容，如图 4－80 所示。

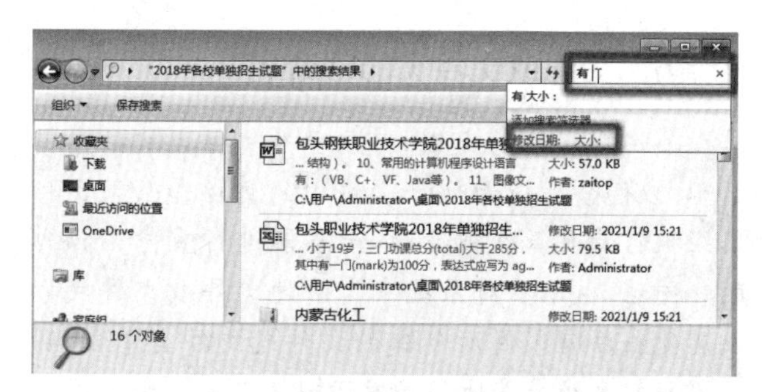

图 4－80　在打开的文件夹或库窗口中使用搜索框查找

单击搜索框，可以显示“修改日期”和“大小”搜索筛选器。选择“修改日期”筛选器，可以设置要查找文件或文件夹的日期或日期范围。

（三）使用通配符查找

当需要对某一类或某一组文件或文件夹进行搜索时，可以使用通配符来表示文件名中不同的字符。Windows 7 使用“?”和“＊”两种通配符。

如果在指定的文件夹或库窗口中没有找到要查找的文件或文件夹，Windows 会提示“没有与搜索条件匹配的项”。此时，可以在“在以下内容中再次搜索”下，选择“库”、“家庭组”、“计算机”、“自定义”、“Internet”之一进行操作，如图 4－81 所示。

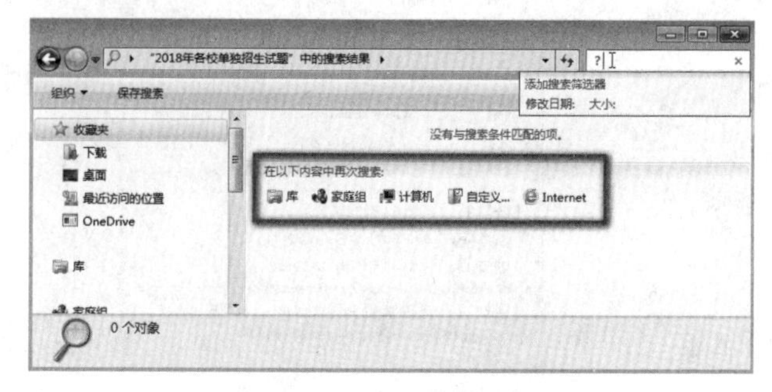

图 4－81　使用通配符查找

七、文件或文件夹视图大小的改变

除了使用【Ctrl】＋鼠标滚轮组合键的方式快速调整文件或文件夹视图大小之外，还可以在工具栏中单击“视图”按钮右侧的三角按钮，在弹出的菜单中拖动滑块或选择合适的命令，就可以调整显示尺寸，分别如图 4－82 和图 4－83 所示。

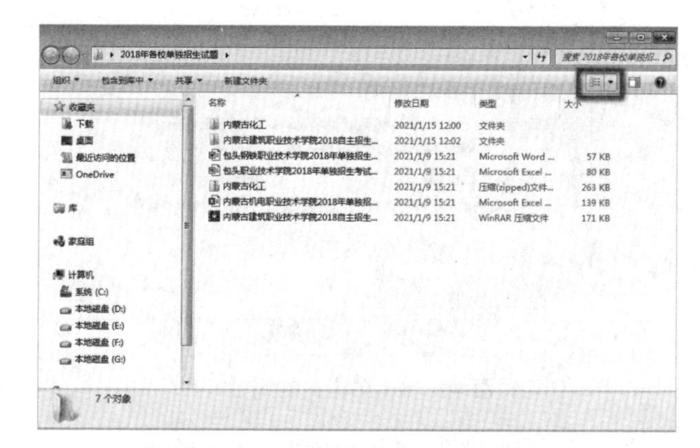

图 4－82　改变文件或文件夹视图大小 1

图 4－83　改变文件或文件夹视图大小 2

八、文件夹选项的设置

通过设置“文件夹选项”对话框，可以更改文件或文件夹执行或显示的方式。应该如何打开“文件夹选项”对话框呢？可以用以下 3 种方法启动“文件夹选项”对话框。

方法 1：在文件夹或库窗口中单击“组织”按钮，

选择“文件夹和搜索选项”命令，或先按【Alt】一次松手，此时会出现菜单栏，再选择“工具”菜单中的“文件夹选项”命令，如图 4－84 所示。

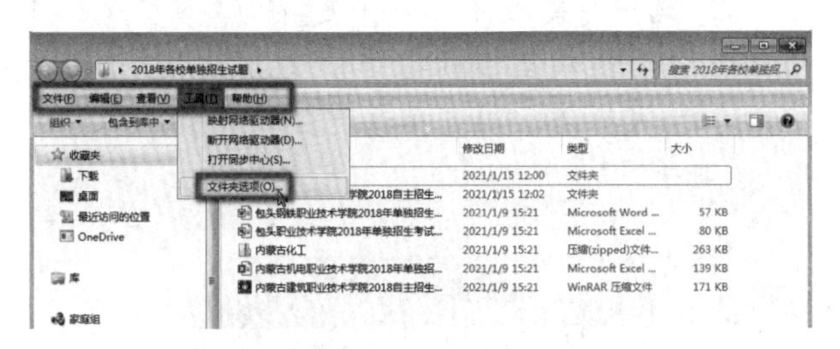

图 4－84　文件夹选项的设置方法 1

方法 2：在“开始”菜单的搜索框中输入“文件夹选项”，单击搜索结果中的“文件夹选项”链接，如图 4－85 所示。

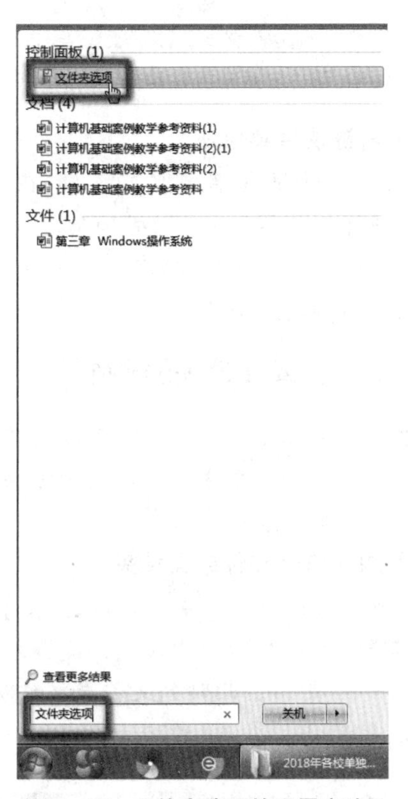

图 4－85　文件夹选项的设置方法 2

方法 3：单击“开始”菜单按钮，选择“控制面板”菜单命令，在“控制面板”对话框窗口中将“查看方式”右侧的列表设置为“小图标”选项，然后单击“文件夹选项”链接，如图 4－86 所示。

无论使用以上哪一种方法均能打开“文件夹选项”对话框，如图 4－87 所示。然后，可以根据实际需要设置相关内容。

九、文件或文件夹的复制

在计算机的操作中，会很好地诠释“条条大路通罗马”这句话，即想要达到某一目的，会有多种方法

图 4－86　文件夹选项的设置方法 3

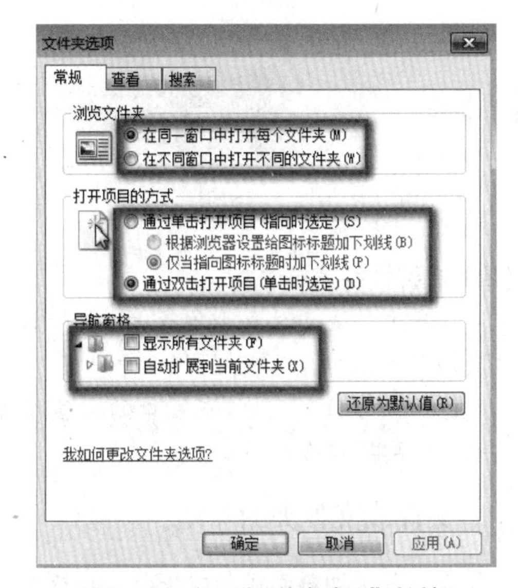

图 4－87　打开“文件夹选项”对话框

可以实现。例如，在实际工作中会需要进行文件的复制操作，一般情况下可以有菜单法、组合键法、左键拖放法和右键快捷菜单法这 4 种方法完成。

(一) 菜单法

(1) 打开文件或文件夹所在窗口，选中所需文件或文件夹。选择“组织”菜单中的“复制”命令或按一次【Alt】松手，在出现的菜单栏中单击选择“编辑”菜单内的“复制”或“复制到文件夹”命令。

(2) 根据需要打开目标位置窗口。

(3) 选择“组织”菜单中的“粘贴”命令或再按一次【Alt】松手，选择“编辑”菜单中的“粘贴”命令或直接单击“复制”按钮即可。

(二) 组合键法

(1) 打开文件或文件夹所在窗口，选中所需文件或文件夹后按【Ctrl】+【C】组合键。

(2) 打开目标位置窗口,在窗口的右窗格空白处按【Ctrl】+【V】组合键。

(三) 左键拖放法

(1) 根据需要分别找到文件或文件夹所在的窗口和目标位置窗口。

(2) 选中所需文件或文件夹,在源、目标盘位置不相同时,直接拖放至目标窗口中,在源、目标盘位置相同时,或按【Ctrl】直接拖放至目标窗口中,如图4-88所示。

图4-88　左键拖放复制文件或文件夹

(四) 右键快捷菜单法

(1) 打开文件或文件夹所在窗口,在所需文件或文件夹图标处右单左选"复制"命令。

(2) 打开目标位置窗口,在窗口的右窗格空白处右单左选"粘贴"命令。

十、文件或文件夹的移动

文件或文件夹的移动操作方法与文件或文件夹的复制操作方法相同,有菜单法、组合键法、左键拖放法和右链快捷菜单法4种。

(一) 菜单法

(1) 打开文件或文件夹所在窗口,选中所需文件或文件夹,选择"组织"菜单中的"剪切"命令或按一次【Alt】松手,在出现的菜单栏中单击选择"编辑"菜单内的"剪切"命令或"移动到文件夹"命令。

(2) 根据需要打开目标位置窗口。

(3) 选择"组织"菜单中的"粘贴"命令或再按一次【Alt】松手,选择"编辑"菜单中的"粘贴"命令或直接单击"移动"按钮即可。

(二) 组合键法

(1) 打开文件或文件夹所在窗口,选中所需文件或文件夹后按【Ctrl】+【X】组合键。

(2) 打开目标位置窗口,在窗口的右窗格空白处按【Ctrl】+【V】组合键。

(三) 左键拖放法

(1) 根据需要分别找到文件或文件夹所在的窗口和目标位置窗口。

(2) 选中所需文件或文件夹,在源、目标盘位置相同时,直接拖放至目标窗口中,在源、目标盘位置不相同时,或按【Shift】直接拖放至目标窗口中,如图4-89所示。

图4-89　左键拖放移动文件或文件夹

(四) 右键快捷菜单法

(1) 打开文件或文件夹所在窗口,在所需文件或文件夹图标处右单左选"剪切"命令。

(2) 打开目标位置窗口,在窗口的右窗格空白处右单左选"粘贴"命令。

十一、文件或文件夹的删除

对于不需要的文件或文件夹可以将其删除,以节省磁盘空间。删除文件或文件夹的方法相同,可以根据不同需求操作。

(一) 删除单个文件或文件夹

选中所需文件或文件夹图标,按【Del】,在随后出现的"删除文件"对话框中,单击"是"按钮即可完成,如图4-90所示。此时的文件或文件夹被删除到回收站。

图4-90　删除文件

(二) 永久删除单个文件或文件夹

选定所需文件或文件夹图标,按【Shift】+【Del】组合键,打开"删除文件"对话框,单击"是"按钮,则永久删除选中的文件,如图4-91所示。

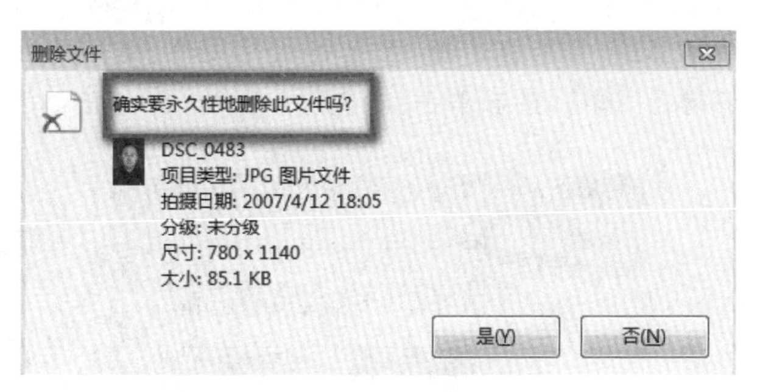

图 4－91　永久删除文件

(三) 删除多个文件或文件夹

根据需要选中所需多个文件或文件夹，然后按【Del】或在选中状态下右单左选快捷菜单中的“删除”命令，在“删除多个项目”对话框中单击“是”按钮即可。

在文件夹或库窗口中，选中要删除的多个文件或文件夹，按【Alt】后松手，然后选择“文件”菜单中的“删除”命令，单击“确定”即可。

十二、文件或文件夹的恢复删除

如果要从“回收站”窗口中恢复被删除到此的文件或文件夹，则首先双击桌面上的“回收站”图标，打开“回收站”窗口后选择下列方法之一进行恢复删除操作。

(1) 选中要还原恢复的文件或文件夹，单击工具栏中的“还原此项目”按钮，如图 4－92 所示，或按【Alt】后松手，选择“文件”菜单中的“还原”命令。

图 4－92　通过工具栏的“还原此项目”按钮还原

(2) 在要还原恢复的文件或文件夹图标处右单左选“还原”命令，或选择“组织”菜单中的“属性”命令，在打开的“属性”对话框中单击“还原”按钮即可，如图 4－93 所示。

(3) 还原所有的文件或文件夹时，单击工具栏中的“还原所有项目”按钮，即可实现还原回收站中的所有项目，如图 4－94 所示。

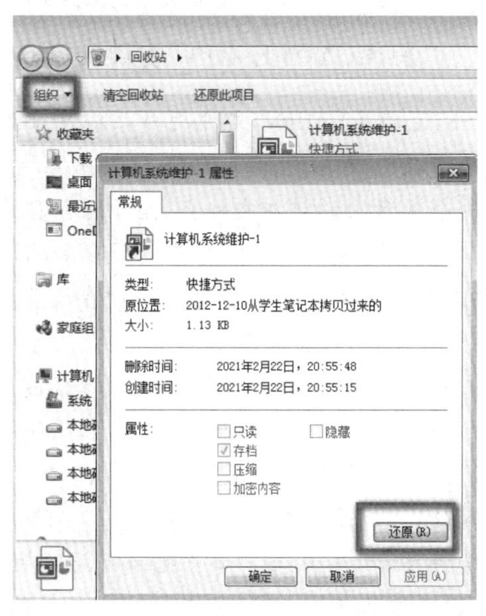

图 4－93　通过“还原”命令或“属性”命令还原

图 4－94　还原所有的文件或文件夹

任务拓展

一、将某一程序文件快捷方式添加到“开始”菜单中

有时会因为某些原因导致“开始”菜单的“所有程序”中缺少某一程序的快捷方式，此时可以将该程序的快捷方式添加进来，操作步骤如下。

(1) 在“计算机”窗口中找到所需程序文件，然后右击程序文件，选择“创建快捷方式”命令。接着按【Ctrl】+【X】组合键或在快捷方式图标处右单左选“剪切”命令。

(2) 单击“开始”按钮后将鼠标移至“所有程序”处，其变为“返回”时在所需的某个文件夹上右单左选“打开”命令。

(3) 在随后出现的某文件夹资源管理器窗口的右窗格中，按【Ctrl】+【V】组合键或在此右单左选“粘贴”命令即可完成。

二、“$RECYCLE.BIN”文件夹不能删除

“$RECYCLE.BIN”文件夹是系统重要的隐藏文件，一般存在于磁盘根目录下。它是系统“回收站”在每个磁盘上的链接文件夹，用于保存磁盘上删除的文件或文件夹信息，在恢复误删除到回收站中的文件或者文件夹时大有用处。一般在设置显示磁盘的隐藏文件后，才能看到这个文件夹。

对 Win Vista 以前的 Windows 系统，该文件夹名称为“Recycle”。在 Windows 7 以后，系统一般将其命名为“$RECYCLE.BIN”。

“$RECYCLE.BIN”文件夹是正常的系统文件，不是病毒，不用删除。如果把回收站设置成“删除文件时不进入回收站”，该文件夹是可以删除的，而且会自动恢复！

这里要提醒大家，显示隐藏文件后，磁盘根目录下还会出现一个“System Volume Information”文件夹，如图 4-95 所示。它是 NTFS 格式磁盘的系统文件，其含义为“系统卷标信息”，用于存储系统还原的备份信息。如果系统开启系统还原功能，每个盘符根目录下都会生成“System Volume Information”文件夹。如果强制删除之后，相应磁盘就会打不开！

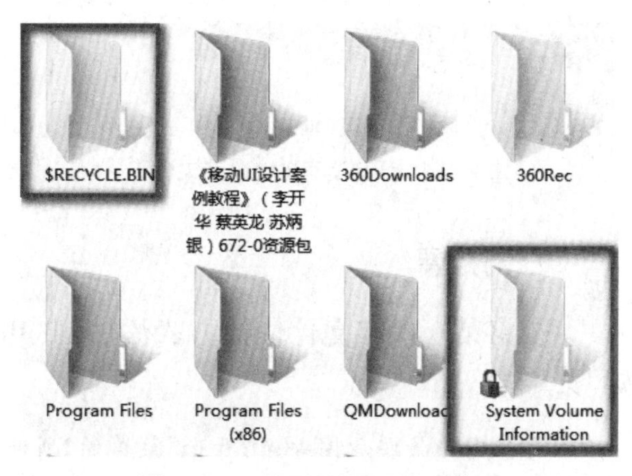

图 4-95 $RECYCLE.BIN 文件夹

所以，“$RECYCLE.BIN”文件夹最好不要删除，因为这个文件夹是用户删除文件后保留文件信息的位置，每个盘符都有这样的文件。

三、恢复显示被隐藏了的文件或文件夹

若想再次查看或修改已经隐藏了的文件或文件夹，需要先将其重新显示出来。具体方法如下。

(1) 打开有隐藏文件或文件夹的窗口(也可以是任意一个窗口)，选择“组织”菜单中的“文件夹或搜索选项”命令，在随后打开的“文件夹选项”对话框中选择“查看”选项卡，拖放“高级设置”窗口右侧垂直滚动条，再单击选择“显示隐藏的文件、文件夹和驱动器”选项，最后单击“确定”，如图 4-96 所示。

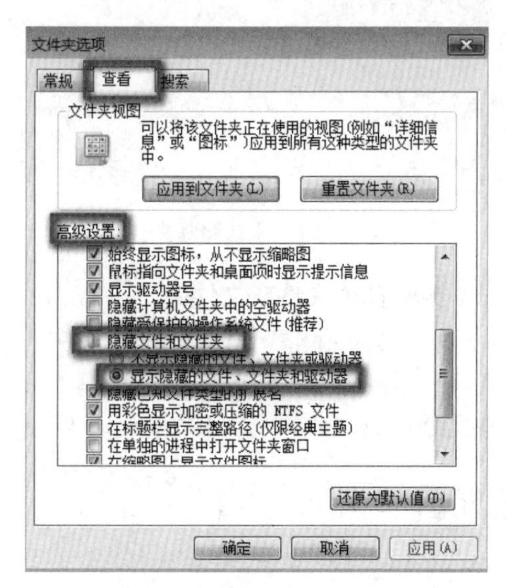

图 4-96 显示隐藏的文件、文件夹和驱动器

(2) 此时，会发现隐藏的文件或文件夹重新显示出来，但呈透明浅色显示，如图 4-97 所示。

图 4-97 隐藏的文件或文件夹重新显示

可以在文件夹或文件处右单左选“属性”菜单中的“常规”选项卡，再将“属性”中的隐藏属性去掉即可，如图 4-98 所示。

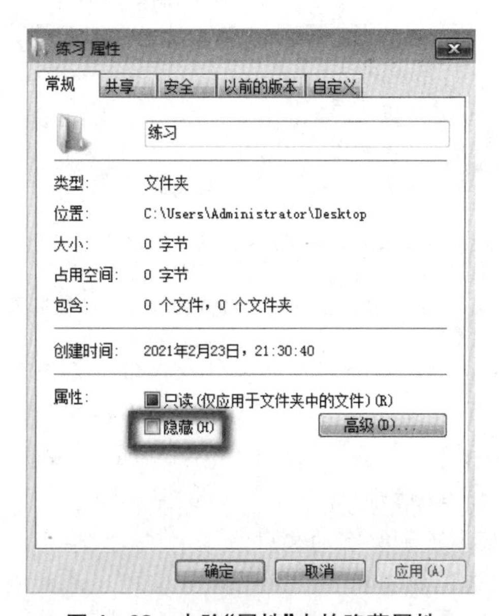

图 4-98 去除“属性”中的隐藏属性

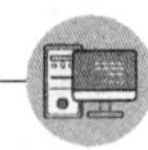

四、彻底删除文件或文件夹

回收站主要用来存放用户临时删除的数据信息，如果确定回收站中的内容无需存在，可以进行彻底删除或不经回收站而直接彻底删除。

具体方法如下：在桌面"回收站"图标处右单左选"清空回收站"命令，最后单击"确定"即可。或者在"回收站"图标处右单左选"属性"命令，再选择"常规"选项卡中的"不将文件移到回收站。移除文件后立即将其删除"。单选命令按钮，单击"确定"即可，如图 4－99 所示。或者选中所需彻底删除的文件或文件夹，然后按【Shift】＋【Del】组合键，在随后出现的对话框中选择"确定"按钮即可。

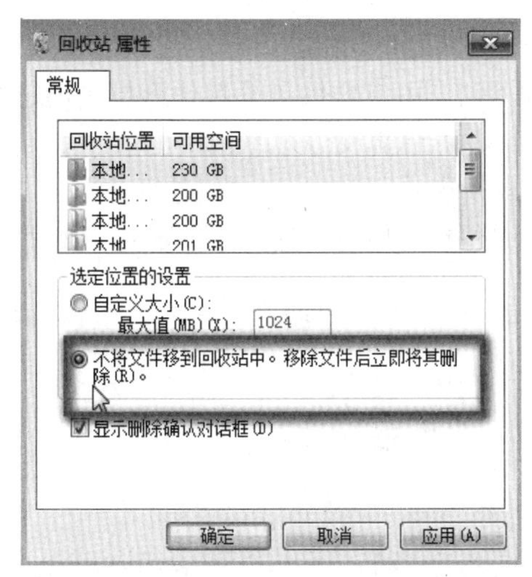

图 4－99　彻底删除文件或文件夹

五、认识库

Windows 7 中的库是与以前的版本不同的新概念。库文件夹与普通文件夹之间的区别在于，库文件夹只是提供了管理文件和文件的索引，用户不必把要查看的东西存放在库中。

库就是为用户访问电脑硬盘中存放的文件提供统一查看的视图，只要把文件或文件夹添加到库中，就可以直接进行访问，而不用到具体盘符的文件夹中去寻找。

Windows 7 默认的库文件夹有 4 个，分别是"视频"、"图片"、"文档"和"音乐"，如图 4－100 所示。如果用户感觉这几个文件夹不够用，还可以新建库文件夹。

（一）添加库文件夹

在库文件夹窗口选择"新建库"命令，此时，系统新建了一个名为"新建库"的库文件夹，根据需要重新命名即可。

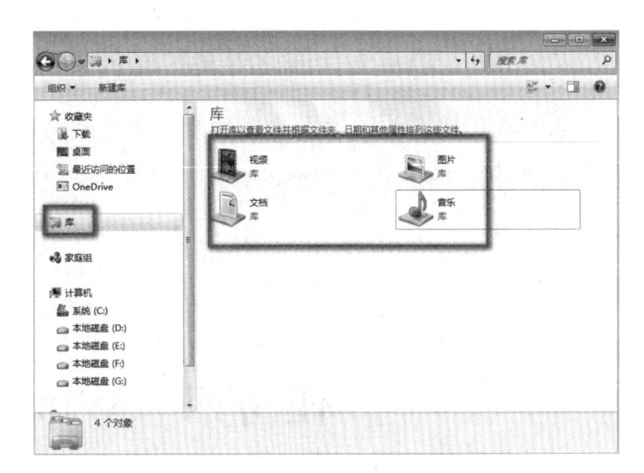

图 4－100　Windows 7 默认的库文件夹

（二）将文件夹添加到库

将文件或文件夹添加到库，不是将文件或文件夹复制到库中，而是相当于存放到库中一个访问路径，文件或文件夹还在原来的存放位置不变。具体方法如下。

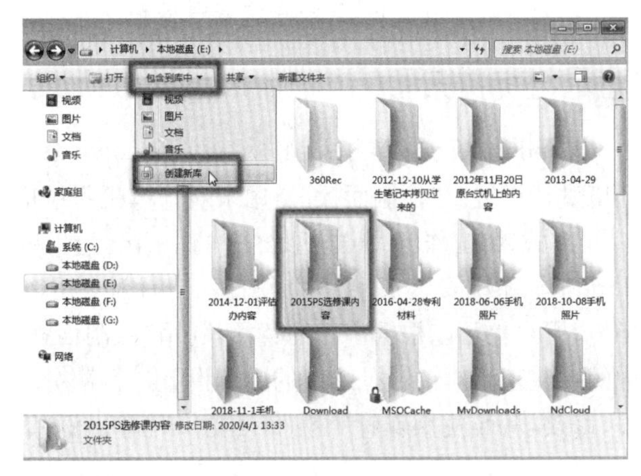

图 4－101　创建新库

选中要共享的文件或文件夹，单击"包含到库中"菜单中的"创建新库"命令即可，如图 4－101 所示。

此时，在左窗格中选择"库"时会看见右窗格中刚刚添加到其中的文件夹，如图 4－102 所示。

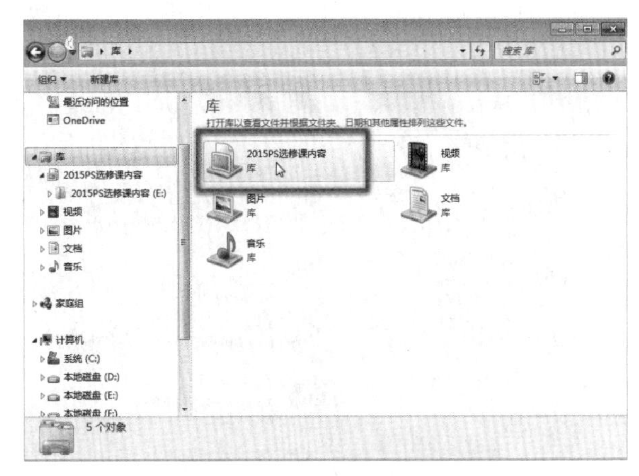

图 4－102　将文件夹添加到库

六、显示/隐藏文件或文件夹扩展名

系统默认设置文件、文件夹的扩展名是隐藏的。若想显示文件或文件夹的扩展名，用户可以操作如下。

（1）打开任意一个窗口，选择“组织”菜单中的“文件夹和搜索选项”命令。

（2）在“文件夹选项”对话框中，选择“查看”选项卡菜单，再选择“高级设置”中的“隐藏已知文件类型的扩展名”，最后单击“确定”即可。

任务四　Windows 7 系统管理

任务目标

（1）掌握 Windows 7 系统外观设置；

（2）掌握 Windows 7 系统个性化设置；

（3）掌握 Windows 7 系统日期、时间设置；

（4）了解 Windows 7 帐户配置与管理。

任务资讯

Windows 7 通过“控制面板”对 Windows 系统环境进行设置。“控制面板”是用来对计算机系统的工作方式和工作环境进行设置的一个工具集。Windows 系统安装成功后会预置一个标准的系统环境，用户也可以根据自己的意愿，利用“控制面板”中的这些工具对计算机系统的原有设置进行部分调整、修改，从而使操作计算机变得更加有趣。例如，可以通过“声音和音频设备”，将标准的系统声音替换为自己选择的声音。还有些工具可以帮助用户将 Windows 设置得更加容易使用。这些更改在以后运行时一直有效，直到再次改变。

Windows 7 提供了 3 种“控制面板”的视图方式，如图 4 - 103 所示。

用户可以通过选择“开始”菜单中的“控制面板”

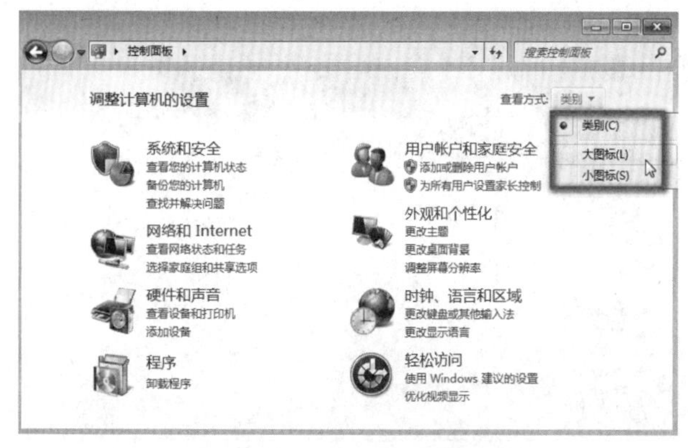

图 4 - 103　控制面板

命令打开控制面板，如图 4 - 103 所示是类别视图下“控制面板”中所包括的所有内容。

（一）外观和个性化

该类别为用户提供了设置计算机主题、桌面背景、屏幕保护、计算机分辨率、桌面小工具、字体安装与卸载等功能，还可以通过它们进行任务栏、开始菜单以及文件夹选项的设置，如图 4 - 104 所示。

图 4 - 104　外观和个性化

（二）网络和 Internet

该类别为用户提供了所有与网络有关的设置，主要包括网络连接设置、Internet 选项设置以及网络安装向导等，如图 4 - 105 所示。

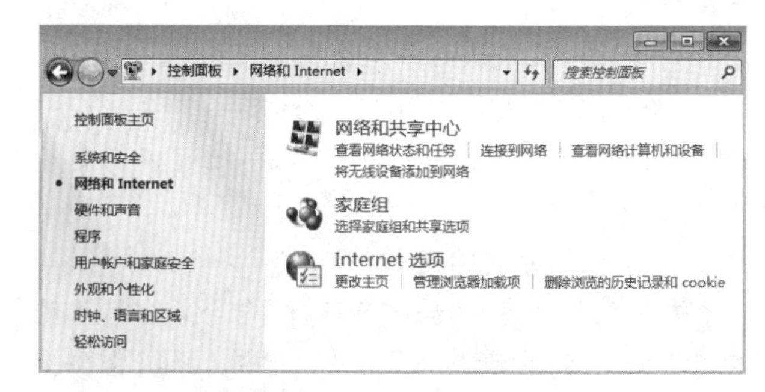

图 4 - 105　网络和 Internet

(三) 硬件和声音

该类别主要用于输入、输出设备的设置，为用户提供了所有与音频有关的设置接口，主要包括打印机、电源选项、游戏控制器、音频设备的安装与删除、系统声音的调整、声音方案的设置等，如图 4 - 106 所示。

图 4 - 106 硬件和声音

(四) 用户帐户和家庭安全

该类别主要是提供给用户进行帐户相关设置的接口，主要包括用户帐户的创建、密码设置、权限设置、用户切换和注销、家长控制等，如图 4 - 107 所示。在域控制器中每个用户都应有一个用户帐户才能访问服务器，并且使用网络上的资源。使用家长控制可以对儿童使用计算机的方式进行协助管理。例如，可以限制儿童使用计算机的时段、可以玩的游戏类型以及可以运行的程序。

图 4 - 107 用户帐户和家庭安全

(五) 程序

该类别为用户提供了管理应用程序的接口，主要包括更改或删除程序、添加新程序、添加/删除 Windows 组件以及桌面小工具的运用等，如图 4 - 108 所示。

图 4 - 108 程序

(六) 时钟、语言和区域设置

该类别为用户提供了区域及语言相关选项、日期与时间的设置、格式设定、键盘输入设置等方面的接口工具，如图 4 - 109 所示。

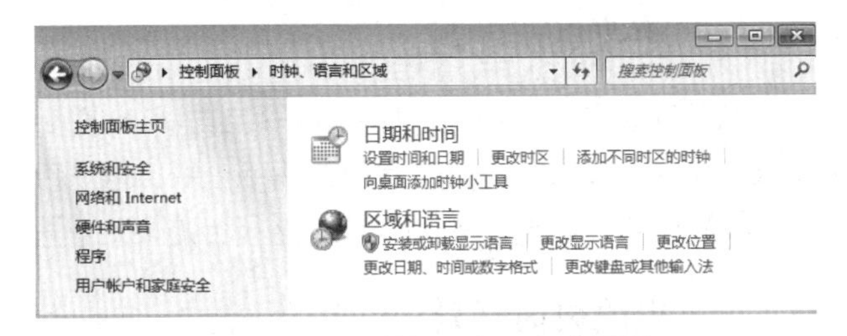

图 4 - 109 时钟、语言和区域设置

(七) 系统和安全

该类别为用户提供了计算机的性能及维护若干接口工具，如更改用户帐号、还原计算机系统，进行远程访问控制、防火墙设置、设备管理、系统更新、系统备份与还原以及设置磁盘管理工具等，如图 4 - 110 所示。

图 4 - 110 系统和安全

(八) 轻松访问

该类别提供 Windows 总辅助功能，包括键盘、放大镜、鼠标、屏幕、键盘等方面的设置选项，还允许用户配置 Windows 以满足视觉、听觉和移动的要求，如图 4 - 111 所示。

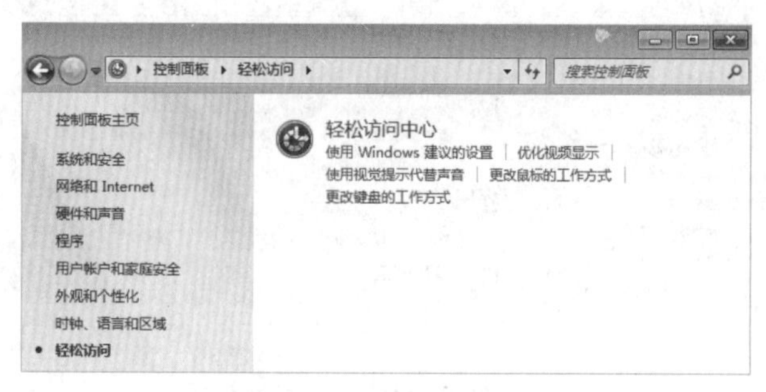

图 4-111 轻松访问中心

任务实施

一、更改桌面主题

Windows 7 系统默认使用 Aero 主题。如果要更改桌面主题，在"个性化"窗口中单击"Aero 主题"或"基本和高对比度主题"，选择需要的主题即可。

二、更改桌面背景

单击"个性化"窗口中的"桌面背景"链接，打开"桌面背景"窗口，如图 4-112 所示。单击"图片位置"右侧的下拉列表框，从弹出的列表中选择用于桌面背景的图片。

图 4-112 更改桌面背景

当要使用的图片不在桌面背景列表中时，可单击"浏览"按钮，打开"浏览文件夹"对话框。选择希望用于桌面背景图片的文件夹，然后单击"确定"按钮，将选择的文件夹添加到"图片位置"下拉列表中。然后，双击要作为桌面背景的图片，更改桌面的背景图片。

三、更改窗口颜色和外观

在"个性化"窗口中单击"窗口颜色"链接按钮，若随后出现的"窗口颜色和外观"窗口不是系统默认的透明效果，而是如图 4-113 所示，则必须在"个性化"窗口选择 Windows 主题。然后，再次选择"个性化"窗口的"窗口颜色"链接按钮，此时便会启动系统默认的透明效果，从中选择一种颜色后，再拖动"颜色浓度"右侧的滑块，可以调整窗口以及边框的透明度，如图 4-114 所示。如果不想使用透明效果，则取消"启用透明效果"复选框，最后单击"保存修改"即可。

图 4-113 更改窗口颜色和外观 1

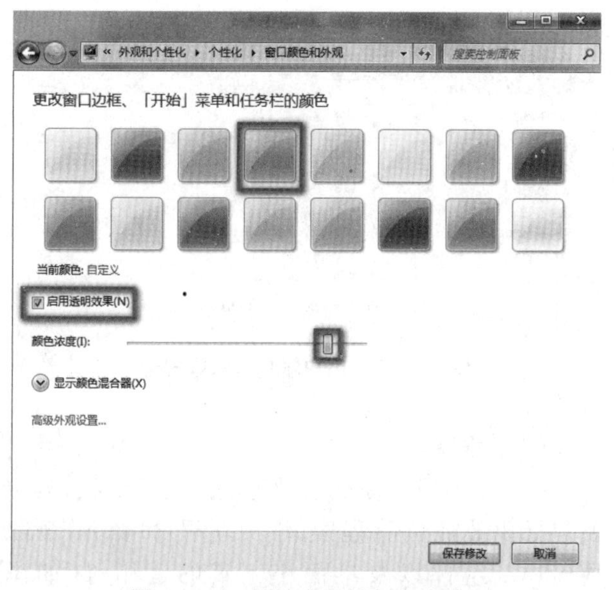

图 4-114 更改窗口颜色和外观 2

四、更改屏幕保护程序

在“个性化”窗口中，单击“屏幕保护程序”链接按钮，打开“屏幕保护程序设置”对话框。单击“屏幕保护程序”下方的下拉列表框，从弹出的列表中选择要使用的屏幕保护程序，然后调整“等待”右侧的微调按钮，设置计算机处于闲置状态进入屏幕保护程序的时间间隔，单击“确定”按钮。

五、更改 Windows 声音

在“个性化”窗口中单击“声音”链接按钮，打开“声音”对话框，单击“声音方案”下拉列表框，选择Windows 声音方案，在“程序事件”列表框中选择要为其分配新声音的事件，然后单击“声音”下拉列表框，从弹出的列表中选择与程序事件关联的声音，如图 4－115 所示，单击“确定”按钮。

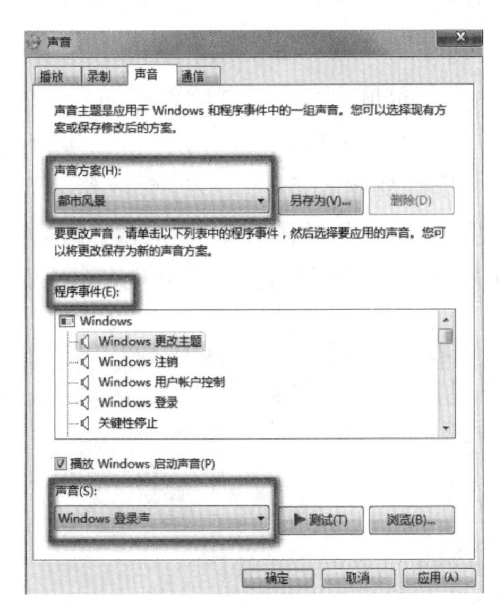

图 4－115 更改 Windows 声音

六、桌面小工具

在桌面的空白处右单左选“小工具”快捷菜单，打开“小工具库”窗口。在所需小工具图标处右单左选“添加”命令，桌面上就将其显示出来，如图 4－116 所示。

图 4－116 桌面小工具

将小工具添加到桌面后，用户可以对其进行必要的设置，如图 4－117 所示。

图 4－117 桌面小工具设置

(1) 移动小工具。选择快捷菜单中的“移动”命令，当鼠标指针变为 时，使用方向键可以将小工具移到桌面的其他位置，或直接将鼠标移至图标处左键拖放。

(2) 更改尺寸大小。选择快捷菜单中的“大小”命令，然后在级联菜单中选择“小尺寸”或“大尺寸”命令。

(3) 设置前端显示。选择快捷菜单中的“前端显示”命令，可以使小工具始终位于所有打开窗口的前端显示，从而不被其他窗口遮挡。

(4) 设置不透明度。选择快捷菜单中的“不透明度”命令，然后调整级联菜单中的具体数值。

七、Windows 7 系统日期和时间设置

鼠标左键单击“开始”菜单中的“控制面板”，再选择“控制面板”中“查看方式”内的“小图标”。从中选择“日期和时间”，如图 4－118 所示。

在弹出的“日期和时间”对话框中，根据需要选择不同的选项卡菜单及其相关命令按钮，进行相关设置即可完成，如图 4－119 所示。

八、Windows 7 帐户配置与管理

在 Windows 系统中，用户帐户分为管理员帐户、标准用户和来宾帐户 3 种类型，每种类型为用户提供不同的计算机控制级别，其中，管理员帐户(Administrator)是系统默认帐户，且级别最高。

图 4-118　日期和时间设置 1

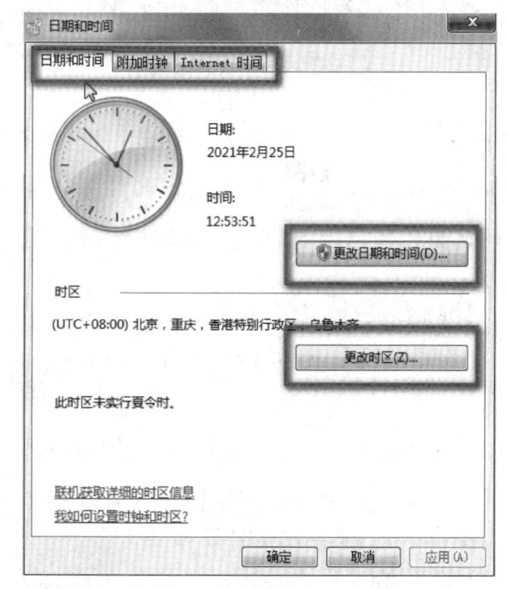

图 4-119　日期和时间设置 2

（一）管理员帐户

具有计算机的完全访问权限，可以对计算机进行任何需要的更改，所进行的操作可能会影响到计算机中的其他用户。但是，一台计算机至少且只有1个管理员帐户。

（二）标准用户

用于日常的计算机操作，如使用办公软件、网上冲浪、即时聊天等。标准用户可以使用大多数软件，以及更改不影响其他用户或计算机安全的系统设置。如果要安装、更新或卸载应用程序，会弹出用户帐号控制对话框。输入管理员密码后，才能继续执行操作。

（三）来宾帐户

用于临时使用计算机的用户使用。

1. 创建新用户帐户

（1）单击“开始”菜单内“控制面板”命令，选择“用户帐户和家庭安全”内的“添加或删除用户帐户”链接，如图 4-120 所示，或单击“开始”菜单中的用户帐户图片，打开“管理帐户”窗口。

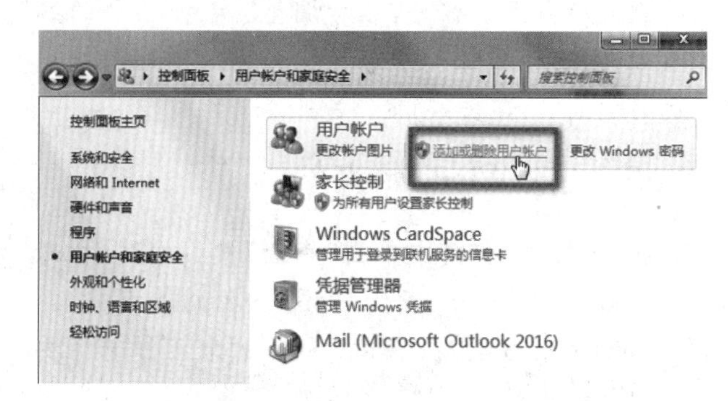

图 4-120　创建新用户帐户

（2）单击“创建一个新帐户”链接按钮，打开“创建新帐户”窗口。在文本框中输入新用户帐户的名称，然后选择用户帐户的类型。再单击“创建帐户”按钮，即完成新用户帐户的创建。

2. 更改帐户设置

用户帐户创建之后，可以在“管理帐户”窗口中单击某用户帐户，此时便打开“更改帐户”窗口，如图 4-121 所示，然后根据需要对帐户进行相关设置。

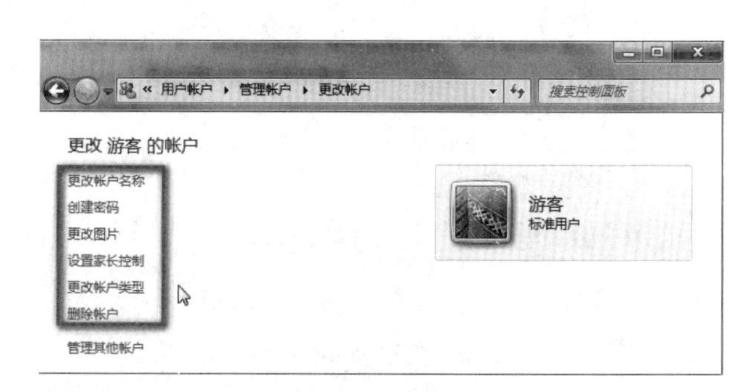

图 4-121　更改帐户设置

3. 帐户高级管理设置

如果要对 Windows 系统的帐户进行更高级的配置，可在“计算机管理”窗口中实现。

单击打开“控制面板”窗口中“系统和安全”内的“管理工具”链接命令，打开“管理工具”窗口，如图 4-122 所示。双击其中的“计算机管理”快捷方式，打开“计算机管理”窗口。

在该窗口的左侧树形列表中依次选择“本地用户和组”、“用户”之后，在窗口中部的某一帐户名称处右单左选“属性”命令，如图 4-123 所示。打开其属性配置对话框，如图 4-124 所示，根据需要可在对话框中禁用某个帐号，或者改变帐号所属的权限组等。

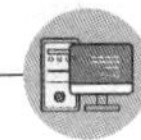

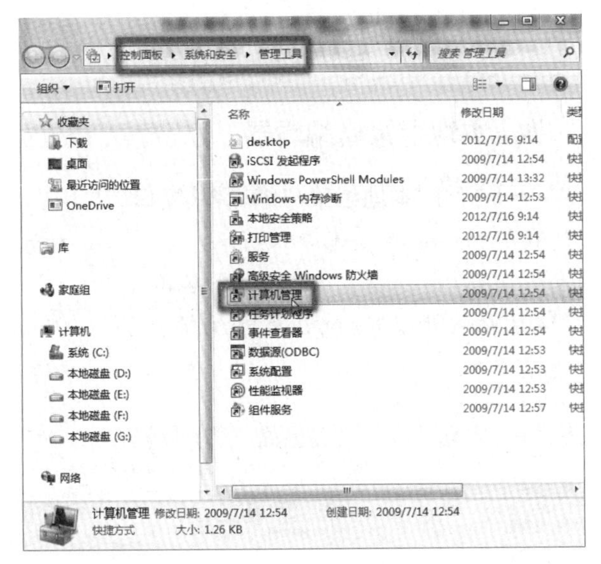

图 4－122 打开“计算机管理”窗口

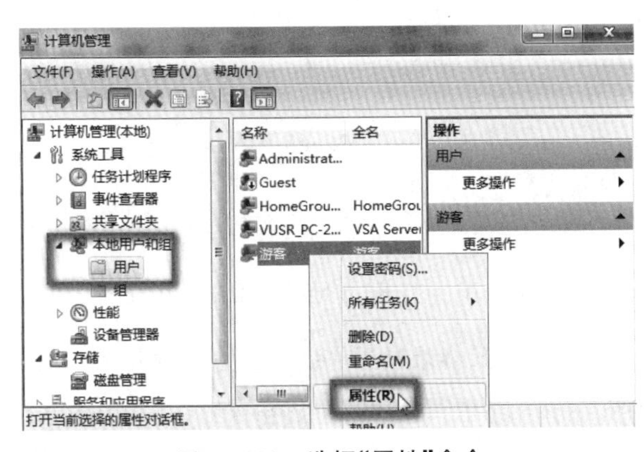

图 4－123 选择“属性”命令

图 4－124 打开属性配置对话框

任务拓展

一、为帐号设置家长控制

互联网的信息量特别大，给青少年健康成长带来正面和负面的双重影响。现在一般家庭都有电脑，如何更好地控制青少年使用电脑，可以在系统中设置家长控制，实现对电脑的有效控制使用。

在控制面板中选择“用户帐户和家庭安全”，从中选择“家长控制”，如图 4－125 所示。再选择一个所需的帐户名称，在随后弹出的对话框中根据需要选择相关内容即可，如图 4－126 所示。

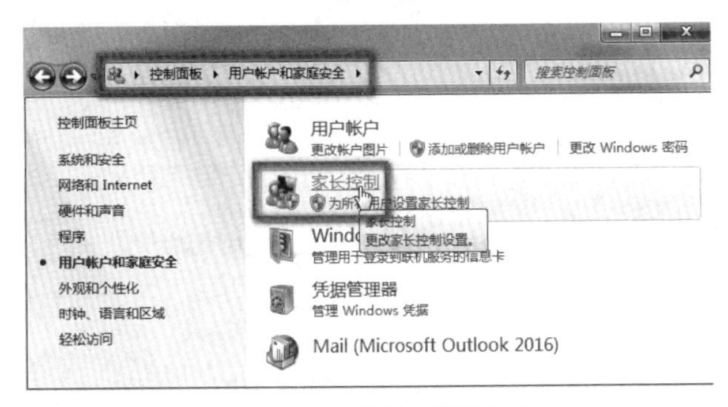

图 4－125 设置家长控制 1

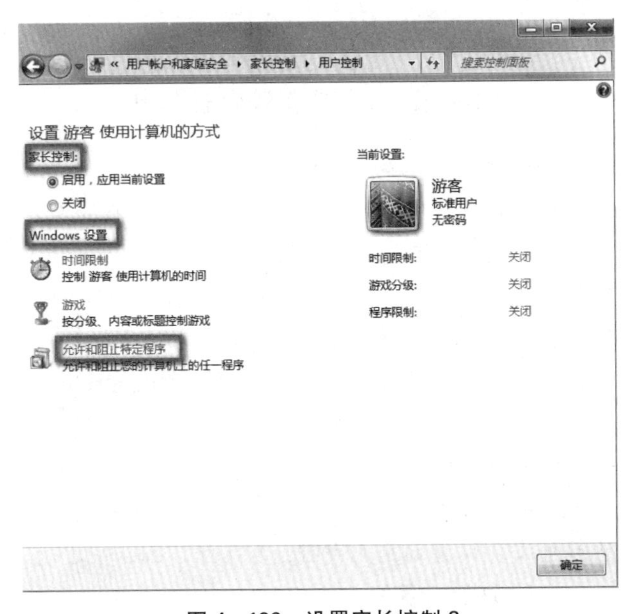

图 4－126 设置家长控制 2

为游客的标准用户帐户启用家长控制后，用户可以调整要控制的内容。

（1）时间限制。可以通过设置时间限制，对允许孩子登录计算机的时间进行控制。可以禁止孩子在指定的时段登录计算机，可以为一周中的每一天设置不同的登录时段。如果在分配的时间结束后其仍处于登录状态，系统将自动注销。

（2）游戏。可以控制对游戏的访问，选择年龄分级，选择要阻止的内容类型，确定是允许还是阻止未分级游戏或特定游戏。

（3）允许和阻止特定程序。可以禁止孩子运行家长不希望其运行的程序。

二、了解本机系统配置

在桌面“计算机”图标处右单左选“属性”命令，会弹出如图 4－127 所示内容，即可完成。

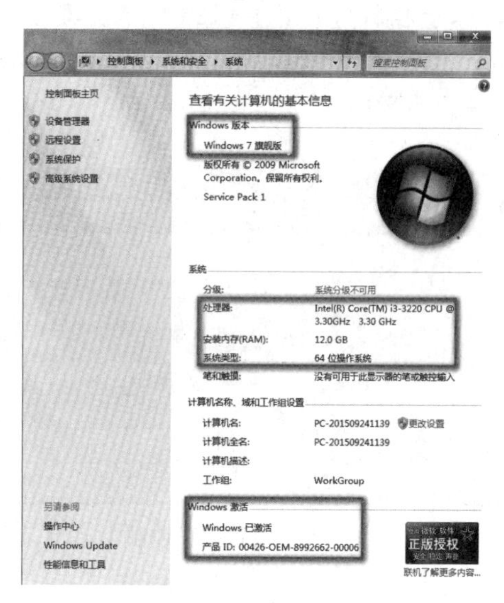

图 4－127　本机系统配置

三、切换用户、注销和锁定计算机

（一）切换计算机用户

如果计算机有多个用户帐户，另一个帐户登录计算机的快捷方法可以使用“快速切换”操作，该方法不需要注销计算机或关闭打开的程序和文件。可以选择下列操作之--，打开 Windows 7 的切换用户画面。

（1）在“开始”菜单中单击“关机”按钮右侧的箭头按钮，从菜单中选择“切换用户”命令。

（2）按【Ctrl】＋【Alt】＋【Del】组合键，在 Windows 7 安全选项界面中单击“切换用户”选项，然后单击要切换的用户即可。

（二）注销计算机

注销计算机是指清除当前登录系统的用户，清除后即可使用任何一个用户身份重新登录系统。从“关机”菜单中选择“注销”命令，或者按【Ctrl】＋【Alt】＋【Del】组合键，在安全选项界面中单击“注销”选项即可。

（三）锁定计算机

当用户为帐户设置了登录密码后，在使用计算机的过程中有事外出，希望在离开的这段时间里继续运行打开的程序或文件，又不希望其他用户进入系统时，可以用锁定计算机的方式。

可以选择下列方法切换到锁定计算机的界面。

（1）从“关机”菜单中选择“锁定”命令。

（2）按【Win】＋【L】组合键。

（3）按【Ctrl】＋【Alt】＋【Del】组合键，在安全选项界面中单击“锁定该计算机”选项。

四、本地组策略编辑器

（一）打开“本地组策略编辑器”窗口

在“开始”菜单处选择“运行…”命令，在“打开”列表框中输入“gpedit. msc”命令后单击“确定”按钮，这样就打开了“本地组策略编辑器”窗口，如图 4－128 所示。

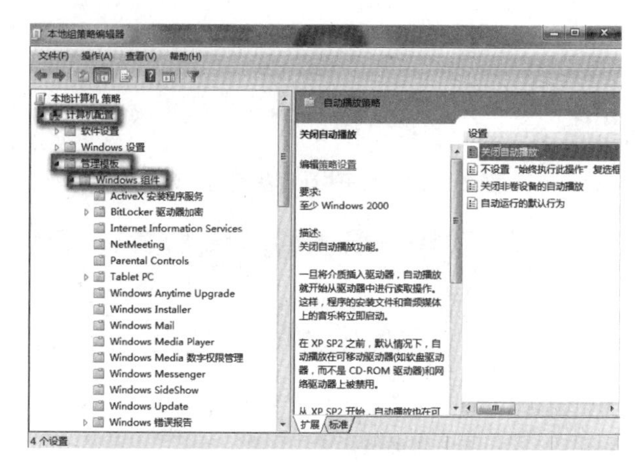

图 4－128　打开“本地组策略编辑器”窗口

“本地组策略编辑器”用于对整个操作系统进行个性化的管理。由于 Windows 7 操作系统有多个版本，部分版本的操作系统没有提供“本地组策略编辑器”功能，所以，会在一些计算机系统中无法正常打开。

（二）关闭自动播放

在“本地组策略编辑器”窗口中依次单击打开“计算机配置”内“管理模板”中的“Windows 组件”内的“自动播放策略”，如图 4－129 所示。再双击“关闭自动播放”，单击选择“已启用”，再选择“选项”

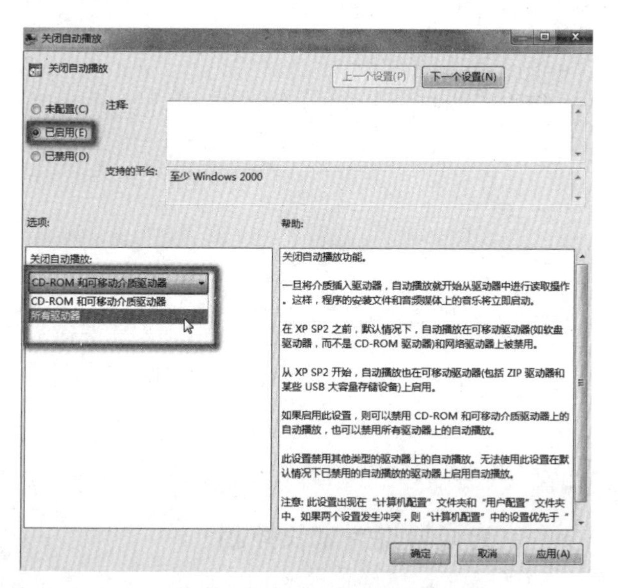

图 4－129　关闭自动播放

中的“所有驱动器”，最后单击“确定”按钮，自动播放功能就被关闭了。

（三）关闭自动运行

在同一位置双击“自动运行的默认行为”，如图 4-130 所示。选择“已启用”，在“选项”中选择“不执行任何自动运行命令”，然后单击“确定”按钮，自动运行功能就被关闭了。

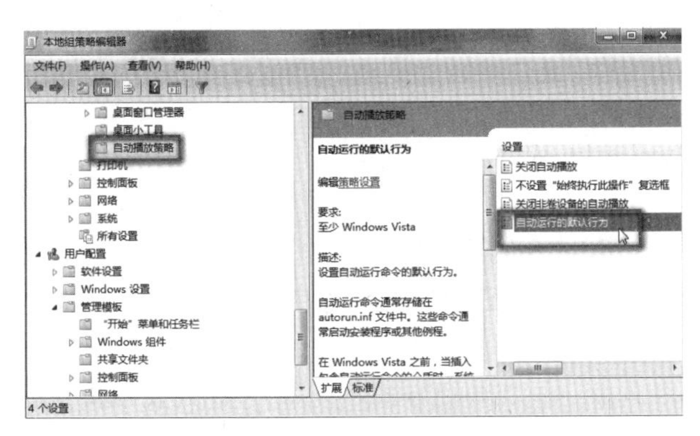

图 4-130 关闭自动运行

除了网络，U 盘和移动硬盘等移动存储设备也成为恶意程序传播的重要途径。当系统开启了自动播放或自动运行功能时，移动存储设备中的恶意程序可以在用户没有察觉的情况下感染系统。所以，禁用自动播放和自动运行功能，可以有效地掐断病毒的传播路径。

五、清除历史记录

Windows 7 的一大特色就是在“开始”菜单、“任务栏”、“资源管理器搜索栏”等多个位置都能记录用户的操作历史记录。虽然使用方便，但有时会导致个人隐私外泄。

关闭“开始”菜单和“任务栏”中的历史记录功能比较简单。鼠标右单左选“开始”菜单或“任务栏”，在弹出的快捷菜单中选择“属性”命令，然后将“「开始」菜单”选项卡中“隐私”内的两项勾选全部取消即可，如图 4-131 所示。

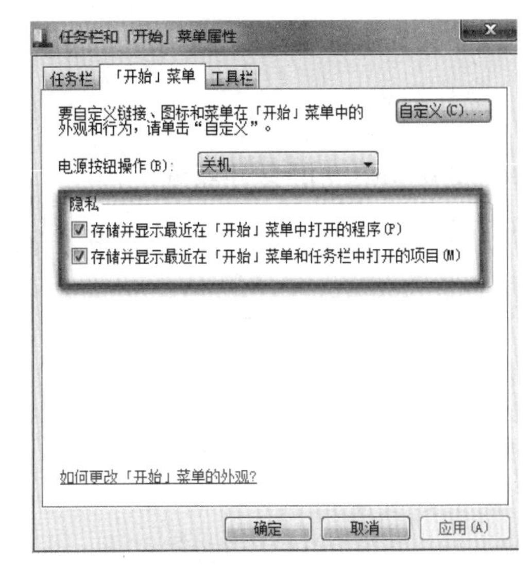

图 4-131 关闭“开始”菜单和“任务栏”的历史记录功能

“资源管理器搜索栏”中的历史记录就必须使用“本地组策略编辑器”才能清除。在“运行”中输入“gpedit. msc”打开组策略管理器，依次单击打开“用户配置”中“管理模板”内的“Windows 组件”中的“Windows 资源管理器”。再双击“在 Windows 资源管理器搜索框中关闭最近搜索条目的显示”，如图 4-132 所示。再选择“已启用”，单击“确定”后关闭组策略。这样不仅原来的历史记录没有了，以后这里也不会再记录计算机上的操作了。

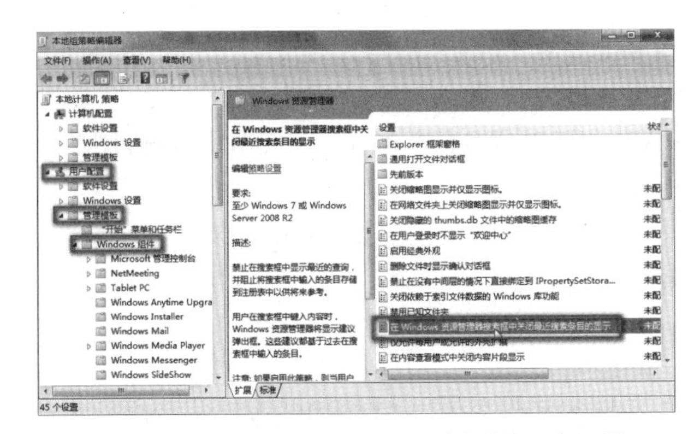

图 4-132 关闭“资源管理器搜索栏”的历史记录

任务五 Windows 7 软硬件维护

任务目标

（1）掌握程序的安装与卸载；

（2）掌握字体文件的安装与卸载；

（3）掌握磁盘的清理与维护；

（4）了解 Windows 7 的文件系统；

(5) 了解 Windows 7 的设备管理。

一、Windows 7 的文件系统

操作系统中管理和存储文件内容的软件称为文件系统，主要负责组织和分配存储空间，管理文件的读取、存放、修改和撤消等操作。简单地说，文件系统是指磁盘上组织文件的方法。文件系统有很多类型，不同的文件系统具有各自不同的特点。下面将介绍几种基本的文件系统。

(一) FAT 文件系统

FAT 文件系统是英文文件分配表(file allocation table)的简称。FAT 系列的文件系统曾经是个人电脑应用得最广泛的文件系统，除此之外，它们还经常被应用于许多系统的内存模块管理中。FAT 是 U 盘、数据存储卡(如 SD 卡)中常见的文件系统，规定单个磁盘分区最大不能超过 2 GB，在 DOS、Windows 98、Windows NT、Windows 2000 和 Windows XP 中都支持该文件系统。

(二) FAT16 文件系统

文件系统 FAT16 使用 16 位的空间来表示每个扇区配置文件的情形。由于受自身限制，每当超过一定容量的分区之后，所使用的簇大小必须扩增，以适应更大的磁盘空间。

其优点是兼容性好。某些数码设备可能对 FAT32 和 NTFS 格式的存储卡支持不太好，因此只能使用 FAT16。

其缺点是最大仅支持 2 GB 分区，空间浪费比较多。

(三) FAT32 文件系统

从 Windows 98 开始，FAT32 文件系统开始流行。它采用 32 位的空间分配表，支持的分区容量最大不能超过 2 048 GB(2 TB)，但该文件格式硬盘分区单个文件的大小不能超过 4 GB。

其优点是兼容性好。

其缺点是单个文件不能超过 4 GB，不支持 512 MB 以下容量的 U 盘。所以，如果 U 盘容量达 8 GB 以上，发现 4 GB 的单个文件是拷贝不进去的，此时，可以考虑换用 NTFS 或 ExFAT 格式。

(四) NTFS 文件系统

NTFS 文件系统是英文新技术文件系统(new technology file system)的简称，属 Windows NT 环境的文件系统，属 Windows NT 家族(如 Windows 2000、Windows XP、Windows Vista、Windows 7 和 Windows 8.1)等限制级专用的文件系统(操作系统所在盘符的文件系统必须格式化为 NTFS 的文件系统，4096 簇环境下)。

NTFS 取代了老式的 FAT 文件系统，是目前常用的一种文件系统。它是比 FAT32 功能更强大的文件系统，支持的分区容量更大(如果采用动态磁盘，则大小可以达到 2 TB)，而且不受文件大小限制。在 Windows 7 操作系统中，使用 NTFS 文件系统的硬盘分区下存储的文件具有安全设置功能，在一定程度上保证了数据的安全。

通常，Windows 7 中默认的文件系统是 NTFS。

二、任务实施

(一) 查看已经安装的程序

一般来说，应用程序会在“开始”菜单的“所有程序”列表中添加快捷方式，可以通过此列表查找并运行软件。

此外，可以通过“程序和功能”窗口查看计算机安装的软件。先打开“控制面板”窗口，并将其查看方式设置为“类别”，然后单击“卸载程序”链接按钮命令，如图 4－133 所示。打开“程序和功能”窗口，如图 4－134 所示。

图 4－133　查看已经安装的程序 1

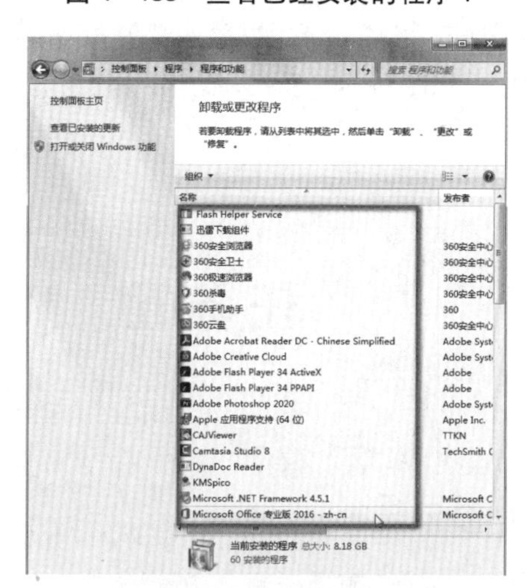

图 4－134　查看已经安装的程序 2

(二) 卸载或更改程序

如果程序本身自带卸载程序，则可以直接单击卸载程序，如图 4 - 135 所示。

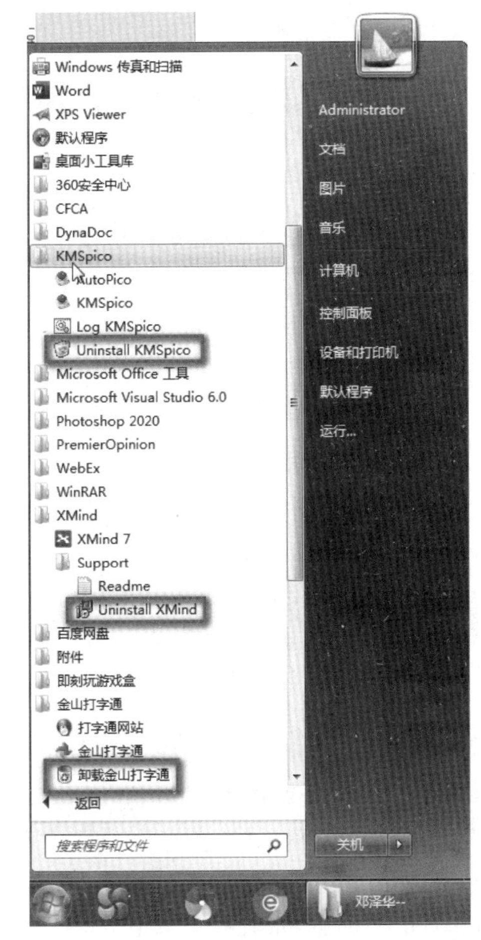

图 4 - 135　卸载程序 1

否则可以使用系统提供的“卸载或更改程序”功能，对软件进行卸载，操作步骤如下：

(1) 在“控制面板”窗口中单击“卸载程序”链接按钮命令，如图 4 - 133 所示，随后打开“程序和功能”窗口。

(2) 在“卸载或更改程序”列表中选择要卸载的程序，然后单击“卸载/更改”按钮，如图 4 - 136 所示。在弹出的对话框中单击“是”按钮，这样就能卸载选定的程序。

程序卸载后，在“程序和功能”窗口的列表中看不到被卸载的程序。

(三) 选择 Windows 默认使用程序

选择“开始”菜单中的“默认程序”命令，打开“默认程序”窗口，单击“设置默认程序”链接按钮命令，打开“设置默认程序”窗口，如图 4 - 137 所示。窗口左侧的列表框中列出了 Windows 7 安装的一些程序，单击选中某一程序后，可以在窗口的右侧看到该程序的介绍以及该程序和不同文件类型的关联情况。

图 4 - 136　卸载程序 2

图 4 - 137　选择 Windows 默认使用程序

(四) 磁盘清理与维护

1. 磁盘格式化

Windows 7 操作系统默认 NTFS 格式。

(1) 在“计算机”窗口中右单左选需要格式化的磁盘，在弹出的快捷菜单中选择“格式化”命令，如图 4 - 138 所示。

(2) 在弹出的“格式化”对话框中，选择“文件系统”类型，输入该卷名称。

(3) 单击“开始”按钮，即可格式化该磁盘。

2. 磁盘清理

(1) 单击“开始”菜单，依次选择“所有程序”内“附件”中“系统工具”内的“磁盘清理”，如图 4 - 139 所示。

图 4 - 138 磁盘格式化

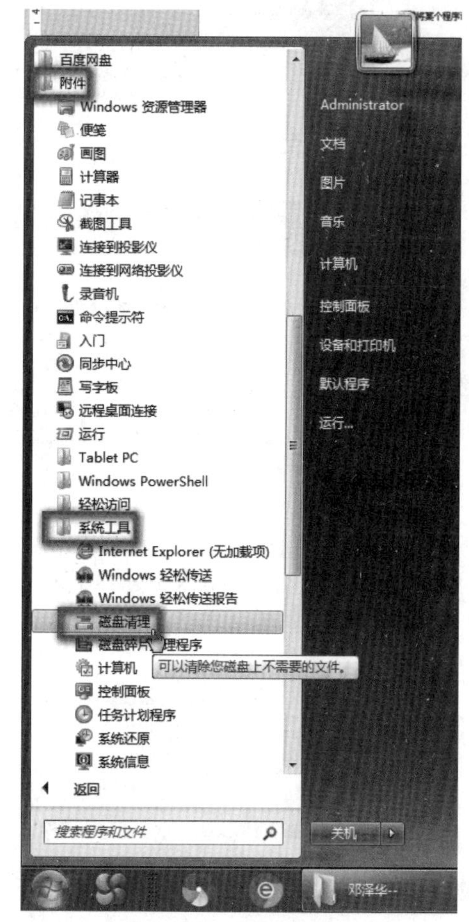

图 4 - 139 磁盘清理 1

(2) 在弹出的“磁盘清理：驱动器选择”对话框中，选择待清理的驱动器，如图 4 - 140 所示。

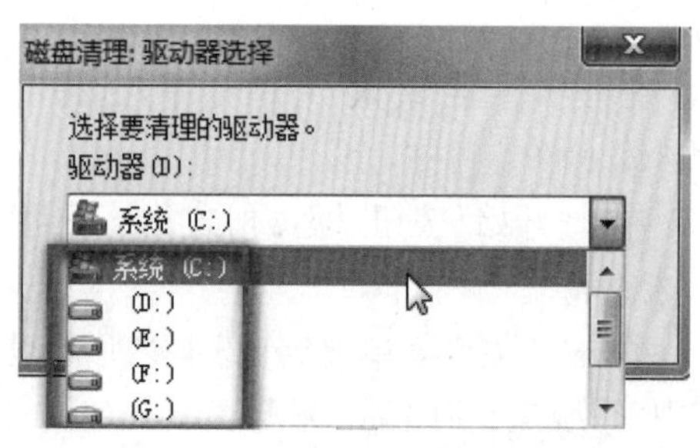

图 4 - 140 磁盘清理 2

(3) 单击“确定”按钮，系统自动进行磁盘清理操作。

(4) 磁盘清理完成后，在“磁盘清理”结果对话框中，勾选要删除的文件，如图 4 - 141 所示，单击“确定”按钮，即可完成磁盘清理操作。

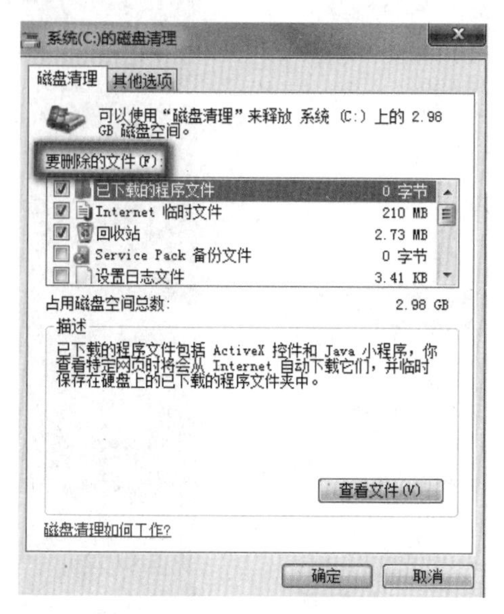

图 4 - 141 磁盘清理 3

3. 磁盘碎片整理

磁盘碎片整理有利于程序运行速度的提高。

(1) 单击“开始”菜单，依次选择“所有程序”内“附件”中“系统工具”内的“磁盘碎片整理程序”。

(2) 在弹出的“磁盘碎片整理程序”对话框中，选择待整理的驱动器，如图 4 - 142 所示。

(3) 单击“磁盘碎片整理”命令按钮完成。

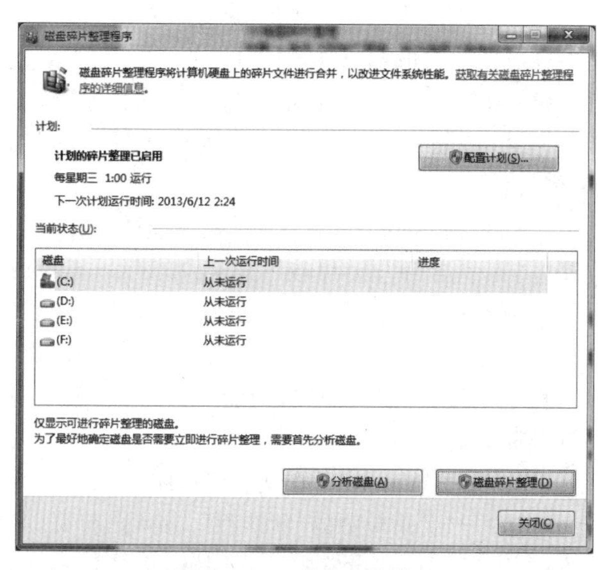

图 4 - 142 磁盘碎片整理

(五) 维护与优化

随着计算机技术的进步，计算机的配置越来越高，功能越来越强，操作速度有明显的提高。在一定

硬件设备的情况下，做适当的维护与优化可以在一定程度上提高计算机的性能和效率。

（1）减少自启动程序。在“控制面板”内“管理工具”中的“系统配置”内关闭不希望登录后自动运行的项目，如图 4－143 所示。

图 4－143 减少自启动程序

（2）提高磁盘性能。有计划地清理磁盘和整理磁盘碎片是提高磁盘性能不错的选择。

（3）各种设备安装适合的驱动程序。

（4）安装与操作系统相匹配的软件（32 位或 64 位）。

任务拓展

一、计算器

（一）计算器的种类

在 Windows 7 中，系统提供了标准型、科学型、程序员和统计信息型 4 种计算器。其中，使用“标准”计算器可以进行简单的算术运算，并且可以将结果保存在剪贴板中，以供其他应用程序或文档使用；使用“科学”计算器可以进行比较复杂的函数运算和统计运算；使用“程序员”计算器可以提供逻辑运算和数制转换；使用“统计信息”计算器可以进行统计运算。

使用方法如下：单击“开始”按钮，然后依次单击“所有程序”内“附件”中的“计算器”命令，如图 4－144 所示。其默认显示格式为标准型计算器。

标准型计算器可以进行简单的数学运算。在“查看”菜单下，可以选择多种不同形式的计算器来使用。例如，选择“查看”菜单内的“程序员”命令，可以转换成科学型计算器窗口。此时，不仅可以进行数学和逻辑运算，还可以实现不同进制数字之间的

图 4－144 标准型计算器

转换，如图 4－145 所示。

图 4－145 科学型计算器

（二）计算器的使用

1. 标准型计算器的使用

例如，计算表达式 4＋15＊9 的值。

首先，打开“标准”计算器窗口。再根据先乘除、后加减的运算原则，先键入数字 15，再单击“＊”，键入计算的下一个数字“9”，然后，输入剩余的运算符“＋”和数字“4”，最后单击“＝”即可得到结果为“139”。

2. 科学型计算器的使用

例如，计算表达式 2^{16}。

首先，启动“科学”计算器窗口，输入数字“2”，再单击“x^y”按钮，如图 4－146 所示，再输入数字“16”，得到 2^{16} 的值为“65 536”。

3. 程序员型计算器的使用

例如，计算表达式 59 Mod 9 的值。

首先，启动“程序员”计算器窗口，输入数字“59”，再单击“Mod”按钮，再输入数字 9，得到 59 除以 9 的余数为“5”。

图 4-146 计算器的使用 1

4. 统计信息型计算器的使用

例如，计算表达式$1^2+2^2+3^2+\cdots+10^2$的值。

首先，启动"统计信息"计算器窗口，输入数字"1"，再单击"Add"按钮，然后依次输入数字 2，3，…，10，每输入一个数字，都要单击一次"Add"按钮。最后，单击"统计信息型计算器"窗口中的"求平方和"按钮，如图 4-147 所示，得到$1^2+2^2+3^2+\cdots+10^2$的值为"385"。

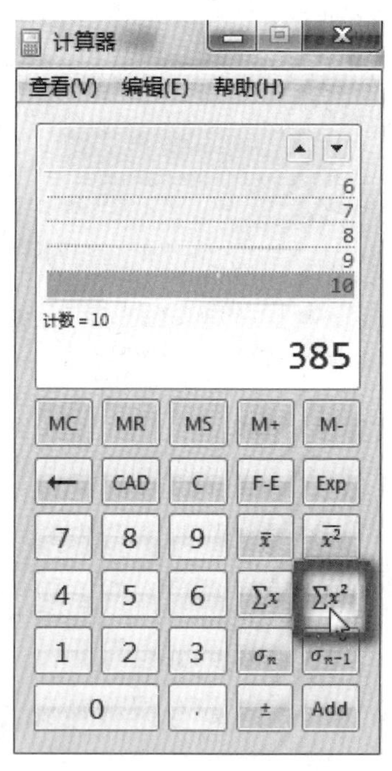

图 4-147 计算器的使用 2

二、记事本

"记事本"程序是 Windows 7 提供的一个小型文本编辑器，它只能处理纯文本文件，文件存盘后的扩展名为".txt"，常用于对程序源代码、某些系统配置文件的编辑。

启动方法如下：单击"开始"菜单内"所有程序"中"附件"内的"记事本"命令，可以打开"记事本"窗口。

三、画图

"画图"程序是 Windows 7 提供的一个位图绘图软件，具有绘制、编辑图形、文字处理等功能。单击"开始"按钮，依次单击选择"所有程序"中"附件"内的"画图"命令，可以打开"画图"窗口。

"画图"窗口使用 Ribbon 界面，这与 Office 系列软件的风格一致，显得整洁并且美观。

"画图"窗口的顶部是功能区，包括"剪贴板"、"工具"、"刷子"、"形状"和"颜色"等选项组。在"画图"窗口中绘制图形的一般步骤包括定制画布尺寸、颜色的选择、设置线条的粗细、选择绘图工具、绘制图形、在画布上写字、存盘等步骤。

四、截图工具

按【Alt】+【Print】组合键可以将活动窗口或当前对话框的界面复制到剪贴板上。另外，Windows 7 系统自带的截图工具灵活性高，并且具有简单的图片编辑功能，方便对截取的内容进行处理。单击"开始"按钮，依次单击选择"所有程序"内"附件"中的"截图工具"命令，如图 4-148 所示，可以打开"截图工具"窗口。

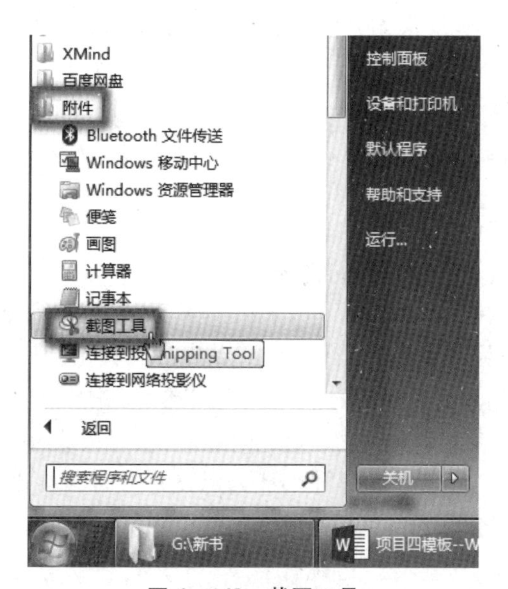

图 4-148 截图工具

在"截图工具"窗口中，单击"新建"按钮右侧的箭头按钮，从下拉菜单中选择合适的截图模式，接着就可以开始截图。如果选择"全屏截图"命令，系统会自动截取当前屏幕全屏图像；如果选择"窗口截图"命令，单击需要截取的窗口，可以将窗口图像截取下来；如果选择"任意截图"或"矩形截图"命令，则需要按住鼠标左键，通过拖动鼠标选取合适的区域，然后释放鼠标左键完成截图。

五、Windows Media Player

单击“开始”菜单按钮，单击“所有程序”内的“Windows Media Player”命令，如图 4 - 149 所示，便打开“Windows Media Player”窗口。

图 4 - 149　Windows Media Player

用户可以先将音乐或视频文件添加到 Windows Media Player 的媒体库中，并对相关文件编辑标识，以便于快速查找及欣赏多媒体文件。操作步骤如下。

(1) 单击“Windows Media Player”窗口中的“组织”按钮，从其下拉菜单中选择“管理媒体库”内的“音乐”命令，打开“音乐库位置”对话框，如图 4 - 150 所示。

图 4 - 150　音乐库位置

(2) 单击“添加”按钮，打开“将文件夹包含在‘音乐’中”对话框，选择要包含音乐文件的文件夹，然后单击“包含文件夹”按钮，返回“音乐库位置”对话框。

(3) 单击“确定”按钮。此时，打开音乐库的文件夹列表，指定的文件夹包含其中。

六、Windows 系统连接打印机

单击“开始”菜单内的“设备和打印机”，或在“控制面板”中选择“硬件和声音”中的“添加打印机”链接命令按钮，如图 4 - 151 所示。

图 4 - 151　添加打印机

在随后打开的对话框中，单击选择窗口中“添加本地打印机”命令，就会弹出一个选择打印机端口的窗口，如图 4 - 152 所示。确定打印机端口后，继续单击“下一步”，进入“安装打印机驱动程序”对话框。

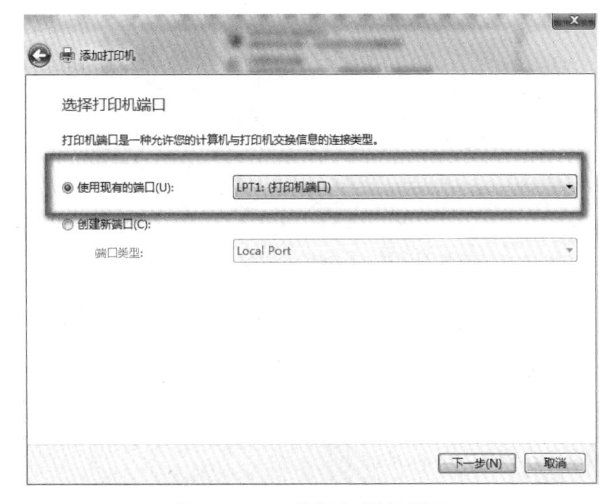

图 4 - 152　选择打印机端口

选择具体打印机厂商、型号（一般从说明书或打印机设备上看到)，如图 4 - 153 所示。如果系统没有其驱动程序，可单击选择“从磁盘安装…”，此时将打印机配套光盘插入光驱，按提示进行相关操作后，单击“下一步”。

最后，需要输入打印机的名称，一般使用计算机默认的设置就可以。直接进入下一步，根据需要选择“不共享这台打印机”后，如图 4 - 154 所示。再单击“下一步”，进行“打印测试页”，如图 4 - 155 所示。

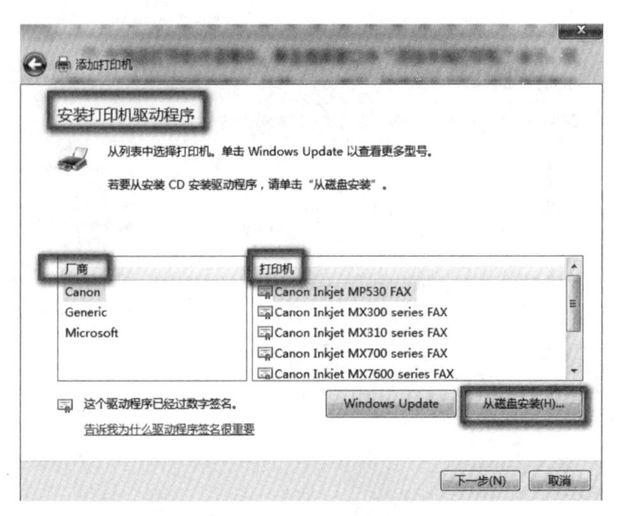

图 4－153　安装打印机驱动程序

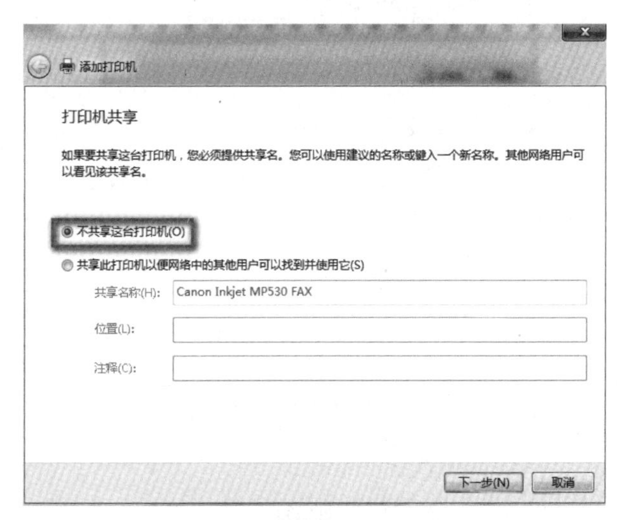

图 4－154　设置“不共享这台打印机”

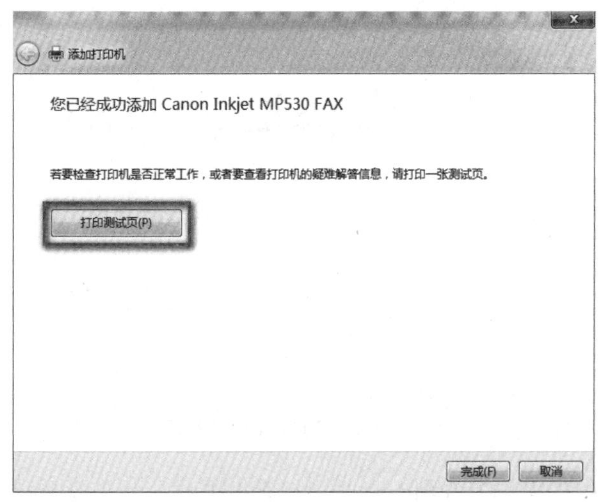

图 4－155　打印测试页

这样就完成 Windows 7 系统连接打印机了。

七、删除“计算机”中类似“360 安全云盘”的图标

下面以删除“计算机”中的“360 安全云盘”图标为例，介绍如何删除相类似的图标。

首先，双击“360 安全云盘”图标，启动 360 安全云盘，再单击“菜单”按钮，如图 4－157 所示。从中选择“设置”菜单命令，然后在“设置”菜单中将如图 4－158 所示选项去掉，再单击“确定”即可完成任务。

图 4－156　“计算机”中的“360 安全云盘”

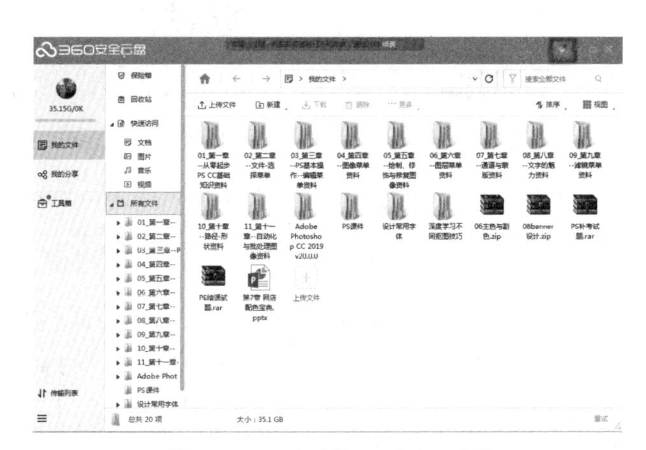

图 4－157　启动“360 安全云盘”

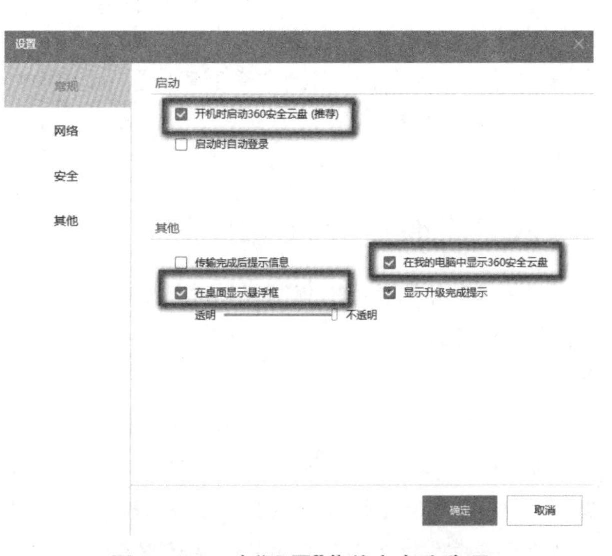

图 4－158　在“设置”菜单中去除选项

项目阶段测试

一、单项选择题

1. (　　)文件是 Windows 7 操作系统中数字视频文件的标准格式。

A. MDI　　B. GIF　　C. AVI　　D. WAV

2. Windows 7 中的“剪贴板”是(　　)。

A. 硬盘中的一块区域　　B. 光盘中的一块区域

C. 高速缓存中的一块区域　　D. 内存中的一块区域

3. 在 Windows 7 中，将整个桌面画面复制到剪贴板的操作是按(　　)。

A. 【PrintScreen】　　B. 【Ctrl】+【PrintScreen】

C. 【ALT】+【PrintScreen】　　D. 【Shift】+【PrintScreen】

4. 在 Windows 7 的资源管理器中，为了能查看文件的大小、类型和修改时间，应该在“查看”菜单中选择(　　)显示方式。

A. “大图标”　　B. “小图标”　　C. “详细资料”　　D. “列表”

5. 在 Windows 7 的回收站中，可以恢复(　　)。

A. 从硬盘中删除的文件或文件夹　　B. 从软盘中删除的文件或文件夹

C. 剪切掉的文档　　D. 从光盘中删除的文件或文件夹

6. 为获得 Windows 7 系统帮助，必须通过(　　)途径实现。

A. 在“开始”菜单中运行“帮助”命令　　B. 选择桌面并按【F1】键

C. 在使用应用程序过程中按【F1】键　　D. A 和 B 都对

7. 在同一时刻，Windows 7 中的活动窗口可以有(　　)。

A. 2 个　　B. 255 个

C. 任意多个，只要内存足够　　D. 唯一的 1 个

8. 在 Windows 7 中，按下(　　)并拖曳某一文件到另一文件夹中，可完成对该文件的复制操作。

A. 【Alt】　　B. 【Ctrl】　　C. 【Shift】　　D. 空格

9. 在 Windows 7 中，当删除一个或一组文件夹时，该文件夹或文件夹下的(　　)将被删除。

A. 文件　　B. 所有子文件夹

C. 所有子文件夹及其所有文件　　D. 所有子文件夹下的所有文件(不含子文件夹)

10. 在 Windows 7 环境下将某一个应用程序窗口最小化，正确的理解是(　　)。

A. 结束该应用程序的执行　　B. 关闭该应用程序

C. 该应用程序仍在运行　　D. 该应用程序将从桌面上消失

11. 计算机系统中必不可少的软件是(　　)。

A. 操作系统　　B. 语言处理程序　　C. 工具软件　　D. 数据库管理系统

12. 下列说法中正确的是(　　)。

A. 操作系统是用户和控制对象的接口　　B. 操作系统是用户和计算机的接口

C. 操作系统是计算机和控制对象的接口　　D. 操作系统是控制对象、计算机和用户的接口

13. 操作系统管理的计算机系统资源包括(　　)。

A. 中央处理器、主存储器、输入/输出设备　　B. CPU、输入/输出

C. 主机、数据、程序　　D. 中央处理器、主存储器、外部设备、程序、数据

14. 操作系统的主要功能包括(　　)。

A. 运算器管理、存储管理、设备管理、处理器管理

B. 文件管理、处理器管理、设备管理、存储管理

C. 文件管理、设备管理、系统管理、存储管理

D. 处理管理、设备管理、程序管理、存储管理

15. 在计算机中，文件是存储在(　　)。

A. 磁盘上的一组相关信息的集合　　B. 内存中的信息集合
C. 存储介质上一组相关信息的集合　　D. 打印纸上的一组相关数据

16. Window 7 目前有(　　)个版本。

A. 3　　B. 4　　C. 5　　D. 6

17. 在 Windows 7 的各个版本中，支持功能最少的是(　　)。

A. 家庭普通版　　B. 家庭高级版　　C. 专业版　　D. 旗舰版

18. Windows 7 是一种(　　)。

A. 数据库软件　　B. 应用软件　　C. 系统软件　　D. 中文字处理软件

19. 在 Windows 7 中，将打开窗口拖动到屏幕顶端，窗口会(　　)。

A. 关闭　　B. 消失　　C. 最大化　　D. 最小化

20. 在 Windows 7 中，显示桌面的快捷键是(　　)。

A. 【Win】+【D】　　B. 【Win】+【P】　　C. 【Win】+【Tab】　　D. 【Alt】+【Tab】

21. 在 Windows 7 中，显示 3D 桌面效果的快捷键是(　　)。

A. 【Win】+【D】　　B. 【Win】+【P】　　C. 【Win】+【Tab】　　D. 【Alt】+【Tab】

22. 安装 Windows 7 操作系统时，系统磁盘分区必须为(　　)格式才能安装。

A. FAT　　B. FAT16　　C. FAT32　　D. NTFS

23. 在 Windows 7 中，文件的类型可以根据(　　)来识别。

A. 文件的大小　　B. 文件的用途
C. 文件的扩展名　　D. 文件的存放位置

24. 在下列软件中，属于计算机操作系统的是(　　)。

A. Windows 7　　B. Excel 2016　　C. Word 2016　　D. PowerPoint 2016

25. 要选定多个不连续的文件(文件夹)，要先按住(　　)再选定文件。

A. 【Alt】　　B. 【Ctrl】　　C. 【Shift】　　D. 【Tab】

26. 在 Windows 7 中，使用删除命令删除硬盘中的文件后，(　　)。

A. 文件确实被删除，无法恢复
B. 在没有存盘操作的情况下，还可恢复，否则不可以恢复
C. 文件被放入回收站，可以通过“查看”菜单的“刷新”命令恢复
D. 文件被放入回收站，可以通过回收站操作恢复

27. 在 Windows 7 中，要把选定的文件剪切到剪贴板中，可以按(　　)组合键。

A. 【Ctrl】+【X】　　B. 【Ctrl】+【Z】　　C. 【Ctrl】+【V】　　D. 【Ctrl】+【C】

28. 在 Windows 7 中，个性化设置主要是指(　　)。

A. 主题　　B. 桌面背景　　C. 窗口颜色　　D. 声音

29. 在 Windows 7 中，可以完成窗口切换的方法是(　　)。

A. 【Alt】+【Tab】　　B. 【Win】+【Tab】　　C. 【Win】+【P】　　D. 【Win】+【D】

30. 在 Windows 7 中，关于防火墙的叙述不正确的是(　　)。

A. Windows 7 自带的防火墙具有双向管理的功能
B. 在默认情况下允许所有入站连接
C. 不可以与第三方防火墙软件同时运行
D. Windows 7 通过高级防火墙管理界面管理出站规则

31. 在 Windows 7 中，【Ctrl】+【C】组合键是(　　)命令的快捷键。

A. 复制　　B. 粘贴　　C. 剪切　　D. 打印

32. 在安装 Windows 7 操作系统的最低配置中，硬盘的基本要求是(　　)可用空间。

A. 8 G 以上　　B. 16 G 以上　　C. 30 G 以上　　D. 60 G 以上

33. Windows 7 有 4 个默认库，分别是视频、图片、(　　)和音乐。
A. 文档　B. 汉字　C. 属性　D. 图标

34. 在 Windows 7 中，有两个对系统资源进行管理的程序组，分别是“资源管理器”和“(　　)”。
A. 回收站　B. 剪贴板　C. 我的电脑　D. 我的文档

35. 在 Windows 7 中，下列文件名中正确的是(　　)。
A. Myfile1. txt　B. file1/. doc　C. A<B. pdf　D. A>B. xsl

36. 在 Windows 7 环境中，鼠标是重要的输入工具，键盘(　　)。
A. 无法起作用
B. 仅能配合鼠标，在输入中起辅助作用(如输入字符)
C. 仅能在菜单操作中运用，不能在窗口的其他地方操作
D. 也能完成几乎所有操作

37. 在 Windows 7 中，单击是指(　　)。
A. 快速按下并释放鼠标左键　B. 快速按下并释放鼠标右键
C. 快速按下并释放鼠标中间键　D. 按住鼠标左键并移动鼠标

38. 在 Windows 7 的桌面上单击鼠标右键，将弹出一个(　　)。
A. 窗口　B. 对话框　C. 快捷菜单　D. 工具栏

39. 被物理删除的文件或文件夹(　　)。
A. 可以恢复　B. 可以部分恢复
C. 不可恢复　D. 可以恢复到回收站

40. 记事本的默认扩展名为(　　)。
A. . DOC　B. . COM　C. . TXT　D. . XLS

41. 关闭对话框的正确方法是(　　)。
A. 按最小化按钮　B. 单击鼠标右键　C. 单击关闭按钮　D. 单击鼠标左键

42. 在 Windows 7 桌面上，若任务栏的按钮呈凸起形状，表示相应的应用程序处在(　　)。
A. 后台　B. 前台　C. 非运行状态　D. 空闲

43. 在 Windows 7 中的菜单有窗口菜单和(　　)菜单两种。
A. 对话　B. 查询　C. 检查　D. 快捷

44. 当一个应用程序窗口被最小化后，该应用程序将(　　)。
A. 被终止执行　B. 继续在前台执行　C. 被暂停执行　D. 转入后台执行

45. 下面是关于 Windows 7 文件名的叙述，错误的是(　　)。
A. 文件名中允许使用汉字　B. 文件名中允许使用多个圆点分隔符
C. 文件名中允许使用空格　D. 文件名中允许使用西文字符“|”

46. 下列操作系统中不是微软公司开发的操作系统是(　　)。
A. Windows Server　B. Window 7　C. Linux　D. Vista

47. 正常退出 Windows 7 操作系统正确的操作是(　　)。
A. 在任何时刻关掉计算机的电源
B. 选择“开始”菜单中“关闭计算机”并进行人机对话
C. 在计算机没有任何操作的状态下关掉计算机的电源
D. 在任何时刻按【Ctrl】+【Alt】+【Del】组合键

48. 为了保证 Windows 7 操作系统安装后能正常使用，采用的安装方法是(　　)。
A. 升级安装　B. 卸载安装　C. 覆盖安装　D. 全新安装

49. 对于大多数操作系统，如 DOS、Windows、Unix 等，都采用(　　)的文件夹结构。
A. 网状结构　B. 树状结构　C. 环状结构　D. 星状结构

50. 在 Windows 7 中，按(　　)组合键可在各中文输入法和英文间切换。
A. 【Ctrl】+【Shift】　B. 【Ctrl】+【Alt】　C. 【Ctrl】+【空格】　D. 【Ctrl】+【Tab】

51. Windows 和 Unix 都属于(　　)。
A. 数据库系统　B. 操作系统　C. 工具软件　D. 应用软件

52. 在 Windows 7 中,(　　)桌面上的程序图标即可启动一个程序。
A. 选定　B. 右击　C. 双击　D. 拖动

53. 当屏幕的指针为沙漏加箭头时,表示 Windows 7 操作系统(　　)。
A. 正在执行答应任务　B. 没有执行任何任务
C. 正在执行一项任务,不可以执行其他任务
D. 正在执行一项任务但仍可以执行其他任务

54. 使用鼠标右键单击任何对象将弹出(　　),可用于该对象的常规操作
A. 图标　B. 快捷菜单　C. 按钮　D. 菜单

55. 在 Windows 7 中,在前台运行的任务数为(　　)个。
A. 1　B. 2　C. 3　D. 任意多

56. 选用中文输入法后,可以实现全角、半角切换的组合键是(　　)。
A. 【Capslock】　B. 【Ctrl】+【.】　C. 【Shift】+【Space】　D. 【Ctrl】+【Space】

57. 在 Windows 7 中,通过"鼠标"属性对话框,不能调整鼠标的(　　)。
A. 单击速度　B. 双击速度　C. 移动速度　D. 指针轨迹

二、多项选择题

1. 在 Windows 7 中,个性化设置包括(　　)。
A. 主题　B. 桌面背景　C. 窗口颜色　D. 声音

2. 在 Windows 7 中,可以完成窗口切换的方法是(　　)。
A. 按【Alt】+【Tab】组合键　B. 按【Win】+【Tab】组合键
C. 单击要切换窗口的任何可见部位　D. 单击任务栏上要切换的应用程序按钮

3. 下列属于 Windows 7 控制面板中设置项目的是(　　)。
A. Windows Update　B. 备份和还原　C. 恢复　D. 网络和共享中心

4. 在 Windows 7 中,窗口最大化的方法是(　　)。
A. 按最大化按钮　B. 按还原按钮
C. 双击标题栏　D. 拖拽窗口到屏幕顶端

5. 使用 Windows 7 的备份功能所创建的系统镜像可以保存在(　　)上。
A. 内存　B. 硬盘　C. 光盘　D. 网络

6. 在 Windows 7 中,属于默认库的有(　　)。
A. 文档　B. 音乐　C. 图片　D. 视频

7. 在以下网络位置中,可以在 Windows 7 中进行设置的是(　　)。
A. 家庭网络　B. 小区网络　C. 工作网络　D. 公共网络

8. Windows 7 的特点是(　　)。
A. 更易用　B. 更快速　C. 更简单　D. 更安全

9. 当 Windows 操作系统崩溃后,可以通过(　　)来恢复。
A. 更新驱动　B. 使用之前创建的系统镜像
C. 使用安装光盘重新安装　D. 卸载程序

10. 下列属于 Windows 7 零售盒装产品的是(　　)。
A. 家庭普通版　B. 家庭高级版　C. 专业版　D. 旗舰版

11. 对于"回收站"的说法,正确的是(　　)。
A. "回收站"是一个系统文件夹
B. 放到"回收站"的文件无法恢复
C. 当"回收站"满了后,站内所有文件被清除
D. 如果"回收站"被清空,清空前的所有文件无法恢复

12. 在 Windows 7 中，启动应用程序的方式有（　　）。
A. 双击程序图标　　B. 通过“开始”菜单
C. 通过快捷方式　　D. 通过“运行”窗口

13. 在 Windows 7 中，删除文件的方法有（　　）。
A. 用【Del】键删除　　B. 用鼠标将其拖放到回收站
C. 用“Erase”命令删除　　D. 用鼠标将其拖出本窗口

14. 选择连续的若干个文件的方法是（　　）。
A. 按【Shift】＋光标移动键　　B. 按【Ctrl】＋光标移动键
C. 按住鼠标左键拖动选中的某区域　　D. 用鼠标左键连续单击文件名

15. 在“计算机”窗口中，利用“查看”菜单可以对窗口内的对象以（　　）方式进行浏览。
A. 图标　　B. 刷新　　C. 平铺　　D. 缩略图
E. 列表　　F. 详细信息

16. 退出 Windows 7 的方法有（　　）。
A. 从“开始”菜单中选择“关闭计算机”　　B. 直接关闭电源
C. 按【Ctrl】＋【Alt】＋【Del】组合键，选择关机　　D. 按【Alt】＋【F4】组合键

17. 刚安装好 Windows 7，桌面（“现代桌面”风格）的基本元素有（　　）。
A. “收件箱”图标　　B. 任务栏
C. “我的电脑”图标　　D. “Office 7”图标
E. “回收站”图标

18. Windows 7 中的窗口主要组成部分应包括（　　）。
A. 标题栏　　B. 菜单栏　　C. 状态栏　　D. 工具栏　　E. 关闭按钮

19. 关闭应用程序窗口的方法有（　　）。
A. 单击“关闭”按钮　　B. 双击窗口的标题栏
C. 单击状态栏中的另一个任务　　D. 选择“文件”菜单中的“退出”或“关闭”选项

20. 通过经典“开始”菜单可以打开（　　）窗口。
A. 计算机　　B. 控制面板　　C. 网络连接　　D. 设备和打印机

21. Windows 7 的开始菜单可以（　　）。
A. 添加项目　　B. 删除项目
C. 隐藏“开始菜单”　　D. 显示小图标

22. 在屏幕底部的任务栏可以移到屏幕的（　　）。
A. 顶部　　B. 任何位置　　C. 左边界　　D. 右边界

23. 在多个窗口中切换的方法是（　　）。
A. 在“任务栏”上，单击任一个窗口的任务提示条
B. 按【Alt】＋【Tab】组合键选择
C. 单击非活动窗口的任一未被遮蔽的可见位置
D. 用鼠标右键单击

24. （　　）等特征可以随着 Windows 7 的主题配置而变动。
A. 显示风格　　B. 鼠标形状　　C. 音响方案　　D. 屏幕保护

25. 在 Windows 7 中，当给文件和文件夹命名时，可以使用（　　）。
A. 长文件名　　B. 汉字
C. 大/小写英文字母　　D. 特殊符号如“\”、“/”、“·”等

三、填空题

1. Windows 7 是一种（　　）。

2. Windows 7 有 4 个默认库，分别是视频、图片、（　　）和音乐。

3. 要安装 Windows 7 操作系统，系统磁盘分区必须为（　　）格式。

4. 在 Windows 7 中,【Ctrl】+【C】组合键是(　　)命令的快捷键。
5. 在 Windows 7 中,【Ctrl】+【X】组合键是(　　)命令的快捷键。
6. Windows 7 的桌面主要包括(　　)、(　　)、(　　)等。
7. 在计算机中,"*"和"?"被称为(　　)。
8. Windows 7 是由(　　)公司开发的具有革命性变化的操作系统。
9. (　　)是一个小型的文字处理软件,能够对文章进行一般的编辑和排版处理,还可以进行简单的图文混排。
10. 记事本是 Windows 7 操作系统内带的、专门用于(　　)的应用程序。
11. 磁盘是存储信息的物理介质,包括(　　)、(　　)。
12. 在操作系统中,对程序和数据进行管理的部分通常称为(　　)。
13. Windows 7 窗口右上角的"×"按钮是(　　)。
14. 桌面是 Windows 7 面向(　　)的第一界面。
15. 在 Windows 7 中,用户可以同时启动多个应用程序,在启动多个应用程序后,用户可以按组合键(　　)在各应用程序之间进行切换。
16. 在 Windows 7 中,回收站是(　　)中的一块区域。
17. 在 Windows 7 中,文件的属性包括(　　　　　　　　)4 种。
18. 在 Windows 7 中,控制菜单图标位于窗口的(　　)。
19. 在 Windows 7 中,设置屏幕保护程序是在控制面版的(　　)项目中进行。
20. 在 Windows 7 中,需要查找以"AB"开头的所有文件时,可以在查找对话框内的名称框中输入"(　　)"。
21. 在 Windows 7 中,需要查找以"n"开头且扩展名为"com"的所有文件时,可以查找对话框内的名称框中输入"(　　)"。
22. 操作系统的主要功能是对计算机系统的 4 类资源进行有效的管理,即处理器管理、存储器管理、I/O 设备管理和(　　)。
23. 启动 Windows 7 后,首先看到的工作屏幕叫做(　　)。
24. 设置屏幕保护程序时,其对话框的标题是(　　)属性。
25. 要查找局域网中的计算机,应进入(　　)。
26. 要移动 Windows 7 窗口的位置,必须用鼠标拖动它的(　　)。
27. 用来全面管理计算机系统资源的软件叫做(　　)。
28. 在 Windows 7 中,有两个对系统资源进行管理的程序组,分别是(　　)和(　　)。
29. 在 Windows 7"我的电脑"中,当删除一个或一组目录时,该目录或该目录组下的(　　　　　　)将被删除。
30. Windows 7 自带的(　　)用来处理纯文本文件。
31. 在 Windows 7 中,连续两次快速按下鼠标左键的操作称为(　　)。
32. 操作系统是(　　)之间的接口。
33. 当系统硬件发生故障或更换硬件设备时,为了避免系统意外崩溃,应采用的启动方式为(　　)。
34. 回收站属于(　　)区域。
35. 当计算机启动时,所要执行的基本指令信息存放在(　　)中。
36. 计算机系统由(　　　　　　　　)组成。
37. 从软件分类来看,Windows 7 属于(　　)软件。
38. 在 Windows 7 的菜单中,有的菜单选项右端有一个向右的箭头,这表示该菜单项还有(　　)。
39. 一个文件的扩展名通常表示该文件(　　)。
40. 将回收站中的文件还原时,被还原的文件将回到(　　)位置。
41. 在 Windows 7 中,用鼠标双击窗口的标题栏,则改变(　　)的大小。
42. Windows 7 为用户提供的环境是(　　)用户、(　　)任务。
43. 对 Windows 7 应用程序窗口快速重新排列(平铺或层叠)可通过(　　)来实现。

44. 控制面板的主要作用是( )。

45. 启动 Windows 7 操作系统时，要想直接进入最小系统配置的安全模式，可以按( )。

46. 在 Windows 7 中有两个管理系统资源的程序组，分别是( )和( )。

47. 在 Windows 7 中，如果想同时改变窗口的高度或宽度，可以通过拖放( )来实现。

48. 操作系统功能包括进程管理、存储器管理、设备管理、文件管理、用户接口，其中，存储器管理主要是对( )进行管理。

49. 在操作系统中对程序和数据进行管理的部分，通常称为( )。

50. 在 Windows 窗口中删除一组文件，可以用( )键辅助操作，连续选取定义一组文件。

四、判断题

1. 正版 Windows 7 操作系统不需要激活即可使用。 ( )

2. Windows 7 旗舰版支持的功能最多。 ( )

3. Windows 7 家庭普通版支持的功能最少。 ( )

4. 在 Windows 7 的各个版本中，支持的功能都相同。 ( )

5. 在 Windows 7 中默认库被删除后，可以通过恢复默认库进行恢复。 ( )

6. 在 Windows 7 中默认库被删除了就无法恢复。 ( )

7. 正版 Windows 7 操作系统不需要安装安全防护软件。 ( )

8. 任何一台计算机都可以安装 Windows 7 操作系统。 ( )

9. 安装安全防护软件有助于保护计算机不受病毒侵害。 ( )

10. 在 Windows 7 中，可以对磁盘文件按名称、类型、文件大小排列。 ( )

五、简答题

1. 试列出至少 3 种打开资源管理器的方法。

2. 简述在资源管理器中同时选择多个连续文件或文件夹的方法。

3. 从库中将某个文件夹删除，会将该文件夹从原位置删除吗？

4. 试列出 3 种复制文件的方法。

5. 如何同时打开多个文件？

6. 简述在 Windows 7 中桌面创建“画图”的快捷方式的操作步骤。

7. 使用 FAT32 文件系统格式对一个新的 U 盘进行格式化操作，简述其操作步骤。

8. 在 Windows 7 中，可以用哪些方法创建桌面快捷方式？

9. 在 Windows 7 中，可以用哪些方法打开“记事本”程序(Notepad. exe)？

10. 在 Windows 7 中，可以用哪些方法进入资源管理器？

11. 资源管理器是 Windows 最主要的文件浏览管理工具，可以用它实现哪些操作？

12. 如何使用快捷菜单？有些快捷菜单有“属性”选项，该选项有什么作用？

13. 如何查看当前计算机正在运行的程序进程，有哪些方法可以关闭一个正在运行的应用程序？

六、操作题

1. 如何更改菜单大小为 20 磅？

2. 要求：①设置桌面背景为“中国组”的第 3 个，图片位置为“填充”；②将主题设置为“风景”；③在桌面上创建“Windows 资源管理器”的快捷方式，并命名为“资源管理器”。

3. 要求：①在记事本中输入“计算机应用基础课程”，并取名为“测试练习. txt”，保存到桌面新建文件夹下；

②打开画图程序，插入“矩形”并填充为“红色”，以“红色矩形. bmp”为名保存到桌面新建文件夹下；③复制屏幕到剪贴板，打开画图程序，粘贴剪贴板内容，并命名为“屏幕. jpg”，保存到考生文件夹下。

4. 使用“资源管理器”，在 C 盘根文件夹中新建一个文件夹，并命名为“我的记事本”，将 D 盘所有扩展名为“. txt”的文件复制到该文件夹。

5. 试列出至少 3 种打开资源管理器的方法。

6. 更改桌面背景，设置更改背景时间为 5 分钟。

项目五
Word 2016 文字处理软件

项目导图

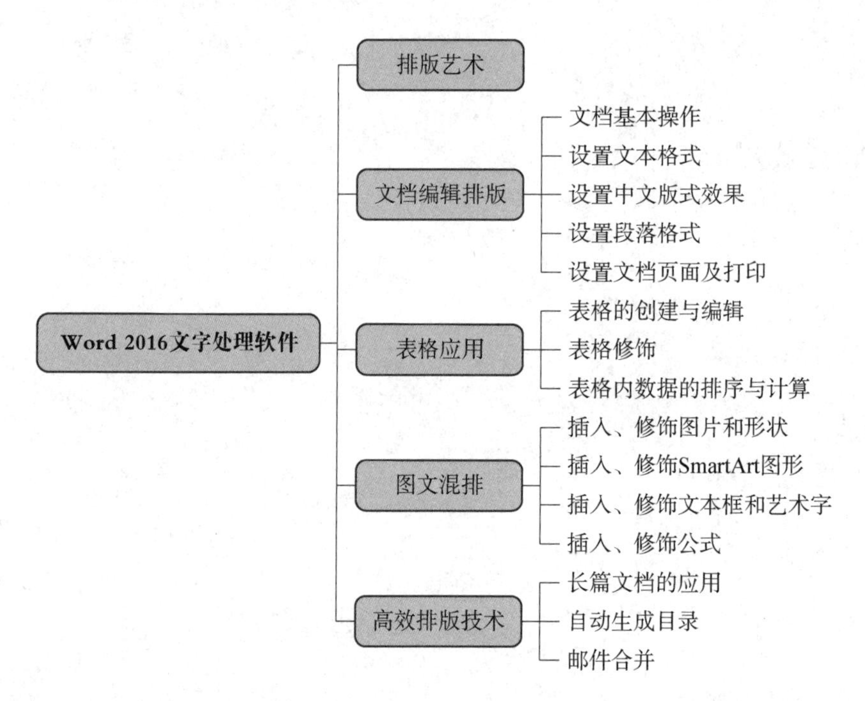

项目能力目标

任务一　文档编辑排版

任务二　表格应用

任务三　图文混排

任务四　高效排版技术

项目知识目标

（1）掌握文档的创建、保存；

（2）掌握文档的字符、段落排版设计；

（3）掌握文档的页面设置及打印方式；

（4）掌握文档中表格的应用；

（5）掌握文档各种对象的应用；

（6）掌握文档的目录创建及邮件合并；

（7）了解表格内数据计算；

（8）了解长篇文档的创建。

任务一　文档编辑排版

任务目标

(1) 了解 Word 系统参数设置；

(2) 了解视图的作用；

(3) 了解预览、打印文档功能；

(4) 熟悉 Word 工作界面；

(5) 掌握各类文档的创建、保存方法；

(6) 掌握文本、符号的输入及其选取、移动、复制、查找和替换；

(7) 掌握文本、段落格式、边框、底纹的设置；

(8) 掌握项目符号、编号的设置；

(9) 掌握各类中文版式；

(10) 掌握文档页面设置。

任务资讯

一、排版的艺术

(一) 排版的原则

1. 整体性

排版设计所追求的完美形式必须符合思想内容主题，这是排版的根基。只有把形式与内容合理地统一，强化整体布局，才能获得版面构成中独特的社会和艺术价值，才能解决设计想说什么、对谁说和怎么说的问题。

2. 协调性

强调版面的协调性原则，就是强化版面各种编排要素在版面中的结构以及色彩的关联性。通过版面上文、图之间的整体组合与协调性编排，使版面具有秩序美和条理美，从而获得很好的视觉效果。

3. 艺术性与装饰性

排版设计是对设计者的思想境界、艺术修养、技术知识的全面检验。版面的装饰因素是由文字、图形、色彩等通过点、线、面的组合与排列构成，并采用夸张、比喻、象征的手法来体现视觉效果。

4. 独创性

排版的独特性实质上是突出个性化特征的原则。鲜明的个性，是排版设计的创意灵魂。如果一个人设计的版面单一化、概念化，大同小异、千版一面，那么，它的感染力、记忆程度是有限的。因此，在排版设计中多一点独创性、少一点一般性，才能赢得读者的青睐。

(二) Word 的排版要素

以文字为主的排版内容其组织构成如图 5-1 所示，即由下而上积累形成。

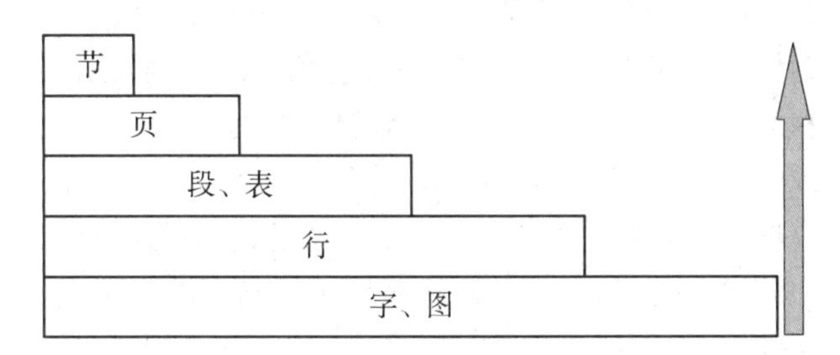

图 5-1　排版要素

二、办公软件

办公软件的应用范围很广，大到社会统计，小到会议记录，数字化的办公，离不开办公软件的鼎力协助。另外，政府用的电子政务，税务用的税务系统，企业用的协同办公软件，这些都属于办公软件。办公软件是指可以进行文字处理、表格制作、幻灯片制作、图形图像处理、简单数据库处理等方面工作的软件。目前，办公软件正在朝操作简单化、功能细化等方向发展，市场上常见的办公软件有微软的 Office、金山 WPS Office 和永中 Office 等(图 5-2)。

图 5-2　目前流行的最高版本的办公软件

Microsoft Office 是一套由美国微软公司开发的办公软件，最新版本的 Office 被称为“Office system”，而不是“Office suite”。最初 Office 版本包含 Word、Excel 和 Powerpoint，另外一个专业版还包含 Microsoft Access。后来，Office 应用程序被逐渐整合起来。该软件被认为是开发文档的事实标准，目前最高版本为 Office 2019，仅适用于 Windows 10 操作系统。

WPS Office 是由金山公司自主研发的一款办公软件套装，可以实现办公软件最常用的文字、表格、演示等多种功能。它具有内存占用低、运行速度快、体积小、插件平台支持强大、免费提供海量在线存储空间及文档模板、支持阅读和输出 PDF 文件、全面兼容微软 Microsoft Office 格式（doc/docx/xls/xlsx/ppt/pptx 等）的独特优势，可以覆盖 Windows、Linux、Android、iOS 等多个平台。

永中 Office 是国内唯一一款拥有完全自主知识产权的办公软件，其产品开发和服务提供商——永中软件成立于 2009 年 11 月。永中 Office 在一套标准的用户界面下集成了文字处理、电子表格和简报制作三大应用，提供自选图形、艺术字、剪贴画、图表和科教编辑器等附加功能；基于创新的数据对象储藏库专利技术，有效地解决了 Office 各应用之间的数据集成问题，构成了一套独具特色的集成办公软件。永中 Office 还被商务部指定为援外项目办公软件。

三、Word 工作界面

启动 Word 2016 后，显示的工作界面如图 5－3 所示，其中，包括快速访问工具栏、标题栏、功能区和状态栏等组成元素。

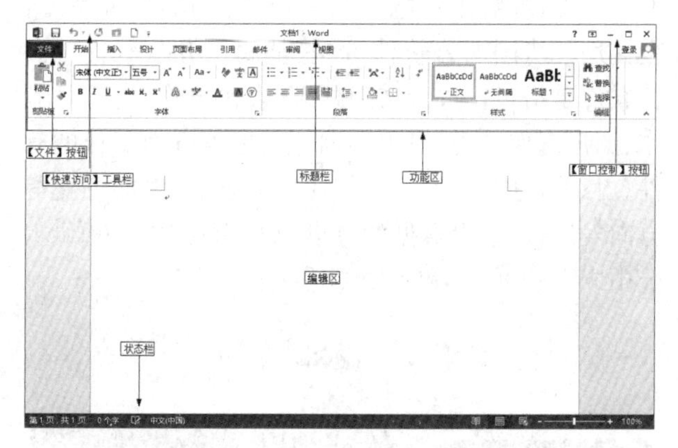

图 5－3　Word 工作界面

（一）快速访问工具栏

快速访问工具栏用于放置一些使用频率较高的工具。在默认情况下，该工具栏包含“保存”、“撤消”和“恢复”按钮。

如若需要，用户可以自定义快速访问工具栏，方法如下：

单击该工具栏右侧的“自定义快速访问工具栏”三角按钮，如图 5－4 所示。在展开的列表中选择要向其中添加的命令。

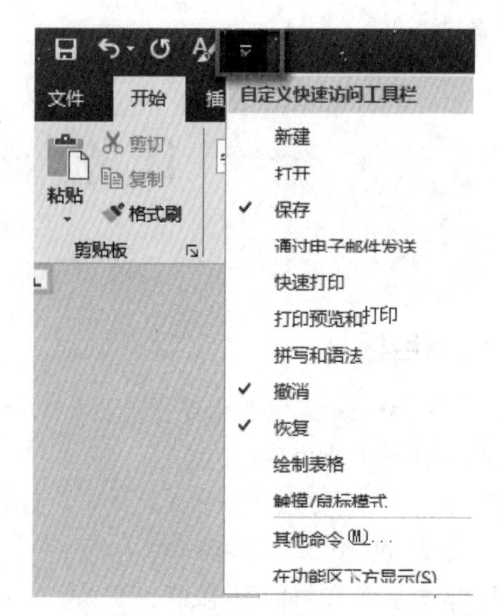

图 5－4　自定义快速访问工具栏

（二）标题栏

标题栏位于窗口的最上方，显示了当前编辑的文档名、程序名和一些窗口控制按钮。其中，单击标题栏右侧的 3 个窗口控制按钮，可将程序窗口最小化、还原或最大化、关闭。

（三）功能区

功能区用选项卡的方式分类存放编排文档时所需要的工具。单击功能区中的选项卡标签，可切换到不同的选项卡，从而显示不同的工具；在每个选项卡中，工具又被分类放置在不同的组中。

某些组的右下角有一个“对话框启动器”按钮，如图 5－5 所示，单击可打开相关对话框。例如，单击“字体”组合右下角的“对话框启动器”按钮，可打开“字体”对话框。

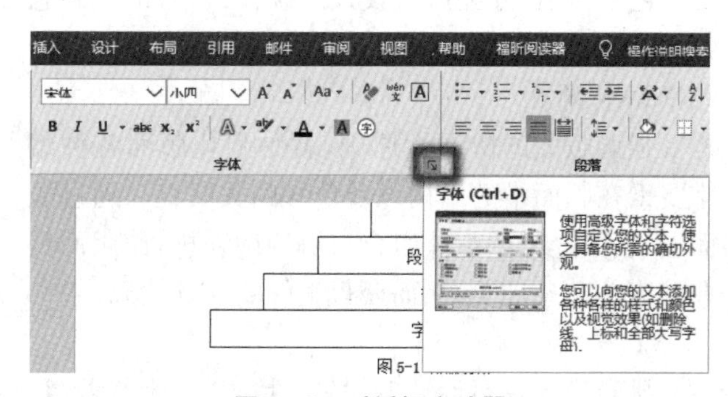

图 5－5　对话框启动器

如果不知道某个工具按钮的作用，可将鼠标指针移至该按钮上停留片刻，即可显示该按钮的名称和作用，如图 5－6 所示。

除上面默认的选项外，有的选项卡会在特定情况下出现。例如，选择图片时会出现“图片工具　格式”选项卡，如图 5－7 所示；绘制图形会出现“绘图工具　格式”选项卡。

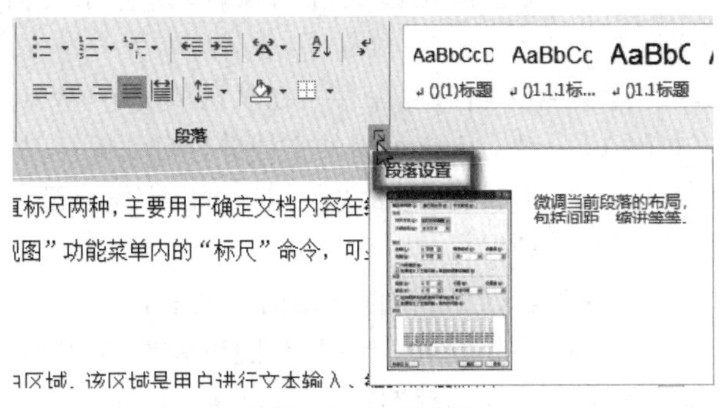

图 5-6 按钮名称

图 5-7 选项卡菜单

（四）标尺

标尺分为水平标尺和垂直标尺两种，主要用于确定文档内容在纸张上的位置和设置段落缩进等。单击“视图”功能菜单内的“标尺”命令，可显示或隐藏标尺。

（五）编辑区

编辑区是指水平标尺下方的空白区域，该区域是用户进行文本输入、编辑和排版的地方。在编辑区左上角有一个不停闪烁的光标，它用于定位当前的编辑位置。在编辑区中每输入一个字符，光标会自动向右移动一个位置。

（六）滚动条

滚动条分为垂直滚动条和水平滚动条两种。当文档内容不能完全显示在窗口中时，可通过拖动文档编辑区下方的水平滚动条或右侧的垂直滚动条来查看内容。

（七）状态栏

状态栏位于 Word 文档窗口底部，其左侧显示当前文档的状态和相关信息，右侧显示的是视图模式切换按钮和视图显示比例调整工具。

四、Word 进行文稿编排的一般工作流程

利用 Word 进行一般性文稿的编辑和排版，其过程一般包括建立文档、编辑文档、保存文档、打开文档和关闭文档 5 个步骤。

（一）建立文档

建立文档的方法包括新建空白普通文档（扩展名“. docx”是默认保存格式）和新建空白模板文档（扩展名“. dotx”是默认保存格式）两种。

1. 新建空白普通文档

新建空白普通文档是 Word 默认的创建文档的方式。如果要在 Word 中创建一篇新的空白文档，需要新建一个文档对象。单击“文件”功能菜单内的“新建”命令，如图 5-8 所示。

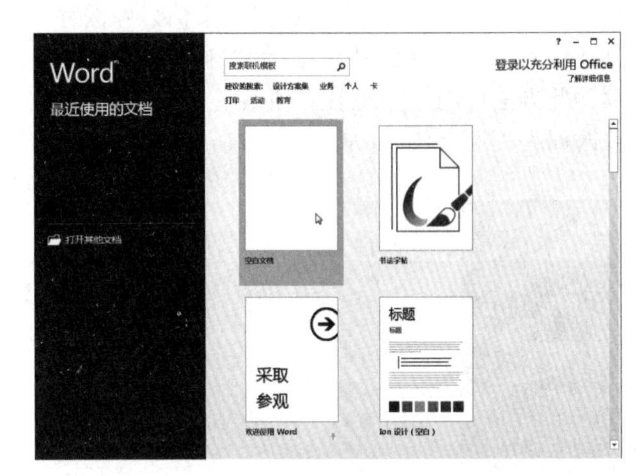

图 5-8 新建空白普通文档

2. 新建空白模板文档

Word 2016 提供了各种类型的文档模板，利用它们可以快速创建带有相应格式和内容的文档。如有其他需求，不想自己创建而使用 Word 提供的模板样式，可单击“文件”功能菜单内的“新建”命令，从其右侧中根据需要选择相关模板文件，如图 5-9 所示，然后根据实际需要填写相关内容即可。

图 5-9 模板文件

（二）保存文档

创建好文档后，用户应及时将其保存。一定要

养成经常保存文档的习惯，否则文档内容只是存放在计算机的内存中，一旦断电或关闭计算机，文档或修改的信息就会丢失。

保存文档有两种方式：一种是将文档保存在原来的位置中，也就是使用“保存”命令来实现文档的保存，如图 5－10 所示；另一种是将文档另外保存在其他位置，这是采用“另存为”命令来实现文档的保存。此方法可用于为现有文档做备份文件，避免因修改而丢失原有数据，如图 5－11 所示。

图 5－10　保存新建文件

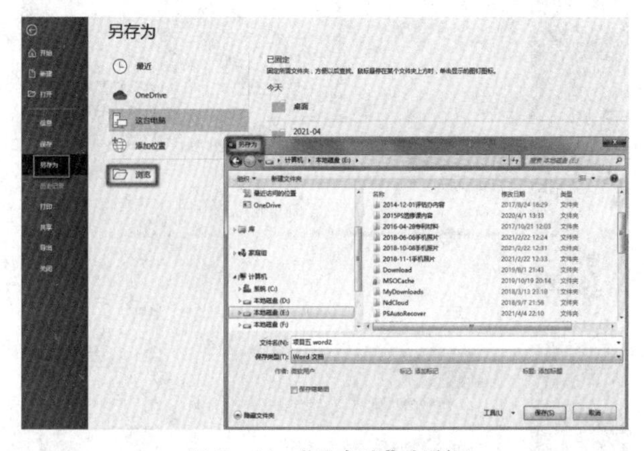

图 5－11　“另存为”对话框

注意：

(1) 保存文件时必须要指定文件存放的位置、给出要保存的文件名、核对文件类型(默认保存文件类型的扩展名为“.docx”)。

(2) 当文档已经保存、再执行“另存为”命令，则可以将该文档以其他文件名保存为该文档的一个副本。若此时还使用原文件名保存，则将原文档覆盖。

(3) 设置文档自动保存。在默认情况下，Word 将每隔 10 分钟对正在编辑的文档进行自动保存，从而有效地防止文档信息丢失。用户可以根据自己的需要，设置自动保存的时间间隔。

若要设置文档自动保存的时间间隔，只需单击“文件”菜单下的“选项”按钮，在随后弹出的“Word 选项”对话框中，选择“保存”选项卡，即可在其右侧设置文档自动保存的时间间隔。例如，设置文档自动保存的时间间隔为“2 分钟”，如图 5－12 所示。

图 5－12　设置文件自动保存

(三) 打开文档

当电脑中存在用户需要的 Word 文档时，则可以使用双击文档或是通过“打开”命令的方法来打开文档，如图 5－13 所示。

图 5－13　“打开”文档对话框

(四) 关闭文档

在完成文档的编辑并保存后，可以通过单击窗

口右上方的“关闭”按钮，退出 Word 应用程序，从而关闭当前文档，也可以只关闭当前文档而不退出应用程序，其方法是单击“文件”菜单中的“关闭”命令。

五、Word 系统参数的设置

在 Word 操作过程中，经常需要打开以前的文件继续编辑及修改。为了工作方便或满足其他需要，通常需要设置文档的默认打开位置、文档的自动保存时间和最近使用文档的数目等。

(一) 设置文档的默认打开位置

在 Word 中打开文件时有默认的位置，用户可以根据个人的使用需要，将默认打开文档的位置设置到经常使用的文件夹下。

方法：新建一个空白文档。在打开的文档窗口中，点击左上角的“文件”命令选项菜单，选择并点击“选项”命令，此时会弹出“Word 选项”对话框。选择并点击“保存”命令。在“保存”选项的右侧窗口，点击“默认本地文件位置”右侧的“浏览”按钮，这时会跳转到“修改位置”对话框中。此时，指定文件存放位置或文件夹名称并点击“确定”按钮即可，如图 5－14 所示。

图 5－14　“Word 选项”对话框

在此对话框中，还可以设置保存文件的默认文件扩展名、设置文档的自动保存时间间隔和自动恢复文件位置等。

(二) 显示与隐藏非打印字符及是否显示所有格式标记

在 Word 中有一些是打印不出来的符号，如段落标记、空格等，但它会显示在页面视图中，而页面视图是 Word 默认视图。如果想隐藏它们、不在屏幕上显示，可以在“Word 选项”对话框中的“显示”分组项中进行相关操作，如图 5－15 所示。

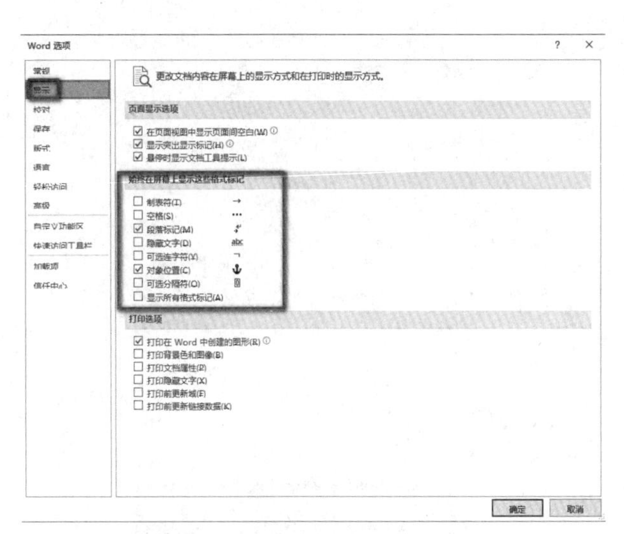

图 5－15　“显示”分组对话框

(三) 调整标尺的度量单位值、调整显示“最近使用的文档”数量、是否显示水平或垂直滚动条、添加或取消垂直标尺

若想完成上述设置，只要进入如图 5－16 所示界面即可。

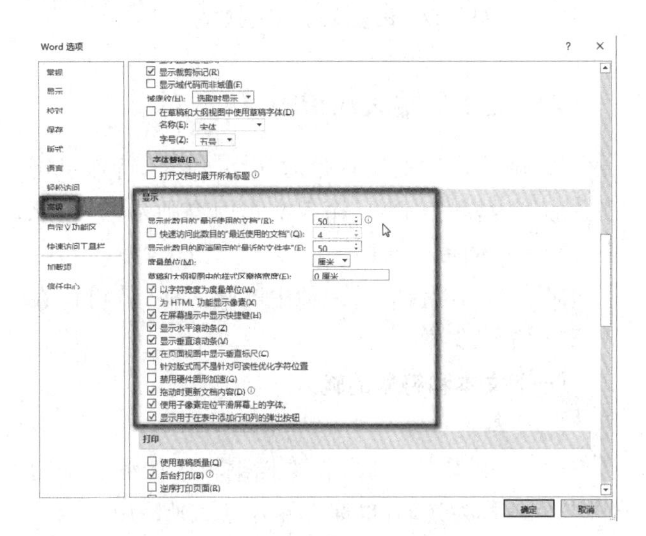

图 5－16　“高级”分组对话框

(四) 设置输入状态为插入或改写

在 Word 2016 中默认文字输入状态为插入，且状态栏处默认不显示。如果需要设置输入状态为改写，可在 Word 状态栏空白处，右键单击选择“自定义状态栏”对话框中的“改写”，如图 5－17 所示。

此时，可将光标定位在要改写的位置，然后单击状态栏中的“插入”按钮或者按【Insert】，此时该按钮变为“改写”，表示进入“改写”模式。在这种情况下，新键入的字符将替代现有的字符。要重新回到插入模式，可单击状态栏中的“改写”按钮或者再次按【Insert】。

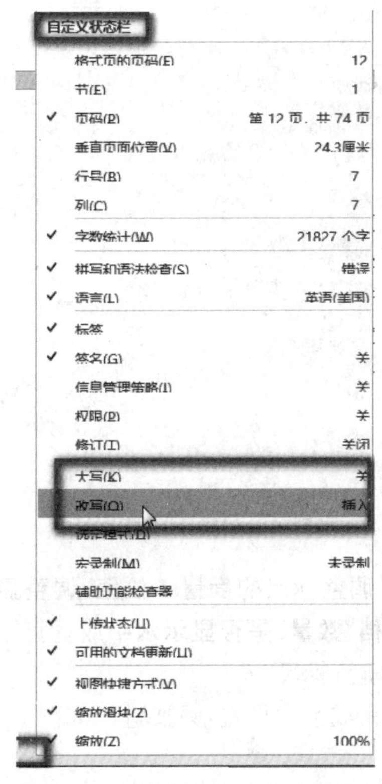

图 5-17　设置输入状态为改写状态

六、文本的输入与编辑

Word 中所说的文本是对文字、符号、特殊字符和图形等内容的总称。输入文本内容则是在 Word 中进行工作的重要前提。

启动 Word 后选择一种中文输入法，就可以在 Word 中输入文本。

(一) 文本和符号的输入

1. 光标的移动

输入和编辑文档时，在文档编辑区始终有一闪烁的竖线，称为光标，也称为插入点。光标用来定位要在文档中输入或插入的文字、符号和图像等内容的位置。

在 Word 文档中录入文字是从当前光标处开始的，因此，在输入文字之前需要将插入点放在要输入文字的地方。

要移动光标，只需移动鼠标竖形指针到文档中的所需位置，然后单击即可。如果内容较长，需要通过拖动垂直滚动条或滚动鼠标滚轮，将要编辑的内容显示在文档窗口中，然后在所需位置单击鼠标，将光标移至此处，如表 5-1 所示。

表 5-1　文本选择的快捷键

键盘命令	可执行的操作
【↑】、【↓】	分别向上、下移动一行
【←】、【→】	分别向左、右移动一个字符
【PageUp】、【PageDown】	上翻、下翻若干行
【Home】、【End】	快速移动到当前行首、行尾
【Ctrl】+【Home】、【Ctrl】+【End】	快速移动到文档开关、文档末尾
【Ctrl】+【↑】、【Ctrl】+【↓】	在各段落的段首间移动
【Shift】+【F5】	插入点移动到上次编辑所在位置

2. 输入文本

当确定了插入点的位置后就可以输入文字。

Word 提供了自动换行的功能，因此，在文字输满一行时，不需要进行手动换行，Word 会根据纸张的大小和页面设置的情况，在适当的位置进行自动换行，而且 Word 的换行功能还考虑了标点和英文的完整性，所以，不会出现标点符号在第一个字符或英文单词被断开的情况。

按【Enter】可达到强制换行、形成一个新的自然段的目的。

如果希望将文本在某位置处强制换行而不开始新段落，可在该位置单击，将光标置于该处并按【Shift】+【Enter】组合键(俗称“软回车”)。

3. 输入符号

将光标定位在要插入符号的位置，单击“插入”功能选项卡，在“符号”分组中单击“符号”下拉按钮，在弹出的下拉列表中选择“其他符号”选项，如图 5-18 所示。

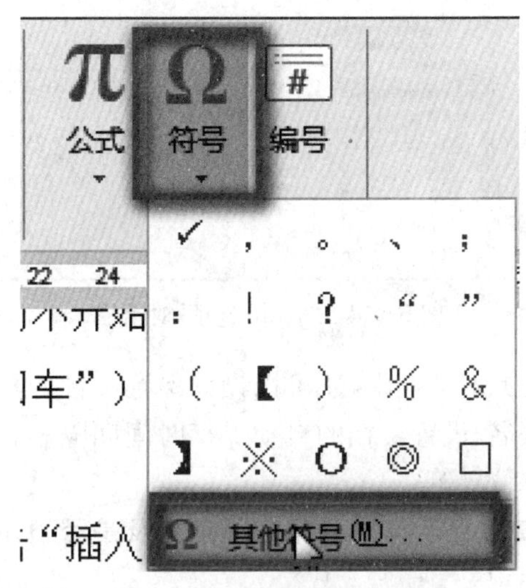

图 5-18　“其他符号”选项

在打开的“符号”对话框中，单击选中要插入的符号，然后单击“插入”按钮。完成符号的插入后，单击“关闭”按钮返回文档，可以看到已经插入的符号效果，如图 5-19 所示。

图 5－19　“符号”对话框

(二) 文本的选取、移动、复制、查找和替换

输入文本内容后需要对文档进行更进一步的编辑工作时,必须选定要编辑的文本内容才行。当文档中的文字被选定后,文字就会被反黑显示。

1. 文本的选择

(1) **任选**:定位后按左键拖放。

(2) **选一单词**:双击所需单词(适用于选一个字或词)。

(3) **选一图形**:单击所需图形。

(4) **选一行文字**:将鼠标移到所需行左端、鼠标变为右指向箭头时单击。

(5) **选取一句**:按【Ctrl】单击该句中任何位置。

(6) **选多行**:将鼠标移到所需行左端变为右向箭头时拖放选择。

(7) **选取一个自然段**:在所需自然段中 3 次单击。

(8) **选取竖列文本**:定位后按【Alt】左键拖放选择。

(9) **选取整篇文档**:将鼠标移至文档左侧,鼠标变为右指向箭头时 3 次单击,或按快捷键【Ctrl】+【A】。

(10) **利用组合键选定文本**:文本选择的快捷键如表 5－2 所示。

表 5－2　文本选择的快捷键

将要选定的范围扩展到	操作
右侧一个字符	【Shift】+【→】
左侧一个字符	【Shift】+【←】
单词结尾	【Ctrl】+【Shift】+【→】
单词开始	【Ctrl】+【Shift】+【←】
行尾	【Shift】+【End】
行首	【Shift】+【Home】
下一行	【Shift】+【↓】
上一行	【Shift】+【↑】
段尾	【Shift】+【Ctrl】+【↓】
段首	【Shift】+【Ctrl】+【↑】
下一屏	【Shift】+【PageDown】
上一屏	【Shift】+【PageUp】
文档结尾	【Shift】+【Ctrl】+【End】
文档开始	【Shift】+【Ctrl】+【Home】
包含整篇文档	【Ctrl】+【A】
纵向文本块	【Shift】+【Ctrl】+【F8】,然后使用箭头键,按【Esc】取消所选内容

(11) **选择区域跨度较大的文本**:要选择的文本区域跨度较大时,使用拖拽法选择文本将十分不便。此时,可以在要选择的文本区域开始位置单击鼠标左键,然后按住【Shift】的同时在文本结束处单击鼠标左键。

(12) **同时选择不连续的多处文本**:选取一处文本后,按住【Ctrl】选取下一处文本。

2. 移动和复制文本

移动与复制文本的目的是对文本进行移动与重复使用。执行剪切或复制的操作后,为了将选中的内容转移到目标位置,还需要进行粘贴的操作。

3. 查找和替换文本

例如,在输入完一篇较长的文档后,检查中发现把一个重要的字或词句全部输入错误。如果逐个修改,则会花大量的时间和精力,这时使用查找与替换的功能就能很快解决这个问题。在 Word 文档中不仅可以搜索指定的文本,还可以将搜索到的文本内容替换成所要修改的内容。图 5－20 为“查找和替换”对话框。

4. 删除文本

如果需要去掉文档中不需要的文本,可以选中要删除的文本,然后按【Del】或【Backspace】,即可将选中的文本删除。

5. 撤消和恢复操作

在文档的编辑过程中,操作错误是难以避免的。此时,可以通过 Word 中的撤消(【Ctrl】+【Z】)、恢复键入(【Ctrl】+【Y】)或者重复键入(【Ctrl】+【Y】)功

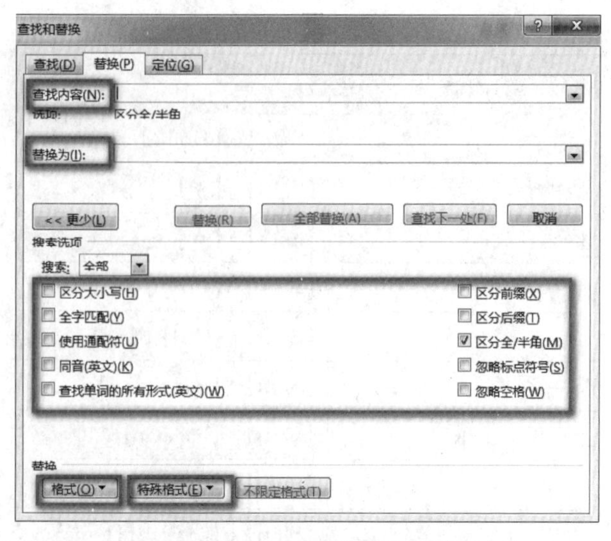

图 5-20 “查找和替换”对话框

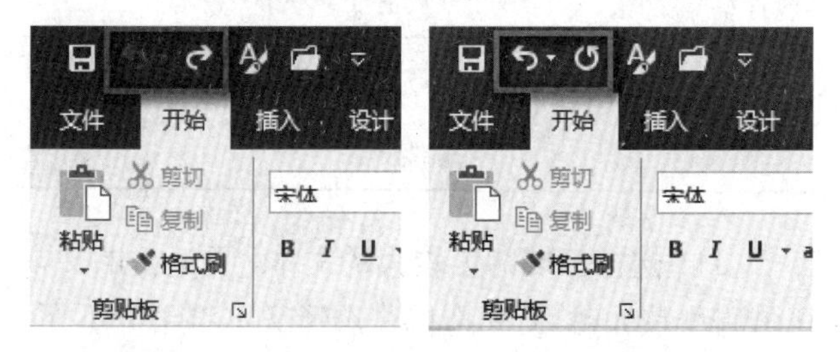

图 5-21 撤消、恢复键入和重复键入命令按钮

能，快速纠正错误的操作，如图 5-21 所示。

单击“快速访问”工具栏中的“撤消”按钮可撤消上一次的操作，连续单击该按钮可以撤消最近执行过的多次操作。

当执行撤消操作后，还可以使用恢复键入功能，恢复到撤消操作之前的状态。单击快速访问工具栏中的 ↷ 按钮，即可恢复撤消的操作。

重复键入是在没有进行过撤消操作的情况下，将重复进行最后一次操作。在未进行撤消操作时，单击 ↻ 按钮，即可将用户最后一次操作重复进行。

单击“撤消”按钮右侧的下拉按钮，在弹出的列表框中可以选择要撤消的操作，如图 5-22 所示。

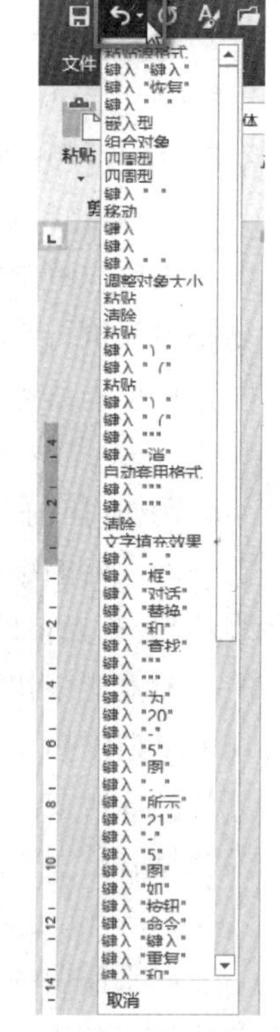

图 5-22 “撤消”按钮

七、使用不同视图浏览和编辑文档

在 Word 2016 中提供了 5 种视图模式，这些视图模式包括阅读视图、页面视图、Web 版式视图、大纲视图和草稿视图。用户可以根据自己的需求在“视图”功能区中选择不同的视图模式，如图 5-23 所示。每种视图都能带来不同的排版需求。

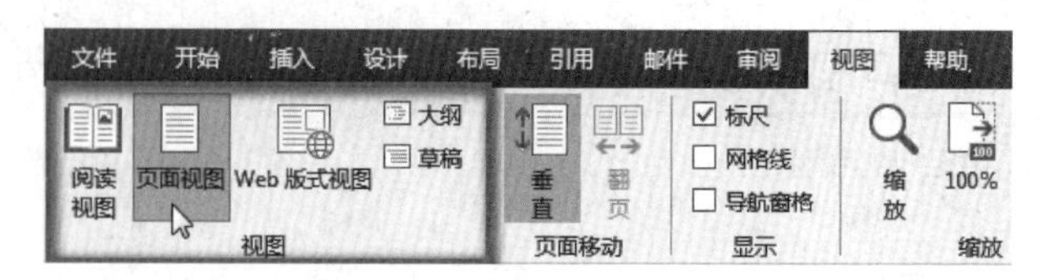

图 5-23 “视图”功能菜单

（一）页面视图

页面视图是 Word 默认的视图模式，也是编排文档时最常用的视图模式。该视图是使文档就像在稿纸上一样，在此方式下所看到的内容和最后打印出来的结果几乎完全相同。要对文档对象进行各种操作，要添加页眉、页脚等附加内容，都应在页面视图方式下进行。在此状态下可以实现“所见即所得”的效果。

（二）阅读视图

在阅读视图模式下，将隐藏 Word 程序窗口的功能区和状态栏等组成元素，只显示文档正文区域中的所有信息，以图书的分栏样式显示 Word 2016 文档，从而便于用户阅读文档内容。在阅读视图中，还可以单击“工具”按钮选择各种阅读工具进入阅读视图，按【Esc】即可返回页面视图。

（三）Web 版式视图

Web 版式视图是以网页的形式来显示文档中的内容，文档内容不再是一个页面，而是一个整体的 Web 页面。Web 版式具有专门的 Web 页编辑功能，在 Web 版式下得到的效果就像是在浏览器中显示的一样。如果使用 Word 编辑网页，就要在 Web 版式视图下进行，因为只有在该视图下才能完整地显示编辑网页的效果。

（四）大纲视图

大纲视图适合较多层次的文档，主要用于设置 Word 2016 长文档和显示标题的层级结构，并可以方便地折叠和展开各种层级的文档。大纲视图广泛用于 Word 2016 长文档的快速浏览和设置中，在编排长文档时，标题的级别往往比较多，此时可利用大纲视图模式层次分明地显示各级标题，还可以快速地改变各标题的级别。在大纲视图中，用户不仅能查看文档的结构，还可以通过拖动标题来移动、复制和重新组织文本。

（五）草稿视图

草稿视图取消了页面边距、分栏、页眉页脚和图

片等元素,仅显示标题和正文,是最节省计算机系统硬件资源的视图方式。

八、设置文档字符格式

字符格式是指文本的字体、字号、字形、下划线和字体颜色等。其中,字体决定文字的外观,字号决定文字的大小,而字形是指是否将文字设置为加粗或倾斜等。

可以选择的字体取决于 Windows 中安装的字体。Windows 7 中本身附带一些字体,要想使用其他字体,则必须单独安装。目前使用较多的汉字字体库有方正、汉仪和文鼎等。可通过 Internet 下载或购买字体库光盘的方式来获取这些字体,然后将它们复制到系统盘的"Windows\Fonts"文件夹中。

在 Word 中字号的表示方法有两种:一种以"号"为单位,如初号、一号、二号等,数值越大,文字越小;另一种以"磅"为单位,如 6.5、10、10.5 等,数值越大,文字越大。

为了使文档版面美观、文档的可读性强、标题和重点突出等,经常需要为文档的指定文本设置字符格式,如图 5-24 所示。

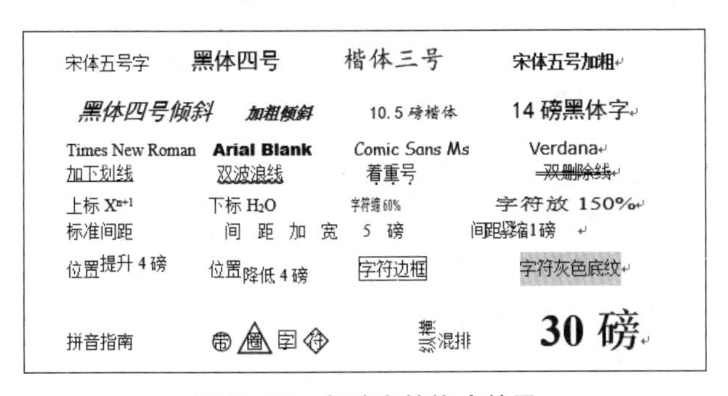

图 5-24　各种字符格式效果

(一) 设置文本格式

设置文本格式是格式化文档最基本的操作,包括设置文本字体格式、字形、字号和颜色等。设置后的文本可以使文档看起来更加美观、整洁。

1. 设置文本字体格式和字符间距

设置文本字体格式包括字体、字形、字号及颜色等。可以通过两种常用的方法设置文本的字体格式,分别是在"开始"功能选项卡中进行设置(图 5-25)、在工具栏中进行设置(图 5-26),以及在"字体"对话框中进行设置(图 5-27)。

当需要将某段文字之间的间距加大或缩紧时,可以通过调整字符间距来实现。选中文本内容并右键单击、左键选择"字体"命令,在打开的"字体"对话框中选择"高级"选项卡菜单,在此可以调整字符间

图 5-25　字体组

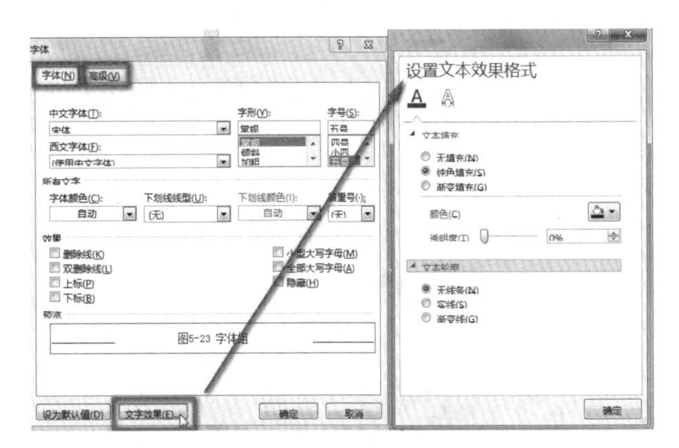

图 5-26　"字体"对话框

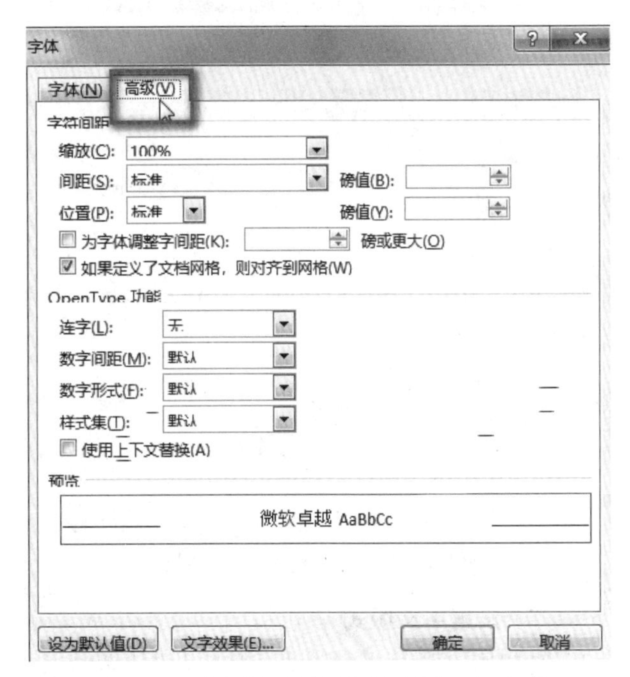

图 5-27　"字体"对话框中"高级"选项卡菜单

距,如图 5-27 所示。

2. 设置字符边框和底纹

边框和底纹是一种美化文档的重要方式。为了使文档更清晰、更漂亮,可以在文档的周围设置各种边框,并且可以使用不同的颜色来填充,如图 5-28 所示。

在 Word 中,可以为单个或多个文字添加边框和底纹,以便对其进行重点突出或进行文字内容区分,如图 5-29 所示。

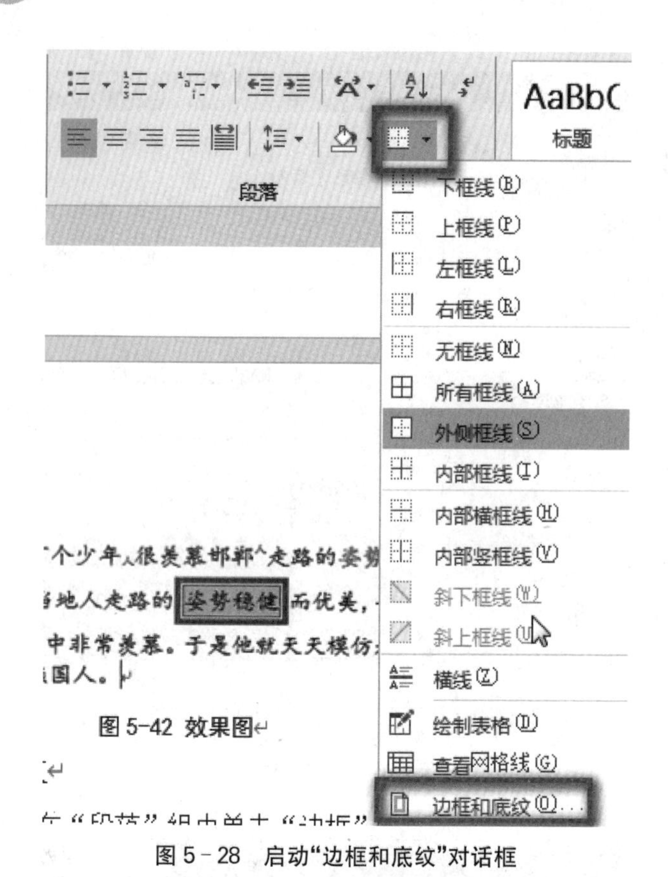

图 5-28 启动"边框和底纹"对话框

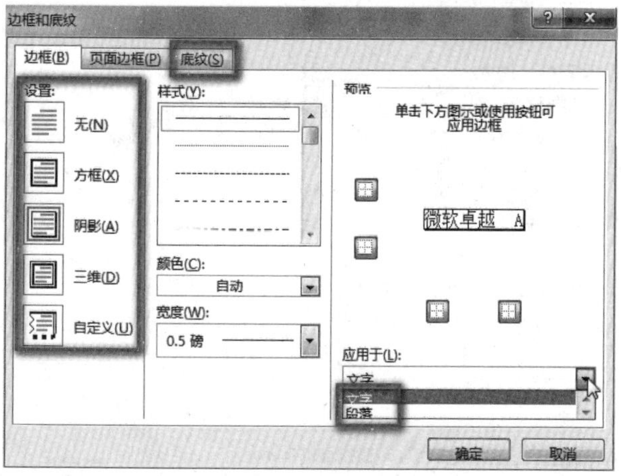

图 5-29 "边框和底纹"对话框

（二）设置中文版式

Word 可对中文文本添加特有的加注拼音、文字纵横混排、合并字符、双行合一、字符缩放等效果，实现中文修饰，功能效果如图 5-30 所示。

1. 纵横混排

打开文档，选择文本，在"开始"功能菜单的"段落"组中单击"中文版式"按钮，在弹出的菜单中选择"纵横混排"命令，如图 5-31 所示。"纵横混排"对话框及显示效果如图 5-32 所示。

2. 合并字符

合并字符是将一行字符分成上、下两行，并在原来的一行字符空间范围内进行显示。此功能在名片制作、出版书籍或发表文章等方面发挥巨大的作用。

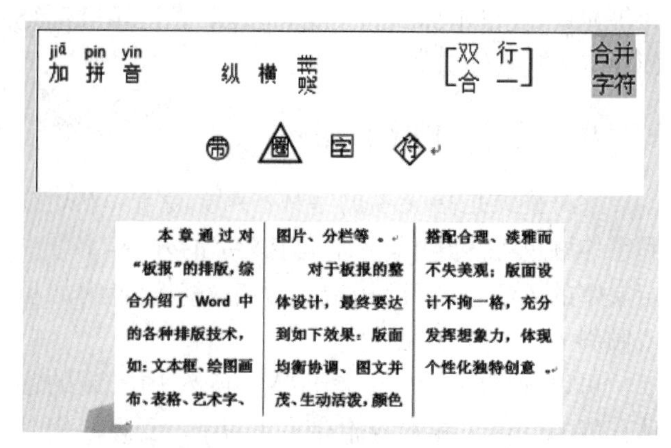

图 5-30 各种中文版式效果

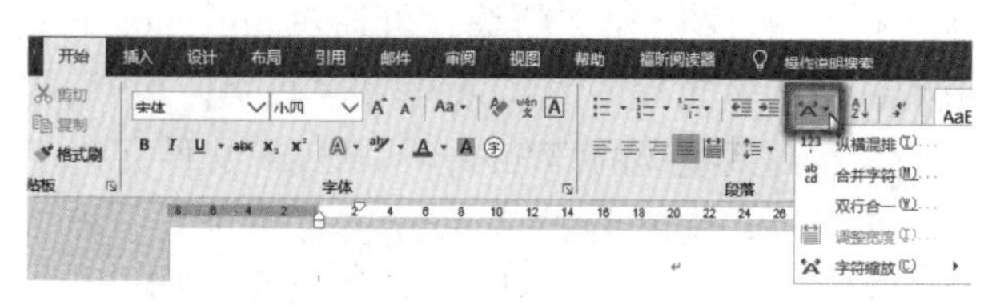

图 5-31 "纵横混排"命令

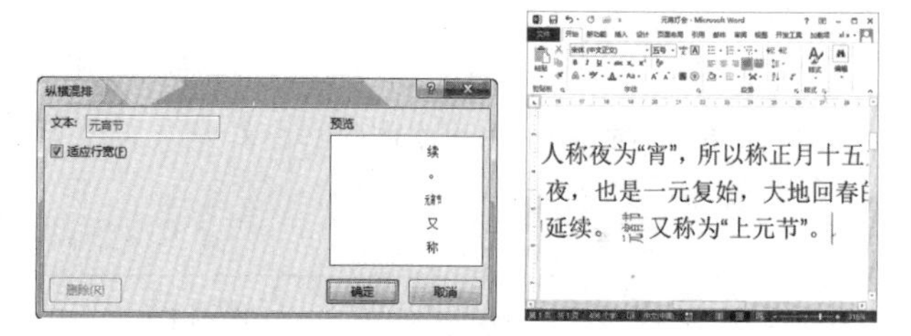

图 5-32 "纵横混排"对话框及效果

所要合并的文字不能超过 6 个字。

打开文档，选择文本，在"开始"选项卡的"段落"组中单击"中文版式"按钮，在弹出的菜单中选择"合并字符"命令，如图 5-33 所示。

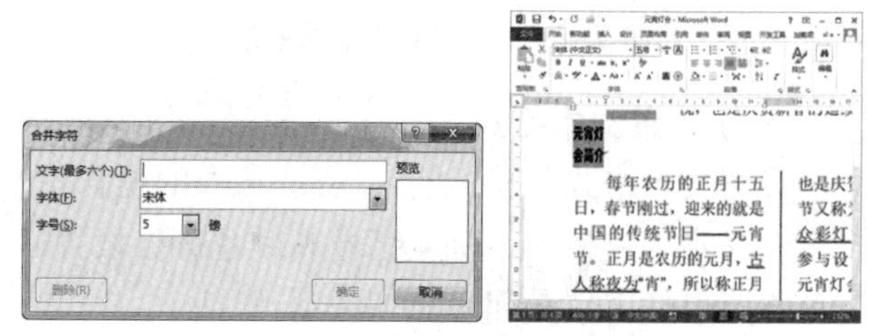

图 5-33 "合并字符"对话框及效果

3. 双行合一

双行合一效果能使所选的位于同一文本行的内容平均地分为两部分，前一部分排列在后一部分的上方。在必要的情况下，还可以给双行合一的文本添加不同类型的括号。双行合一的所选文字可以多于 6 个字。

打开文档，选择文本，在"开始"选项卡的"段落"组中单击"中文版式"按钮，在弹出的菜单中选择"双行合一"命令，如图 5-34 所示。

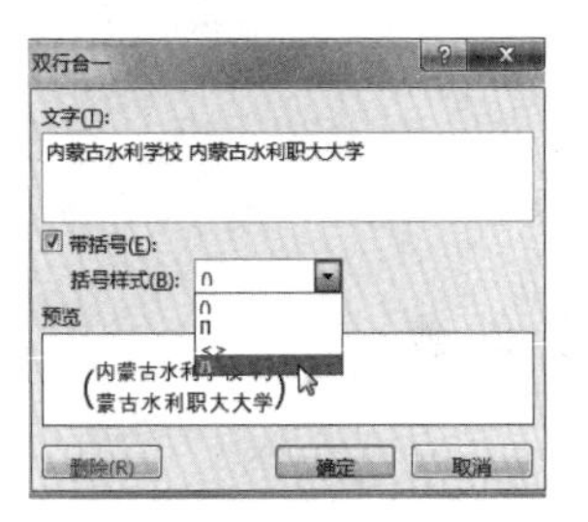

内 蒙 古 水 利 学 校
内蒙古水利职大大学

图 5-34　“双行合一”对话框及效果

4. 调整宽度和字符缩放

在“中文版式”下拉菜单中还有“调整宽度”和“字符缩放”功能，可以产生调整字符的大小和按比例缩放字符的作用，如图 5-35 所示。

图 5-35　“调整宽度”对话框

5. 拼音指南

选择文本，在“开始”功能菜单中选择“字体”功能组中的“拼音指南”命令按钮(图 5-36)，其对话框如图 5-37 所示。

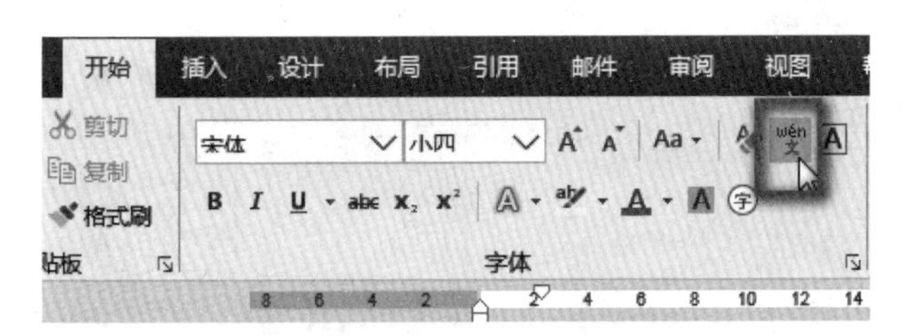

图 5-36　“拼音指南”命令按钮

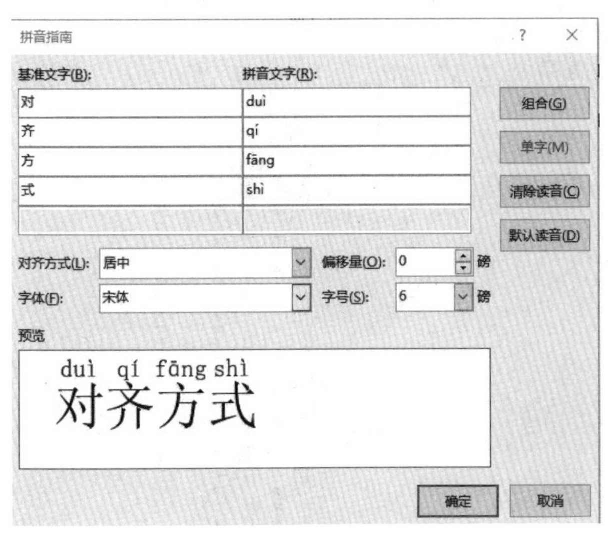

图 5-37　“拼音指南”对话框

6. 带圈字符

选择文字，在“开始”选项卡的“字体”组中单击“带圈字符”命令按钮(图 5-38)，其对话框如图 5-39 所示。

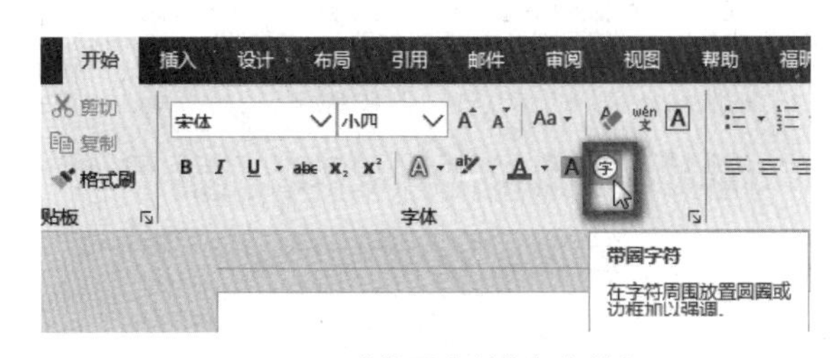

图 5-38　“带圈字符”命令按钮

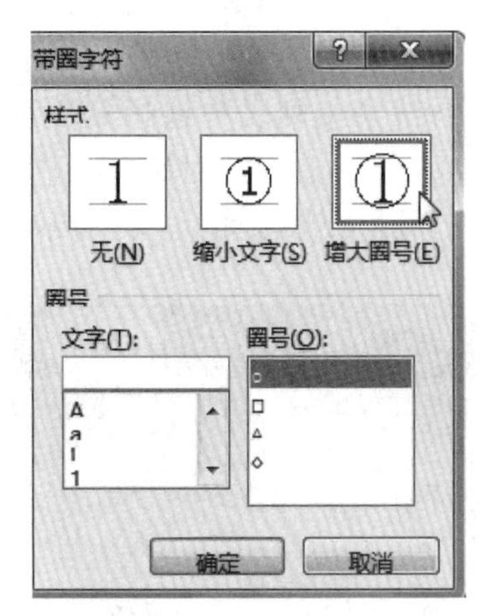

图 5-39　“带圈字符”对话框

7. 设置首字下沉

单击“插入”功能菜单中“文本”组内的“首字下沉”下拉命令按钮，在弹出的下拉列表中选择“首字下沉选项”命令按钮(图 5-40)，其对话框如图 5-41 所示，即可为所在自然段的首字设置下沉效果，如图 5-42 所示。

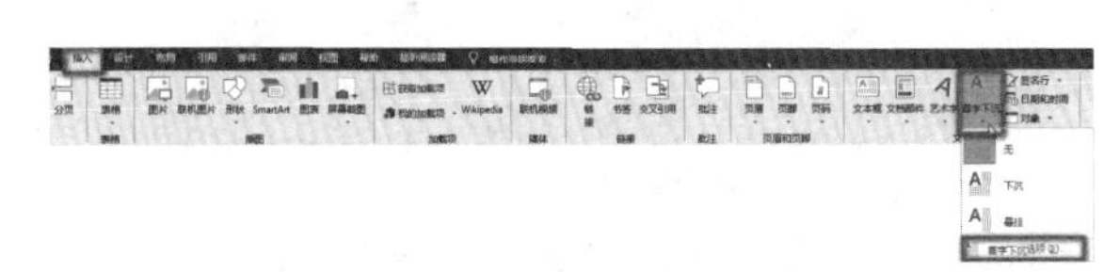

图 5-40　“首字下沉”命令按钮

图 5-41　“首字下沉”对话框

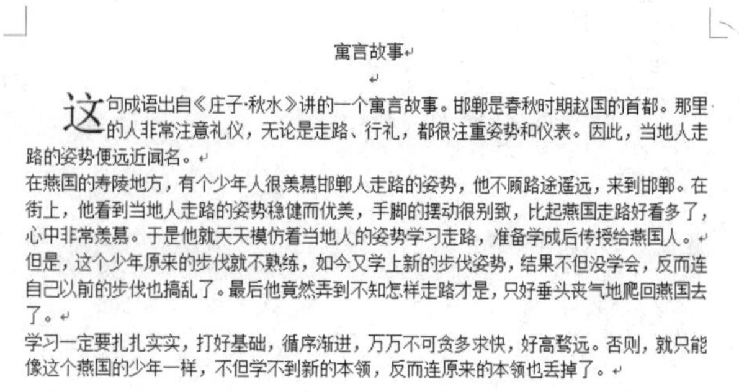

寓言故事

这句成语出自《庄子·秋水》讲的一个寓言故事。邯郸是战国时期赵国的首都。那里的人非常注意礼仪，无论是走路、行礼，都很注重姿势和仪表。因此，当地人走路的姿势便远近闻名。

在燕国的寿陵地方，有个少年人很羡慕邯郸人走路的姿势，他不顾路途遥远，来到邯郸。在街上，他看到当地人走路的姿势稳健而优美，手脚的摆动很有致，比起燕国走路好看多了，心中非常羡慕。于是他就天天模仿着当地人的姿势学习走路，准备学成后传授给燕国人。

但是，这个少年原来的步伐就不熟练，如今又学上新的步伐姿势，结果不但没学会，反而连自己以前的步伐也搞乱了。最后他竟然弄到不知怎样走路才是，只好垂头丧气地爬回燕国去了。

学习一定要扎扎实实，打好基础，循序渐进，万万不可贪多求快，好高骛远。否则，就只能像这个燕国的少年一样，不但学不到新的本领，反而连原来的本领也丢掉了。

图 5－42 “首字下沉”效果

8. 设置页面分栏

选中除标题外的所有文本，再选择“布局”功能菜单内的“页面设置”组中的“栏”下拉命令按钮，在弹出的“栏”下拉菜单列表中选择分栏选项或单击“更多栏”(图 5－43)，在“栏”对话框中进行相应的设置(图 5－44)，分栏效果如图 5－45 所示。

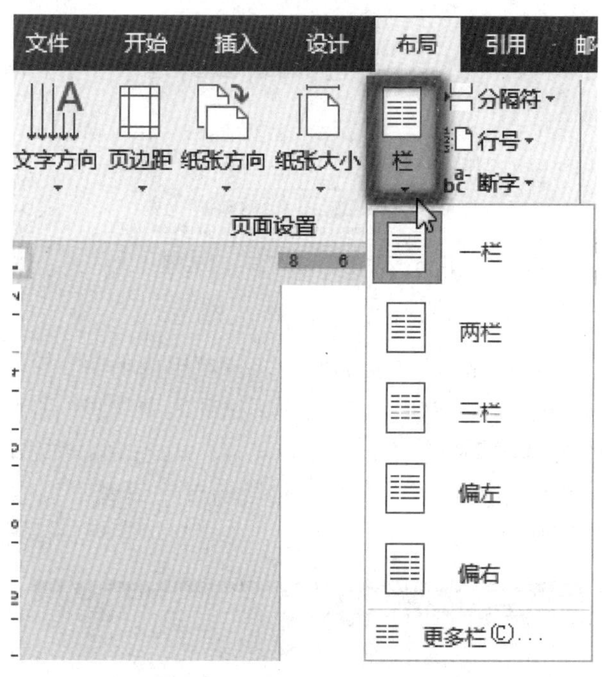

图 5－43 “栏”下拉菜单

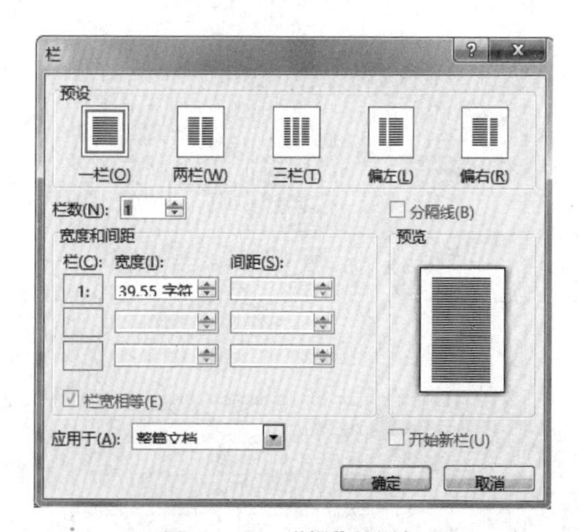

图 5－44 “栏”对话框

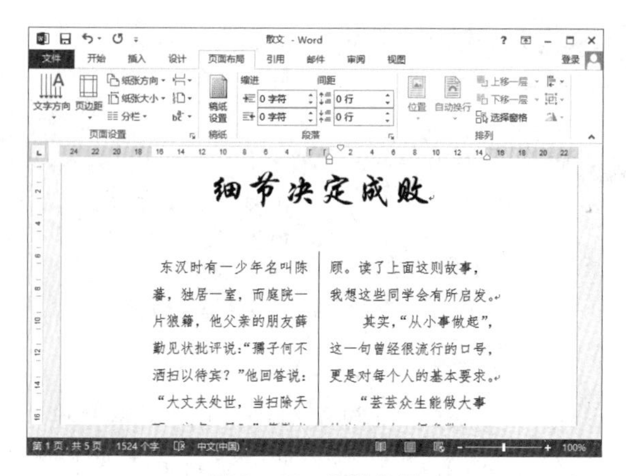

图 5－45 分栏效果

9. 竖排文本

使用 Word 2016 的文字竖排功能，可以轻松地执行古代诗词的输入(即竖排文档)，从而还原古书的效果。

选择“布局”功能菜单内“文字方向”命令按钮，从其下拉菜单中选“垂直”命令，在“文字方向”对话框中进行相应的设置(图 5－46)，文字垂直排列效果如图 5－47 所示。

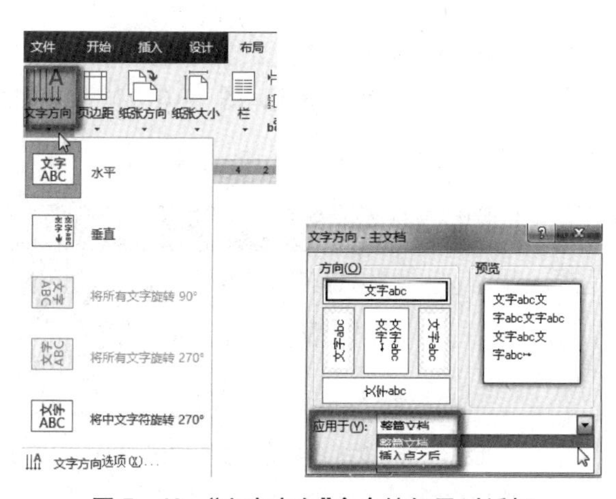

图 5－46 “文字方向”命令按钮及对话框

图 5－47 文字垂直排列效果

（三）添加项目编号与符号

Word 拥有强大的编号功能，可以轻松地给要列举出来的文字添加项目符号。除此之外，用户还可以自定义项目符号。

1. 设置项目符号

选中文档中的内容，单击“开始”功能菜单中的“段落”组内的“项目符号”下拉命令按钮，在弹出的下拉列表中选择所需符号（图 5－48），其效果如图 5－49 所示。

图 5－48 “项目符号”命令按钮

- 青少年是一个美好而又是一去不可再得的时期，是将来一切光明和幸福的开端。
- 夫学须志也，才须学也，非学无以广才，非志无以成学。
- 每一个人要有做一代豪杰的雄心斗志！应当做个开创一代的人。
- 三军可夺帅也，匹夫不可夺志也。
- 夫志当存高远，慕先贤，绝情欲，弃疑滞，使庶几之志，揭然有所存，恻然有所感；忍屈伸，去细碎，广咨问，除嫌吝，虽有淹留，何损于美趣，何患于不济。若志不强毅，意不慷慨，徒碌碌滞于俗，默默束于情，永窜伏于平庸，不免于下流矣。
- 有志者事竟成也！
- 志不立，天下无可成之事。
- 古之立大事者，不惟有超世之才，亦必有坚忍不拔之志
- 燕雀安知鸿鹄之志。
- 战士自有战士的抱负：永远改造，从零出发；一切可耻的衰退，只能使人视若仇敌，踏成泥沙。
- 最糟糕的是人们在生活中经常受到错误志向的阻碍而不自知，真到摆脱了那些阻碍时才能明白过来。
- 天将降大任于斯人也，必先苦其心志，劳其筋骨，饿其体肤，空乏其身，行拂乱其所为也，所以动心忍性，增益其所不能。
- 坚志者，功名之主也。不惰者，众善之师也。
- 人患志之不立，亦何忧令名不彰邪？
- 大丈夫处世，当扫除天下，安事一室乎！
- 大丈夫当雄飞，安能雌伏？
- 志向和热爱是伟大行为的双翼。
- 水激石则鸣，人激志则宏。
- 不登高山，不知天之大；不临深谷，不知地之厚也。
- 会当凌绝顶，一览众山小。

图 5－49 设置项目符号效果

2. 设置编号

设置编号的方法与设置项目符号类似，就是将项目符号变成顺序排列的编号，它主要用于文本中的操作步骤、主要知识点以及合同条款等。

选中文本，单击“开始”功能菜单中的“段落”组内的“编号”下拉命令按钮，在弹出的下拉列表中选择所需的数字编号样式（图 5－50），其效果如图 5－51 所示。

3. 设置多级列表

为了使长文档结构更明显、层次更清晰，经常会给文档设置多级列表。使用多级列表在展示同级文档内容时，还可以表示下一级文档内容。

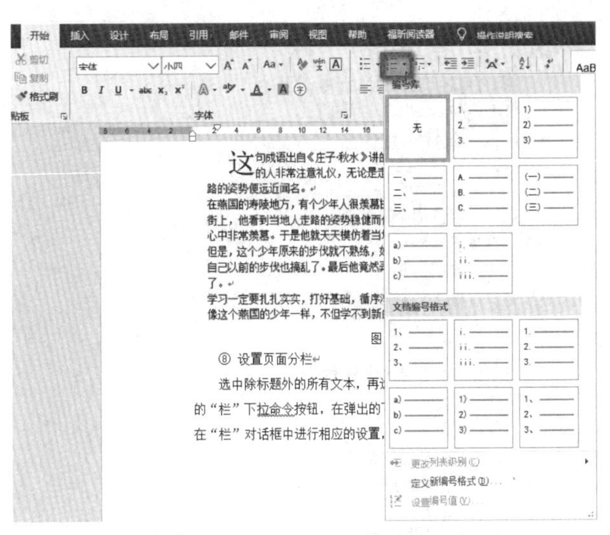

图 5－50 “编号”命令按钮

中小学生守则

1. 热爱祖国，热爱人民，热爱中国共产党。
2. 遵守法律法规，增强法律意识。遵守校规校纪，遵守社会公德。
3. 热爱科学，努力学习，勤思好问，乐于探究，积极参加社会实践和有益的活动。
4. 珍爱生命，注意安全，锻炼身体，讲究卫生。
5. 自尊自爱，自信自强，生活习惯文明健康。
6. 积极参加劳动，勤俭朴素，自己能做的事自己做。
7. 孝敬父母，尊敬师长，礼貌待人。
8. 热爱集体，团结同学，互相帮助，关心他人。
9. 诚实守信，言行一致，知错就改，有责任心。
10. 热爱大自然，爱护生活环境。

图 5－51 设置编号效果

选中文本，单击“开始”功能菜单中的“段落”组内的“多级列表”下拉命令按钮，在弹出的下拉列表中选择所需的列表样式，按【Tab】即可更改为下级列表（图 5－52），其效果如图 5－53 所示。

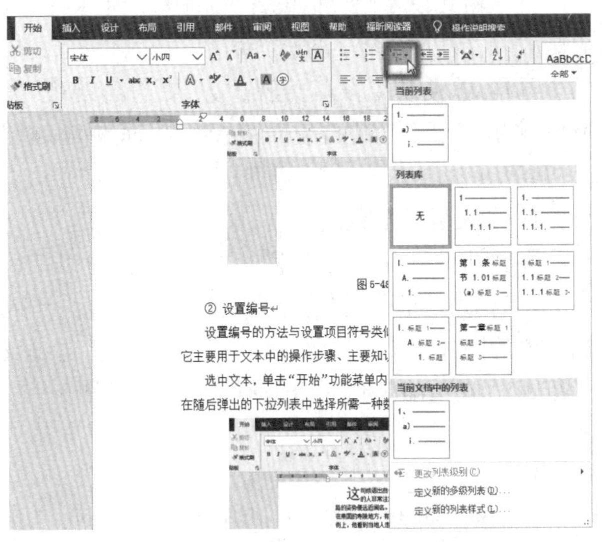

图 5－52 “多级列表”命令按钮

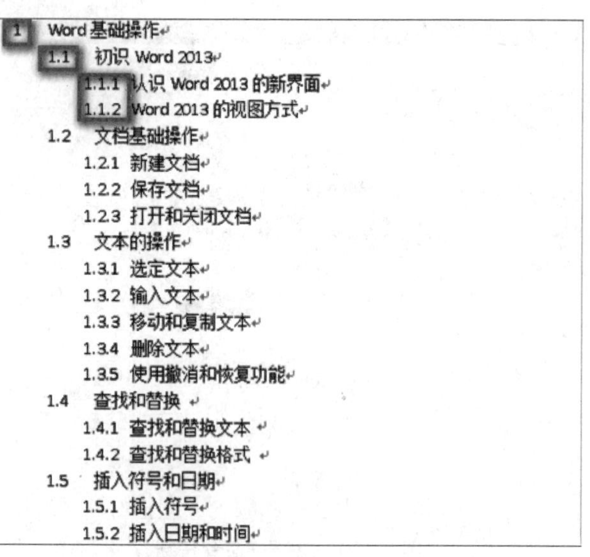

图 5－53 设置多级列表效果

九、设置文档段落及页面格式

文字排版中所说的版心一般是指每页多少行、每行多少个字。版心参数有正文字号、每页行数、每行字数、行间距 4 项内容。在没有设定的情况下，Word 会提供缺省值。

在 Word 中，段落是指以段落标记作为结束的一段文字，段落标记是回车符“↵”，通过按【Enter】产生。因此，每次按【Enter】就会产生一个段落。

在设置段落格式前，需要先选定要设置格式的段落。如果只设置一个段落，则可以将插入点移到该段落中；如果是同时设置多个段落的格式，可同时选中这些段落。在 Word 2016 中，设置段落格式是指在一个段落的页面范围内对内容进行排版，主要包括段落的对齐方式、段落缩进、段落间距及行间距等。

页面格式设置则包括设置页边距、纸张大小、页眉版式和文档网格等。这样设置后会影响整个文档的全局样式，使整个段落美观大方、更符合规范，从而编排出清晰、美观的版面效果。版面要素如图 5－54 所示。

(一) 设置段落格式

在文档排版时，为了使段落更加紧凑，可以把行距设置为“固定值”。但这样会导致一些高度大于此固定值的图片或文字只能显示一部分，因此，建议设置行距时慎用固定值。“段落”对话框如图 5－55 所示。

1. 设置段落缩进

段落缩进是指文本与页边距之间的距离，是将

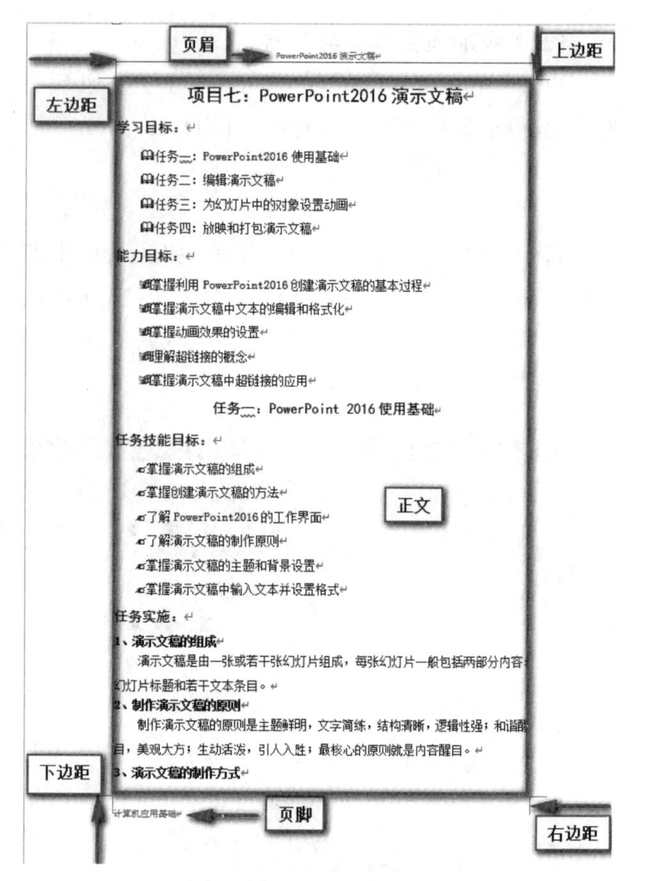

图 5－54 版面要素

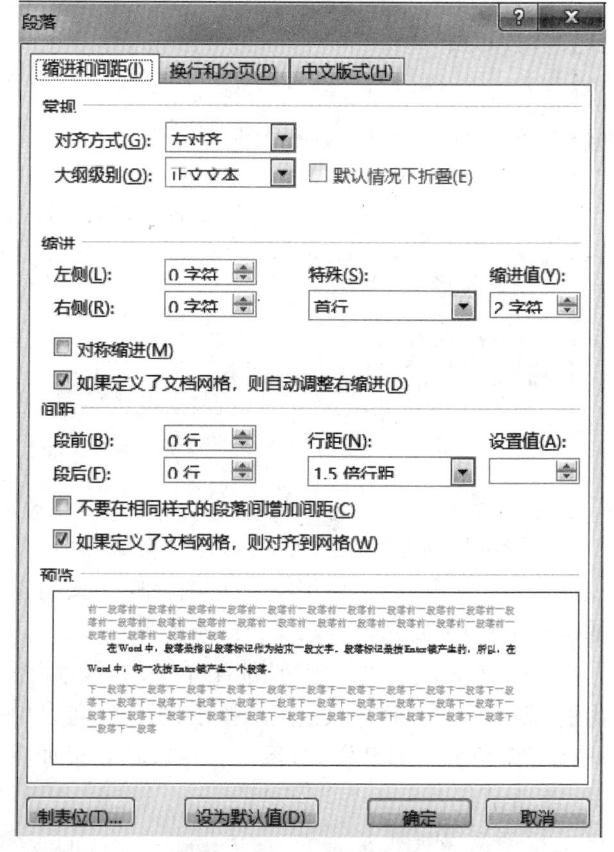

图 5－55 “段落”对话框

段落文本左右两方空出几个字符。一般除了利用“段落”对话框设置段落缩进外，还可以通过拖动标

尺上的相关滑块设置段落缩进，如图 5－56 所示。

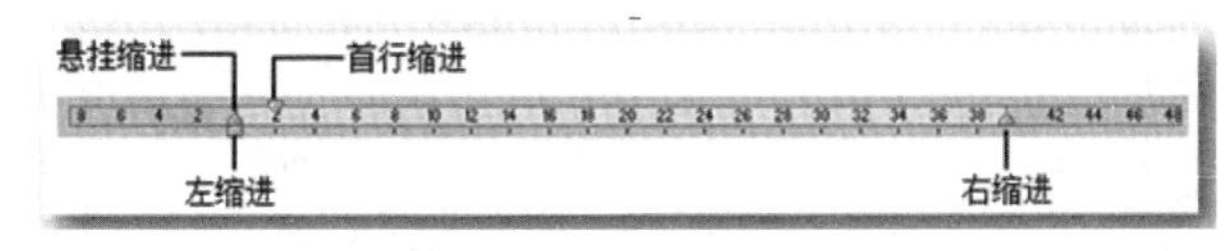

图 5－56 标尺

按住【Alt】拖动标尺上的缩进符号，会出现各种缩进的具体数值。在拖动过程中，缩进值会不断变化，如图 5－57 所示，这样可以比较方便而且很精确地设置缩进。

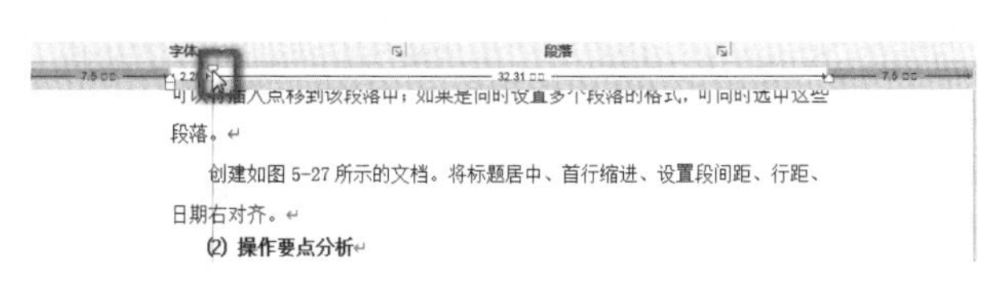

图 5－57 按【Alt】拖动标尺

2. 4 种段落缩进样式

段落缩进包括首行缩进、悬挂缩进、左缩进和右缩进 4 种方式。按中文的书写习惯，一般需要在每个段落的首行缩进 2 个字符；左缩进和右缩进是指在某些段落的左侧或右侧留出一定的空位；悬挂缩进是指将段落除首行外的其他行向内缩进，图 5－58 为 4 种段落缩进效果。

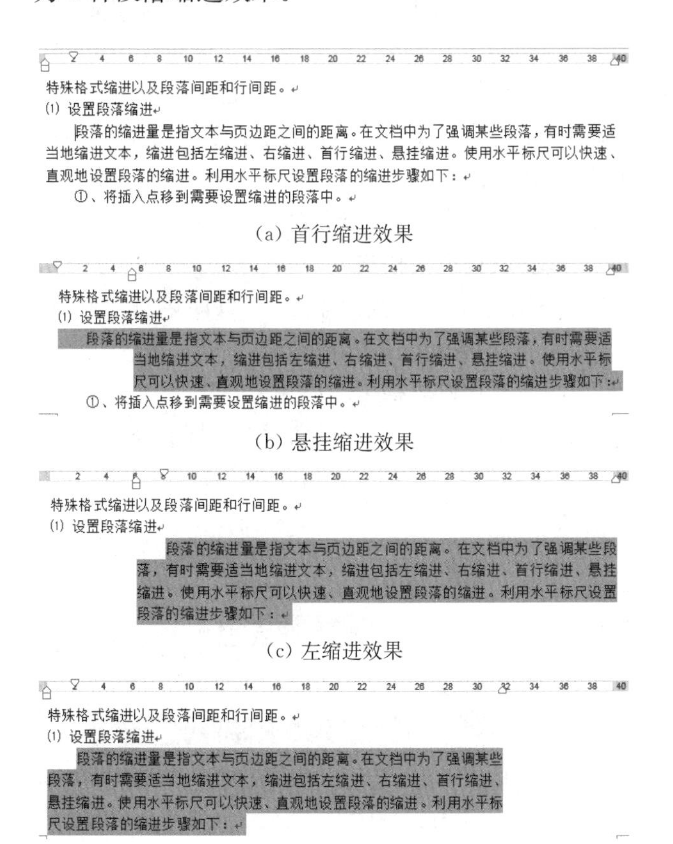

(a) 首行缩进效果

(b) 悬挂缩进效果

(c) 左缩进效果

(d) 右缩进效果

图 5－58 4 种段落缩进效果

3. 设置段落对齐方式

段落对齐方式是指段落在水平方向上以何种方式对齐。段落文本的对齐方式有左对齐（【Ctrl】＋【L】）、居中（【Ctrl】＋【E】）、右对齐（【Ctrl】＋【R】）、两端对齐（【Ctrl】＋【J】）和分散对齐（【Ctrl】＋【Shift】＋【J】）5 种。其中，左对齐是指段落在页面上靠左对齐排列；居中对齐是指使整个段落在页面上居中对齐排列；右对齐是指使整个段落在页面中靠右对齐排列；两端对齐是指段落每行的首尾对齐，各行之间字体大小不同时，将自动调整字符间距，以保持段落的两端对齐，这也是 Word 默认的对齐方式；分散对齐是 Word 提供的一种特殊的文字对齐方式，它主要是通过自动调整文字之间的距离来达到各个单元格中文本对齐的目的。

4. 设置段落间距和行距

段落间距是指相邻两个段落之间的间距，行距指行与行之间的间距。在默认情况下，Word 采用单倍行距，行间距参数如表 5－3 所示，间距的度量单位可以是行，也可以是磅值。

表 5－3 行间距

选项	说　明
单倍行距	将行距设置为该行最大字体的高度，加上一小段额外间距；额外间距的大小取决于所用的字体
1.5 倍行距	为单倍行距的 1.5 倍
两倍行距	为单倍行距的 2 倍
最小值	同所有行的最大字体或图形相适应
固定值	固定的行间距，Word 不进行自动调节；如果想要任意设置行距大小，必须将行距设置为“固定值”，然后在右边“设置值”文本框中任意输入行距的磅数。
多倍行距	行距按指定百分比增大或减小；如设置行距为 1.2，将会在单倍行距的基础上增加 20%

Word 可自动调整行距，以容纳该行中最大的字体和最高的图形。

5. 设置换行和分页

当文字或图形填满一页时，Word 会插入一个自动分页符，并开始新的一页。如果要将一页中文档分为多页，需要在特定位置设定分页符进行分页。同样，可以通过设定分行符将一行文字分为多行文字。

将光标置于本文之前，单击“段落”功能组中右下角的“段落设置”按钮，打开“段落”对话框，选择

图 5-59 “换行和分页”对话框

“换行和分页”选项卡菜单，如图 5-59 所示。

(1) **孤行控制**：防止 Word 在页面顶端只有段落末行或在页面底端只有段落首行。

(2) **与下段同页**：防止在所选段落与后面一段之间出现分页符(即位于不同页)。

(3) **段中不分页**：防止在段落之中出现分页符(即同一段不能跨页显示)。

(4) **段前分页**：在所选段落前插入手动分页符。

(5) **取消行号**：防止所选段落旁出现行号；此设置对未设行号的文档或节无效。

(6) **取消断字**：防止段落自动断字。

6. 设置段落边框和底纹

选择某一段正文内容，在“段落”功能组中单击“边框”下拉命令按钮，在弹出的下拉列表中选择“边框和底纹”选项，打开“边框和底纹”对话框，选应用于“段落”(图 5-60)，其效果如图 5-61 所示。

7. 格式刷

格式刷的作用是快速地将需要设置格式的对象设置成某种格式的工具。

如果想在文档中不同的位置应用相同的文本或段落格式，可以用格式刷来实现。

在 Word 2016 中，用户可以利用格式刷来复制段落或字符格式。单击“格式刷”按钮复制一次格

图 5-60 “边框和底纹”对话框

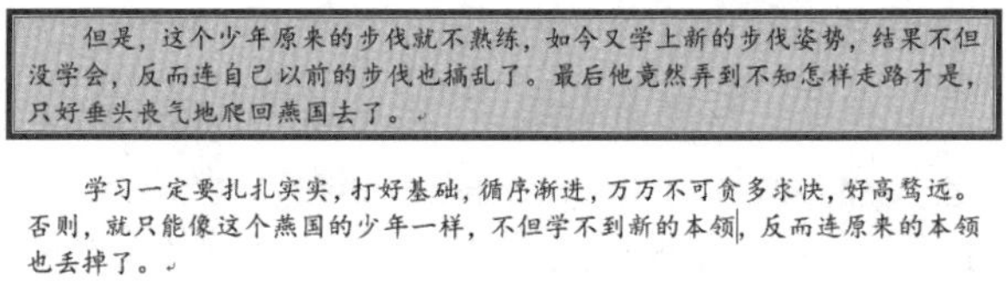

但是，这个少年原来的步伐就不熟练，如今又学上新的步伐姿势，结果不但没学会，反而连自己以前的步伐也搞乱了。最后他竟然弄到不知怎样走路才是，只好垂头丧气地爬回燕国去了。

学习一定要扎扎实实，打好基础，循序渐进，万万不可贪多求快，好高骛远。否则，就只能像这个燕国的少年一样，不但学不到新的本领，反而连原来的本领也丢掉了。

图 5-61 设置边框和底纹效果

式，系统会自动退出复制状态。如果双击则可以复制多次，要退出格式复制状态，再次单击“格式刷”按钮或按【Esc】。

选择所需文本，单击“开始”功能菜单内“剪贴板”功能组中的“格式刷”命令按钮，此时鼠标指针将变为一个小笔刷形状。按住鼠标左键，在目标文本上拖动即可复制原文本格式(图 5-62)，其效果如图 5-63 所示。

(二) 设置页面格式

可利用“布局”功能菜单内的“页面设置”分组或“页面设置”对话框进行设置。

1. 设置页面边框

在 Word 中，除了可以为文字、段落添加边框外，还可以为整篇文档的页面添加边框。

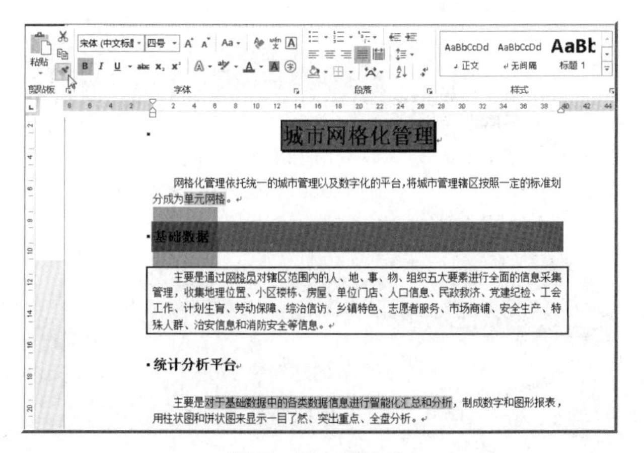

图 5-62 原文本

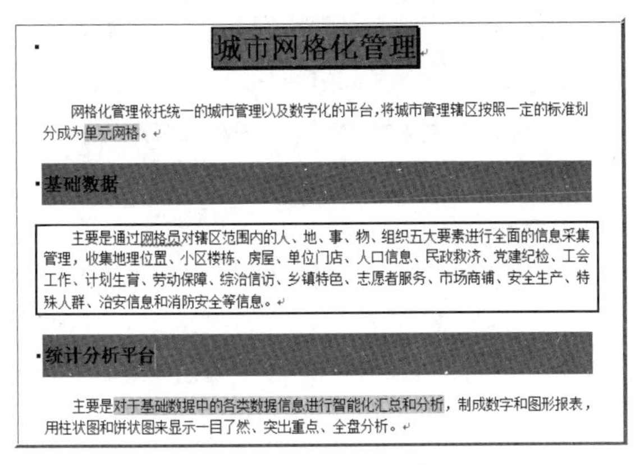

城市网格化管理

网格化管理依托统一的城市管理以及数字化的平台，将城市管理辖区按照一定的标准划分成为单元网格。

基础数据

主要是通过网格员对辖区范围内的人、地、事、物、组织五大要素进行全面的信息采集管理，收集地理位置、小区楼栋、房屋、单位门店、人口信息、民政救济、党建纪检、工会工作、计划生育、劳动保障、综治信访、乡镇特色、志愿者服务、市场商铺、安全生产、特殊人群、治安信息和消防安全等信息。

统计分析平台

主要是对于基础数据中的各类数据信息进行智能化汇总和分析，制成数字和图形报表，用柱状图和饼状图来显示一目了然、突出重点、全盘分析。

图 5－63 目标文本

设置方法如下：将光标定位在文档的任意位置处，单击“开始”功能菜单内“段落”功能组中“边框”下拉命令按钮，在弹出的下拉列表中选择“边框和底纹”选项，在打开的“边框和底纹”对话框中选择“页面边框”选项卡(图 5－64)，其整体效果如图 5－65 所示。

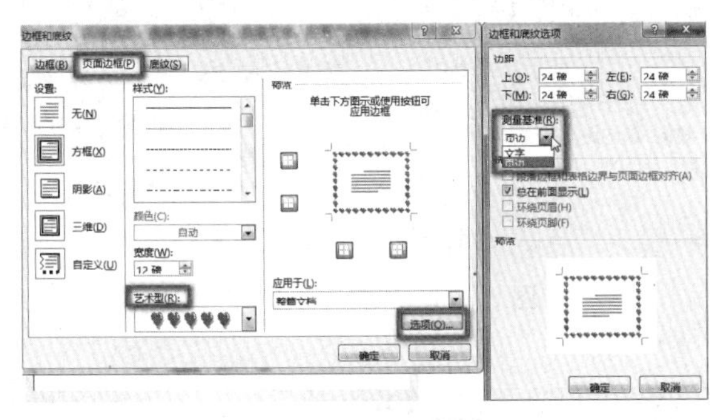

图 5－64 “页面边框”选项卡

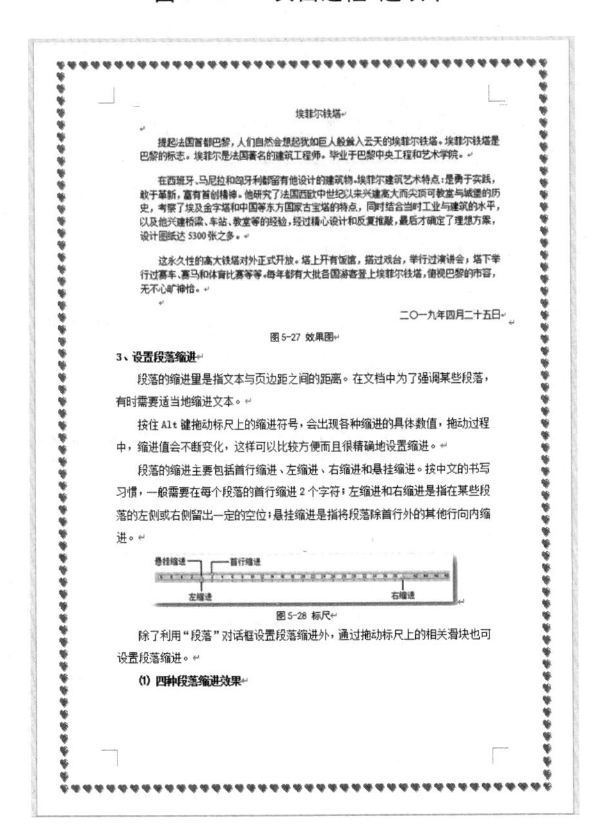

埃菲尔铁塔

提起法国首都巴黎，人们自然会想起犹如巨人般耸入云天的埃菲尔铁塔。埃菲尔铁塔是巴黎的标志。埃菲尔是法国著名的建筑工程师。毕业于巴黎中央工程和艺术学院。

在西班牙、马尼拉和匈牙利都留有他设计的建筑物。埃菲尔建筑艺术特点：是勇于实践，敢于革新，富有首创精神。他研究了法国西欧中世纪以来兴建高大而尖顶可教堂与城堡的历史，考察了埃及金字塔和中国等东方国家古宝塔的特点，同时结合当时工业与建筑的水平，以及他兴建桥梁、车站、教堂等的经验，经过精心设计和反复推敲，最后才确定了理想方案，设计图纸达 5300 张之多。

这永久性的高大铁塔对外正式开放。塔上开有饭馆，搭过戏台，举行过演讲会，塔下举行过赛车、赛马和体育比赛等等。每年都有大批各国游客登上埃菲尔铁塔，俯视巴黎的市容，无不心旷神怡。

二〇一九年四月二十五日

图 5-27 效果图

3、设置段落缩进

段落的缩进量是指文本与页边距之间的距离。在文档中为了强调某些段落，有时需要适当地缩进文本。

按住 Alt 键拖动标尺上的缩进符号，会出现各种缩进的具体数值，拖动过程中，缩进值会不断变化，这样可以比较方便而且很精确地设置缩进。

段落的缩进主要包括首行缩进、左缩进、右缩进和悬挂缩进。按中文的书写习惯，一般需要在每个段落的首行缩进 2 个字符；左缩进和右缩进是指在某些段落的左侧或右侧留出一定的空位；悬挂缩进是指将段落除首行外的其他行向内缩进。

悬挂缩进 首行缩进 左缩进 右缩进

图 5-28 标尺

除了利用“段落”对话框设置段落缩进外，通过拖动标尺上的相关滑块也可设置段落缩进。

(1) 四种段落缩进效果

图 5－65 测量基准为“页面”的页面边框效果

2. 设置纸张大小

选择“布局”功能菜单内的“页面设置”分组，单击“纸张大小”下拉命令按钮，在弹出的下拉列表中选择需要的选项(图 5－66)，或使用“页面设置”对话框(图 5－67)进行设置。

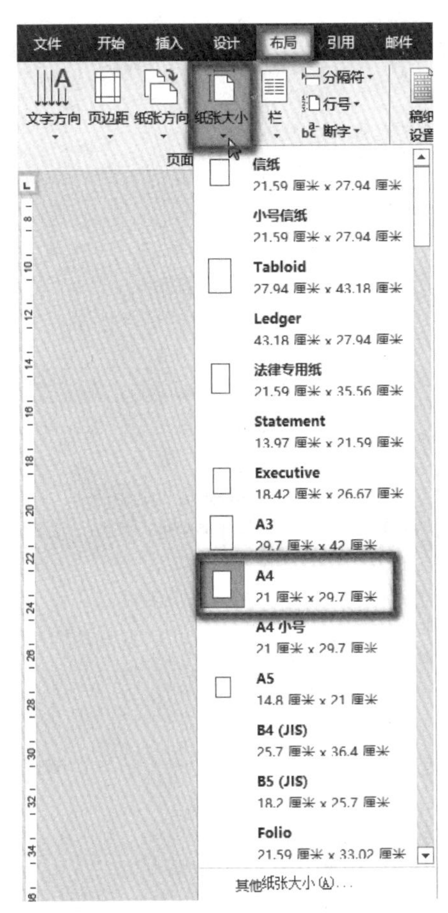

图 5－66 “纸张大小”下拉命令菜单

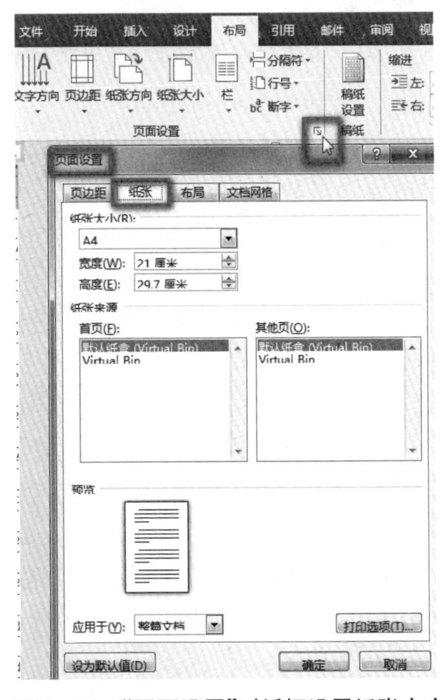

图 5－67 “页面设置”对话框设置纸张大小

3. 设置纸张方向

选择“布局”功能菜单，在“页面设置”分组中单击“纸张方向”下拉命令按钮，在弹出的下拉列表中选择方向选项(图 5－68)，或使用“页面设置”对话框(图 5－69)进行设置。

图 5－68 “纸张方向”命令按钮

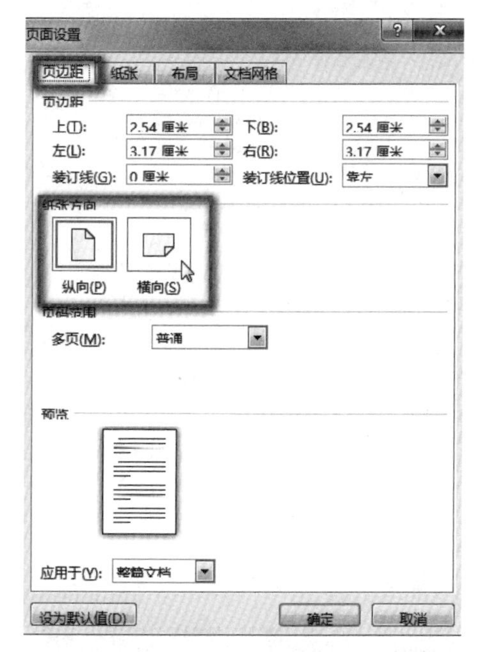

图 5－69 “页面设置”对话框设置纸张方向

4. 设置页边距

页边距是指页面内容和页面边缘之间的区域，用户可以根据需要设置页边距。

选择“布局”功能菜单，在“页面设置”分组中单击“页边距”下拉按钮，在弹出的下拉列表中选择页边距选项，或使用“页边距”对话框进行设置，如图 5－70 所示。

5. 设置稿纸页面

选择“布局”功能菜单，单击“稿纸设置”命令按钮(图 5－71)，“稿纸设置”对话框如图 5－72 所示。

6. 插入分页符

在实践过程中有时会需要让几行内容占满一页，此时可通过插入分页符的形式实现强行换页的目的。

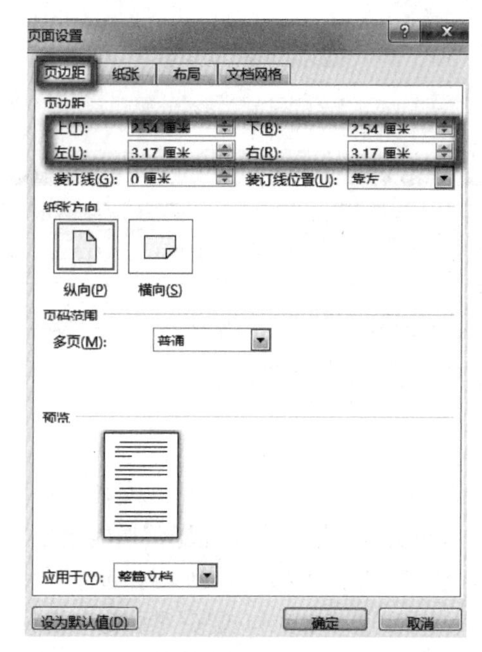

图 5－70 “页边距”对话框

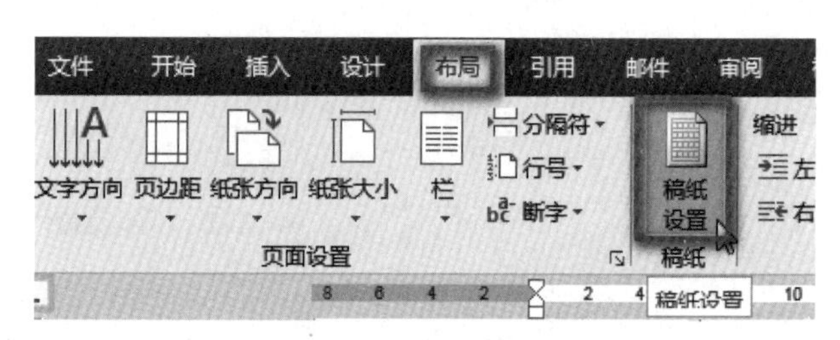

图 5－71 “稿纸设置”按钮

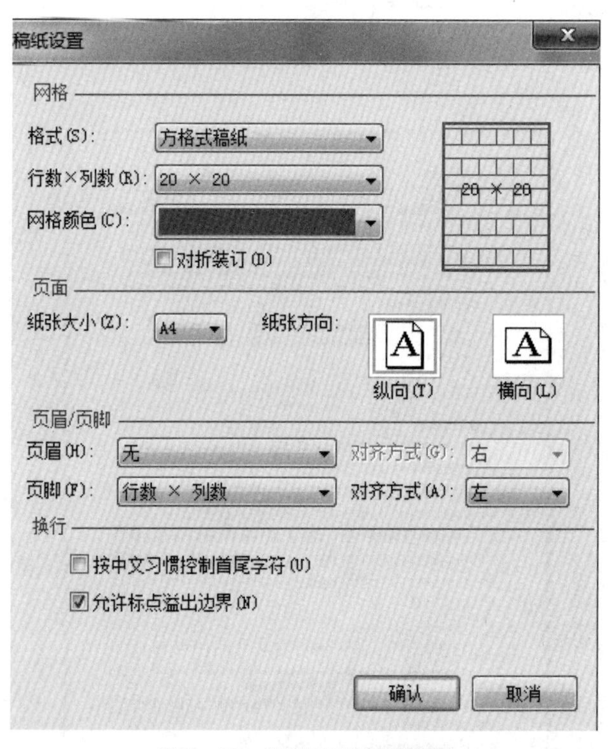

图 5－72 “稿纸设置”对话框

定位所需位置处，打开“布局”功能菜单，在“页面设置”分组中单击“分隔符”命令按钮，在弹出的菜单中选择“分页符”，如图 5－73 所示。

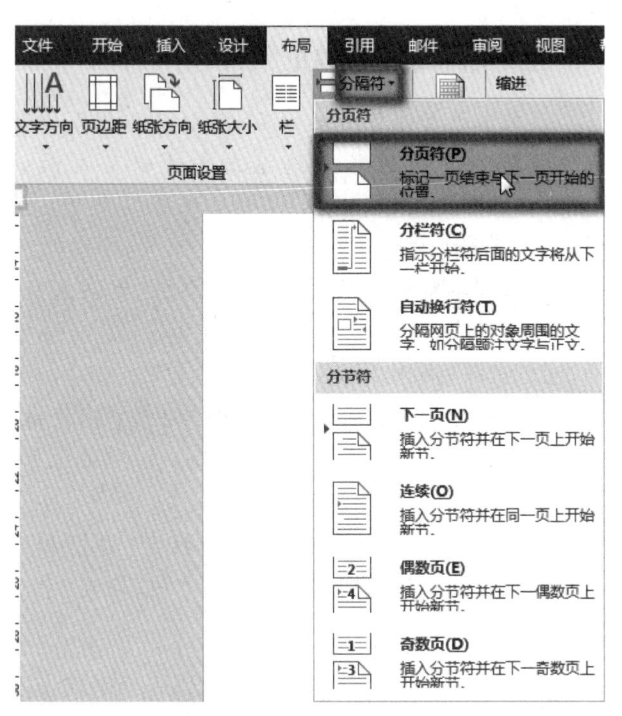

图 5-73 "分页符"命令

7. 插入分节符

如果需要把一个较长的文档分成几节，就可以单独设置每节的格式和版式，从而使文档的排版和编辑更加灵活。

具体设置方法与插入分页符类似，在"页面设置"分组中单击"分隔符"命令按钮，在弹出的菜单中选择"分节符"选项区域中的相关命令。

8. 页面预览、文档打印功能

单击"文件"菜单，在打开的菜单中选择"打印"命令，即可在预览窗口预览文档的打印效果，在"份数"文本框中设置打印文档的份数，在"打印机"下拉列表中选择当前电脑连接的打印机，然后单击"打印"按钮，即可开始文档的打印，如图 5-74 所示。

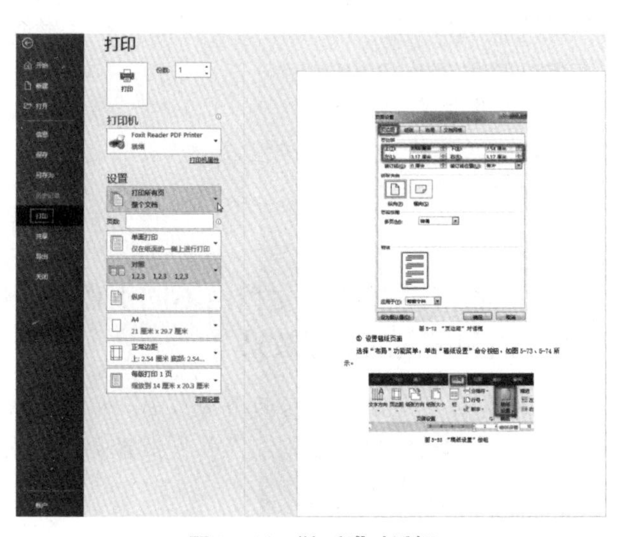

图 5-74 "打印"对话框

任务实施

一、在 Windows 7 及以上版本中安装字体

双击字体文件图标，在弹出的窗口中单击"安装"，如图 5-75 所示。

图 5-75 安装字体

二、如何给每一个所需文字设置边框

输入所需文字，在每一个字之间按一次空格键将所有文字隔开。然后，选中第一个字设置文字边框，用格式刷刷所需文字即可实现每一个字都有边框，其效果如图 5-76 所示。

内 蒙 古 机 电 职 业 技 术 学 院

图 5-76 给每一个所需文字设置边框

三、解决不足一页的 Word 文本被分成多栏效果

对于不足一页的 Word 文本，需要被分成多栏效果，可以在选择分栏文本时不要选中最后那个回车键即可实现，如图 5-77 所示。

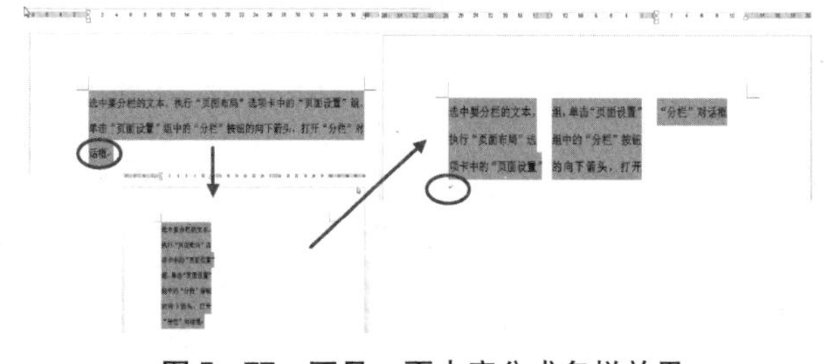

图 5-77 不足一页内容分成多栏效果

四、如何解决 Word 中的“拼音指南”不能使用的问题

在使用 Word 给文字加拼音时会出现没有拼音的情况，如图 5－78 所示。

图 5－78 “拼音指南”对话框无拼音字母

其实要解决这个问题很简单，只要在计算机上安装微软拼音输入法(图 5－79)，其效果如图 5－80 所示。

图 5－79 安装微软拼音输入法

图 5－80 文字加拼音效果

五、清除底纹和边框

为文本添加边框或底纹后，可以使用如下操作方法清除字符或段落的边框或底纹以及页面的边框。

1. 清除文本的字符底纹

选择有字符底纹的文本，然后单击“字符底纹”命令按钮。

2. 清除文本的字符边框

选择有字符底纹的文本，然后单击“字符边框”命令按钮。

3. 清除文本的段落边框

选择有段落边框的段落文本，打开“边框和底纹”对话框，再选择“边框”选项卡菜单内“设置”中的“无”选项并确定，如图 5－81 所示。

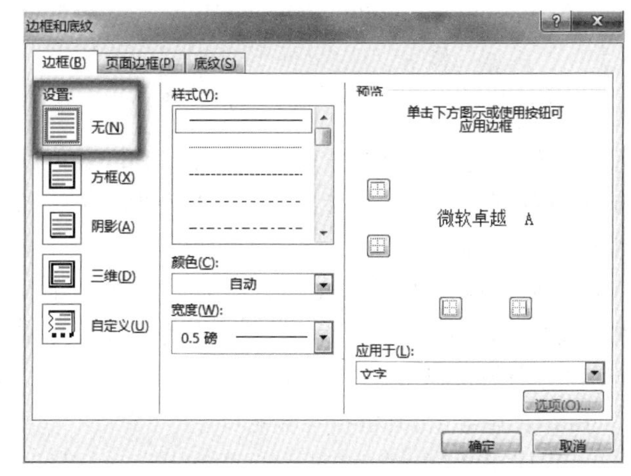

图 5－81 清除文本的段落边框

4. 清除文本的段落底纹

选择有段落底纹的段落文本，打开“边框和底纹”对话框，选择“底纹”选项卡，在“填充”下拉列表中选择“无颜色”选项，再选择“样式”下拉列表中的“清除”，单击确定。

5. 清除页面边框

打开“边框和底纹”对话框，选择“页面边框”选项卡，单击选择“设置”选项栏中的“无”选项并确定。

六、如何设置同一文档内不同页面中分别有纵向和横向的纸张效果

在所需位置处分别插入两个分节符，然后定位到所需页，重新设置“页面设置”中纸张方向为“横向”，如图 5－82 所示。

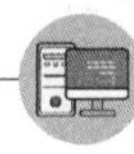

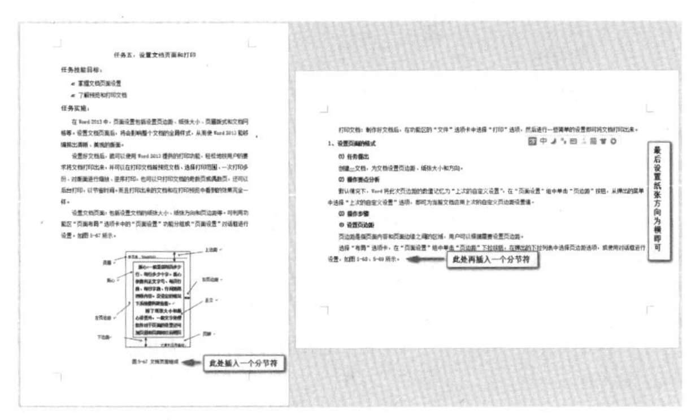

图 5－82　设置纸张纵向、横向效果

七、将文档导出为 PDF 格式

将文档导出为 PDF 格式是 Word 打印输出一种较好的方法。首先，可以避免自己制作的文档被别人修改；其次，可以解决文档在其他计算机打开时可能会出现页面“变形”的问题。

选择“文件”菜单内的“导出”命令，在出现的界面中选择“创建 PDF/XPS”命令，在“发布为 PDF 或 XPS”对话框中的“文件名”处给定具体的文件名，并在指定文件存放的位置后单击“发布”命令按钮。

任务拓展

一、文字字号的换算

文字字号与磅值、毫米之间的换算关系，如图 5－83 所示。

初号=42 磅=14.82 毫米
小初=36 磅=12.70 毫米
一号=26 磅=9.17 毫米
小一=24 磅=8.47 毫米
二号=22 磅=7.76 毫米
小二=18 磅=6.35 毫米
三号=16 磅=5.64 毫米
小三=15 磅=5.29 毫米
四号=14 磅=4.94 毫米
小四=12 磅=4.23 毫米
五号=10.5 磅=3.70 毫米
小五=9 磅=3.18 毫米
六号=7.5 磅=2.56 毫米
小六=6.5 磅=2.29 毫米
七号=5.5 磅=1.94 毫米
八号=5 磅=1.76 毫米

图 5－83　文字字号的换算

二、在红头纸上打印通知

在红头纸上打印通知时，效果如图 5－84 所示。

制作步骤

(1) 打开 Word 空白普通文档，设置其纸张大小为 A4 幅面，留出二号字大小的 4 行空行。然后，输

内蒙古机电职业技术学院信息工程系

关于 2021 届毕业生不及格课程重修
考试通知

系部各教研室：

根据《内蒙古机电职业技术学院课程重修管理办法》的有关规定，2021 届毕业生不及格课程必须进行重修考核，考核成绩合格后方可毕业。毕业生课程重修考核的相关内容安排如下：

一、考试时间
理论考试时间：2021 年 4 月 23——24 日；
考 试 地 点：E 区 109
二、重修名单
各专业班重修名单见附件一，其中，计算机网络技术专业 1801 班贾伟、荀渐需其班主任老师单独通知参加考试。

信息工程系教务科
2021 年 4 月 7 日

图 5－84　“重修考试通知”红头文件

入“关于 2021 届毕业生不及格课程重修考试通知”，将其设置为宋体一号字、居中对齐。

(2) 输入正文内容，排版要求为宋体二号字、单倍行距、两端对齐。

(3) 空两行后分别输入“信息工程系教务科”、“2021 年 4 月 7 日”，再将其设置为“右对齐”。排版后的总体效果如图 5－85 所示。

关于 2021 届毕业生不及格课程重修
考试通知

系部各教研室：

根据《内蒙古机电职业技术学院课程重修管理办法》的有关规定，2021 届毕业生不及格课程必须进行重修考核，考核成绩合格后方可毕业。毕业生课程重修考核的相关内容安排如下：

一、考试时间
理论考试时间：2021 年 4 月 23——24 日；
考 试 地 点：E 区 109
二、重修名单
各专业班重修名单见附件一，其中，计算机网络技术专业 1801 班贾伟、荀渐需其班主任老师单独通知参加考试。

信息工程系教务科
2021 年 4 月 7 日

图 5－85　“重修考试通知”排版效果

三、对文章进行排版

对《餐厅的一张罚单让我们中国人汗颜》这篇文章进行排版，效果如图 5－86 所示。

餐厅的一张罚单让我们中国人汗颜

德国是个工业化程度很高的国家，说到奔驰、宝马、西门子、博世……没有人不知道，世界上用于核反应堆中*好的核心泵是在德国一个小镇上产生的。在这样一个发达国家，人们的生活一定是纸醉金迷灯红酒绿吧。

在去德国考察前，我们在描绘着、揣摩着这个国度。到达港口城市汉堡之时，我们习惯先去餐馆，公派的驻地同事免不了要为我们接风洗尘。走进餐馆，我们一行穿过桌多人少的中餐馆大厅，心里犯疑惑：这样冷清清的场面，饭店能开下去吗？更可笑的是一对用餐情侣的桌子上，只摆有一个碟子，里面只放着两种菜，两罐啤酒，如此简单，是否影响他们的甜蜜聚会？如果是男士买单，是否太小气，他不怕女友跑掉？

另外一桌是几位白人老太太在悠闲地用餐，每道菜上桌后，服务生很快给她们分掉，然后被她们吃光。我们不再过多注意她们，而是盼着自己的大餐快点上来。驻地的同事看到大家饥饿的样子，就多点了些菜，大家也不推让，大有“宰”驻地同事的意思。

餐馆客人不多，上菜很快，我们的桌子很快被碟碗堆满，看来，今天我们是这里的大富豪了。狼吞虎咽之后，想到后面还有活动，就不再恋酒菜，这一餐很快就结束了。结果还有*之一没有吃掉，剩在桌面上。结完账，个个剔着牙，歪歪扭扭地出了餐馆大门。出门没走几步，餐馆里有人在叫我们。不知是怎么回事：是否谁的东西落下了？我们都好奇，回头去看看。原来是那几个白人老太太，在和饭店老板叽哩呱啦说着什么，好像是针对我们的。看到我们都围来了，老太太改说英文，我们就都能听懂了，她在说我们剩的菜太多，太浪费了。我们觉得好笑，这老太太多管闲事！“我们花钱吃饭买单，剩多少，关你老太太什么事？”同事阿桂当时站出来，想和老太太练练口语。听到阿桂这样一说，老太太更生气了，为首的老太太立马掏出手机，拨打着什么电话。

一会儿，一个穿制服的人开车来了，称是社会保障机构的工作人员。问完情况后，这位工作人员居然拿出罚单，开出 50 马克的罚款。这下我们都不吭气了，阿桂的脸不知道扭到哪里去了，也不敢再练口语了。驻地的同事只好拿出 50 马克，并一再说：「对不起！」这位工作人员收下马克，郑重地对我们说：「需要吃多少，就点多少！钱是你自己的，但资源是全社会的，世界上有很多人还缺少资源，你们不能够也没有理由浪费！」我们脸都红了。但我们在心里却都认同这句话。一个富有的国家里，人们还有这种意识。我们得好好反思：我们是个资源不是很丰富的国家，而且人口众多，平时请客吃饭，剩下的总是很多，主人怕客人吃不好丢面子，担心被客人看成小气鬼，就点很多的菜，反正都有剩，你不会怪我不大方吧。

事实上，我们真的需要改变我们的一些习惯了，并且还要树立“大社会”的意识，再也不能“穷大方”了。那天，驻地的同事把罚单复印后，给每人一张做纪念，我们都愿意接受并决心保存着。阿桂说，回去后，他会再复印一些送给别人，自己的一张就贴在家里的墙壁上，以便时常提醒自己｛钱是您的，但资源是大家的！｝

图 5－86　文章排版效果

原文如图 5－87 所示。

德国是个工业化程度很高的国家，说到奔驰、宝马、西门子、博世……没有人不知道，世界上用于核反应堆中*好的核心泵是在德国一个小镇上产生的。在这样一个发达国家，人们的生活一定是纸醉金迷灯红酒绿吧。

在去德国考察前，我们在描绘着、揣摩着这个国度。到达港口城市汉堡之时，我们习惯先去餐馆，公派的驻地同事免不了要为我们接风洗尘。走进餐馆，我们一行穿过桌多人少的中餐馆大厅，心里犯疑惑：这样冷清清的场面，饭店能开下去吗？更可笑的是一对用餐情侣的桌子上，只摆有一个碟子，里面只放着两种菜，两罐啤酒，如此简单，是否影响他们的甜蜜聚会？如果是男士买单，是否太小气，他不怕女友跑掉？

另外一桌是几位白人老太太在悠闲地用餐，每道菜上桌后，服务生很快给她们分掉，然后被她们吃光。我们不再过多注意她们，而是盼着自己的大餐快点上来。驻地的同事看到大家饥饿的样子，就多点了些菜，大家也不推让，大有“宰”驻地同事的意思。

餐馆客人不多，上菜很快，我们的桌子很快被碟碗堆满，看来，今天我们是这里的大富豪了。狼吞虎咽之后，想到后面还有活动，就不再恋酒菜，这一餐很快就结束了。结果还有*之一没有吃掉，剩在桌面上。结完账，个个剔着牙，歪歪扭扭地出了餐馆大门。出门没走几步，餐馆里有人在叫我们。不知是怎么回事：是否谁的东西落下了？我们都好奇，回头去看看。原来是那几个白人老太太，在和饭店老板叽哩呱啦说着什么，好像是针对我们的。看到我们都围来了，老太太改说英文，我们就都能听懂了，她在说我们剩的菜太多，太浪费了。我们觉得好笑，这老太太多管闲事！“我们花钱吃饭买单，剩多少，关你老太太什么事？”同事阿桂当时站出来，想和老太太练练口语。听到阿桂这样一说，老太太更生气了，为首的老太太立马掏出手机，拨打着什么电话。

一会儿，一个穿制服的人开车来了，称是社会保障机构的工作人员。问完情况后，这位工作人员居然拿出罚单，开出 50 马克的罚款。这下我们都不吭气了，阿桂的脸不知道扭到哪里去了，也不敢再练口语了。驻地的同事只好拿出 50 马克，并一再说：“对不起！”这位工作人员收下马克，郑重地对我们说：“需要吃多少，就点多少！钱是你自己的，但资源是全社会的，世界上有很多人还缺少资源，你们不能够也没有理由浪费！”我们脸都红了。但我们在心里却都认同这句话。一个富有的国家里，人们还有这种意识。我们得好好反思：我们是个资源不是很丰富的国家，而且人口众多，平时请客吃饭，剩下的总是很多，主人怕客人吃不好丢面子，担心被客人看成小气鬼，就点很多的菜，反正都有剩，你不会怪我不大方吧。

事实上，我们真的需要改变我们的一些习惯了，并且还要树立“大社会”的意识，再也不能“穷大方”了。那天，驻地的同事把罚单复印后，给每人一张做纪念，我们都愿意接受并决心保存着。阿桂说，回去后，他会再复印一些送给别人，自己的一张就贴在家里的墙壁上，以便时常提醒自己钱是您的，但资源是大家的！

图 5－87　文章原文

排版要点

第一自然段设置为楷体、小四号、红色字，并将样文中的“德国”、“发达”设置为绿色、波浪型下划线效果；第二自然段设置为黑体、五号、蓝色字；首字下沉为 3 行，字体为隶书、粉红色；第三自然段设置为仿宋、绿色、五号字，且分成两栏加分割线；在第四自然段中设置系统默认的字体、字号且插入一幅图片，与文字形成四周型；将第五自然段的文本（默认字体、字号）设置为竖排，文本框中添加底纹为黄色、边框线为蓝色双细框；将第六自然段设置为宋体、四号、黑色字、加粗，为下划线的字添加拼音及双行合一效果。

制作步骤

（1）将光标定位到第一自然段中，选中该自然段，再选择楷体、小四号；设置为红色；分别选择“德国”、“发达”，单击下划线列表按钮中的“波浪线”样式，再一次单击下划线列表按钮，选择“下划线颜色”横向菜单中绿色按钮。

（2）将光标定位到第二自然段中，鼠标左键 3 次单击选中该自然段，从字体、字号列表框中选择黑体、五号；从字体颜色列表按钮中选择蓝色；然后，鼠标空白处单击（依旧在第二自然段中）“插入”功能菜单内的“首字下沉”命令按钮，如图 5－88 所示，单击“确定”。最后，选中下沉的文字，从字体颜色列表按钮中选择粉红色颜色按钮。

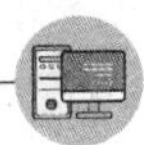

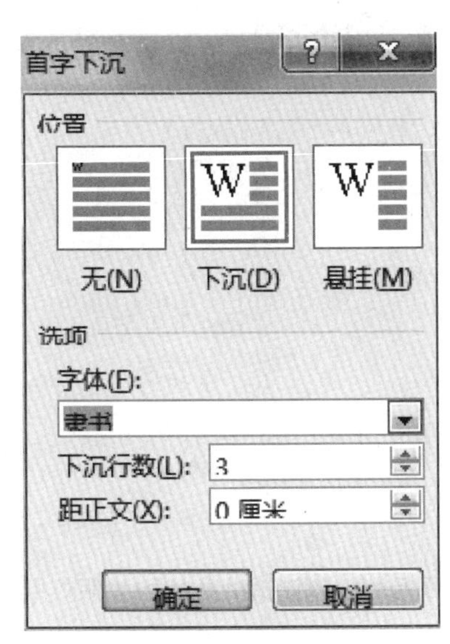

图 5－88 首字下沉

(3) 将光标定位到第三自然段中，鼠标左键 3 次单击选中该自然段，然后从字体、字号列表框中选择仿宋体、五号；从字体颜色列表按钮中选择绿色；单击“布局”功能菜单内的“栏”命令按钮，参数设置如图 5－89 所示，单击“确定”。

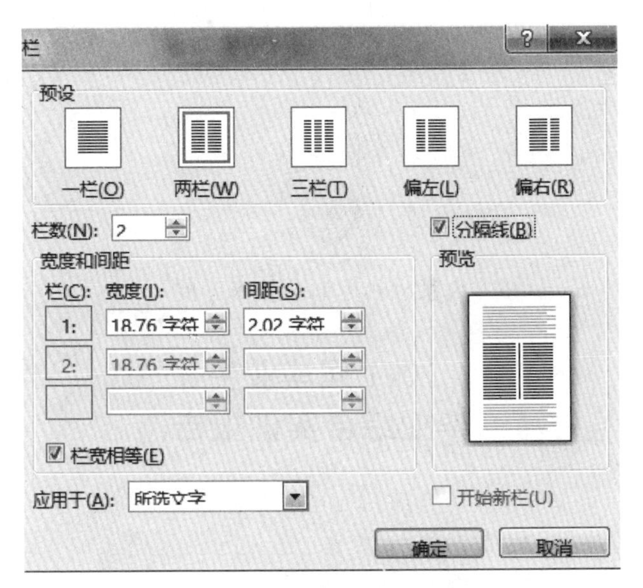

图 5－89 分栏

(4) 将光标定位到第四自然段中，鼠标左键 3 次单击选中该自然段，从字体、字号列表框中选择宋体、五号；然后，单击定位到本段所需位置处，选择“插入”功能菜单内“图片”命令按钮，根据实际情况选择所需图片；最后，在图片处右单左选“环绕文字”命令中的“四周型”后单击“确定”，再调整其大小为适中。

(5) 选中第五自然段内容，单击“插入”功能菜单中“文本框”命令按钮，选择“绘制竖排文本框”；然后，在文档窗口中的适当位置处拖放、调整，再将光标移到文本框边框处右单左选“设置文本框格式”命令，参数设置如图 5－90 所示。

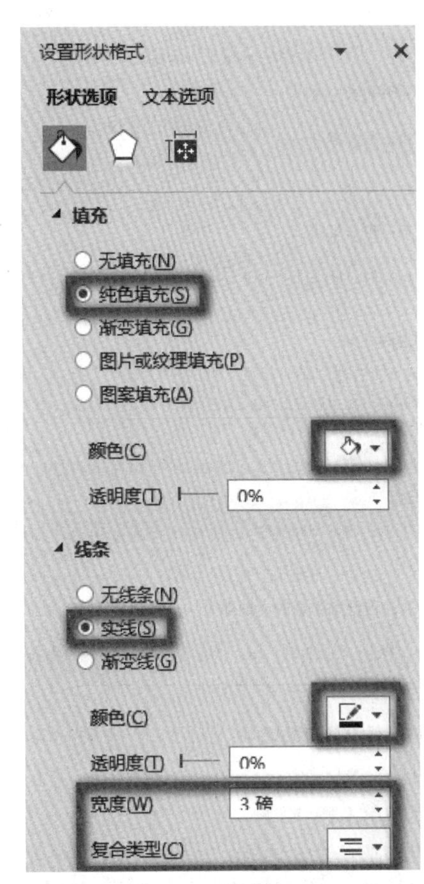

图 5－90 文本框形状格式设置参数

(6) 将光标定位到第六自然段中，鼠标左键 3 次单击选中该自然段，然后，从字体、字号列表框中选择宋体、三号，单击格式工具栏中的 **B** 按钮，并给“事实上”、“穷大方”和“钱是您的，但资源是大家的！”等内容设粗线下划线效果。分别选择“事实上”和“穷大方”两段内容，单击选择“开始”功能菜单中“拼音指南”命令按钮进行设置。选择“钱是您的，但资源是大家的！”内容，单击“开始”功能菜单内中文版式按钮 的右侧小黑三角，在中文版式菜单选择其中的“双行合一”命令，设置相关效果。

四、制作店铺租赁合同

对《店铺租赁合同》进行排版，效果如图 5－91 所示。

店铺租赁合同

甲方（出租方）： 年 月 日

住址：

乙方（ 承租方）： 年 月 日

住址：

根据《中华人民共和国合同法》及有关规定，为明确出租方和承租方的义务关系，经双方协商一致，签订本合同。

第一条：房屋简介

房屋坐落在大学东路 号，面积28.8平方米、阁楼14.2平方米。房屋性质是店铺。

第二条：租赁期限

租赁期共叁年，自2021年1月5日至2024年1月4日。

承租人有下列情形之一的，出租人可以终止合同、收回房屋：

1、遇到该店铺动拆迁；

2、承租人利用承租房屋进行犯罪活动，损害公共利益的；

如遇到该店铺动拆迁提前收回，甲方不对乙方及第三方赔偿，但以后剩余租期的租金要归还乙方。

如承租方逾期不搬迁，出租方有权向人民法院起诉和申请执行，出租方因此所受损失由承租方负责赔偿。

合同期满甲方不再把该店铺出租给乙方，应当提前三个月通知乙方。乙方要继续承租要提前三个月通知。

第三条：租金和租金的交纳期限

租金的标准是三年共计壹拾陆万（每年16万）（含定额税、营业执照的使用费），在双方正式签字时由乙方一次性交纳。三年内不变化。

第四条：租赁期间房屋修缮

修缮房屋是出租人的义务，出租人对房屋及其设备应每隔月（或年）认真检查、修缮一次，以保障承租人居住安全和正常使用。

出租人维修房屋时，承租人应积极协助，不得阻挠施工。出租人如确实无力修缮，可同承租人协商合修，届时承租人付出的修缮费用即用以冲抵租金或由出租人分期偿还。

第五条：有关转租、转让或转借

乙方有权将该店铺转租、转让或转借，甲方不得干涉，取得的收益归乙方所有。

第六条：使用营业执照问题

甲方的个体户营业执照借乙方使用，甲方不再收取任何费用，该费用已经包含在租金里。在租赁的叁年里该营业执照所产生的债权债务都由乙方承担，甲方不承担任何责任。甲方承担定额税，其他的税费由乙方承担。

第七条：租赁期间费用

乙方在经营期间所发生的水费、电费、电话费等发生的费用由乙方承担。

第八条：违约责任

如甲方解除合同，赔偿乙方违约金是双倍的租金，乙方提前解除合同则租金不退。

第九条：押金问题

甲方收取乙方押金两万元。乙方搬走时，押金归还给乙方。

第十条：生效

双方合同签字时生效。

第十一条：争议的解决方式

本合同在履行中如发生争议，双方应协商解决，也可以向人民法院起诉。

本合同正本一式2份，出租方、承租方各执1份。

出租方（盖章） 承租方（盖章）：

地址： 地址：

日期： 日期：

图5-91 《店铺租赁合同》排版效果

制作要点

“店铺租赁合同”设置为宋体、一号、加粗、居中；一级标题设置为黑体、四号、段前和段后均为0.5行，所有行间距设置为1.5倍行距；所有正文设置为宋体、五号、段前和段后均为0.5行，行间距设置为1.5倍行距。

五、制作《毕业综合实训报告》封面

对《毕业综合实训报告》封面进行排版，效果如图5-92所示。

内蒙古机电职业技术学院

2021届毕业生
毕业综合实训报告

题　　目：＿＿＿＿＿＿＿＿

系部名称：＿＿＿＿＿＿＿＿

专业班级：＿＿＿＿＿＿＿＿

学生姓名：＿＿＿＿＿＿＿＿

学　　号：＿＿＿＿＿＿＿＿

指导教师：＿＿＿＿＿＿＿＿

二〇二〇年五月　　日

图5-92 《毕业综合实训报告》封面排版效果

制作要点

先按两次回车后插入校徽图片，调整其大小至居中位置。将输入的文字“内蒙古机电职业技术学院”设置为楷体、一号、加粗、居中；将输入的文字“2021届毕业生毕业综合实训报告”设置为黑体、小初、居中；“题目”等设置为黑体、小二、空4个字符；“二〇二〇年五月”等设置为黑体、三号字。

六、制作双栏目录结构

对目录进行双栏排版，效果如图5－93所示。

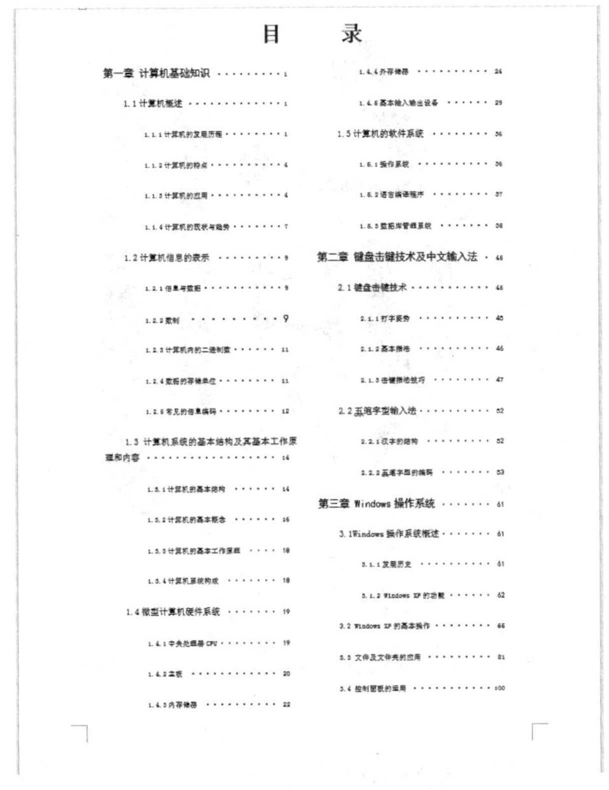

目　　录

图5－93　双栏目录排版效果

制作要点

先输入“目录”两个字，设置其字体、字号分别为“宋体”和“二号”，单击“开始”功能菜单的“加粗”按钮，进入“字体”对话框内“高级”选项卡，将“字符间距”设置为12磅。单击“居中”按钮后回车。

一、二、三级标题字体为宋体，字号分别选择五号、小五号和六号，并有缩进效果。单击“布局”功能菜单“栏”内“更多栏”命令按钮，在“栏”对话框中选择“两栏”，但不选“分隔线”，一定要在“应用于”中选择“插入点之后”；单击打开“开始”功能菜单内“段落”对话框中“缩进和间距”内“制表位”命令，打开“制表位”对话框，分别设置其参数，即在“制表位位置”处分别输入一、二、三级标题的起始位置，再分别选择“左对齐”和“设置”按钮，还是在此输入页码的终止位置和“右对齐”及“前导符”中的“5”后确定。

直接输入一级标题的内容，按一次【Tab】输入页码回车；再按一次【Tab】输入二级标题内容，按一次【Tab】输入页码回车；再按两次【Tab】输入三级标题内容，按一次【Tab】输入页码回车。直到内容输入、设置完毕。

选择一级标题的内容，设置为黑体、五号，再用“格式刷”命令按钮分别到各一级标题处拖放；用同样的方法设置二级、三级标题字体为宋体，字号分别为小五号和六号，用“格式刷”命令按钮分别拖放各二级和三级标题内容；最后，将某一页码设置为宋体、六号字，用“格式刷”命令按钮拖放各级的页码直至样式统一。

七、制作《实习合同》

对《实习合同》进行排版，效果如图5－94所示。

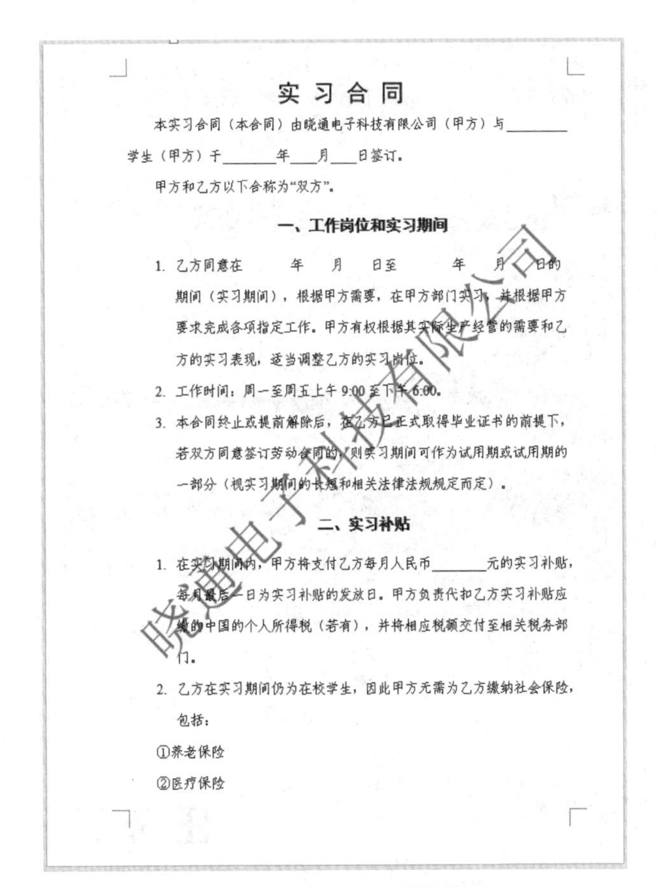

实 习 合 同

本实习合同（本合同）由晓通电子科技有限公司（甲方）与________学生（甲方）于________年____月____日签订。

甲方和乙方以下合称为“双方”。

一、工作岗位和实习期间

1. 乙方同意在　　年　　月　　日至　　年　　月　　日的期间（实习期间），根据甲方需要，在甲方部门实习，并根据甲方要求完成各项指定工作。甲方有权根据其实际生产经营的需要和乙方的实习表现，适当调整乙方的实习岗位。
2. 工作时间：周一至周五上午9:00至下午6:00。
3. 本合同终止或提前解除后，在乙方已正式取得毕业证书的前提下，若双方同意签订劳动合同的，则实习期间可作为试用期或试用期的一部分（视实习期间的长短和相关法律法规规定而定）。

二、实习补贴

1. 在实习期间内，甲方将支付乙方每月人民币________元的实习补贴，每月最后一日为实习补贴的发放日。甲方负责代扣乙方实习补贴应缴的中国的个人所得税（若有），并将相应税额交付至相关税务部门。
2. 乙方在实习期间仍为在校学生，因此甲方无需为乙方缴纳社会保险，包括：

①养老保险

②医疗保险

晓通电子科技有限公司

图5－94　《实习合同》排版效果

制作要点

按照Word默认字体、字号先将内容全部输入完毕。选中“实习合同”后设置其字体为黑体、字号为小一号、居中；各一级标题设置为黑体、三号、加粗、居中；正文设置为仿宋、四号，其他参数如图5－95所示。“晓通电子科技有限公司”设置为水印效果，在“设计”功能菜单中单击“水印命令按钮”，再

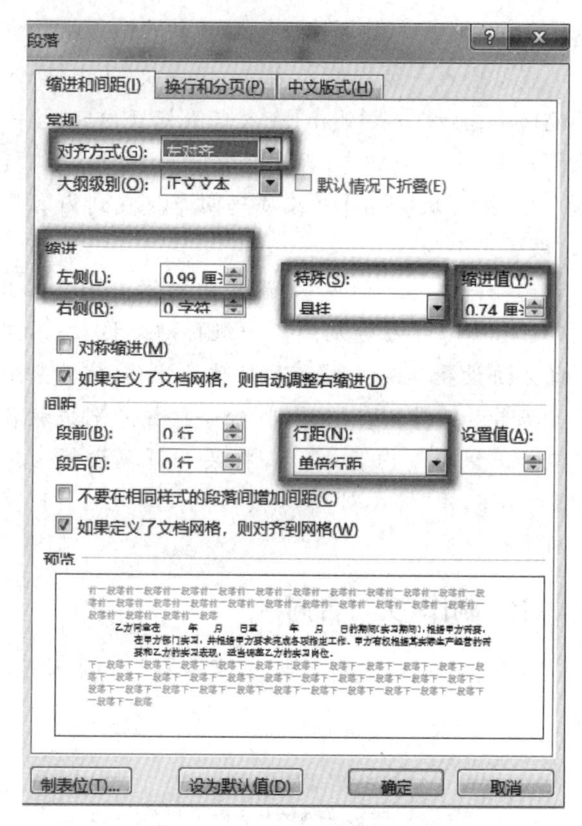

图 5－95　正文段落参数设置

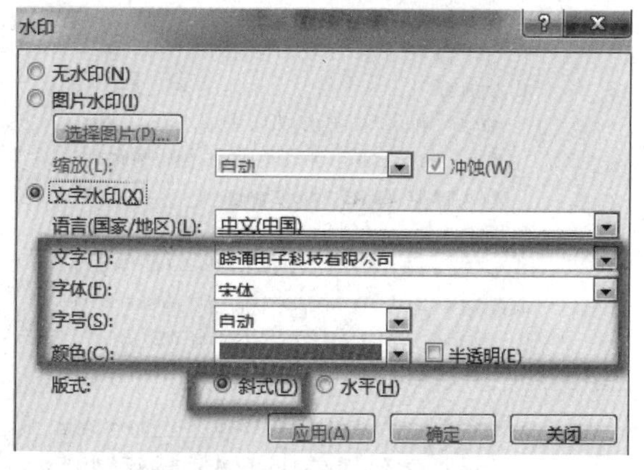

图 5－96　水印效果参数设置

选择“自定义水印”命令，其设置参数如图 5－96 所示。

八、制作一张 A4 纸只有一个字的效果

在一张 A4 纸上只有一个字的排版效果如图 5－97 所示。

图 5－97　一张 A4 纸只有一个字的排版效果

制作要点

按 Word 默认字体、字号输入文字“剑”，改字体为康熙体。然后，在“开始”功能菜单内“字号”列表框中单击输入数字“500”回车。

任务二　表格应用

任务目标

(1) 掌握各种表格的创建；
(2) 掌握表格的编辑与修饰操作；
(3) 了解表格与文本间的互换；
(4) 了解表格内数据的排序与计算。

任务资讯

一、表格的创建方式

表格的创建有自动创建和手动创建两种，自动创建表格适用于规则表格的创建，而手动创建表格适用于非规则表格的创建。也可以两者结合使用，

根据实际情况选择合适的创建方法。

在应用表格之前，首先要绘制表格。在 Word 中创建表格的方式有很多种，其中包括直接插入表格、使用“插入表格”对话框、手动绘制表格等，如图 5-98 所示。

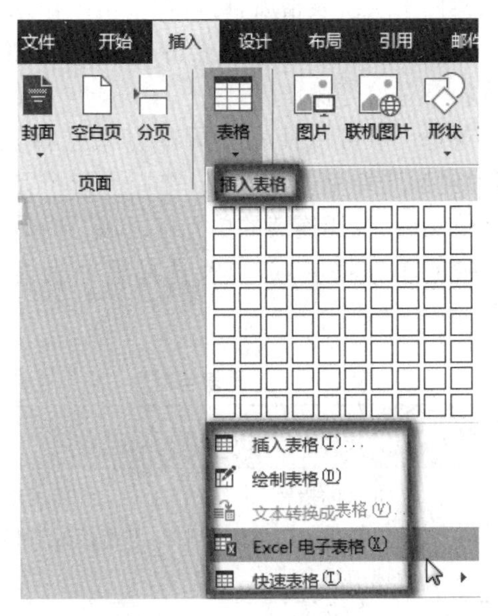

图 5-98 创建表格

(一) 直接创建表格

Word 为用户提供了创建表格的快捷工具，通过它用户可以轻松、方便地插入需要的表格。不过需要注意的是，该方法只适合插入 10 列、8 行以内的表格，如图 5-99 所示。

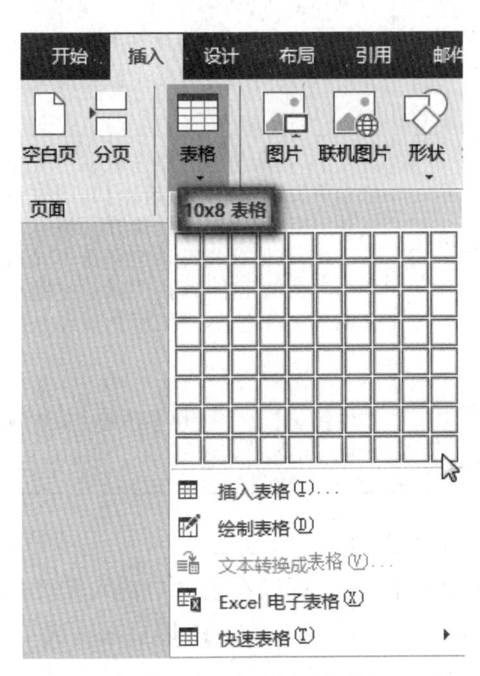

图 5-99 直接创建表格

单击“插入”功能菜单中“表格”分组内“表格”下拉命令按钮，在弹出的下拉列表中的方框处，移动鼠标选择要插入表格的行列数，如创建 5×4 表格(图 5-100)，即可在文档中显示插入所选行列数的表格。然后，自动进入“表格工具 设计 布局”工具栏状态，如图 5-101 所示。

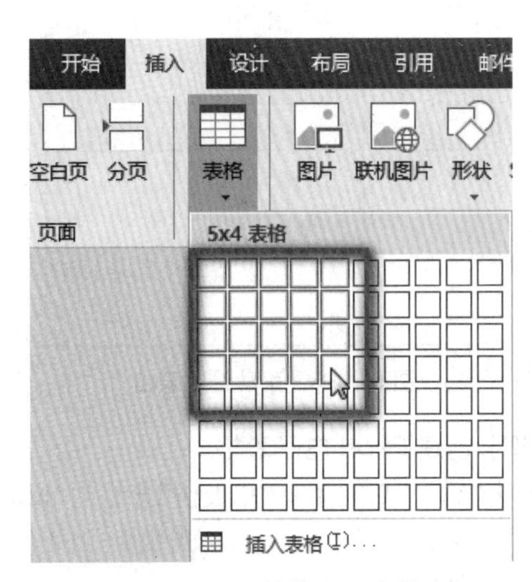

图 5-100 创建 5×4 表格

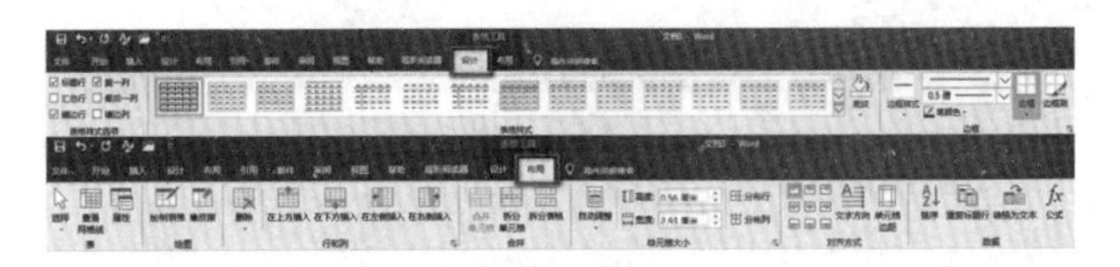

图 5-101 “表格工具 设计 布局”工具栏

(二) 通过对话框创建表格

通过“插入表格”对话框可以设置插入表格的任意行数和列数，也可以设置表格的自动调整方式。

单击“插入”功能菜单中“表格”分组内“表格”下拉命令按钮，在弹出的下拉列表中选择“插入表格”选项命令，在“表格尺寸”对话框中可以设置表格的列数和行数，单击“确定”按钮即可完成，如图 5-102 所示。

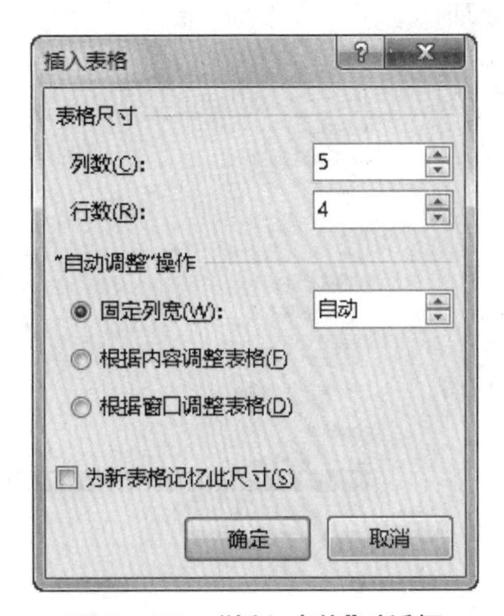

图 5-102 “插入表格”对话框

(三) 手动绘制表格

手动绘制表格是指用户通过拖动鼠标绘制表

格。通过绘制表格的操作，可以直接创建出需要的非规则表格效果，如图 5－103 所示。

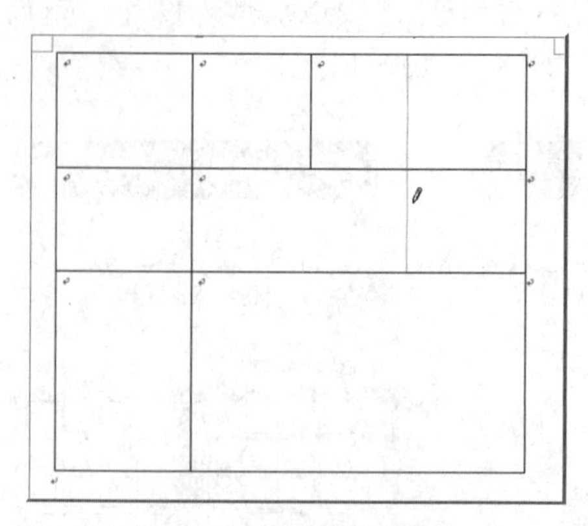

图 5－103　手动绘制表格

（四）创建 Excel 电子表格

单击“插入”功能菜单中“表格”分组内“Excel 电子表格”命令按钮，随后会弹出如图 5－104 所示界面，可以根据需要创建相关表格。

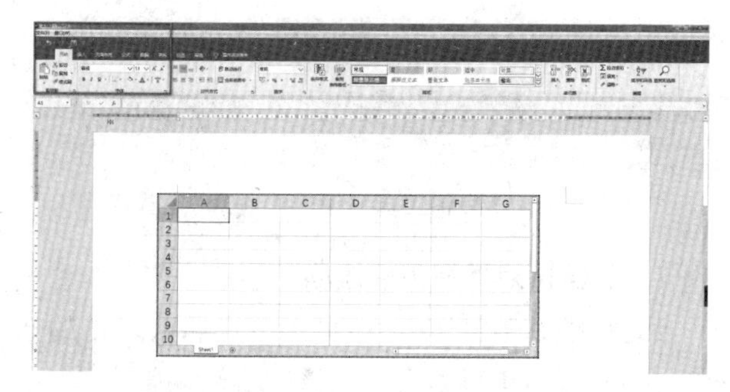

图 5－104　“Excel 电子表格”界面

（五）创建快速表格

单击“插入”功能菜单中“表格”分组内“快速表格”命令中的相关内容，就能创建所需要的表格，如图 5－105 所示。

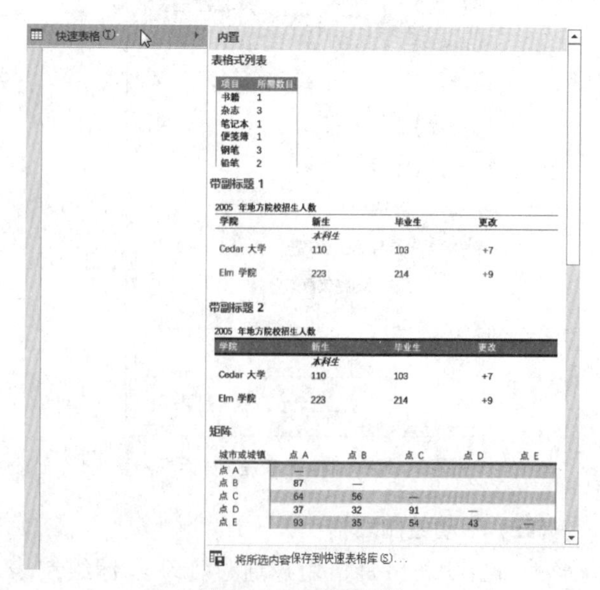

图 5－105　快速表格

二、表格的编辑与修饰

当表格创建完成后，需要对其进行编辑、修改等操作，以满足不同需要。

（一）选择表格对象

在文档中绘制表格后，可以在表格中输入文本，还可以进行表格调整、插入、合并、拆分单元格或删除其他表格对象等操作。

在 Word 中可以使用不同的方式选择表格对象，其中包括选择单个单元格、选择一行单元格、选择一列单元格、选择连续的单元格区域、选择不连续的单元格或单元格区域，以及选择整个表格，如表 5－4 所示。

表 5－4　选择表格对象

选择对象	操 作 方 法
选择整个表格	将鼠标指针移至表格上方，此时表格左上角将显示“ ”控制柄，单击该控制柄即可选中整个表格
选择行	将鼠标指针移至所选行左边界的外侧，待指针变成“ ”形状后单击鼠标左键；如果此时按住鼠标左键上下拖动，可选中多行
选择列	将鼠标指针移至所选列的顶端，待指针变成“ ”形状后单击鼠标左键；如果此时按住鼠标左键并左右拖动，可选中多列
选择单个单元格	将鼠标指针移至单元格左边框，待指针变成“ ”形状后单击鼠标左键可选中该单元格；若此时双击可选中该单元格所在的一整行
选择连续的单元格区域	方法 1：在所选单元格区域的第一个单元格中单击，然后按住【Shift】的同时单击所选单元格区域的最后一个单元格 方法 2：将鼠标指针移至所选单元格区域的第一个单元格中，按住鼠标左键不放向其他单元格拖动，则鼠标指针经过的单元格均被选中
选择不连续的单元格或单元格区域	按住【Ctrl】，然后使用上述方法依次选择单元格或单元格区域

（二）在表格中输入文本

创建表格后，就可以在表格中输入需要的数据文本。将光标定位到单元格中，即可输入文本，如图 5－106 所示。

（三）调整行高和列宽

在表格中，同一行内的所有单元格具有相同的高度，用户可以针对不同行设置不同的行高，也可以

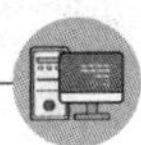

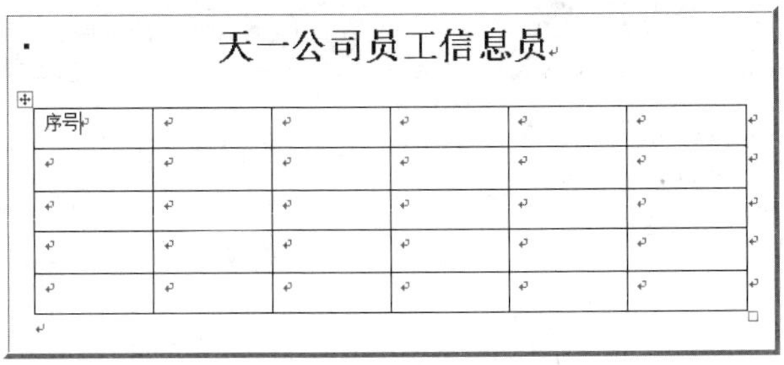

天一公司员工信息员
序号

图 5-106　在表格中输入文本

指定单元格的列宽。

将鼠标指针置于要调整的单元格水平边线上，当指针呈现上下箭头形状时，拖动鼠标即可调整行高，如图 5-107 所示；将鼠标指针置于要调整的单元格垂直边线上，当指针呈现左右箭头形状时，拖动鼠标即可调整列宽，如图 5-108 所示。

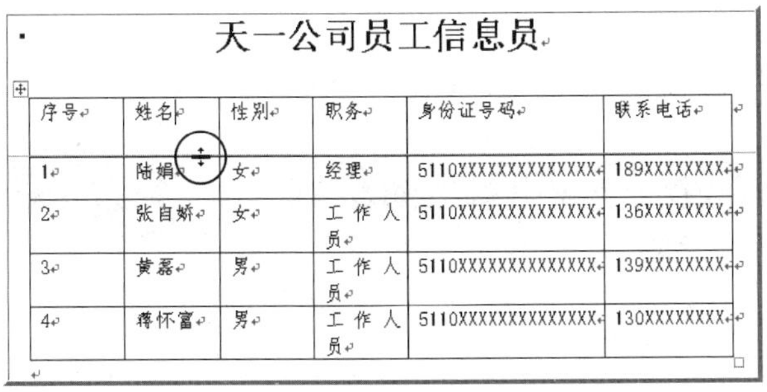

天一公司员工信息员
序号 姓名 性别 职务 身份证号码 联系电话
1 陆娟 女 经理 5110XXXXXXXXXXXXXX 189XXXXXXXX
2 张自娇 女 工作人员 5110XXXXXXXXXXXXXX 136XXXXXXXX
3 黄磊 男 工作人员 5110XXXXXXXXXXXXXX 139XXXXXXXX
4 蒋怀富 男 工作人员 5110XXXXXXXXXXXXXX 130XXXXXXXX

图 5-107　调整行宽

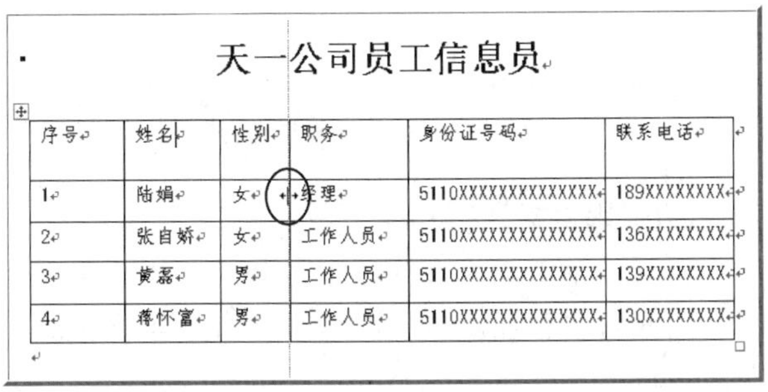

天一公司员工信息员
序号 姓名 性别 职务 身份证号码 联系电话
1 陆娟 女 经理 5110XXXXXXXXXXXXXX 189XXXXXXXX
2 张自娇 女 工作人员 5110XXXXXXXXXXXXXX 136XXXXXXXX
3 黄磊 男 工作人员 5110XXXXXXXXXXXXXX 139XXXXXXXX
4 蒋怀富 男 工作人员 5110XXXXXXXXXXXXXX 130XXXXXXXX

图 5-108　调整列宽

(四) 在表格中插入行和列

根据表格内容的需要，有时需要在已有的表格中插入新的行或列。具体方法如下：

(1) 将光标置于单元格中，单击“表格工具　布局”分组工具栏内“在下方插入”命令按钮，在该行的下方将插入一行空白单元格。

(2) 将光标定位到单元格中，单击“表格工具　布局”分组工具栏内“在右侧插入”命令按钮，在该列的右侧将插入一列空白单元格。

(3) 将光标定位到第一行最后一个单元格中，单击“表格工具　布局”分组工具栏内“行和列”分组菜单右下角的“表格插入单元格”按钮，打开“插入单元格”对话框，根据需要进行选择，如图 5-109 所示。

表格工具
邮件 审阅 视图 帮助 福昕阅读器 设计 布局 操作说明
在上方插入 在下方插入 在左侧插入 在右侧插入
合并单元格 拆分单元格 拆分表格 自动调整
行和列
合并
表格插入单元格
显示"插入单元格"对话框。
插入单元格
活动单元格右移(I)
活动单元格下移(D)
整行插入(R)
整列插入(C)
确定 取消

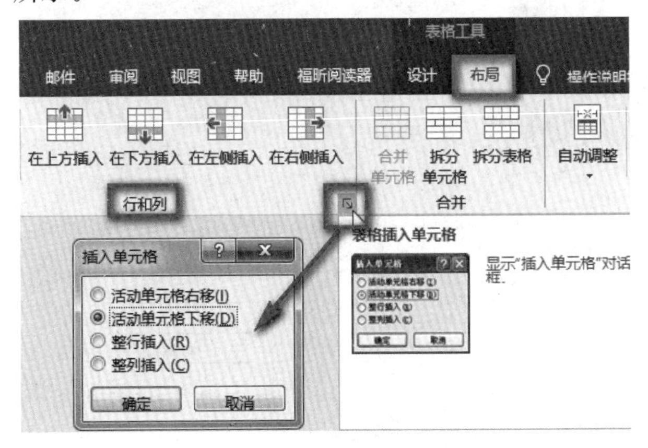

图 5-109　插入单元格

(五) 删除行、列或单元格

对于多余的行、列或单元格，可以将其进行删除。

将光标定位在单元格中，单击“表格工具　布局”分组菜单内“删除”下拉命令按钮，在弹出的下拉列表中根据需要选择，如图 5-110 所示。

表格工具
引用 邮件 审阅 视图 帮助 福昕阅读器 设计 布局
删除 在上方插入 在下方插入 在左侧插入 在右侧插入
合并单元格 拆分单元格 拆分表格
合并
删除单元格(D)...
删除列(C)
删除行(R)
删除表格(T)

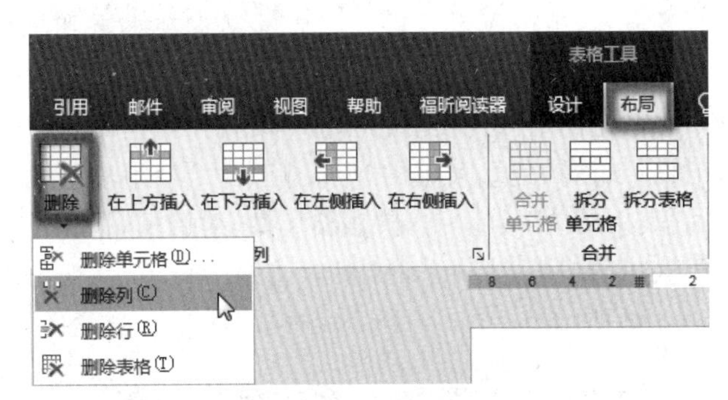

图 5-110　删除单元格

(六) 合并、拆分单元格和拆分表格

在实际工作中，需要将一个单元格或表格拆分为多个，或者需要将几个单元格合并为一个。

根据需要选中要合并或拆分的多个单元格，单击“表格工具　布局”分组菜单内“合并单元格”或“拆分单元格”命令按钮，分别如图 5-111 和图 5-112 所示。

表格工具
文档4 - Word
设计 布局 操作说明搜索
合并单元格 拆分单元格 拆分表格
自动调整
高度: 0.56 厘米
宽度: 2.09 厘米
分布行
分布列
合并
单元格大小
合并单元格
将所选单元格合并为一个单元格。

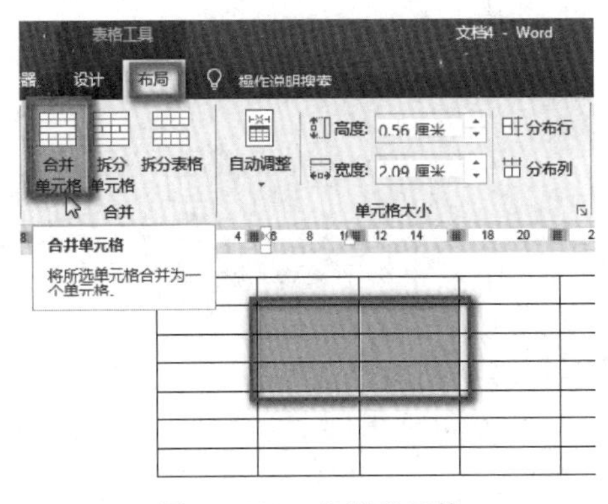

图 5-111　合并单元格

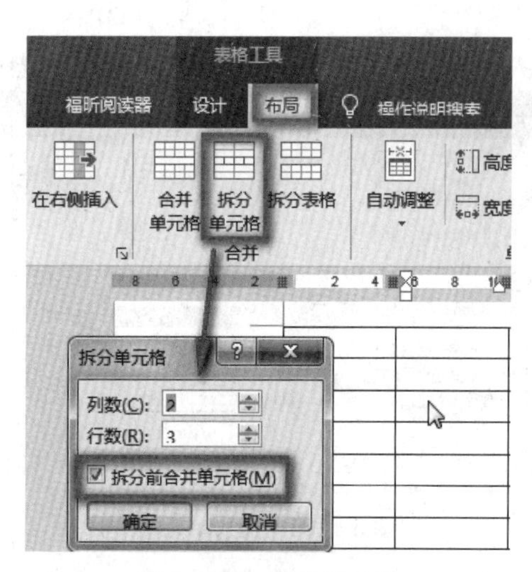

图 5-112 拆分单元格

根据需要定位到表格内的单元格中，单击"表格工具 布局"分组菜单内"拆分表格"命令按钮，表格就会被拆分成上下两个表格。

(七) 设置表格对齐方式

在 Word 中，既可以设置表格与文本内容间的对齐方式，也可以设置单元格内的文本在水平和垂直位置的对齐方式。

将光标定位到表格的任意单元格中，选择"表格工具 布局"分组菜单内"单元格大小"分组右下角的"表格属性"按钮，打开"表格属性"对话框，根据需要从"表格"标签菜单的"对齐方式"中选择，如图 5-113 所示。

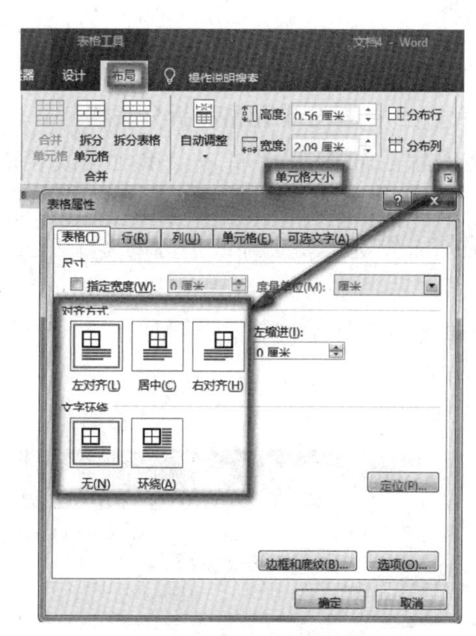

图 5-113 "表格属性"对话框

将光标定位到表格的某一单元格中，选择"表格工具 布局"分组菜单内"对齐方式"分组中所需对齐方式，如图 5-114 所示。

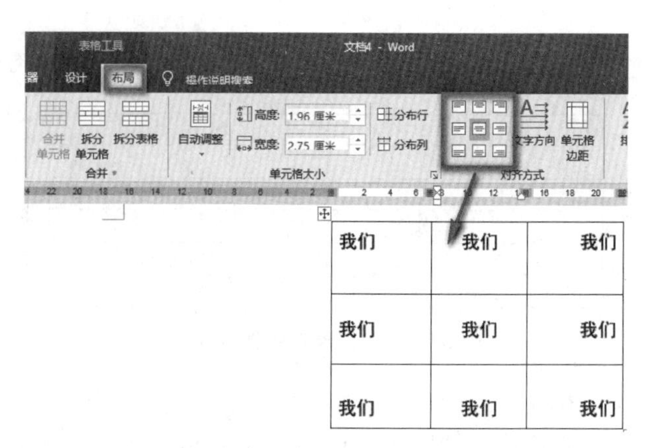

图 5-114 单元格内文本内容的对齐方式

(八) 绘制表格斜线

在实际工作中，经常需要为表格绘制斜线表头，以区分表格左侧和上方的标题内容。

单击"表格工具 设计"功能菜单内"边框"下拉命令按钮，在弹出的下拉列表中选择"斜下框线"选项，如图 5-115 所示。

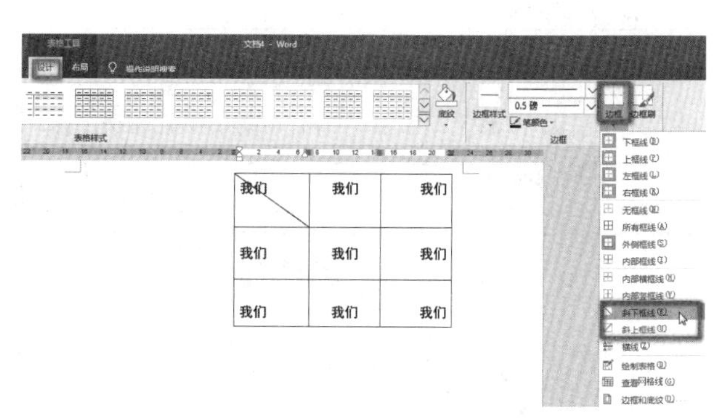

图 5-115 绘制表格斜线

(九) 重复标题行功能

有时表格中的统计项目很多，表格过长，可能会在两页或者多页显示，但是，从第二页开始表格就没有标题行了。在这种情况下，查看表格数据时很容易混淆。所以，在制作表格时，需要在每一页表格的第一行上方都要显示标题。在 Word 中可以使用"标题行重复"来解决这个问题。

(十) 表格边框和底纹设置

一个清晰明了的表格通常会边框分明，或者为表格添加底纹，使其中部分内容显得更加突出。

选中整个表格，选择"表格工具 设计"功能菜单，在"边框"分组内单击"边框"下拉命令按钮，在弹出的下拉列表中选择"边框和底纹"选项，弹出"边框和底纹"对话框，如图 5-116 所示，根据实际需要进行设置。

(十一) 使用表格样式

在文档中插入表格后，可以使用 Word 预置的表格样式来美化表格。

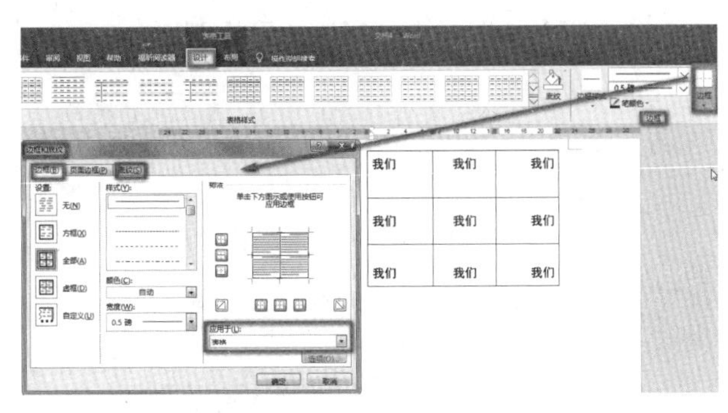

图 5-116 “边框和底纹”选项

将光标定位在表格任意位置，单击“表格工具 设计”功能菜单，在“表格样式”分组菜单中单击下拉样式选项按钮，会出现如图 5-117 所示的内容。

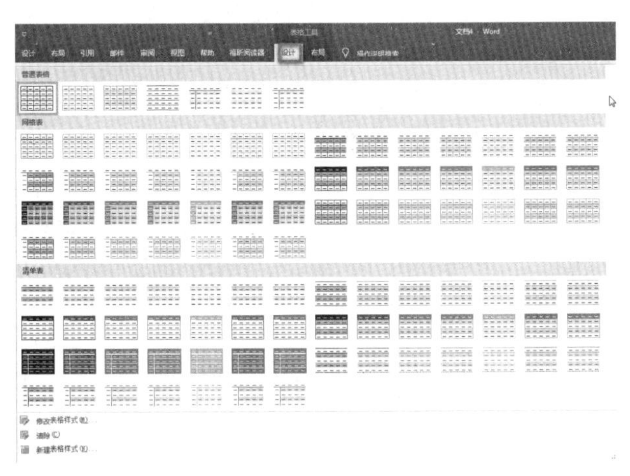

图 5-117 “表格样式”列表

三、表格与文本间的互换

在 Word 中，可以在文本和表格之间相互转换，以满足不同情况的需求。

(一) 将表格转换为文本

在 Word 中，可以将表格的内容转换为普通的文本段落，并将原来各单元格中的内容用段落标记、逗号、制表符或指定的特定分隔符隔开，如图 5-118 所示。

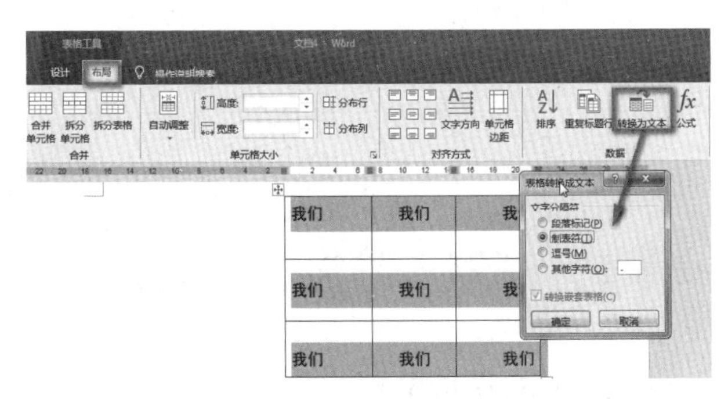

图 5-118 表格转换为文本

(二) 将文本转换为表格

在 Word 中，不仅可以将表格转换为文本，也可以将用段落标记、逗号、制表符或其他特定字符隔开的文本转化为表格。

选中所需文本内容，再选择“插入”功能菜单内“表格”命令按钮，选择“文本转换成表格”命令，在“将文字转换成表格”对话框中，根据需要从“文字分隔位置”选择相关内容，如图 5-119 所示。

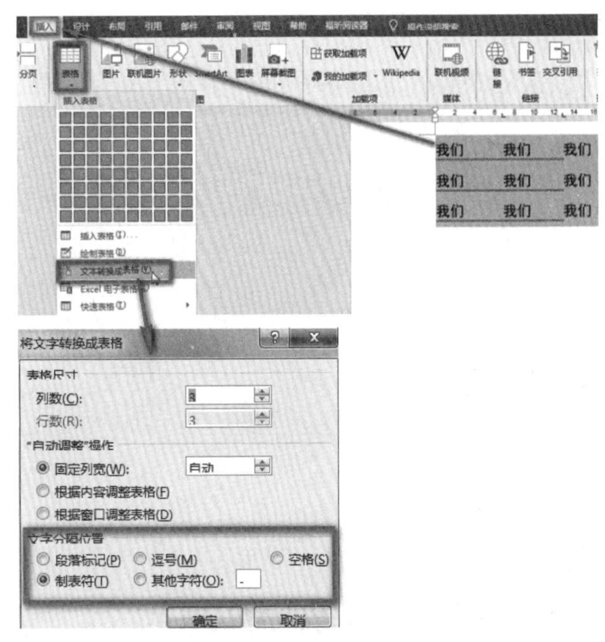

图 5-119 文本转换为表格

四、表格内数据的排序与计算

随着表格中数据的增多，表格内容也越来越复杂，这就需要对表格的内容进行数据计算和排序管理。

(一) 表格内数据的计算

如果要对表格中的数据进行统计，就需要对多种数据进行计算。在 Word 中，可以使用公式来自动计算表格中的数据。

将光标定位在单元格中，单击“表格工具 布局”功能菜单，在“数据”分组内单击“公式”按钮，打开“公式”对话框，其中已经自动输入公式“=Sum(LEFT)”，表示对左侧的数据进行求和，如图 5-120 所示。

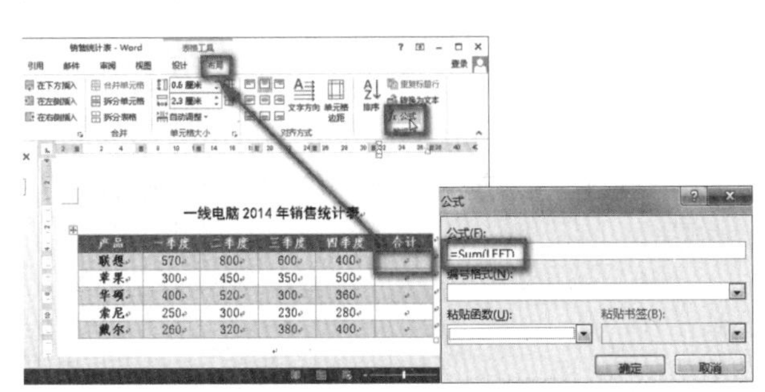

图 5-120 “公式”对话框

（二）表格内数据的排序

为了让表格中的数据方便查看，可以对表格中的数据进行排序。

在 Word 中，可以按照递增或递减的顺序把表格内容按笔画、数值、拼音或日期进行排序。

在表格中选择要排序的单元格区域，单击“表格工具 布局”功能菜单，在“数据”分组内单击“排序”按钮，弹出的“排序”对话框如图 5－121 所示，可以根据具体需要选择相关内容。

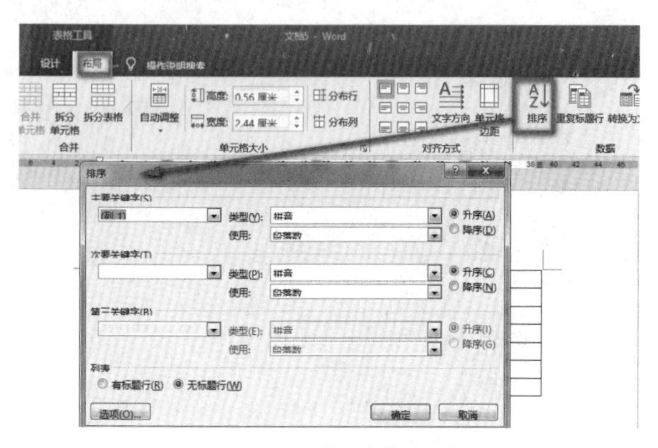

图 5－121 “排序”对话框

任务实施

一、制作《资讯系统问题反映单》

制作《资讯系统问题反映单》，效果如图 5－122 所示。

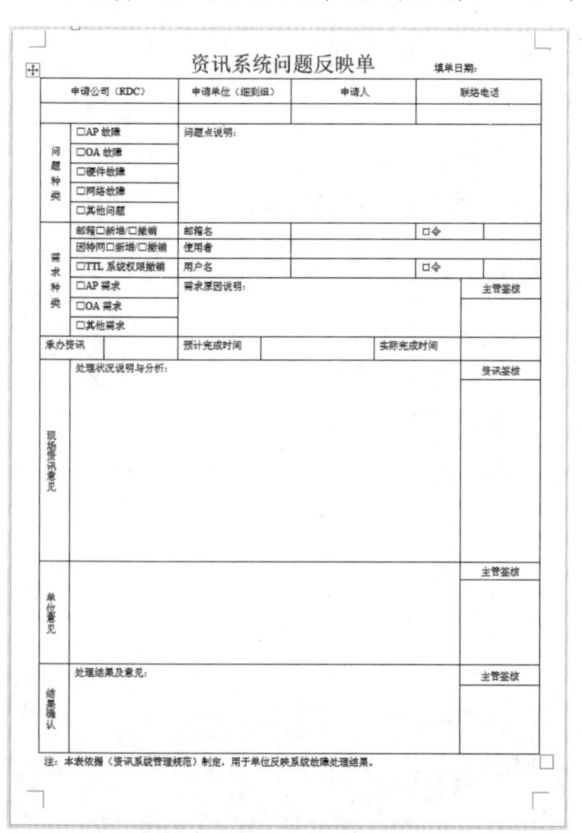

资讯系统问题反映单　　填单日期：

申请公司（RDC）		申请单位（细到组）	申请人	联络电话	
问题种类	□AP 故障	问题点说明：			
	□OA 故障				
	□硬件故障				
	□网络故障				
	□其他问题				
需求种类	邮箱□新增/□撤销	邮箱名		□令	
	因特网□新增/□撤销	使用者			
	□TTL 系统权限撤销	用户名		□令	
	□AP 需求	需求原因说明：			主管签核
	□OA 需求				
	□其他需求				
承办资讯		预计完成时间		实际完成时间	
现场资讯意见	处理状况说明与分析：				资讯签核
单位意见					主管签核
结果确认	处理结果及意见：				主管签核

注：本表依据《资讯系统管理规范》制定，用于单位反映系统故障处理结果。

图 5－122 《资讯系统问题反映单》效果

二、制作《学生教学信息员申请表》

制作《学生教学信息员申请表》，效果如图 5－123 所示。

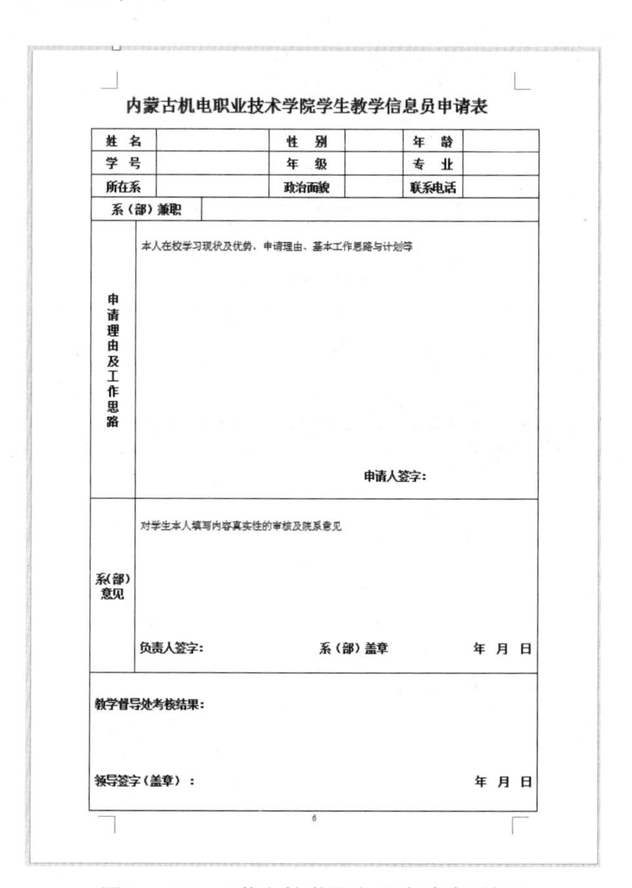

内蒙古机电职业技术学院学生教学信息员申请表

姓 名		性 别		年 龄	
学 号		年 级		专 业	
所在系		政治面貌		联系电话	
系（部）兼职					
申请理由及工作思路	本人在校学习现状及优势、申请理由、基本工作思路与计划等 申请人签字：				
系（部）意见	对学生本人填写内容真实性的审核及院系意见 负责人签字：　系（部）盖章　年 月 日				
教学督导处考核结果： 领导签字（盖章）：　年 月 日					

图 5－123 《学生教学信息员申请表》效果

三、制作《学期初教学检查统计表》

制作《学期初教学检查统计表》，效果如图 5－124 所示。

内蒙古机电职业技术学院 2019-2020 学年第二学期学期初教学检查统计表（常规检查部分）

序号	姓名	课程名称	课程标准		教学文件		教 案			教案首页		备注
			有	情况	有	情况	有	全(1/2)	情况	有	情况	
1												
2												
3												
4												
5												
6												
7												
8												
9												
10												

注：每项内容如有，在空格内打“✓”　　填报人：　　年　月　日

图 5－124 《学期初教学检查统计表》效果

四、制作《送货单》

制作《送货单》，效果如图 5－125 所示。

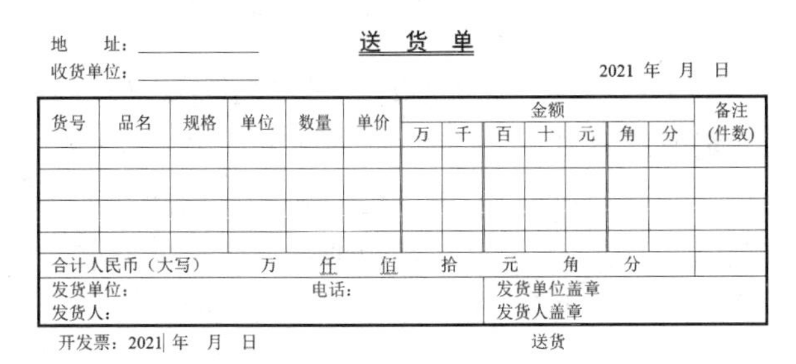

地　址：__________　　送 货 单

收货单位：__________　　2021 年　月　日

货号	品名	规格	单位	数量	单价	金额							备注(件数)
						万	千	百	十	元	角	分	
合计人民币（大写）　万　仟　佰　拾　元　角　分													
发货单位：　电话： 发货人：									发货单位盖章 发货人盖章				

开发票：2021 年　月　日　　送货

图 5－125　《送货单》效果

五、制作《课程表》

制作《课程表》，效果如图 5－126 所示。

课程表

时间 / 节次 / 星期		星期一	星期二	星期三	星期四	星期五
上午	1—2 节	高数	物理	英语	计算机应用	英语
	3—4 节	英语	制图	高数	物理	高数
12：00～14：30		午　休				
下午	5—6 节	计算机应用	体育	计算机应用	制图	制图
16：30～19：00		课 外 活 动				
晚上	7—8 节	晚自习	晚自习	晚自习	晚自习	晚自习

图 5－126　《课程表》效果

任务需求

（1）制作一个有表头双斜线的课程表，其中“课程表”3 个字的字体为黑体、加粗、二号字且居中。

（2）要求“时间”、“节次”、“星期”的设置如图 5－126 所示，有双斜线效果。

（3）其他均为五号、宋体字且居中。

制作要点

（1）表头斜线为双斜线，用“插入”功能菜单内“形状”中的“直线”绘制 2 次。

（2）外框线为 1.5 磅粗黑线，内有两条双细线，其他均为默认框线。

任务拓展

一、制作《腾飞公司采购询价单》

任务需求

腾飞公司计划购买一批笔记本电脑，要求该公司的采购部提供市场上常见笔记本电脑的品牌和单价，制作询价单，样式如图 5－127 所示。

腾飞公司采购询价单

采购申请单号	DS-52	询价单号	DS-52-12	申请采购商品名称		笔记本电脑
供应厂商		电话	厂家报价（单价）（元）			
			出厂价	批发价	零售价	备注
IBM		010-85634774	8800	9150	9900	缺货
戴尔		010-66557333	7300	7500	8250	现货
惠普		010-86541455	7100	7400	8000	现货
联想		010-86584156	6300	6650	7250	缺货
神舟		010-66583451	5600	5900	6600	现货
		平均价	7020	7320	8000	
采购员	王金荣	采购员员工号	CGB023	询价日期	2011 年 2 月 10 日	

图 5－127　《腾飞公司采购询价单》效果

制作要点

（1）新建文档，命名为“腾飞公司采购询价单.docx”。

（2）在文档第一行输入“腾飞公司采购询价单”作为标题，设置为三号字、加粗、居中对齐。

（3）在文档第二行插入一个 9 行、6 列的表格。

（4）将单元格进行合并、拆分。

（5）在 IBM 所在行的下面插入一行，依次输入“惠普”、“010－86541455”、“7100”、“7400”、“8000”、“现货”。

（6）使用公式求出出厂价的平均价、批发价的平均价和零售价的平均价。适当调整单元格边框，对出厂价、批发价和零售价 3 列平均分布。

（7）按零售价降序排列。

（8）将表格自动套用格式“浅色网格且强调文字颜色”。

（9）将所有单元格的文字对齐方式设置为水平居中。

操作步骤

（1）创建“腾飞公司采购询价单”文档并保存。

启动 Word 2016，新建一个空白文档。单击快速访问工具栏中的“保存”按钮，在弹出的“保存”对话框中保存文件。输入文本“腾飞公司采购询价单”。选中文本并切换到“开始”功能菜单，在“字体”分组内设置字号为三号、加粗；在“段落”分组内单击“居中”按钮，设置文本居中对齐。

按回车后将光标插入点定位在第二行。切换到“插入”功能菜单，在“表格”分组内单击“表格”下拉命令按钮，在弹出的下拉列表中选择“插入表格”命令，打开“插入表格”对话框，在“插入表格”对话框中设置“列数”为 6、“行数”为 9，单击“确定”按钮完成表格的插入。

（2）合并和拆分单元格。

同时选中表格第一行的第四和第五个单元格，切换到“表格工具　布局”功能菜单，在“合并”分组内单击“合并单元格”命令按钮，此时两个单元格合并成一个单元格。同理，分别选中第二行的第三至第六个单元格、第九行的第五和第六个单元格、第一列的第二和第三个单元格、第二列的第二和第三个单元格，单击“合并单元格”按钮完成合并。

选中第一行的第一个单元格，在“表格工具　布局”功能菜单的“合并”分组内单击“拆分单元格”命令按钮，打开“拆分单元格”对话框，设置“列数”为 2，此时一个单元格拆分成两个单元格。同理，选中第九行的第一个单元格，将其拆分成两个单元格。

(3) 输入文本并调整单元格大小。

如图 5-128 所示,向表格输入文本。

采购申请单号	DS-52	询价单号	DS-52-12	申请采购商品名称		笔记本电脑
供应厂商		电话	厂家报价（单价）（元）			
			出厂价	批发价	零售价	备注
联想		010-86584156	6300	6650	7250	缺货
神舟		010-66583451	5600	5900	6600	现货
IBM		010-85634774	8800	9150	9900	缺货
戴尔		010-66557333	7300	7500	8250	现货
		平均价				
采购员	王金荣	采购员员工号	CGB023	询价日期	2011 年 2 月 10 日	

图 5-128　输入文本

将鼠标指针放在第一行的第一个单元格右边框上。当鼠标指针变为 ⇹ 形状时,按住鼠标左键向右拖动,使第一个单元格的文本能够显示在一行内。操作方法同上,从左向右依次调整第一行单元格的大小,使第一行中单元格内的文本都能显示在一行中,并且“电话”所在列中单元格内的文本也必须一行显示。

选中“备注”列,将鼠标指针放在该列的左边框上。当鼠标指针变为 ⇹ 形状时,按住鼠标左键向右拖动,使该列单元格内的文本正好能够在一行内显示。

选中“出厂价”、“批发价”、“零售价”等 3 列,切换到“表格工具　布局”功能菜单,在“单元格大小”分组内单击“分布列”按钮 分布列 ,此时选中的 3 列将平均分配列宽。

选中最后一行的第六个单元格,将鼠标指针放在该单元格的左边框上。当鼠标指针变为 ⇹ 形状时,按住鼠标左键向右拖动,使该单元格和第五个单元格中的文本能够在一行内显示。调整单元格边框后的效果如图 5-129 所示。

采购申请单号	DS-52	询价单号	DS-52-12	申请采购商品名称		笔记本电脑
供应厂商		电话	厂家报价（单价）（元）			
			出厂价	批发价	零售价	备注
联想		010-86584156	6300	6650	7250	缺货
神舟		010-66583451	5600	5900	6600	现货
IBM		010-85634774	8800	9150	9900	缺货
戴尔		010-66557333	7300	7500	8250	现货
		平均价				
采购员	王金荣	采购员员工号	CGB023	询价日期	2011 年 2 月 10 日	

图 5-129　调整单元格边框后的效果

(4) 插入行、求平均价及排序。

将光标插入点放在“IBM”所在行的任意位置。切换到“表格工具　布局”功能菜单,在“行和列”分组内单击“在下方插入”按钮,此时光标所在列的下面就会插入一行。在新插入的一行中,依次输入“惠普”、“010 - 86541455”、“7100”、“7400”、“8000”、“现货”。

将光标插入点放在“出厂价”列和“平均价”行所对应的单元格中。切换到“表格工具　布局”功能菜单,在“数据”分组内单击“公式”按钮,打开“公式”对话框,将“公式”文本框中的内容删除后输入“＝”,将光标放在“＝”后面,在“粘贴函数”下拉列表框中选择平均值函数(AVERAGE),并在“( )”内输入“above”。单击“确定”按钮,Word 会自动计算光标所在单元格上面带数字的单元格内数值的平均值,并将结果放在光标所在的单元格。同理,分别计算批发价的平均价和零售价的平均价。

选中 5 个供应厂商的零售价。切换到“表格工具　布局”功能菜单,在“数据”分组内单击“排序”按钮,打开“排序”对话框。在“主要关键字”下拉列表框中选择“列 5”,并设置为降序,单击“确定”按钮完成排序设置。

(5) 表格自动套用格式及文字对齐。

将鼠标指针移到表格上,表格左上角出现全选符号 ⊞,单击该符号,整个表格被选中。切换到“表格工具　设计”功能菜单,在“表格样式”分组内单击“其他”下拉按钮,在下拉列表中选择“网格表 4”样式(图 5-130),其效果如图 5-131 所示。

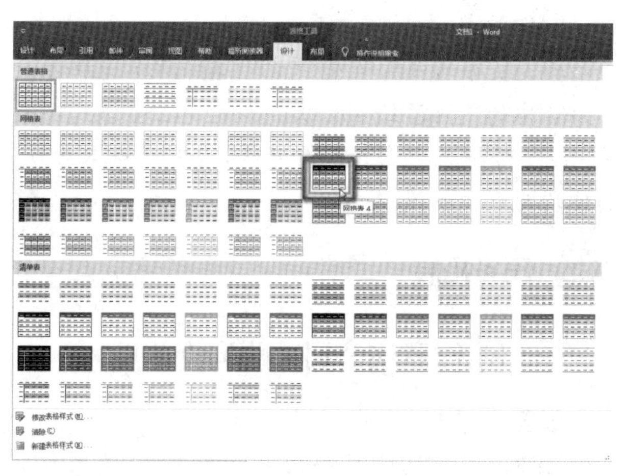

图 5-130　表格的自动套用格式

腾飞公司采购询价单

采购申请单号	DS-52	询价单号	DS-52-12	申请采购商品名称		笔记本电脑
供应厂商		电话	厂家报价（单价）（元）			
			出厂价	批发价	零售价	备注
IBM		010-85634774	8800	9150	9900	缺货
戴尔		010-66557333	7300	7500	8250	现货
惠普		010-86541455	7100	7400	8000	现货
联想		010-86584156	6300	6650	7250	缺货
神舟		010-66583451	5600	5900	6600	现货
		平均价	7020	7320	8000	
采购员	王金荣	采购员员工号	CGB023	询价日期	2011 年 2 月 10 日	

图 5-131　自动套用格式后的效果

选中整个表格后，切换到“表格工具 布局”功能菜单，在“对齐方式”分组内单击“水平居中”命令按钮，完成表格单元格内文本的对齐方式设置。

二、制作《培训班报名的通知》

制作《培训班报名的通知》，效果如图 5-132 所示。

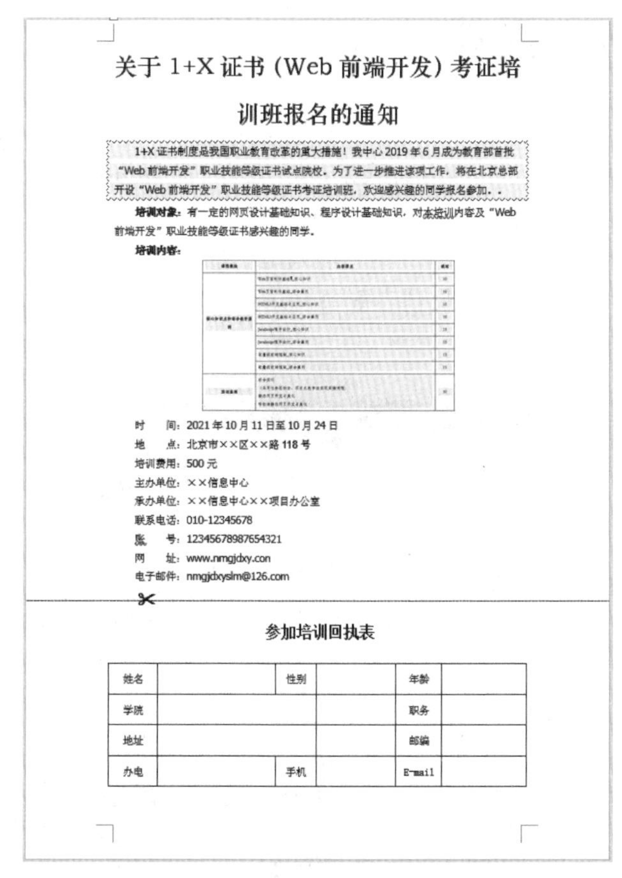

关于 1+X 证书（Web 前端开发）考证培训班报名的通知

1+X 证书制度是我国职业教育改革的重大措施！我中心 2019 年 6 月成为教育部首批“Web 前端开发”职业技能等级证书试点院校。为了进一步推进该项工作，将在北京总部开设“Web 前端开发”职业技能等级证书考证培训班，欢迎感兴趣的同学报名参加。

培训对象： 有一定的网页设计基础知识、程序设计基础知识，对本培训内容及“Web 前端开发”职业技能等级证书感兴趣的同学。

培训内容：

时　　间：2021 年 10 月 11 日至 10 月 24 日
地　　点：北京市××区××路 118 号
培训费用：500 元
主办单位：××信息中心
承办单位：××信息中心××项目办公室
联系电话：010-12345678
账　　号：12345678987654321
网　　址：www.nmgjdxy.con
电子邮件：nmgjdxyslm@126.com

参加培训回执表

姓名		性别		年龄	
学院				职务	
地址				邮编	
办电		手机		E-mail	

图 5-132 《培训班报名的通知》效果

三、制作《教学进程表》

制作《教学进程表》，效果如图 5-133 所示。

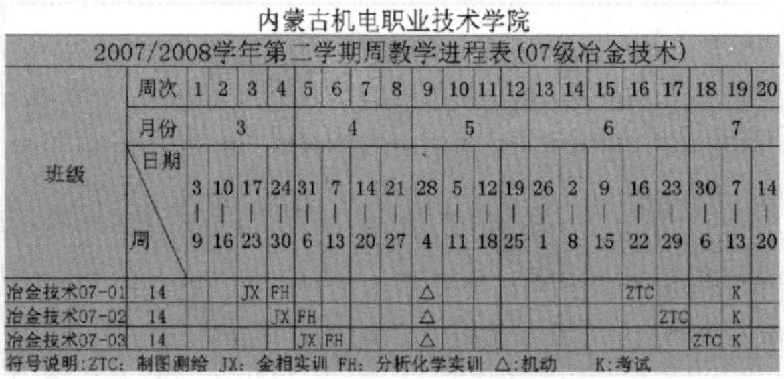

内蒙古机电职业技术学院

2007/2008学年第二学期周教学进程表(07级冶金技术)

班级	周次	1	2	3	4	5	6	7	8	9	10	11	12	13	14	15	16	17	18	19	20
	月份	3				4				5				6					7		
	日期/周	3-9	10-16	17-23	24-30	31-6	7-13	14-20	21-27	28-4	5-11	12-18	19-25	26-1	2-8	9-15	16-22	23-29	30-6	7-13	14-20
冶金技术07-01	14			JX	FH					△							ZTC			K	
冶金技术07-02	14				JX	FH				△								ZTC		K	
冶金技术07-03	14					JX	FH			△									ZTC	K	

符号说明：ZTC：制图测绘 JX：金相实训 FH：分析化学实训 △：机动 K：考试

图 5-133 《教学进程表》效果

四、制作《申请表》

制作《申请表》，效果如图 5-134 所示。

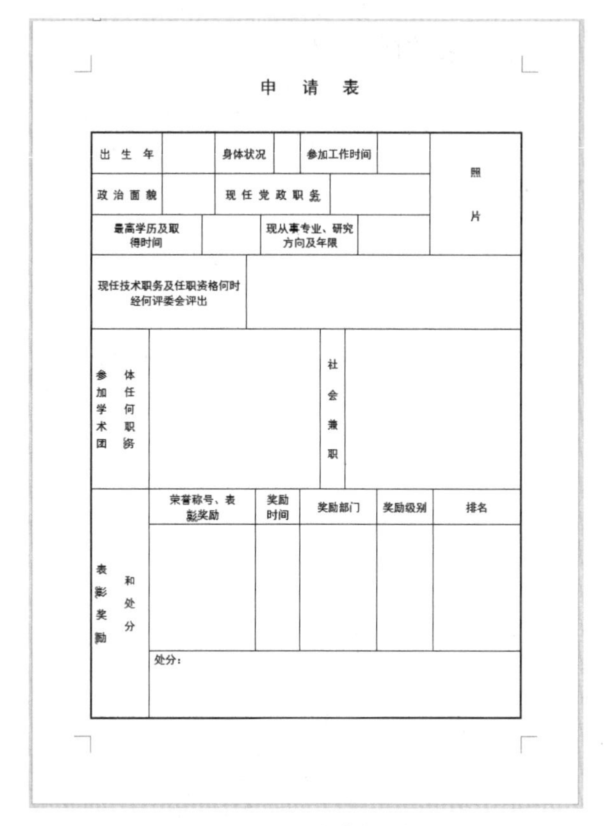

申　请　表

出生年		身体状况		参加工作时间		照片
政治面貌		现任党政职务				
最高学历及取得时间		现从事专业、研究方向及年限				
现任技术职务及任职资格何时经何评委会评出						
参加学术团体任何职务		社会兼职				
表彰奖励和处分	荣誉称号、表彰奖励	奖励时间	奖励部门	奖励级别	排名	
	处分：					

图 5-134 《申请表》效果

五、制作《教学常规检查记录表》

制作《教学常规检查记录表》，效果如图 5-135 所示。

教学常规检查记录表

专业教研室：　　检查时间：　　检查人：

项　目	情况分类	教师姓名 / 课程名称	教师姓名 / 课程名称	教师姓名 / 课程名称	教师姓名 / 课程名称	教师姓名 / 课程名称	教师姓名 / 课程名称
教学大纲	有、规范						
	有、一般						
	无						
课程进度计划	有、规范						
	有、不规范						
	无						
教案	有、规范						
	有、不规范						
	未提前 1 周						
	无						
备课笔记	有、质量好						
	有、一般						
	无						
学生考勤	认真考勤						
	不齐全						
	不考勤						
作业布置	量适中						
	量过大						
	量过小						
	从不布置						
作业批改	已批次数						
	认真批改						
	不够认真						
	从不批改						
平时成绩记载	已记次数						
结业成绩报告	实验次数						
	认真批改						
	不够认真						
	未批改						
教学进度	完全相符						
	超前时数						
	滞后时数						
教师到课情况	旷教次数						
	迟到次数						
	提前下课次数						
	调课次数						

图 5-135 《教学常规检查记录表》效果

六、长表格的处理

在日常工作、生活中，经常会遇到长表格，由于表格中内容较多，不能显示在同一页面，不方便查阅，如何解决长表格的处理呢？可以先选中不在同一页面的表格内容，然后在“表格工具　布局”功能菜单的“自动调整”下拉菜单中，选择“固定列宽”命令。再打开“段落”对话框中的“换行和分页”选项卡菜单，从中勾选“分页”中的“与下段同页”命令。

任务三　图文混排

任务目标

(1) 掌握形状、图片的编辑与美化；
(2) 掌握 SmartArt 图形的应用；
(3) 掌握文本框的创建、修饰美化及排版效果；
(4) 掌握艺术字在 Word 中的应用；
(5) 掌握脚注、尾注的应用；
(6) 掌握公式编辑器的应用。

任务资讯

在生活中处处可见各种各样的宣传海报，如学校纳新招聘海报、招生简章、公司简介等，那么，如何在没有学习专业绘图、各类排版软件的情况下，使用 Word 快速制作一份有特色的海报呢？Word 可以插入和编辑形状图形以及艺术字、图片、图表、SmartArt 图形等对象，通过不同的方式组合对象，创建图文混排的文档效果，设计各类海报。

图文混排是文字与图片的混合排版，是 Word 中常见的排版形式，也是实现复杂排版的基础。对 Word 中图文混排的有关概念进行说明。“文”指的是普通的文字或字符，文字对象组成段落。“图”泛指除“文”之外所有可以随意移动位置、改变大小的对象，包括文本框、艺术字、形状、图片等，其特征可以概括为“选中后有 8 个控制点”，利用这种特有的属性，通过一定的方法可以实现图文混排效果。

在 Word 2016 中可以插入两种类型的图片：一种是插入保存在计算机中的图片；另一种是插入 Office 软件自带或来自 Internet 的剪贴画。无论插入哪种图片，插入后都可对图片进行各种编辑和美化操作，方法与编辑和美化图形相似。

一、常见的图形对象

(一) 形状图形

在 Word 中有一些现成的形状，包括矩形、圆等基本形状，以及各种线条、基本形状、箭头总汇、公式形状、流程图、星与旗帜、标注等。

在 Word 2016 中，“插入”功能菜单的“插图”分组内“形状”下拉列表框中，有所需的各类形状图形，如图 5 - 136 所示。

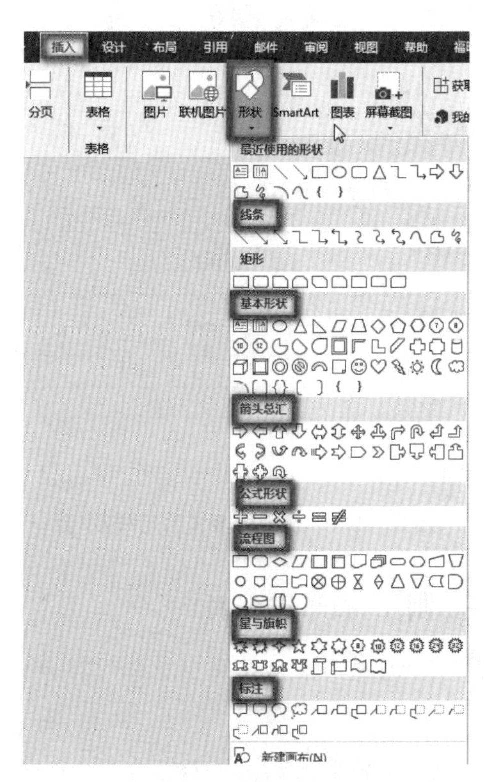

图 5 - 136　“形状”下拉菜单

(二) 艺术字

艺术字广泛应用于宣传、广告、板报、标语等，尤其是标题或者海报中的重点宣传内容，一般都设置为艺术字。艺术字体是字体设计师通过对中国成千上万的汉字，通过独特统一的变形组合，形成有固定装饰效果的字体体系，并转换成 TTF 格式的字体文件，安装在电脑中使用。

艺术字是一个文字样式库，不仅可以将艺术字添加到文档中以制作出装饰性效果，而且可以将艺

术字扭曲成各种各样的形状，设置成阴影、三维效果的样式。

在 Word 2016 中，选择“插入”功能菜单内“文本”分组中“艺术字”下拉命令按钮，实现创建艺术字的目的。

（三）图片

在 Word 中，图片一般包括插入的元素主题图片以及背景图片。

插入图片一般是单击“插入”功能菜单中“图片”命令按钮，出现“插入图片”对话框，选择图片文件插入，如图 5 - 137 所示。

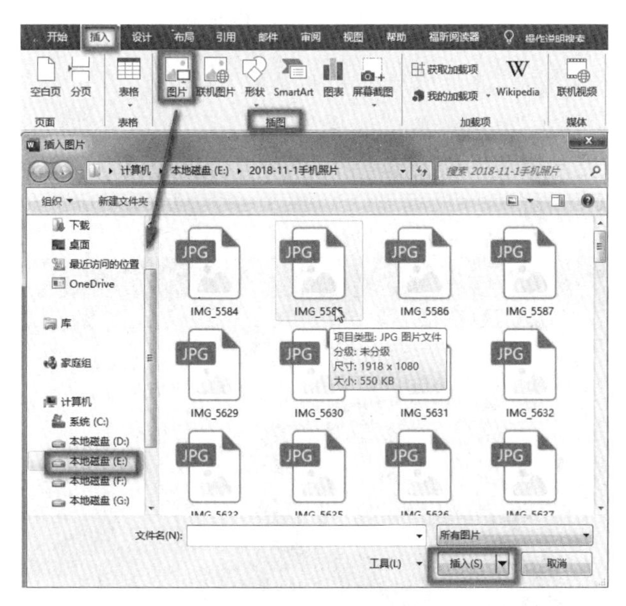

图 5 - 137 插入图片

（四）文本框

在 Word 中，文本框是指一种可以移动、调节大小、编辑文字和图形的“容器”，用于在形状图形或图片上插入注释、批注或说明性文字。

使用文本框，可以在文档的任意位置放置多个文字块，或者使文字按照与文档中其他文字不同的方向排列。文本框与前边介绍的图片不同，它不受光标所能达到范围的限制，也就是说，使用鼠标拖曳文本框可以移动到文档的任何位置。

文本框有横排文本框和竖排文本框两种。

（五）脚注、尾注

脚注一般位于页面的底部，可以作为文档某处内容的注释，也可以在正文下面或在图表下面作为附注，对某些内容加以说明。在 Word 中，插入脚注的快捷键为【Alt】+【Ctrl】+【F】。

尾注一般位于文档的末尾，是对文本的补充说明，如列出引文的出处等。插入尾注的快捷键为【Alt】+【Ctrl】+【D】。

脚注和尾注都是由两个关联的部分组成，包括注释引用标记及其对应的注释文本。

用户可以让 Word 自动标记编号或创建自定义的标记。在添加、删除或移动自动编号的注释时，Word 将对注释引用标记重新编号。

（六）SmartArt 图形

Microsoft 从 Office 2007 开始新加入 SmartArt 特性。SmartArt 图形是信息和观点的视觉表示形式，可以理解为智能图形。通过多种不同布局创建 SmartArt 图形，可以快速、轻松、有效地传达信息。

在使用 SmartArt 图形时，不必拘泥于一种图形样式，可以自由切换布局，图形中的样式、颜色、效果等格式将会自动带入新布局，直到用户找到满意的图形。

（七）页眉、页脚

页眉是对传统书籍、文稿以及现代电子文档等多种文字文件载体的特定区域位置的描述。在现代电子文档中，一般称每个页面的顶部区域为页眉，常用于显示文档的附加信息，如时间、图形、公司微标、文档标题、文件名或作者姓名等，这些信息通常打印在文档中每页的顶部。

页脚是文档中每个页面底部的区域，常用于显示文档的附加信息，可以在页脚中插入文本或图形，如页码、日期、公司徽标、文档标题、文件名或作者姓名等，这些信息通常打印在文档中每页的底部。

只有 Word 的视图为页面视图和打印预览视图时，才可以查看、编辑页眉和页脚。

任务实施

一、图片的应用

（一）抠图

插入一张图片并将其选中，从“图片工具　格式”功能菜单中选择“删除背景”（图 5 - 138），确定删除（图 5 - 139），回车确认后可得到如图 5 - 140 所示的效果。

图 5 - 138 删除背景

图 5-139 确定背景删除

图 5-140 抠图效果

(二) 设计图片艺术效果

如图 5-141 所示为图片的发光边缘艺术效果，其制作方程如图 5-142 所示。

图 5-141 发光边缘艺术效果

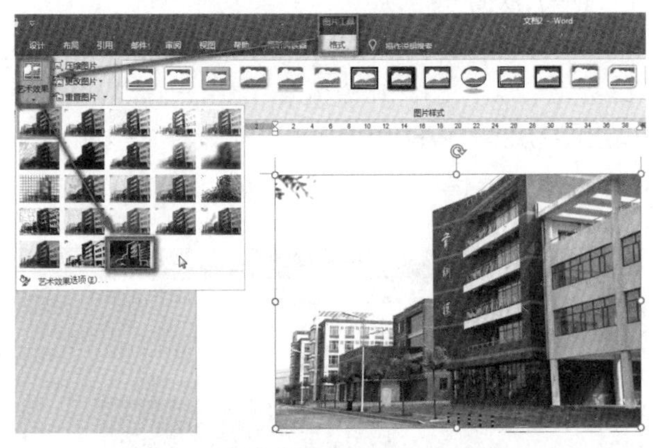

图 5-142 发光边缘艺术效果的制作流程

(三) 设计图片版式

如图 5-143 所示为图片的升序效果，其制作方法如下。

图 5-143 图片升序效果

首先，将所需所有图片选中，然后从“图片工具格式”功能菜单中选择“图片样式”分组菜单内的“图片版式”下拉菜单内的“图片升序重点流程”样式，如图 5-144 所示。

图 5-144 选择“图片升序重点流程”样式

其次，在打开的“在此处键入文字”对话框的对应位置处输入所需内容即可完成，如图 5-145 所示。

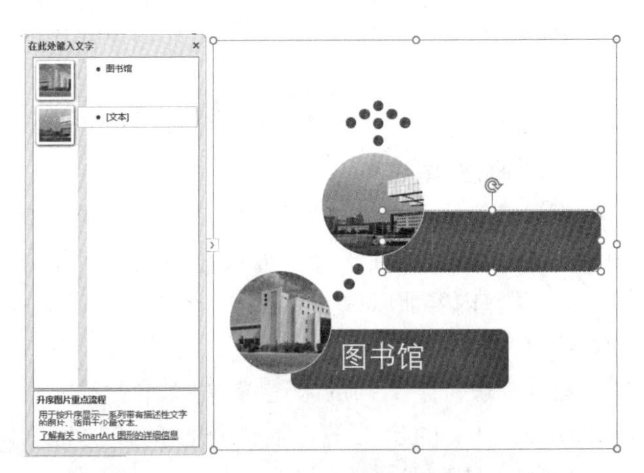

图 5-145 输入“图片升序重点流程”文字内容

(四) 修改图片样式

图片应用包括对图片样式的修改。如图 5－146 所示，是图片“剪去对角”的样式效果。

图 5－146　“剪去对角”样式效果

(五) 设置图片水印效果

设置图片水印效果，如图 5－147 所示。

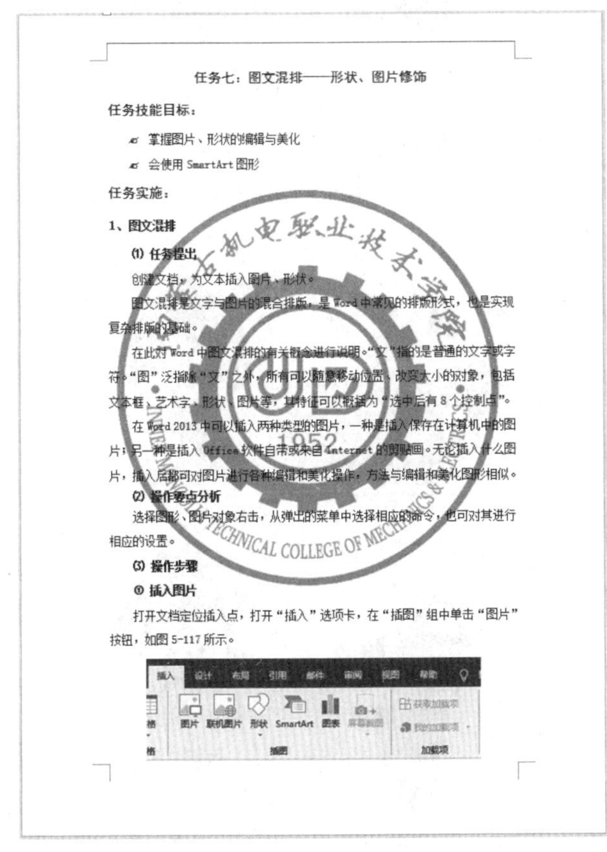

任务七：图文混排——形状、图片修饰

任务技能目标：

- 掌握图片、形状的编辑与美化
- 会使用 SmartArt 图形

任务实施：

1、图文混排

(1) 任务提出

创建文档，为文本插入图片、形状。

图文混排是文字与图片的混合排版，是 Word 中常见的排版形式，也是实现复杂排版的基础。

在此对 Word 中图文混排的有关概念进行说明。“文”指的是普通的文字或字符。“图”泛指除“文”之外，所有可以随意移动位置、改变大小的对象，包括文本框、艺术字、形状、图片等，其特征可以概括为“选中后有 8 个控制点”。

在 Word 2013 中可以插入两种类型的图片，一种是插入保存在计算机中的图片；另一种是插入 Office 软件自带或来自 Internet 的剪贴画。无论插入什么图片，插入后都可对图片进行各种编辑和美化操作，方法与编辑和美化图形相似。

(2) 操作要点分析

选择图形、图片对象右击，从弹出的菜单中选择相应的命令，也可对其进行相应的设置。

(3) 操作步骤

① 插入图片

打开文档定位插入点，打开“插入”选项卡，在“插图”组中单击“图片”按钮，如图 5-117 所示。

图 5－147　图片水印效果

具体方法如下：单击“设计”功能菜单，选择“水印”下拉命令按钮中的“自定义水印”命令。在“水印”对话框中根据需要进行设置，如图 5－148 所示。

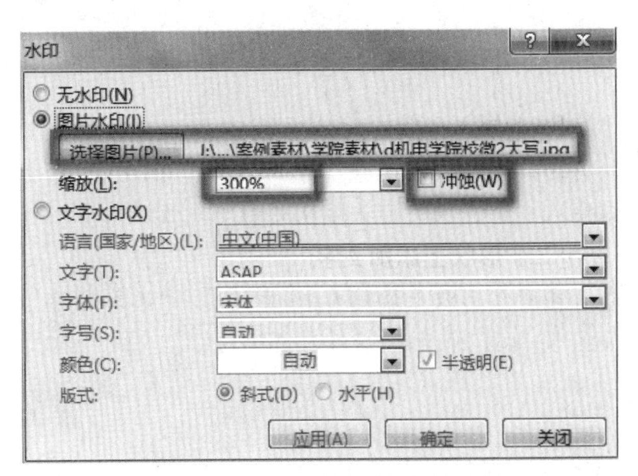

图 5－148　“水印”对话框参数设置

二、艺术字的应用

艺术字是文字的特殊效果。为了使文档内容更加丰富多彩，可以在其中插入艺术字等对象进行点缀、修饰。

(一) 艺术字的插入

选择“插入”功能菜单内“艺术字”下拉菜单，从中选择一个具体的艺术字样式，此时会出现一个没有边框和填充的艺术字占位符，然后直接输入所需内容，如图 5－149 所示。

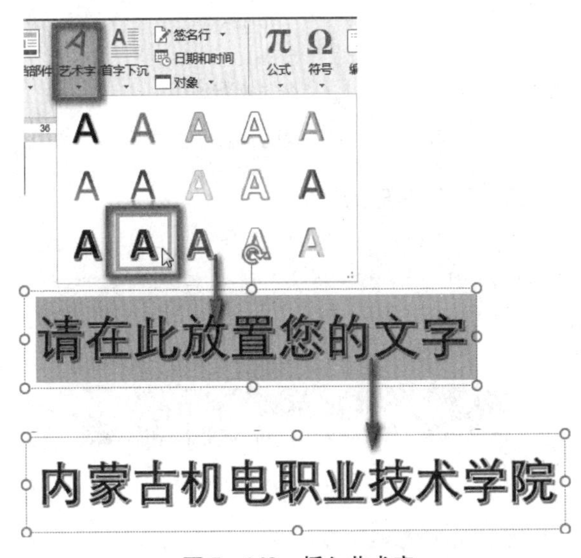

图 5－149　插入艺术字

(二) 艺术字的修饰

单击艺术字的边缘将其选中，切换到“绘图工具格式”功能菜单中，根据需要进行相关设置，得到如图 5－150 所示的艺术字修饰效果。

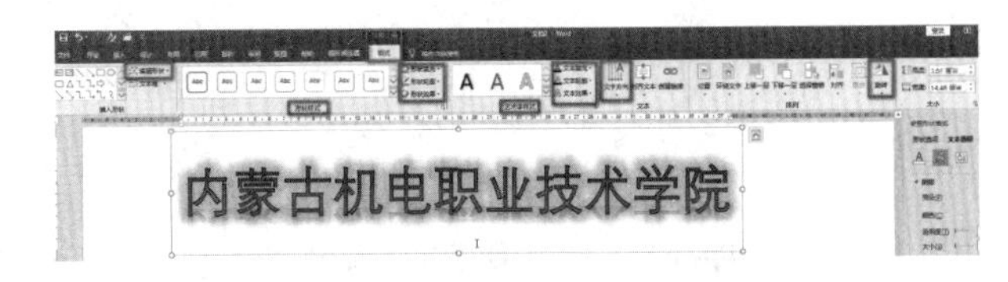

图 5－150　艺术字的各种修饰效果设置

三、形状图形的应用

（一）插入形状

选择“插入”功能菜单中“形状”下拉命令，根据需要从中选择相关形状后在文档处拖放。

（二）形状上添加文字

在所需形状上右键单击，左键选择“添加文字”，如图 5－151 所示，然后输入具体内容。

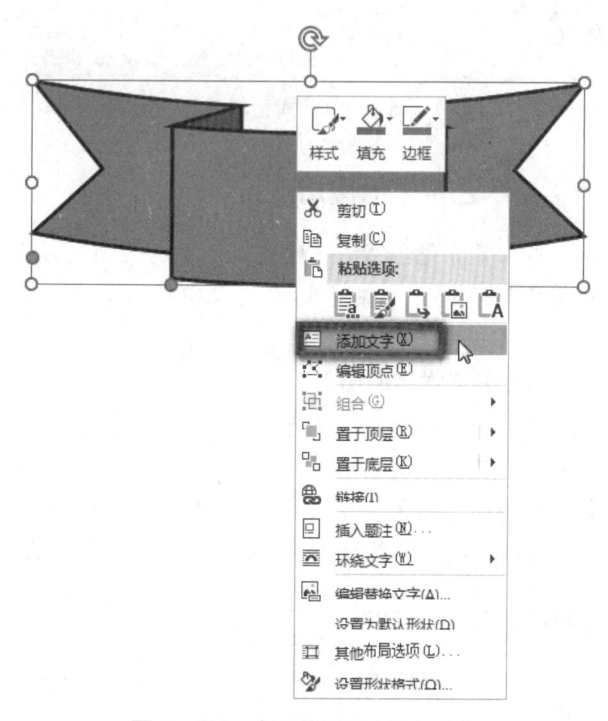

图 5－151　在形状图形上添加文字

（三）形状图形的修饰

选中形状后根据需要单击“绘图工具　格式”功能菜单或“图片工具　格式”功能菜单内相关命令，即可实现如图 5－152 所示效果。

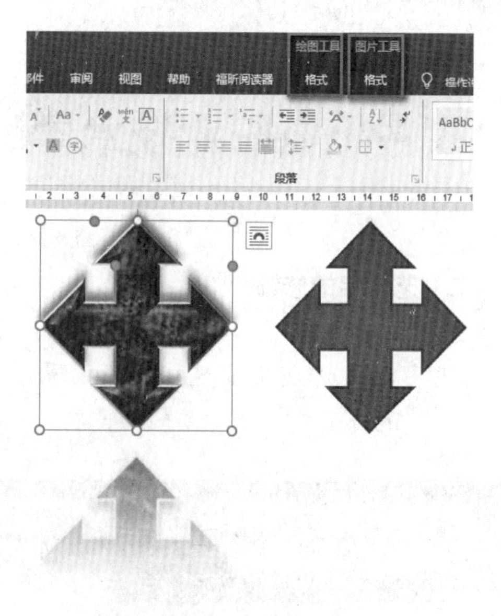

图 5－152　形状图形的修饰

（四）形状图形的变形及“编辑顶点”效果

选中形状后左键拖放不同位置处的彩色圆圈，可以得到变形后的形状，如图 5－153 所示。

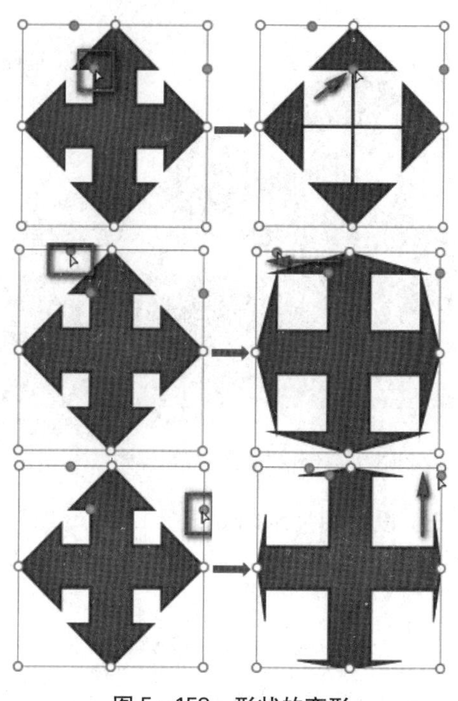

图 5－153　形状的变形

“编辑顶点”也是形状图形变形的一种，只是这种变形更为灵活，如图 5－154 所示。

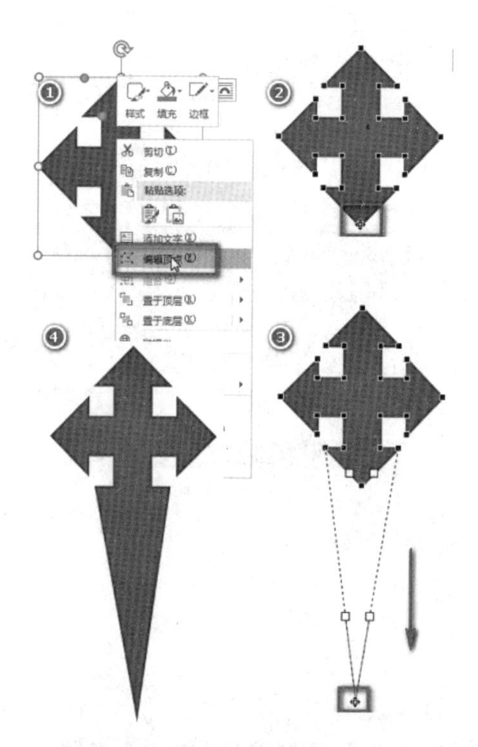

图 5－154　“编辑顶点”的形状变形

（五）形状图形的组合

分别输入“形状”下拉菜单内“星与旗帜”中的

“星形　五角”和“基本形状”中的“椭圆”，此时必须按【Shift】拖放绘制正五角星和正圆。然后，通过“设置形状格式”功能，将五角星的填充色和线条颜色改为红色，将下正圆的填充色设为“无填充”、线条颜色改为红实线和宽度为 3.5 磅宽。

将正五角星移到正圆的适当位置处，再按【Shift】选择正圆形状图形，在两个形状图形均被选中状态下，右单左选“组合”中的“组合”命令，可以完成效果的制作，如图 5－155 所示。

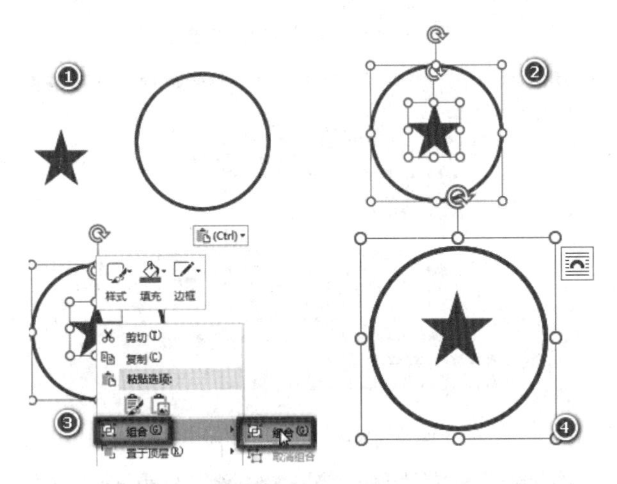

图 5－155　形状图形的组合步骤

四、SmartArt 图形的应用

SmartArt 图形主要用于表明单位、公司部门之间的隶属关系，以及各种报告、分析之类的文件，并通过图形结构和文字说明有效地传达作者的观点和信息。Word 2016 提供了多种样式的 SmartArt 图形，可以根据需要选择适当的样式插入文档中。

（一）插入 SmartArt 图形

新建一个 Word 文档，单击“插入”选项卡，在“插图”选项组中选择“SmartArt”按钮，这时将弹出一个“选择 SmartArt 图形”对话框（图 5－156），在其左侧显示 8 类图形，如图 5－157 所示。

（二）编辑 SmartArt 图形

在 Word 中创建好 SmartArt 图形后，选择当前的 SmartArt 图形，可以更改其布局，也可以直接将该图形转换为其他类型的 SmartArt 图形。

单击 SmartArt 图形区域内的空白处，即可将整个图形选中，选择“SmartArt 工具　设计”功能菜单，在“版式”或“格式”分组菜单中根据需要进行编辑修饰，如图 5－158 所示。

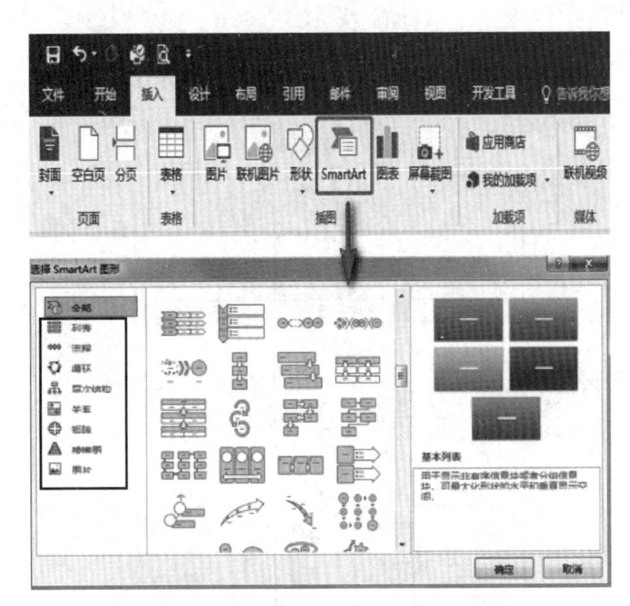

图 5－156　“选择 SmartArt 图形”对话框

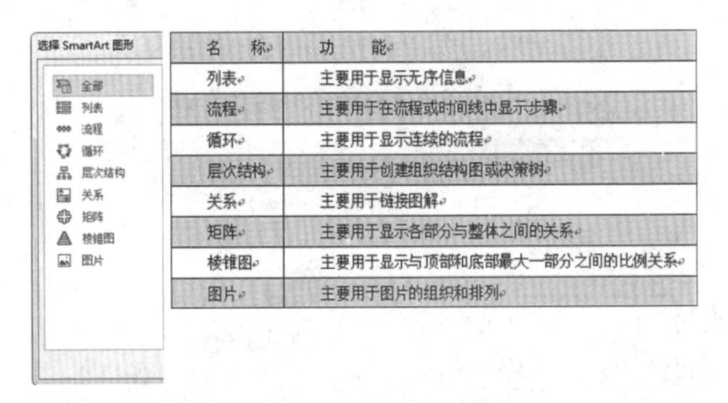

名　称	功　能
列表	主要用于显示无序信息
流程	主要用于在流程或时间线中显示步骤
循环	主要用于显示连续的流程
层次结构	主要用于创建组织结构图或决策树
关系	主要用于链接图解
矩阵	主要用于显示各部分与整体之间的关系
棱锥图	主要用于显示与顶部和底部最大一部分之间的比例关系
图片	主要用于图片的组织和排列

图 5－157　SmartArt 各类图形及其功能

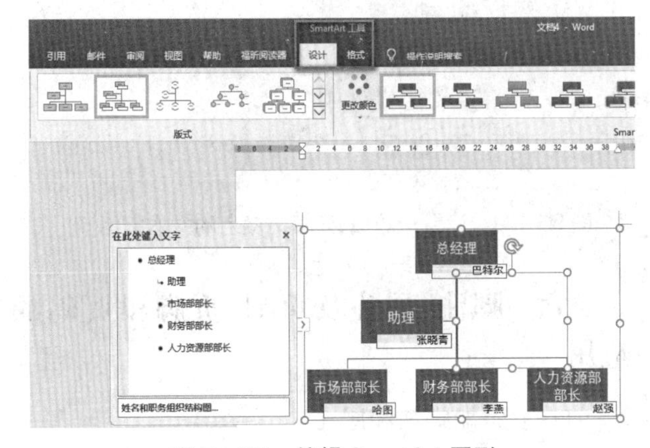

图 5－158　编辑 SmartArt 图形

五、文本框的应用

（一）创建文本框

选择“插入”功能菜单，单击“文本”分组中“文本框”按钮，选择需要的文本框样式，如图 5－159 所示，再直接输入文本内容。

（二）设置无边线、无填充颜色的文本框

设置无边线、无填充颜色的文本框步骤如图 5－160 所示。

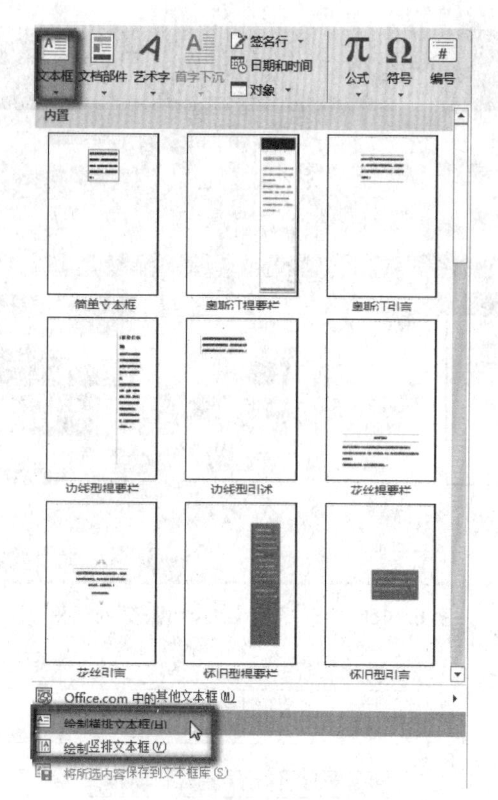

图 5－159　插入文本框

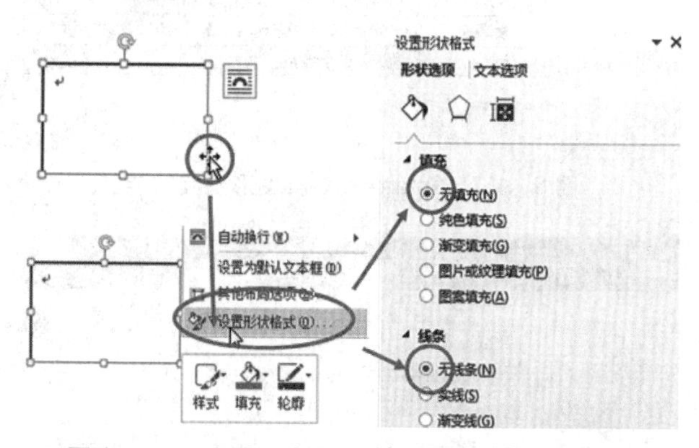

图 5－160　设置无边线、无填充颜色的文本框图解

六、脚注、尾注及页眉、页脚和页码的应用

（一）添加脚注和尾注

在 Word 2016 中，将光标定位到插入脚注或尾注的位置，单击“引用”功能菜单，在“脚注”分组中单击“插入脚注”按钮或“插入尾注”按钮，如图 5－161 所示。此时，在插入符处以上标形式显示脚注或尾注引用标记，光标跳转至页面底端的脚注编辑区或文档末尾，再在出现的脚注或尾注编辑框中输入脚注或尾注内容，分别如图 5－162、图 5－163 所示。

（二）修改脚注和尾注

单击“引用”功能菜单中“脚注”分组右下方的按钮，随后会弹出“脚注和尾注”对话框，在此对话框中可以对脚注、尾注的编号进行修改，如图 5－164 所示。

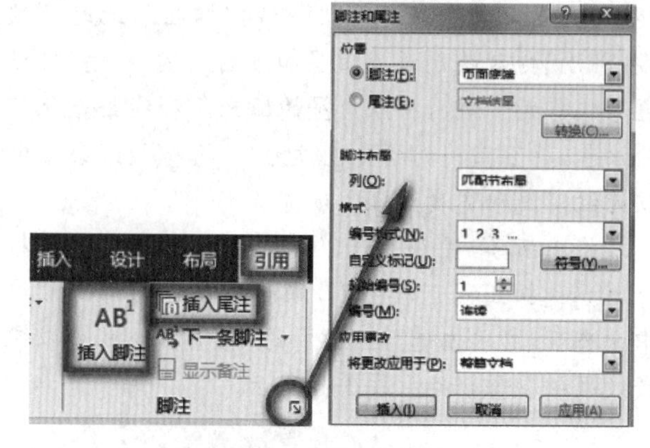

图 5－161　添加脚注或尾注

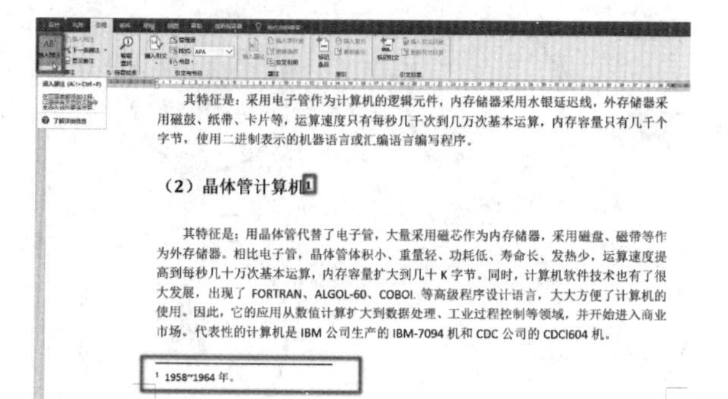

图 5－162　“脚注”效果图

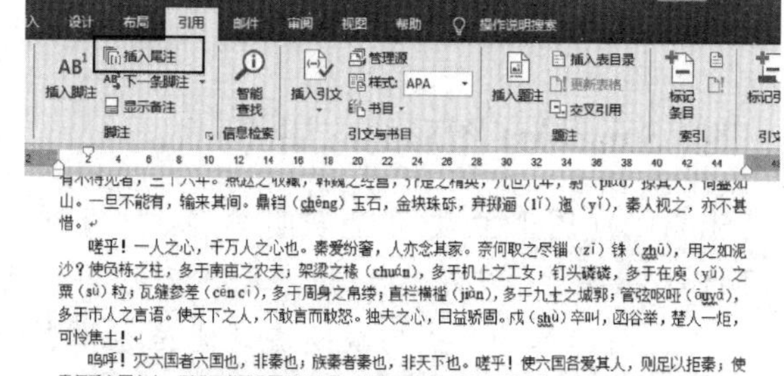

图 5－163　“尾注”效果图

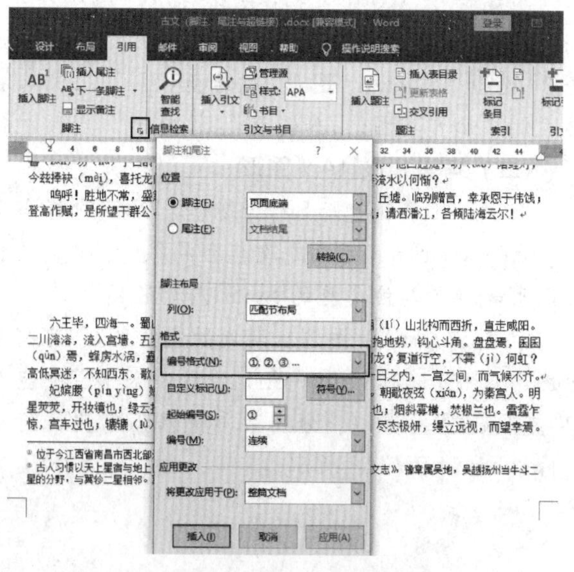

图 5－164　“脚注和尾注”对话框

（三）删除脚注和尾注

删除脚注和尾注不能在横线下方删除其内容，而是要在文档中尾注或脚注处单击删除其编号或符号才能实现删除的目的。

（四）插入页眉、页脚和页码

当创建了一个很长的文档，有无页码就显得十分重要。为文档添加页码时，Word 将在文档的页眉或页脚处插入页码域。当修改文档时，页码将自动更新。

添加页脚和页眉的方法一致，在“页眉和页脚”分组中单击“页脚”下拉按钮，选择“编辑页脚”命令，进入页脚编辑状态进行添加修改。

1. 插入页眉

单击“插入”功能菜单，在“页眉和页脚”分组中单击“页眉”下拉按钮，在弹出的下拉列表中选择“编辑页眉”选项，在所需位置处输入页眉内容，再单击“关闭页眉和页脚”命令按钮，返回文档中，即可完成在文档中插入页眉，如图 5-165 和图 5-166 所示。

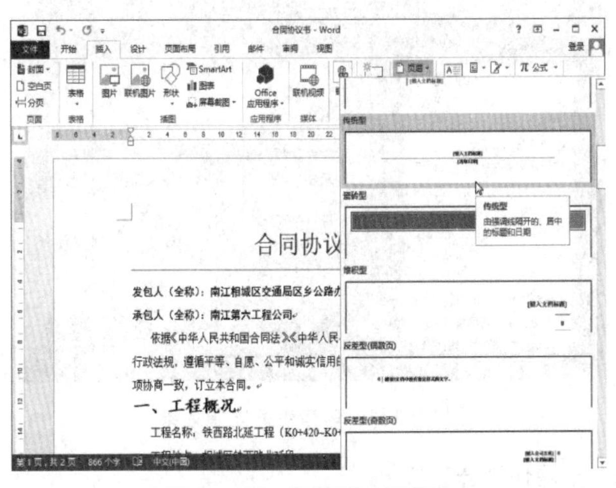

图 5-165 “页眉”下拉菜单

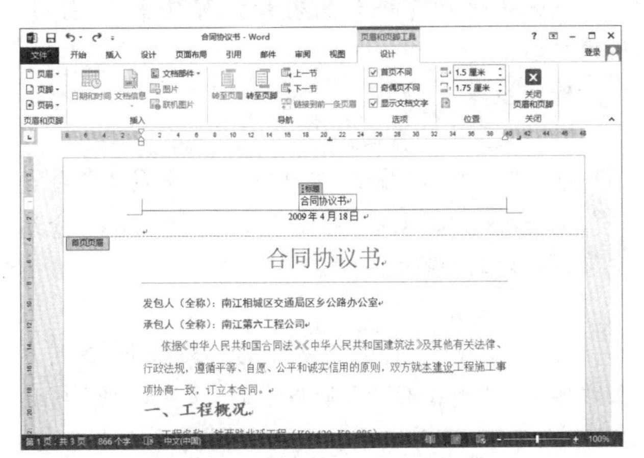

图 5-166 “页眉和页脚工具 设计”分组菜单及插入页眉效果图

2. 插入页脚

插入页脚的方法与插入页眉的方法相同，如图 5-167 和图 5-168 所示。

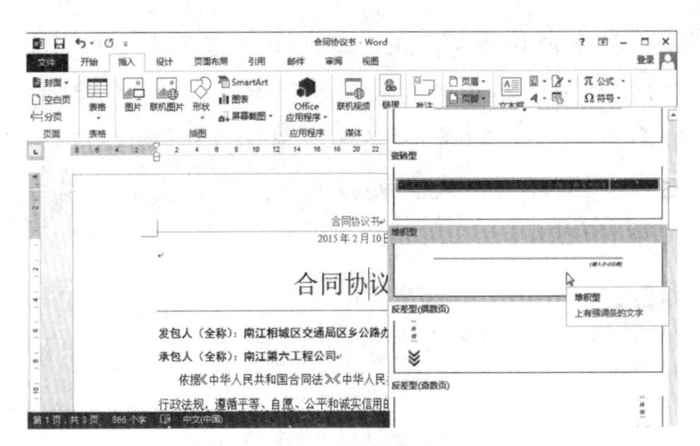

图 5-167 “页脚”下拉菜单

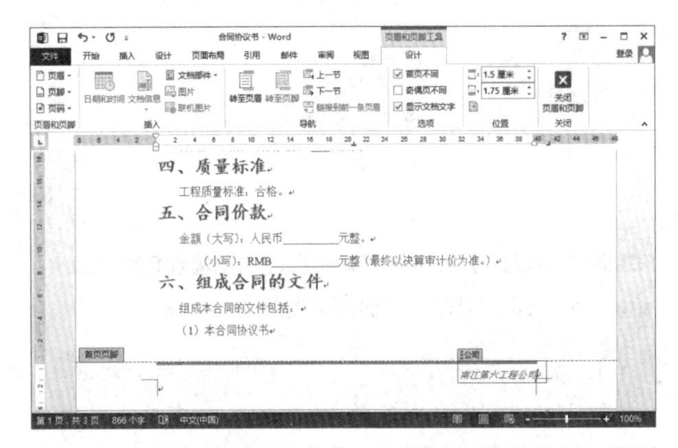

图 5-168 “页眉和页脚工具 设计”分组菜单及插入页脚效果图

3. 插入奇偶页的页眉或页脚

在 Word 中可以根据实际情况，灵活设置奇、偶页不同的页眉或页脚。此项操作的前提是文稿页数必须多于 2 页。

打开文档，单击“插入”功能菜单，单击“页眉”下拉命令按钮，选择“编辑页眉”命令，在“页眉和页脚工具 设计”功能菜单中，选择“选项”分组内“奇偶页不同”复选框，如图 5-169 所示。

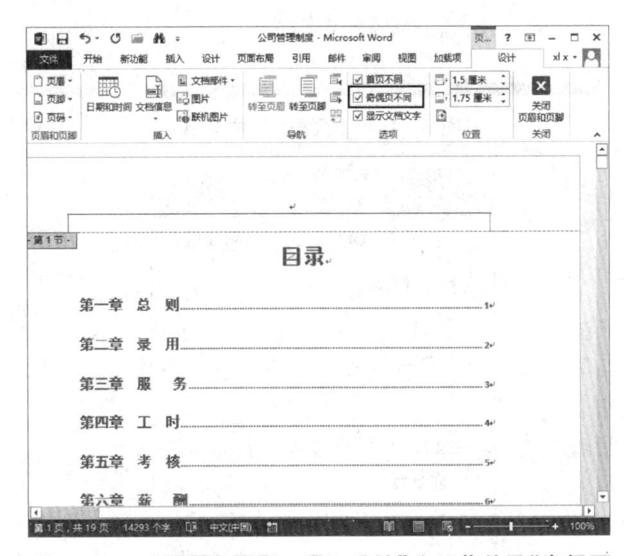

图 5-169 “页眉和页脚工具 设计”分组菜单及“奇偶页不同”复选框

将光标分别定位在奇数页和偶数页页眉或页脚区域，分别设置奇数页和偶数页页眉或页脚文字内容和图片。最后，单击“关闭页眉和页脚”命令按钮，返回文档，即可完成在文档中设置奇偶页的页眉或页脚，如图5-170所示。

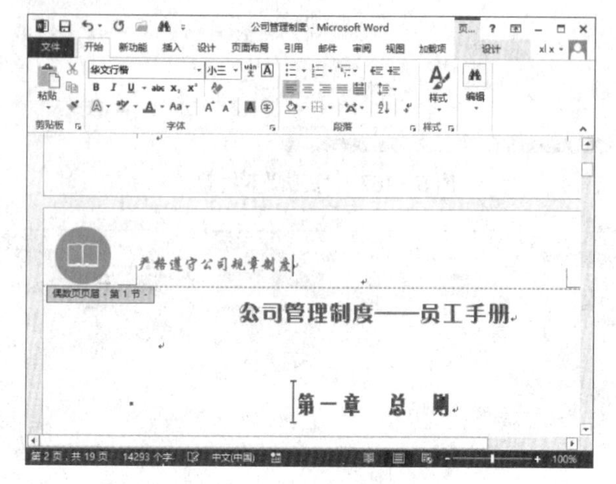

图5-170 奇偶页页眉设置效果图

4. 插入页码

选择“插入”功能菜单，在“页眉和页脚”分组内单击“页码”下拉菜单按钮，再选择“设置页码格式”选项菜单，在弹出的“页码格式”对话框中根据需要进行相关设置，如图5-171和图5-172所示。

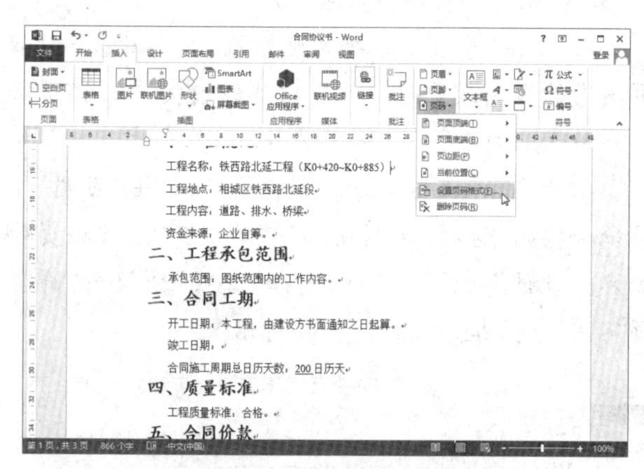

图5-171 “页码”下拉菜单

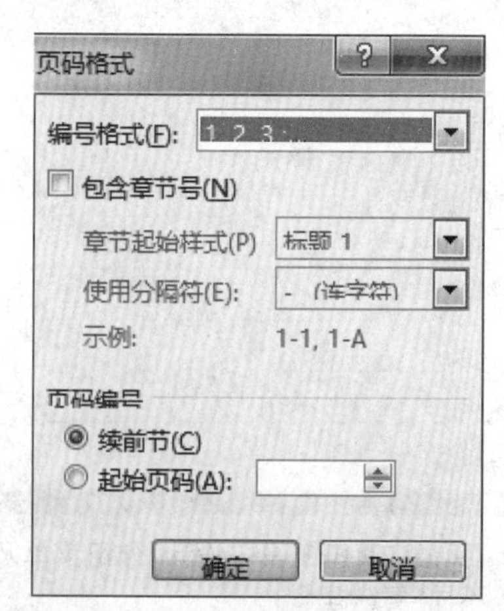

图5-172 “页码格式”对话框

任务拓展

一、制作形状图形美化效果

效果如图5-173所示。

图5-173 形状图形美化效果

二、制作“水是生命之源”海报

效果如图5-174所示。

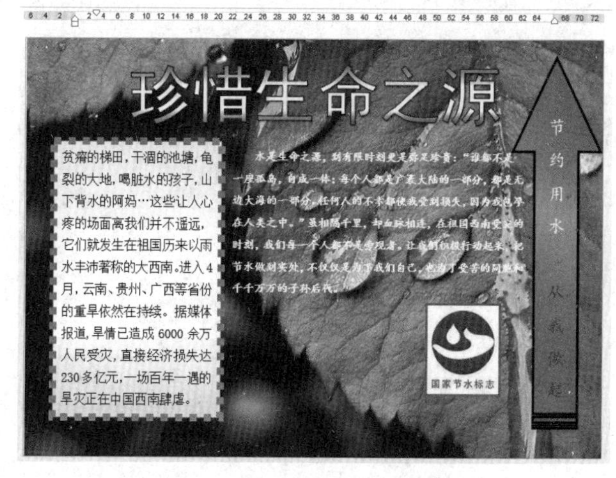

图5-174 珍惜生命之源效果

操作要点

纸张版面为横向；运用艺术字；修饰图片、图形；运用文本框。

操作步骤

(1) 设置文档页面。

选择“文件”功能菜单内“新建”中的“空白文档”，再一次进入“文件”功能菜单，选择“打印”分组中“纵向”内的“横向”命令。

(2) 设置背景图片。

将名为“绿叶”的衬底图片插入文档中，在图片上右单左选“大小位置”命令中的“文字环绕”内的“衬于文字下方”并确定。鼠标移到图片左上角处，鼠标箭头变为双向箭头时向纸张左上角拖动。用同样的方法将图片拖至纸张的4个拐角处，如图5-175和图5-176所示。

(3) 输入文本内容及创建艺术字标题。

根据需要按4次回车键，输入以下文字：“水是

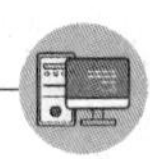

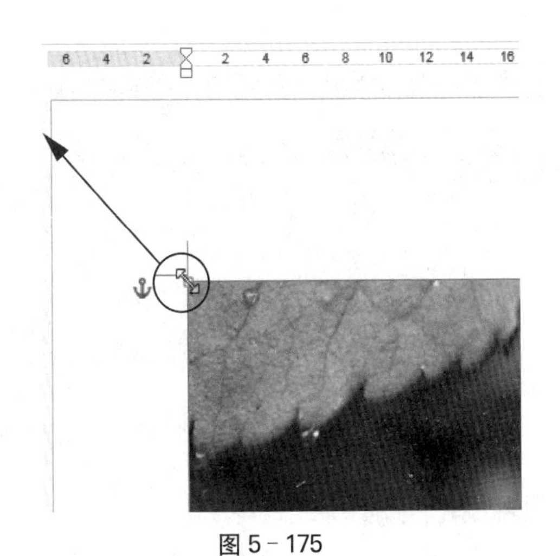

图 5－175

图 5－176

生命之源，到有限时刻更是弥足珍贵：‘谁都不是一座孤岛，自成一体；每个人都是广袤大陆的一部分，都是无边大海的一部分。任何人的不幸都使我受到损失，因为我包孕在人类之中。’虽相隔千里，却血脉相连，在祖国西南受灾的时刻，我们每一个人都不是旁观者。让我们积极行动起来，把节水做到实处，不仅仅是为了我们自己，也为了受苦的同胞和千千万万的子孙后代。”

选中此段文字，将其设置成楷体、三号、白色、加粗且单倍行距。

创建名为“珍惜生命之源”的艺术字，艺术字的渐变效果参数及艺术字效果分别如图 5－177、图 5－178 所示。

（4）制作文本框效果。

选择“插入”功能菜单中“文本框”内的“简单文本框”或“绘制文本框”命令，然后输入以下文字：“贫瘠的梯田，干涸的池塘，龟裂的大地，喝脏水的孩子，山下背水的阿妈……这些让人心疼的场面离我们并不遥远，它们就发生在祖国历来以雨水丰沛著称的大西南。进入 4 月，云南、贵州、广西等省份的重旱依然在持续。据媒体报道，旱情已造成 6 000 余

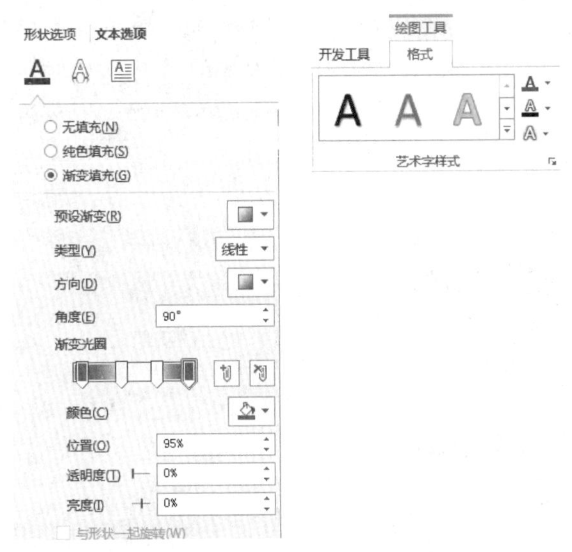

图 5－177　艺术字渐变效果参数

图 5－178　艺术字效果

万人民受灾，直接经济损失达 230 多亿元，一场百年一遇的旱灾正在中国西南肆虐。”或在文本框处右单左选“编辑文字”，再输入文本内容。

在文本框处右单左选“设置形状格式”，在如图 5－179 所示对话框中设置参数（图 5－180），对文本

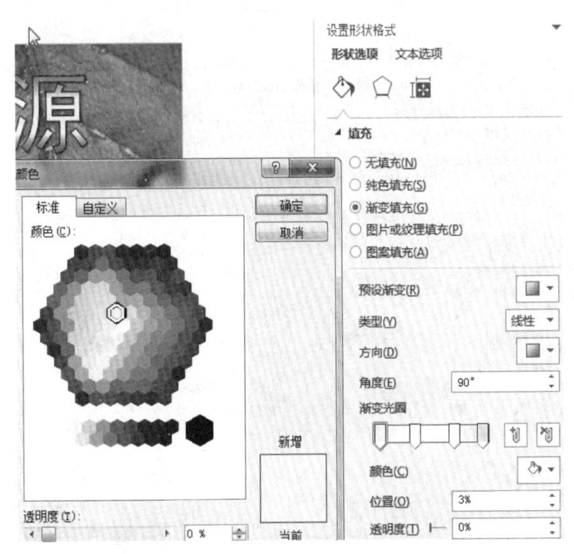

图 5－179　“设置形状格式”对话框

框的底色及边框样式进行修饰处理。再在文本框处右单左选“其他布局选项”，在图 5－181 所示对话框中，选择“文字环绕”选项并设置参数(图 5－182)，此时效果如图 5－183 所示。

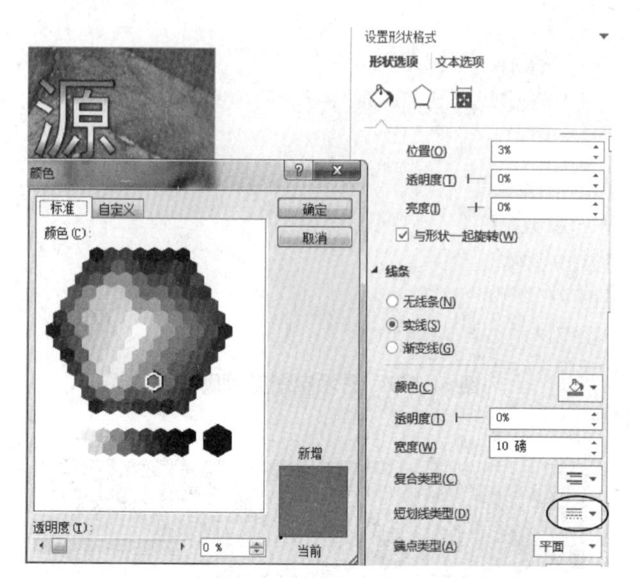

图 5－180　在“设置形状格式”对话框中设置具体参数

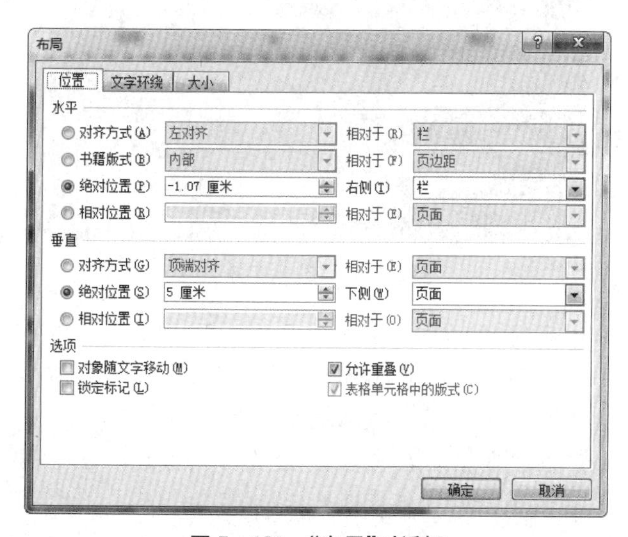

图 5－181　“布局”对话框

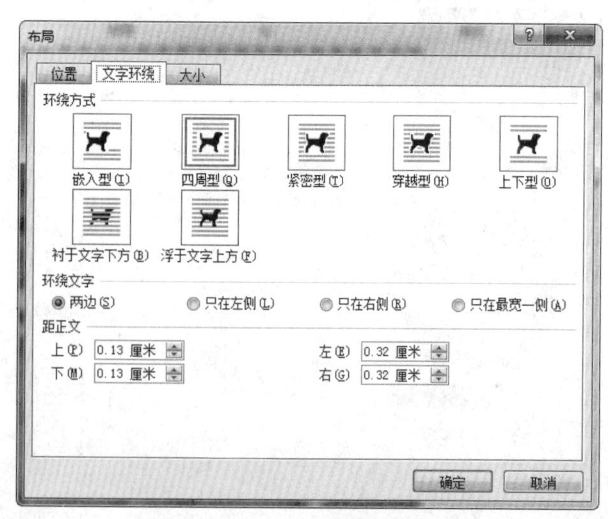

图 5－182　“文字环绕”对话框

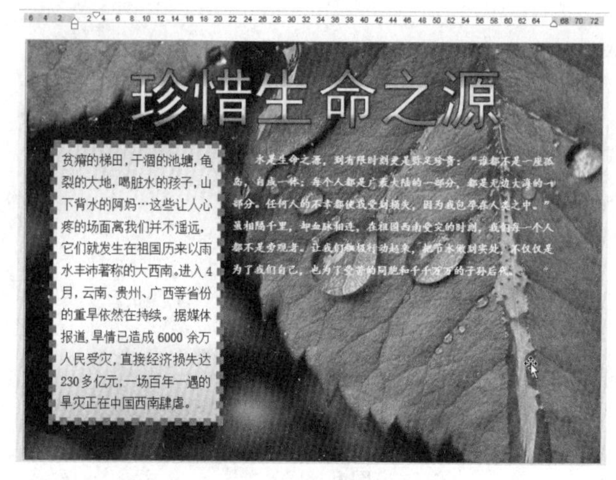

图 5－183　文本框效果

(5) 制作箭头图形效果及节水标志图片

从“插入”功能菜单中选择“形状”内的“虚尾箭头”，在文档的适当位置处拖放，然后做旋转和箭头样式的布局选项操作。其箭头边框颜色、粗细及底色渐变效果可参照文本框效果处理，再将节水标志图片插入，最终效果如图 5－184 所示。

图 5－184　箭头图形效果

三、设置链接文本框

由于文本框是一个文本编辑区，可以根据文本框之间的关系，创建文本框链接。也就是说，为了充分利用版面空间，可以将文字安排在不同的文本框中，这就需要使用文本框的链接功能来实现。从形式上来看，这种效果是分栏功能所不能达到的。

链接文本框的必要条件如下：①保证要链接的文本框是空的，并且所链接的文本框必须在同一个文档中，以及它未与其他文本框建立链接关系。②只有同类的文本框可以链接，也就是说，横排文本框和纵排文本框不能直接链接。

链接文本框的创建效果如图 5－185 所示。

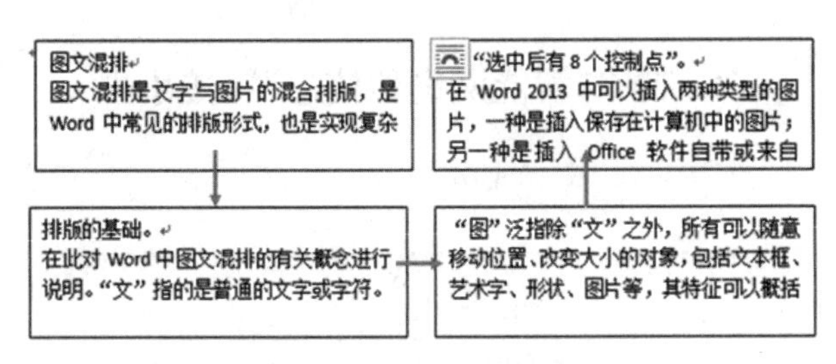

图5-185　链接文本框的效果

操作要点

利用Word 2016的"链接文本框"功能来实现以上效果。

操作步骤

(1) 创建文本框。

绘制一个矩形文本框，然后将该文本框复制3次，并把4个文本框排列为2行、2列的形式，如图5-186所示。

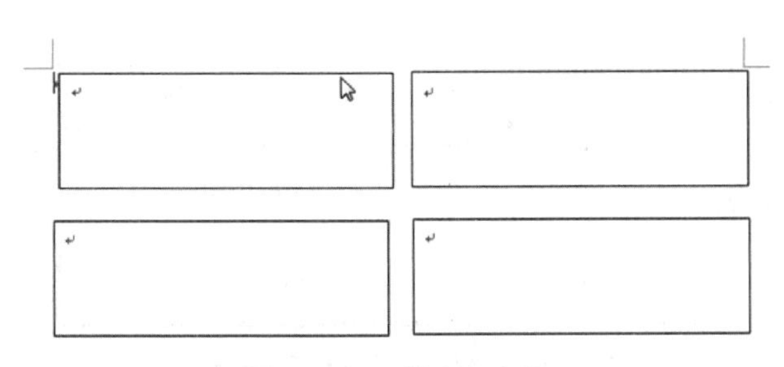

图5-186　创建文本框

(2) 创建第一个链接文本框。

选中第一行、第一列的文本框，单击"绘图工具格式"分组功能菜单中"创建链接"按钮，如图5-187所示。当鼠标指针变成 形状时，移动到第二行、第一列的文本框中，鼠标指针变成下倾杯形，如图5-188所示，单击鼠标左键，创建第一个链接。

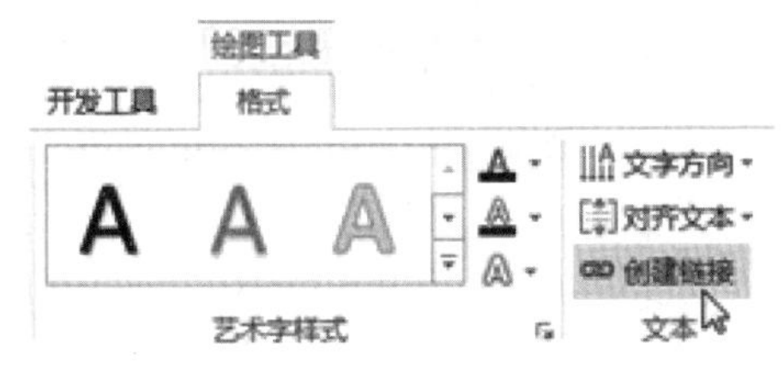

图5-187　选择"创建链接"

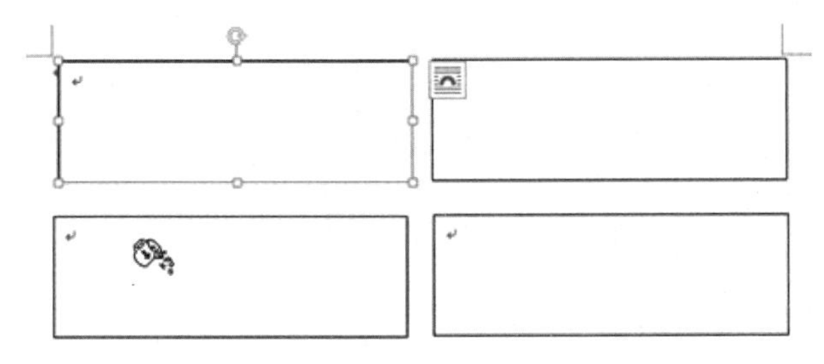

图5-188　创建第一个链接文本框

(3) 创建第二个链接文本框。

然后选中第二行、第一列的文本框，单击"创建链接"按钮。当鼠标指针变成 形状时，移动到第二行、第二列的文本框中，如图5-189所示。当鼠标指针变成下倾杯形，此时再单击鼠标左键，创建第二个链接，如图5-190所示。

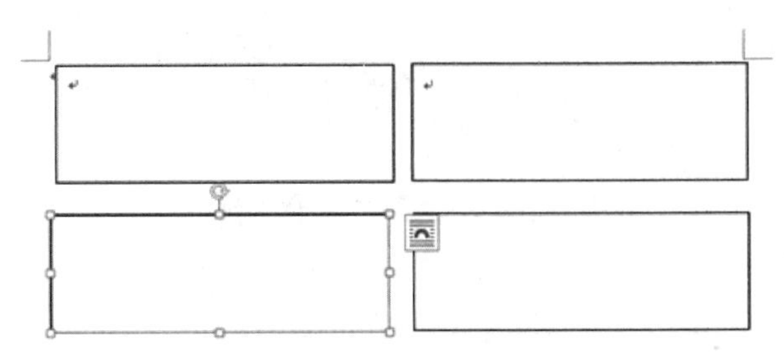

图5-189　选择第二个文本框

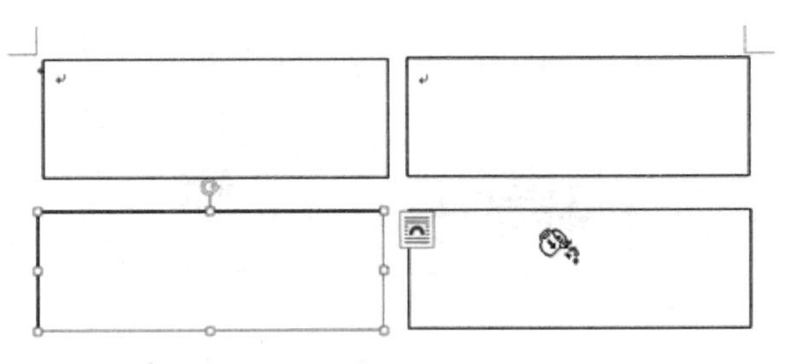

图5-190　选择创建第二个链接文本框

(4) 创建第三个链接文本框。

然后选中第二行、第二列的文本框，单击"创建链接"按钮。当鼠标指针变成 形状时，移动到第一行、第二列的文本框中。当鼠标指针变成下倾杯形，单击鼠标左键，再创建第三个链接。

(5) 定位粘贴内容

定位到第一个文本框中，输入内容或粘贴复制的内容。此时会发现前3个文本框中的容量相同，剩余的全都在第四个文本框中，效果如图5-191所示。

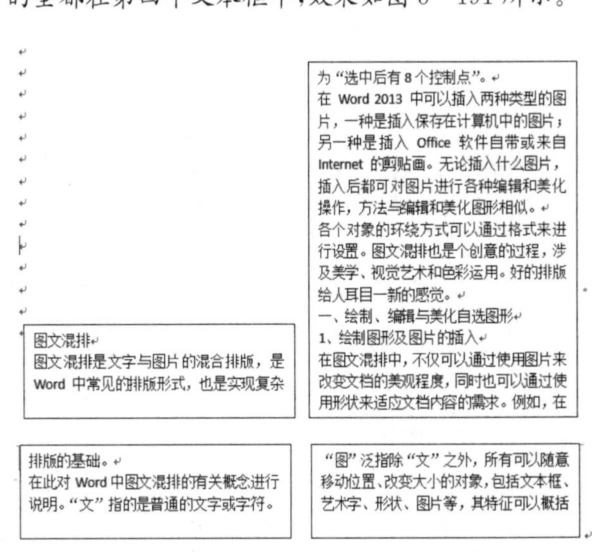

图5-191　链接文本框的最终效果

四、制作“内蒙古欢迎您”海报

效果如图 5-192 所示。

图 5-192 “内蒙古欢迎您”海报效果

五、制作一套试卷

效果如图 5-193 所示。

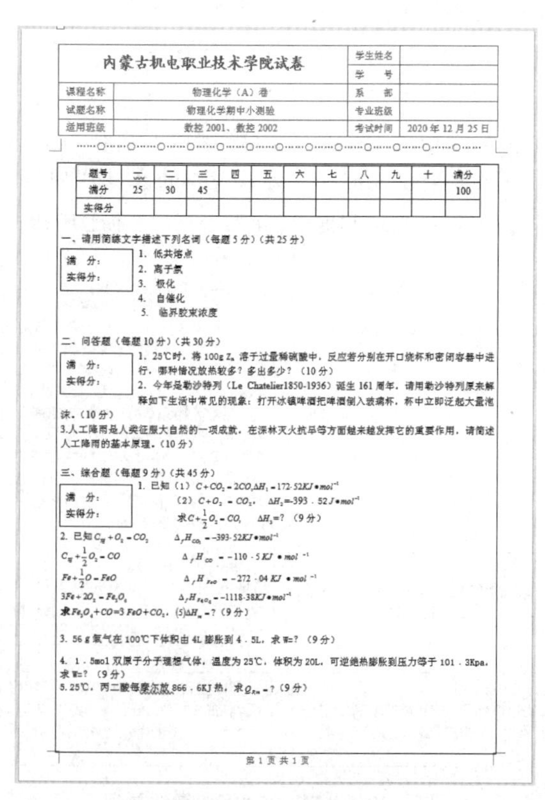
内蒙古机电职业技术学院试卷

图 5-193 试卷效果

六、制作“智能网络传信息”宣传小报

效果如图 5-194 所示。

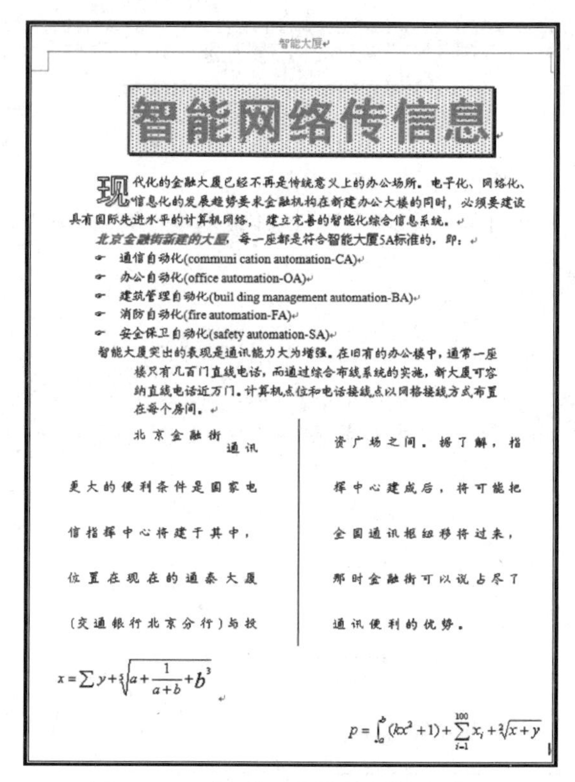

图 5-194 “智能网络传信息”小报效果

七、制作试卷密封线效果

效果如图 5-195 所示。

内蒙古机电职业技术学院试卷

考试科目：__________

试卷适用专业（班）：__________

______学年度/第____学期/考试时间______

题号	一	二	三	四	五	六	总计
分值							
得分							
阅卷人							

系(部)：______ 班级：______ 姓名：______ 学号：______
密 封 线

图 5-195 试卷密封线效果

任务四 高效排版艺术

任务目标

(1) 掌握长篇文档的编辑排版;
(2) 掌握目录的自动生成;
(3) 掌握邮件合并功能。

任务资讯

在编排一篇长文档或是一本图书时,经常需要对文本或段落进行相同的排版工作。如果仍旧采用逐一设置的方法,不但费时、费力、工作量较大,更重要的是,很难使文档的格式保持一致。那么,有没有可以复制格式或者其他使文档格式保持一致的方法呢?使用样式能够减少许多重复的操作,可以在短时间内排版生成高质量的文档。

一、样式

使用 Word 提供的"样式"功能,可以轻松地编排具有统一格式的段落,并且在修改一个样式后,文档中所有应用该样式的段落都会自动地修改。

样式就是系统或用户定义并保存的一系列排版格式,是一组已经命名的字符和段落格式。它规定了文档中的标题、题注以及正文等各文本元素的格式,包含字体、段落的对齐方式、大纲级别、边距等。使用样式可以快速统一或更新文档的格式,还可以辅助提取目录。

Word 本身自带许多样式(即内置样式),如标题 1、标题 2 等。在创建目录之前,应确保希望出现在目录中的标题应用内置的标题样式(从标题 1 到标题 9),这样就可以利用 Word 自动生成文档的目录。

选择"开始"功能菜单内"样式"分组中的"其他"按钮或"样式对话框启动器"按钮,在展开的列表中显示 Word 内置的样式,如图 5－196 所示。

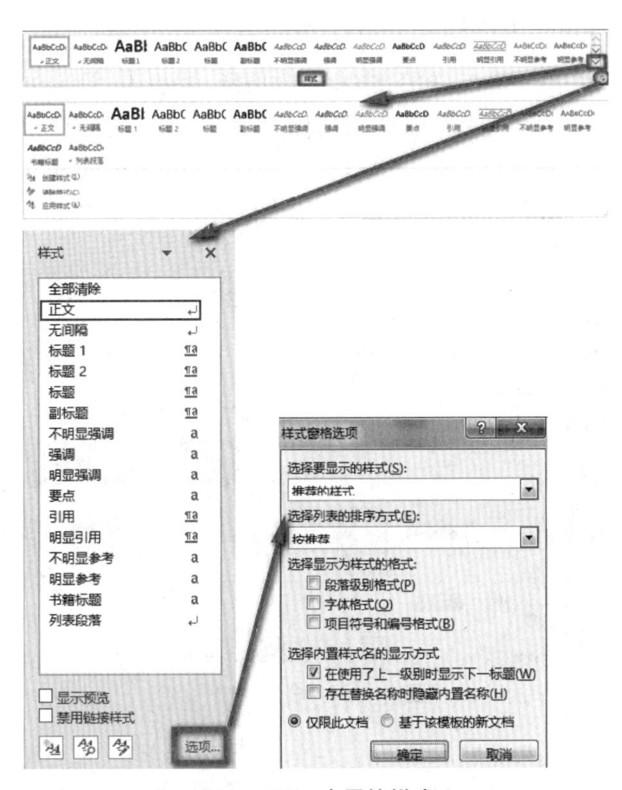

图 5－196 内置的样式

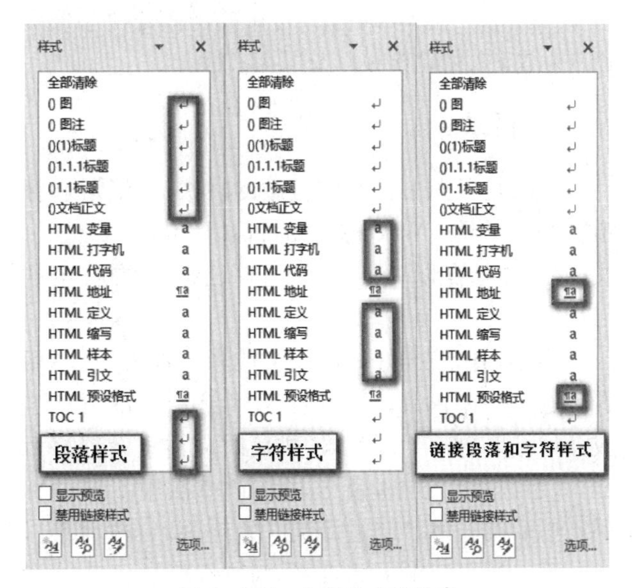

图 5－197 内置样式的种类

从应用范围来说,样式分为段落样式和字符样式;从定义形式来说,样式分为自定义样式和预定义样式;从内置样式来说,样式分为段落样式、字符样式、链接段落和字符样式(图 5－197)。

(1) 段落样式用来控制段落的外观,既包含字符格式,也包含段落格式。在"样式"对话框中用弯向箭头表示。段落样式可以应用于一个或多个段落。当需要对一个段落应用段落样式时,只需将光标置于该段落中即可。用户可以对一段文本应用段落样式,对其中部分文字应用字符样式。

(2) 字符样式用来控制字符的外观,包含字符格式，如字体、字号、字形等。在“样式”对话框中用“a”表示。应用字符样式，需要先选中要应用样式的文本。

(3) 链接段落和字符样式包含字符格式和段落格式设置，既可用于段落，也可用于选定字符。

二、模板

有一些特殊的文档，如邀请函、课程表、录取通知书等，它们的内容主体都是类似的。有没有简单的方法可以只需输入不同内容而不用反复输入文字、编排格式呢？可以通过如图 5－198 所示的模板进行操作。

图 5－198　模板文档

模板是一种特殊的文档，具有预先设置好的、最终文档的外观框架，它包含同一类型文档中相同的文本和图形。在 Word 中最常用的操作是使用模板创建新文件、创建模板以及保存模板。

三、目录

目录是指图书正文前所载的目次，是揭示和报道图书的工具。Word 文档的目录具有让用户了解文档大致内容以便尽快找到自己需要的内容的作用。

用 Word 编排好一篇论文或者一本书后，不用自己逐一制作目录，可以用自动生成目录的方法生成。如果要自动生成目录，排版时应注意设置好章节。设置章节主要是指不同的章节使用不同的标题，例如，“第一章”使用“标题”作为一级标题、“第一章　第一节”使用“标题 1”作为二级标题，“第一章　第一节　第一点”使用“标题 2”作为三级标题，依此类推。

一本书的目录与内容通常要设置不同的页码。因此，需要在目录的下一页设置“分节符”，然后再设置新的页码，并把内容部分的起始页设置为第一页；最后，引用一种目录样式，自动生成目录。

四、邮件合并

邮件合并是通过建立样本和数据源，在样本中输入基本数据，将经常变换的数据通过数据源导入样本中进行合并，从而替换其中的部分关键信息，即可编辑出满足不同需要的文本。这一功能大大减少了用户的重复性劳动，提高了工作效率。实现邮件合并，要满足以下两个文件：一是在合并过程中保持不变的主控文档；二是包含变化信息的数据源文件，它可能是 Excel 表格。

邮件合并功能的应用范围包括批量打印信封、信件、请柬、邀请函、工资条、个人简历、学生成绩单、各类获奖证书、准考证、明信片等。总之，只要有数据源（电子表格、Word 表格等），只要是一个标准二维数表，就可以很方便地按一条记录一页的方式从 Word 中用邮件合并功能来实现批量操作的目的。

任务实施

一、样式的应用

（一）应用样式

选中文本或定位到所需位置处，打开“开始”功能菜单，在“样式”分组内样式列表框中单击选择需要的样式。或者单击“样式”扩展按钮，在弹出的“样式”任务窗格中单击需要的样式，如图 5－199 所示。

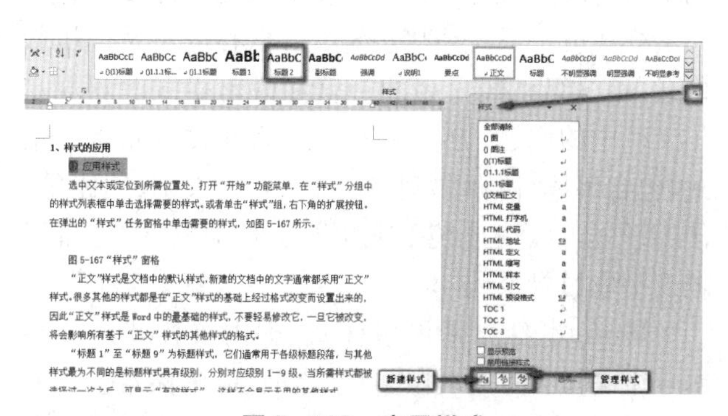

图 5－199　应用样式

“正文”样式是文档中的默认样式，新建的文档中的文字通常都采用“正文”样式。很多其他样式都是在“正文”样式的基础上经过格式改变而设置的，因此，“正文”样式是 Word 中最基础的样式，不要轻易对其进行修改。一旦“正文”样式被改变，将会影响所有基于“正文”样式的其他样式的格式。

“标题 1”至“标题 9”为标题样式，通常用于各级标题段落，与其他样式最为不同的是标题样式具有级别，分别对应 1～9 级。当所需样式都被选择过一次之后，可显示“有效样式”，这样不会显示没有用到的其他样式。

（二）创建与清除样式

选中文本或定位到所需位置处，打开“开始”功能菜单，在“样式”分组内单击“其他”下拉列表框并选择“创建样式”命令，在弹出的对话框中进行相关操作。同理，若要清除样式，则选中文本，单击“样式”下拉按钮，在弹出的下拉列表中选择“清除格式”选项（图 5－200），再进行相关操作。

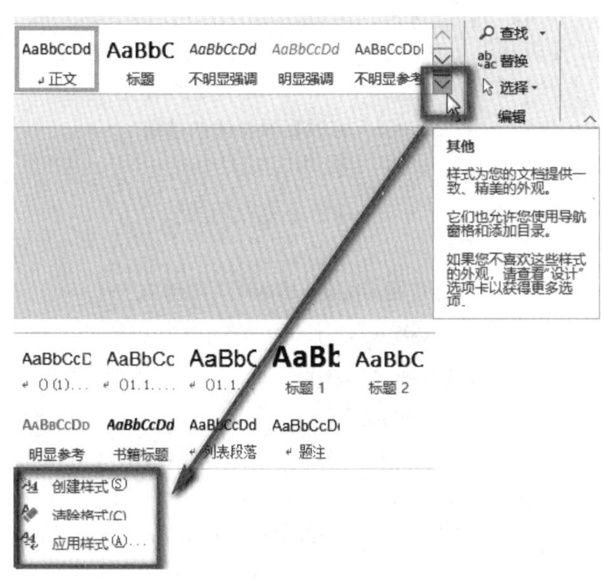

图 5－200　创建与清除样式

注意：只能删除自己创建的样式，不能删除 Word 的内置样式。

（三）修改样式

在“样式”窗格中鼠标右击某一样式处，在弹出的菜单中选择“修改”命令，如图 5－201 所示。然后，根据需要在“修改样式”对话框中进行相关操作。

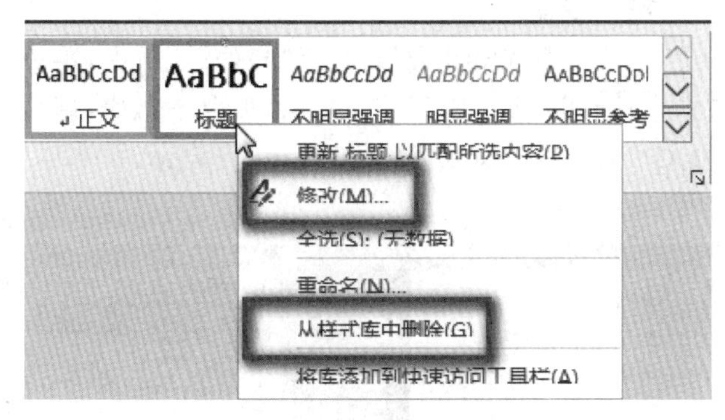

图 5－201　样式“修改”命令

二、自动生成目录

在文档中插入目录，并设置目录格式、修改目录、更新目录。

目录的作用是列出文档中各级标题及其所在的页码，如图 5－202 所示。在一般情况下，所有正式出版物都有目录，其中包含书刊中章、节及其页码位置等信息，可以方便查阅。

目录

项目五 应用文字处理软件 Word2013……3
[项目概述]……3
[学习目标]……3
任务一　办公文案处理……3
[知识链接]……3
[任务实施]……20
案例 1　助学贷款申请书……20
助学贷款申请书……21
尊敬的××银行××部领导：……21
案例 2　邀请书范文……24
案例 3　倡议书范文……26
[任务总结]……27
任务二　图文混排处理……27
[知识链接]……27
[任务实施]……51
案例 1　邯郸学步……51
案例 2　餐厅的一张罚单让我们中国人汗颜……56
[任务总结]……60
任务三　表格的制作……60
[知识链接]……60
[任务实施]……81
案例 1　入学登记表……81
案例 2　内蒙古机电职业技术学院学生心理健康档案……86
[任务总结]……90
任务四 求职自荐书的设计与制作……90
[知识链接]……90

图 5－202　提取的目录

插入目录后，只需按【Ctrl】、再单击目录中的某一页码，就可以将插入点快速跳转到该页的标题处。

（一）创建目录

自动提取目录的前提是正确采用带有级别的样式，且已经设置好页码。

要在文章的前面生成目录，首先要插入一面空白页，在此空白页创建目录。将光标定位到所有文章内容前，在“布局”功能菜单内选择“分隔符”下拉列表框中的“分页符”，这样就出现了一面空白页。

此时，会发现原来文章的第一章自动变成第二章，这是因为空白页的分页符前设置了编号，要让它恢复原状需要在“开始”功能菜单中删除编号。

其次，将文章所有内容按要求设置成内置样式效果，包括一级标题、二级标题、正文等。例如，选中标题或定位到文档中，然后点击上边的标题，如图 5－203 所示。

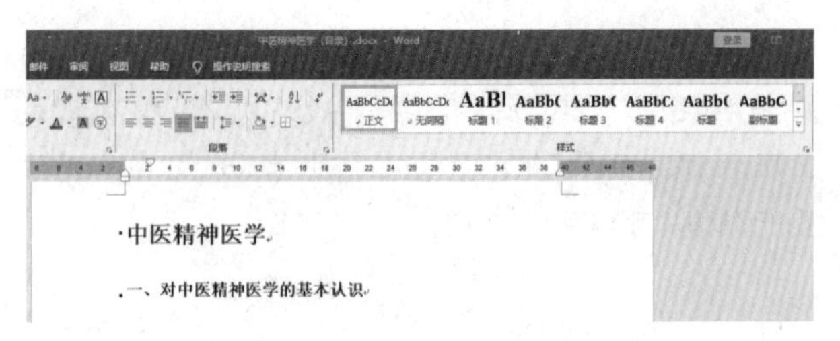

图 5－203 “标题”样式

再次，将插入点定位起始空白页开始处，输入文本“目录”，居中。单击“引用”功能菜单内“目录”下拉命令按钮，并单击选择“自定义目录”命令，在“目录”对话框的“目录”选项卡中，将“显示级别”微调至“3”，单击“确定”按钮，如图 5－204 所示。随后就会生成如图 5－205 所示的目录。

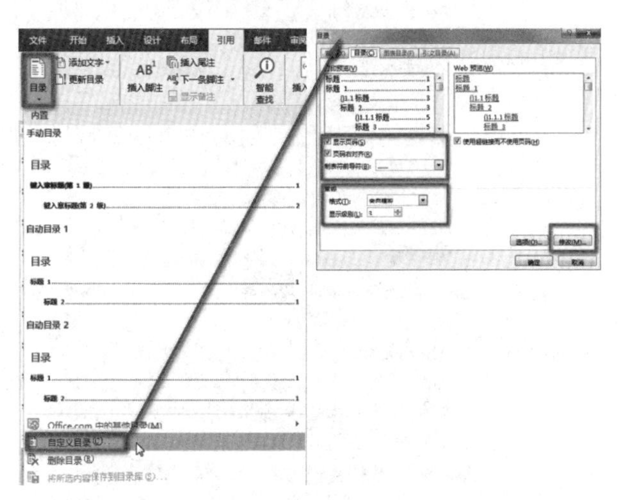

图 5－204 “目录”下拉列表框及“目录”对话框

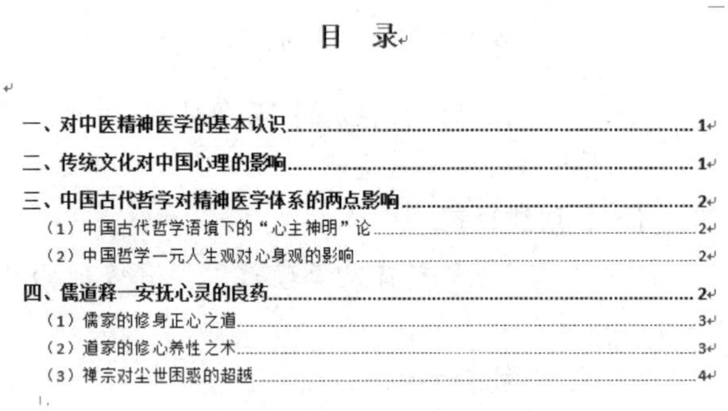

目 录

一、对中医精神医学的基本认识……1
二、传统文化对中国心理的影响……1
三、中国古代哲学对精神医学体系的两点影响……2
（1）中国古代哲学语境下的“心主神明”论……2
（2）中国哲学一元人生观对心身观的影响……2
四、儒道释—安抚心灵的良药……2
（1）儒家的修身正心之道……3
（2）道家的修心养性之术……3
（3）禅宗对尘世困惑的超越……4

图 5－205 目录的效果

（二）修改目录格式

打开文档，选取整个目录，在“开始”功能菜单内选择“字体”分组和“段落”分组中的相应命令，设置如图 5－206 所示的修改目录格式效果。

（三）更新目录

目录是以“域”的方式插入文档中（会显示灰色底纹），可以进行更新。

先选择整个目录，并在目录任意处右击，从弹出的菜单中选择“更新域”命令，打开“更新目录”对话框，在其中进行设置，如图 5－207 所示。

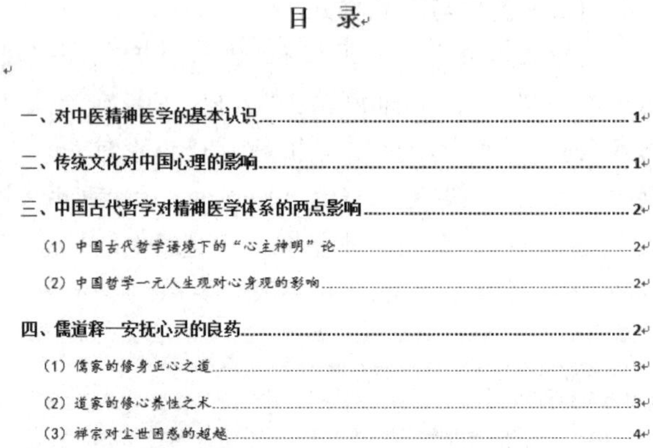

目 录

一、对中医精神医学的基本认识……1
二、传统文化对中国心理的影响……1
三、中国古代哲学对精神医学体系的两点影响……2
（1）中国古代哲学语境下的“心主神明”论……2
（2）中国哲学一元人生观对心身观的影响……2
四、儒道释—安抚心灵的良药……2
（1）儒家的修身正心之道……3
（2）道家的修心养性之术……3
（3）禅宗对尘世困惑的超越……4

图 5－206 修改目录格式的效果

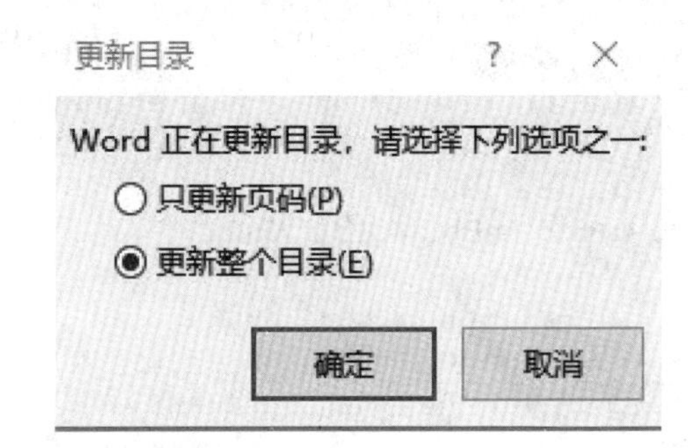

图 5－207 “更新目录”对话框

任务拓展

一、制作中文信封

使用 Word 中文信封功能制作“信封”文档。使用中文信封功能，不仅可以制作单个信封，还可以制作批量信封。制作批量信封时，必须使用邮件合并功能。

操作步骤

新建空白 Word 文档，打开“邮件”选项卡，单击“中文信封”按钮（图 5－208）。利用向导创建，制作中文信封的效果如图 5－209 所示。

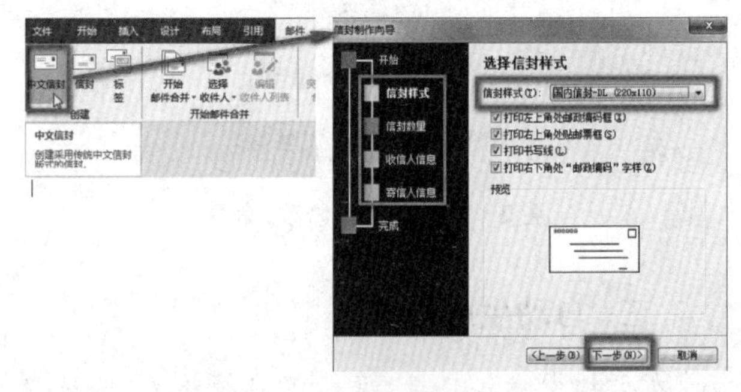

图 5－208 “中文信封”按钮

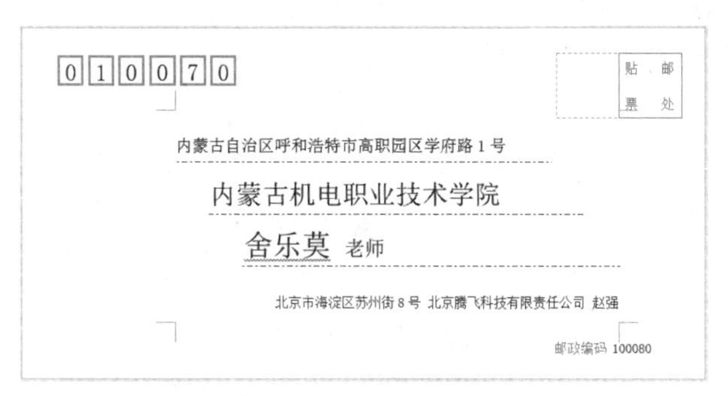

图 5－209　制作中文信封效果

二、邮件合并发送学生成绩通知单

利用邮件合并给学生家长发一份成绩通知单。

执行邮件合并操作时会用到主控文档和数据源文件两个文档。

(1) 主控文档是邮件合并内容中固定不变的部分，或者是所有文件中的共有内容，即信函中通用的部分，也可以理解为未填写的信封。

(2) 数据源文件主要用于保存联系人的相关信息(即变化信息)，可以理解为要填写的收件人、发件人、邮编等。可以在邮件合并中使用多种格式的数据源，如 Microsoft Outlook 联系人列表、Excel 电子表格、Access 数据库、Word 文档等。

(一) 创建主文档文件

创建主文档的方法与创建普通文档的方法相同。可以对其页面和字符等格式进行设置，按照如图 5－210 所示的格式，创建一个名为"成绩通知单. docx"的主文档文件，并使其处于打开状态。

贵家长：

2020 学年秋季学期已结束，现将贵子（女）_______在我院信息工程系计算机网络技术专业学习的成绩、考勤、操行评语等通知如下。如有不及格科目，请家长督促贵子（女）在假期期间认真复习，以备开学时补考，同时教育其遵纪守法，安排适量时间结合所学专业进行社会调查及其它有意义的社会活动，并按时返校报到注册。

下学期报到注册时间：2021 年 2 月 29 日至 3 月 1 日，开始上课时间：2021 年 3 月 2 日。

特此通知

信息与管理工程系

2020 年 12 月 25 日

学习成绩表

科　目	成绩总评	科　目	成绩总评
网页设计		平面图像处理	
市场信息学		计算机网络	
服务器配置与管理		JAVA	
商务英语 1		关系管理	
总分			

请家长在寒假督促孩子进行社会实践锻炼。

此致

敬礼！

班主任：舍乐莫

图 5－210　主文档文件效果

(二) 创建数据源文件

可以在邮件合并中使用多种格式的数据源，如 Microsoft Outlook 联系人列表、Access 数据库等。下面就以一个 Excel 数据源文件为例进行介绍。新建一个名为"成绩通知单数据源. xlsx"的 Excel 数据源文件，如图 5－211 所示。

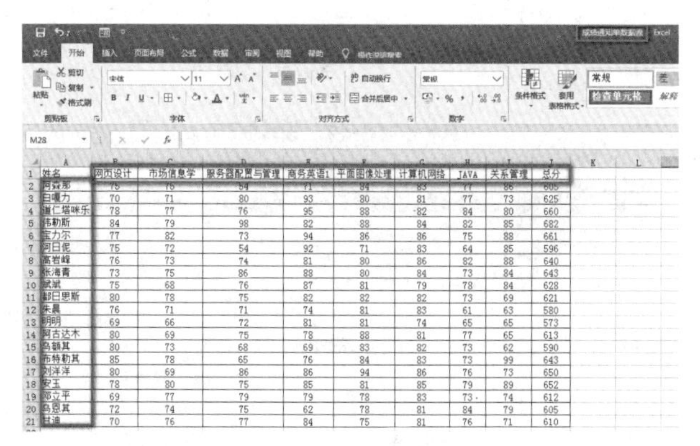

姓名	网页设计	市场信息学	服务器配置与管理	商务英语1	平面图像处理	计算机网络	JAVA	关系管理	总分
阿森那	75	76	54	71	84	83	77	86	605
白嘎力	70	71	80	93	80	81	77	73	625
道仁塔咪乐	78	77	76	95	88	82	84	80	660
伟勒斯	84	79	98	82	88	84	82	85	682
宝力尔	77	82	73	94	86	86	75	88	661
河日伲	75	72	54	92	71	83	64	85	596
高岩峰	76	73	74	81	80	86	82	88	640
张海青	73	75	86	88	80	84	73	84	643
斌斌	75	68	76	87	81	79	78	84	628
都日思斯	80	78	75	82	82	82	73	69	621
朱晨	76	71	71	74	81	83	61	63	580
明明	69	66	72	81	81	74	65	65	573
阿古达木	80	69	75	78	88	81	77	65	613
乌额其	80	73	68	69	83	82	73	62	590
布特勒其	85	78	65	76	84	83	73	99	643
刘洋洋	80	69	86	86	94	86	76	73	650
安玉	78	80	75	85	81	85	79	89	652
邓立平	69	77	79	79	78	83	73	74	612
乌恩其	72	74	75	62	78	81	84	79	605
甘迪	70	76	77	84	75	81	76	71	610

图 5－211　数据源文件

(三) 进行邮件合并

切换到主控文档"成绩通知单"，单击"邮件"功能菜单内"开始邮件合并"下拉命令按钮，在展开的列表中可以看到"普通 Word 文档"选项高亮显示，表示当前编辑的主文档类型为普通 Word 文档。

首先，单击"选择收件人"按钮，在展开的列表中选择"使用现有列表"选项，在弹出的"选取数据源"对话框中选择打开数据源文件，如图 5－212 所示。

然后，将光标定位到主控文档中第一个要插入合并域的位置，即在"贵子(女)"的后面单击定位。选择菜单中"插入合并域"下拉菜单的"姓名"。定位到主控文档内"学习成绩表"中"网页设计"右侧的单元格，再次打开"插入合并域"下拉菜单，选择"网页

图 5-212　选择收件人和打开数据源文件

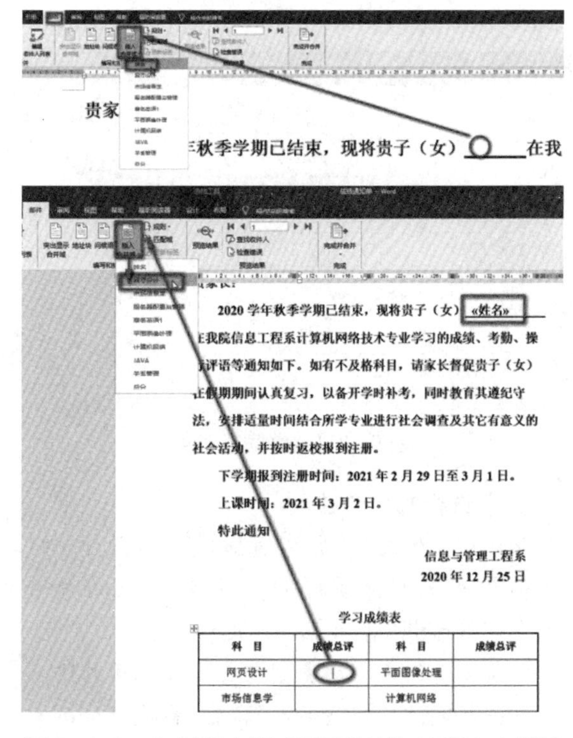

图 5-213　完成“姓名”和“网页设计”两项插入合并域

设计”，如图 5-213 所示。

同理，分别定位到“市场信息学”、“服务器配置与管理”、“商务英语 1”、“平面图像处理”、“计算机网络”、“JAVA”、“关系管理”和“总分”的右侧单元格处，打开“插入合并域”下拉菜单，分别选择“市场信息学”、“服务器配置与管理”、“商务英语 1”、“平面图像处理”、“计算机网络”、“JAVA ”、“关系管理”和“总分”，完成插入合并域的工作，如图 5-214 所示。

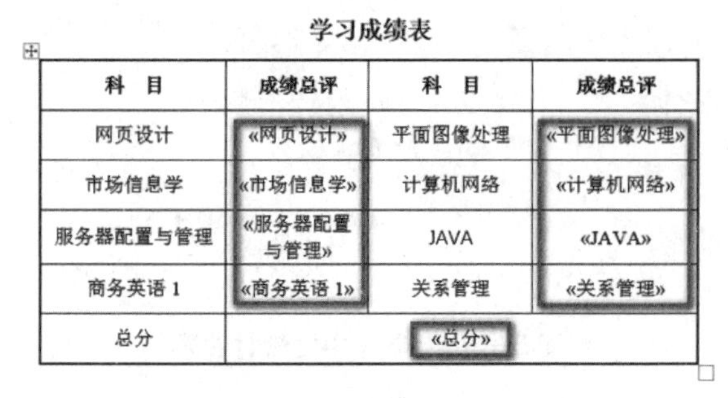

学习成绩表

科　目	成绩总评	科　目	成绩总评
网页设计	«网页设计»	平面图像处理	«平面图像处理»
市场信息学	«市场信息学»	计算机网络	«计算机网络»
服务器配置与管理	«服务器配置与管理»	JAVA	«JAVA»
商务英语 1	«商务英语 1»	关系管理	«关系管理»
总分	«总分»		

图 5-214　完成所有插入合并域

最后，单击选择“完成并合并”中“编辑单个文件”选项。随后会出现“合并到新文档”对话框，从中选择“全部”并按“确定”，如图 5-215 所示。

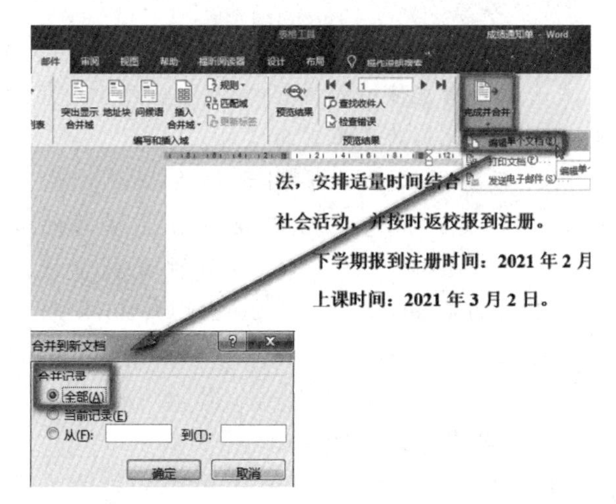

图 5-215　形成合并邮件

Word 将根据设置自动合并文档，并将全部记录存放到一个新文档“信函 1”中(图 5-216)，其效果如图 5-217 所示。

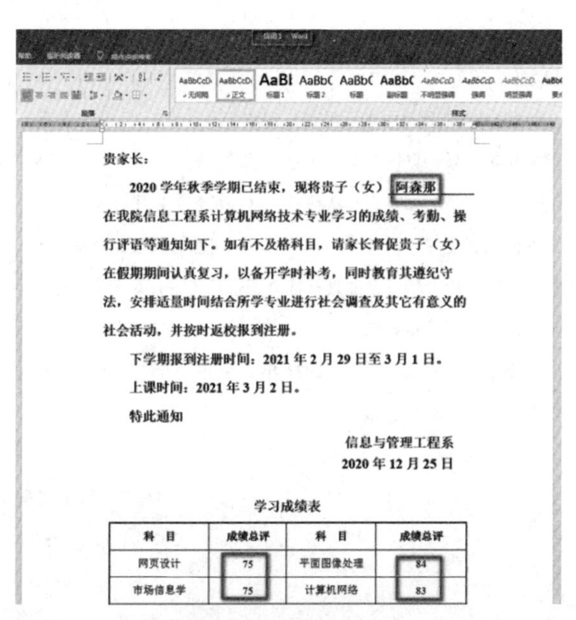

图 5-216　邮件合并后形成的“信函 1”单个内容

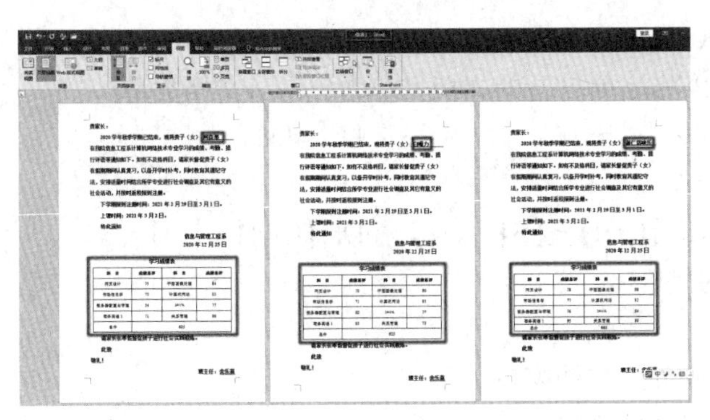

图 5－217　邮件合并后形成的“信函 1”部分内容

项目阶段测试

一、选择题

1. 在 Word 2016 文档编辑状态下，将光标定位于任一段落位置、设置 1.5 倍行距后，结果将是（　　）。
   A. 全部文档没有任何改变　　B. 全部文档按 1.5 倍行距调整段落格式
   C. 光标所在行按 1.5 倍行距调整段落格式　　D. 光标所在段落按 1.5 倍行距调整段落格式
2. Word 2016 中给选定的段落、表、单元格添加底纹背景，应选择（　　）选项卡。
   A. 页面布局　　B. 开始　　C. 页面背景　　D. 插入
3. 在 Word 2016 中编辑状态下，设置首行下沉，需选择（　　）选项卡。
   A. 开始　　B. 审阅　　C. 插入　　D. 设计
4. 要查看 Word 2016 文档中与页眉、页脚有关的文字和图形等复杂格式的内容时，视图方式应采用（　　）。
   A. 大纲视图　　B. Web 版式视图　　C. 普通视图　　D. 页面视图
5. 在 Word 2016“打印”内“设置”的“自定义打印范围”页数中输入“2－6，10，15”，表示要打印的是（　　）。
   A. 第 2 页、第 6 页、第 10 页、第 15 页　　B. 第 2 页至第 6 页、第 10 页、第 15 页
   C. 第 2 页、第 6 页、第 10 页至第 15 页　　D. 第 2 页至第 6 页、第 10 页至第 15 页
6. 在 Word 2016 中想要设置“公式编辑器”功能选项卡菜单，则（　　）。
   A. 选择“插入”功能菜单中的“公式”　　B. 选择“开发工具”功能菜单中的“公式编辑器”
   C. 选择“文件”功能菜单内“选项”中的相关内容　　D. 无法设置
7. 在下列软件中，①WPS Office 2016、②Windows 7、③财务管理软件、④Unix、⑤学籍管理系统、⑥MS-DOS、⑦Linux 属于系统软件的是（　　）。
   A. ①③⑤　　B. ②④⑥⑦　　C. ②④①　　D. ③⑤⑦
8. 在 Word 2016 中，统计某文档的字数时应选择（　　）功能菜单。
   A. 开始　　B. 审阅　　C. 插入　　D. 设计
9. 在 Word 2016 编辑状态下，设置首行下沉，需选择（　　）功能菜单。
   A. 开始　　B. 审阅　　C. 插入　　D. 设计
10. 在 Word 2016 中，欲统计某文档的字数，应选择（　　）功能菜单。
    A. 开始　　B. 审阅　　C. 插入　　D. 设计
11. 在 Word 2016 编辑状态下，设置首字下沉，需选择（　　）功能菜单。
    A. 开始　　B. 审阅　　C. 插入　　D. 设计
12. 对插入的图片不能进行的操作是（　　）。
    A. 放大或缩小　　B. 在图片中添加文本　　C. 移动位置　　D. 从矩形边缘裁剪
13. Word 2016 文档的扩展名是（　　）。

A. .pptx　　B. .txt　　C. .xslx　　D. .docx

14. 在 Word 中，选择“文件”菜单下的“另存为”命令，可以将当前打开的文档另存为(　　)文档类型。

A. .pptx　　B. .txt　　C. .xslx　　D. .docx

15. 保存 Word 文件的快捷键是(　　)。

A.【Ctrl】+【V】　　B.【Ctrl】+【X】　　C.【Ctrl】+【S】　　D.【Ctrl】+【O】

16. 关于 Word 中的多文档窗口操作，以下叙述中错误的是(　　)。

A. 文档窗口可以拆分为两个文档窗口

B. 多个文档编辑工作结束后，只能一个一个地存盘或关闭文档窗口

C. 允许同时打开多个文档进行编辑，每个文档有一个文档窗口

D. 多文档窗口间的内容可以进行剪切、粘贴和复制等操作

17. 在 Word 编辑状态下，若要将另一文档的内容全部添加在当前文档插入点处，应该选择的操作是(　　)。

A. 单击“文件”→“打开”　　B. 单击“文件”→“新建”

C. 单击“插入”→“对象”　　D. 单击“插入”→“超级链接”

18. 在 Word 编辑器状态下，若要进行选定文本行间距的设置，应该选择的操作是(　　)。

A. 单击“开始”→“格式”　　B. 单击“格式”→“段落”

C. 单击“开始”→“段落”　　D. 单击“格式”→“字体”

19. Word 的查找、替换功能非常强大，下面的叙述中正确的是(　　)。

A. 不可以指定查找文字的格式，只可以指定替换文字的格式

B. 可以指定查找文字的格式，但不可以指定替换文字的格式

C. 不可以按指定文字的格式进行查找和替换

D. 可以按指定文字的格式进行查找和替换

20. 在 Word 编辑状态下，不用“打开”文件对话框就能直接打开最近使用过的文档可以使用(　　)。

A. 快捷键【Ctrl】+【O】　　B. 工具栏“打开”按钮

C. 选择“文件”菜单底部文件列表中的文件　　D. 选择“开始”菜单的“打开”命令

21. 在 Word 编辑状态下，格式刷可以复制(　　)。

A. 段落的格式和内容　　B. 段落和文字的格式

C. 文字的格式和内容　　D. 段落与文字的格式和内容

22. 下列不属于 Word 窗口组成部分的是(　　)。

A. 标题栏　　B. 对话框　　C. 菜单栏　　D. 状态栏

23. 在 Word 编辑状态下，绘制一个文本框要使用的下拉菜单是(　　)。

A. 插入　　B. 表格　　C. 编辑　　D. 工具

24. 在 Word 编辑状态下制表时，若插入点位于表格外右侧的行尾处，按回车键，其结果是(　　)。

A. 光标移到下一列　　B. 光标移到下一行，表格行数不变

C. 插入一行，表格行数改变　　D. 在本单元格内换行，表格行数不变

25. Word 具有的功能是(　　)。

A. 表格处理　　B. 绘制图形　　C. 自动更正　　D. 以上 3 项都是

26. 在 Word 中选定一个句子的方法是(　　)。

A. 单击该句中的任意位置　　B. 双击该句中的任意位置

C. 按住【Ctrl】的同时单击句中的任意位置　　D. 按住【Ctrl】的同时双击句中的任意位置

27. Word 主窗口水平滚动条的左侧有 4 个显示方式切换按钮，即“普通视图”、“联机版式视图”、“页面视图”和“(　　)”。

A. 大纲视图　　B. 主控文档　　C. 其他视图　　D. 全屏显示

28. 在 Word 编辑状态下，执行“文件”菜单中的“保存”命令后，(　　)。

A. 将所有打开的文档存盘

B. 只能将当前文档存储在原文件夹内

C. 可以将当前文档存储在原文件夹内

D. 可以先建立一个新文件夹,再将文档存储在该文件夹内

29. 在 Word 编辑状态下,连续进行两次"插入"操作,当单击一次"撤消"按钮后,( )。

A. 将两次插入的内容全部取消　　B. 将第一次插入的内容取消

C. 将第二次插入的内容取消　　D. 两次插入的内容都不取消

30. 有关格式刷的正确说法是( )。

A. 格式刷可以用来复制字符格式和段落格式

B. 将选定格式复制到不同位置的方法是单击"格式刷"按钮

C. 双击格式刷只能将选定格式复制到一个位置

D. "格式刷"按钮无任何作用

31. 下面对中文 Word 的特点描述正确的是( )。

A. 一定要通过使用"打印预览"才能看到打印出来的效果

B. 不能进行图文混排

C. 所见即所得

D. 无法检查常见的英文拼写及语法错误

32. 如果要输入符号"☆",应执行( )操作。

A. 选择"格式"功能菜单"字体"对话框中的"符号"标签

B. 选择"插入"功能菜单"符号"对话框中的"符号"标签

C. 选择"格式"功能菜单"段落"对话框中的"符号"标签

D. 选择"编辑"功能菜单"复制"对话框中的"符号"标签

33. 在 Word 编辑状态下,执行编辑菜单中的"复制"命令后,( )。

A. 被选择的内容被复制到插入点处　　B. 被选择的内容被复制到剪贴板

C. 插入点后的段落内容被复制到剪贴板　　D. 光标所在的段落内容被复制到剪贴板

34. 在 Word 主窗口的右上角,可以同时显示的按钮是( )。

A. 最小化、还原和最大化　　B. 还原、最大化和关闭

C. 最小化、还原和关闭　　D. 还原和最大化

35. 在 Word 编辑状态下,进行字体设置操作后,按新设置的字体显示的文字是( )。

A. 插入点所在段落后的文字　　B. 文档中被选定的文字

C. 插入点所在行中的文字　　D. 文档的全部文字

36. 在 Word 编辑状态下,设置了标尺,可以同时显示水平标尺和垂直标尺的视图方式是( )。

A. 普通方式　　B. 页面方式　　C. 大纲方式　　D. 全屏显示方式

37. 当前活动窗口是文档"练习. docx"的窗口,单击该窗口的"最小化"按钮后,( )。

A. 不显示"练习. docx"文档的内容,但"练习. docx"文档并未关闭

B. 该窗口和"练习. docx"文档都关闭

C. "练习. docx"文档未关闭,且继续显示其内容

D. 关闭了"练习. docx"文档,但该窗口并未关闭

38. 在使用 Word 进行文字编辑时,下面的叙述中错误的是( )。

A. Word 可将正在编辑的文档另存为一个纯文本文件

B. 使用"文件"菜单"打开"命令,可以打开一个已存在的 Word 文档

C. 打印预览文档时,打印机必须是已经开启的

D. Word 允许同时打开多个文档

39. 在 Word 中要对某一单元格进行拆分,应执行( )操作。

A. 选择"插入"功能菜单中的"拆分单元格"命令

B. 选择"格式"菜单中的"拆分单元格"命令

C. 选择"表格工具　布局"菜单中的"拆分单元格"命令

D. 选择“表格”菜单中的“拆分单元格”命令

40. 在 Word 中删除表格中的一列后，该列后的其余列应(　　)。

A. 向右移　　B. 向上移　　C. 向左移　　D. 向下移

41. 在 Word 窗口中，插入分节符或分页符，可以通过(　　)功能菜单进行操作。

A. “开始→段落”　　B. “格式→制表位”

C. “布局→分隔符”　　D. “工具→选项”

42. 在 Word 窗口中，利用(　　)可以方便地调整段落伸出缩进、页面的边距以及表格的列宽和行高。

A. 常用工具栏　　B. 表格工具栏　　C. 标尺　　D. 格式工具栏

43. 在 Word 中，添加下划线的快捷键是(　　)。

A. 【Shift】+【U】　　B. 【Ctrl】+【I】　　C. 【Ctrl】+【U】　　D. 【Ctrl】+【B】

44. 在下列操作中，(　　)能在 Word 中生成 Word 表格。

A. 使用绘图工具

B. 执行“表格→插入表格”命令

C. 单击“插入”功能菜单中的“表格”按钮

D. 选择部分按规则生成的文本，执行“表格→将文本转换成表格”命令

45. 在 Word 的文档中，每个段落都有自己的段落标记，段落标记的位置是在(　　)。

A. 段落的首部　　B. 段落的中间　　C. 段落的结尾处　　D. 段落的每一行

46. 在 Word 中，所有的字符格式排版都可以通过执行菜单命令(　　)来实现。

A. 开始→字体　　B. 文件→打开　　C. 格式→段落　　D. 工具→选项

47. 在 Word 中，撤销最后一个动作，除了使用菜单命令和工具按钮以外，还可以使用快捷键(　　)。

A. 【Shift】+【X】　　B. 【Shift】+【Y】　　C. 【Ctrl】+【W】　　D. 【Ctrl】+【Z】

48. 在 Word 文档中，把光标移动到文件尾部的快捷键是(　　)。

A. 【Ctrl】+【End】　　B. 【Ctrl】+【PageDown】

C. 【Ctrl】+【Home】　　D. 【Ctrl】+【PageUp】

49. 要把插入点光标快速移到 Word 文档的头部，应按组合键(　　)。

A. 【Ctrl】+【PageUp】　　B. 【Ctrl】+【↓】　　C. 【Ctrl】+【Home】　　D. 【Ctrl】+【End】

50. 在 Word 编辑状态下，下列可以设定打印纸张大小的命令是(　　)。

A. “文件”功能菜单中的“打印”命令　　B. “开始”功能菜单中的“页面设置”命令

C. “视图”功能菜单中的“工具栏”命令　　D. “设计”功能菜单中的“页面”命令

二、填空题

1. 主程序的扩展名是(　　　)，在 Office 2016 中，Word、Excel 和 PowerPoint 的扩展名分别为(　　)、(　　)、(　　　)。

2. 在 Word 2016 中，选择“设计”功能菜单中的(　　　)下拉菜单命令相关内容，即可创建水印效果。

3. 在 Word 2016 中，如果要对文档内容(包括图形)进行编辑操作，首先必须(　　　　)操作的对象，然后进行相关操作。

4. 按(　　　　)键可在汉字输入法和英文输入法间切换。

5. 在 Word 2016 中，若想选取竖列文本，则(　　　　)。

6. 在 Word 2016 中，提供的视图有(　　)、(　　)、(　　)、(　　)、(　　)5 种。

7. 在 Word 2016 中，若按【Ctrl】+【A】组合键，可以实现(　　　)的效果。

8. 在 Word 2016 中，进行“段落”→“缩进”→“右侧”→“6 字符”，则可以实现(　　　　)的效果。

9. 在 Word 2016 中，打印已经编辑好的文档之前，要看到整篇文档的排版效果，应该使用的是(　　　　)命令。

10. 在 Word 2016 中，段落标记是依据输入(　　　　)键来体现的。

11. 在 Word 2016 中，若将一个字设为 500 磅的特大字时，应在(　　　)功能菜单(　　　)列表框中直接输入即可。

12. 计算机软件分为两种，Office 中的 Word 是(　　　　)软件。
13. 分栏操作只能在 Word 的(　　　)视图下实现。
14. 在 Word 默认字号列表框中，(　　　)是最大的。
15. 若要设置打印输出时的纸型，应从(　　　)功能菜单中调用“页面设置”命令。
16. 在 Word 中，如果要使文档内容横向打印，在“页面设置”中应选择的标签是(　　　)。
17. 如果要在 Word 文档中创建表格，应使用(　　　)功能菜单。
18. 在 Word 中，查找的快捷键是(　　　)。
19. 在 Word 主窗口的右上角，可以同时显示的按钮是最小化、(　　　)和关闭。
20. 在 Word 的编辑状态，设置了标尺，可以同时显示水平标尺和垂直标尺的视图方式是(　　　)。
21. 在 Word 窗口中，插入分节符或分页符，可以通过(　　　)功能菜单进行操作。
22. 合并单元格先选定要合并的单元格，然后选择“表格工具　格式”分组菜单的(　　　)命令。
23. 在 Word 中，可用于计算表格中某一数值列平均值的函数是(　　　)。
24. 在 Word 编辑状态下，想要为当前文档中的文字设定上标、下标效果，应当使用“开始”功能菜单中的(　　　)命令。
25. 在 Word 中，按(　　　)键可将光标快速移至文档的开端。
26. 在 Word 中，选择(　　　)功能菜单内(　　　)下拉列表框中的(　　　)，可以将多于 6 个字的内容排列成双行。
27. 在 Word 文档中，(　　　)功能菜单内的(　　　)用于创建中文信封。
28. (　　　)视图方式可显示出分页符，但不能显示出页眉和页脚。
29. Word 可以同时打开多个文档窗口，但是，文档窗口打开得越多，占用内存会越(　　)，因而速度会越(　　)。
30. Word 提供的 5 种视图方式分别为(　　)、(　　)、(　　)、(　　)、(　　)。
31. 在使用 Word 文本编辑软件时，为了把不相邻两段的文字互换位置，最少用(　　)次“剪切+粘贴”操作。
32. 在 Word 中，(　　　)主要用于更正文档中出现频率较多的字和词。
33. 分栏操作只能在 Word 的(　　　)视图下实现。
34. Word 属于(　　　)软件。
35. 在 Word 中，进行“撤消”操作应按快捷键(　　　)。
36. 在 Word 编辑状态下，按下回车键显示的是(　　　)。
37. 新建文档时，Word 默认的字体和字号分别是(　　　)。
38. 在 Word 文档中，每个段落都有自己的段落标记，段落标记的位置在段落的(　　　)。
39. Word 程序允许打开多个文档，用(　　　)功能菜单中的相关命令，可以实现各文档窗口之间的切换。
40. 在 Word 中，将一部分内容改为四号楷体，紧接这部分内容输入新的文字，则新输入的文字字号和字体分别为(　　　)。
41. 在 Word 中，文本的移动实际上是(　　　)功能的组合。
42. 在 Word 中，对“页面设置”对话框的(　　　)选项卡菜单可以设置纸张大小。
43. 在 Word 中，编辑英文文本时经常会出现红色下划波浪线，它表示(　　　)。
44. 在 Word 中，快速打印整篇文档应使用组合键(　　　)进行快速打印。
45. 在使用 Word 文本编辑软件时，可以在标尺上直接进行的是(　　　)操作。
46. 在 Windows 查找文件或文件夹时，常常在文件或文件夹名中用到符号“?”，它表示(　　　)。
47. 在 Word 编辑状态下，依次打开“d1. docx”、“d2. docx”、“d3. docx”、“d4. docx”这 4 个文档，当前的活动窗口是(　　　)的窗口。
48. 在对 Word 文档进行编辑时，如果操作错误，则单击(　　　)按钮。
49. 在 Word 窗口中，在按住(　　　)键的同时键入字母【F】即可打开“文件”功能菜单。
50. 在编辑 Word 表格时，用鼠标指针拖动水平标尺上的列标记，可以调整表格的(　　　)。

三、判断题

1. 在 Word 中，剪切、复制、粘贴的快捷键分别是【Ctrl】+【V】、【Ctrl】+【C】和【Ctrl】+【X】。　(　　)

2. 小李在 Word 中修改一篇长文档时，不慎将光标移动了位置，若希望返回最近编辑过的位置，可以按快捷键【Shift】+【F5】。（　）
3. 在 Word“段落”对话框中所提供的“间距”是用于设置每一句的距离。（　）
4. 在搜狗输入法中，按快捷键【Space】+【Shift】可以实现当前中文输入法与英文标点符号间的切换。（　）
5. 在 Word 中，使用“字体”分组命令中的工具可设置段落对齐方式。（　）
6. 在 Word 中，执行“粘贴”命令后，剪贴板中的某一项内容将移动到光标所在位置。（　）
7. 小李正在用 Word 软件编辑一篇包含 12 章的书稿，若希望每一章都能自动从新的一页开始，则需要在每一章的最后插入一个分页符。（　）
8. 在计算机中输入汉字时，必须在大写状态下输入。（　）
9. 在 Word 中，要选择光标所在的自然段，可以使用鼠标三击该段落。（　）
10. 在 Word 中，正文部分与纸张边缘的距离被称为页边距。（　）
11. B4 复印纸的纸张规格是 210 毫米×297 毫米。（　）
12. 如果要在 Word 文档中寻找一个关键词，可以使用“编辑”功能菜单中的“查找”命令。（　）
13. 用 Word 编辑文档时，插入的图片默认为嵌入版式。（　）
14. 执行“文件”菜单中的“关闭”命令项，将结束 Word 的工作。（　）
15. 退出 Word 的键盘操作为按快捷键【Alt】+【F4】。（　）
16. 鼠标指针在通过 Word 编辑区时形状为箭头。（　）
17. 在文本编辑区内有一个闪动的粗竖线，它表示插入点，可在该处输入字符。（　）
18. 在 Word 主窗口中，能打开多个窗口编辑多个文档，也能有几个窗口编辑同一个文档。（　）
19. 在 Word 编辑状态下，当前输入的文字显示在插入点处。（　）
20. 在 Word 编辑菜单中，粘贴菜单命令呈灰色则表示该命令不可用。（　）
21. 当需要输入日期、时间等，可选择“插入”功能菜单中的“日期和时间”命令。（　）
22. Word 允许用鼠标和键盘来移动插入点。（　）
23. 在 Word 中，选定区域内的文本及对象是以反相(黑底白字)显示以示区别。（　）
24. 若打算将文档中的一段文字从目前位置移至另外一处，操作的第一步应当是复制。（　）
25. 在对文档进行编辑时，如果操作错误，可以单击“编辑”菜单中的“撤销”命令项。（　）
26. 在 Word 工作过程中，删除插入点光标右边的字符，按删除键即可。（　）
27. 为了方便地输入特殊符号、当前日期时间等，可以采用“插入”功能菜单中的相关分组命令。（　）
28. 在 Word 中，要使用“字体”对话框进行字符编排，可以选择“工具”菜单中的“字体”选项，打开“字体”对话框。（　）
29. 状态栏位于 Word 窗口的最下方，用来显示当前正在编辑的位置、时间、状态等信息。（　）
30. Word 对文件另存为一新文件名，可以选用“文件”功能菜单中的“另存为”命令。（　）
31. Word 格式栏的“B”、“I”、“U”分别代表字符的斜体、下划线标记、粗体。（　）
32. 在 Word 中，单击垂直滚动条的“▼”按钮，可使屏幕下滚一屏。（　）
33. 在 Word 中，导入图片分为从“图片”导入和从“联机图片”导入两种。（　）
34. Word 文档缺省的扩展名为“xsl”。（　）
35. 在 Word 中，将鼠标指向工具栏的某个按钮时，一个矩形会出现在按钮下，并显示按钮名称，此矩形是工具提示信息。（　）
36. 在 Word 中，可以通过使用“边框和底纹”对话框来添加边框。（　）
37. 在 Word 中，取消最近一次所做的编辑或排版动作，或者删除最近一次输入的内容叫做撤消，且仅能撤消一步操作。（　）
38. 在 Word 中，如果键入的字符替换覆盖插入点后的字符的功能叫做改写方式。（　）
39. 在 Word 中，如果在一个自然段左端双击，则该自然段就被选择。（　）
40. 在 Word 中，拖动标尺左侧上面的倒三角可设定首行缩进。（　）

41. 在 Word 中,拖动标尺左侧下面的小方块可设定左边缩进。　(　　)
42. 在 Word 文档中,两个自然段之间的距离叫行距。　(　　)
43. 在 Word 中,新建 Word 文档的快捷键是【Ctrl】+【O】。　(　　)
44. 在 Word 中,页边距是文字与纸张上边界之间的距离。　(　　)
45. 在 Word 窗口的工作区中,闪烁的垂直条表示插入点。　(　　)
46. Word 是美国微软公司推出的办公应用软件的套件之一。　(　　)
47. 如果要将 Word 文档中的一个关键词改变为另一个关键词,需使用“开始”功能菜单内“编辑”分组中的“替换”命令。　(　　)
48. 如果要将打开的. docx 文档保存为纯文本文件,一般使用“保存”命令。　(　　)
49. 如果要设置 Word 文档的版面规格,需使用“文件”功能菜单项内“打印”命令中的“页面设置”命令。(　　)
50. 若想把 Word 中的中文简体汉字变成繁体汉字,可以选择“审阅”功能菜单中的“简转繁”命令。　(　　)

四、简答题

1. 设置文本格式主要包括哪些内容?

2. 段落对齐方式是指什么?段落文本的对齐方式包括哪几种?

3. 段落缩进是指什么?包括哪几种?

4. 段落间距与行距有什么区别?

5. 如何在表格中选中多个不连续的单元格?

6. 如何设置表格中的行高和列宽?

7. 如何在表格中插入行或列?

8. 在完成对表格中各种数据的计算以后，如果其中的数据有修改，如何对计算结果进行更新？

9. 在 Word 2016 中，如何对文本和表格进行相互转换？

10. 要将某文档中的所有"良好"文本统一替换为"85"，应该如何操作？

11. 要选择和移动文本框，应该如何操作？能为文本框设置边框的填充吗？

12. 有哪些常用的选择文本的方法？

13. 某文档共有 25 页，现在需要打印该文档的第 3 页到第 9 页和第 23 页的内容，且需要打印 5 份，应该如何操作？

14. 有几种文本内容的复制方法？

15. 如何将 Word 格式的文件转成 PDF 格式的文件保存？

五、操作题

1. 制作如图 5－218 所示的流程图。

图 5－218 流程图

2. 制作如图 5－219 所示的招聘海报。

图 5－219 招聘海报

项目六
Excel 2016 表格处理软件

项目导图

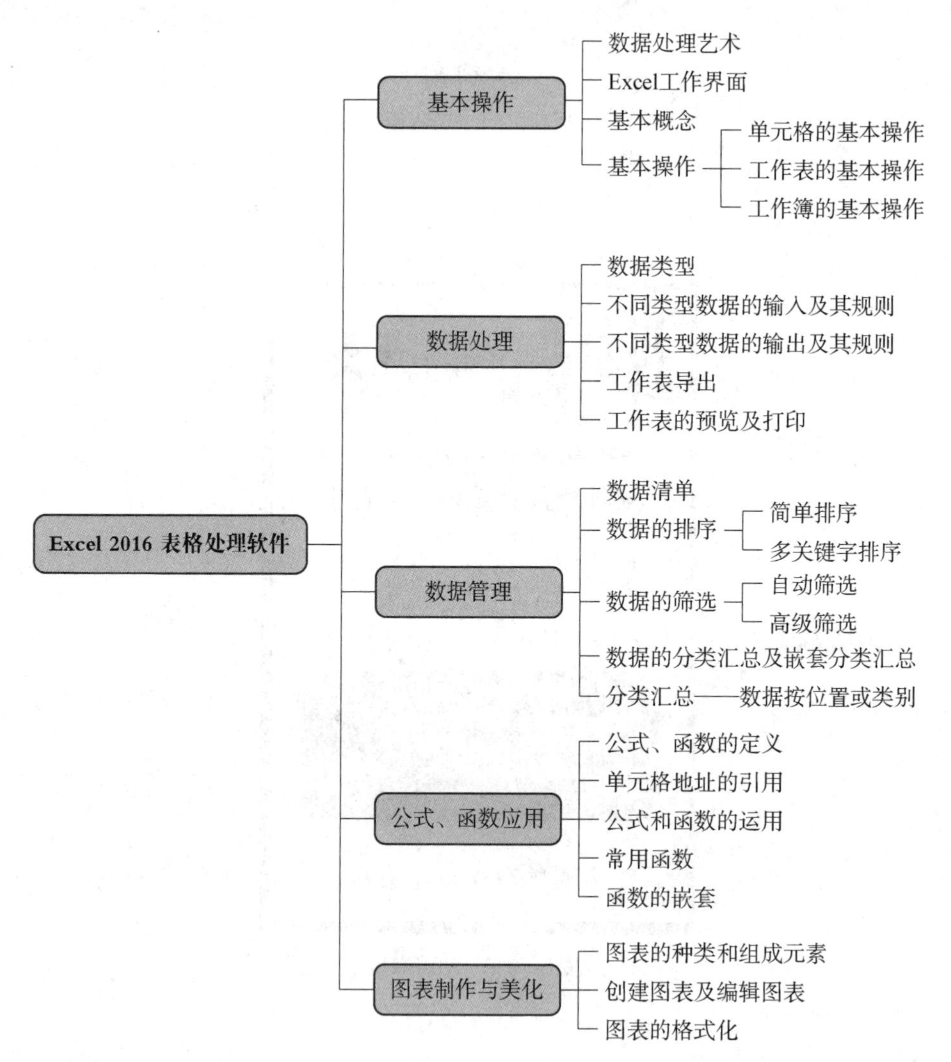

项目能力目标

任务一　Excel 2016 基本操作
任务二　Excel 2016 数据处理
任务三　Excel 2016 数据管理
任务四　Excel 2016 常用函数应用
任务五　Excel 2016 图表制作与美化

项目知识目标

（1）了解单元格、工作表、工作簿及数据表格的概念；

（2）了解工作表的打印；

（3）熟悉 Excel 2016 工作表界面；

（4）掌握工作表、工作簿的创建、保存以及工作表的编辑、美化；

（5）掌握单元格中数据的输入、输出与修饰；

（6）掌握数据的排序、分类汇总、筛选、合并计算的方法；

（7）掌握公式与函数的应用；

（8）掌握图表的应用。

任务一 Excel 2016 基本操作

任务目标

（1）了解 Excel 2016 各区域功能；
（2）理解 Excel 2016 基本概念；
（3）熟悉 Excel 2016 工作界面；
（4）掌握单元格、工作表、工作簿的基本操作。

任务资讯

数据自古就有，无处不在，如身高、体重和所处的位置等。如今，人类社会已经进入数字化时代，虚拟世界中充斥着海量的、各种各样的数据。为了管理好数据，探索数据中隐藏的许多有价值的信息，需要对数据进行有效的处理。所以，了解数据、学习数据是非常必要的。

Microsoft Excel 是微软公司推出的在全球使用最广泛的电子表格程序，可以进行各种数据的处理、统计分析和辅助决策，广泛地应用于管理、统计、财经、金融等众多领域。下面将从数据准备、数据处理、数据分析、数据展示等方面介绍使用 Excel 进行数据处理的基本方法和技能。

一、数据处理艺术

艺术无处不在，每一种职业、每一个动作、每一句语言、每一种形态都可以拥有艺术的成分，数据处理也不例外。一个普通的办公文员同样也能创造和感受数据处理的艺术。

数据处理可以简单，也可以复杂，这由实际需求决定。它可以是简单的数据计算，也可以是复杂的数据分析、数据挖掘和数据可视化展示等。

（一）数据、信息的定义

数据是事实或观察的结果，是对客观事物的逻辑归纳，是用于表示客观事物的未经加工的原始素材。

数据是信息的表现形式和载体，可以是符号、文字、数字、语音、图像、视频等。

数据和信息是不可分离的，数据是信息的表达，信息是数据的内涵。数据本身没有意义，数据只有对实体行为产生影响时才成为信息。

数据可以是连续的值，如声音、图像，称为模拟数据。数据也可以是离散的，如符号、文字，称为数字数据。在计算机系统中，数据以二进制信息单元 0 和 1 的形式表示。

“信息”一词在英文、法文、德文、西班牙文中均用“information”表示，日文中被称为“情报”。我国古代是用“消息”。所以，信息泛指人类社会传播的一切内容。在一切通讯和控制系统中，信息是一种普遍联系的形式。1948 年，数学家香农在题为“通讯的数学理论”的论文中指出：“信息是用来消除随机不定性的东西。”创建一切宇宙万物的最基本单位是信息。

（二）Excel 数据处理流程

Excel 处理问题的过程，可以看成将粗糙的“业务需求”转化为“数据需求”，进而形成一个“数据解决方案”，具体包括需求分析、数据准备、数据处理、数据分析、数据展示等步骤。在实际应用中，应根据需求和目标进行，并不是每个过程都需要。

（三）数据可视化展示

数据经过处理后会输出数据结果，图表可以直观地反映数据。尤其是近年来大数据的兴起，对大数据进行的各种可视化处理，如图 6－1 所示，充分展示了数据之美。

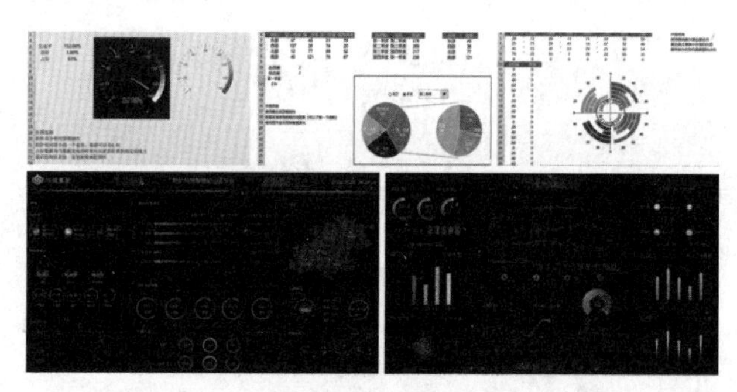

图 6－1 对大数据进行的各种可视化处理

二、Excel 相关基本概念

Excel 是由工作簿（Workbook）、工作表（Worksheet）和单元格（Call）3 层结构组成，数据存放在单元格中。Excel 中每个工作簿可以包含几千个工作表，每个工作表中有 1048576 行（行号为 1～1048576）、16384 列（列标为 A～XFD），可以满足日常工作生活中大量数据处理的需求。

（一）单元格、单元格地址

单元格是 Excel 工作区中由灰色横、竖线构成

的每一个小方块。单元格由它所在的行号、列标题所确定的坐标来标识和引用，这个坐标称为单元格地址，用来表示单元格在工作表中的位置坐标。单元格地址由列标和行号构成，书写时列标在前，如A2、H8。任何数据都只能在单元格中输入。所以，单元格地址也叫做它的“引用地址”。

（二）活动单元格

活动单元格是指正在使用的单元格，即处于激活状态的单元格。活动单元格四周由绿色线框框起且右下角有一个小矩形的区域，如图6-2所示。此绿色实心小方块称为拖动柄或填充柄。

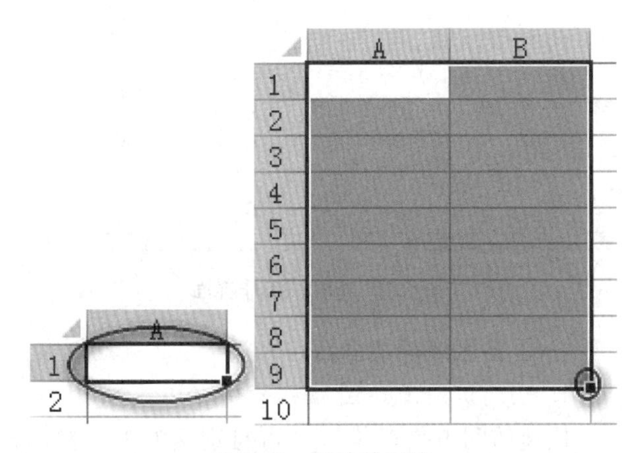

图6-2　活动单元格

（三）工作表

工作表就是通常所说的电子表格，是Excel中用于存储和处理数据的主要文档。工作表是构成工作簿的主要元素，每张工作表都有自己的名称。它与日常生活中的表格基本相同，由一些横向和纵向的网格组成，即由单元格和活动单元格构成。它实际上就是一个二维表格，可以说工作表是由多个单元格连续排列而形成的一张表格。

Excel 2016的一个工作表中多达16 384列（最后一列的列标为XFD）、1 048 576行。在早期版本Excel 2003之前一个工作表最多为256列、65 536行。

在默认状态下，Excel 2016中只有一个标签名为“Sheet1”的工作表。但是，可以通过单击“新工作表”按钮（即“添加工作表按钮”）来添加新的工作表，如图6-3所示。

（四）工作簿

在Excel中创建的文档称为工作簿。工作簿是Excel管理数据的文件单位，相当于日常工作中的“文件夹”，它以独立的文件形式存储在磁盘中，在Excel中用来存储并处理工作数据的文件。

在Excel中，一个工作簿类似一本书，其中包含

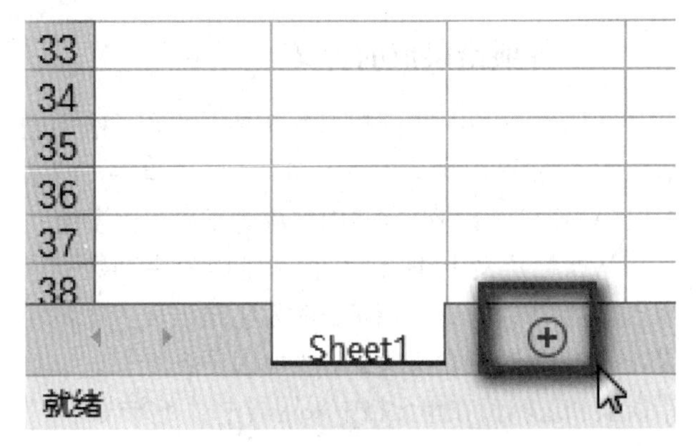

图6-3　“新工作表”按钮

许多工作表，工作表中可以存储不同类型的数据。工作簿由独立的工作表组成，可以是一个，也可以是多个。在Excel 2003及以下低版本中，在一个工作簿下只能创建256个工作表。在高版本中创建工作表的数量仅受内在限制，可以是无穷个。

在Excel 2016中工作簿的默认文件扩展名为“.xlsx”，在早期版本Excel 2003中默认文件扩展名为“.xls”。

（五）名称框

名称框有时也称地址栏，用于指示活动单元格的具体位置。在任何时候，活动单元格的位置都将显示在“名称框”中，如图6-4所示。

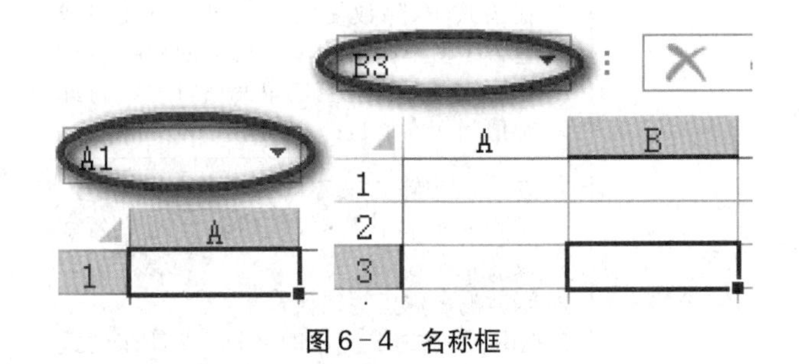

图6-4　名称框

名称框具有定位活动单元格的能力。例如，要想在单元格H8中输入数据，可直接在名称框中输入H8，按回车键时Excel就会使H8变为活动单元格。

名称框还具有为单元格定义名称的功能。

（六）填充柄

填充柄是位于活动单元格或活动区绿色粗框线右下角的小绿方块。将鼠标指向此处时会变为黑“十”字状态，如图6-5所示。

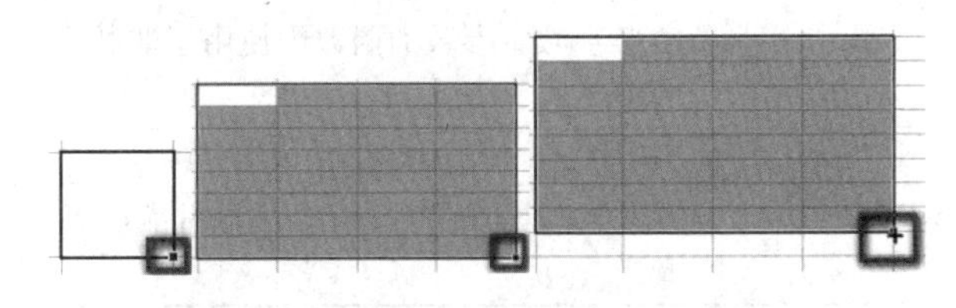

图6-5　填充柄及鼠标指向时的状态

三、各项错误值的含义

在使用 Excel 进行数据处理时，在单元格中会显示"＃＃＃＃＃＃"、"＃DIV/0!"、"＃N/A"或"＃NAME?"等内容，这些内容称为 Excel 错误值。

从严格意义上讲，错误值不能称为一种数据类型，它是由于公式或调用函数时发生错误而产生的结果，这些错误值的含义及其产生原因见表 6-1。默认错误值和逻辑值在单元格中采用居中对齐方式。

表 6-1 Excel 中错误值的含义及其产生原因

错误值	错误原因
＃＃＃＃＃＃	单元格所含的数字、日期或时间比单元格宽，或者单元格的日期、时间公式产生了一个负值
＃VALUE!	① 在需要数字或逻辑值时输入了文本，Excel 不能将文本转化为正确的数据类型；② 输入或编辑数组公式时，按了【Enter】；③ 把单元格引用、公式和函数作为数组常量输入；④ 把一个数值区域赋给了只需要单一参加的运算符或函数，如在 B1 单元格中输入格式"＝SIN(B1:B5)"就会产生此错误值
＃DIV/O	① 输入的公式中包含明显的除数零，如"＝5/0"；② 在公式中，除数使用了指向空单元格或包含零值单元格的单元格引用(在 Excel 中若运算对象是空白单元格，Excel 将此空值当作零值)，都会产生此错误
＃NAME?	① 在公式中输入文本时没有使用双引号，Microsoft 将其解释为名称，但这些名字没有定义；② 函数的名称拼写错误；③ 删除了公式中使用的名称，或者在公式中使用定义的名称；④ 名字拼写错误
＃N/A	① 内部或自定义工作表函数中缺少一个或多个参数；② 数组公式中使用的参数的行数或列数与包含数组公式的区域的行数或列数不一致；③ 在未排序的表中使用 VLOOKUP、HLOOKUP 或 MATCH 工作表函数来查找值
＃REF	删除了公式引用的单元格区域
＃NUM	① 计算产生的数值太大或太小，Excel 不能表示；② 在需要数字参数的函数中使用了非数字参数
＃NULL!	在公式的两个区域中加入了空格，从而要求交叉区域，但实际上这两个区域并无重叠区域

四、Excel 工作界面

Excel 2016 的工作界面主要由标题栏、快速访问工具栏、控制按钮栏、功能选项卡菜单、菜单分组、名称框、编辑栏、工作区、状态栏组成，如图 6-6 所示。每一个区还会涉及一些如选项卡、命令之类的名词。

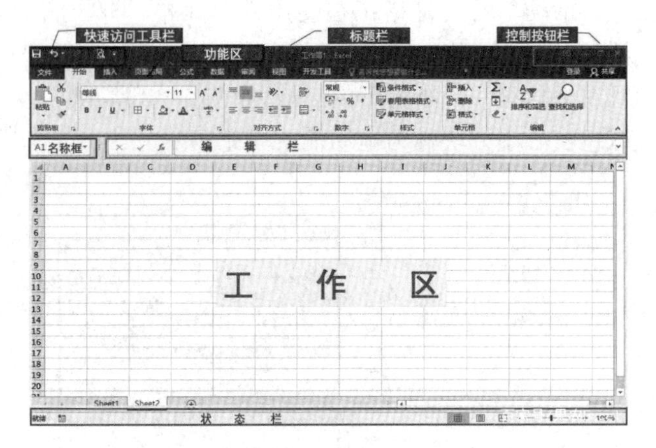

图 6-6 Excel 工作界面

(一) 各区域功能介绍

1. 快速访问工具栏

快速访问工具栏是一个可自定义的工具栏，为了方便用户快速执行常用命令，将功能区选项卡中的一个或几个命令在此区域独立显示，以减少在功能区查找命令的时间、提高工作效率。

如需自定义快速访问工具栏，可以点击其右侧的箭头，选中常用的命令添加至快速访问工具栏中。如果所显示的命令中没有要定义的命令，单击"其他命令"，进入自定义快速访问工具栏窗口，如图 6-7 所示，可选中任一选项卡中的任一命令在快速访问工具栏中显示。

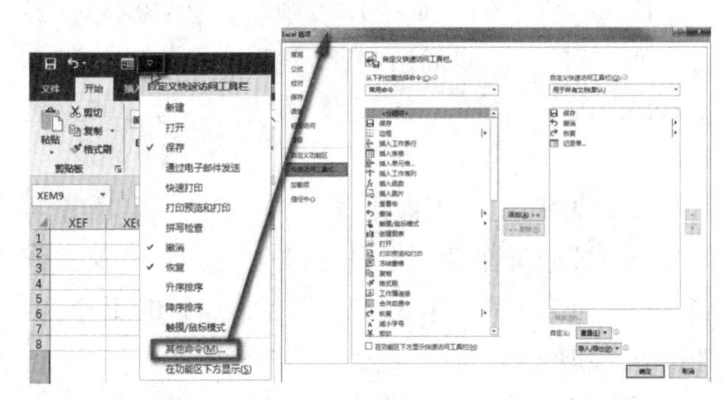

图 6-7 自定义快速访问工具栏

2. 功能菜单区

功能菜单区位于标题栏的下方，默认有 9 个功能选项卡菜单。每一个功能选项卡菜单又分为多个组，每个组中有多个命令，如图 6-8 所示。

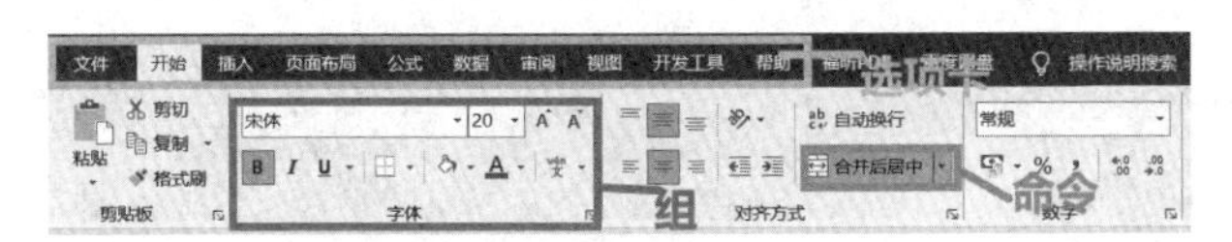

图 6-8 功能选项卡菜单

显示或隐藏功能选项卡菜单有 4 种方法，如图 6-9 所示。

图 6-9 显示或隐藏功能选项卡菜单

方法 1：单击功能区右下角的“折叠功能区”按钮，即可将功能区隐藏起来。

方法 2：单击功能区右上方的“功能区显示选项”按钮，在弹出的菜单中选择“显示选项卡”，可将功能区隐藏；选中“显示选项卡和命令”选项，即可将功能区显示出来。

方法 3：将光标放在任一选项卡上，双击鼠标，即可隐藏或显示功能区。

方法 4：使用【Ctrl】+【F1】快捷键，可隐藏或显示功能区。

3. 名称框

名称框显示当前活动对象的名称信息，包括单元格列标和行号、图表名称、表格名称等。

4. 编辑栏

编辑栏用于显示当前单元格内容或编辑所选单元格，如图 6-10 所示。

图 6-10 编辑栏

5. 工作表区域

在工作表区域编辑工作表中各单元格内容，一个工作簿可以包含多个工作表。双击工作表名称或点击鼠标右键，可对工作表进行重命名。鼠标左键点击工作表，拖动鼠标，可更改工作表位置。按【Ctrl】+鼠标左键，拖动鼠标，可复制选中的工作簿。Excel 的工作区组成如图 6-11 所示。

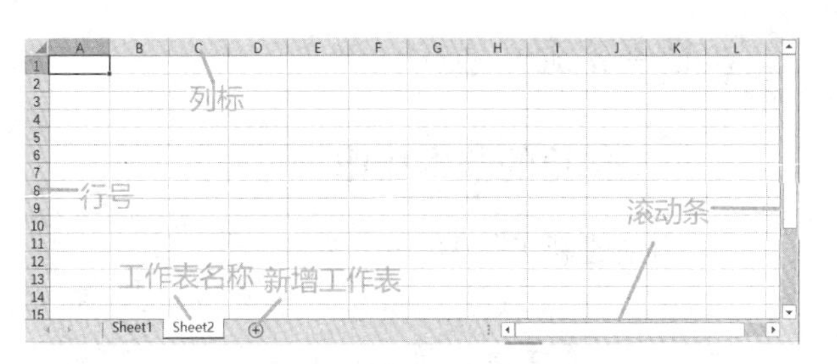

图 6-11 工作表区组成

6. 状态栏

状态栏用于显示当前的工作状态，包括公式计算进度、选中区域的汇总值、平均值、当前视图模式、显示比例等，如图 6-12 所示。如需更改状态栏显示内容，可将光标放在状态栏，单击鼠标右键，可自定义状态栏。

图 6-12 状态栏

7. 后台视图

在 Excel 2016 中单击功能选项菜单的“文件”命令，即可进入后台视图界面。后台视图采用三栏式设计，分别是操作栏、信息栏和属性栏。其中，操作栏可以完成新建、打开、保存、另存、打印、共享和关闭等工作；信息栏可完成工作、检查工作簿、管理版本等工作；属性栏可对工作簿的属性、日期、人员信息等进行修改设置，如图 6-13 所示。

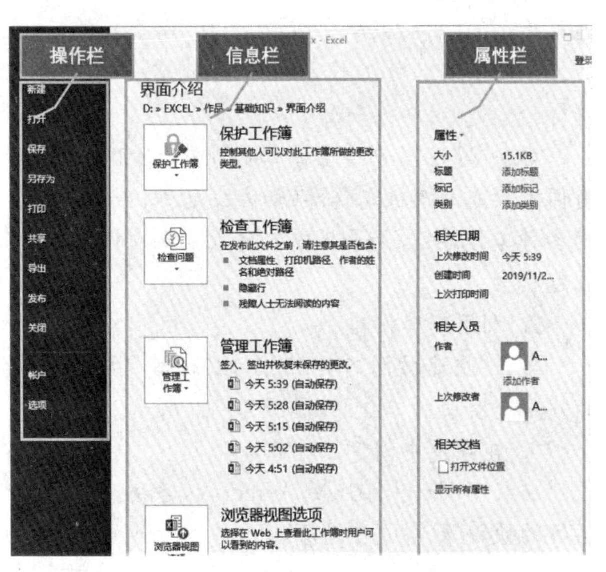

图 6-13 后台视图

任务实施

一、工作簿的基本操作

(一) 创建新工作簿

启动 Excel 后会自动创建一个名为“工作簿 1”的文件名。如果需要新的工作簿时,可以再新建一个工作簿。

1. 利用“文件”功能菜单

Excel 中的工作簿有普通空白工作簿和模板工作簿两大类型。根据需要在创建时进行选择,如图 6-14 所示。

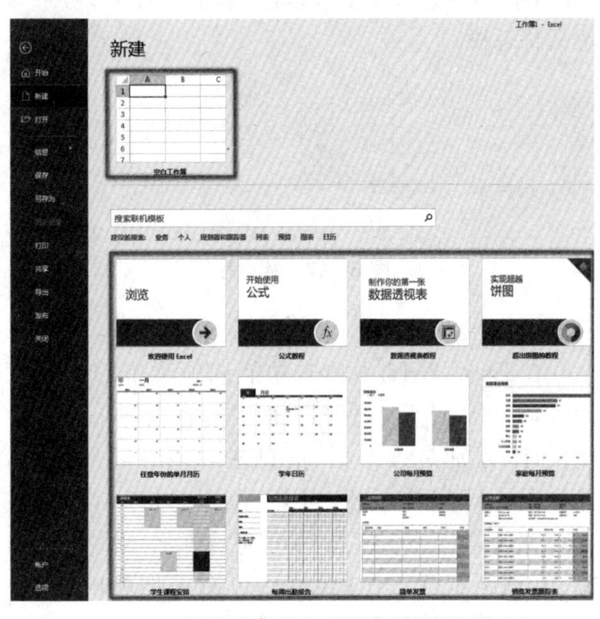

图 6-14 新建工作簿(利用“文件”功能菜单)

方法 1:启动 Excel 程序后,单击界面“文件”功能菜单,在弹出的菜单中选择“新建”命令。然后,在其右侧选择“空白工作簿”,即可创建一个空白工作簿。

方法 2:除了创建空白工作簿外,还可以创建具有固定模式的模板工作簿(如办公范本、会议议程类的各种工作簿)。如果其中没有所需要的模板,可以在线搜索。

2. 利用新建按钮

单击“快速访问工具栏”中的“新建”按钮,直接新建一个空白的工作簿,如图 6-15 所示。

3. 在系统中创建工作簿文件

安装了 Excel 2016 的 Windows 系统,会在鼠标右键的快捷菜单中自动添加新建“Microsoft Excel 工作表”的快捷命令。通过这一快捷命令也可以创建新的 Excel 工作簿文件,并且所创建的工作簿是一个存在于磁盘空间内的真实文件。

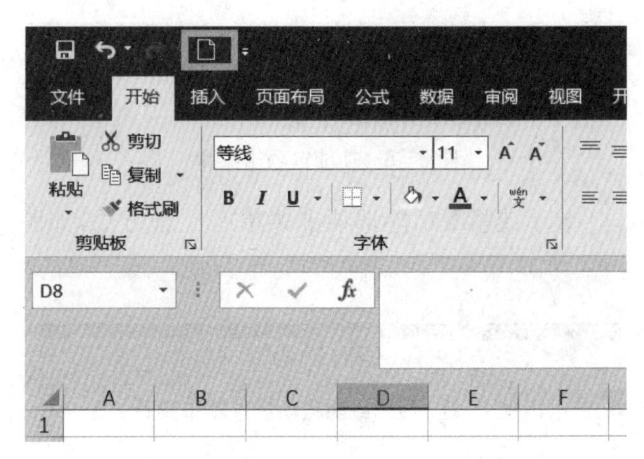

图 6-15 新建工作簿(利用新建按钮)

操作方法:在 Windows 桌面或者文件夹窗口的空白处单击鼠标右键,在弹出的快捷菜单中依次选择“新建”中的“Microsoft Excel 工作表”命令。完成操作后可在当前位置创建一个新的 Excel 工作簿文件,双击新建的文件即可在 Excel 工作窗口中打开此工作簿,如图 6-16 所示。

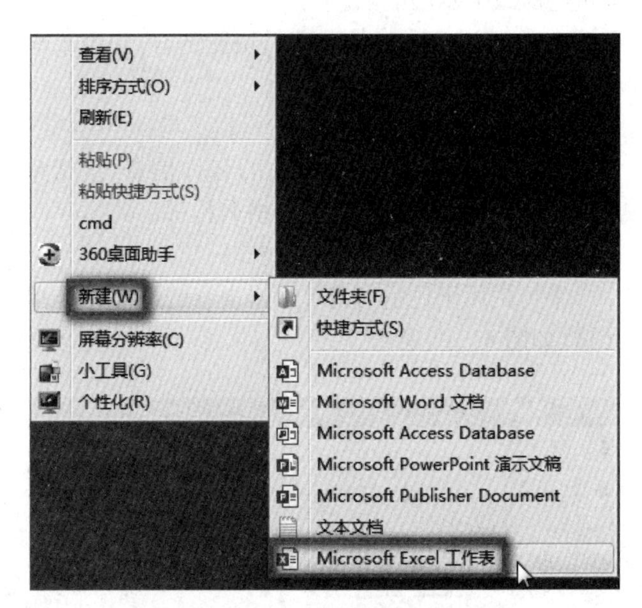

图 6-16 新建工作簿(在系统中创建)

二、保存和关闭工作簿

创建好工作簿之后,要进行保存,以防止文件丢失。当用户不再使用该工作簿时,可以将其关闭。

(一) 保存工作簿

如果当前工作簿是用户第一次保存,用户需要为它命名并且指定一个存放位置。

操作方法:单击快速访问工具栏的“保存”按钮,或选择“文件”功能菜单内“保存”命令中的“浏览”命令,在打开的“另存为”对话框中,根据需要设置相关内容。如果要保存的位置不是系统默认的位置,用户可以设定或选择一个合适的位置。在“文件

名"的文本框中，键入合适的文件名。在"保存类型"文本框中选择合适的文件类型，单击"保存"按钮，如图6-17所示。

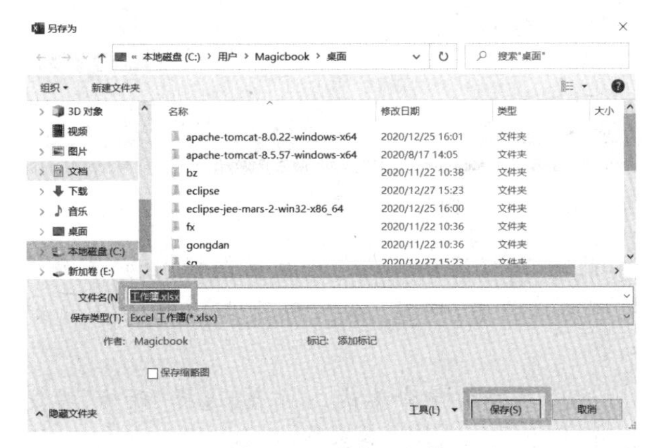

图6-17　保存工作簿

（二）关闭工作簿

查看或编辑工作簿后，不再使用时可将其关闭。单击"文件"功能菜单中的"关闭"命令，或单击菜单栏右侧的"关闭"按钮，或按【Alt】+【F4】快捷键，即可关闭工作簿。

（三）打开已存在的工作簿

如果用户已经启动了Excel程序，那么，可以通过执行"打开"命令打开指定的工作簿。有以下几种等效方式可以显示"打开"对话框。

（1）在功能区依次选择"文件"功能菜单中的"打开"命令。根据需要在其右侧选择"这台计算机"，或单击"浏览"命令图标进行相关打开工作簿的操作，如图6-18所示。

图6-18　打开已保存工作簿

（2）按键盘上的【Ctrl】+【O】快捷键，在打开的界面中选择"打开"命令，然后根据需要打开工作簿。

（四）保护工作簿

保护工作簿是指将工作簿设为保护状态，禁止别人访问、修改或查看。用户可以通过以下两种方法保护工作簿。

（1）单击"文件"功能菜单，选择"信息"命令，然后，在出现的界面中选择"保护工作簿"下的三角按钮，在弹出"保护工作簿"的下拉选项中，用户可根据需要选择不同的选项，以达到保护工作簿的目的，如图6-19所示。

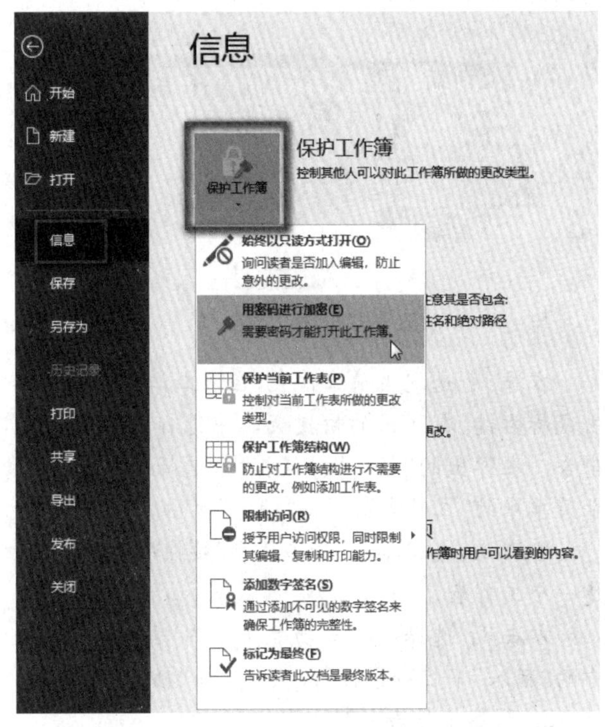

图6-19　保护工作簿方式1

（2）单击"审阅"功能菜单中的"保护工作簿"命令按钮，在弹出的"保护结构和窗口"对话框中，根据需要勾选相关复选框、输入密码，最后单击"确定"按钮，如图6-20所示，也能达到保护工作簿的目的。

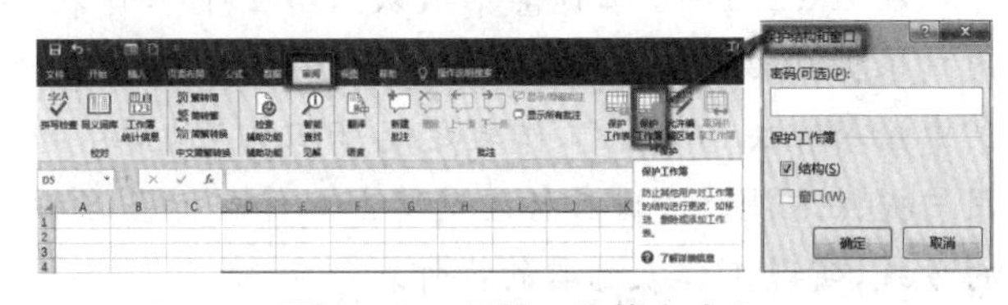

图6-20　保护工作簿方式2

（五）取消保护工作簿

取消保护工作簿与设置保护工作簿的方法相同，再次执行即可取消保护。若设有密码，在取消时会弹出对话框，要求输入设置的原密码，单击"确定"按钮即可撤消保护。

操作方法：选择"开始"功能菜单内"单元格"分组中"格式"下拉菜单，从中选择"撤消工作表保护"选项菜单命令；或单击"审阅"功能菜单内"保护"分组中的"保护工作簿"命令按钮。

三、工作表的基本操作

(一) 添加与删除工作表

用户可以随意在工作簿中添加或删除工作表。

1. 添加工作表

用户可以利用“新工作表”按钮命令或利用“插入”选项命令两种方法添加工作表，如图 6－21 所示，具体操作方法如下。

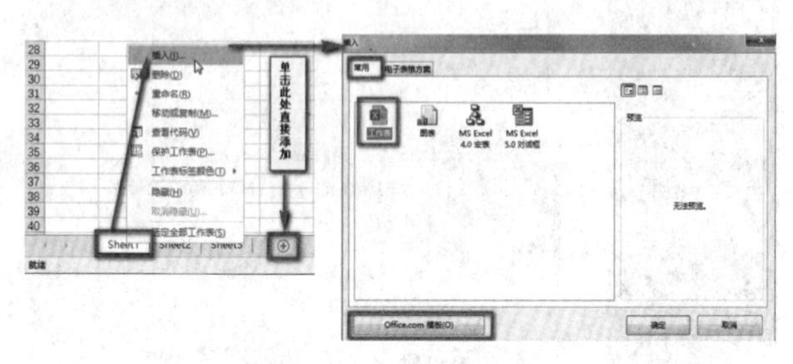

图 6－21　插入工作表

方法 1：选定当前工作表，在该工作表标签处单击鼠标右键，在弹出的快捷菜单中选择“插入”选项命令。在弹出的“插入”对话框中，选择“常用”选项卡菜单中的“工作表”，单击“确定”按钮。

方法 2：直接单击“新工作表”按钮命令，即可新建一个工作表。

方法 3：选择“开始”功能菜单内“单元格”分组中的“插入”下拉命令按钮，从中选择“插入工作表”。

2. 删除工作表

在所需工作表标签处单击鼠标右键，在弹出的快捷菜单中选择“删除”选项命令。

也可以选择“开始”功能菜单内“单元格”分组中的“删除”下拉命令按钮，从中选择“删除工作表”。

(二) 选取工作表

在 Excel 2016 工作簿中默认只有 1 个工作表，用户根据需要可以建立多个工作表，并在每个工作表中输入相关内容。工作表之间可以相互切换，为用户提供方便。通过鼠标左键单击工作表标签名称的方式，实现工作表选取的操作。

(三) 重命名工作表

在默认情况下，工作表自动命名为“Sheet1”、“Sheet2”、“Sheet3”等。显然，默认名称不利于用户对工作表的编辑和管理。为了使用户容易分辨工作表，可以自定义工作表的名称，如图 6－22 所示。具体方法如下。

(1) 选中要重命名的工作表标签，单击鼠标右键，在弹出的快捷菜单中选择“重命名”命令，然后，输入新的工作表名称再按【Enter】确定。

(2) 鼠标左键双击要重命名的工作表标签名

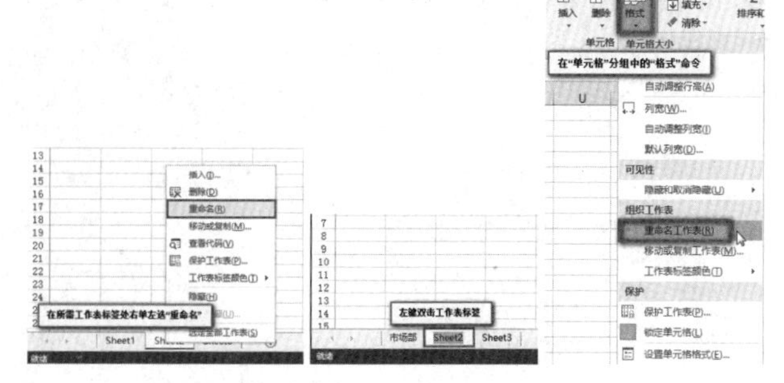

图 6－22　重命名工作表

称，此时，该标签呈现灰色底纹且光标闪动，表示进入可编辑状态，然后，输入新的名称后按【Enter】确定。

(3) 选中要重命名的工作表，选择“开始”功能菜单内“单元格”分组命令中的“格式”命令，在弹出的下拉菜单中选择“重命名工作表”。

(四) 复制与移动工作表

通过复制操作，工作表可以在其他工作簿中创建副本，还可以通过移动操作，在同一个工作簿中改变顺序，也可以在不同的工作簿间转移。下面介绍两种复制和移动工作表的方法。

1. 菜单操作

有以下两种等效的方法可以显示“移动或复制”对话框。

方法 1：在工作表标签上单击鼠标右键，在弹出的快捷菜单中选择“移动或复制”菜单命令，如图 6－23 所示。然后，在弹出的对话框中根据需要进行工作表的复制或移动操作。

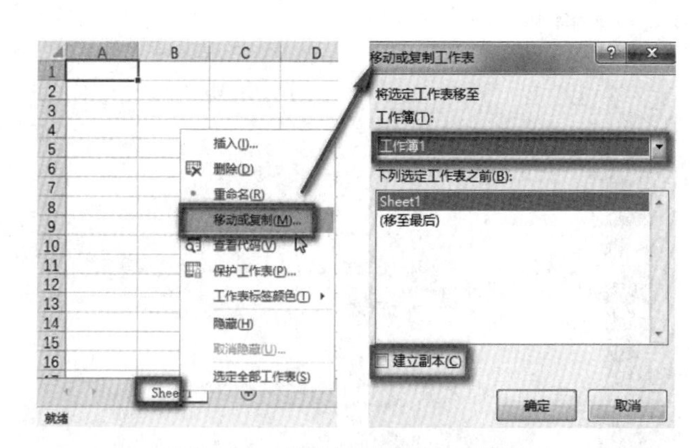

图 6－23　复制与移动工作表方法 1

方法 2：选中需要进行移动或者复制的工作表，选择“开始”功能菜单中“单元格”分组内的“格式”下拉按钮，从中选择“移动或复制工作表”命令，在弹出的对话框中根据需要进行相关操作，如图 6－24 所示。

2. 鼠标左键拖动

拖动工作表标签来实现移动或者复制工作表的

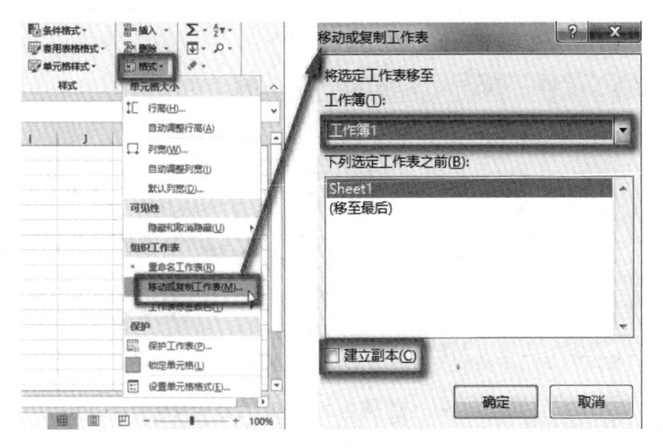

图 6－24　复制与移动工作表方法 2

方法更为直接。

将光标移至需要移动的工作表标签上，按住鼠标左键直接拖动鼠标将此工作表移动至其他位置。拖动 Sheet2 标签至 Sheet1 标签上方时，Sheet1 标签前出现黑色三角箭头图标，以此标识工作表的移动插入位置。此时，松开鼠标按键即可将 Sheet2 移至 Sheet1 之前，如图 6－25 所示。

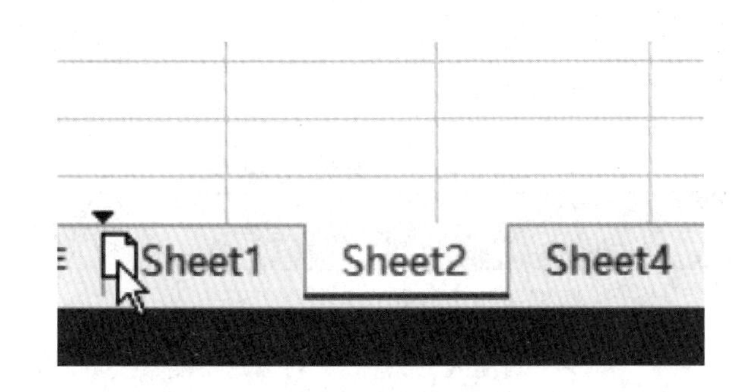

图 6－25　移动工作表

将光标移至需要移动的工作表标签上，按住【Ctrl】直接拖动鼠标将此工作表移动至其他位置。拖动 Sheet2 标签至 Sheet1 标签上方时，Sheet1 标签前出现黑色三角箭头图标和“＋”号，以此标识工作表的复制及插入位置。此时，松开鼠标按键即可将 Sheet2 复制至 Sheet1 之前，如图 6－26 所示。

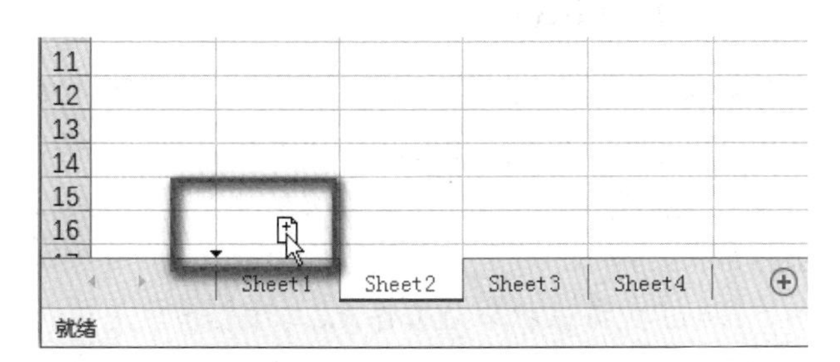

图 6－26　移动工作表

四、单元格的基本操作

单元格是 Excel 操作中的基本单元，有选中和编辑两种状态。

在输入数据的过程中，用户需要以选定单元格的方式确定数据输入的位置，所以，单元格的选定操作非常重要。

1．选择单个单元格或定位到某一单元格

单击某个单元格即可选定，这时可以看到该单元格以加粗的绿色线框包围作高亮显示，同时，名称框中会显示被选中的单元格地址。

有时，要在同行单元格或同列单元格中的相邻单元格内进行移动定位操作。此时，有以下两种切换方式：

（1）切换到同行相邻右/左侧单元格。按【Tab】或按【Shift】＋【Tab】快捷键可以实现目的。

（2）切换到同列相邻下一/上一单元格。按【Enter】或按【Shift】＋【Enter】快捷键可以实现目的。

2．择连续或非连续多个单元格

单元格区域是一组连续或非连续多个单元格。若想选定工作表中的单元格区域，可以使用拖动鼠标的方法实现。

定位到某一单元格处，按住鼠标左键拖放，即可实现连续多个单元格的选取。用户还可以用鼠标单击所选区域的左上角单元格，再按住【Shift】，单击该区域对角线上的右下角单元格即可实现。

定位到某一单元格处，按住鼠标左键拖放，再按住【Ctrl】进行拖放选择操作，可以实现非连续多个单元格的选取。

3．选择整行或整列

将光标定位到列标或行号处，待鼠标指针变为向下黑色的箭头状或待鼠标指针变为向右黑色箭头状后拖放，如图 6－27 所示。

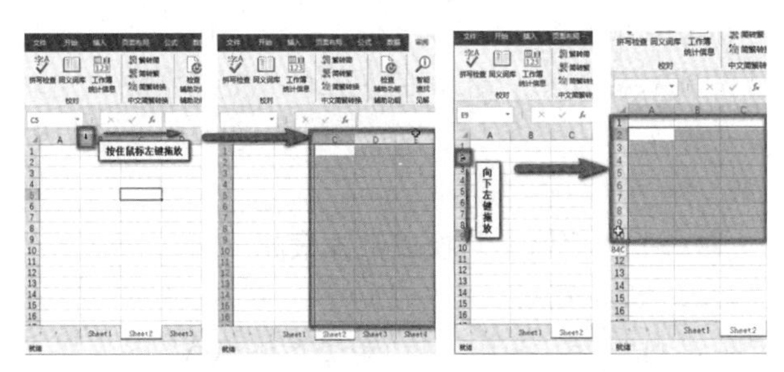

图 6－27　整行或整列单元格的选取

任务拓展

一、单元格、工作表、工作簿

Excel 是由工作簿、工作表和单元格 3 层结构组成，它们之间的关系如图 6－28 所示。

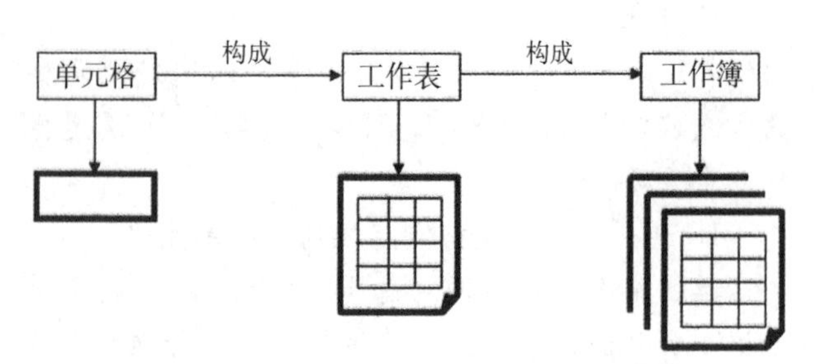

图 6-28　工作簿、工作表及单元格间的关系

二、数据表格(数据清单)

Excel 的数据存放在单元格中,如图 6-29 所示。这些数据可以是无结构的数据,也可以是具有同一特性的一组有结构的数据(清单类数据),如 A2:D13 的数据。

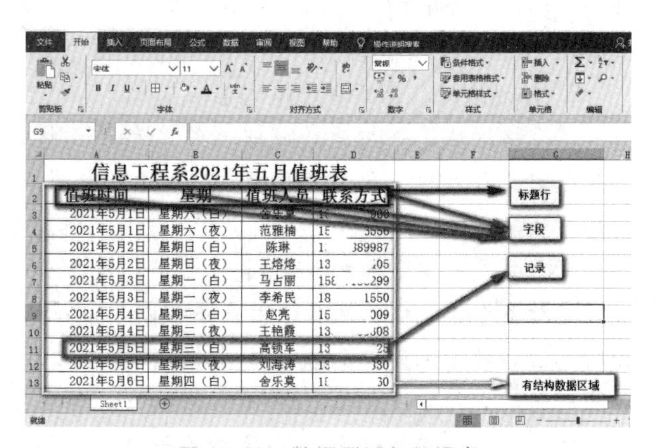

图 6-29　数据区域与数据表

Excel 通过数据区域和表格来组织数据。数据区域是指存放数据的一些单元格。表格是指有一定结构的数据区域,表格中的数据可以独立进行管理和分析。用户根据需要,可以在数据区域和表格之间进行转换。

Excel 表格由表标题和数据组成。标题中每一列称为一个字段,每一行称为一条记录。需要说明的是,Excel 数据表格与 Excel 工作表是不同的。数据表格是工作表的一个区域,在低版本中称其为数据清单。

(一) 数据区域转换成数据表格

在 A2:D13 中,单击任意单元格,选择"开始"功能菜单内"样式"分组中的"套用表格格式"下拉样式库列表中所需样式,在弹出的对话框中单击确定,如图 6-30 所示。

(二) 数据表格转换成数据区域

在数据表格中定位,选择"表格工具设计"功能菜单中"工具"分组内"转换为选区"命令,单击确定,如图 6-31 所示。

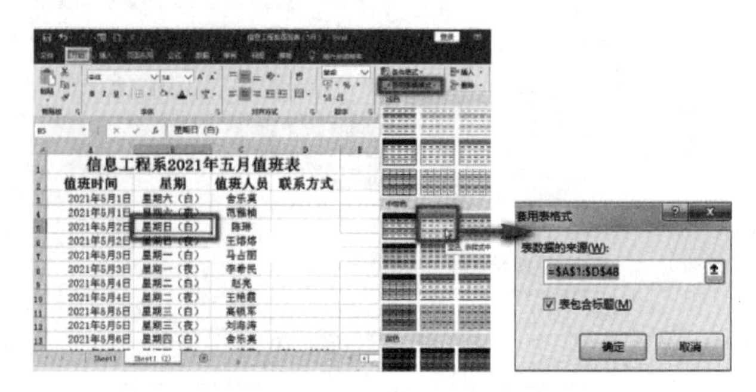

图 6-30　数据区域转换成数据表格

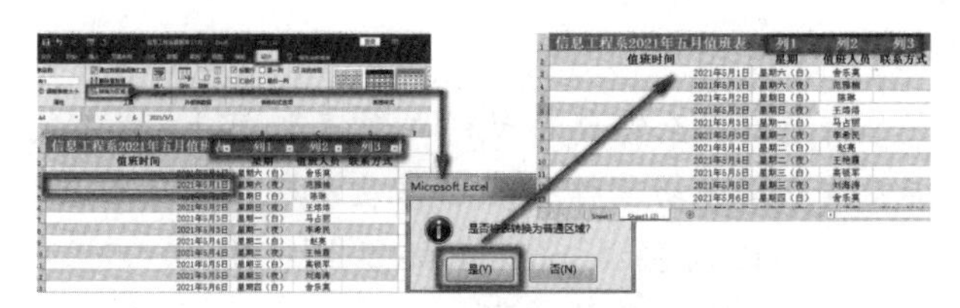

图 6-31　数据表格转换成数据区域

在 Excel 的一个工作表中,可以存放很多数据,也可以存放多个数据表格。对于数据表格需满足如表 6-2 所示的要求。

表 6-2　Excel 对数据表格的要求

序号	要　求
1	数据表格由标题行和数据部分组成
2	第一行是表的列标题,列标题不能重复,同一列只放同一种关系的数据
3	自第二行起是数据部分,每一行称为一个记录,且不能有空白行和空白列
4	在数据表格中,不能有合并单元格存在
5	在数据表格与其他数据之间,应该留出至少一个空白行和一个空白列

三、数据保护

数据保护的目的是防止未授权的人看到或修改数据、已授权的人误删除数据,如"工作表"的误删除是不可恢复的。所以,对数据的保护设置是必要的,如图 6-32 所示。

Excel 数据保护分为工作簿、工作表和单元格的保护 3 层,如图 6-33 所示为对工作簿的打开权限和修改权限的保护。设置密码保护工作簿是必要的,要注意不能忘记密码,否则就无法取消对工作簿或工作表的保护。

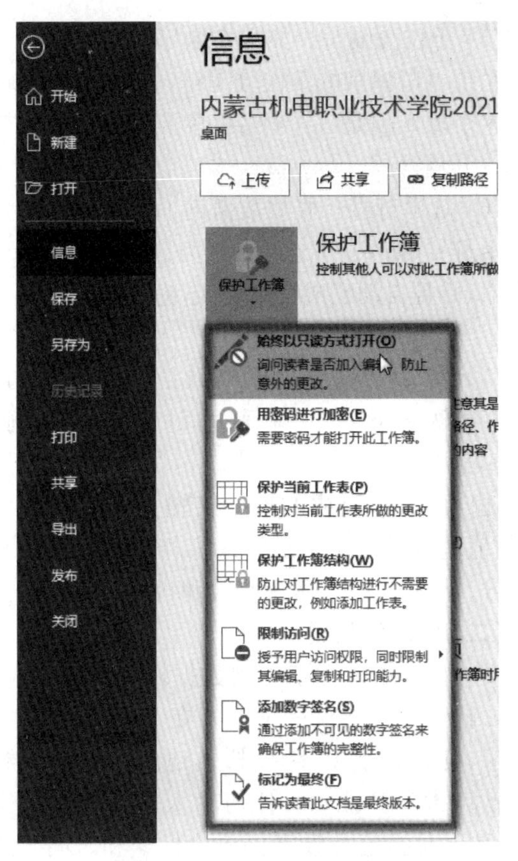

图 6－32　工作簿的保护方式

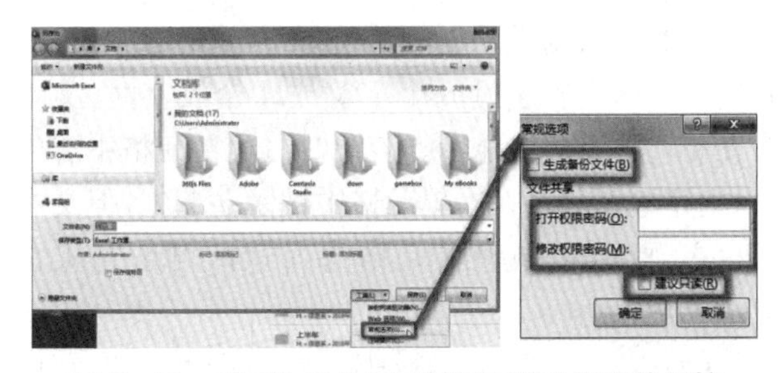

图 6－33　对工作簿的打开权限和修改权限的保护

四、选择连续多个或非连续多个工作表

在工作表标签处单击，然后，按住【Shift】再单击选择另外一个工作表标签，即可实现连续多个工作表选择；按住【Ctrl】单击选择，则实现非连续多个工作表的选定操作。

五、在不同的工作簿中复制或移动工作表

分别打开两个工作簿，然后，在所需工作表标签处右单左选“复制或移动”命令，再在弹出的对话框中选择“工作簿”下拉列表框中另外一个工作簿名称。此时，如果又选择了“建立副本”命令，是完成在不同的工作簿中复制工作表的操作；如果不选择“建立副本”命令，则为在不同的工作簿中移动工作表操作，如图 6－34 所示。

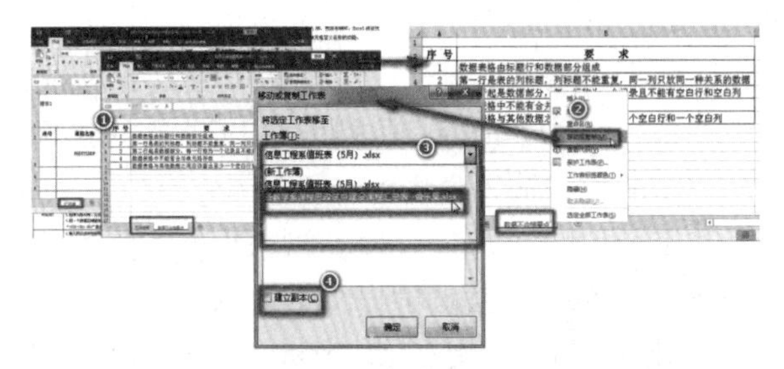

图 6－34　在不同的工作簿中进行工作表的复制与移动

六、保存工作簿的三要素

保存工作簿的 3 个要素如图 6－35 所示。

图 6－35　保存工作簿

七、Excel 的四大功能

Excel 有数据存储、数据处理、数据分析和数据呈现 4 个功能。

任务二　Excel 2016 数据处理

(1) 了解工作表的预览、打印功能；

(2) 掌握 Excel 的数据类型；

(3) 掌握 Excel 中数据的输入与输出；

(4) 掌握 Excel 中各类数据的输入、输出规则；

(5) 掌握工作表的导出。

任务资讯

一、数据类型

数据可以是符号、文字、数字、图形、图像、声音、视频等。

在 Excel 中，输入数据等信息内容是最主要的功能。Excel 中能处理的数据是指由符号、文字、数字组成的数据。往单元格中输入的数据类型有很多种，如数值、日期和时间、文本、逻辑值、错误值及公式等。数据类型是数据的一个重要特性。不同的数据类型指定该数据的范围，以及可以进行的运算。不同类型的数据输入方法也有所不同。

在 Excel 中数据有两种类型，即常量数据、公式和函数。在这里重点讲授常量数据。Excel 中的常量数据通常分为数值型、文本型、日期和时间型等。

(一) 数值型数据

数值型数据是 Excel 中常用的数据，也是最为复杂的数据，通常用于记录成绩、数量、资金、价格等。它由数字(0～9)、正负号、小数点、分数号("/")、货币符号、千位分隔符(",")、指数符号("E"或"e")、百分号等组成，可以进行各种数学运算。如果输入的数据过长，单元格中只能显示数字的前几位，或者以一串"#"提示用户该单元格无法显示这个数据，用户可以通过调整单元格的列宽使其正常显示。数值型数据默认的对齐方式是单元格内右对齐 8 个字符。若单元格中的数值超过 8 位而少于 11 位，单元格宽度会自动调整至放满数据；若超过 11 位则以科学记数法表示数据，单元格宽度不会再变。

任何由数字组成的单元格输入项都被当作数值，数值也可以包含以下 7 种特殊字符。

(1) 正数和负数。

输入正数：直接输入该数即可。输入正数时可以不输入正号"+"。

输入负数：在数字前加一个负号"-"，或者给数字加一个圆括号。

(2) 百分数。输入百分数：直接在数字后面加上百分号"%"。系统默认保留小数点后两位。

(3) 小数。输入小数：直接输入小数点即可。

(4) 分数。输入分数：在分数前面加"0"和空格。例如，想要输入分数"4/5"，必须在单元格内输入"0　4/5"，否则系统便会自动转换为"4 月 5 日"。

(5) 千位分隔符。如果在数字里包含一个或者多个系统可以识别的千位分隔符(如逗号)，Excel 会认为这个输入项是一个数字，并采用数字格式来显示千位分隔符。

(6) 货币符号。假如数值前面有系统可以识别的货币符号(如＄)，Excel 会认为这个输入项是一个货币值，并且自动变成货币格式，为数字插入千位分隔符。

(7) 科学计数符。如果数值里包含字母 E，Excel 会认为这是一个科学计数符号。例如，1.2E5，会被当成"1.2×10^{5}"。

任何由数字组成的单元格输入项均被视为数值，数值里可以包含一些特殊字符，如正负号、百分比符号、千位分隔符、货币符号和科学计算符。

(二) 文本型数据

文本型数据也称字符型数据，是字符和数字的组合。就是通常所说的文本。在 Excel 中，文本包括汉字、英文字母、数字、空格及键盘能输入的符号，不具备算术计算能力。任何输入单元格中的字符串，只要不是指定为数字、公式、日期和时间及逻辑值的，都被认为是文本。

文本型数据默认的对齐方式为单元内左对齐。若单元格内内容超过 8 个字符或 4 个汉字时，文本会在右边单元格中显示。若此时右边单元格中有内容，则超过部分会在本单元格中被隐藏起来，但文本仍存在，此时去调整单元格的列宽即可恢复正常显示。

(1) 输入一般文本数据。定位至某一单元格中，然后输入内容，如输入"中国"回车。

(2) 输入数值文本。类似于输入学生学号、身份证号、手机号等数据。具体方法如下：在所需单元格位置处双击，移到所需位置后切换输入法为英文状态，再输入半角英文状态下的"'"即可。

(三) 日期和时间型数据

Excel 把日期和时间视为特殊类型的数值。在一般情况下，这些值都经过格式设置，当在单元格中输入系统可识别的日期或时间数据时，单元格的格式会自动转换为相应的日期或时间格式，无须用户进行专门设置。在单元格中输入的日期或时间数据采取右对齐的默认对齐方式。如果是系统不能识别的日期或时间格式，则输入的内容将被视为文本。

在 Excel 2016 中，可以通过输入"/"或"-"来分隔日期中的年、月、日部分。日期型数据也可以直接输入数字和汉字(年、月、日)来显示。

在 Excel 2016 中输入时间时，可以用冒号分开时间的时、分、秒。系统默认输入的时间是按 24 小时制的方式输入的。

二、逻辑值

Excel 的逻辑值有“AND”（与）、“OR”（或）和“NOT”(非)3 种。

(1) AND(与)：全真为真，其余为假。

(2) OR(或)：有真为真，全假为假。

(3) NOT(非)：真变假，假变真。

逻辑值表示的是一个“是”和“否”的问题，也就是说，是真是假表示为“TRUE”或“FALSE”。

可以用以下 3 条互换准则来分析 Excel 中数、文本、逻辑值之间的关系：

(1) 在四则运算中，TRUE=1，FALSE=0。

(2) 在逻辑判断中，0=FALSE，所有的非 0 数值=TRUE。

(3) 在比较运算中，数值＜文本＜FALSE＜TRUE。

逻辑值“TRUE”（真）和逻辑值“FALSE”（假）在运算时自动转换为数值“1”和“0”。如果用数值来表示逻辑值，“0”表示逻辑假，非零数据表示逻辑真。

三、输入数据

作为专业的数据处理和分析办公软件，Excel 中的所有高级功能包括图表分析等都建立在数据处理的基础之上，而数据处理又是在数据输入、输出的基础上实现的，数据的输入、输出通常又是在单元格中进行的。

(一) 在单元格中输入数据

在单元格中输入数据，首先需要选定单元格，再向其中输入数据，所输入的数据将会显示在编辑栏和单元格中。用户可以用以下 3 种方法来对单元格输入数据。

(1) 用鼠标单击选定单元格，进入单元格选定状态，然后，直接在其中输入数据，按【Enter】确认完成。

(2) 用鼠标选定单元格，然后，在编辑栏中单击鼠标左键，并在其中输入数据，然后，按【Enter】完成。

(3) 双击单元格进入单元格编辑状态，单元格内此时会显示插入点光标，移动插入点光标，在特定位置处输入数据，此方法主要用于修改工作，如图 6-36 所示。

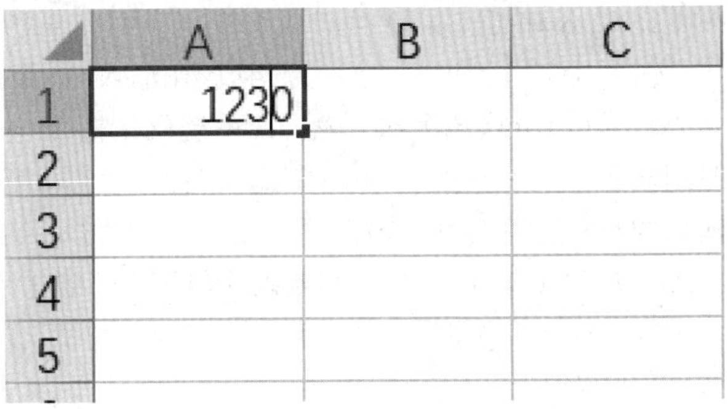

图 6-36　单元格在编辑状态下输入数据

(二) 日期和时间的输入

在 Excel 中，当在单元格中输入系统可识别的日期或时间数据时，单元格的格式会自动转换为相应的日期或时间格式，而不需要进行专门的设置。

1. 输入日期

在 Excel 中允许使用破折号、斜线、文字以及数字组合的方式来输入日期。例如，输入“2021 年 5 月 1 日”，最常用的输入日期的方法有“2021-05-01”、“2021/05/01”和“2021 年 5 月 1 日”3 种。

在 Excel 工作表中，用户可以设置日期格式，具体操作步骤如下。

首先，选择需要转换日期显示格式的单元格（或单元格区域）。然后，在选区范围单击鼠标右键，在弹出的快捷菜单中选择“设置单元格格式”命令，在“设置单元格格式”对话框中的“数字”选项卡菜单中选择“日期”，并在其右侧窗口中选择需要的日期类型。最后，单击“确定”按钮，即可实现设置日期格式的目的，如图 6-37 所示。

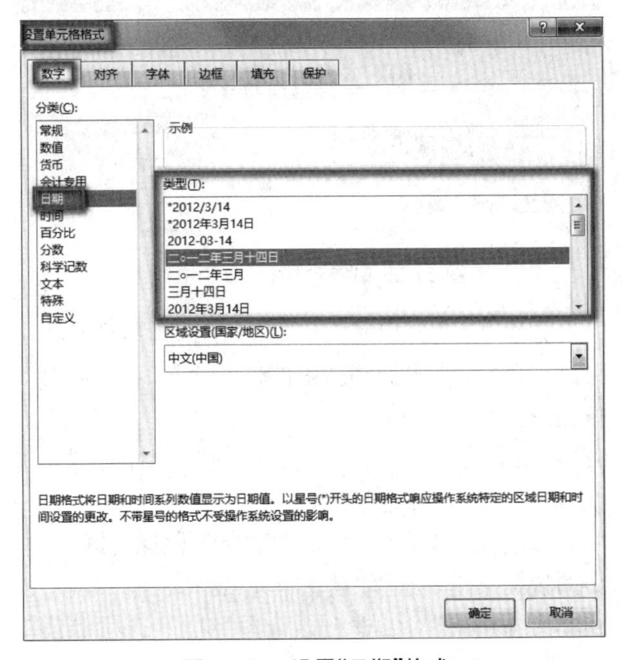

图 6-37　设置“日期”格式

2. 输入时间

时间由时、分和秒3个部分构成，在输入时间时要以冒号(:)将这3个部分隔开。系统默认按24小时制输入，所以，要按12小时制输入时间，就需要在输入的时间后键入一个空格，并且上午时间要以字母“AM”或者“A”结尾，下午时间要以“PM”或“P”结尾。

在Excel工作表中，用户可以设置时间格式，具体操作步骤如下：

首先，选择需要转换时间显示格式的单元格(或单元格区域)。然后，在选区范围单击鼠标右键，在弹出的快捷菜单中选择“设置单元格格式”命令，在“设置单元格格式”对话框中的“数字”选项卡菜单中选择“时间”，并在其右侧窗口中选择需要的时间类型。最后，单击“确定”按钮，即可实现设置时间格式的目的。

四、数据输入技巧

(一) 自动换行

一个Excel单元格有固定的长度，如果所输入的数据超过单元格的长度，那么，数据会继续以横向显示，这样会影响其他单元格数据的显示。Excel提供了自动换行功能，设置为自动换行后，数据会按超过的单元格长度自动换行。实现自动换行功能可以使用以下3种方法。

方法1：选择单元格范围，单击选择“开始”功能菜单内“对齐方式”分组中的“自动换行”命令按钮，如图6-38所示。

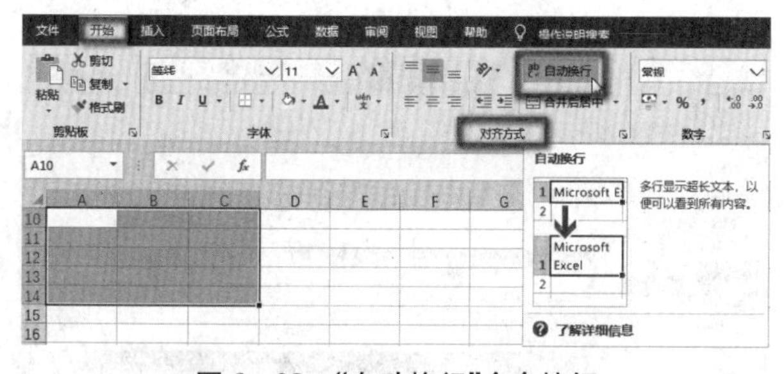

图6-38 “自动换行”命令按钮

方法2：选择单元格范围，单击选择“开始”功能菜单内“对齐方式”分组中的“对齐设置”对话框启动按钮，打开“设置单元格格式”对话框。再选择“对齐”选项卡菜单内“文本控制”中的“自动换行”复选框，最后，单击“确定”，如图6-39所示。

方法3：选择单元格范围后单击鼠标右键，在弹出的快捷菜单中选择“设置单元格格式”命令，在“设置单元格格式”对话框中再选择“对齐”选项卡菜单内“文本控制”中的“自动换行”复选框，最后，单击“确定”。

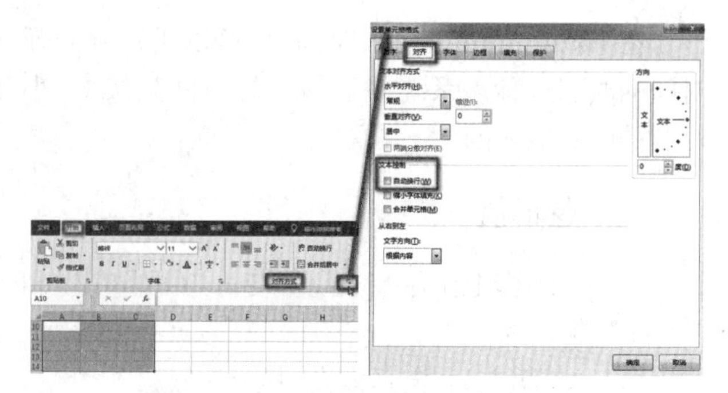

图6-39 “设置单元格格式”对话框

(二) 在单元格宽度不变的情况下输入多行文本

当一个单元格内的文本内容较长且不想改变单元格宽度时，有两种方法可以实现：一是设置单元格的对齐方式为“自动换行”；二是在需要的单元格中双击鼠标左键，在编辑状态下将光标定位到所需文本内容的右侧后按【Alt】+【Enter】组合键完成。

(三) 在多个单元格同时输入数据

在多个单元格同时输入数据，可以极大地减少工作量、提高工作效率。有两种方法可以快速向多个单元格中输入相同的数据。

1. 使用组合键

首先，选定需要输入相同数据的多个单元格，除最后选定的一个单元格呈白色显示之外，其余单元格均呈灰度显示，在最后选定的那个单元格中输入数据。然后，按【Ctrl】+【Enter】组合键，数据将自动填充到其余的单元格中，如图6-40所示。

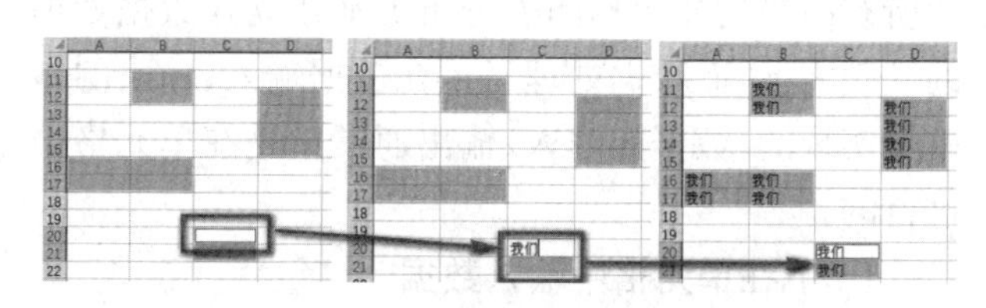

图6-40 同时输入多行内容

2. 使用鼠标

首先，选定需要输入相同数据的多个单元格的第一个单元格，并向其中输入数据。然后，将鼠标移至该单元格右下角的填充柄上，当鼠标指针变为黑色的“十”字形状时按下【Ctrl】拖动鼠标，此时，会沿着单元格所在行或列自动填充相同数据。

(四) 输入分数

Excel的数学统计功能很强大。输入分数有特定的方法，不能直接按分数形式输入。下面介绍5种输入分数的方法。

1. “整数位+空格+分数”

例如，输入二分之一，要先输入“0(空格)1/2”；如果要输入一又三分之一，可以输入“1(空格)1/3”。

2. 使用 ANSI 码输入

例如，输入二分之一，要先按住【Alt】，再输入“189”(“189”要用小键盘输入，在大键盘输入无效)，之后放开【Alt】。

3. 设置单元格格式

例如，输入二分之一，要先选中一个单元格，在“设置单元格格式”对话框中，选择“数字”选项菜单内“分类”中“分数”的右侧“类型”，从中选择“分母为一位数”，设置后如图 6-41 所示。在此单元格输入“0.5”，即可显示“1/2”。

图 6-41　设置单元格格式

4. 使用 Microsoft 公式编辑器输入

直接单击“插入”功能菜单内“符号”分组中的“公式”下拉命令按钮上的“π”，在出现的公式编辑器中，根据需要分数的结构定位到所需位置输入相关内容，如图 6-42 所示。

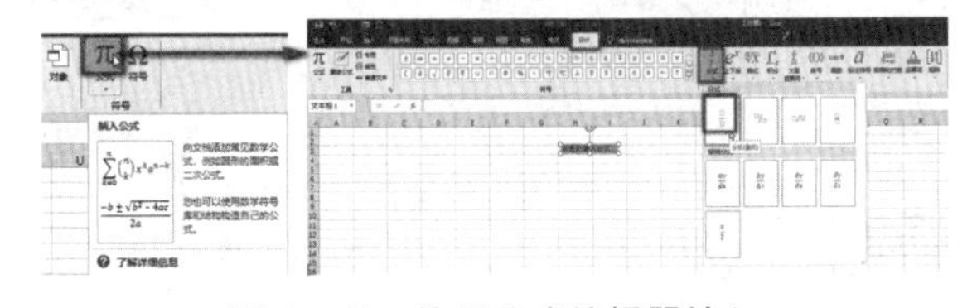

图 6-42　使用公式编辑器输入

5. 自定义输入法

例如，输入二分之一，先选中单元格，选择“开始”功能菜单中“单元格”分组内“格式”下拉命令按钮中的“设置单元格格式”命令，如图 6-43 所示。在弹出的“设置单元格格式”对话框中“数字”选项卡菜单中选择“自定义”，再在其右侧的“类型”中选择“#?/?”后输入 1/2。

(五) 设置自动输入小数点

在 Excel 工作表中，输入数据时默认保留小数点后两位数字。如果要自动保留小数点后两位以上数字，其一般设置方法如下。

图 6-43　启动“设置单元格格式”对话框

选择“文件”功能菜单中的“选项”命令，在弹出的“Excel 选项”对话框中，单击“高级”选项卡菜单内的“自动插入小数点”复选框，在“位数”列表中输入小数位数，如图 6-44 所示，单击“确定”按钮即可完成设置。

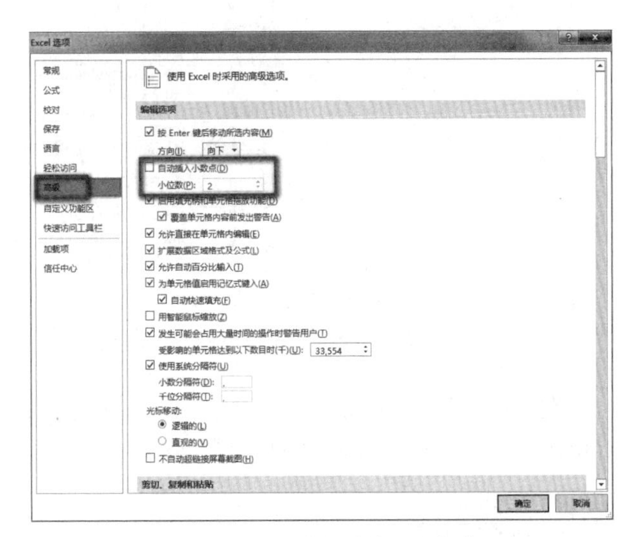

图 6-44　设置自动输入小数点

五、打印预览

用户在打印工作表之前一般都会先预览一下，这样可以防止打印出来的工作表不符合要求。选择

“文件”功能菜单内的“打印”，如图 6－45 所示。

“打印预览”窗口的作用就是看一下打印出来的效果，默认的是整个页面的效果。单击“无缩放”下拉按钮命令，可以根据需要选择相关内容。若单击“打印”按钮，可以将工作表打印出来。

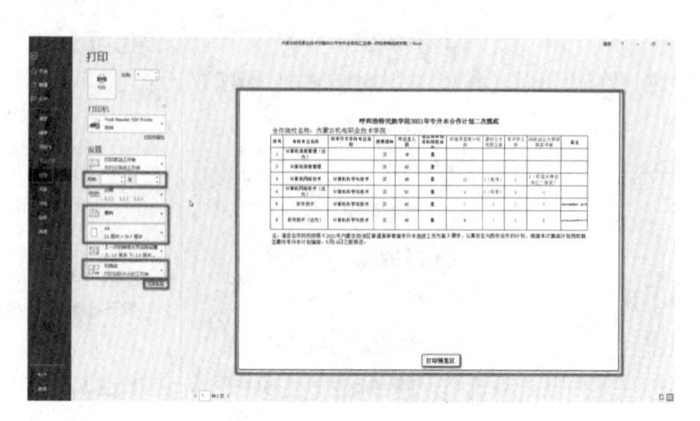

图 6－45　打印预览

六、页面设置

选择“文件”功能菜单内的“打印”命令，从中选择“页面设置”或选择“页面布局”功能菜单内“页面设置”分组中单击“页面设置”对话框启动按钮，如图 6－46 所示，就可以打开“页面设置”对话框。

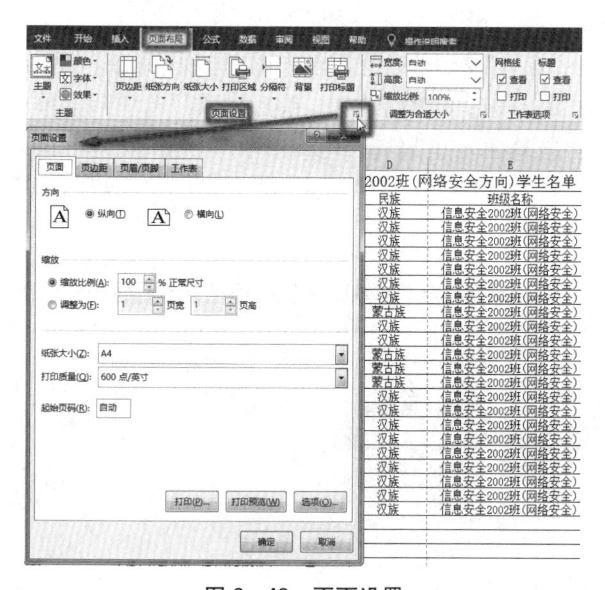

图 6－46　页面设置

在页面设置中，可以设置纸张大小、纸张方向、页边距、缩放等细节，从而打印出符合要求的表格。

任务实施

一、输入不同类型的数据

（一）输入会计专用格式数据

选择数据输入的单元格范围，在选区范围内鼠标右键单击左键选择“设置单元格格式”命令，在“设置单元格格式”对话框中，再在选择“数字”标签选项卡的“分类”中，根据需要设置小数位位数和货币符号样式，然后，在单元格内直接输入所需数字，如图 6－47 所示。

图 6－47　输入会计专用格式数据

（二）输入不同位置的文本

输入有角度、纵向一列或多行文本，如图 6－48 所示。

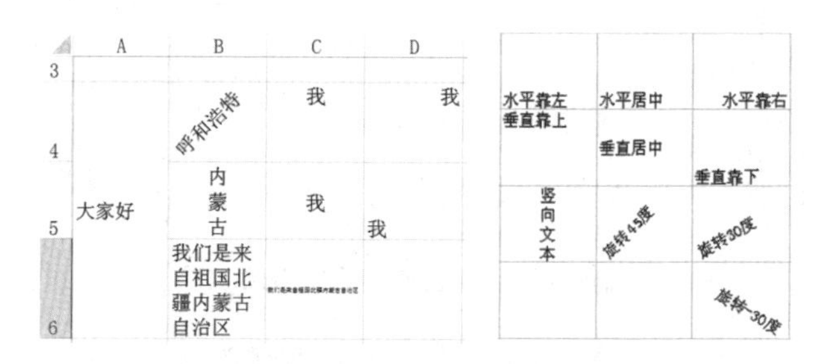

图 6－48　单元格内输入不同位置的文本

在“设置单元格格式”对话框中，对“对齐”选项卡菜单中相关参数进行设置，如图 6－49 所示。

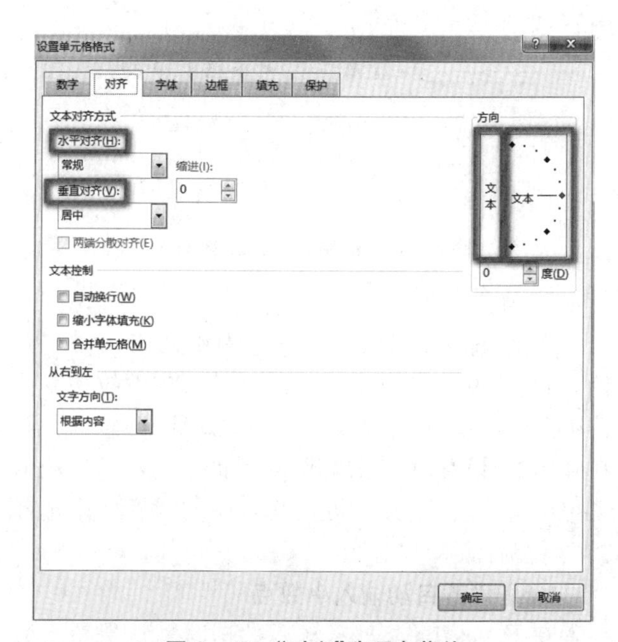

图 6－49　“对齐”选项卡菜单

二、制作学生信息表

（一）任务描述

班长接到班主任的通知，需要制作某班学生信息表。要求显示班级、姓名、身份证号、联系方式等基本信息，并对表格进行设置，使表格信息看起来更清晰，其效果如图 6－50 所示。

大数据2101班学生信息统计表			
班级	姓名	身份证号	联系方式
大数据2101	于一	150102200006051000	15648353957
大数据2101	白二	150102200006071010	15044883889
大数据2101	张三	150102200010051023	18247425728
大数据2101	李四	150102200107152521	17647610278
大数据2101	王五	150102200006252110	17614834567
大数据2101	贾六	150102200212051342	17648238189
大数据2101	吴七	150102200208051015	17614845678
大数据2101	吕八	150102200009112516	15047856774
大数据2101	张九	150102200111280522	17648239956
大数据2101	李一	150102200103033112	17614847896
大数据2101	王二	150102200102110630	18247454335
大数据2101	王三	150102199911232422	17647345654
大数据2101	张四	150102200110172012	17614834576
大数据2101	李五	150102200104233015	18247423428
大数据2101	王六	150102200109170928	17647610453
大数据2101	张七	150102200010300310	17614834123

图 6－50　大数据 2101 班学生信息统计表

（二）任务分析

本任务的工作重点是实现各种不同类型数据的输入，并能够实现对工作表的操作和查看。完成本任务的操作步骤如下：

（1）新建工作簿文件，命名为“大数据 2101 班学生信息统计表. xlsx”，如图 6－51 所示。

图 6－51　新建工作簿并命名

（2）根据表格数据选定表格单元格范围，再绘制表格框线样式，如选定表格范围后单击“开始”功能菜单内“字体”分组中的“下框线”下拉命令按钮，如图 6－52 所示，从中选择“所有框线”。再在 Sheet1 工作表中相关单元格内输入数据信息，并将 Sheet1 工作表标签改为“大数据 2101 班学生信息统计表”。

（3）设置自动换行，避免数据过长、遮挡其他信息，如图 6－53 所示。最后，将标题内容进行合并居

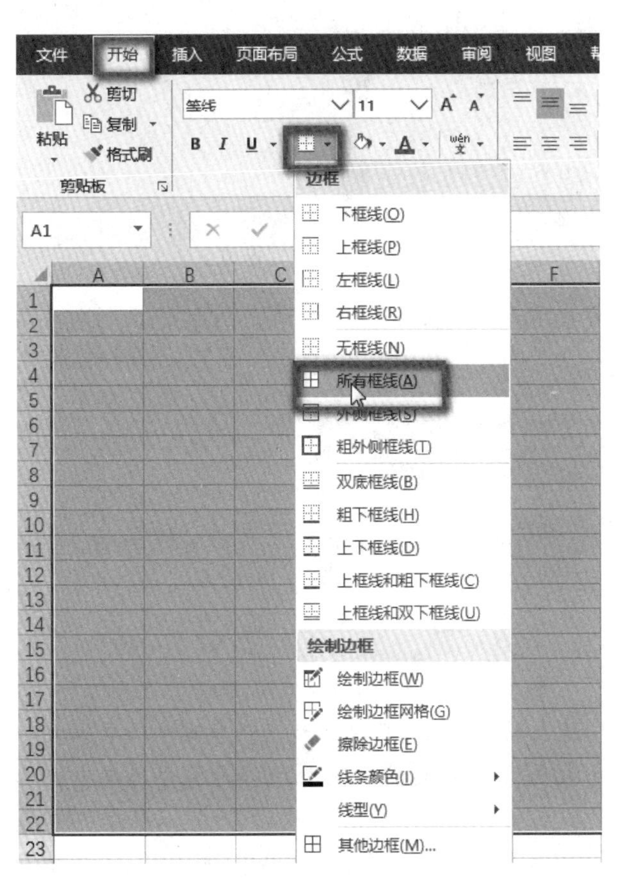

图 6－52　设置表格框线样式

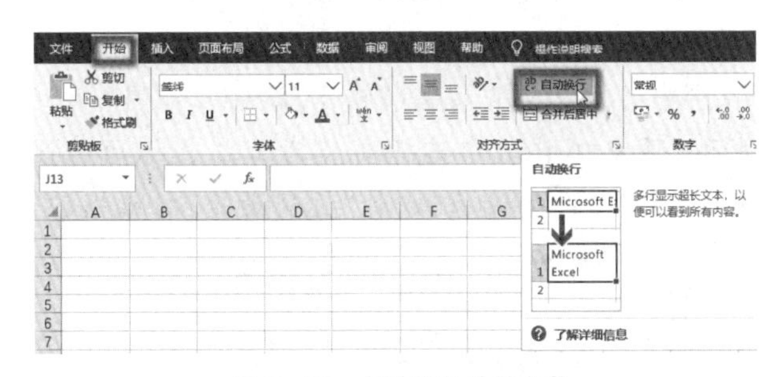

图 6－53　设置“自动换行”

中，设置字体、字号即可完成。

三、设置打印区域及设置打印标题

在计算数据时经常会用到一些辅助的单元格，可以把这些单元格作为一个转接点（但又不好删除），此时，可以设置一个打印区域，只打印有用的那部分数据。

方法 1：在“页面设置”对话框中单击选择“工作表”标签选项卡菜单内的“打印区域”右侧向上箭头（“拾取”按钮）。此时，可以根据需求选择单元格范围，再单击向下箭头后选择“打印预览”按钮命令，这样就可以看到打印出来的只有刚才选择的区域，如图 6－54 所示。

方法 2：在工作表中选择要打印的表格部分，再打开“文件”功能菜单，单击“打印”项，选择“设置”内的“打印选定区域”命令，这样在打印时就只能打印

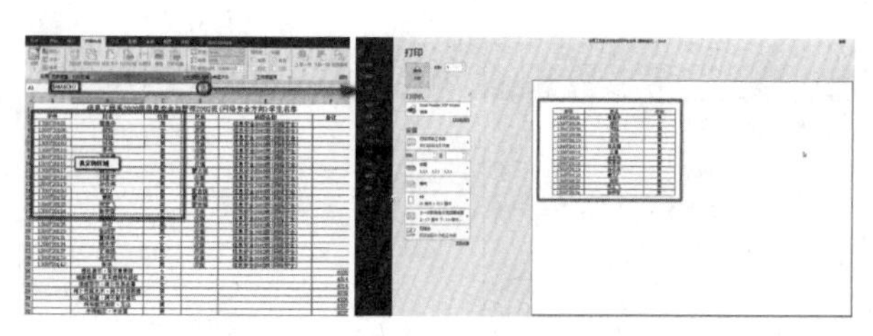

图 6-54　设置打印区域方法 1

这些单元格。在右侧“打印预览”中可以看到即将打印出来的只有刚才选择的区域，如图 6-55 所示。

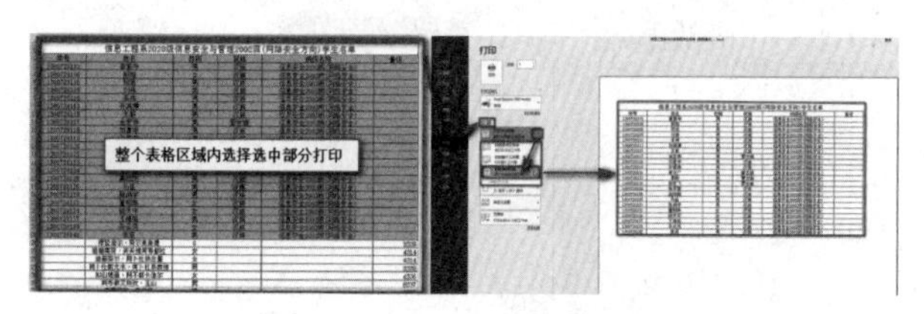

图 6-55　设置打印区域方法 2

如果一个表很长，在第二页中没有表头，这样打印出来的表看起来很不方便。用户可以给它设置一个表头的打印，这样在它打印的时候会在每页中都能够打印出表头。

选择“页面布局”功能菜单中“页面设置”分组菜单内的“打印标题”命令按钮，或打开“页面设置”对话框，选择“工作表”标签选项卡菜单，单击“顶端标题行”中的向上箭头按钮（“拾取”按钮），如图 6-56 所示。再从工作表中选择要作为工作表标题的区域，然后单击向下箭头，回到“页面设置”对话框，单击“打印预览”按钮或“确定”按钮即可完成。

图 6-56　设置打印标题

任务拓展

一、输入邮政编码格式数据

选定单元格范围后，右单左选鼠标选择“设置单元格格式”命令，按如图 6-57 所示操作即可实现。

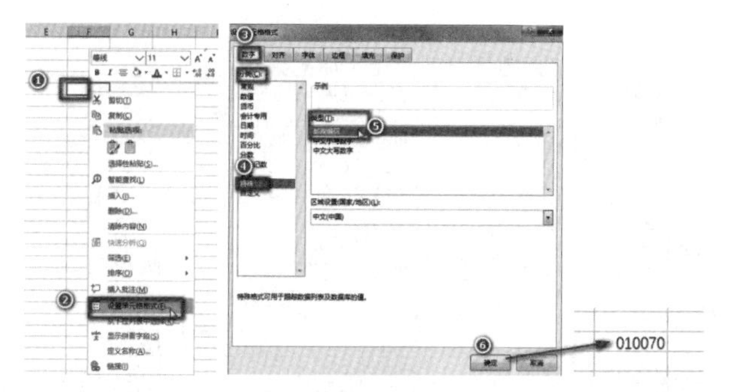

图 6-57　邮政编码格式

二、为某个工作簿增加一张工作表并做位置调整及保护该工作簿

在打开的工作簿中单击“新工作表”按钮，然后，双击“Sheet2”工作表标签，将工作表标签的名称改为“转专业学生信息统计表”，用来统计转专业学生的信息，如图 6-58 所示。

图 6-58　添加“转专业学生信息统计表”工作表

根据实际情况选定表格范围，设置所需表格框线样式和表格信息内容。最后，根据需求从“审阅”功能菜单内“保护”分组菜单中选择“保护工作表”或“保护工作簿”，如图 6-59 所示。

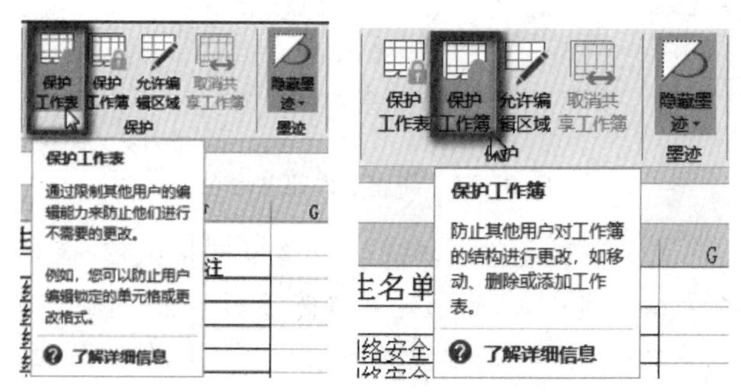

图 6-59　设置工作表或工作簿保护

三、用快捷键输入系统当前日期和时间

定位后按【Ctrl】+【;】、【Ctrl】+【Shift】+【;】组合键可输入系统当前日期和时间。

四、导出数据

在表格传输的过程中，如果遇到计算机中没有安装办公软件的情况，将无法打开 Excel 表格。为了避免这种情况的出现，可以将表格导出为其他格式，如 PDF 格式，以方便其他人员的查看与编辑。下面介绍导出数据的两种常见方法。

(一) 将表格导出为 PDF 格式

在工作中可能需要将做好的 Excel 数据传送他人，为了避免在文件传送过程中格式发生错乱，可以先将 Excel 表格转换成 PDF 格式后再进行传送。具体操作步骤如下。

(1) 选择“文件”功能菜单中“导出”命令，再选择“创建 PDF/XPS 文档”命令按钮。

(2) 打开“发布为 PDF 或 XPS”对话框，选择表格的保存路径及文件名等。最后，单击“发布”按钮，如图 6-60 所示。

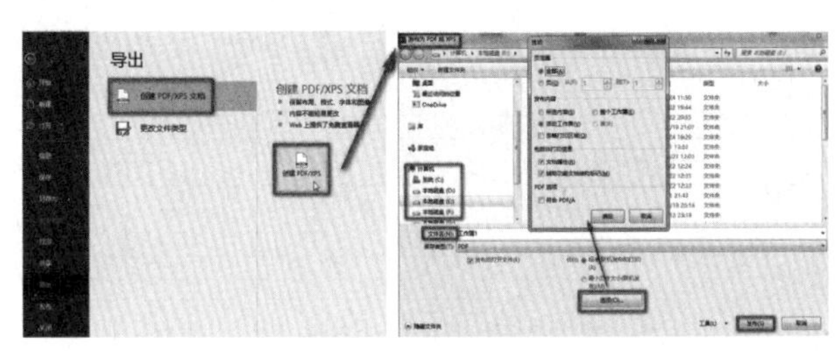

图 6-60 导出 PDF 格式

(二) 将工作簿导出为模板

在工作中有时可能会经常使用一个固定格式的表格，可以将这些常用表格导出为模板，以此来提高工作效率，具体操作步骤如下。

选择“文件”功能菜单内的“导出”命令，然后，选择“更改文件类型”命令按钮，在“更改文件类型”列表框中选择“模板”选项，如图 6-61 所示。最后，单击“另存为”按钮，确定工作簿的保存路径及文件名。

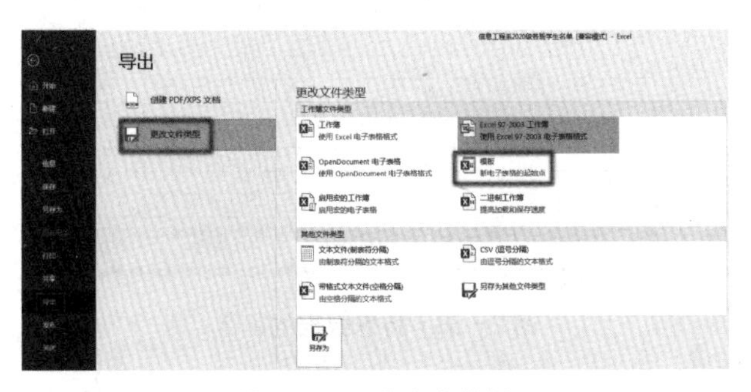

图 6-61 导出为模板

五、填充序列数据

序列数据是指有规律变化的数据，如日期、月份、等差或等比数据。在实际工作中，类似于计信 2001 班、计信 2002 班、计信 2003 班等数据就可以看作序列数据。

Excel 有两种序列数据：一种是系统已经定义好的，如图 6-62 所示的方框内内容，这种数据称为固有序列数据，只要在单元格中输入已定义序列中的某个值，再拖放填充柄至单元格区域的最后一个就可以自动以序列填充。另一种是根据实际情况自己定义的序列，如一班、二班、三班、四班等。

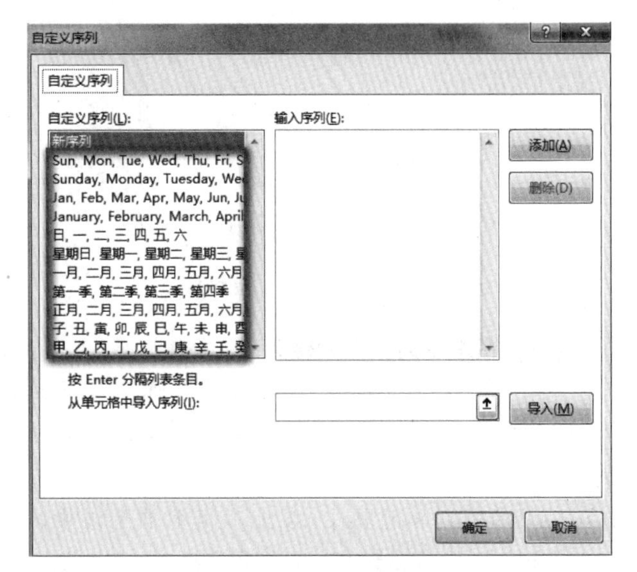

图 6-62 系统固有序列

(一) 打开“自定义序列”对话框

选择“文件”功能菜单内的“选项”命令，在打开的“Excel 选项”对话框中选择“高级”分组中的“常规”类别，单击“编辑自定义列表”命令按钮，如图 6-63 所示。

图 6-63 启动“自定义序列”对话框

(二) 设置、使用自定义序列数据

若想使用类似于一班、二班、三班、四班这样的

自定义序列数据，必须先定义、后使用。

（1）在“自定义序列”对话框中的“输入序列”处输入自定义序列内容（数据之间用回车键换行），然后，单击“添加”按钮命令后确定。

（2）定位到单元格中输入“一班”，然后，拖放该单元格填充柄即可完成，如图 6－64 所示。

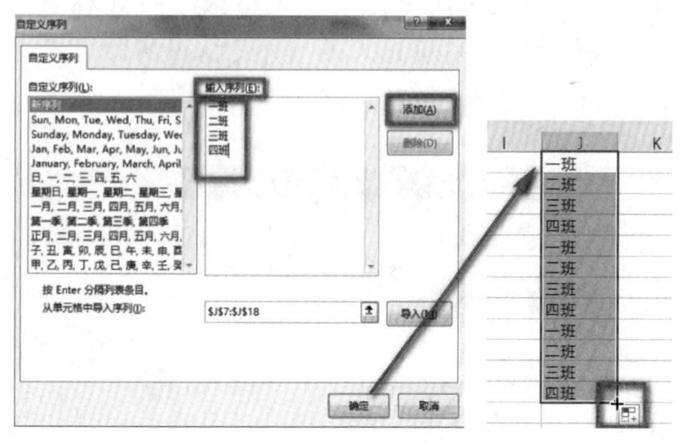

图 6－64 应用自定义序列数据

（三）等差序列数据的输入

（1）定位到单元格中，在上下两个单元格中输入“1”和“3”，然后，选中这两个单元格，直接拖放填充柄。

（2）定位到单元格中，在上下两个单元格中输入“1”和“3”，然后，选中这两个单元格，在填充柄上右键拖放选择“等差数列”。

（3）定位到单元格中，输入数字“1”，然后，选中这个单元格，在填充柄上右键拖放，在随后出现的“序列”对话框中选择“等差序列”，在“步长值”处给出序列的递增值确定即可。

操作步骤如图 6－65 所示。

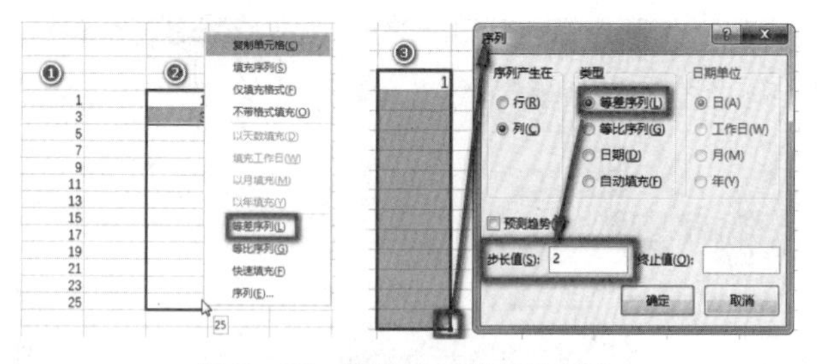

图 6－65 等差序列数据的输入

六、制作晨检报告表

制作如图 6－66 所示的晨检报告表。

检查单位： 检查人员： 陪检人员：

内蒙古机电职业学院晨检报告表（班级适用）

系部： 信息与管理工程系 班级： 会计1402班 班主任： 舍乐莫 时间：2015年3月

序号	姓名	性别	年龄	联系电话	宿舍号	缺勤原因	缺勤天数	发病日期	就诊日期	就诊医院	医院诊断	主要症状	体温
1	蒙文静	女	21										
2	戚乐	男	23										
3	王雅茹	女	21										
4	刘欢	女	21										
5	赵磊	女	21										
6	段雅璐	女	23										
7	李星震	男	21										
8	刘馨阳	女	23										
9	国亚茹	女	22										
10	刘玉婷	女	22										
11	赵丹妮	女	23										
12	刘娜	女	22										
13	梁成瑞	女	22										
14	李雪	女	23										
15	隗欣潞	女	22										
16	王婉雪	女	23										
17	李晓慧	女	21										
18	赵玲玲	女	21										
19	赵雪晶	女	21										

图 6－66 晨检报告表

七、制作津贴统计表

制作如图 6－67 所示的津贴统计表。

2019/2020学年第一学期 （专任）教师 月课时津贴统计表

序号	教师编号	姓名	职称	担任课程	任课班级	津贴等级标准（B级）(元/标准课时)	按课程表统计学时数 理论课 周学时数×周数×班次	理实一体 周学时数×周数×班次	实践课 周学时数×周数×班次	按课程表统计学时数 本学期学时合计	本学期折合学时	按教室日志统计学时数 本月实际上课学时	本月折合学时	累计学时	考试出卷（元）	阅卷金额（元）	本月金额合计（元）	签字
																合计		
合计（人民币大写）：																		

制表人： 审核： 系(部)主任：

教务处副处长： 教务处处长：

教学副院长：

图 6－67 津贴统计表

八、输入特殊数据

制作如图 6－68 所示的表格，并按要求填充表内的数据。

	A	B	C	D	E	F
1	姓名	身份证号	班级代码	中级开班日期	高级班入学日期	入学成绩
2	蒋瑞弘		06101	2016/1/1	2016/9/1	325
3	谷奇威		06102			330
4	刘蕊		06103			
5	赵婧冉		06104			
6	闫娜		06105			
7	朱美霞		06106			
8	李荣		06107			
9	王凯		06108			
10	周进		06109			
11	田海燕		06110			
12						
13		输入你的身份证号码	按末位递增1填充	按月填充	按年填充	按预测趋势填充
14						

图 6－68 特殊数据的输入

任务三 Excel 2016 数据管理

任务目标

(1) 掌握数据简单排序和多关键词排序的方法；

(2) 掌握数据自动筛选、高级筛选的方法；

(3) 掌握数据简单分类汇总、多重分类汇总、嵌套分类汇总的方法；

(4) 掌握数据按位置和类别进行分类汇总的方法。

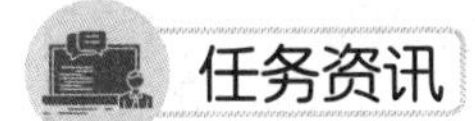

任务资讯

一、数据处理

用户从网络或其他地方获得的原始数据不一定完全满足需求，有时甚至杂乱无章、残缺不全，这样就需要对数据进行整理，再将数据转化成所需要的数据。

数据处理是获得原始数据之后对数据进行的一系列操作，其目的是为数据加工提供简洁、完整、正确的数据，即主要包括数据整理和数据加工，其复杂程度由源数据表、处理目标来确定。

数据处理的一般流程如下：

源数据表→(数据整理)整齐的数据表→(数据加工)需要的数据表

数据整理就是将多余的、重复的数据筛选和清除，将缺失的数据补充完整，将错误的数据纠正或删除，最后留下需要的数据。在进行数据整理时，需要用户掌握冻结窗格、自动筛选、隐藏行列、“【Ctrl】+箭头”等操作技巧。

数据加工则是对现有数据进行提取、计算、转换得到需要的数据。

二、数据排序

排序是指将表中的数据按照某列或者某行递减或递增的顺序进行重新排列。根据一列或多列中的值对行进行排序，称为按列排序；根据一行或多行中的值对列进行排序，称为按行排序。排序有升序、降序两种状态。

Excel 2016 提供了单条件排序、多条件排序和自定义排序 3 种方式。

(一) 单条件排序

单条件排序又称基础排序，是指在整个工作表中排序是按某一字段作为关键字进行升序或降序排列，这种排列方式将不会扰乱原始数据记录的完整性。

首先，定位到所需排序字段内的任意一个单元格数据上。然后，单击“数据”功能菜单内“排序和筛选”分组中的“升序”或“降序”命令按钮进行排序，如图 6-69 所示。或者定位到“语文”所在列某一单元格，右键单击选择“排序”中的“升序”或“降序”命令。

	A	B	C	D	E
1	北京市XXX中学高二年				
2	总名次	班级	姓名	学号	语文
3	1	9 班	李丙午	0043	132.6
4	2	10 班	冯丙辰	0113	139.4
5	3	3 班	钱己未	0236	141.8
6	4	11 班	陈丁亥	0504	149.3
7	5	2 班	赵甲[illegible]		
8	6	12 班	褚甲子	0661	148.4

	A	B	C	D	E
1	北京市XXX中学高二年				
2	总名次	班级	姓名	学号	语文
3	479	3 班	陈丙午	0283	60.0
4	514	1 班	姜乙未	0572	60.3
5	396	7 班	吴丙寅	0123	60.9
6	255	10 班	孙乙巳	0042	61.2
7	404	6 班	郑丁丑	0254	61.2
8	565	2 班	赵壬寅	0339	61.2

图 6-69 对“语文”列数据设置升序排列

在 Excel 中，不同数据类型的默认升序排序方式如下：

(1) 数字：按从最小的负数到最大的正数进行排序。

(2) 日期：按从最早的日期到最晚的日期进行排序。

（3）文本：按照特殊字符、数字（0～9）、小写英文字母（a～z）、大写英文字母（A～Z）进行排序。

（4）汉字：以拼音排序。

（5）逻辑值：先排列 FALSE，后排列 TRUE。

（6）错误值：所有错误值（如“＃NUM!”和“＃REF!”）的优先级相同，谁在前先排谁。

（7）空白单元格：放在最后排列。

降序排序的顺序与升序排序的顺序相反。

（二）多条件排序

在进行数据排序时，如果遇到排序数据相同的情况，无法比较哪一个数据排在前面、哪一个数据排在后面时，用户可以通过多条件排序的方式来解决，即：设置多个条件，对相同的数据进行再一次排序。

在通常情况下，数据都是按照列来进行排序的，可以通过各列中的数据来设置条件进行排序。例如，在学生成绩表中，要求按“语文”为主要关键字排序、“数学”为次要关键字排序，并且次要关键字与主要关键字的排序方式可以不同。

选中所需工作表数据范围，再单击“数据”功能菜单中的“排序”按钮命令，在出现的“排序”对话框中，根据需要先设置主要关键字和排序方式。然后，单击“添加条件”，确定次要关键字的设定和排序的方式，如图 6－70 所示。

图 6－70　对主要关键字“语文”列数据设置升序

（三）自定义排序

在进行数据排序时，如果用户想要按照自己设定的排序方式进行排序，则用户需要先设计好排序序列，再按照设计好的排序序列进行排序。

选中整张工作表，单击“数据”功能菜单中的“排序”命令按钮，在出现的“排序”对话框中，选择“次序”下拉列表框中的“自定义序列”命令，根据需要设置自定义序列内容后确定，如图 6－71 所示。

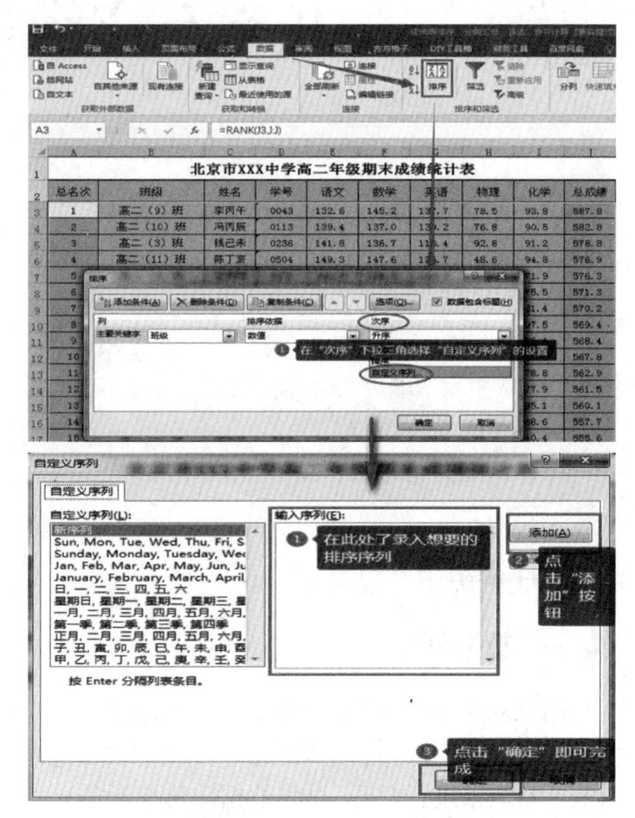

图 6－71　自定义序列的设置

三、数据筛选

在对工作表进行处理时，有时需要从工作表中找出满足一定条件的数据。此时，用户可以用 Excel 的数据筛选功能显示符合条件的数据，而将不符合条件的数据隐藏起来。

数据筛选实际上是一种数据查询的工具。它包括常规筛选和高级筛选两种。

（一）常规筛选

筛选是一种快速的、Excel 默认的筛选方式，一般用于简单的条件筛选。筛选时将不需要显示的记录暂时隐藏起来，只显示符合条件的记录，具体操作如图 6－72 所示。

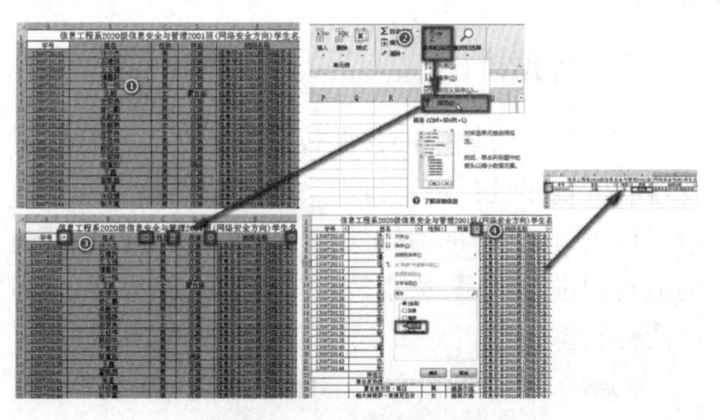

图 6－72　数据筛选

（二）高级筛选

通过学习用户会发现“筛选”就是一般意义上的“自动筛选”，基本上可以解决常规的日常数据查询需要，但是，其“查询条件”不能保留，即“查询结果”与“原始数据”混在一起。“高级筛选”能解决“筛选”的这些弊端，同时，高级筛选适合筛选条件比较复杂且数据量大的筛选查询操作。

在高级筛选中，筛选条件可以分为多条件筛选和多选一条件筛选两种。

1. 多条件筛选

多条件筛选是指在工作表中查找同时满足多个条件的记录。此时，多个筛选条件必须输入在同一行内。

2. 多选一条件筛选

多选一条件筛选是指在筛选查找时只要满足几个条件中的一个，记录就会被查找出来。多个筛选条件必须输入在不同行内。

在高级筛选中，必须设置条件区域，条件区域必须具有列标题，且列标题与筛选区域的标题必须保持一致；条件区域与数据清单之间应至少空出一行或一列；条件区域至少有两行组成，第一行是筛选条件的标题行，第二行和其他行是输入的筛选条件值；输入在同一行的几个条件之间是“与”的关系，输入在不同行的几个条件之间是“或”的关系；在设置筛选条件时，对于文本类型，可以用“＊”匹配任意字符串，或用“?”匹配单个字符串，对于数值类型，可直接在单元格中输入表达式。

（三）取消筛选

取消对某一列进行的筛选，可以直接单击该列列标签单元格右侧的三角按钮，在展示的列表中选中“从××中清除筛选”命令按钮，如图 6－73 所示。

图 6－73　取消数据筛选

再单击“确定”按钮，或选择“数据”功能菜单内“排序和筛选”分组中的“清除”命令按钮。

四、分类汇总

分类汇总是指把数据表中的数据分门别类地进行快速汇总、统计分析处理。不需要建立公式，Excel 会把同类数据放在一起，然后，进行求和、计数、平均数、最大值（最小值）和总体方差等汇总运算，并且分级显示其汇总结果。

分类汇总有简单分类汇总、多重分类汇总和嵌套分类汇总 3 种。无论进行哪种汇总方式，进行分类汇总的数据表的第一行必须有列标题，而且在分类汇总前必须对分类字段的列进行排序，使数据中拥有同一类关键字的记录集中在一起，再对记录进行分类汇总操作。

（一）简单分类汇总

简单分类汇总是指对数据表中的某一列以一种汇总方式进行分类汇总，如图 6－74 所示。

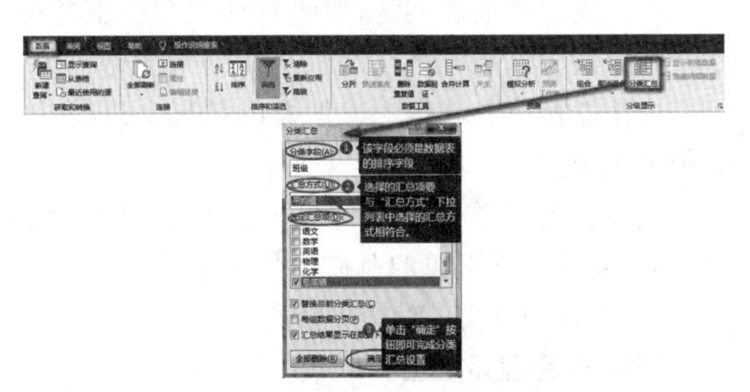

图 6－74　“分类汇总”对话框

（二）多重分类汇总

对工作表中的某列数据选择两种或两种以上的分类汇总方式或汇总项进行汇总，就叫多重分类汇总。也就是说，多重分类汇总每次用的“分类字段”总是相同的，而汇总方式或汇总项不同，而且第二次汇总运算是在第一次汇总运算的结果上进行的。操作方法如图 6－75 所示。

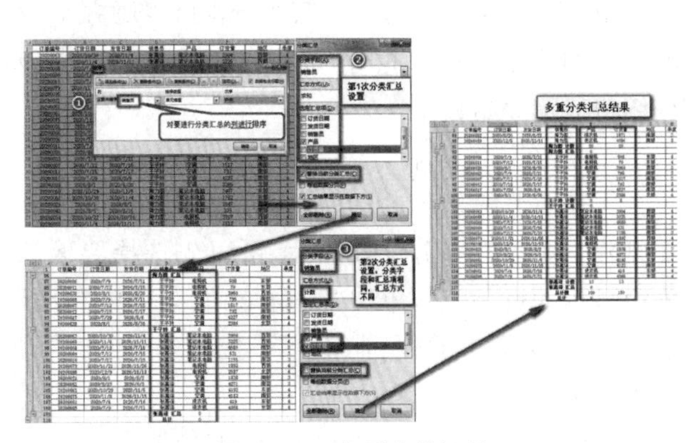

图 6－75　多重分类汇总

注意在“分类汇总”对话框中取消“替换当前分类汇总”复选框，否则新创建的分类汇总将替换已存在的分类汇总。此外，选择“每组数据分页”复选框，可以使每个分类汇总自动分页。

(三) 嵌套分类汇总

嵌套分类汇总是指在一个已经建立分类汇总的工作表中再进行另外一种分类汇总，两次分类汇总的字段是不相同的，其他项可以相同、也可以不同。

在建立嵌套分类汇总前，首先对工作表中需要进行分类汇总的字段进行多关键字排序，排序的主要关键字应该是第一级汇总关键字，排序的次要关键字应该是第二级汇总关键字，其他依此类推。

对多个字段进行排序，需要注意的是，要对原始数据进行多条件排序，然后，根据多个分类字段、汇总方式和选定汇总项按照简单分类汇总完成设置，还需要注意在对次要关键字进行分类汇总时，需要勾选“替换当前分类汇总”。

有几套分类汇总，就需要进行几次分类汇总操作。第二次汇总是在第一次汇总的结果上进行的，第三次汇总操作是在第二次汇总的结果上进行的，其他依此类推。

嵌套分类汇总适用于对多个分类字段进行汇总，当需要在一列汇总的基础上再按另一列进行汇总时，可以使用分类汇总的嵌套功能。

(四) 分级显示数据

对工作表中的数据执行分类汇总后，在工作表的左侧将显示一些符号，如 1 2 3 ，通过单击这些符号可以对分类汇总的结果进行分级显示，从而显示或隐藏工作表中的明细数据。

1. 分级显示明细数据

单击分级显示符号 1 2 3 ，可以显示相应级别的数字，较低级别的明细数据会隐藏起来。

2. 隐藏与显示明细数据

单击工作表左侧的折叠按钮 - ，可以隐藏对应汇总项的原始数据。此时，该按钮变为 + ，单击该按钮将显示原始数据。

3. 消除分级显示

不需要分级显示，可以根据需要将其部分或全部删除。要取消部分分级显示，可以先选择要取消分级显示的行，然后，单击“数据”功能菜单内“分级显示”分组菜单中的“取消组合”下拉菜单中的“消除分级显示”命令。

若要取消全部分级显示，可单击分类汇总工作表中的任意单元格，再选择“消除分级显示”命令。

(五) 取消分类汇总

要取消分类汇总，可以打开“分类汇总”对话框，单击“全部删除”按钮。在删除分类汇总的同时，Excel会删除与分类汇总一起插入列表的分级显示。

任务实施

一、数据整理

(一) 冻结窗格(冻结标题行数据)

在打开的工作表中定位到标题行所在下一行某一单元格中，选择“视图”功能菜单内“窗口”分组下拉菜单，单击选择“冻结窗格”命令，如图 6－76 所示。

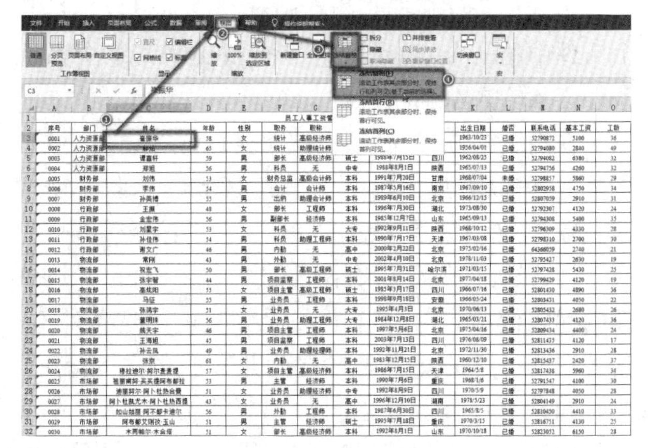

图 6－76 冻结窗格

(二) 快速隐藏行或列

当表格数据量很大时，用户可以通过隐藏一些暂时不需要的行或列，以方便查看其他有效数据。例如，在如图 6－77 所示的表格中，希望隐藏“年龄”、“参加工作时间”和“出生日期”3 列。

首先，在“开始”功能菜单状态下将“年龄”、“参加工作时间”和“出生日期”所在列全部选中。然后，在“单元格”内“格式”下拉命令中选择“可见性”中的“隐藏列”，这样“年龄”、“参加工作时间”和“出生日期”所在列就被隐藏掉了，如图 6－77 所示。

(三) 清除重复数据

选择工作表“姓名”列中所需数据区域，选择“开始”功能菜单中“条件格式”下拉菜单内“突出显示单元格规则”中的“重复值”命令，确定后再手工选择所要删除的行按【Del】，如图 6－78 所示。

(四) 处理缺失数据

在数据输入过程中可能会出现数据的缺失。在工作表数据中最常见的缺失值为空值，这时用户可以先用定位功能(选择“查找和选择”分组菜单中的“定位条件”命令，从中选择“空值”确定)找到这些空

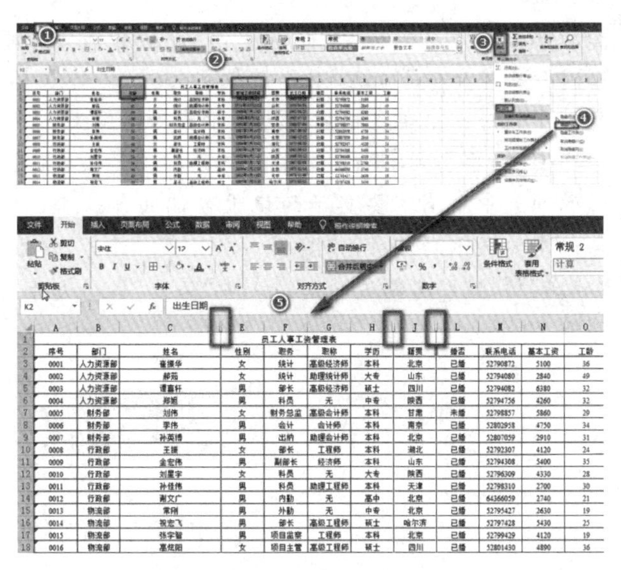

图 6-77　快速隐藏列

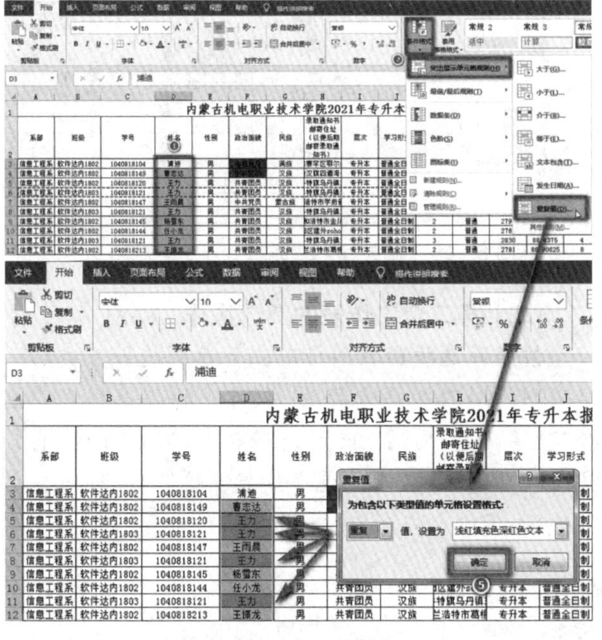

图 6-78　清除重复数据

值。然后，用【Ctrl】+【Enter】组合键来填充。若缺失值是其他标识符，可以用查找、替换命令进行处理。

（五）检查数据逻辑错误

错误数据一般来自数据采集阶段，主要是录入错误或数据来源错误。录入类错误可以用"条件格式"标记错误数据，逻辑错误一般用 IF 函数就可以解决大部分问题。

（六）查找和替换数据

Excel 可以使用查找和替换命令对指定的字符、公式和批注等内容进行定位和改动，从而提高工作效率。使用查找功能可以快速找到指定的数据，使用替换功能可以将指定数据替换为另外的数据。

单击"开始"功能菜单内"编辑"分组菜单中的"查找和选择"下拉命令按钮，在弹出的下拉列表中选择"查找"命令，在"查找内容"编辑框中输入需要查找的内容。若此时单击"查找全部"命令按钮，则显示所有查找到的结果；若单击"查找下一个"命令按钮，则会在工作表中显示查找到的一个结果。

切换到"替换"选项卡菜单，在"查找内容"文本框中输入要替换的内容，在"替换为"编辑框中输入想要替换的内容，单击"全部替换"和"替换"可以分别实现全部替换和逐个替换的功能，如图 6-79 所示。

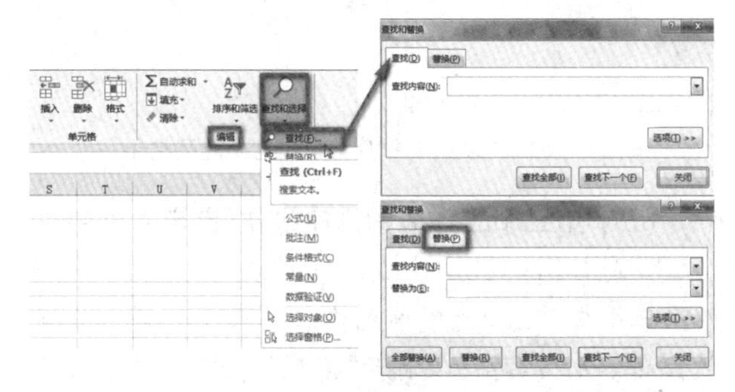

图 6-79　"替换"对话框

二、成绩排序

现有《北京市×××中学高二年级期末成绩统计表》"学生成绩统计表—排序"工作簿，该工作簿共有 3 个工作表。

操作要求：对第一个工作表，要完成"语文"成绩的降序排列；对第二个工作表，要完成"语文"的升序排列，且"语文"成绩相同的学生再按照"数学"的升序排列；对第三个工作表，要完成"性别"（女生在前、男生在后）的排序。

（一）第一个工作表的排序操作（单条件排序）

首先，打开"学生成绩统计表—排序"工作簿，切换到第一张工作表。选中单元格中任意一个有数据的单元格，再选择"数据"功能菜单中的"排序和筛选"分组内的"排序"命令按钮。然后，在打开的"排序"对话框中进行如图 6-80 所示的参数设置，即：在"排序"对话框中的"主要关键字"为"语文"，"排序依据"为"数值"，"次序"为"降序"，与此同时勾选"数据包含标题"。最后，单击"确定"命令按钮完成排序的要求。

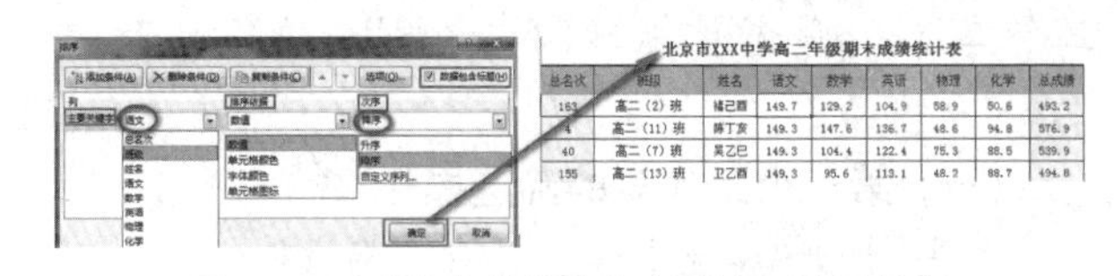

图 6-80　"单条件排序"对话框设置及结果

(二) 第二个工作表的排序操作(多条件排序)

首先,定位到“学生成绩统计表—排序”工作簿的第二张工作表,再一次打开“排序”对话框,在打开的“排序”对话框中进行如图 6-81 所示的设置:“主要关键字”为“语文”,“排序依据”为“数值”,“次序”为“升序”,选择“添加按钮”命令,添加“次要关键词”列表框,并设置为“数学”,“排序依据”为“数值”,“次序”为“降序”,与此同时勾选“数据包含标题”。最后,单击“确定”命令按钮完成。

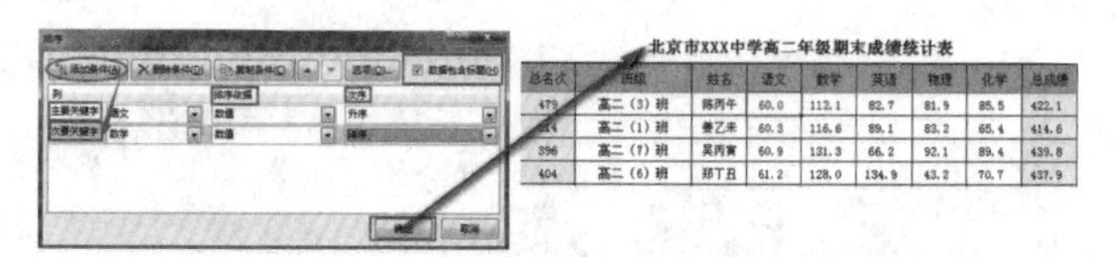

图 6-81 “多条件排序”对话框设置及结果

(三) 第三个工作表的排序操作(自定义排序)

首先,定位到“学生成绩统计表—排序”工作簿的第三个工作表,选中单元格工作表中任意一个有数据的单元格,再一次打开“排序”对话框,在打开的“排序”对话框中进行如图 6-82 所示的设置:在“排序”对话框中设置“主要关键字”为“性别”,“排序依据”为“数值”,“次序”为“自定义排序”,并设置“自定义排序”对话框,与此同时勾选“数据包含标题”。最后,单击“确定”命令按钮完成排序要求。

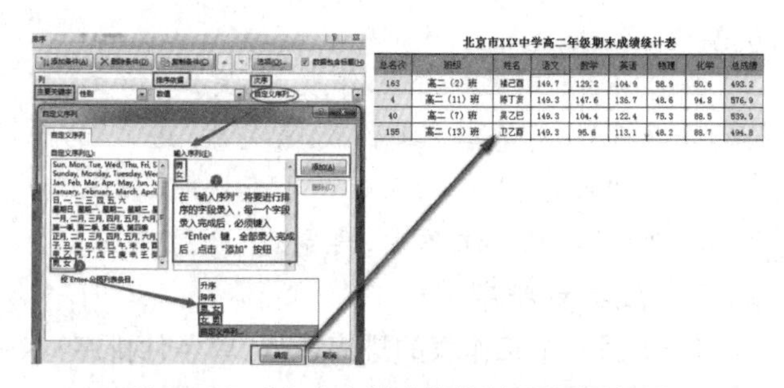

图 6-82 “自定义排序”对话框设置及结果

三、成绩筛选

现有《北京市×××中学高二年级期末成绩统计表》“学生成绩统计表—筛选”工作簿,该工作簿共有 3 个工作表。

操作要求:对第一个工作表,筛选出成绩表中“语文”大于、等于 70 分的记录;对第二个工作表,筛选出总成绩大于 500 分且小于 600 分的记录;对第三个工作表,筛选出“物理”和“化学”成绩均大于、等于 85 分的记录。

(一) 第一个工作表的筛选操作

首先,打开“学生成绩统计表—筛选”工作簿,切换到第一张工作表,用鼠标选中标题行的任意单元格。然后,单击“数据”功能菜单内“排序和筛选”分组命令菜单中的“筛选”命令按钮。此时,工作表标题行中的每一个单元格右侧会显示出筛选箭头。

其次,单击列标题“语文”右侧的筛选箭头,在展开的列表中取消不要显示的记录左侧的复选框,只勾选需要显示的记录,如图 6-83 所示。然后,单击“确定”按钮,即可筛选出成绩表中“语文”成绩大于、等于 70 分的记录。

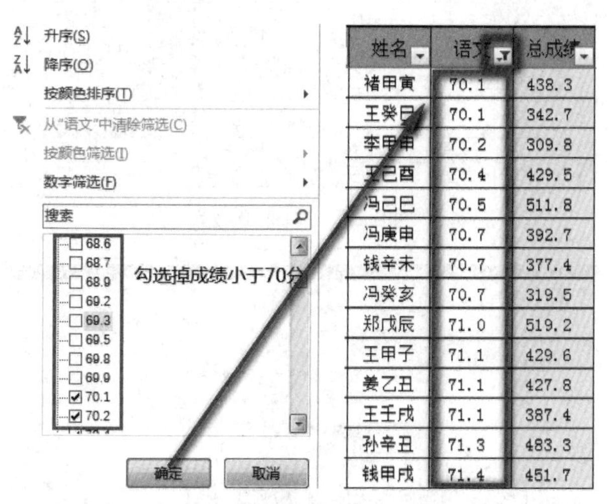

图 6-83 筛选“语文”成绩大于、等于 70 分

(二) 第二个工作表的筛选操作

按照筛选步骤在列标题上显示筛选箭头,然后,单击列标题右侧筛选箭头,在打开的筛选列表中选择“数字筛选”内的“介于”筛选条件,在打开的“自定义自动筛选方式”对话框中设置筛选条件,即可完成筛选,如图 6-84 所示。

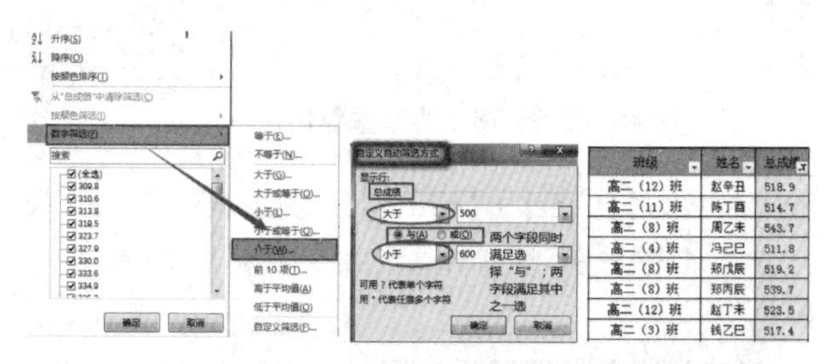

图 6-84 筛选总成绩大于 500 分且小于 600 分的记录

(三) 第三个工作表的筛选操作

对第三个工作表的操作显然是一种多条件筛选操作。

切换成第三个工作表时,在其空白单元格中输入筛选条件,如图 6-85 所示。

	L	M
3	物理	化学
4	>=85	>=85

图 6-85 “多条件筛选”条件设置

再单击“数据”功能菜单内“排序和筛选”分组菜单中的“高级”命令按钮，在打开的“高级筛选”对话框中进行如图6-86所示的设置，单击“确定”命令按钮。

姓名	物理	化学	总成绩
钱己未	92.8	91.2	578.8
孙丁丑	97.8	97.5	569.4
吴戊子	88.2	88.6	554.1
吴癸巳	96.1	89.5	546.1
周戊寅	99.2	99.7	545.6
周乙未	99.5	95.0	543.7
王丁亥	87.1	91.5	543.1
王庚戌	86.5	87.0	542.1
孙庚辰	95.2	90.0	540.1

图6-86 筛选“物理”和“化学”成绩均大于、等于85分的记录

四、成绩分类汇总

现有《北京市×××中学高二年级期末成绩统计表》“学生成绩统计表—分类汇总”工作簿，该工作簿共有2个工作表。

操作要求：对第一个工作表，主要完成各班级总成绩的平均值；对第二个工作表，主要完成各班级的平均成绩，再进一步统计每个班级不同性别学生总成绩的平均值。

(一) 第一个工作表的分类汇总操作

首先，打开“学生成绩统计表”工作簿，切换到第一个工作表，根据“自定义排序”对工作表按照“班级”完成排序。

其次，将鼠标定位到排好序的工作表任意单元格中，单击“数据”功能菜单中“分级显示”分组命令内“分类汇总”命令按钮，随后打开“分类汇总”对话框完成设置，再单击“确定”按钮，即可获取分类汇总的结果，如图6-87所示。

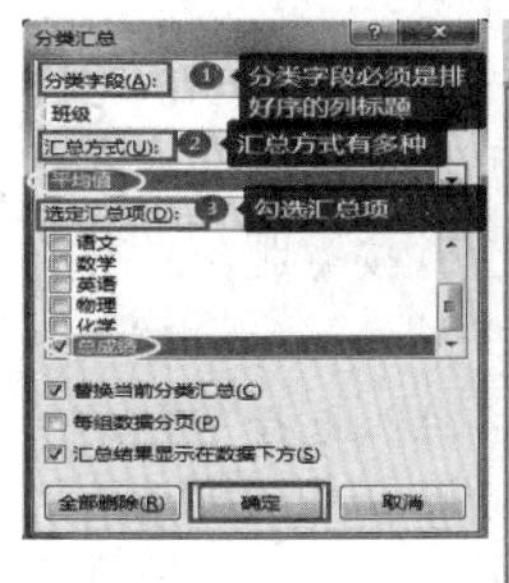

行号	总名次	班级	姓名	总成绩
2	总名次	班级	姓名	总成绩
3	528	高二(1)班	姜乙未	414.6
4	434	高二(1)班	姜癸丑	434.9
55		高二(1)班 平均值		449.1
160	552	高二(3)班	陈戊戌	409.0
161	477	高二(3)班	钱乙酉	425.5
162	193	高二(3)班	陈壬辰	484.1
163		高二(3)班 平均值		446.7
214	421	高二(4)班	孙壬午	437.6
215	64	高二(4)班	冯癸酉	526.7
216	175	高二(4)班	冯己酉	489.2
217		高二(4)班 平均值		447.6
218	240	高二(5)班	李辛未	472.5
219	407	高二(5)班	李己未	440.0

图6-87 “分类汇总”对话框设置及汇总结果

(二) 第二个工作表的嵌套分类汇总操作

首先，打开“学生成绩统计表”工作簿，切换到第二个工作表，再按主要关键字“班级”、次要关键字“性别”进行排序设置，实现多关键字的排序。

其次，参照简单分类汇总的操作，以“班级”为分类字段，对“总成绩”完成第一次分类汇总。再次打开“分类汇总”对话框，设置“分类字段”为“性别”、“汇总方式”为“平均值”、“选定汇总项”为“总成绩”，并取消“替换当前分类汇总”复选框，如图6-88所示。最后，单击“确定”按钮即可完成嵌套分类汇总。

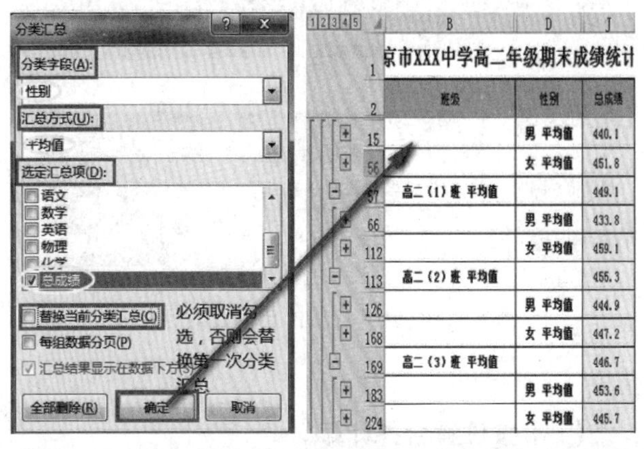

图6-88 第二次“分类汇总”的参数设置及最终汇总结果

任务拓展

一、“【Ctrl】+方向键”和“【Shift】+【Ctrl】+方向键”的作用

定位后按“【Ctrl】+方向键”，可以将光标快速移到工作表内当前活动单元格所在的数据区域边缘。若数据区域中存在空白行或空白列时，Excel会将空白单元格默认边缘。

定位后按“【Shift】+【Ctrl】+方向键”，可以快速地选择一个到边缘的数据区域。

二、合并计算

合并计算是指通过合并计算的方法来汇总一个或多个源区域中数据的方法。Excel 2016提供了两种合并计算数据的方法：一是通过位置(即当源区域有相同位置)的数据汇总；二是通过分类(即当源区域没有相同布局时)采用分类方式进行汇总。

在合并计算数据时，必须为合并数据定义一个目标区，用来显示合并后的信息。合并计算的数据源区域可以是同一工作表中的不同表格，也可以是同一工作簿中的不同工作表，还可以是不同工作簿中的表格。另外，需要选择合并计算的数据源，此数据源可以来自单个工作表、多个工作表或多个工作簿。

如图6-89所示是合并计算的启动及对话框的

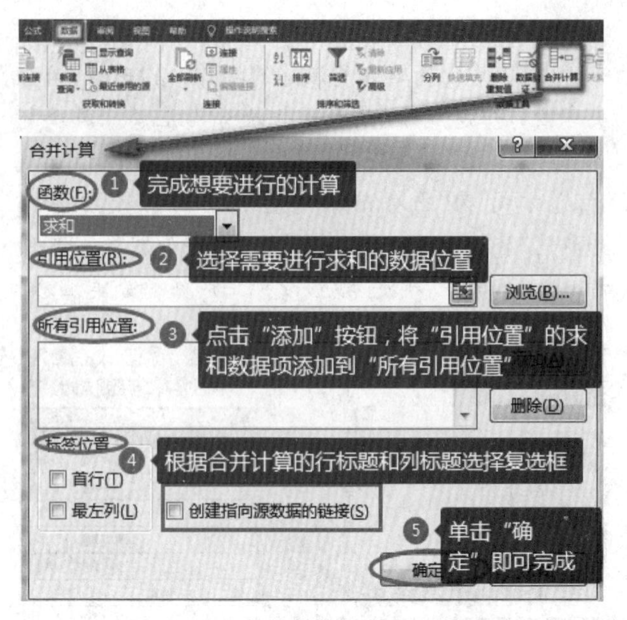

图 6-89　合并计算的启动及对话框

组成。

(一) 按位置合并计算

按位置合并计算要求源区域中的数据使用相同的行标签和列标签，并把相同的数据排列在工作表中，且没有空行和空列。

使用按位置合并的方式，Excel 不关心多个数据表的行、列标题内容是否相同，只是将数据源表格相同位置上的数据进行简单合并计算。这种合并计算多用于数据源表结构完全相同情况下的数据合并。如果数据源表结构不同，则会计算错误。在“合并计算”对话框中选中“创建指向源数据的链接”复选框，表示在源数据改变时会自动更新合并计算结果。需要注意的是，一旦选中此复选框，合并计算结果将以分级显示形式显示。

(二) 按类别合并计算

当源区域中的数据没有相同的结构、但有相同的行标题或列标题时，可以采用按分类合并计算方式进行汇总。

在使用按分类合并计算数据的功能时，数据源列表必须包含行或列标题，并且在“合并计算”对话框的“标签位置”组合框中勾选相应的复选框。如果分类标题在顶端时，应选择“首行”复选框；如果分类标题在最左列，应选择“最左列”复选框；如果同时选择两个复选框，所生成的合并结果表会缺失第一列的列标题；合并后结果表的数据项排列顺序是按第一个数据源表的数据项顺序排列的；合并计算过程不能复制数据源表的格式。如果要设置结果表的格式，可以使用“格式刷”将数据源表的格式复制到结果表中。

(三) 合并计算的应用

现有“企业信息表 1”和“企业信息表 2”两个工作簿。其中，“企业信息表 1”完成位置合并计算，“企业信息表 2”完成类别合并计算。

操作要求：“企业信息表 1”工作簿完成利丰集团 2020 年第一季度销售量和销售额的合并计算；“企业信息表 2”工作簿完成某企业 2020 年度产品生产的合并计算。

1. 利丰集团 2020 年第一季度销售量和销售额(按位置合并计算)

首先，打开“企业信息表 1”工作簿，选中“位置合并计算”工作表。选中单元格 A1，选择“数据”功能菜单内“数据工具”分组中的“合并计算”，在打开的“合并计算”对话框中设置如图 6-90 所示的相关数据参数：“函数”设为“求和”；在“引用位置”文本框右侧的单元格引用按钮中，选择“1 月”工作表标签，选定单元格区域为“B2:F14”，再单击“添加”按钮，将选定的单元格区域添加到“所有引用位置”。此时，“所有引用位置”文本框中显示“'1 月'! $A$2:$F$14”字样(“'1 月'! $A$2:$F$14”表示引用“1 月”工作表单元格区域为“B2:F14”)。按照同样的办法将“2 月”工作表的单元格区域“B2:F14”、“3 月”工作表的单元格区域“B2:F14”添加到“所有引用位置”。

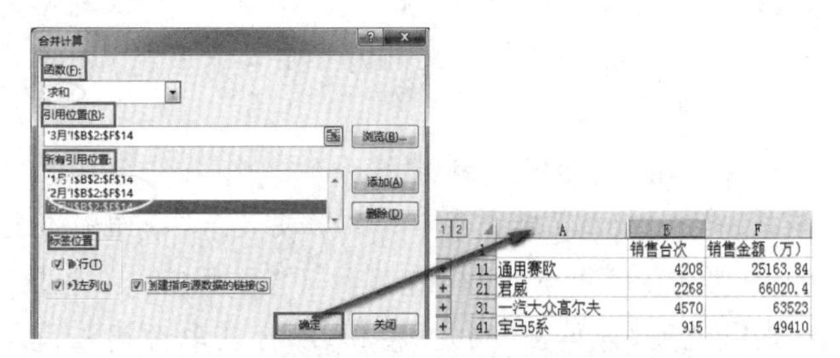

图 6-90　位置合并计算的对话框及计算结果

然后，勾选“标签位置”的“首行”、“最左列”、“创建指向源数据的链接”，点击“确定”按钮。隐藏 B、C、D 列，即可完成类别合并计算。

2. 某企业 2020 年度产品生产(按类别合并计算)

首先，打开“企业信息表 2”工作簿，选中“类别合并计算”工作表。选中单元格 A2，选择“数据”功能菜单内“数据工具”分组中的“合并计算”，在打开的“合并计算”对话框中设置如图 6-91 所示的相关数据参数：“函数”设为“求和”；在“引用位置”文本框右侧的单元格引用按钮中，选择“电冰箱”工作表标签，选定单元格区域为“A1:M2”，再单击“添加”按钮，将选定的单元格区域添加到“所有引用位置”。此时，“所有引用位置”文本框中显示“'电冰箱'! $A$1:

$M$2"字样("'电冰箱'! $A$1:$M$2"表示引用"电冰箱"工作表单元格区域为"A1:M2")。按照同样的办法将"彩电"工作表的单元格区域"A2:H2"、"洗衣机"工作表的单元格区域"A1:M2"、"空调"工作表的单元格区域"A1:M2"添加到"所有引用位置"。

然后,勾选"标签位置"的"首行"、"最左列",单击"确定"按钮。

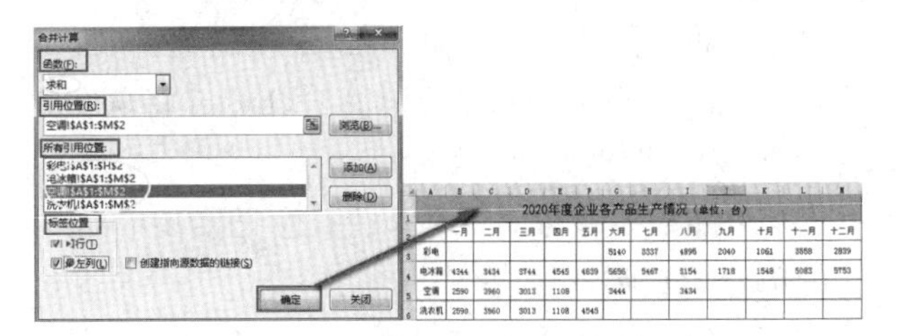

图 6-91　类别合并的对话框及计算结果

任务四　Excel 2016 常用函数应用

任务目标

(1) 了解公式、函数的定义;

(2) 了解单元格地址的引用;

(3) 了解数据透视表;

(4) 掌握公式和函数的运用;

(5) 掌握常用函数(数学函数、逻辑函数、统计函数、查找与引用函数);

(6) 掌握函数的嵌套。

任务资讯

数据计算是 Excel 强大的功能之一。在 Excel 中,可以利用公式和函数对数据进行分析和计算,这也是 Excel 比 Word 表格功能强大的优势。Excel 的单元格具有存储数学公式的能力,它可以根据公式或函数的变化,自动更新计算结果,用户不需要进行干预。

一、公式和函数的概念及其相关知识

(一) 公式

Excel 公式是 Excel 工作表中进行数值计算的等式。使用公式可以对工作表中的数据进行加、减、乘、除等运算,并实时得出运算结果。公式的这种功能使得一些数据的分析和计算工作变得非常容易,大大减少了用户的工作量,提高了工作效率。

在 Excel 中的公式是指由等号"="、运算体和运算符在单元格中按特定顺序连接而成的运算表达式。公式的定义是以"="开始的,这就确定公式由 3 个部分组成,即等号、运算体和运算符。

运算体是指能够运算的数据或者数据所在单元格的地址名称、函数等。它可以是常数、单元格或单元格区域,还可以是 Excel 提供的函数。

运算符比较复杂多变,如表 6-3 所示。

表 6-3　运算符的种类

运算符	内　容
算术运算符	"+"(加)、"-"(减)、"*"(乘)、"/"(除)、"%"(百分比)、"^"(乘方)
关系运算符	"="(等于)、">"(大于)、"<"(小于)、">="(大于、等于)、"<="(小于、等于)、"<>"(不等于)
连接运算符	"&"(文本连接)
引用运算符	","(逗号)、":"(冒号)

(1) 创建公式可以先选中单元格(即存放公式计算结果的单元格),输入等号"=",在单元格或者编辑栏中输入公式的具体内容,按回车键,完成公式的创建,如图 6-92 所示。

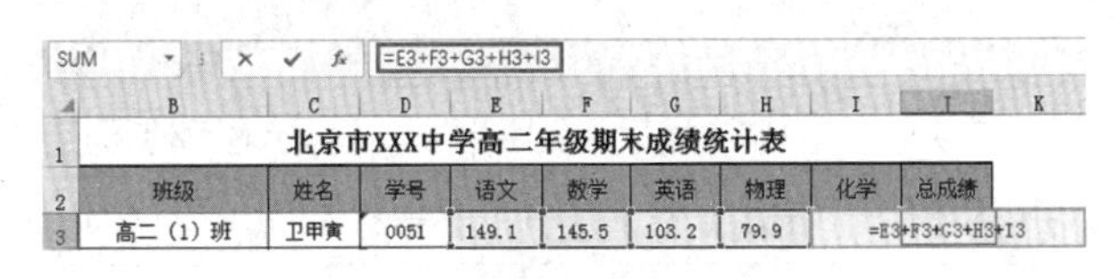

图 6-92　使用公式计算总成绩

为了便于公式的复制,在创建公式的过程中,要使用单元格的地址而不是单元格中的数据来创建公式。例如,

=A1+A2+A3-5

=B1*0.5+C1*0.2

=AVERAGE(A9:D17)*E1+50

(2) 如果公式中同时用到多个运算符,Excel 将按下面的顺序进行运算:引用运算符、算术运算符、连接运算符和关系运算符。

(3) 如果公式中包含相同优先级的运算符,如公式中同时包含乘法和除法运算符,Excel 将从左到右计算。

(4) 如果要修改计算的顺序,应把需要首先计算的部分括在圆括号内。

(5) 公式的使用主要包括两方面的内容,即运算数据的来源和运算结果。使用公式进行数值计算时,必须指定运算数据的来源,公式可以引用同一工作表中的单元格、单元格区域、同一工作簿中不同工作表的单元格数据以及其他工作簿中的数据。公式运算的结果也是数据,它将显示在公式输入的单元格内。如果公式所引用的单元格的数据发生变化,其运算结果将随之改变,公式所在单元格的数据也将自动刷新。

(6) 编辑和修改公式时可以操作如下:①双击公式所在的单元格,直接在单元格内修改内容;②选中公式所在单元格,按下【F2】后直接在单元格内输入内容;③选中公式所在单元格,单击编辑栏并作相应更改。

(二) 运算符

Excel 运算符是指使自动执行特定运算的符号,即用来对公式中的元素进行运算而规定的特殊符号。

在 Excel 中,运算符主要有算术运算符、比较运算符、连接运算符和引用运算符 4 种类型。

1. 算术运算符

算术运算符主要完成基本的数学运算,结果是一个数字值,如加法、减法和乘法等。算术运算符及其含义如表 6-4 所示。

表 6-4 算术运算符及其含义

算术运算符	含义	示例
+(加号)	加法运算	3+3;A1+B1;2+C1
-(减号)	减法运算	5-3;A1-B1;5-C1
*(星号)	乘法运算(3*3)	5*3;A1*B1;5*C1
/(正斜线)	除法运算(6/2)	5/3;A1/B1;5/C1
%(百分号)	百分比(20%)	50%;A1%
^(插入符号)	乘幂运算(3^2)	5^3;A1^B1

2. 比较运算符

当用比较运算符比较两个值时,结果是一个逻辑值(TRUE 或 FALSE)。比较运算符及其含义如表 6-5 所示。

表 6-5 比较运算符及其含义

比较运算符	含义	示例
＝(等号)	等于(A1＝B1)	A1＝B1
＞(大于号)	大于(A1＞B1)	A1＞B1
＜(小于号)	小于(A1＜B1)	A1＜B1
＞＝(大于、等于号)	大于或等于(A1＞＝B1)	A1＞＝B1
＜＝(小于、等于号)	小于或等于(A1＜＝B1)	A1＜＝B1
＜＞(不等号)	不相等(A1＜＞B1)	A1＜＞B1

3. 连接运算符

使用连接运算符加入或连接一个或更多文本字符串,可产生一串新的文本。文本连接运算符及其含义如表 6-6 所示。

表 6-6 连接运算符及其含义

连接运算符	含义	示例
&	将两个文本值连接或串起来,产生一个连续的文本值	(“内蒙古”&“自治区”)

4. 引用运算符

使用引用运算符可以将单元格区域合并计算。引用运算符及其含义如表 6-7 所示。

表 6-7 引用运算符及其含义

引用运算符	含义	示例
:(冒号)	区域运算符,产生对包括两个引用之间的所有单元格的引用	B5:B15
,(逗号)	联合运算符取并集,将多个引用合并为一个引用,取并集	B5:B15,D5:D15
(空格)	交叉运算符取交集,产生对两个引用共有的单元格的引用,取交集	B7:D7 C6:C8

5. 运算符的优先级次

对于只由一个运算符或者多个优先级次相同的运算符构成的公式,Excel 将按照从左到右的顺序自动进行智能运算;对于有多个优先级次不同的运算符构成的公式,Excel 则将自动按照公式中的运算符优先级次从高到低进行智能运算。Excel 运算优先级次如表 6-8 所示。简单来说,运算符的优先级次从高到低依次为:引用运算符、算术运算符、连接运算符和关系运算符。当优先级相同时,按照自左向右规则计算。

表 6-8　Excel 运算优先级次

运算符	含义	优先级
:(冒号)，(空格)，,(逗号)	引用运算符	1
—	负号(如—1)	2
%	百分比	3
^	乘幂运算	4
*,/	乘法和除法运算	5
+,—	加法和减法运算	6
&	连接两个文本字符串(连接运算符)	7
=，<，>，<=，>=,<>	比较运算符	8

6. 改变运算符优先级次

如果需要改变运算符优先顺序，可以将公式中需要最先计算的部分用一对左右圆括号括起来。当公式中左右圆括号的对数超过一对时，Excel 将自动按照从内向外的顺序进行计算。

7. 公式中的错误

输入公式后，如果不能计算出正确的结果，系统将显示一个错误信息，如"####"、"#DIV/0!"等。常见的错误信息的含义如表 6-9 所示。

表 6-9　出错信息及其含义

出错信息	含　义
####	输入单元格的数据或公式结果太长，超过了单元格的列宽；对日期和时间数据使用减法，产生负值
#DIV/0!	公式中出现了除数为 0
#N/A	引用了当前不能使用的数值
#NAME?	引用了不能识别的文本
#NULL!	指定的两个区域不相交
#NUM!～	数值有问题
#REF!	单元格引用无效
#VALUE!	使用了错误的参数或运算对象的类型

(三) 函数

Excel 中的函数实际上是一些预先定义好的用于数值计算、数据处理的具有特殊功能的内置公式。

函数处理数据的方式和公式处理数据的方式是相似的。例如，使用公式"=C3+D3+E3+F3"与使用函数"=SUM(C3:F3)"，其结果是相同的。运用函数可以简化公式的输入，减少计算机的工作量，还可以减少出错的概率。

1. 函数的基本格式

函数名(参数 1,参数 2,……)

其中，函数名代表该函数的功能；括号表示参数从哪里开始、到哪里结束，前后不能有空格，且必须左右括号对应；参数可以是数值、文本、逻辑值、数组、单元格引用等。不同类型的函数的参数也有不同的要求，具体视函数类型而定。常用函数及其功能如表 6-10 所示。

表 6-10　常用函数及其功能

函数名称	功　能
SUM(number1,number2,……)	求 number1,number2,……之和
AVERAGE(number1,number2,……)	求 number1,number2,……之均值
MAX(number1,number2,……)	求 number1,number2,……之中的最大值
MIN(number1,number2,……)	求 number1,number2,……之中的最小值
IF(Logical_test,value_if_true,value_if_false,)	判断一个条件是否满足；如果满足返回一个值，如果不满足则返回另一个值
COUNTIF(range,criteria)	计算某个区域中满足给定条件的单元格数目

2. 函数结构

函数的总体结构如图 6-93 所示。

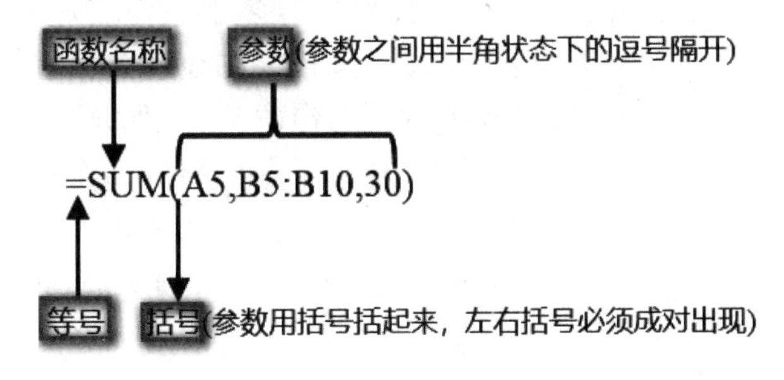

图 6-93　函数的结构

函数的结构一般有单一结构和嵌套结构两种。

单一结构是指只有一个函数，没有在函数中再使用函数。例如，"=SUM(A1,B5:B10,30)"。其中，参数之间的标点符号必须用半角状态下的。

嵌套结构是指在函数中又有函数的运用。例如，"=IF(AVERAGE(C2:C6)>60,"及格","不及格")"。其中，参数之间的标点符号也必须用半角状态下的。

(四) 公式的移动和复制

移动和复制公式的操作与移动和复制单元格内

容的操作方法相同。它们的不同点在于移动公式时，公式内的单元格引用不会更改，如图 6－94 所示。在复制公式时，单元格引用会根据所引用的类型而变化，即系统会自动改变公式中引用的单元格地址，如图 6－95 所示。

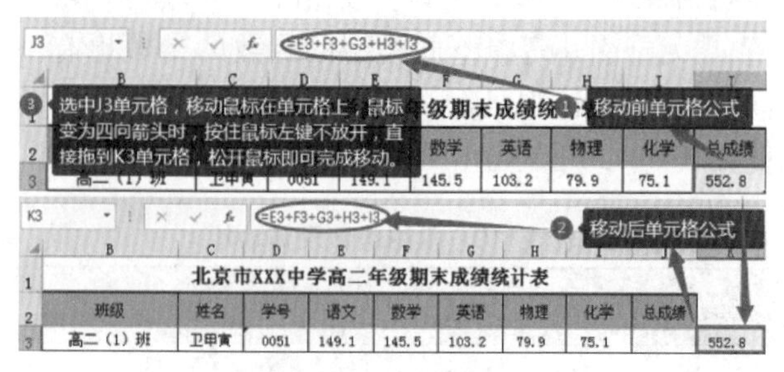

图 6－94　公式的移动

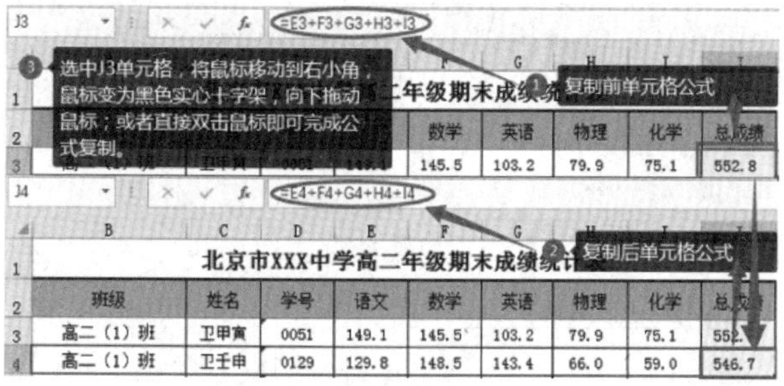

图 6－95　复制公式时单元格地址的变化

（五）单元格的引用

单元格引用是对工作表的一个或一组单元格进行标识，它告诉 Excel 公式使用哪些单元格的值。通过引用，可以在一个公式中使用工作表不同部分的数据，或者在几个公式中使用同一单元格中的数值。由于工作簿文件可以有多个工作表，为了区分不同工作表中的单元格，要在地址前面增加工作表的名称，有时不同工作簿文件中的单元格之间要建立连接公式，前面还需要加上工作簿的名称。

单元格的引用一般分为相对引用、绝对引用、混合引用 3 种。

1. 相对引用

相对引用是 Excel 默认的引用方式。单元格的相对引用其实是对其名称的直接引用，所以，用户可以理解相对引用就是复制公式时引用的单元格地址会发生变化。

单元格和单元格区域的相对引用是指相对于包含公式的单元格的相对位置。其引用形式为直接用行号和列标表示单元格，如“A1”，或者用引用运算符表示单元格区域，如“A1:B5”。

跨工作表单元格相对引用是指引用同一工作簿、不同工作表中的单元格，又称三维引用。具体采用的格式为“工作表！数据源所在单元格名称”。例如，“＝Sheet1！A1”。

跨工作簿单元格相对引用是指引用其他工作簿中的单元格，又称外部引用。具体采用的格式为“[工作簿名称]！工作表！数据源所在单元格名称”。例如，“＝[工作簿 1]！Sheet1！A1”。

2. 绝对引用

绝对引用是指引用单元格的精确地址，与包含公式的单元格位置无关，其引用形式为在列标和行号的前面加上“$”符号。也就是说，绝对引用表示单元格地址不随移动或复制等目的单元格的变化而变化。当然，在实践中也可以用功能键来完成，选中单元格，使用功能键【F4】，即可完成绝对引用。例如，$A$1。

跨工作表单元格绝对引用是指引用同一工作簿、不同工作表中的单元格，又称三维引用。具体采用的格式为“工作表！数据源所在单元格名称”。例如，“＝Sheet1！$A$1”。

跨工作簿单元格绝对引用是指引用其他工作簿中的单元格，又称外部引用。具体采用的格式为“[工作簿名称]！工作表！数据源所在单元格名称”。例如，“＝[工作簿 1]！Sheet1！$A$1”。

3. 混合引用

既包含绝对引用又包含相对引用的引用称为混合引用。例如，“$A1”表示在复制公式时列标不变、行号变的引用；又如，“A$1”表示在复制公式时列标变、行号不变。

跨工作表单元格混合引用是指引用同一工作簿、不同工作表中的单元格，又称三维引用。具体采用的格式为“工作表！数据源所在单元格名称”。例如，“＝Sheet1！A$1”或“＝Sheet1！$A1”。

跨工作簿单元格绝对引用是指引用其他工作簿中的单元格，又称外部引用。具体采用的格式为“[工作簿名称]！工作表！数据源所在单元格名称”。例如，“＝[工作簿 1]！Sheet1！A$1”或“＝[工作簿 1]！Sheet1！$A1”。

任务实施

一、计算成绩的总分、平均分、最高分和最低分

如图 6－96 所示，计算光华小学某班期末成绩的总分、平均分、最高分和最低分。

任务分析：根据题目要求，可以分别用函数 SUM、AVERAGE、MAX 和 MIN 完成。

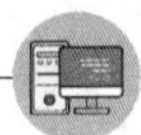

	A	B	C	D	E	F	G
1	光华小学期末成绩一览表						
2	学号	姓名	语文	数学	英语	总分	平均分
3	s001	王晓涛	95	98	78		
4	s002	李　梅	85	95	95		
5	s003	马鸿飞	76	65	65		
6	s004	赵家河	84	98	82		
7	s005	刘　璐	98	75	79		
8	s006	郝静静	39	59	65		
9	s007	王红艳	86	89	85		
10	s008	冯　春	29	68	54		
11	s009	乔俊琴	96	78	90		
12	s010	董　强	95	58	90		
13	最高分						
14	最低分						

图 6－96　原始期末成绩表

（一）求总分

定位到F3单元格，选择“公式”功能菜单内“函数库”分组命令中的“自动求和”命令按钮，从中选择“求和”函数，在随后的工作表的对应位置处输入如图6－97所示参数“C3:E3”，直接按回车键。F3单元格计算完毕后，对F4～F12单元格的总分可以采用自动填充完成。

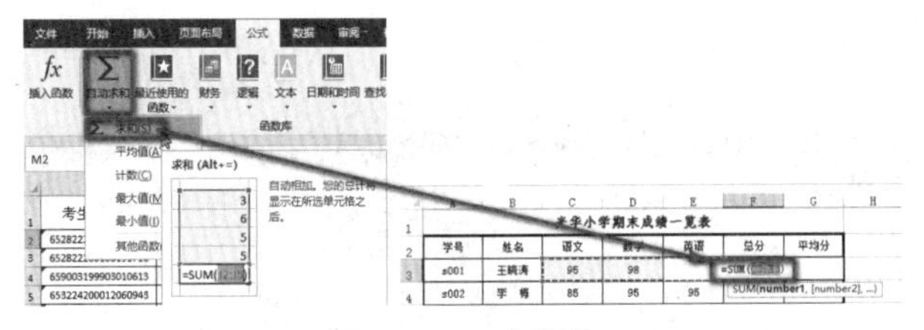

图 6－97　求总分

（二）求平均分

定位到G3单元格，单击“公式”功能菜单内“函数库”分组命令中的“插入函数”命令，在弹出的“插入函数”对话框中再选择“选择函数”列表框内的“AVERAGE”。此时，单击“确定”命令按钮，弹出“函数参数”对话框，在该对话框中的“Number1”文本框中显示求和的单元格区域C3:E3，如图6－98所示。如果该区域符合要求，可直接单击“确定”按钮完成操作；如果不符合要求，可单击文本框右侧的“拾取”按钮，通过鼠标拖动，在工作表中选取正确的区域。

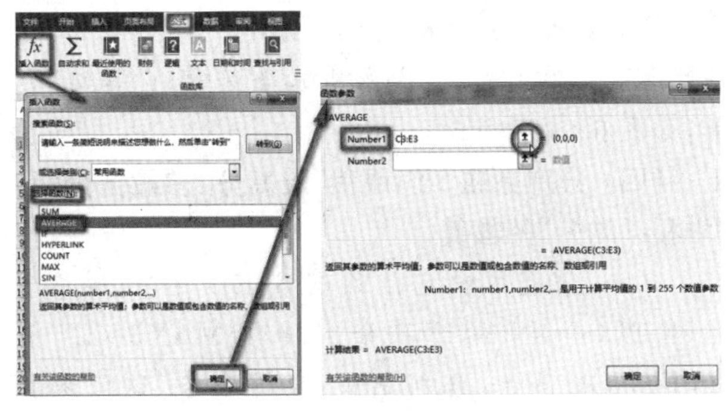

图 6－98　求平均分

最后，再次选中G3单元格，将鼠标移动到该单元格右下角的填充柄处。当其变为黑色“十”字箭头时，按住鼠标左键进行拖放操作至F12单元格即可完成。

（三）求最高分

定位到C13单元格，选择“公式”功能菜单内“函数库”分组命令中的“插入函数”命令，在弹出的“插入函数”对话框中选择“选择函数”列表框中的“MAX”函数，单击“确定”按钮。若在弹出的“函数参数”对话框中参数正确，如图6－99所示，可单击“确定”按钮完成。再次选中C13单元格，将鼠标移动到该单元格右下角的填充柄处，当其变为黑色“十”字箭头时，按住鼠标左键进行拖放操作至C14单元格即可全部完成。

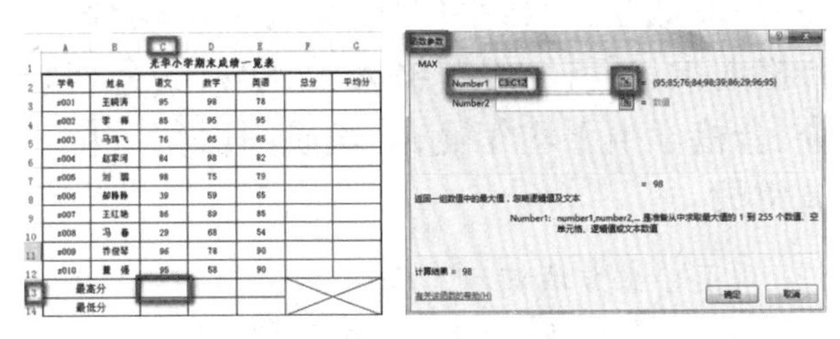

图 6－99　求最大值

（四）求最低分

定位到C14单元格，选择“公式”功能菜单内“函数库”分组命令中的“插入函数”命令，在弹出的“插入函数”对话框中选择“选择函数”列表框中的“MIN”函数，单击“确定”按钮。此时，会发现在弹出的“函数参数”对话框中的参数不正确，如图6－100所示，再单击Number1右侧“拾取”按钮，重新选择正确的参数后单击“确定”按钮完成。再次选中C14单元格，将鼠标移动到该单元格右下角的填充柄处，当其变为黑色“十”字箭头时，按住鼠标左键进行拖

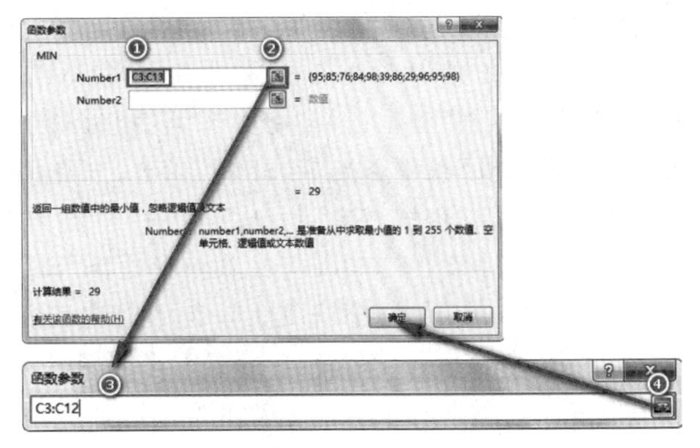

图 6－100　求最小值

	A	B	C	D	E	F	G
1	光华小学期末成绩一览表						
2	学号	姓名	语文	数学	英语	总分	平均分
3	s001	王晓清	95	98	78	271	90.33
4	s002	李　梅	85	95	95	275	91.67
5	s003	马鸿飞	76	65	65	206	68.67
6	s004	赵家河	84	98	82	264	88.00
7	s005	刘　璐	98	75	79	252	84.00
8	s006	郝静静	39	59	65	163	54.33
9	s007	王红艳	86	89	85	260	86.67
10	s008	冯　春	29	68	54	151	50.33
11	s009	乔俊琴	96	78	90	264	88.00
12	s010	董　强	95	58	90	243	81.00
13	最高分		98	98	95		
14	最低分		29	58	54		

图 6-101　期末成绩计算结果

放操作至 C14 单元格即可全部完成，如图 6-101 所示。

二、核算成绩的总分、平均成绩、等级、最高分、最低分、学科平均分、男女生平均分、不合格人数、学科均不合格人数、学科均合格总分、合格学生平均年龄、平均成绩保留一位小数位数

现有学生考试信息（“函数应用”工作簿），其内工作表主要利用函数完成 17 项数据的核算，工作表数据如图 6-102 所示。

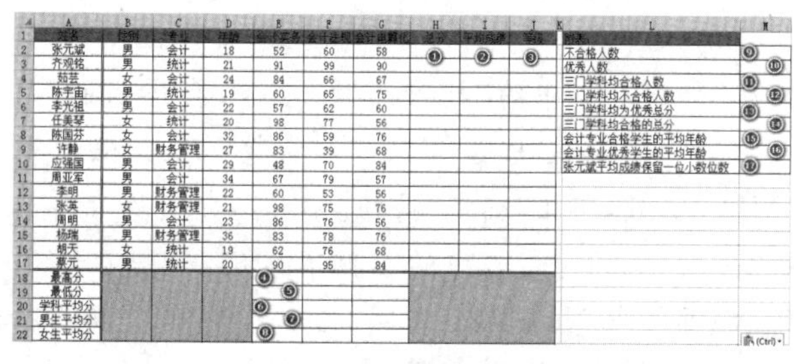

图 6-102　学生考试信息

（一）完成“总分”的核算

选中 H2 单元格，输入“＝”，选择“公式”功能菜单内“函数库”分组中的“插入函数”按钮，在打开的“插入函数”对话框中“搜索函数”框中输入“SUM”，再在“或选择类别”框中选择“全部”，单击“转到”。此时，“选择函数”框中会显示“SUM”函数，且底纹呈现蓝色。最后，单击“确定”按钮。

在打开的对话框 Number1 参数框中选择“E2:G2”，再单击“确定”。如图 6-103 所示，即可完成张元斌同学总分的核算。此时，再将鼠标移动至 H2 单元格右下角的填充柄处，当鼠标变为黑色实心“十”字架，向下拖拉至 H17 单元格，完成本班其余同学的“总分”核算。

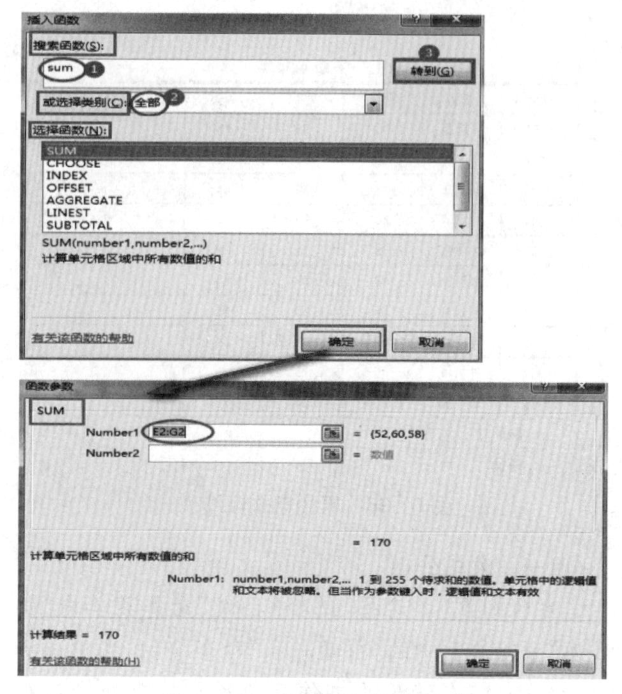

图 6-103　完成“总分”的核算

（二）完成“平均成绩”的核算

选中 I2 单元格，按照（一）中的方法搜索 AVERAGE 函数，完成“平均成绩”的核算，如图 6-104 所示。

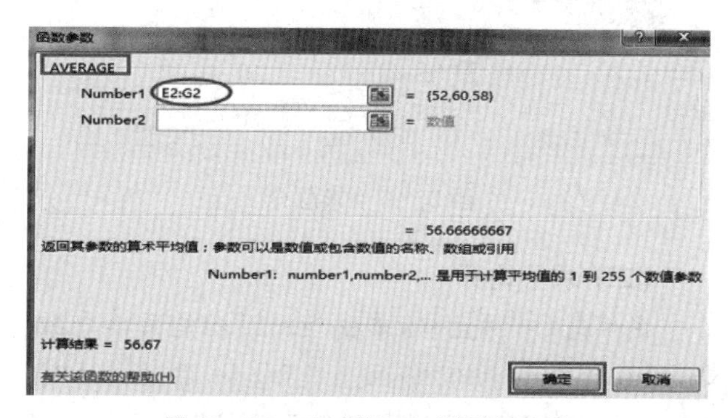

图 6-104　完成“平均成绩”的核算

（三）完成“等级”的核算

定位到 J2 单元格，然后，输入“＝IF(I2＞＝90,"优秀",IF(I2＞＝80,"良好",IF(I2＞＝70,"中等",IF(I2＞＝60,"及格","不及格"))))”，回车完成“等级”核算。然后，将鼠标移动至 J2 单元格右下角的填充柄处，当鼠标变为黑色实心“十”字架，向下拖拉至 J17 单元格，完成本班其余同学的“等级”核算，如图 6-105 所示。

（四）分别完成 3 门课程“最高分”、“最低分”和“学科平均分”的核算

首先，分别依次定位到 E18、E19 和 E20 单元格，按照（一）中的步骤分别搜索 MAX、MIN 和 AVERAGE 函数，分别完成“会计实务”这门课程

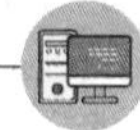

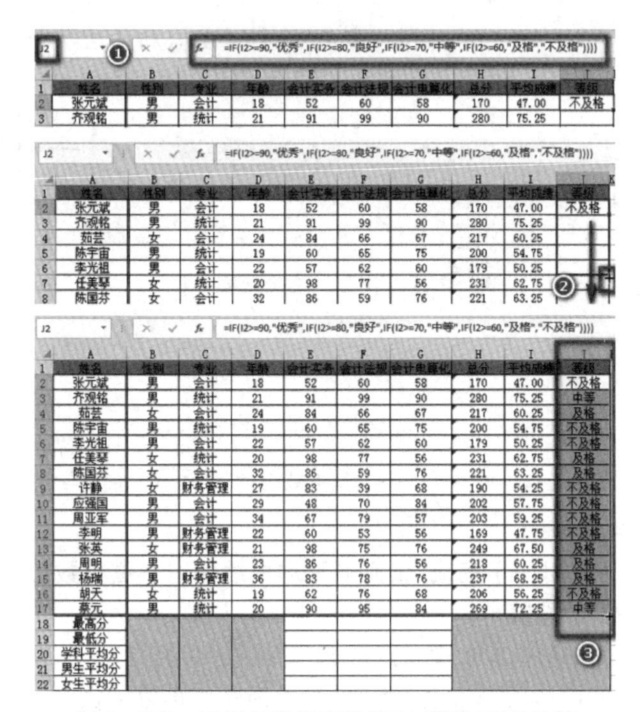

	A	B	C	D	E	F	G	H	I	J
1	姓名	性别	专业	年龄	会计实务	会计法规	会计电算化	总分	平均成绩	等级
2	张元斌	男	会计	18	52	60	58	170	47.00	不及格
3	齐观铭	男	统计	21	91	99	90	280	75.25	中等
4	茹芸	女	会计	24	84	66	67	217	60.25	及格
5	陈宇宙	男	统计	19	60	65	75	200	54.75	不及格
6	李光祖	男	会计	22	57	62	60	179	50.25	不及格
7	任美琴	女	统计	20	98	77	56	231	62.75	及格
8	陈国芬	女	会计	32	86	59	76	221	63.25	及格
9	许静	女	财务管理	27	83	39	68	190	54.25	不及格
10	应强国	男	会计	29	48	70	84	202	57.75	不及格
11	周亚军	男	会计	34	67	79	57	203	59.25	不及格
12	李明	男	财务管理	22	60	53	56	169	47.75	不及格
13	张英	女	财务管理	21	98	75	76	249	67.50	及格
14	周明	男	会计	23	86	76	56	218	60.25	及格
15	杨瑞	男	财务管理	36	83	78	76	237	68.25	及格
16	胡天	女	统计	19	62	76	68	206	56.25	不及格
17	蔡元	男	统计	20	90	95	84	269	72.25	中等
18	最高分									
19	最低分									
20	学科平均分									
21	男生平均分									
22	女生平均分									

图 6－105　用 IF 函数嵌套设置完成“等级”的核算

“最高分”、“最低分”和“学科平均分”的核算操作，如图 6－106 所示。

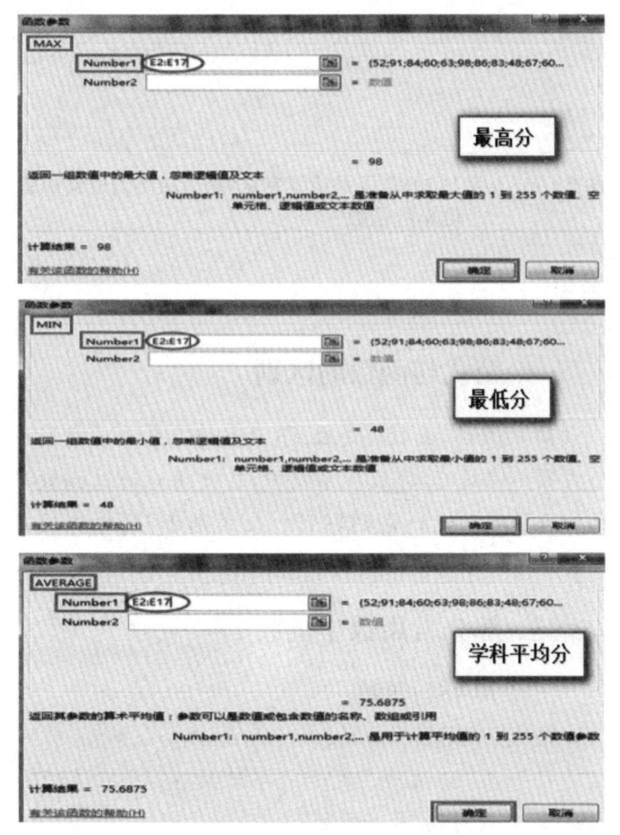

图 6－106　完成“最高分”、“最低分”和“学科平均分”的核算

然后，分别依次定位到 F18、F19 和 F20 单元格，按照（一）中的步骤分别搜索 MAX、MIN 和 AVERAGE 函数，分别完成“会计法规”这门课程“最高分”、“最低分”和“学科平均分”的核算操作。同理，完成“会计电算化”课程的“最高分”、“最低分”和“学科平均分”的核算操作。

（五）完成“会计实务”的“男生平均分”和“女生平均分”的核算

分别选中 E21、E22 单元格，按照（一）中的步骤搜索 AVERAGEIF 函数，分别完成“男生平均分”和“女生平均分”的核算，如图 6－107 所示。

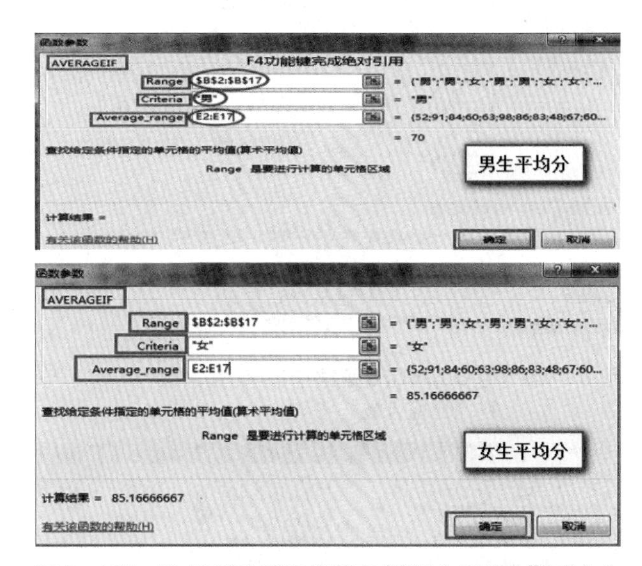

图 6－107　用 AVERAGEIF 函数完成“男生平均分”和“女生平均分”的核算

（六）完成“不合格人数”的核算

选中 M2 单元格，按照（一）中的步骤搜索 COUNTIF 函数，完成“不合格人数”的核算，如图 6－108 所示。

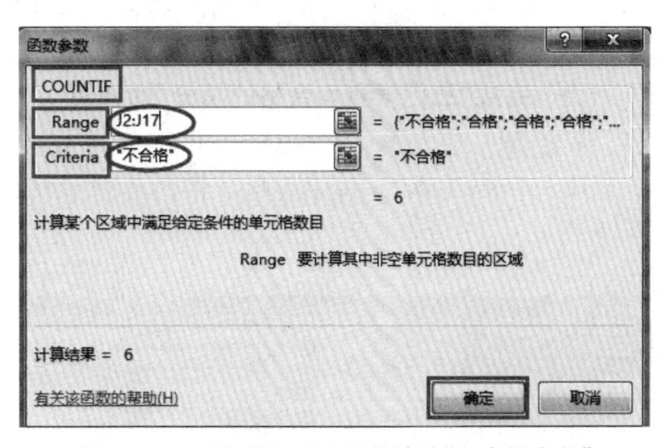

图 6－108　用 COUNTIF 函数统计“不合格人数”

（七）完成“优秀人数”和“三门学科均合格人数”的核算

分别选中 M3、M4 单元格，按照（一）中的步骤分别搜索 COUNTIFS 函数，完成“优秀人数”和“三门学科均合格人数”的核算，如图 6－109 所示。

（八）完成“三门学科均不合格人数”的核算

选中 M5 单元格，按照（一）中的步骤搜索

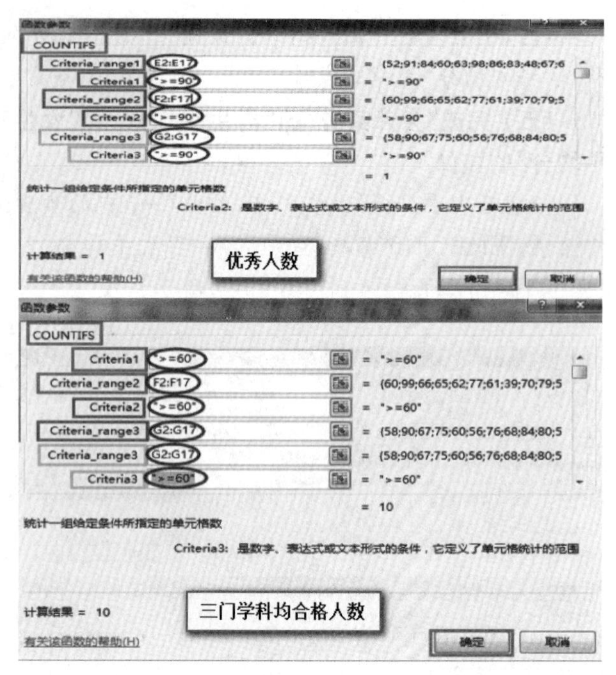

图 6-109　用 COUNTIFS 函数统计“优秀人数”和“三门学科均合格人数”

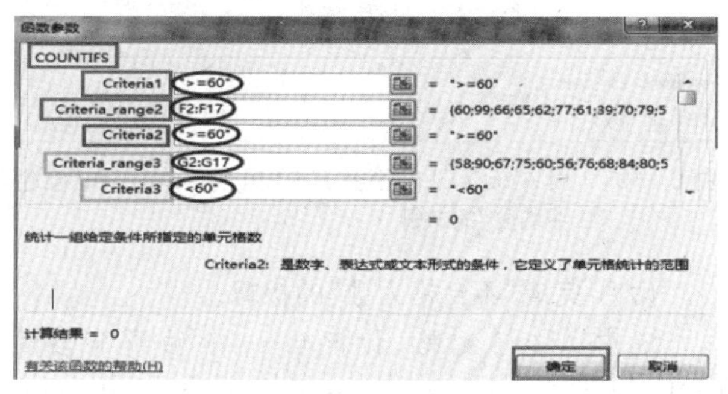

图 6-110　统计“三门学科均不合格人数”

COUNTIFS 函数，完成“三门学科均不合格人数”的核算，如图 6-110 所示。

(九) 完成“三门学科均合格的总分”的核算

选中 M6 单元格，按照(一)中的步骤搜索 SUMIFS 函数，完成“三门学科均合格的总分”的核算，如图 6-111 所示。

图 6-111　统计三门学科均合格的总分

(十) 完成“会计专业合格学生的平均年龄”的核算

选中 M7 单元格，按照(一)中的步骤搜索 AVERAGEIFS 函数，完成“会计专业合格学生的平均年龄”的核算，如图 6-112 所示。

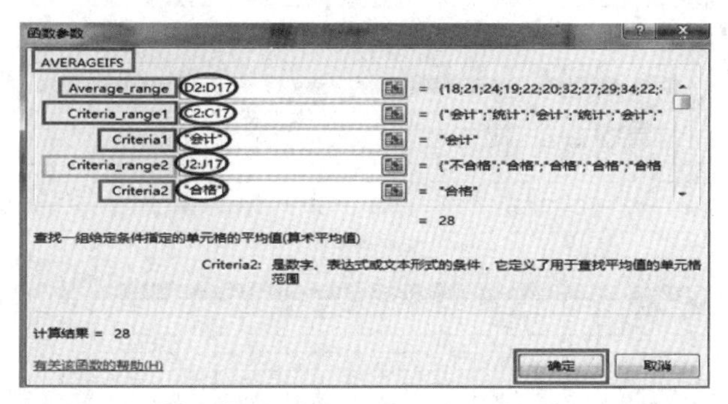

图 6-112　用 AVERAGEIFS 函数统计“会计专业合格学生的平均年龄”

(十一) 完成“张元斌平均成绩保留一位小数位数”的核算

选中 M8 单元格，按照(一)中的步骤搜索 ROUND 函数，完成“张元斌平均成绩保留一位小数位数”的核算，如图 6-113 所示。

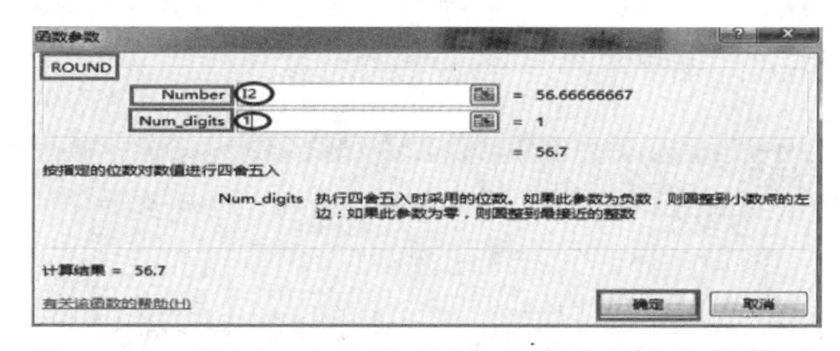

图 6-113　用 ROUND 函数设置完成“张元斌平均成绩保留一位小数位数”

任务拓展

一、公式与函数的区别

简单来说，函数也是公式，只不过是系统将常用的公式预先编辑好，存放在系统中，在使用时通过函数名称和设置参数进行调用即可。公式则不然，每次用户在使用过程中都需要进行编辑，然后才可以使用。

二、部分常用数学函数

(一) MAX()函数

格式：MAX(number1,number2,...)

每一个“number”表示一个连续区域，不连续的区设置为不同的“number”。

含义：返回几个指定值或区域中的最大值。

示例：=MAX(A1:B8)；=MAX(A1:B8,C6:E12)

(二) MIN()函数

格式：MIN(number1,number2,...)

每一个“number”表示一个连续区域，不连续的区设置为不同的“number”。

含义：返回几个指定值或区域中的最小值。

示例：=MIN(A1:B8)；=MIN(A1:B8,C6:E12)

（三）SUM()函数

格式：SUM(number1,number2,...)

1到255个待求和的数值，单元格中的逻辑值和文本将被忽略。但作为参数键入时，逻辑值和文本有效。注意每一个“number”表示一个连续区域，不连续的区设置为不同的“number”。

含义：返回单元格区域中所有数值的和。

示例：=SUM(A1:B8)；=SUM(A1:B8,C6:E12)

三、部分常用逻辑函数

（一）IF()函数

格式：IF(logical_test,value_if_true,value_if_false)

“logical_test”表示计算结果为“TRUE”或“FALSE”的任意值或表达式；“value_if_true”表示“logical_test”为“TRUE”时返回的值；“value_if_false”表示“logical_test”为“FALSE”时返回的值。

含义：条件判断函数。如果指定条件的计算结果为“TRUE”，IF函数将返回某个值；如果该条件的计算结果为“FALSE”，则返回另一个值。

示例如表6-11所示。

表6-11　IF()函数示例

序号	A	B	公式	结果
1	50	23	=IF(A1<=100,"Withinbudget","Overbudget")	Withinbudget
2	48	13	=IF(A2>B2,SUM(A2:B2),"")	61
3	27	23	=IF(A2>B2,MAX(A2:B2),"")	27
4	51	51	=IF(A4=B4,"相等","不相等")	相等

（二）AND()函数

格式：AND(logical1,logical2,...)

“logical1,logical2,...”是1～255个结果为“TRUE”或“FALSE”的检测条件，检测内容可以是逻辑值、数组或引用。

含义：返回结果为“TRUE”或者“FALSE”。检查是否所有参数均为“TRUE”，如果所有参数值均为“TRUE”，则返回“TRUE”；如果所有参数值不全为“TRUE”，则返回“FALSE”。

示例如表6-12所示。

表6-12　AND()函数示例

序号	姓名	零食花费A	买衣花费B	公式(两个人都买了)	结果
1	小明	50		=AND(B2<>"",C2<>"")	FALSE
2	小红		50	=AND(B3<>"",C3<>"")	FALSE
3	小马			=AND(B4<>"",C4<>"")	FALSE
4	小黄	50	50	=AND(B5<>"",C5<>"")	TRUE

（三）OR()函数

格式：OR(logical1,logical2,...)

“logical1,logical2,...”是1～255个结果为“TRUE”或“FALSE”的检测条件，检测内容可以是逻辑值、数组或引用。

含义：返回结果为“TRUE”或者“FALSE”。检查是否有参数为“TRUE”，如果有参数值为“TRUE”，则返回“TRUE”；如果所有参数值均为“FALSE”，则返回“FALSE”。

示例如表6-13所示。

表6-13　OR()函数示例

序号	姓名A	借支金额B	餐卡金额C	公式(筛选出至少有一个有金额的)	结果
1	张三			=OR(B2<>"",C2<>"")	FALSE
2	李四	100		=OR(B3<>"",C3<>"")	TRUE
3	王五		100	=OR(B4<>"",C4<>"")	TRUE
4	赵六	100	100	=OR(B5<>"",C5<>"")	TRUE

四、部分常用统计函数

（一）COUNTIF()函数

格式：COUNTIF(range,criteria)

参数range要计算其中非空单元格数目的区域；参数criteria以数字、表达式或文本形式定义的条件。

含义：返回满足条件的单元格个数。

示例如表6-14所示。

表 6-14 COUNTIF( )函数示例

序号	姓名	部门	性别	年龄	工资	条件	公式	结果
1	刘用	财务部	男	35	4 566	大于 40 岁人数	= COUNTIF（E2：E10,"＞40"）	3
2	刘明	销售一部	女	45	7 544			
3	陈功	销售二部	女	55	5 676			
4	夏想	销售三部	男	26	3 456	男职工人数	=COUNTIF(D2:D10,"男")	4
5	刘备	销售一部	女	36	5 678			
6	史过	销售二部	男	46	6 543			
7	许嵩	销售三部	男	34	3 456	销售部人数	=COUNTIF(C2:C10,"销售*")	7
8	谢意	销售一部	女	22	3 333			
9	林森	采购部	女	34	4 444			

(二) AVERAGEIF( )函数

格式：AVERAGEIF(range,criteria,[average_range])

"range"为必选项,要计算平均值的一个或多个单元格,包含数字或包含数值的名称、数组或引用。"criteria"为必选项,形式为数字、表达式、单元格引用或文本的条件,用来定义将计算平均值的单元格。"average_range"为可选项,计算平均值的实际单元格组,如果省略,则使用"range"。

含义：返回某个区域内满足给定条件的所有单元格的平均值(算术平均值)。如果条件中的单元格为空单元格,AVERAGEIF 就会将其视为"0"。忽略区域中包含"TRUE"或"FALSE"的单元格。

(1) 若"average_range"中的单元格为空单元格,AVERAGEIF 将忽略它。

(2) 若条件中的单元格为空单元格,AVERAGEIF 就会将其视为"#DIV0!"。

(3) 若区域中没有满足条件的单元格,AVERAGEIF 将返回错误值"#DIV/0!"。

示例如表 6-15 所示。

表 6-15 AVERAGEIF( )函数示例

序号	B	C	D	E	公式	结果
1	3	8	6	1	= AVERAGEIF（B11:E11,"＞5",B11:E11)	7
2	3	8	6	(空格)	= AVERAGEIF（B12:E12,"＞=0",B12:E12)	5.7
3	3	8	6	1	= AVERAGEIF（B14:E14,"",B14:E14)	#DIV/0!
4	3	8	6	1	= AVERAGEIF（B15:E15,"＞9",B15:E15)	#DIV/0!

(三) AVERAGEIFS( )函数

格式：AVERAGEIFS(average_range,criteria_range1,criteria1,criteria_range2,criteria2,...)

参数"average_range"表示求平均值区域(参与计算平均值的单元格)。参数"criteria_range,criteria_range2,..."表示条件区(criteria 条件所在的范围)。参数"criteria1,criteria2,..."表示条件是用来定义计算平均值的单元格(形式可以是数值、表达式、单元格引用或文本的条件)。

含义：返回满足多重条件的所有单元格的平均值,用于多条件计算平均数。

(1) "criteria_range1"与"criteria1"组成一个条件范围/条件对,需要一一对应。

(2) 条件可以是单纯的文字,如"白色",也可以使用大小于和等于号,如"＞=100"或"＞="&100。另外,条件还可以使用通配符问号(?)和星号(*),问号表示一个字符,星号表示一个或多个字符。如果要查找问号或星号,需要在它们前面加转义字符,如~*。

(3) 若选定的单元格中有逻辑值"True"或"False",都将被忽视。

(4) 若"average_range"为空值、文本值或无法转换为数字的其他内容,将返回"#DIV/0!"。

(5) 若条件中包含空单元格,将被视为"0"。如果选定的区域没有满足条件的单元格,将返回"#DIV/0!"错误。

示例如表 6-16 所示。

表 6－16 AVERAGEIFS( )函数示例

序号	姓名	部门	性别	年龄	工资	条件	公式	结果
1	刘备	销售一部	女	36	5678	销售部女职工平均工资	=AVERAGEIFS(F2:F4,$C$2:$C$4,"销售*",$D$2:$D$4,"女")	4505.5
2	谢意	销售一部	女	22	3333	大于40岁男职工平均工资	=AVERAGEIFS(F2:F4,E2:E4,">40",D2:D4,"男")	#DIV/0!
3	林琳	办公室	女	45	5555	销售部大于30岁男职工平均工资	=AVERAGEIFS(F4:F6,E4:E6,">40",D4:D6,"女")	5555

五、部分常用的查找与引用函数

(一) VLOOKUP( )函数

格式：VLOOKUP(lookup_value,table_array,col_index_num,range_lookup)

"lookup_value"为需要在数据表第一列中进行查找的数值，可以为数值、引用或文本字符串。"table_array"为需要在其中查找数据的数据表，可以使用对区域或区域名称的引用，并且"lookup_value"必须位于"table_array"的第一列。"colindex_num"为"table_array"中查找数据的数据列序号。"range_lookup"为逻辑值，指明函数VLOOKUP查找时是精确匹配还是近似匹配。如果为"FALSE"或"0"，返回精确匹配；如果为"TRUE"或"1"，则返回近似匹配值。

含义：纵向查找函数(即按列查找)，最终返回该列所需查询序列所对应的值，查找条件与查找结果在同一行。

示例如表6－17所示。

表 6－17 VLOOKUP( )函数示例

列标	A列	B列	C列
行号	类型	价格	销量
1	32GU盘	8.00	5
2	64GU盘	12.00	26
3	128GU盘	21.00	78
4	256GU盘	30.00	127

"U盘销售信息"范围		
32GU盘	8.00	5
64GU盘	12.00	26
128GU盘	21.00	78
256GU盘	30.00	127

列标	A列	B列	C列
行号	类型	销量公式	结果
11	64GU盘	=VLOOKUP(A11,$A$3:$C$6,3,0)	26
12	128GU盘	=VLOOKUP(A12,$A$3:$C$6,3,0)	78
13	类型	价格公式	结果

(续表)

列标	A列	B列	C列
行号	类型	销量公式	结果
14	32GU盘	=VLOOKUP(A14,U盘销售信息,2,0)	8.00
15	256GU盘	=VLOOKUP(A15,U盘销售信息,2,0)	30.00

(二) HLOOKUP( )函数

格式：HLOOKUP(lookup_value,table_array,row_index_num,range_lookup)

"lookup_value"为需要在数据表第一行中进行查找的数值，可以为数值、引用或文本字符串。"table_array"为需要在其中查找数据的数据表，使用对区域或区域名称的引用，并且"lookup_value"必须位于"table_array"的第一行。"row_index_num"为"table_array"中待返回的匹配值的行序。"range_lookup"为逻辑值，指明函数HLOOKUP查找时是精确匹配还是近似匹配。如果为"FALSE"或"0"，返回精确匹配；如果为"TRUE"或"1"，则返回近似匹配值。

含义：横向查找函数(即按行查找)，最终返回该行所需查询行序所对应的值，查找条件与查找结果在同一列。

示例如表6－18所示。

表 6－18 HLOOKUP( )函数示例

行号	列标	A列	B列	C列	D列
1	类型	32GU盘	64GU盘	128GU盘	256GU盘
2	价格	8.00	12.00	21.00	30.00
3	销量	5	26	78	127

"U盘销售信息"范围			
32GU盘	64GU盘	128GU盘	256GU盘
8.00	12.00	21.00	30.00
5	26	78	127

列标	A列	B列	C列
行号	类型	销量公式	结果
11	64GU盘	=HLOOKUP(A11,$A$1:$D$3,3,0)	26
12	128GU盘	=HLOOKUP(A12,$A$1:$D$3,3,0)	78
13	类型	价格公式	结果
14	32GU盘	=HLOOKUP(A14,U盘销售信息,2,0)	8.00
15	256GU盘	=HLOOKUP(A15,U盘销售信息,2,0)	30.00

六、部分常用文本函数

(一) LEFT()函数

格式：LEFT(text,[numchars])

"text"为必选项，是要提取字符的字符串。"numchars"为可选项，指定要由LEFT提取的字符的数量。

含义：从"text"字符串左边第一个字符中提取"numchars"所指定的字符的数量。如果"numchars"数字大于"text"的字符数，将返回文本字符的全部内容；如果"numchars"缺省，将提取"text"的第一个字符。

示例如表6-19所示。

表6-19 LEFT()函数示例

邮件地址	公式	结果
LIXINXURENJUN@163.COM	=LEFT(A2)	L
LIXINXURENJUN@163.COM	=LEFT(A3,8)	LIXINXUR
LIXINXURENJUN@163.COM	=LEFT(A4,21)	LIXINXURENJUN@163.COM
LIXINXURENJUN@163.COM	=LEFT(A5,23)	LIXINXURENJUN@163.COM

(二) RIGHT()函数

格式：RIGHT(text,[numchars])

"text"为必选项，是要提取字符的字符串。"numchars"为可选项，指定要由RIGHT提取的字符的数量。

含义：从"text"字符串右边第一个字符中提取"numchars"所指定的字符的数量。如果"numchars"数字大于"text"的字符数，将返回文本字符的全部内容；如果"numchars"缺省，将提取"text"的第一个字符。

示例如表6-20所示。

表6-20 RIGHT()函数示例

邮件地址	公式	结果
LIXINXURENJUN@163.COM	= RIGHT(A2)	M
LIXI NXURENJUN@163.COM	= RIGHT(A3,8)	@163.COM
LIXINXURENJUN@163.COM	= RIGHT(A4,21)	LIXINXURENJUN@163.COM
LIXINXURENJUN@163.COM	= RIGHT(A5,23)	LIXINXURENJUN@163.COM

(三) MID()函数

格式：MID(text,start_num,num_chars)

"text"为必选项，是要提取字符的字符串。"start_num"为必选项，要提取的"text"字符串的起始位置。"numchars"为必选项，指定希望MID从"text"字符串中返回字符的个数。

含义：从"text"字符串中的"start_num"位置开始提取"numchars"所指定的字符的数量。如果"numchars"数字大于"text"字符串从"start_num"到结束位置的字符数，将返回"text"字符串从"start_num"到结束位置的全部内容。

示例如表6-21所示。

表6-21 MID()函数示例

邮件地址	公式	结果
LIXINXURENJUN@163.COM	=MID(A2,1,8)	LIXINXUR
LIXI NXURENJUN@163.COM	=MID(A3,4,8)	I NXUREN
LIXINXURENJUN@163.COM	=MID(A4,1,22)	LIXINXURENJUN@163.COM

七、查找引用工作表操作

现有快递订单信息("函数应用"工作簿)，该工作簿有4张工作表，分别为"横列"工作表、"竖列"工作表、"查找引用1"工作表、"查找引用2"工作表。表格数据如图6-114所示。

其中，"查找引用1"工作表主要利用VLOOKUP()函数完成快递信息查找，"查找引用2"工作表主要利用HLOOKUP()函数完成快递信

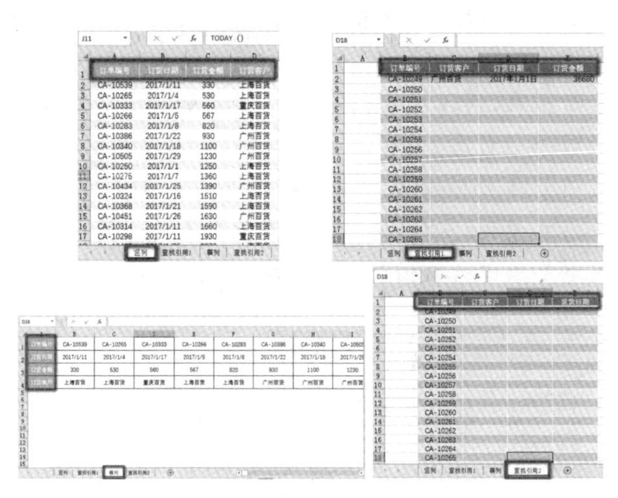

图 6-114 快递订单信息

息查找。

(一)“查找引用 1”工作表操作

(1) 打开工作簿后切换到“竖列”工作表中，选择“公式”功能菜单内“定义的名称”组中“名称管理器”按钮，打开“名称管理器”对话框，将订单信息存储范围命名为“订单查找 1”，如图 6-115 所示。

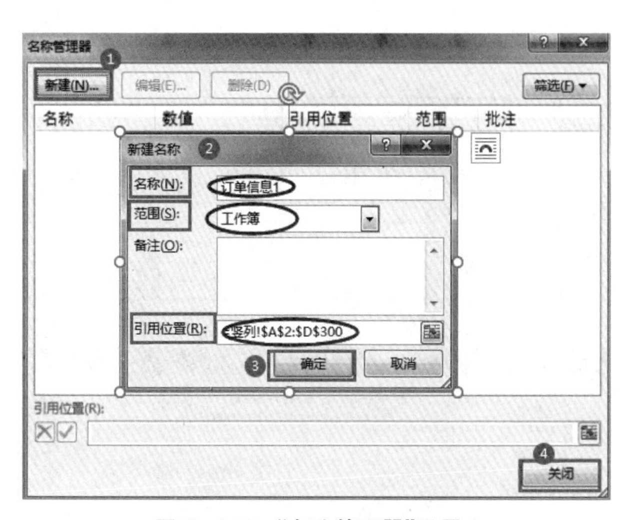

图 6-115 “名称管理器”设置 1

(2) 打开“查找引用 1”工作表，定位至 C2 单元格，输入“=”，选择“公式”功能菜单内“函数库”分组中的“插入函数”，搜索到 VLOOKUP() 函数，打开 VLOOKUP() 函数，设置参数如图 6-116 所示。

(3) 选中 D2 单元格，按照(2)中的方法完成“订货日期”的查找，如图 6-117 所示。选中 E2 单元格，按照(2)中的方法完成“订货金额”的查找，如图 6-118 所示。最后，选中 C2:E2 单元格区域，将鼠标移动到右下角，鼠标变为黑色实心“十”字架，双击鼠标，即可完成订单信息的查找。

(二)“查找引用 2”工作表操作

(1) 打开工作簿后切换到“横列”工作表中，选

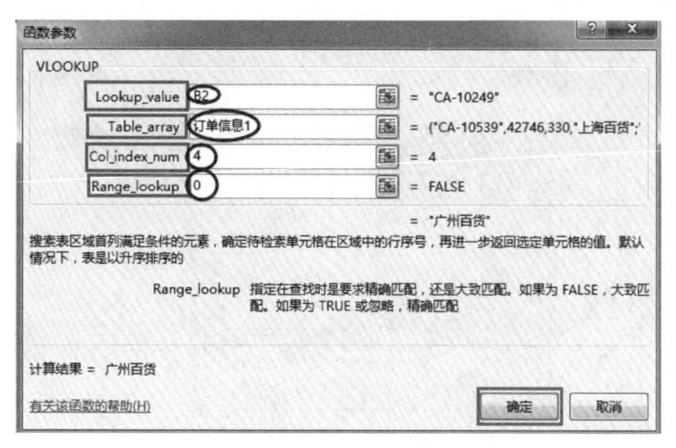

图 6-116 “订货客户”的查找

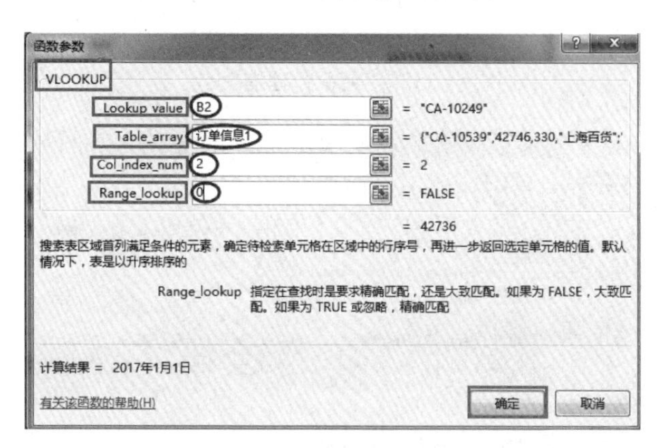

图 6-117 “订货日期”的查找 1

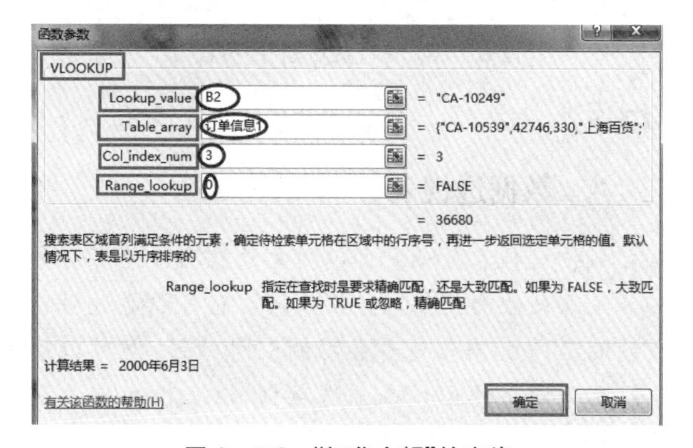

图 6-118 “订货金额”的查找

择“公式”功能菜单内“定义的名称”组中“名称管理器”按钮，打开“名称管理器”对话框，将订单信息存储范围命名为“订单查找 2”，如图 6-119 所示。

(2) 打开“查找引用 2”工作表，定位至 C2 单元格，输入“=”，单击“公式”功能菜单内“函数库”分组中的“插入函数”，搜索到 HLOOKUP() 函数，打开 HLOOKUP() 函数，设置如图 6-120 所示参数。

(3) 双击 C2 单元格后选中 B2 单元格，按下 3 次【F4】功能键将 B2 变为$ B2，选中 B2 单元格，将鼠标移动到右下角，鼠标变为黑色实心“十”字架并拖动到 E2 单元格，双击 D2 单元格，将数字“2”变为“3”，双击 E2 单元格，将数字“2”变为“4”。

最后，选中 C2:E2 单元格区域，将鼠标移动到

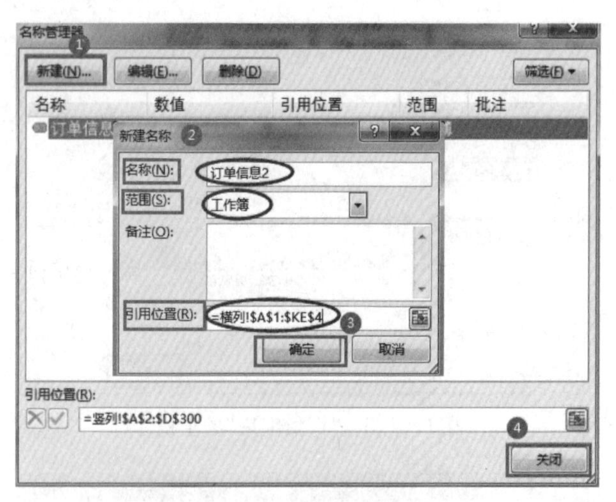

图 6-119 “名称管理器”设置 2

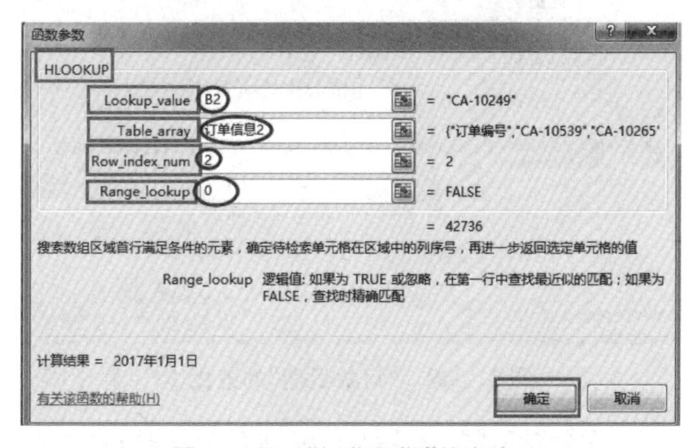

图 6-120 “订货日期”的查找 2

右下角，双击鼠标，即可完成订单信息的查找。

八、数据透视表

数据透视表是一种可以对大量数据快速汇总和建立交叉列表的交互式数据表格。它可以通过对行或列的不同组合来查看数据的汇总结果，也可以通过显示不同页的形式来筛选数据，以及根据需要显示数据区域中的明细数据。

数据透视表是一种动态工作表，它能够将数据筛选、排序和分类汇总等操作依次完成(不需要使用公式和函数)，并生成汇总表格，是 Excel 强大数据处理能力的具体体现。

(一) 创建数据透视表

创建数据透视表，首先要有数据源，这种数据可以是现有工作表数据或外部数据；然后，在工作簿中指定数据透视表的位置；最后，设置字段布局。

(1) 为确保数据用于数据透视表，在创建数据源时需要做到以下 4 个方面：①删除所有空行或空列；②删除所有自动小计；③确保第一行包含列标签，且列标签必须具有唯一性；④确保各列只包含一种类型的数据，而且不能是文本与数据的组合。

(2) 创建数据透视表的三步法。根据透视表有机综合数据排序、筛选、分类汇总等数据处理分析功能，仅靠鼠标拖动字段位置，就能变换出各种类型的分析报表，实现快速分类汇总，是 Excel 中功能最强的数据分析工具。

创建数据透视表分为以下 3 步：首先，选择要分析的数据；然后，选择要放置数据表的位置；最后，拖动字段进行数据分析。如图 6-121 所示。

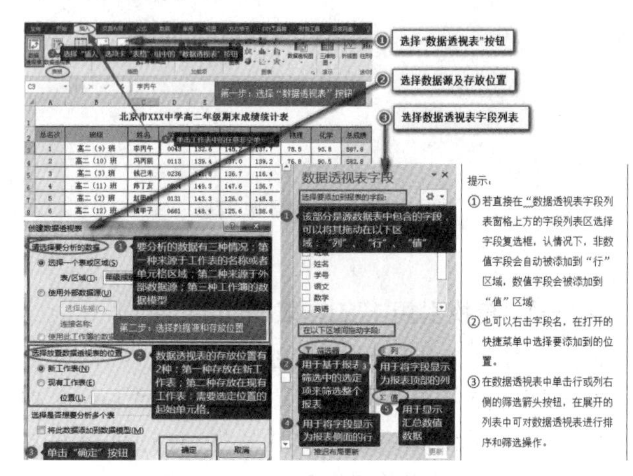

图 6-121 创建透视表步骤

完成如图 6-122 所示的数据透视表的创建。

源数据工作表

员工职称情况表

序号	姓名	性别	职称	岗位	工资
G10001	孙梦冉	女	高级工程师	公司经理	￥6,200
G10002	王佳伟	男	技术员	工会主席	￥4,500
G10003	郭绍华	男	会计员	公司副经理	￥4,500
G10004	于家祥	男	技术员	三队队长	￥4,000
G10005	邹重阳	男	高级政工师	公司副经理	￥5,600
G10006	王鑫	女	技术员	统计	￥4,000
G10007	排祖拉·克比尔	男	工程师	技术	￥4,300
G10008	麦合皮热提·吐隼托乎提	女	经济师	技术	￥4,600
G10009	巴达日呼	男	会计员	生产	￥4,500
G10010	德力格尔图雅	女	政工员	统计	￥3,800

生成的数据透视表

求和项:工资	列标签							
行标签	高级工程师	高级政工师	工程师	会计员	技术员	经济师	政工员	总计
⊟孙梦冉	6200							6200
⊟女	6200							6200
公司经理	6200							6200
⊟王佳伟					4500			4500
⊟男					4500			4500
工会主席					4500			4500
⊟郭绍华				4500				4500
⊟男				4500				4500
公司副经理				4500				4500
⊟于家祥					4000			4000
⊟男					4000			4000
三队队长					4000			4000
⊟邹重阳		5600						5600
⊟男		5600						5600
公司副经理		5600						5600
⊟王鑫					4000			4000
⊟女					4000			4000
统计					4000			4000
⊟排祖拉·克比尔			4300					4300
⊟男			4300					4300
技术			4300					4300
⊟麦合皮热提·吐隼托乎提						4600		4600
⊟女						4600		4600
技术						4600		4600
⊟巴达日呼				4500				4500
⊟男				4500				4500
生产				4500				4500
⊟德力格尔图雅							3800	3800
⊟女							3800	3800
统计							3800	3800
总计	6200	5600	4300	9000	12500	4600	3800	46000

图 6-122 创建透视表的源工作表及最终结果

(二) 更新数据透视表

当数据源的数据发生改变时，此数据源生成的数据透视表数据是不会自动更新的。如果要更新数据透视表中的数据，可以定位到数据透视表中的任意单元格。然后，单击“数据透视表工具 分析”功

能菜单中的“数据”分组内的“刷新”命令按钮，如图6-123所示。

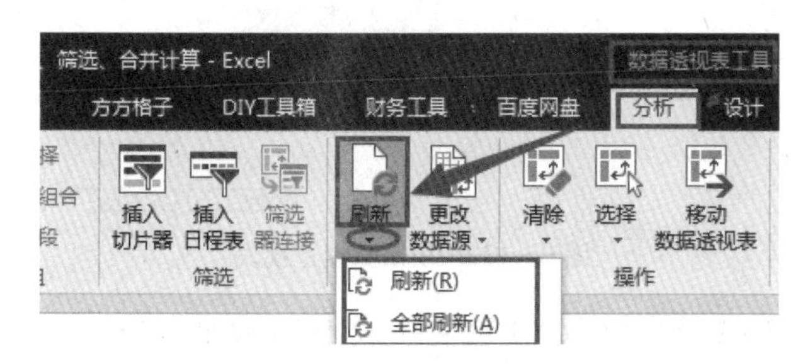

图6-123　利用“刷新”命令按钮更新数据透视表

（三）删除数据透视表

要删除数据透视表中的所有筛选器、行、列、值和格式，有两种方法。

方法1：先选中数据透视表中的任意非空单元格。然后，单击“数据透视表工具　分析”功能菜单内“操作”分组中的“选择”下拉按钮，在展开的列表中选择“整个数据透视表”选项。此时，选中了整个数据透视表单元格区域。最后，按【Del】删除，如图6-124所示。

图6-124　利用“选择”命令按钮和【Del】删除数据透视表

方法2：直接删除整个工作表，即可达到删除数据透视表的目的。单击数据透视表中的任意单元格，选取“数据透视表工具　分析”功能菜单内“操作”分组命令中“选择”内的“整个数据透视表”命令。最后，选择“清除”内的“全部清除”命令。

（四）清除数据透视表

要清除数据透视表，单击数据透视表中的任意单元格，再单击“数据透视表工具　分析”功能菜单内“操作”分组中的“清除”下拉命令按钮，在展开的列表中选择“全部清除”选项，如图6-125所示，即可清除已建立的数据透视表，重新回到还未编辑的空数据透视表状态。

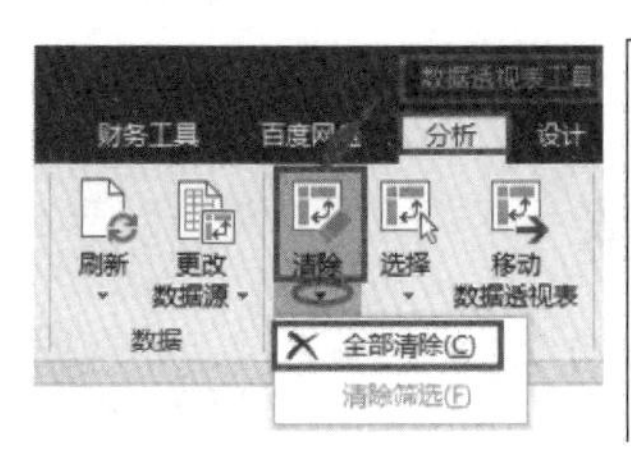

数据透视表创建后，功能区中将显示“数据透视表工具”选项卡，其中包含“分析”和“设计”两个子选项卡，利用这两个选项卡，可对数据透视表进行相应设置。例如：数据透视表参数的修改和设置格式等操作。

图6-125　清除数据透视表

九、根据图书销售表创建数据透视表

具体要求

对下参数进行设置，包括以“图书类型”为行标签、以“销售商店”为列标签，汇总各销售商店的“销售总额”，创建一个数据透视表。再根据数据透视表生成数据透视图，其最终效果分别如图6-126、图6-127所示。

求和项：销售额	列标签			
行标签	蒙文书店	三联书店	新华书店	总计
科幻小说	540	890	750	2180
历史小说	320	300	540	1160
人物传记	870	1000	320	2190
幼儿启蒙	670	1060	590	2320
总计	2400	3250	2200	7850

图6-126　数据透视表效果

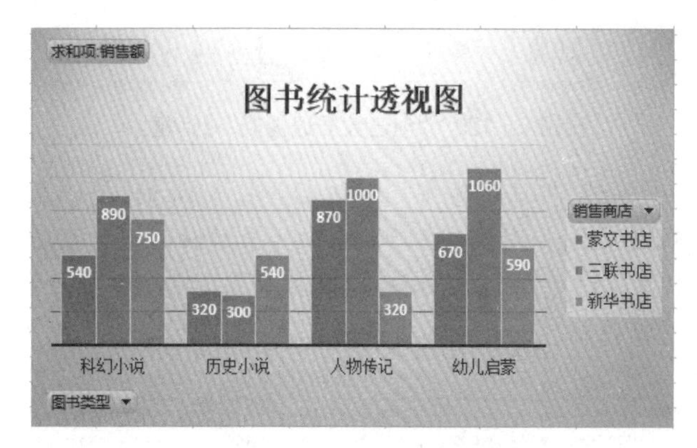

图6-127　数据透视图效果

具体步骤

（1）打开Excel，创建如图6-128所示的图书销售统计表。

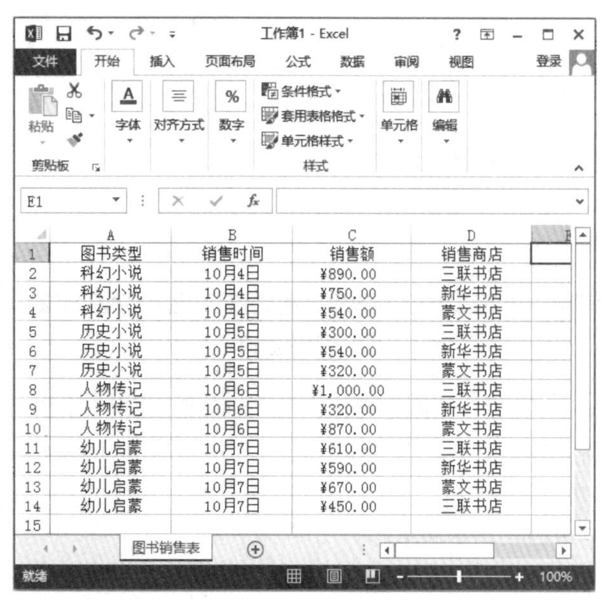

	A	B	C	D
1	图书类型	销售时间	销售额	销售商店
2	科幻小说	10月4日	¥890.00	三联书店
3	科幻小说	10月4日	¥750.00	新华书店
4	科幻小说	10月4日	¥540.00	蒙文书店
5	历史小说	10月5日	¥300.00	三联书店
6	历史小说	10月5日	¥540.00	新华书店
7	历史小说	10月5日	¥320.00	蒙文书店
8	人物传记	10月6日	¥1,000.00	三联书店
9	人物传记	10月6日	¥320.00	新华书店
10	人物传记	10月6日	¥870.00	蒙文书店
11	幼儿启蒙	10月7日	¥610.00	三联书店
12	幼儿启蒙	10月7日	¥590.00	新华书店
13	幼儿启蒙	10月7日	¥670.00	蒙文书店
14	幼儿启蒙	10月7日	¥450.00	三联书店
15				

图6-128　图书销售表

(2) 选中 A1:D14 单元格区域，选择“插入”功能菜单内“表格”分组命令中的“数据透视表”命令。此时，会弹出如图 6－129 所示的“创建数据透视表”对话框。

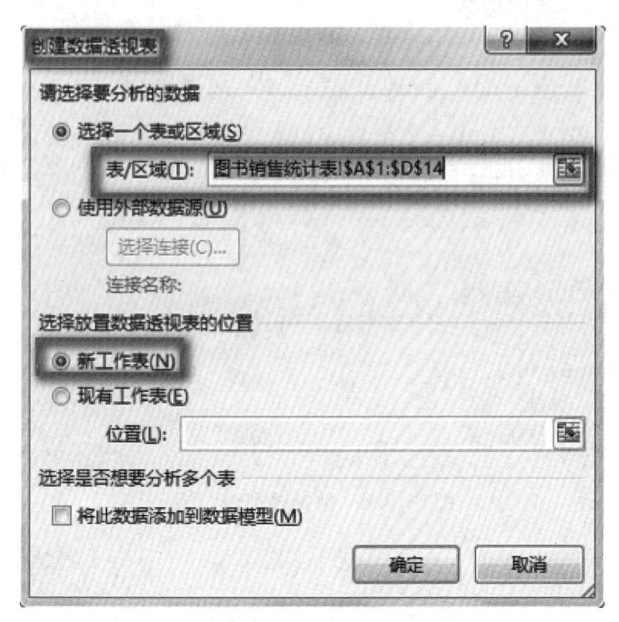

图 6－129 “创建数据透视表”对话框

(3) 单击“确定”按钮后，生成新的工作表“sheet2”，如图 6－130 所示，即为未编辑的空数据透视表状态。可以在右侧“数据透视表字段”窗格中，选择行标签和列标签进行设置。

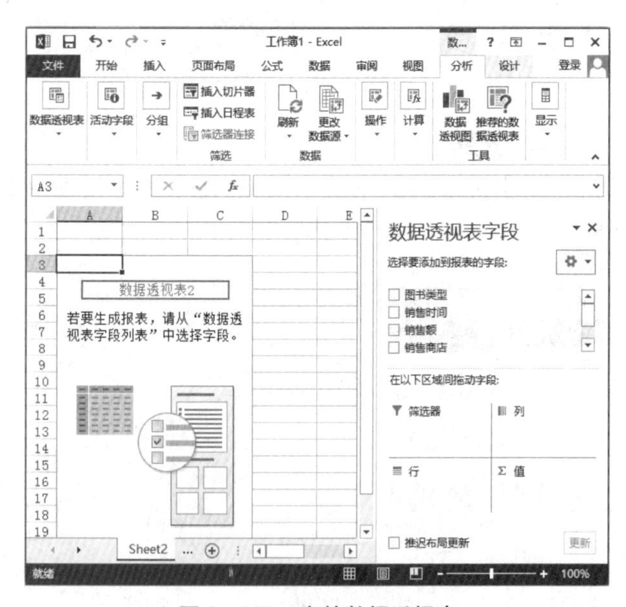

图 6－130 空的数据透视表

(4) 在“数据透视表字段”窗格中，选中“图书类型”拖动到下方的“行”，选中“销售商店”拖动到“列”，选中“销售额”拖动到“值”，生成如图 6－131 所示的数据透视表。

(5) 鼠标单击数据透视表中任一有数据的单元

求和项:销售额	列标签			
行标签	蒙文书店	三联书店	新华书店	总计
科幻小说	540	890	750	2180
历史小说	320	300	540	1160
人物传记	870	1000	320	2190
幼儿启蒙	670	1060	590	2320
总计	2400	3250	2200	7850

图 6－131 生成数据透视表

格，选择“插入”功能菜单内“图表”分组中的“数据透视图”命令。在弹出的“插入图表”对话框中根据需要选择“簇状柱形图”，如图 6－132 所示。

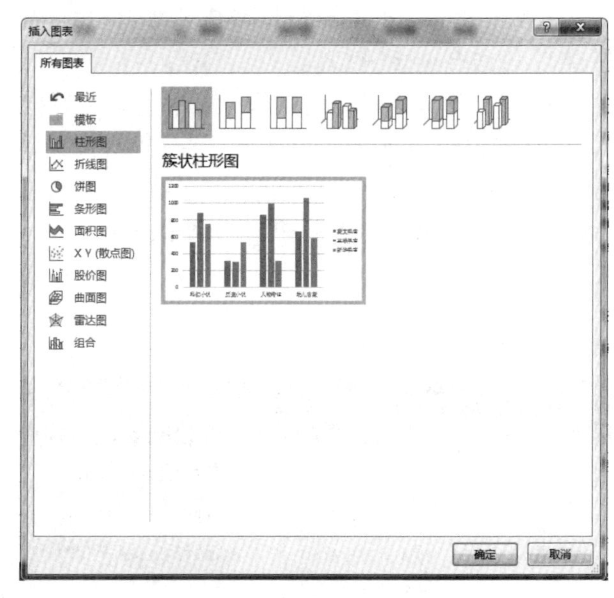

图 6－132 “插入图表”对话框

(6) 单击图表，在“数据透视图工具　设计”功能菜单内选择“图表样式”分组中的“样式 4”，再根据需要增加图表标题。其最终效果如图 6－133 所示。

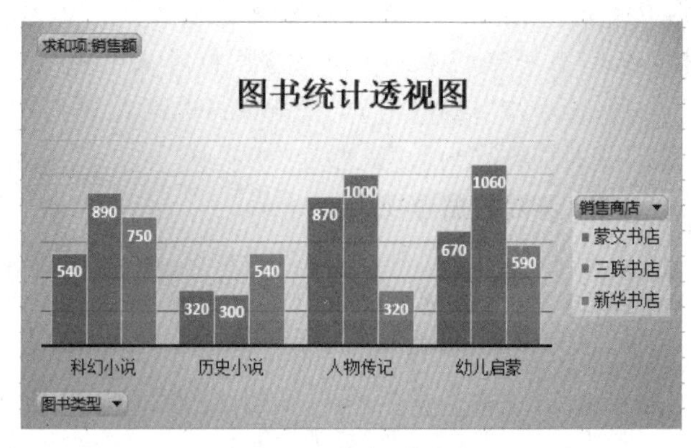

图 6－133 图书统计数据透视图

十、查看数据透视表

查看 Excel 系统提供的数据透视表教程如图 6－134 所示。

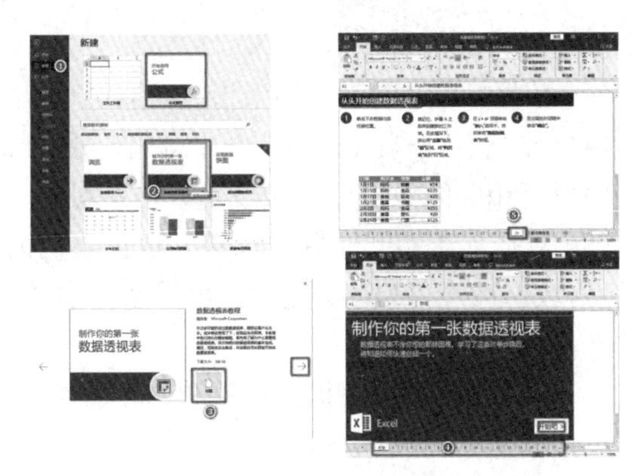

图 6－134　Excel 提供的数据透视表教程

十一、在 Excel 中输入“✓”、“✗”、“☑”、“☒”等符号

定位或选定单元格范围，再从“字体”列表框中选择“Wingdings2”字体，如图 6－135 所示。然后，在大写状态下分别输入“P”、“O”、“R”、“Q”，其结果如图 6－136 所示。

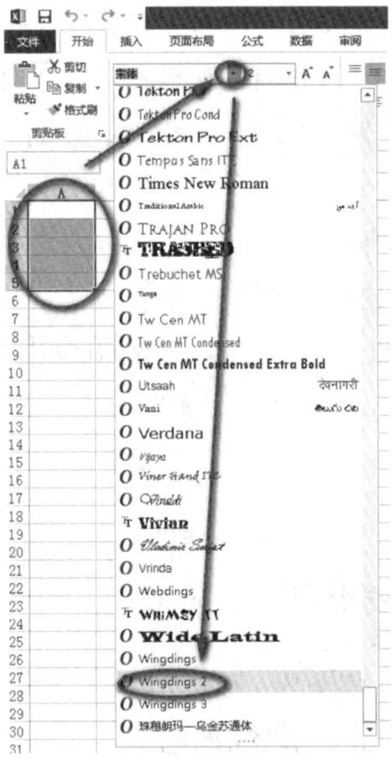

图 6－135　选择“Wingdings2”字体

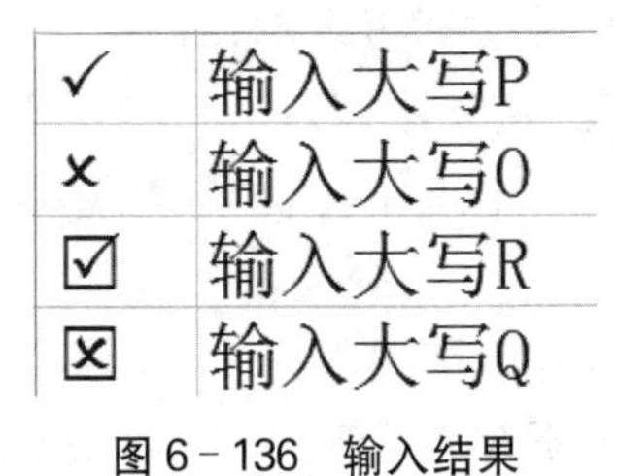

✓	输入大写P
✗	输入大写O
☑	输入大写R
☒	输入大写Q

图 6－136　输入结果

十二、设置多个斜线表头

定位或合并单元格后，选择“插入”功能菜单内“插图”分组面板中的“形状”控件组，从中选择“直线”命令按钮。然后，按【Alt】拖放创建所需斜线，如图 6－137 所示。

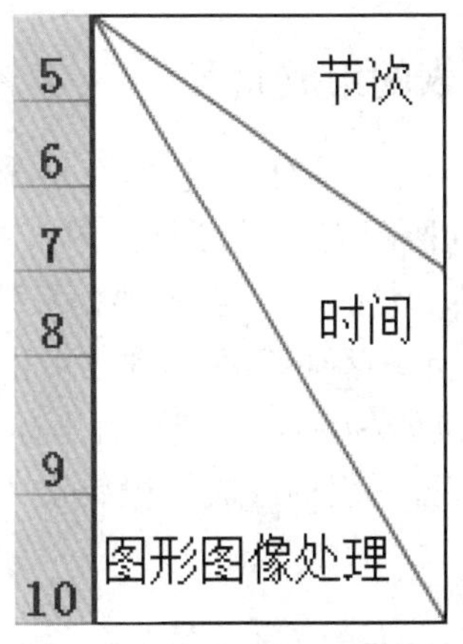

图 6－137　创建多个斜线效果

任务五　Excel 2016 图表制作与美化

任务目标

（1）了解图表的种类及组成元素；
（2）掌握图表的创建、编辑；
（3）掌握图表的美化。

任务资讯

一、认识图表

图表是 Excel 2016 比较常用的对象之一，它是用图形的方式来表现或展示工作表中的数据与数据之间的关系。使用图表可以更形象地表示数据的变化趋势，从而使数据分析更加清晰、直观。

图表就是“图形＋表格”。Excel 支持多种类型的图表，选择合适的图表是制作图表的关键。

在 Excel 2016 中，图表可以分成两种：一种是新建的图表与源数据报表不在同一个工作表中，称为工作表图表(独立图表)；另一种是所建图表与源数据报表在同一个工作表中，称为嵌入式图表(内嵌图表)。

一般系统默认为内嵌图表。Excel 2016 会根据用户选择的数据推荐合适的图表。但是，用户仍需了解图表的特点，以便选择最能体现数据之间关系的图表。例如，柱形图适合表示数据之间的比较、变化；饼图适合表示整体的一部分，即表现数据间的比例分配关系，体现的是一个整体中每一部分所占的比例；折线图适合表示数据走势或趋势，用来表示一段时间内某种数值的变化；散点图适合表示数据之间的关系，显示值集之间的关系，科学计算中用散点图的比例较多。

二、图表的组成元素

图表是由许多部分组成的，每一个部分就是一个图表项，包括图表区、绘图区、图表标题、数据分类、数据标签、坐标轴、刻度线、数据系列、图例等，如图 6－138 所示。不同类型的图表可能具有不同的构成要素。例如，折线图一般要有坐标轴，而饼图一般没有。所以，图表的组成一般要素为标题、刻度、图例和主体。

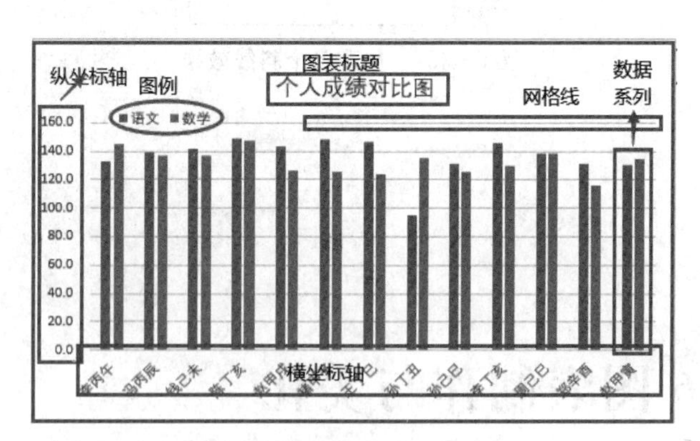

图 6－138　图表的组成元素

(1) 图表区：整个图表及其包含的元素。

(2) 绘图区：在二维图表中以坐标轴为界，并包含全部数据系列的区域；在三维图表中，绘图区以坐标轴为界，并包含数据系列分类名称刻度线和坐标轴标题，即包含柱形、数据标签、风格线的区域。

(3) 数据分类：图表上的一组相关数据点，取自工作表的一行或一列。图表中的每个数据系列以不同的颜色和图案加以区别，在同一图表上可以绘制一个以上的数据系列。

(4) 数据标记：图表中的条形、柱形、圆形、扇形或其他类似符号，来自工作表单元格的单一数据值。图表中所有相关的数据标记构成了数据系列。

(5) 数据标志：也称数据标签。根据不同的图表类型，数据标志可以表示数值、数据系列名称、百分比等。

(6) 坐标轴：为图表提供计量和比较的参考线，一般包括横坐标轴、纵坐标轴。

(7) 刻度线：坐标轴上的度量线，用于区分图表上的数据分类值或数据系列。

(8) 网格线：图表中从坐标轴刻度线延伸开来，并贯穿整个绘图区的可选线条系列。

(9) 数据系列：也称数据标记，即图表中的柱形、扇形、折线等，就是数据系列。它最醒目的属性就是颜色，建议采用清爽的配色。

(10) 图例：图例用于识别图表数据系列。它由图例项和图例项标示的方框组成，用于标示图表中的数据系。通常需要保留图例，特别是在多系列的情况下。

(11) 图例项标示：图例中用于标示图表上相应数据系列的图案和颜色的方框。

(12) 背景墙及基底：三维图表中包含在三维图形周围的区域，用于显示维度和边角尺寸。

(13) 数据表：在图表下面的网格中显示每个数据系列的值。

三、图表类型

对于大多数图表，如柱形图和条形图，可以将工作的行或表中排列的数据绘制在图表中，而有些图形类型，如饼图和气泡图，则需要特定的数据排列方式。

利用 Excel 2016 可以创建各种类型样式的图表，帮助用户以多种方式表示工作表中的数据，各种图表类型如下。

(1) 柱形图：也称簇状柱形图。它是最常见、最易懂、使用最广泛的图表之一，用于显示一段时间内的数据变化或显示各项之间的比较情况。在柱形图中，通常沿水平方向轴表示类别，沿垂直轴表示数值。

(2) 折线图：可显示随时间而变化的连续数据，非常适用于显示在相等时间间隔内数据的趋势，即主要用来表现趋势。在折线图里，趋势比单个的数据点更为重要。在折线图中，类别数据沿水平轴均匀分布，所有值数据沿垂直轴均匀分布。它适合用

于分析的数据需要多个维度进行综合判断。

(3) 饼图：与柱形图合称“饼柱双雄”，也是“上镜”频率超高的图表类型。它特别适用于表现数据的占比关系，即显示一个数据系列中各项的大小与各项总和的比例。饼图中的数据点显示为整个饼图的百分比。

(4) 条形图：柱形图顺时针旋转90°就变成条形图，条形图可以理解成另一种柱形图。它显示各个项目之间的比较情况。

(5) 面积图：它是折线图的一种变形。强调数量随时间而变化的程度，也可用于引起人们对总值趋势的注意。面积图特别适合需要反映趋势，同时要反映部分与整体的占比关系，而且它更侧重于后者。

(6) XY散点图：显示若干数据系列中各数值之间的关系，或者将两组数绘制为 X、Y 坐标的一个系列。用于显示多个之间的关系，多用于科学数据、统计数据和工程数据中。

(7) 股份图：经常用来显示股份的波动。

(8) 曲面图：显示两组数据之间的最佳组合。

(9) 圆环图：像饼图一样，圆环图显示各个部分与整体之间的关系，但是，它可以表示多个数据系列对比分析。

(10) 气泡图：排列在工作表列中的数据可以绘制在气泡图中。

(11) 雷达图：一般用于分析多项指标，体现整体的情况，即比较若干数据系列的聚合值。

在Excel 2016中还新增了旭日图、直方图、瀑布图等图表类型。它们的出现率不高，不过很有意思，使用它们往往有出其不意的效果，如有兴趣可以自行研究。

四、图表的10个提示

(1) 按【Alt】+【F1】组合键可快速制作图表，如图6－139所示。

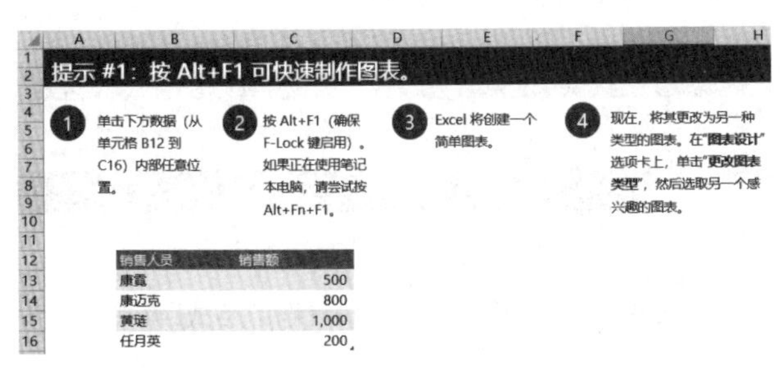

图6－139　提示1

若不喜欢通过按【Alt】+【F1】组合键显示的默认图表类型时，可以在“图表工具　设计”功能菜单内单击“更改图表类型”。然后，右键单击更喜欢的图表，选择“设置为默认图表”并确定，如图6－140所示。

图6－140　“设置为默认图表”的更换

(2) 在创建图表之前选择特定的列，如图6－141所示。

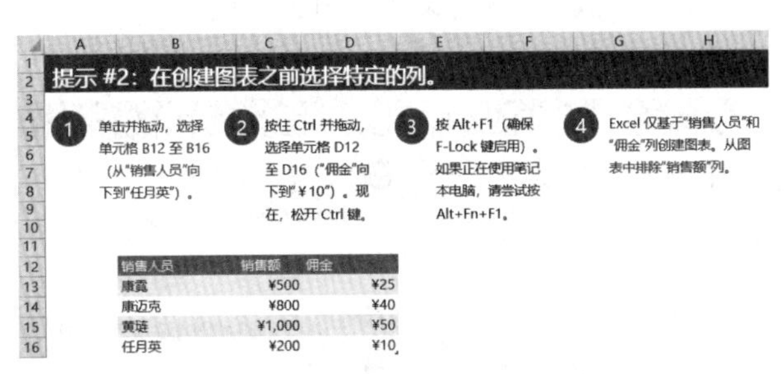

图6－141　提示2

(3) 将表与图表结合使用，如图6－142所示。

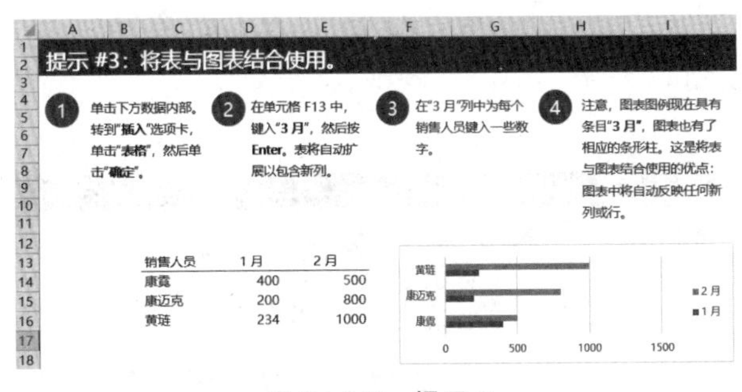

图6－142　提示3

(4) 从图表中快速筛选数据，如图6－143所示。

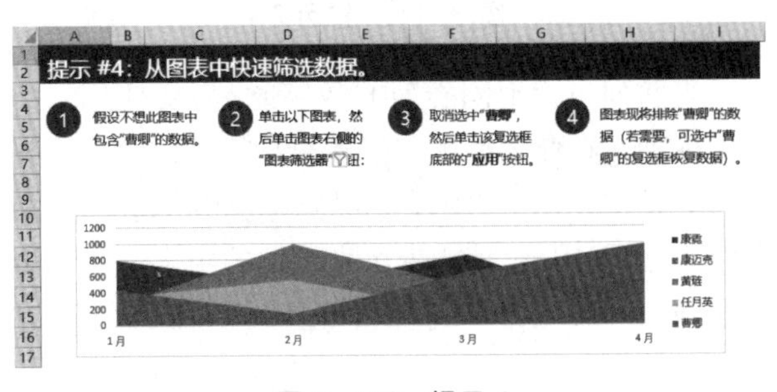

图6－143　提示4

(5) 当数据未汇总时，使用数据透视图，如图6－144所示。

此时，若再选择图表，按几次“【Shift】+向左键”，图表将变窄；按“【Shift】+向右键”，可使图表变宽。分析按“【Shift】+向上键”或按“【Shift】+向下

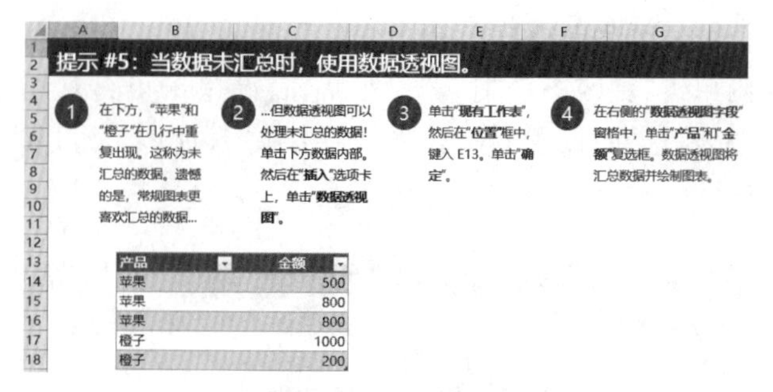

图 6－144 提示 5

键”会有什么情形发生。

(6) 创建多层标签，如图 6－145 所示，这只有在行已组织成组时才有效。在以下示例中，将水果行分组在一起，也将蔬菜行分组在一起。

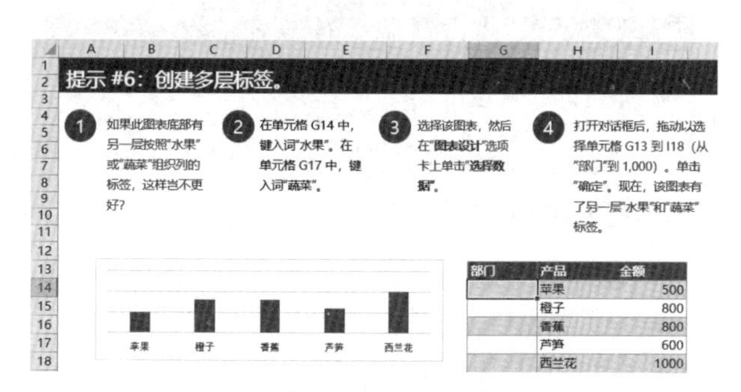

图 6－145 提示 6

(7) 使用次坐标轴创建一个组合图，如图 6－146 所示。

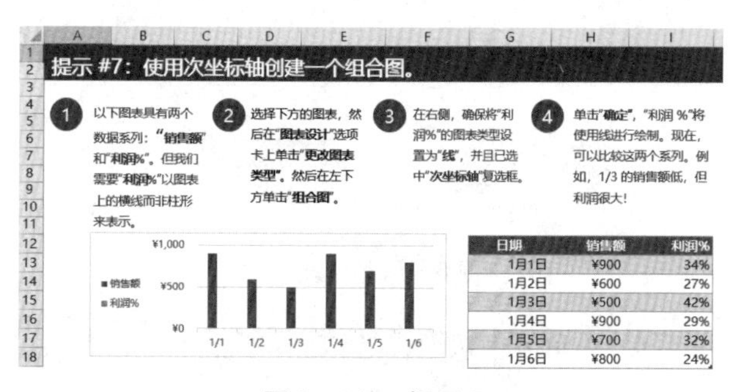

图 6－146 提示 7

当两列包含不同类型的数字时，需要使用一个次坐标轴。在此示例中，“销售额”列包含金额（人民币），但是，“利润%”列包含百分比。由于这两列数据大不相同，因此，使用带次坐标轴的组合图可以通过不同的图表元素（“销售额”柱形、“利润%”线）来比较这两列。

(8) 将图表标题与单元格挂钩，如图 6－147 所示。

(9) 将扇区拆分为第二个饼图，如图 6－148 所示。

(10) 将鼠标悬停在“图表元素”上进行预览，如图 6－149 所示。单击该图表，并在“图表工具　设计”功能菜单中，将鼠标悬停在快速版式、颜色选项或样式上，可提供实时预览，这样便可以查看一些内容的外观，而无需先实际应用它。

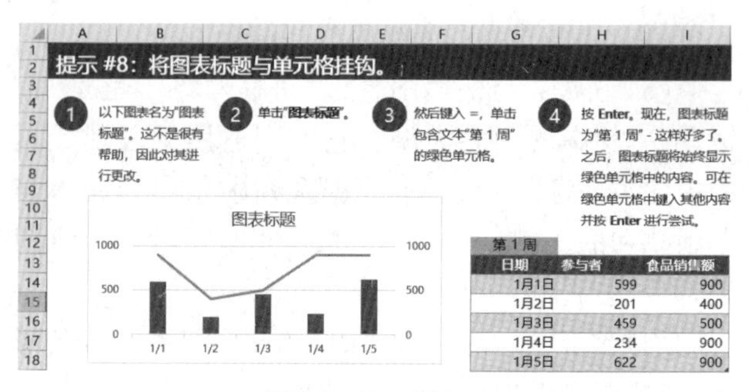

图 6－147 提示 8

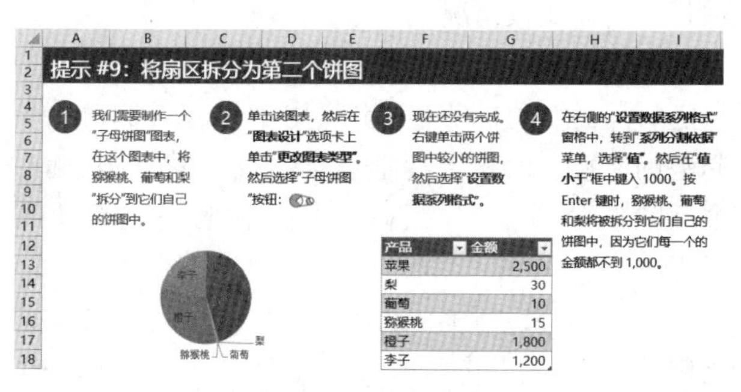

图 6－148 提示 9

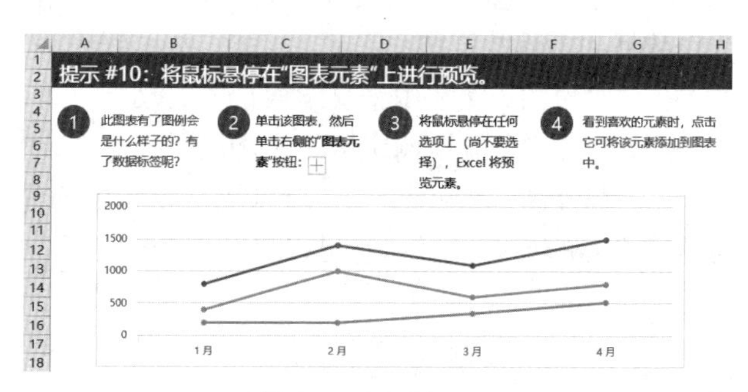

图 6－149 提示 10

五、格式化图表

在 Excel 中，格式化图表就是对所需图表进行修饰、美化，即对图表中各个对象进行编辑。

选中已生成的图表，会弹出“图表工具　设计”和“格式”两个功能选项菜单。此时，可以对图表的格式进行全方位的设置，如图 6－150 所示。

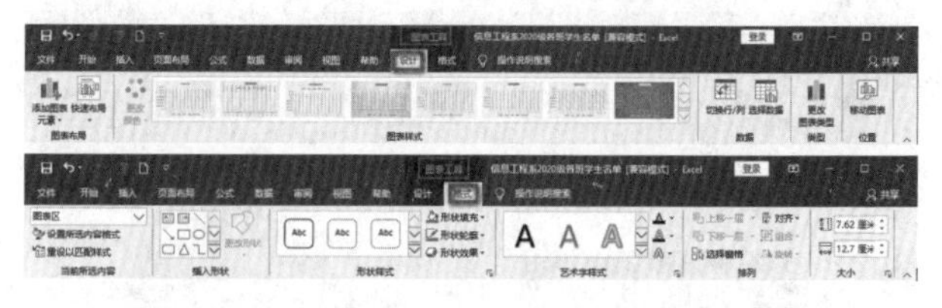

图 6－150 “图表工具　设计”和“格式”菜单

例如，对图表的坐标轴、图例、标题、网格线、数据标签等进行设置；还可以更改图表类型，或者更改图表的数据源；也可以对形状样式、艺术字、填充、轮

廓等进行设置，达到美化图表的目的，如图 6－151 所示。

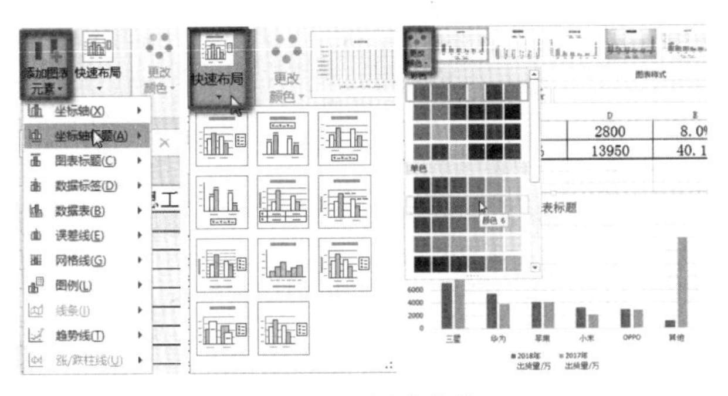

图 6－151　图表美化 1

（一）修饰、美化图表途径

（1）设置图表元素、更改图表布局及数据系列的颜色，如图 6－151 所示。

（2）改变图表整体样式及图表类型，如图 6－152 所示。

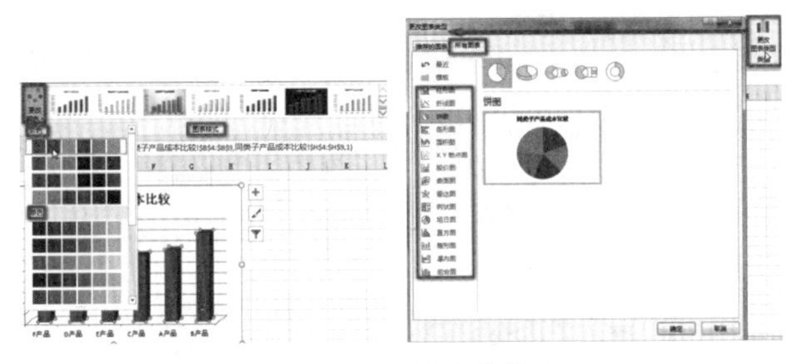

图 6－152　图表美化 2

（3）改变图表种类，如图 6－153 所示。

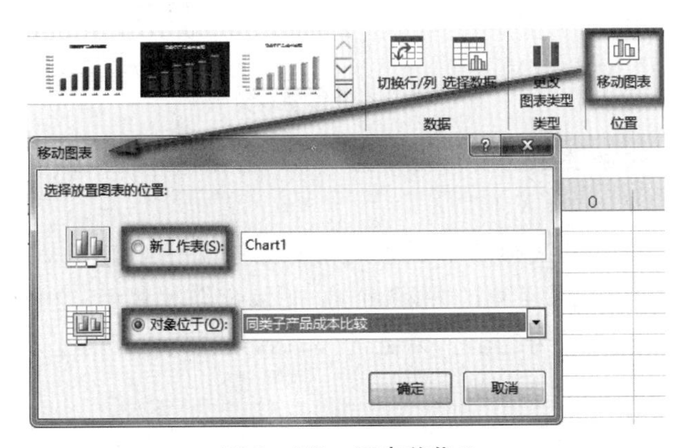

图 6－153　图表美化 3

（4）对图表进行其他美化，如图 6－154 所示。

（二）修饰、美化图表方式

（1）双击图表对象，直接打开“格式设置”对话框。

（2）用鼠标指向图表对象，单击鼠标右键，从弹出的快捷菜单中选择“格式设置”命令。

（3）选定图表对象，会出现“图表工具　设计”和“格式”功能菜单。然后，根据实际要求做相应的

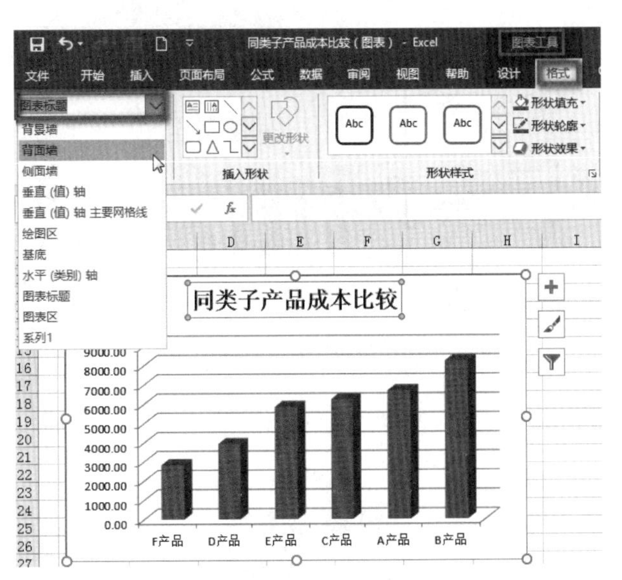

图 6－154　图表美化 4

格式设置命令操作。

任务实施

一、创建图表

首先，打开有数据的工作表。然后，从中选择要建立图表的数据范围。选择“插入”功能菜单中“图表”分组内的“推荐的图表”命令。在打开的“插入图表”对话框中根据需要进行选择并确定，如图 6－155 所示。

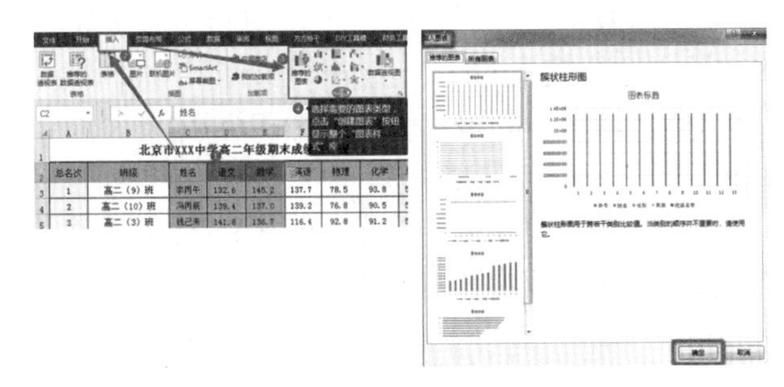

图 6－155　数据选择和图表创建

二、制作手机市场占有率图表

具体要求

统计各个手机品牌在我国市场的占有率，并生成图表。其效果如图 6－156 和图 6－157 所示。

操作步骤

（1）打开工作表，制作源数据工作表。选中工作表内数据所在单元格区域范围 B3:B12，选择“开始”功能菜单内“数字”命令分组的百分比命令按钮，将占有率设置为百分比样式，且保留 1 位小数，如图 6－158 所示。

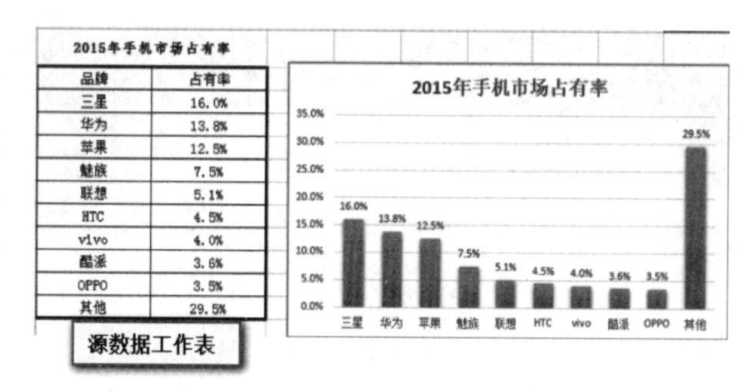

品牌	占有率
三星	16.0%
华为	13.8%
苹果	12.5%
魅族	7.5%
联想	5.1%
HTC	4.5%
vivo	4.0%
酷派	3.6%
OPPO	3.5%
其他	29.5%

图 6－156　手机市场占有率原图和柱形图

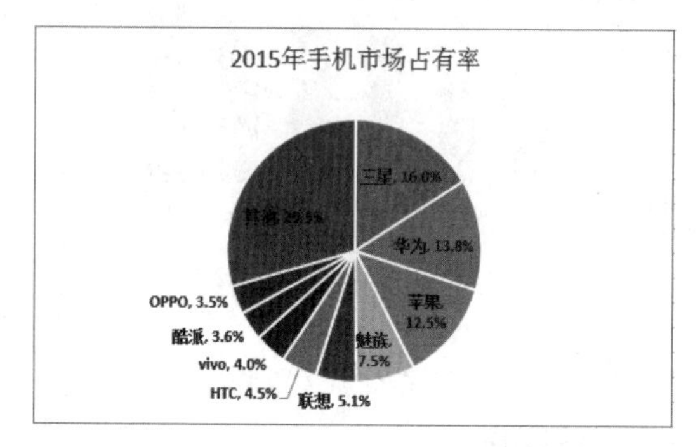

图 6－157　手机市场占有率饼图

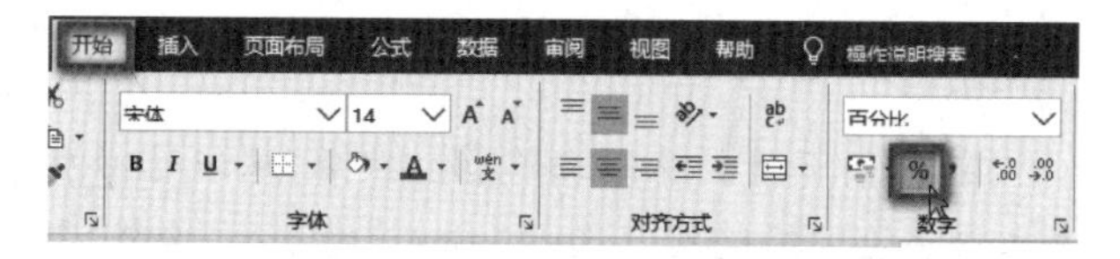

图 6－158　设置占有率的百分比

(2) 选中具体数据所在单元格区域 A3:B12，选择“插入”功能菜单中“图表”分组命令的“插入柱形图”中的“二维柱形图”，如图 6－159 所示，系统根据数据自动生成图表，如图 6－160 所示。

(3) 修饰标题、数据标签、图表样式及图表区边框。

在如图 6－160 所示的原始柱形图中，鼠标单击“图表标题”，将原有标题删除，输入新的标题“2015

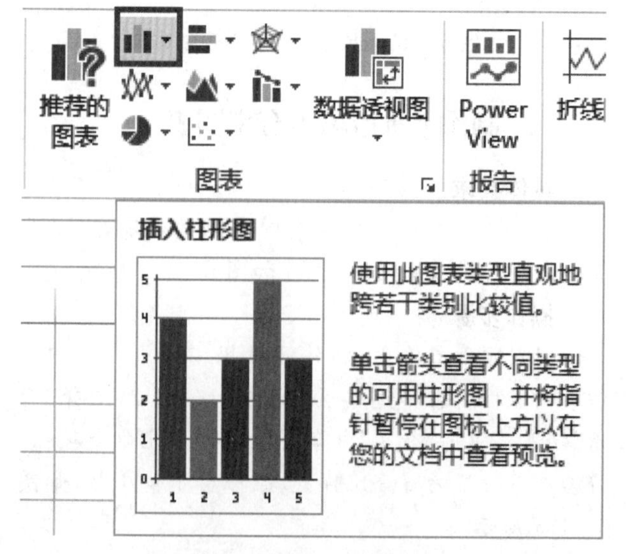

图 6－159　插入柱形图

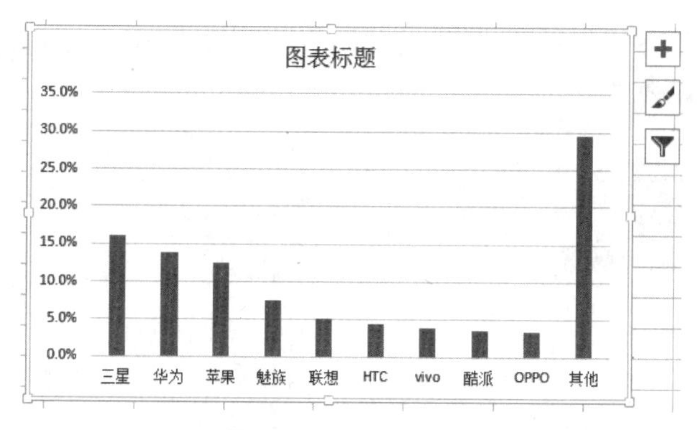

图 6－160　原始柱形图

年手机市场占有率”。

再选中图表，单击原始柱形图中右侧的“添加图表元素”按钮，从“数据元素”中选择“数据标签”，并设置其位置为“数据标签外”，如图 6－161 所示。

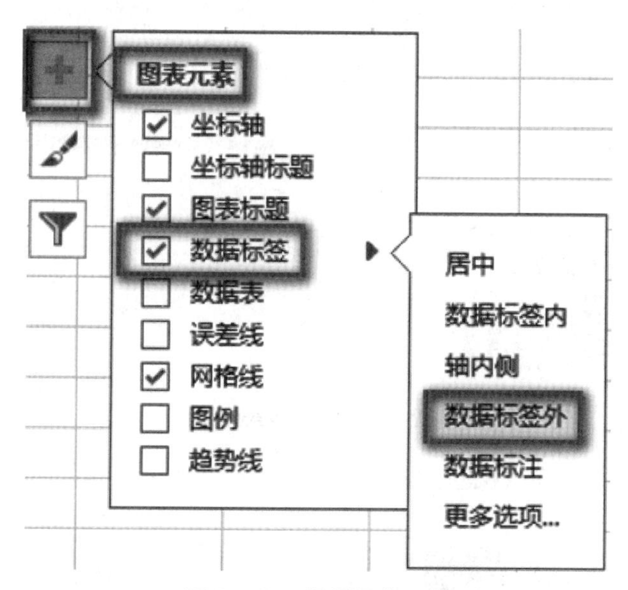

图 6－161　设置图表元素

单击原始柱形图中右侧的“图表样式”按钮，从中选择“样式 16”。

再用鼠标单击图表边缘，选中“图表工具　格式”功能菜单中的“形状轮廓”下拉命令按钮，将边框颜色设置为“蓝色，着色 1”，粗细设置为 1.5 磅，如图 6－162 所示。

(4) 生成饼图并设置美化标题、数据标签。

选中单元格区域 A3:B12，选择“插入”功能菜单内“图表”分组中的“插入饼图”的“二维饼图”，如图 6－163 所示。

在如图 6－163 所示的原始饼图中，鼠标单击“图表标题”，将原有标题删除，输入新的标题“2015 年手机市场占有率”。

在原始饼图中右侧，单击“添加图表元素”按钮，把“图例”复选框中的对勾去掉，将“数据标签”的复选框中打对勾，如图 6－164 所示。再单击选择其中

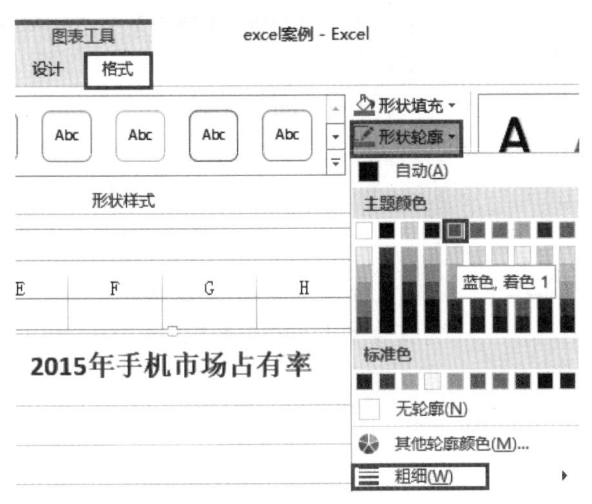

图 6－162 设置图表区的边框

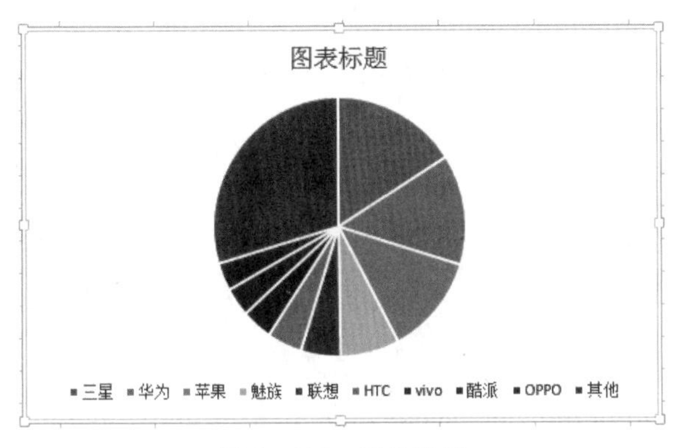

图 6－163 原始饼图

的“更多选项”，在工作区右侧会弹出“设置数据标签格式”窗格，添加“类别名称”，如图 6－164 所示。

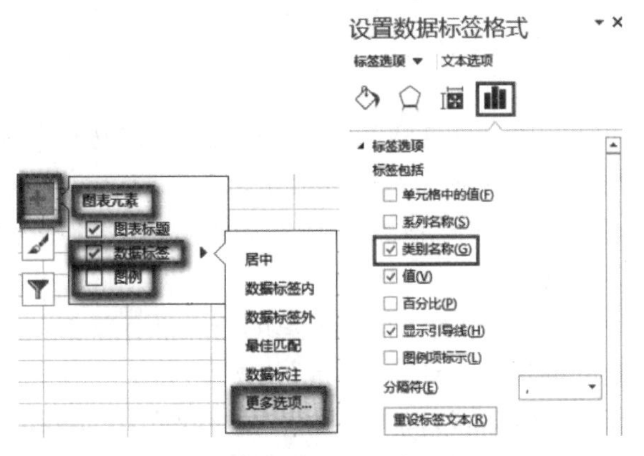

图 6－164 设置饼图的图表元素图及增加类别名称

任务拓展

一、“图表制作与美化”工作簿工作表的处理

现有“图表制作与美化”工作簿，共有 4 个工作表。根据任务需要完成图表的制作及美化。

具体要求：对“单数据系列图表之条形图”工作表，主要根据企业员工的学历数据，完成企业员工学历分析；对“多数据系列图表之堆积柱形图”工作表，主要完成化妆品品牌地区差异分析；对“组合图 1”工作表，完成计划与实际销售额对比分析；对“组合图 2”工作表，完成销售价格与销售均价对比分析。

（一）“单数据系列图表之条形图”工作表的处理

（1）打开“图表制作与美化”工作簿中的“单数据系列图表之条形图”工作表。选中单元格区域 A1:B5，选择“插入”功能菜单内“图表”分组中的“柱形图”下拉命令，在打开的图表类型中选择“二维条形图之簇状条形图”，即可完成图表的制作。

（2）选中条形图，在“图表工具 设计”功能菜单中，选择“添加图表元素”内“图表标题”中的“图表上方”，并编辑图表标题内容为“员工学历对比分析”，如图 6－165 所示。

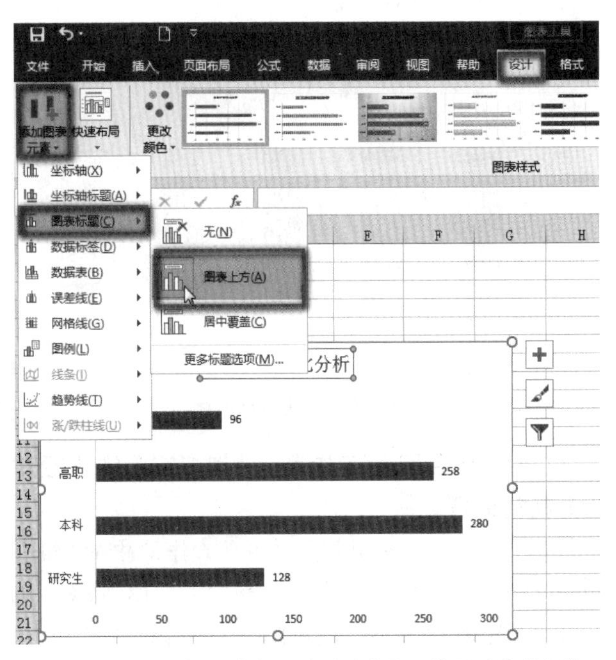

图 6－165 编辑图表标题内容为“员工学历对比分析”

然后，选中图表中的“蓝色柱子”，鼠标右键单击选择“添加数据标签”。

再选中“主要网格线”，鼠标右键单击选择“删除”，其效果如图 6－166 所示。

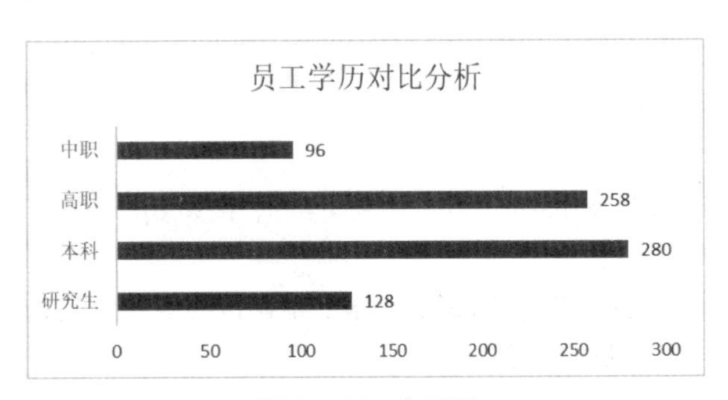

图 6－166 条形图

（二）“多数据系列图表之堆积柱形图”工作表的处理

（1）打开“图表制作与美化”工作簿中的“多数据系列图表之堆积柱形图”工作表。选中单元格区域 A2:F6，选择“插入”功能菜单内“图表”分组中的“柱形图”下拉命令，在打开的图表类型中选择“二维条形图之堆积柱形图”，即可完成图表的制作。

（2）选中堆积柱形图，在“图表工具　设计”功能菜单中，选择“添加图表元素”内“图表标题”中的“图表上方”，并编辑图表标题内容为“化妆品品牌地区差异分析”。再选中堆积柱形图的“绘图区”，单击“图表工具　设计”功能菜单的“添加图表元素”内“数据标签”中的“数据标签内”。

选中“主要网格线”，鼠标右键单击选择“删除”，其效果如图 6－167 所示。

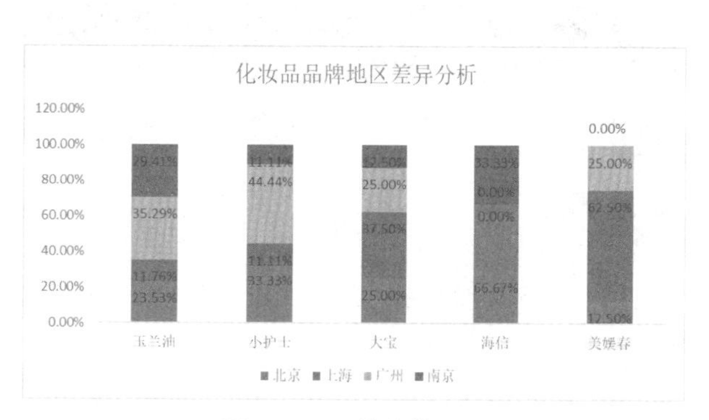

图 6－167　堆积柱形图

（三）“组合图 1”工作表：计划与实际销售额对比分析的处理

（1）打开“图表制作与美化”工作簿中的“组合图 1”工作表。选中单元格区域 A1:C13，选择“插入”功能菜单内“图表”分组中的“柱形图”下拉命令，在打开的图表类型中选择“二维条形图之簇状柱形图”，即可完成图表的制作。

（2）选中柱形图，在“图表工具　设计”功能菜单中，选择“添加图表元素”内“图表标题”中的“图表上方”，并编辑图表标题内容为“计划 VS 实际销售额”。

选中“实际销售额”数据系列，鼠标右键单击选择“更改系列图表类型”命令，打开“更改图表类型”对话框，将“实际销售额”图表类型更改为“折线图”，如图 6－168 所示，其效果如图 6－169 所示。

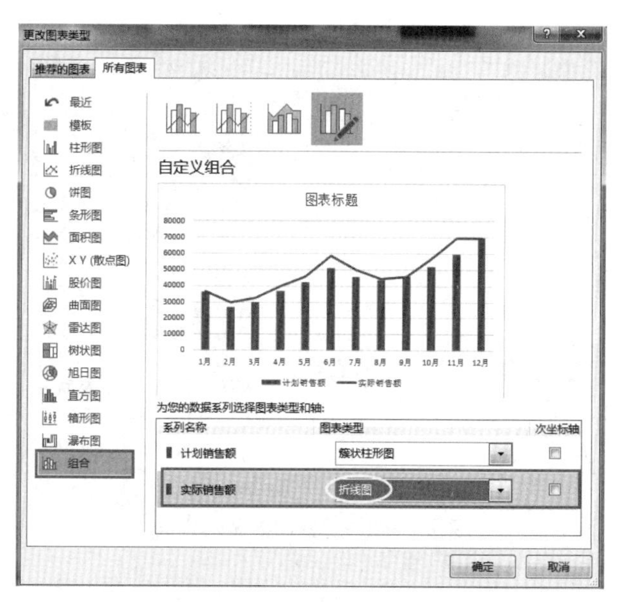

图 6－168　“更改图表类型”对话框，将图表类型更改为“折线图”

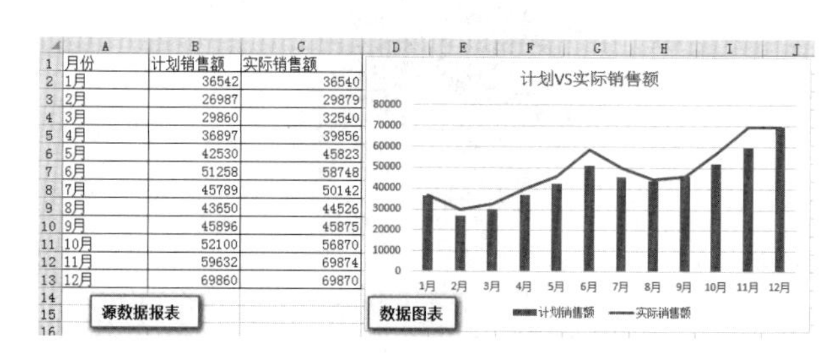

月份	计划销售额	实际销售额
1月	36542	36540
2月	26987	29879
3月	29860	32540
4月	36897	39856
5月	42530	45823
6月	51258	58748
7月	45789	50142
8月	43650	44526
9月	45896	45875
10月	52100	56870
11月	59632	69874
12月	69860	69870

图 6－169　计划与实际销售额对比分析

（四）“组合图 2”工作表：销售价格与销售均价对比分析的处理

（1）打开“图表制作与美化”工作簿中的“组合图 2”工作表。选中单元格 C3，并输入公式“=AVERAGE($B$3:$B$7)”，按【Enter】。再次选中 C3 单元格，将鼠标移至单元格右下角填充柄处，当其变成黑色实心“十”字架时，向下拖放复制到 C7 单元格。

选中单元格区域 A3:C7，单击“插入”功能菜单内“图表”分组中的“柱形图”下拉命令，在打开的图表类型中选择“二维条形图之簇状柱形图”，即可完成图表的制作。

（2）选中柱形图，按住【Alt】将图表区设置成细长图。在图表中选中“均值”数据系列，鼠标右键单击选择“更改系列图表类型”，在打开的“更改图表类型”对话框中，将“均值”图表类型更改为“折线图”，并勾选“次坐标轴”复选框，如图 6－170 所示。

选中“价格”数据系列，按【Ctrl】+【1】组合键，在打开的“设置数据系列格式”对话框中，将分类间距设置为“80%”。选中“主要网格线”，鼠标右键单击选择“删除”。再选中图表，按【Ctrl】+【1】组合键，打开“设置数据系列格式”对话框，将背景填充为纯蓝色。再选中柱形图，单击选择“图表工具　格式”功能菜单，从中选择“插入形状”中的文本框，为图表添加主标题、副标题和题注，如图 6－171 所示。

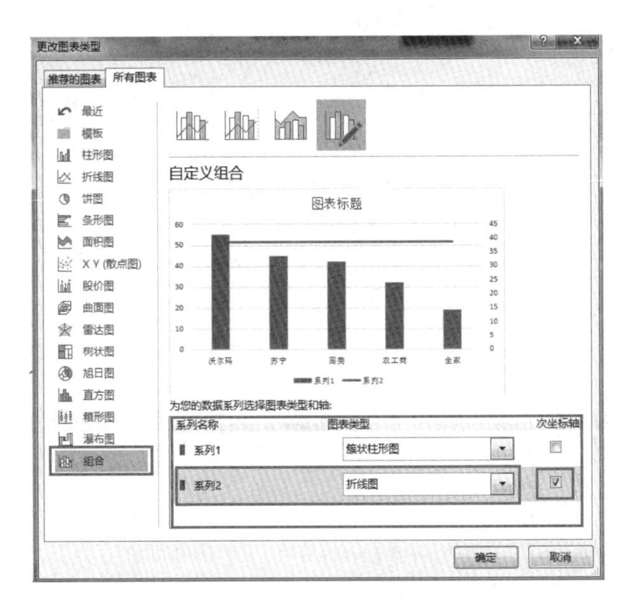

图 6－170　图表类型更改

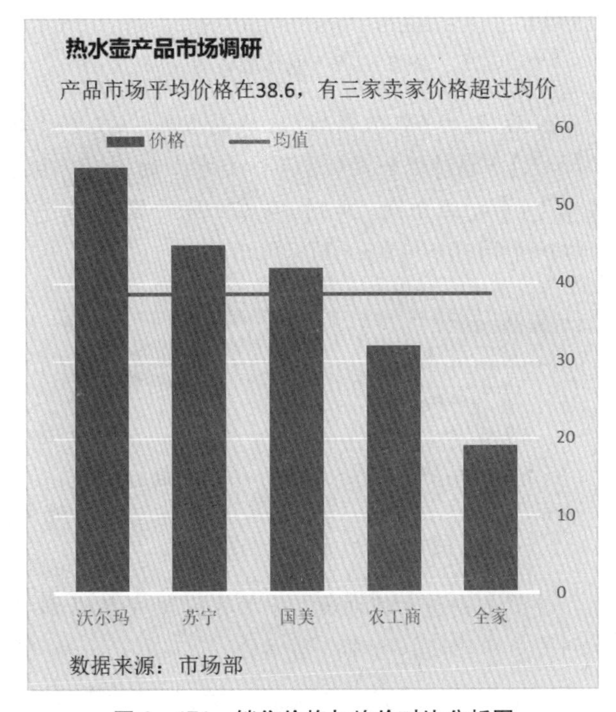

图 6－171　销售价格与均价对比分析图

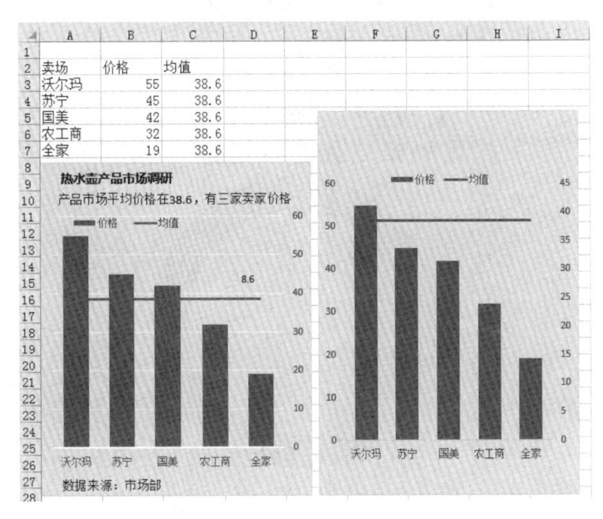

卖场	价格	均值
沃尔玛	55	38.6
苏宁	45	38.6
国美	42	38.6
农工商	32	38.6
全家	19	38.6

图 6－172　源数据表及图表

源数据表及图表如图 6－172 所示。

二、修改图表中的刻度、最大值和最小值

在所需图表中选择 Y 轴，单击鼠标右键，选择“设置坐标轴格式”命令。此时，在 Excel 表格右侧就会弹出相应的设置界面，根据需要修改相应值，如图 6－173 所示。

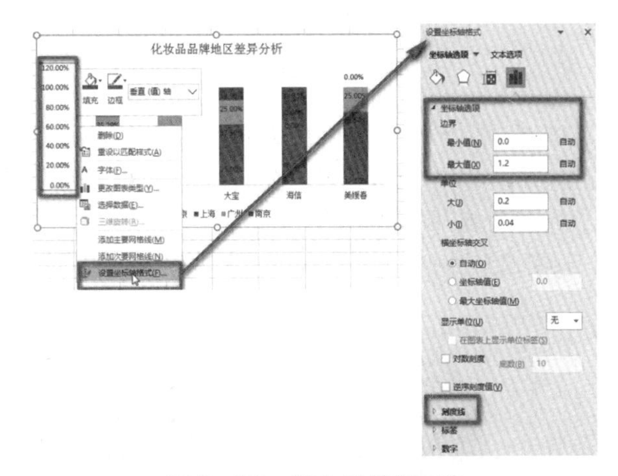

图 6－173　修改 Y 轴刻度值

三、统计销售额和区域销售增长率

统计某公司员工的销售额及区域销售增长率，源数据表及效果如图 6－174 所示。要求用半圆饼图和非闭合圆环图来表现。

销售人员	实际销售额
王瑞	¥　36,540.00
周颖立	¥　29,879.00
罗雅梅	¥　32,540.00
姚晔	¥　39,856.00
王媛	¥　45,823.00
宝明安	¥　58,748.00
姚赫	¥　50,142.00
王继超	¥　44,526.00
孟宪鹏	¥　45,875.00
王佟	¥　56,870.00
孟凡宇	¥　69,874.00
高俊杰	¥　69,870.00

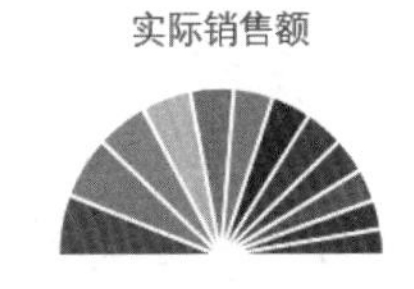

孟凡宇　高俊杰　宝明安　王佟　姚赫　孟宪鹏　王媛　王继超　姚晔　王瑞　罗雅梅　周颖立　总计

区 域	增长率
通辽	18.39%
鄂尔多斯	20.89%
海拉尔	32.85%
赤峰	44.53%
包头	50.02%
呼和浩特	73.19%

图 6－174　源数据表及效果

操作步骤

（1）用半圆饼图表现。首先，将“实际销售额”按降序排列，底部新增“总计”，计算出销售总额。插入饼图时选择第一种类型，再从“图表工具　设计”功能菜单内“更改颜色”下拉菜单中选择“单色调色板 1”，如图 6－175 所示。

销售人员	实际销售额
孟凡宇	¥ 69,874.00
高俊杰	¥ 69,870.00
宝明安	¥ 58,748.00
王佟	¥ 56,870.00
姚赫	¥ 50,142.00
孟宪鹏	¥ 45,875.00
王媛	¥ 45,823.00
王继超	¥ 44,526.00
姚晔	¥ 39,856.00
王瑞	¥ 36,540.00
罗雅梅	¥ 32,540.00
周颖立	¥ 29,879.00
总计	¥ 580,543.00

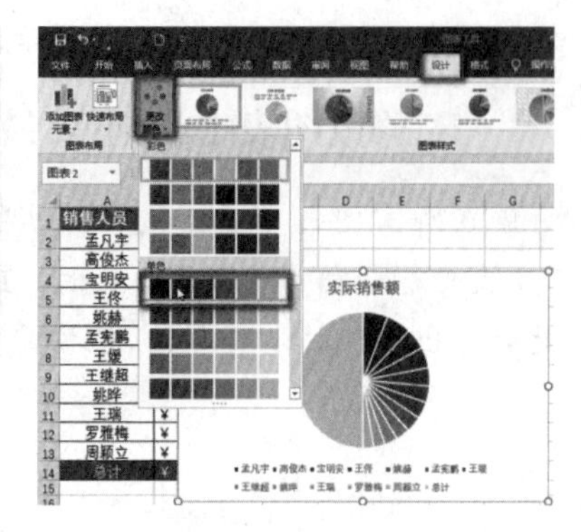

图 6－175　制作饼图

然后，选择饼图，鼠标右键单击"设置数据系列格式"。在 Excel 界面右侧弹出的设置选项中，将"第一扇区起始角度"改为"270°"。此时，会发现面积最大的扇区(半圆)就到了底部，如图 6－176 所示。

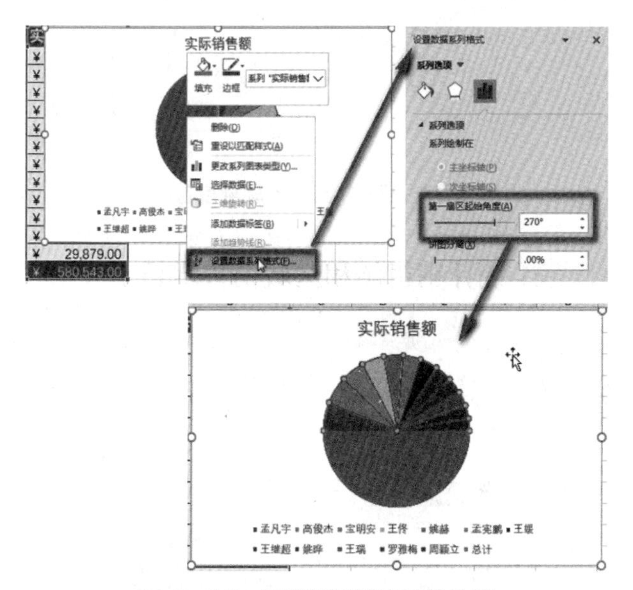

图 6－176　调整"总计"扇区的位置

最后，要让半圆形隐形(是隐形而不是删除)，选择半圆扇区(选择圆后再单击)后，从"图表工具　格式"功能菜单中，将"形状填充"设置为"无填充"(若此时轮廓有颜色，则将其设置为无颜色)，其效果如图 6－177 所示。

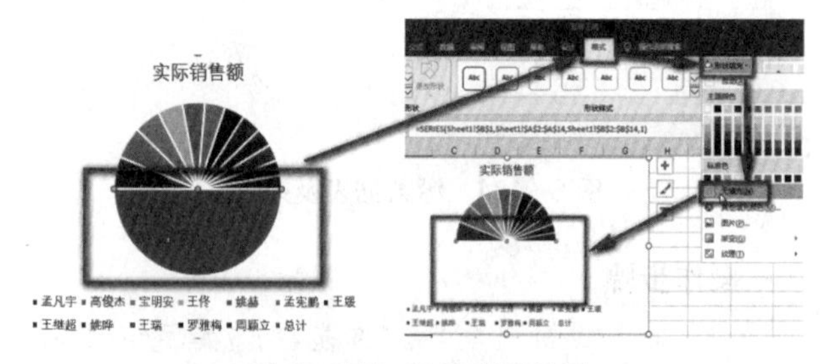

图 6－177　半圆饼图效果

(2) 用非闭合圆环图表现。在原有图表里并没有非闭合圆环图，通过观察其源数据表，发现数据并不多，判断它可能是由圆环图衍生出来的。为了方便操作，先新增一个辅助列数据：定位 C2 单元格后，输入"＝1－B2"并进行拖曳填充操作。其中，"B2＋C2＝1"是指对 B 和 C 两列分别设置扇区，而这两个扇区刚好可以成为一个闭环。

首先，对 B 列做升序排列，选择第一个数据区域(A2:C2)范围，再选择"插入"功能菜单内"饼图"下拉菜单中的"圆环图"，如图 6－178 所示。此时，插入的只是单一圆环。

图 6－178　制作圆环图

然后，选择"鄂尔多斯"区域的数据(A3:C3)后按【Ctrl】＋【C】组合键，选择刚才建立的圆环，再按【Ctrl】＋【V】组合键。此时，会在上一个圆环的外侧新增一个圆环，如图 6－179 所示。

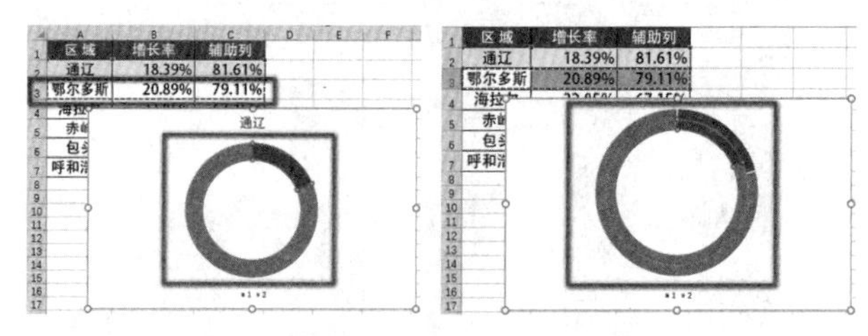

图 6－179　新增一个数据环

接下来重复上述步骤，将所有区域的数据都添加到图表中，如图 6－180 所示。

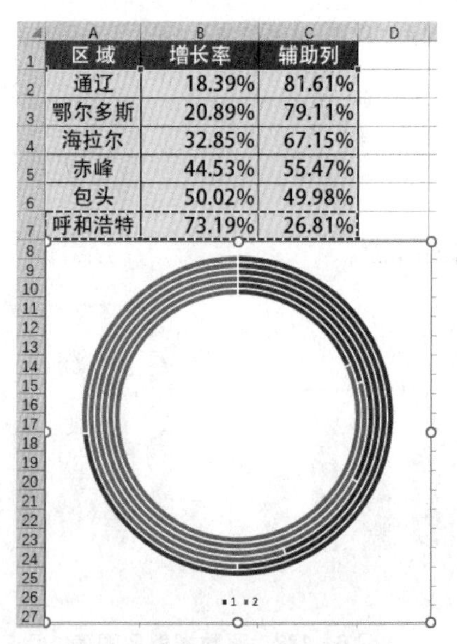

图 6－180　增加所有的数据环

有几个区域就会生成几个环。此时的圆环宽度很窄，再进行修改。选择圆环后鼠标右键单击“设置数据系列格式”，将“圆环内径的大小”设置为“40%”，如图 6-181 所示。内径可以根据具体情况设置，并无固定数值。

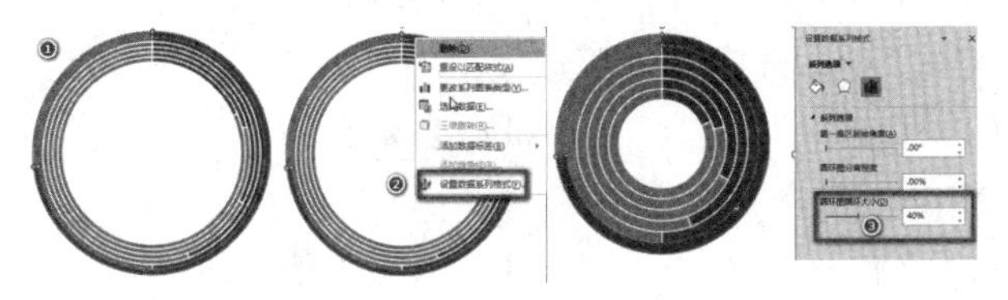

图 6-181 修改数据环的内径参数

将部分扇区隐形起来，每个扇区设置为“无色填充”，操作思路同制作半圆饼图。双击一个圆环，打开“设置数据系列格式”，然后，在图表所需位置处再双击，使其变为“设置数据点格式”状态，如图 6-182 所示。非闭合圆环图的制作过程如图 6-183 所示。

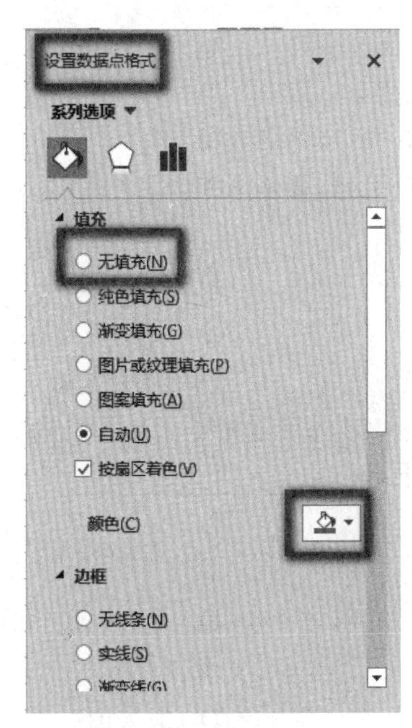

图 6-182 “设置数据点格式”

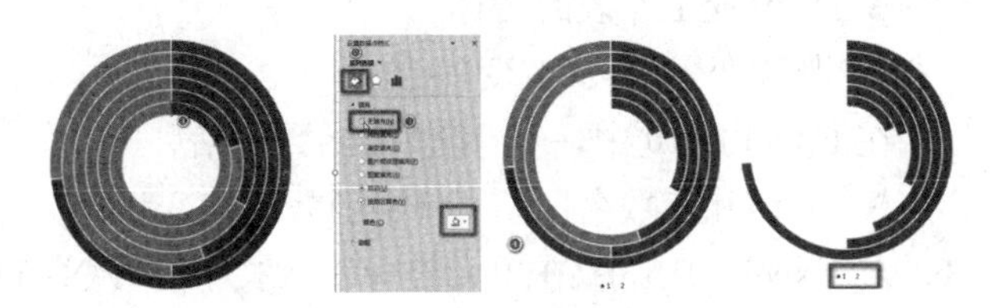

图 6-183 制作非闭合圆环图

最后，调整细节，如配色、增加数据标签、删除图例等。如图 6-184 所示为其最终效果。

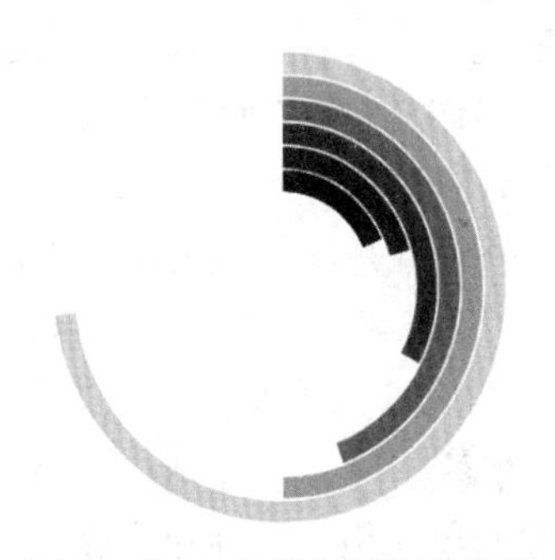

图 6-184 非闭合圆环图效果

四、制作业绩统计表

制作如图 6-185 所示的“业绩统计表”。

	A	B	C	D	E	F	G
1	业绩统计表						
2							单位：万元
3	姓名	一月份	二月份	三月份	总业绩	平均业绩	排名
4	郭林	1.3	1.64	1.93	4.87	1.62	11
5	邹磊	1.6	1.91	2.25	5.76	1.92	9
6	齐军	1.7	1.82	2.83	6.35	2.12	3
7	胡维	1.35	2.05	2.66	6.06	2.02	4
8	吴晓	1.8	1.89	2.37	6.06	2.02	4
9	王桦	1.94	2.41	2.34	6.69	2.23	1
10	方帅	1.5	1.86	2.55	5.91	1.97	6
11	赵静	1.23	1.81	2.24	5.28	1.76	10
12	伍嘉	2.05	1.91	1.86	5.82	1.94	7
13	马强	2.51	1.72	2.15	6.38	2.13	2
14	廖茜	1.68	2.15	1.98	5.81	1.94	8

图 6-185 “业绩统计表”效果

项目阶段测试

一、单项选择题

1. 在 Excel 2016 中，若选定多个不连续的行，所用的键是(　　)。

A.【Shift】　　B.【Ctrl】　　C.【Alt】　　D.【Shift】+【Ctrl】

2. 在 Excel 2016 中，排序对话框中的“升序”和“降序”是指(　　)。

A. 数据的大小　　B. 排列次序　　C. 单元格的数目　　D. 以上都不对

3. 在 Excel 2016 中，若在工作表中插入一列，则一般插在当前列的(　　)。

A. 左侧　　B. 上方　　C. 右侧　　D. 下方

4. 在 Excel 2016 中，使用“重命名”命令后，则下列说法中正确的是(　　)。

A. 只改变工作表的名称　　B. 只改变工作表的内容
C. 既改变名称，又改变内容　　D. 既不改变名称，又不改变内容

5. 在 Excel 2016 中，一个完整的函数包括(　　)。
A. “=”和函数名　B. 函数名和变量　C. “=”和变量　D. “=”、函数名和变量

6. 在 Excel 2016 中，在单元格中输入文字时，缺省的对齐方式是(　　)。
A. 左对齐　B. 右对齐　C. 居中对齐　D. 两端对齐

7. 在 Excel 2016 中，下列选项中(　　)不属于“单元格格式”对话框内“数字”选项卡中的内容。
A. 字体　B. 货币　C. 日期　D. 自定义

8. 在 Excel 2016 中，分类汇总的默认汇总方式是(　　)。
A. 求最大值　B. 求平均　C. 求和　D. 求最小值

9. 在 Excel 2016 中，向单元格输入“3/5”，Excel 2016 会认为是(　　)。
A. 分数 3/5　B. 日期 3 月 5 日　C. 小数 3.5　D. 错误数据

10. Office 办公软件是(　　)公司开发的软件。
A. WPS　B. Microsoft　C. Adobe　D. IBM

11. 如果 Excel 2016 某单元格显示为“＃DIV/0!”，这表示(　　)。
A. 除数为零　B. 格式错误　C. 行高不够　D. 列宽不够

12. 如果删除的单元格是其他单元格的公式所引用的，那么，这些公式将会显示“(　　)”。
A. ＃＃＃＃＃＃＃＃　B. ＃REF!　C. ＃VALUE!　D. ＃NUM

13. 如果要在 Excel 2016 中输入分数形式“1/3”，下列方法中正确的是(　　)。
A. 直接输入“1/3”　　B. 先输入单引号，再输入“1/3”
C. 先输入“0”，然后空格，再输入“1/3”　　D. 先输入双引号，再输入“1/3”

14. 以下不属于 Excel 2016 中算术运算符的是(　　)。
A. /　B. %　C. ^　D. <>

15. 下列填充方式不属于 Excel 的填充方式是(　　)。
A. 等差填充　B. 等比填充　C. 排序填充　D. 日期填充

16. 已知 Excel 2016 某工作表中的 D1 单元格等于 1，D2 单元格等于 2，D3 单元格等于 3，D4 单元格等于 4，D5 单元格等于 5，D6 单元格等于 6，则 SUM(D1:D3，D6)的结果是(　　)。
A. 10　B. 6　C. 12　D. 21

17. 有关 Excel 2016 打印功能，以下说法错误的理解是(　　)。
A. 可以打印工作表　B. 可以打印图表　C. 可以打印图形　D. 不可以进行任何打印

18. 在 Excel 2016 数据透视表的数据区域，默认的字段汇总方式是(　　)。
A. 平均值　B. 乘积　C. 求和　D. 最大值

19. 在 Excel 2016 中，函数 MIN(10，7，12，0)的返回值是(　　)。
A. 10　B. 7　C. 12　D. 0

20. 在 Excel 2016 中，跟踪超链接可以使用(　　)。
A. 【Ctrl】+鼠标单击　B. 【Shift】+鼠标单击　C. 鼠标单击　D. 鼠标双击

21. 在 Excel 2016 中，打开“单元格格式”的快捷键是(　　)。
A. 【Ctrl】+【Shift】+【E】　　B. 【Ctrl】+【Shift】+【F】
C. 【Ctrl】+【Shift】+【G】　　D. 【Ctrl】+【Shift】+【H】

22. 在下列函数中，能对数据进行绝对值运算的是(　　)。
A. ABS　B. ABX　C. EXP　D. INT

23. 给工作表设置背景，可以通过下列“(　　)”选项卡完成。
A. 开始　B. 视图　C. 页面布局　D. 插入

24. 以下关于 Excel 2016 的缩放比例，说法正确的是(　　)。
A. 最小值为 10%，最大值为 500%　　B. 最小值为 5%，最大值为 500%

C. 最小值为 10%,最大值为 400%　　D. 最小值为 5%,最大值为 400%

25. 在下列情况中,一定会导致"设置单元格格式"对话框只有"字体"一个选项卡的是(　　)。

A. 安装了精简版的 Excel　　B. Excel 中毒了

C. 单元格正处于编辑状态　　D. Excel 运行出错了,重启即可解决

26. 在 Excel 2016 中,若要对 A1 至 A4 单元格内的 4 个数字求平均值,不能采用的公式或函数是(　　)。

A. (A1:A4)/4　　B. SUM(A1:A4)/4

C. (A1+A2+A3+A4)/4　　D. AVERAGE(A1:A4)

27. Excel 广泛应用于(　　)。

A. 工业设计、机械制造、建筑工程　　B. 美术设计、装潢、图片制作

C. 统计分析、财务管理分析、经济管理　　D. 多媒体制作

28. Excel 文档的扩展名是(　　)。

A. .ppt　　B. .txt　　C. .xsl　　D. .doc

29. Excel 的主要功能包括(　　)。

A. 电子表格、图表、数据库　　B. 电子表格、文字处理、数据库

C. 电子表格、工作簿、数据库　　D. 工作表、工作簿、图表

30. 在 Excel 中,在 A1 单元格中输入"=SUM(8,7,8,7)",则其值为(　　)。

A. 15　　B. 30　　C. 7　　D. 8

31. 在 Excel 工作表中,每个单元格都有唯一的编号(即地址),地址的使用方法是"(　　)"。

A. 字母+数字　　B. 列标+行号　　C. 数字+字母　　D. 行号+列标

32. 在下列操作中,不能退出 Excel 操作的是(　　)。

A. 执行"文件→关闭"菜单命令

B. 执行"文件→退出"菜单命令

C. 单击标题栏左端 Excel 窗口的控制菜单按钮,选择"关闭"命令

D. 按快捷键【Alt】+【F4】

33. 用 Excel 可以创建各类图表,如条形图、柱形图等。为了描述特定时间内各个项之间的差别情况,用于对各项进行比较,应该选择下列图表中的(　　)。

A. 条形图　　B. 折线图　　C. 饼图　　D. 面积图

34. 在打印工作表前就可以看到实际打印效果的操作是(　　)。

A. 打印预览　　B. 仔细观察工作表　　C. 按【F8】　　D. 分页预览

35. 在 Excel 中,最适合反映某个数据在所有数据构成的总和中所占比例的一种图表类型是(　　)。

A. 散点图　　B. 折线图　　C. 柱形图　　D. 饼图

36. 在 Excel 中,计算求和的函数是(　　)。

A. COUNT　　B. SUM　　C. MAX　　D. AVERAGE

37. 在 Excel 中,用来储存并处理工作表数据的是(　　)。

A. 单元格　　B. 工作区　　C. 工作簿　　D. 工作表

38. 在 Excel 单元格内输入计算公式时,应在表达式前加一前缀字符(　　)。

A. (　　B. =　　C. $　　D. ’

39. 若要在单元格中显示数字字符串"00080",则应使用的输入方法是(　　)。

A. 80　　B. 00080’　　C. ’00080　　D. "00080

40. 在 Excel 中,某区域由 A1,A2,A3,B1,B2,B3 6 个单元格组成,则下列表示方法中不能表示该区域的是(　　)。

A. A1:B3　　B. A3:B1　　C. B3:A1　　D. A1:B1

41. 在 Excel 的工作表中,每个单元格都有其固定的地址,如"A5"表示(　　)。

A. "A"代表"A"列,"5"代表第"5"行　　B. "A"代表"A"行,"5"代表第"5"列

C. "A5"代表单元格的数据　　D. 以上都不是

42. 新建工作簿文件后,默认第一张工作簿的名称是(　　)。

A. Book　　B. 表　　C. Book1　　D. 表 1

43. Excel 工作表是一个很大的表格,其左上角的单元是(　　)。

A. 11　　B. AA　　C. A1　　D. 1A

44. 一个单元格内容的最大长度为(　　)个字符。

A. 10　　B. 200　　C. 112　　D. 256

45. 当前工作表第七行、第四列的单元格地址为(　　)。

A. 74　　B. D7　　C. G7　　D. E7

46. 执行“插入→工作表”菜单命令,每次可以插入(　　)个工作表。

A. 1　　B. 2　　C. 3　　D. 4

47. 在 Excel 工作表单元格中,系统默认的数据对齐是(　　)。

A. 数值数据左对齐,正文数据右对齐　　B. 数值数据右对齐,文本数据左对齐

C. 数值数据、正文数据均为右对齐　　D. 数值数据、正文数据均为左对齐

48. 为了区别“数字”与“数字字符串”数据,Excel 要求在输入项前添加(　　)符号来确定。

A. "　　B. '　　C. #　　D. @

49. 在同一个工作簿中区分不同工作表的单元格,要在地址前增加(　　)来标识。

A. 单元格地址　　B. 公式　　C. 工作表名称　　D. 工作簿名称

50. 准备在一个单元格内输入一个公式,应先键入(　　)先导符号。

A. $　　B. >　　C. <　　D. =

二、多项选择题

1. 在 Excel 2016 中,对筛选后隐藏起来的记录的下列叙述,正确的是(　　)。

A. 不打印　　B. 不显示　　C. 永远丢失　　D. 可以恢复

2. 以下关于管理 Excel 2016 表格正确的表述是(　　)。

A. 可以给工作表插入行　　B. 可以给工作表插入列

C. 可以插入行,但不可以插入列　　D. 可以插入列,但不可以插入行

3. 以下属于 Excel 2016 中单元格数据类型的有(　　)。

A. 文本　　B. 数值　　C. 逻辑值　　D. 出错值

4. 在 Excel 2016 中,“Delete”和“全部清除”命令的区别在于(　　)。

A. “Delete”删除单元格的内容、格式和批注　　B. “Delete”仅能删除单元格的内容

C. 清除命令可删除单元格的内容、格式或批注　　D. 清除命令仅能删除单元格的内容

5. 在 Excel 2016 中,单元格地址引用的方式有(　　)。

A. 相对引用　　B. 绝对引用　　C. 混合引用　　D. 三维引用

6. 在 Excel 费用明细表中,列标题为“日期”、“部门”、“姓名”、“报销金额”等。欲按部门统计报销金额,可以使用(　　)。

A. 高级筛选　　B. 分类汇总

C. 用 SUMIF 函数计算　　D. 用数据透视表计算汇总

7. 在 Excel 2016 单元格中将数字作为文本输入,下列方法正确的是(　　)。

A. 先输入单引号,再输入数字　　B. 直接输入数字

C. 先设置单元格格式为“文本”,再输入数字　　D. 先输入“=”,再输入双引号和数字

8. 在 Excel 2016 中,下列可用来设置和修改图表的操作有(　　)。

A. 改变分类轴中的文字内容　　B. 改变系列图标的类型及颜色

C. 改变背景墙的颜色　　D. 改变系列类型

9. 在 Excel 2016 中,序列包括(　　)。

A. 等差序列　　B. 等比序列　　C. 日期序列　　D. 自动填充序列

10. 在 Excel 2016 中,对于移动和复制工作表的操作,正确的是(　　)。

A. 工作表能移动到其他工作簿中　　B. 工作表不能复制到其他工作簿中
C. 工作表不能移动到其他工作簿中　　D. 工作表能复制到其他工作簿中

11. 下列属于 Excel 2016 图表类型的有(　　)。
A. 饼图　　B. XY 散点图　　C. 曲面图　　D. 圆环图

12. 在 Excel 2016 中要输入身份证号码,应(　　)。
A. 直接输入
B. 先输入单引号,再输入身份证号码
C. 先输入冒号,再输入身份证号码
D. 先将单元格格式转换成文本,再直接输入身份证号码

13. 在 Excel 2016 中,能将选定列隐藏的操作是(　　)。
A. 右击选择隐藏
B. 将列标题之间的分隔线向左拖动,直至该列变窄、看不见为止
C. 在“列宽”对话框中设置列宽为“0”
D. 以上选项不完全正确

14. 在 Excel 2016 中,获取外部数据是(　　)。
A. 来自 Access 的数据　　B. 来自网站的数据
C. 来自文本文件的数据　　D. 来自 SQL Server 的数据

15. 在下列选项中,要给工作表 Sheet1 重命名,正确的操作是(　　)。
A. 功能键【F2】　　B. 右键单击工作表标签 Sheet1,选择“重命名”
C. 双击工作表标签 Sheet1　　D. 先单击选定要改名的工作表,再单击它的名字

16. 在 Excel 中,下列关于单元格的叙述错误的是(　　)。
A. A4 表示第四列、第一行的单元格
B. 同一行单元格的高度必须相同
C. 每个单元格可以单独设置底纹
D. 在编辑的过程中,单元格地址在不同的环境中会有所变化

17. 在 Excel 中,若要对 A1 至 A4 单元格内的 4 个数字求平均值,可采用的公式或函数有(　　)。
A. SUM(A1:A4)/4　　B. (A1+A2:A4)/4
C. (A1+A2+A3+A4)/4　　D. (A1:A4)/4

18. Excel 具有(　　)功能。
A. 设置表格格式　　B. 打印表格　　C. 编辑表格　　D. 数据管理

19. 下列属于 Excel 标准类型图表的有(　　)。
A. 柱形图　　B. 饼图　　C. 雷达图　　D. 气泡图

20. 下列关于 Excel 的叙述中,正确的是(　　)。
A. Excel 是电子表格处理软件
B. Excel 不具备数据库管理能力
C. Excel 具备报表编辑、分析数据、图表处理、连接及合并等功能
D. 在 Excel 中可以利用宏功能简化操作

21. 在 Excel 中,下列关于合并单元格的说法错误的是(　　)。
A. 只能在同一行中实现　　B. 只能在同一列中实现
C. 可以在整张表格中实现　　D. 只能在一片连续的单元格中实现

22. 对于筛选掉的记录的叙述,下列说法中正确的是(　　)。
A. 不打印　　B. 不显示　　C. 永远丢失了　　D. 可以恢复

23. 在 Excel 中,选择性粘贴能实现的功能是(　　)。
A. 在粘贴的同时,同时实现几项算术运算　　B. 对指定矩形区域的内容进行转置粘贴
C. 只粘贴数值而不带计算公式　　D. 在粘贴的同时,实现某项算术运算

24. 在下列常用的函数名中，功能描述正确的是(　　)。

A. SUM 用来求和　　B. AVERAGE 用来求平均值

C. MAX 用来求最小值　　D. MIN 用来求最小值

25. 在 Excel 中，执行"开始→编辑→清除"菜单命令，能实现的有(　　)。

A. 清除单元格数据的格式　　B. 清除单元格的批注

C. 清除单元格中的数据　　D. 移去单元格

26. 在 Excel 2016 中，下列说法正确的是(　　)。

A. 在缺省情况下，一个工作簿由一个工作表组成　　B. 可以调整工作表的排列顺序

C. 一个工作表对应一个磁盘文件　　D. 一个工作簿对应一个磁盘文件

27. 关于 Excel 区域的定义，正确的论述是(　　)。

A. 区域可由同一列连续多个单元格组成　　B. 区域可由不连续的单元格组成

C. 区域可由单一单元格组成　　D. 区域可由同一行连续多个单元格组成

28. 在 Excel 输入数据的以下 4 项操作中，能结束单元格数据输入的操作是(　　)。

A. 按【Shift】　　B. 按【Tab】　　C. 按【Enter】　　D. 单击其他单元格

29. 在 Excel 中，可以对表格中的数据进行(　　)等统计处理。

A. 求和　　B. 汇总　　C. 排序　　D. 索引

30. 单元格格式包括数字、(　　)、边框、图案和保护。

A. 颜色　　B. 对齐　　C. 下划线　　D. 字体

31. 粘贴原单元格的所有内容包括(　　)。

A. 公式　　B. 值　　C. 格式　　D. 附注

32. 在下列关于工作表命名的说法中，正确的有(　　)。

A. 在一个工作簿中不可能存在两个完全同名的工作表

B. 工作表可以定义成任何字符、任何长度的名字

C. 工作表的名字只能以字母开头，且最多不超过 32 字节

D. 工作表命名后还可以修改，复制的工作表将自动在后面加上数字以示区别

33. 关于已经建立好的图表，下列说法正确的是(　　)。

A. 图表是一种特殊类型的工作表　　B. 图表中的数据也是可以编辑的

C. 图表可以复制和删除　　D. 图表中各项是一体的，不可分开编辑

34. (　　)是单元格格式。

A. 数字格式　　B. 字体格式　　C. 对齐格式　　D. 调整行高

35. 当前单元格是 F4，对 F4 来说，输入公式"=SUM(A4:E4)"意味着(　　)。

A. 把 A4 和 E4 单元格中的数值求和

B. 把 A4，B4，C4，D4，E4 这 5 个单元格中的数值求和

C. 把 F4 单元格左边所有单元格中的数值求和

D. 把 F4 和 F4 左边所有单元格中的数值求和

36. 下列关于 Excel 的叙述中，不正确的是(　　)。

A. Excel 将工作簿的每一张工作表分别作为一个文件夹保存

B. Excel 允许一个工作簿中包含多个工作表

C. Excel 的图表必须与生成该图表的有关数据处于同一张工作表

D. Excel 工作表的名称由文件名决定

37. 在 Excel 中，能用(　　)的方法建立图表。

A. 在工作表中插入或嵌入图表　　B. 添加图表工作表

C. 从非相邻选定区域建立图表　　D. 建立数据库

38. 下列有关 Excel 功能的叙述中，不正确的是(　　)。

A. 在 Excel 中，不能处理图形

B. 在 Excel 中,不能处理表格
C. Excel 的数据库管理可支持数据记录的增、删、改等操作
D. 在一个工作表中包含多个工作簿

39. 在下列 Excel 公式输入的格式中,(　　)是正确的。
A. =SUM(1,2,…,9,10)　　B. =SUM(E1:E6)
C. =SUM(A1:E7)　　D. =SUM("18","25",7)

40. 在以下符号中,可以组成 Excel 文件名的是(　　)。
A. 符号:|　　B. 符号:&　　C. 字母　　D. 数字

41. 在下列方法中,不能改变 Excel 工作簿所包含工作表数量的是(　　)。
A. 使用“开始”功能菜单内“编辑”分组中的“填充”命令
B. 使用“文件”功能菜单的“选项”命令
C. 使用“开始”功能菜单内“单元格”分组中的“插入”命令
D. 使用“插入”功能菜单的“表格”分组菜单命令

42. 在 Excel 中,函数 SUM(A1:A4)等价于(　　)。
A. SUM(A1 * A4)　　B. SUM(A1,A2,A3,A4)
C. SUM(A1/A4)　　D. SUM(A1+A2+A3+A4)

43. 在 Excel 中,以下选项引用函数正确的是(　　)。
A. =(SUM)A1:A5　　B. =SUM(A2,B3,B7)
C. =SUM A1:A5　　D. =SUM(A10,B5:B10,28)

44. 在 Excel 中,以下能够改变单元格格式的操作有(　　)。
A. 执行“开始”功能菜单中的“单元格”命令
B. 执行“插入”功能菜单中的“表格”命令
C. 按鼠标右键选择快捷选项卡中的“设置单元格格式”选项命令
D. 点击“开始”功能菜单中的“格式刷”按钮

45. 在 Excel 电子表格中,设在 A1,A2,A3,A4 单元格中分别输入“:3”、“星期三”、“5x”、“2002-12-27”,则可以进行计算的公式是(　　)。
A. =A1^5　　B. =A2+1　　C. =A3+6X+1　　D. =A4+1

46. 在 Excel 有关图表的叙述中,(　　)是正确的。
A. 图表的图例可以移动到图表之外　　B. 选中图表后再键入文字,则文字会取代图表
C. 图表绘图区可以显示数值　　D. 一般只有选中了图表,才会出现“图表”选项卡

47. 在 Excel 中,执行自动筛选操作的条件是(　　)。
A. 在数据清单的第一行必须有列标记,否则筛选结果不正确
B. 单击需要筛选的数据清单中任一单元格
C. 点击任意单元格
D. 数据清单的第一列必须有行标记

48. 在 Excel 中,利用填充功能可以方便地实现(　　)的填充。
A. 等差数值　　B. 等比数值　　C. 多项式　　D. 方程组

49. 下列关于 Excel 的叙述中,不正确的是(　　)。
A. Excel 将工作簿的每一张工作表分别作为一个文件夹保存
B. Excel 允许一个工作簿中包含多个工作表
C. Excel 的图表不一定与生成该图表的有关数据处于同一张工作表
D. Excel 工作表的名称由文件名决定

50. 向 Excel 工作表的任一单元格输入内容后都必须确认才被认可,确认的方法有(　　)。
A. 双击该单元格　　B. 单击另一单元格
C. 按光标移动键　　D. 单击该单元格

三、填空题

1. 在 Excel 2016 中，如果单元格中的数据显示为“＃＃＃＃＃＃”，表明(　　　　　　)不够。
2. Excel 2016 中的工作簿其实就是一个 Excel 文件，可以理解成一个“笔记本”，笔记本中的每一页在 Excel 工作簿中被称为(　　　　)，而(　　　)相当于笔记本内每一页中的每一格。
3. 在 Excel 2016 中的数据有(　　　　)和(　　　　　)两种，其中，要想输入数字“00080”显示在单元格中，则应先输入(　　　　)、再输入(　　　)的数字。
4. 在 Excel 2016 中，工作表的 E6 单元格中的公式为“＝B$6＋$C$6”，则该公式地址引用方式是(　　　　　　)。
5. 在 Excel 的使用工作中，可以单击鼠标(　　　　)打开快捷菜单。
6. 当用 Excel 建立工作表时，单元格的(　　　　　)可以调整。
7. 当选择“文件”功能菜单中的“(　　　　)”命令按钮，Excel 将在界面右侧显示预览状态。
8. 在 Excel 工作表中，输入的分数可作为日期。为避免将输入的分数认作日期，应在分数前冠以(　　　　)。
9. 对于数据拷贝操作，可以用拖曳单元格(　　　　)来实现。
10. Excel 中的每个单元格都有一个固定的(　　　　)。
11. 在 Excel 系统中，对于单元格进行序列输入，其内容既可以为中文、英文，也可以是(　　　　)。
12. 在 Excel 中，工作簿是由若干张(　　　　)构成的。
13. 在 Excel 中，当进行自动分类汇总前，必须对数据清单进行(　　　　)。
14. 在图表制作完成后，其(　　　　)可以随意更改。
15. (　　　　)是带符号的除法。
16. 工作表内的长方形空白，用于输入文字、公式的位置称为(　　　　)。
17. 在 Excel 中输入(　　　　)数据时，可以自动填充、快速输入。
18. 在 Excel 中，双击某单元格，可以对该单元格进行(　　　　)工作。
19. 在 Excel 中，双击某工作表标识符，可以对工作表进行(　　　　)操作。
20. 在 Excel 中，用鼠标将某单元格的内容复制到另一单元格中时，应同时按下(　　　　)键。
21. 在 Excel 中，选中整个工作表的快捷方式是单击工作表左上角的“(　　　　)”按钮。
22. 工作表的名称显示在工作簿底部的(　　　　)上。
23. 在 Excel 中，编辑栏由名称框、(　　　　)和编辑框 3 个部分组成。
24. 单元格中的数据在水平方向上有(　　　　　　　　)3 种对齐方式。
25. 在 Excel 中设置的打印方向有(　　　　)和(　　　　)两种。
26. 单击工作表(　　　　)的矩形块，可以选取整个工作表。
27. 使用键盘，直接按(　　　　)和(　　　　)组合，可以选择前一个或后一个工作表为当前工作表。
28. 在输入过程中，用户要取消刚才输入当前单元格的所有数据时，可用鼠标单击(　　　　)按钮或按(　　　　)组合键。
29. 公式或由公式得出的数值都是(　　　　)常量。
30. 将“A1＋A4＋B4”用绝对地址表示为(　　　　)。
31. Excel 默认保存工作簿的格式扩展名为(　　　　)。
32. 在 Excel 中，如果要将工作表冻结便于查看，可以用(　　　　)功能菜单的“冻结窗格”来实现。
33. 在 Excel 中，如果要对某个工作表重新命名，可以用“开始”功能菜单的(　　　　)来实现。
34. 在 A1 单元格内输入“30001”，再按下【Ctrl】，拖动该单元格填充柄至 A8，则 A8 单元格中的内容为(　　　　)。
35. 一个工作簿包含多个工作表，缺省状态下有 1 个工作表，为(　　　　　　　)。
36. 在 Excel 中，工作簿中的工作表可以根据需要(　　　　)和(　　　　)。
37. 在 Excel 中，输入日期可用(　　　　)或(　　　　)分隔年、月、日部分。
38. 在 Excel 约定的数据对齐格式下，文字数据(　　　　)对齐，数字数据(　　　　)对齐。

39. 在 Excel 中,如果一个工作簿内有 5 个工作表,它存储在(   )个文件夹中。
40. 在 Excel 工作表中,单元格区域 D2:E4 所包含的单元格个数是(   )个。
41. 在 Excel 中,输入数值时,该数值同时出现在活动单元格和工作表上方的(   )中。
42. 在 Excel 中,某单元格内输入数字字符串“456”,正确的输入方式是(   )。
43. 在 Excel 中,如果选定某一单元格,此单元格成为(   )单元格。
44. 在 Excel 中,利用(   )功能菜单内“文本”分组命令中的页眉和页脚命令按钮,可以为工作表加注页眉和页脚。
45. 在 Excel 中,A3 指的是(   )的单元格。
46. 在 Excel 中,当打印一个较长的工作表时,常常需要在每一页上打印行或列标题,可以通过功能菜单(   )来设置。
47. 在 Excel 中,(   )函数可以查找一组数中的最大数。
48. 在 Excel 的工作表中,如果选择了输入有公式的单元格,则单元格显示(   )。
49. 在 Excel 的工作表中,若要对一个区域中的各行数据求平均值,应使用(   )。
50. 如果在单元格中输入数据“2010－8－8”,Excel 2016 将把它识别为(   )数据。

四、判断题

1. 在 Excel 2016 中,自动分页符是无法删除的,但可以改变位置。(   )
2. 创建数据透视表时,默认情况是创建在新工作表中。(   )
3. 在进行分类汇总时一定要先排序。(   )
4. 分类汇总进行删除后,可将数据撤消到原始状态。(   )
5. Excel 2016 允许用户根据自己的习惯自己定义排序的次序。(   )
6. 在 Excel 2016 中,不可以对数据进行排序。(   )
7. 如果用户希望对 Excel 2016 的数据进行修改,用户可以在 Word 中修改。(   )
8. 移动 Excel 2016 中的数据也可以像在 Word 中一样,将鼠标指针放在选定的内容上拖动即可。(   )
9. 在 Excel 2016 中,按【Ctrl】+【Enter】组合键能在所选的多个单元格中输入相同的数据。(   )
10. 在 Excel 2016 中,单元格中只能显示公式计算结果,而不能显示输入的公式。(   )
11. 在 Excel 2016 工作簿中,默认拥有 3 个工作表。(   )
12. 在 Excel 2016 中,文本数据在单元格内自动左对齐。(   )
13. 在 Excel 2016 中,用来存储并处理工作表数据的是单元格。(   )
14. 在 Excel 2016 中,当公式中出现被零除的现象时,产生的错误值是“#DIV/0!”。(   )
15. 在 Excel 2016 编辑过程中,单元格地址在不同的环境中会有所变化。(   )
16. 在 Excel 2016 中,要显示公式与单元格之间的关系,可以通过“公式”功能菜单内“公式审核”分组中的有关功能来实现。(   )
17. 在 Excel 2016 中进行高级筛选时,可以利用“数据”选项卡菜单中“排序和筛选”功能分组内的“筛选”命令。(   )
18. Excel 2016 中工作表的名称可以与工作簿的名称相同。(   )
19. Excel 2016 具备数据库管理功能。(   )
20. 在 Excel 2016 中的高级筛选通常需要在工作表中设置条件区域。(   )
21. 将一组表格数据填入一张 Excel 工作表,就构成了一个数据库。(   )
22. Excel 是 Microsoft 公司推出的电子表格软件,是办公自动化集成软件包 Office 的重要组成部分。(   )
23. 当完成工作后要退出 Excel 2016,可按【Ctrl】+【F4】组合键。(   )
24. 在创建工作簿时,Excel 将自动以 Book1、Book2、Book3……的顺序给新的工作簿命名。(   )
25. 保存旧工作簿时,必须指定保存工作簿的位置及文件名。(   )
26. 要保存已存在的工作簿,Excel 将不再弹出“另存为”对话框,而是直接将工作簿保存起来。(   )

27. Excel 提供了自动保存功能，设置以指定的时间间隔自动保存活动的工作簿或者所有打开的工作簿。（　　）

28. Excel 在建立一个新的工作簿时，所有的工作表以“Book1”、“Book2”等命名。（　　）

29. 比较运算符用以对两个数值进行比较，产生的结果为逻辑值“TRUE”或“FALSE”。比较运算符为“＝”、“＞”、“＜”、“＞＝”、“＜＝”、“＜＞”。（　　）

30. 在一个单元格输入公式后，若相邻的单元格中需要进行同类型计算，可利用公式自动填充。（　　）

31. SUM 函数用来对单元格或单元格区域所有数值求平均的运算。（　　）

32. Excel 是运行在 DOS 下的一套电子表格软件。（　　）

33. Excel 具有复杂运算及分析功能。（　　）

34. 在 Excel 的菜单中，灰色和黑色的命令都是可以使用的。（　　）

35. 只有活动单元格才能接受输入的信息。（　　）

36. Excel 软件是基于 Windows 环境下的电子表格软件。（　　）

37. 工作簿窗口、菜单栏、工具栏、公式栏、状态栏 5 个部分合称 Excel 工作区。（　　）

38. 工作簿是工作表的基本构造块。（　　）

39. Excel 通过工作簿组织和管理数据。（　　）

40. Excel 中每一个单元格有一个唯一的坐标。（　　）

41. 对工作表保护的目的是禁止其他用户修改工作表。（　　）

42. 在 Excel 中，可以将表格中的数据显示成图表的形式。（　　）

43. 图表只能和数据放在同一个工作表中。（　　）

44. 一旦单元格的数据格式被选定后，不可以改变。（　　）

45. Excel 的所有功能都能通过格式栏或工具栏上的按钮来实现。（　　）

46. 单元格中的错误信息都以“#”开头。（　　）

47. 在 Excel 中，一个工作表最多有 65 536 行。（　　）

48. 在单元格中，若未设置特定格式，则数值数据会左对齐。（　　）

49. Excel 是 Office 的一个组件。（　　）

50. Excel 只能建立电子表格，而不能进行文本编辑。（　　）

项目七
PowerPoint 2016 演示文稿制作软件

项目导图

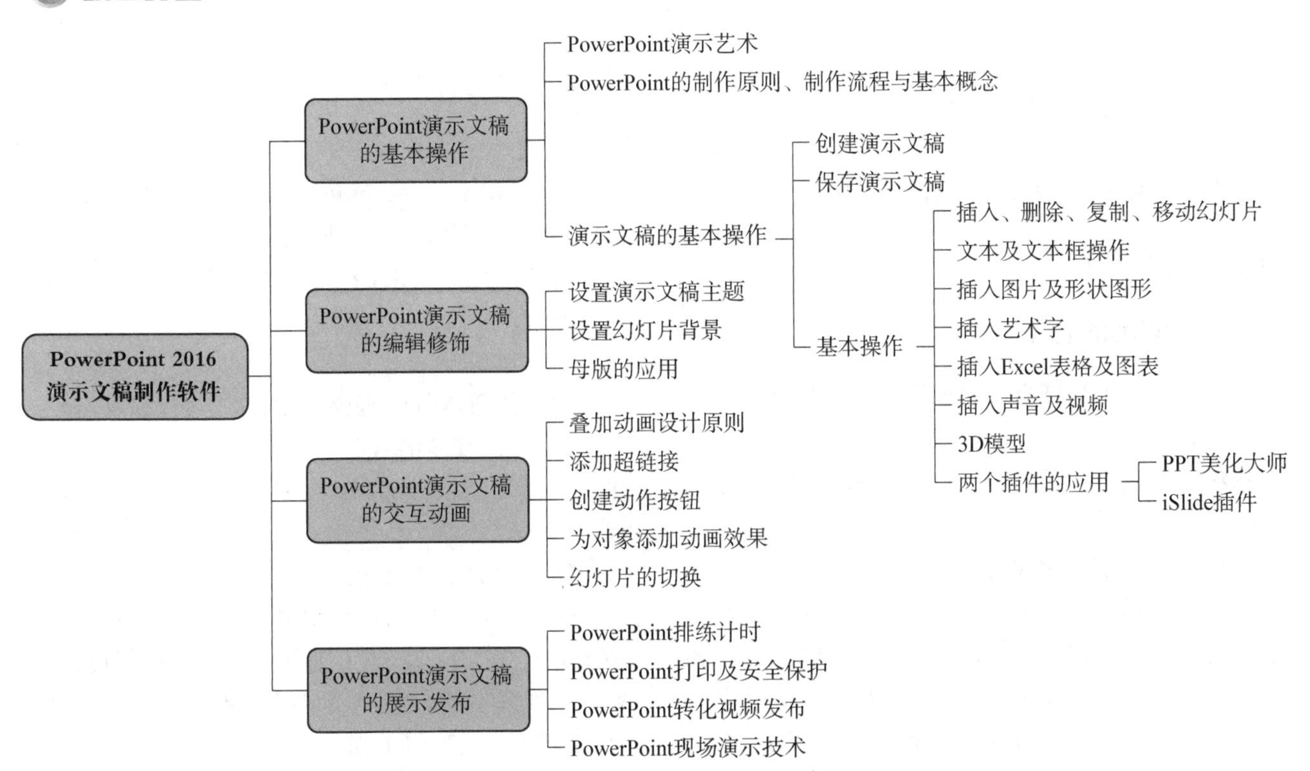

项目能力目标

任务一　PowerPoint 演示文稿的基本操作
任务二　PowerPoint 演示文稿的编辑修饰
任务三　PowerPoint 演示文稿的交互动画
任务四　PowerPoint 演示文稿的展示发布

项目知识目标

（1）了解 PowerPoint 的制作原则、演示和沟通的特点；

（2）了解 PowerPoint 的打印；

（3）掌握 PowerPoint 演示文稿的制作流程；

（4）掌握 PowerPoint 的创建、保存及其他基本操作；

（5）掌握 PowerPoint 的修饰；

（6）掌握 PowerPoint 的交互、动画功能；

（7）掌握 PowerPoint 的展示技术与发布。

任务一 PowerPoint 演示文稿的基本操作

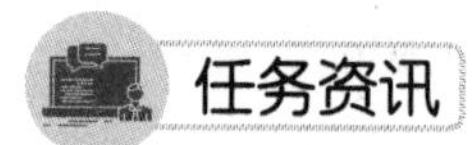

任务目标

(1) 了解 PowerPoint 2016 的视图模式及 PowerPoint 的制作原则；

(2) 理解 PowerPoint 2016 的基本概念；

(3) 熟悉 PowerPoint2016 的工作界面；

(4) 掌握 PowerPoint 演示文稿的制作流程；

(5) 掌握 PowerPoint 工作环境的设置；

(6) 掌握 PowerPoint 的创建、保存等基本操作；

(7) 掌握 PowerPoint 中幻灯片的选择、复制、移动和删除操作；

(8) 掌握 PowerPoint 中插入不同对象的技巧。

任务资讯

一、演示的艺术

演示可以说是把自己的价值共享为观众的价值的过程，其目的是提案、说明、赋予动机和娱乐。通过这些让观众产生共鸣，把他们向自己希望的方向引导。

(一) 完美演示的要素

不管演示规模是大是小，成功的演示都需要在洞察力的基础上规划传达内容、制作视觉资料、掌握演讲技巧和注意演示者形象，这四大核心要素完美结合并通过不懈的演练才能造就完美的演示，如图 7-1 所示。

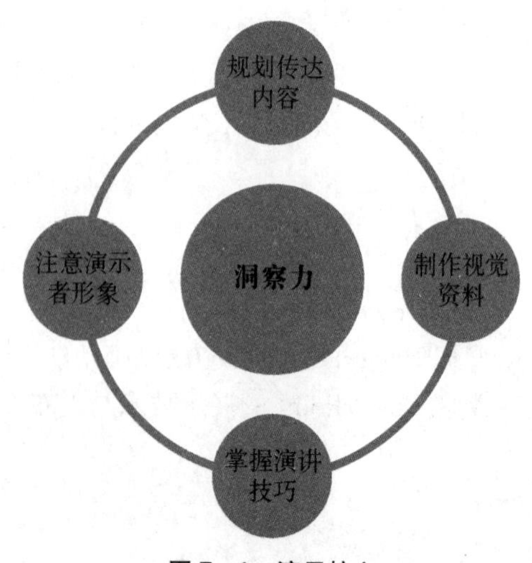

图 7-1 演示核心

1. 洞察力

洞察力是指对于以什么样的目的、以谁为对象，以及在什么样的环境、场合和时间段来进行演示等有明确的认识，掌握演示的本质：要传达什么、观众喜欢什么，可以概括为演示的“3P”，即“Purpose”(目的)、“People”(对象)、“Place”(地点)。

2. 规划传达内容

这是演示的第一步，也是关键的一步，进行充分的资料问题分析，提炼核心信息，规划好内容的逻辑结构。

3. 制作视觉资料

通过 MS PowerPoint、苹果 Keynote、Adobe Flash 和 Prezi 等演示工具，将规划阶段构成的综合信息有效地传达出来，要从视觉的角度对表现信息进行设计。

4. 掌握演讲技巧

演讲技巧是由语言要素(呼吸、发音和发声)和非语言要素(肢体语言和空间语言等)，以及对信息化工具使用等方面综合构成，需要系统、不断地练习。

5. 注意演讲者形象

除了衣着打扮和化妆等外在形象外，演讲者还必须努力把气质、经历、专业知识和热情一起传达给观众。当演示的信息与演讲者的形象融合为一体时，说服力就会变得更强。

(二) PowerPoint 与演示

从 2010 版开始 PowerPoint 提供原来只适应 Keynote 的视觉演示效果，它是一个毫不逊色于 Keynote 的演示文稿设计程序。对于掌握演示设计基本知识和方法的使用者来说，应该不拘泥于工具，把视觉的表现处理得游刃有余。

PowerPoint 作为帮助有效沟通的工具，被广泛用于工作汇报、企业宣传、产品推介、婚礼庆典、项目竞标、电子课件制作等领域。与 Word 比较，PowerPoint 具有以下 3 个特点：

(1) 不是普通的页面，而是由若干张排列有序的幻灯片组成。

(2) 文本精简化、层次化、框架化，除此之外，还采用更丰富的多媒体内容来传达信息，注重视觉效

果设计。

(3) 可以添加切换和动画等动态效果，通过播放模式观看。

有效的 PowerPoint 演示文稿注重两个方面：内容要“Point”，视觉要“Power”，它是“Point”和“Power”的完美结合，如图 7-2 所示。

图 7-2　制作有效 PPT 的建议

图 7-3　罗伯特·加斯金斯

二、PowerPoint 的发展史

美国人罗伯特·加斯金斯是 PowerPoint 的发明者。早在 20 世纪 80 年代中期，他就意识到商业幻灯片这一巨大但尚未被发掘的市场。1984 年他加入一家处于衰退期的硅谷软件公司 Forethought，从苹果公司筹集到第一笔战略性风险投资——300 万美金，并雇用软件开发师设计了“Presenter”计划。Tom Rudkin 后来也加入了设计团队，并和 Dennis Austin Bob 设计了原始版本的程序。Bob 后来建议新产品命名为“PowerPoint”，该名称最后也成为产品的正式名称。经过近 4 年的努力，1987 年 PowerPoint 1.0 正式问世，随后微软以 1400 万美元收购了该公司(这也是微软历史上的第一次收购)。在成为微软公司一员后，加斯金斯担任了微软图形业务部的负责人。经过 30 多年的发展，PowerPoint 由最初的黑白界面，到现在的多样性设计组合，已经成为人们日常生活、学习、工作中的一个重要工具。表 7-1 收录了 PowerPoint 的各个主要版本。

表 7-1　PowerPoint 的各个版本

PowerPoint 1.0	Microsoft PowerPoint 2003
Microsoft PowerPoint 2.0	Microsoft PowerPoint 2007
Microsoft PowerPoint 3.0	Microsoft PowerPoint 2010
Microsoft PowerPoint 4.0	Microsoft PowerPoint 2013
Microsoft PowerPoint 95	Microsoft PowerPoint 2016
Microsoft PowerPoint 97	Microsoft PowerPoint 2019
Microsoft PowerPoint 2000	Microsoft PowerPoint 2021

因为 PowerPoint 2007 之前的版本在保存文件时扩展名为“.ppt”，人们已经习惯将文件称为“PPT”。实际上 PowerPoint 2007 之后的版本在保存文件时，扩展名已改为“.pptx”，其中文名称为“演示文稿”或“幻灯片”。

三、PPT 制作步骤

制作 PPT 之前重要的是谋篇布局。要做到对全局的掌控，做到“心中有数”，包括逻辑的梳理、原始材料的准备、论点论据的铺陈等。也就是说，要想制作一个完美的、能够让观众喜欢并容易接受的 PPT，不是直接把材料放到 PPT 中就万事大吉了，而是在前期准备相关的很多材料，包括文字、图片、图形结构、表格、图表等，甚至根据需要还可能要准备音频和视频文件，即准备素材，然后，根据所需材料及表达意愿，按照设计原则进行制作。因此，PPT 内容的好坏、完整度直接取决于前期的准备工作是否充分。根据实际内容需要，还要对材料的放置方式、顺序等进行前期规划设计。图 7-4 为 PPT 设计制作流程。

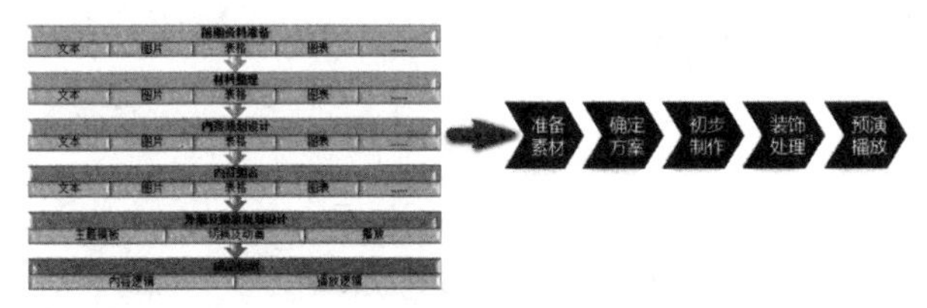

图 7-4　PPT 设计制作步骤

(1) 准备素材。主要是准备演示文稿中所需要的一些图片、声音、动画等文件。

(2) 确定方案。对演示文稿的整个构架进行设计。

(3) 初步制作。将文本、图片等对象输入或插入相应的幻灯片中。

(4) 装饰处理。设置幻灯片中相关对象的要素(包括字体、大小、动画等)，对幻灯片进行装饰处理。

(5) 预演播放。设置播放过程中的一些要素，然后播放查看效果，满意后正式输出播放。

四、PPT 制作原则

演示文稿是由一张或若干张幻灯片组成，而每张幻灯片一般包括两部分内容，即幻灯片标题(用来表明主题)和若干文本条目(用来论述主题)。如果是由多张幻灯片组成的演示文稿，通常在第一张幻灯片上单独显示演示文稿的主标题和副标题，在其余幻灯片上分别列出与主标题有关的子标题和文本条目，如图 7-5 所示。

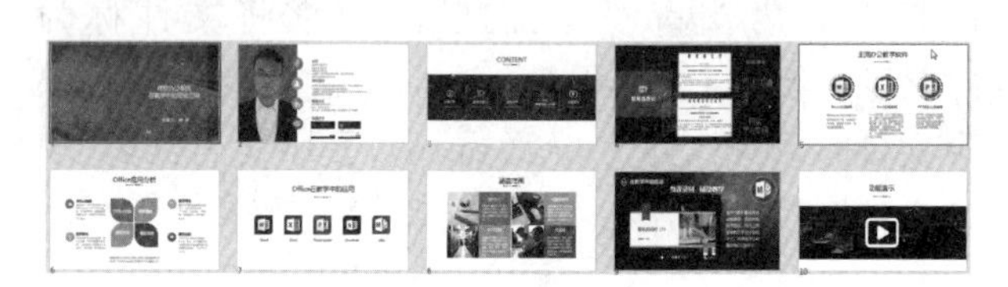

图 7-5　制作样本

制作演示文稿的最终目的是给观众演示，能否给观众留下深刻的印象是评定演示文稿效果的主要标准。因此，在进行演示文稿设计时一般遵循以下 7 个原则。

(1) 核心句原则。演示文稿为了加深印象，在幻灯片上尽量选择核心句或关键字，而不能把全部文字都直接粘贴到 PPT 中，这样会引起观众的视觉疲劳，如图 7-6 所示。

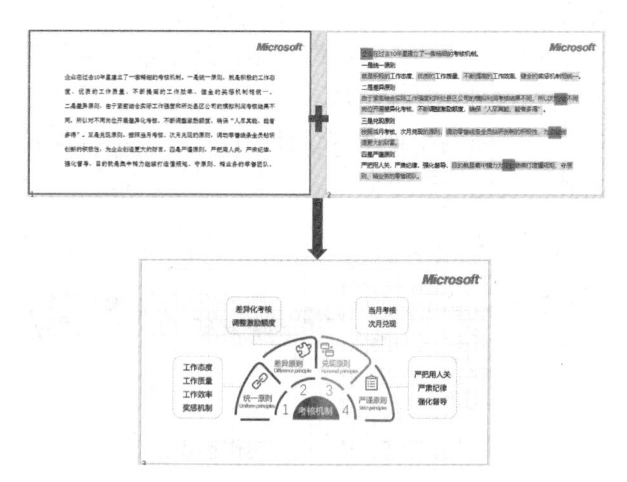

图 7-6　核心句原则

(2) 字体、字少及降噪原则。

正文文字内容不得小于小四号字，以免投到幕布时观众看不清。

在内容设计时，能用图表、表格、图形以及其他更加灵活、生动的方式，就尽量不用文字，这样更容易让观众了解演示的内容，如图 7-7 所示。

如果同一份 PPT 使用太多种字体，或者每页的

图 7-7　字少原则

颜色和版式都不相同，其实这都是在增加信息噪音，会对观众造成干扰。所以，建议单页 PPT 的色彩不超过 3 种，整个 PPT 的字体不超过 2 种，如图 7-8 所示。

图 7-8　降噪原则

(3) 对齐原则。版面设计最重要的原则就是对齐，因为对齐会给人一种秩序感。不但要关注文字对齐，还要关注页面内其他元素也要尽量对齐。对齐不仅有左对齐，还有右对齐、居中对齐等，如图 7-9 所示。

图 7-9　对齐原则

(4) 分离原则。将有关联的信息组织到一起，形成一个独立的视觉单元，为观众提供清晰的信息结构。

(5) 留白原则。不要把 PPT 填充得太满，太满会让眼睛更累。可以尽量删减不必要的文字以突出重点。通过留白还能形成特殊的美感。分离原则和留白原则如图 7-10 所示。

图 7-10　分离、留白原则

(6) 重复原则。如果每张 PPT 都是不同的样式，整体看下来就会显得杂乱无章。所以，可以使用统一的母版让 PPT 形成统一的风格，或者让某种元素(字体、配色、符号等)重复出现，如图 7-11 所示。

图 7-11 重复原则

(7) 差异原则。一味地重复会让页面过于单调。为了避免页面上的元素太过相似，可以让重点信息变得不同，引起观众的注意力，如图 7-12 所示。

图 7-12 不同的封面效果

总而言之，PPT 的制作原则总体上应做到：主题鲜明，文字简练；结构清晰，逻辑性强；和谐醒目，美观大方；生动活泼，引人入胜。

五、PPT 的结构组成

常见的 PPT 页面构成有封面页、目录页、过渡页、正文页和结尾页。要注意适当取消过渡页，因为在目录页之后突然出现一个内容高度重复的过渡页，会严重干扰演讲节奏。可以将目录页的要点突出展示，这样就可以将目录页和过渡页结合为一页。

六、PowerPoint 工作界面

默认情况下，PowerPoint 2016 会创建一个演示文稿，其中，会有一张包含标题占位符和副标题占位符的空白幻灯片，其工作界面组成元素如图 7-13 所示。

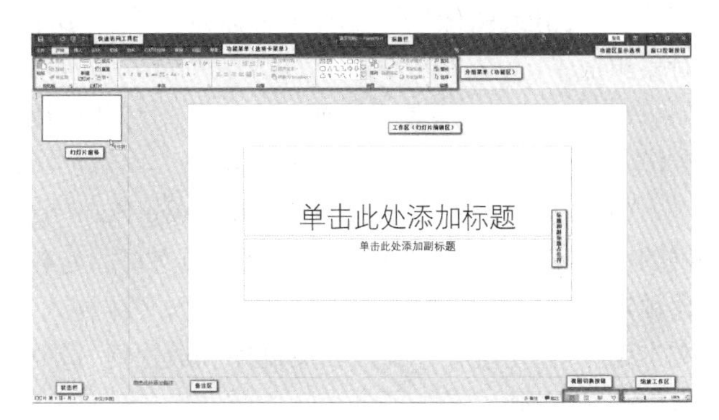

图 7-13 PowerPoint 2016 界面

(一) 幻灯片/大纲 窗格

利用“幻灯片”窗格或“大纲”窗格，可以快速查看和选择演示文稿中的幻灯片。其中，“幻灯片”窗格显示了幻灯片的缩略图。单击某张幻灯片的缩略图可选中该幻灯片，此时可在右侧的幻灯片编辑区编辑该幻灯片内容。“大纲”窗格显示了幻灯片的文本大纲。

(二) 幻灯片编辑区

幻灯片编辑区是编辑幻灯片的主要区域，又称为工作区。在幻灯片编辑区可以为当前的幻灯片添加文本、图片、图形、声音和影片等，还可以创建超链接或设置动画。

(三) 备注栏

备注栏用于为幻灯片添加一些备注或说明的相关信息。在放映幻灯片时，此项内容观众是无法看到的。

(四) 视图切换按钮

单击不同的按钮，可以切换到不同的视图模式。PowerPoint 2016 提供了普通视图、大纲视图、幻灯片浏览视图、备注页视图和阅读视图 5 种视图模式。其中，普通视图是 PowerPoint 2016 的默认视图模式；在幻灯片浏览视图中，用户可以将幻灯片以缩略图的形式显示，从而方便用户浏览所有幻灯片的整体效果；阅读视图是以窗口的形式来查看演示文稿的放映效果；大纲视图用来为演示文稿创建大纲或情节提要。

七、PowerPoint 基本概念

（1）演示文稿。使用 PowerPoint2016 生成的文件称为演示文稿，其扩展名为“.pptx”。一个演示文稿由若干张幻灯片及相关联的备注和演示大纲等内容组成。

（2）幻灯片。幻灯片是演示文稿的组成部分，演示文稿中的每一页就是一张幻灯片。幻灯片由标题、文本、图形、图像、剪贴画、声音以及图表等多个对象组成。

（3）模版。模版是系统提供的一些幻灯片的固定模式。

（4）设计模板。设计模板是由 PowerPoint 提供的由专家制作完成并存储在系统中的文件。它包含预定义的幻灯片背景、图案、色彩搭配、字体样式、文本编排等，是统一修饰演示文稿外观最快捷、最有力的一种方法。

（5）幻灯片版式。幻灯片版式是指幻灯片内容在幻灯片上的排列方式，即一种排版的格式，可以确定幻灯片内容的布局。通过幻灯片版式的应用，可以对文字、图片等更加合理、简洁地完成布局。

选择“开始”功能菜单中“幻灯片”分组菜单内的“版式”下拉命令按钮，可以为当前幻灯片选择版式，如图 7-14 所示。

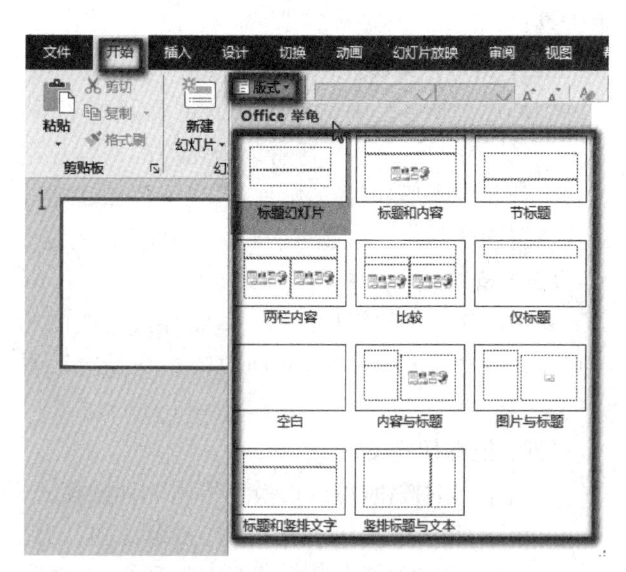

图 7-14　PowerPoint 版式

（6）母版。母版是演示文稿中所有幻灯片或页面格式的底版，也可以说是样式。它包含所有幻灯片具有的公共属性和布局信息。所以，幻灯片母版是存储关于模板信息的设计模板的元素，这些模板信息包括字形、占位符大小和位置、背景设计和配色方案。

如果用户想按照自己的意愿统一改变整个演示文稿的外观风格，则需要使用母版。母版中包含幻灯片中共同出现的内容及构成要素，也就是说，包含预定义的格式和配色方案以及针对不同主题提供的建议内容等。

（7）占位符。在普通视图模式下，占位符是指幻灯片中被虚线框起来的部分，即一种带有虚线或阴影线边缘的框。在绝大部分幻灯片版式中都有这种框，在这些框内可以放置标题及正文，或者表格和图片等对象。

当在幻灯片版式或设计模板时，每张幻灯片均提供占位符，有标题、内容、文本占位符等多种类型。

任务实施

一、演示文稿的基本操作

在 PowerPoint 2016 中给出空白演示文稿、模板或主题演示文稿两种演示文稿文件。

（一）创建空白演示文稿

选择“文件”功能菜单，在出现的界面中选择“新建”中的“空白演示文稿”，如图 7-15 所示。

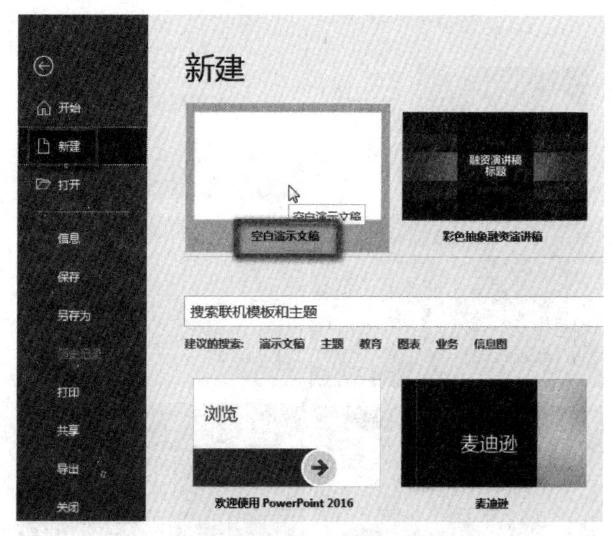

图 7-15　新建 PowerPoint 空白演示文稿

（二）创建模板或主题演示文稿

选择“文件”功能菜单，在出现的界面中选择“新建”，然后根据需要可在搜索框内输入所需关键字，或直接单击“建议的搜索：”中选择所需主题，按 PPT 提示进行相关操作，确定所需模板或主题演示文稿，如图 7-16 所示。

（三）演示文稿的保存

演示文稿建立后需要及时进行保存。

1. 保存新建演示文稿

选择“文件”功能菜单中“保存”或“另存为”命

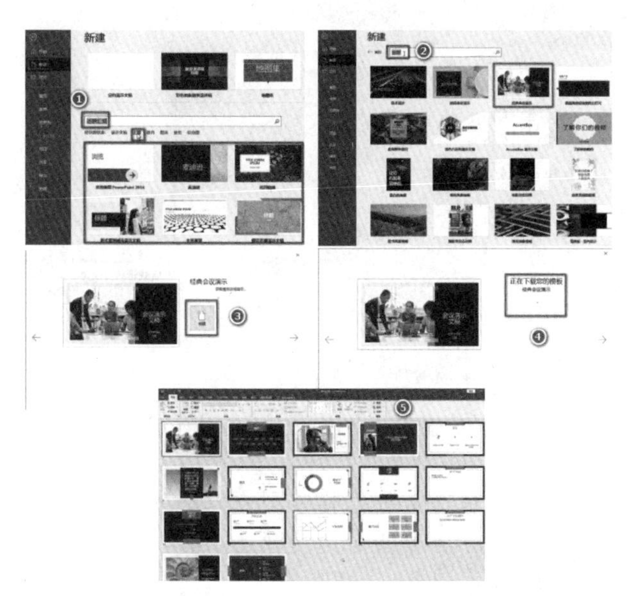

图 7－16 新建 PowerPoint 模板或主题演示文稿

令，在出现的“另存为”对话框中选择、输入要保存的位置、要保存的文件名称及需要保存的文件类型等，或用【Ctrl】+【S】组合键来打开“另存为”对话框，如图 7－17 所示。

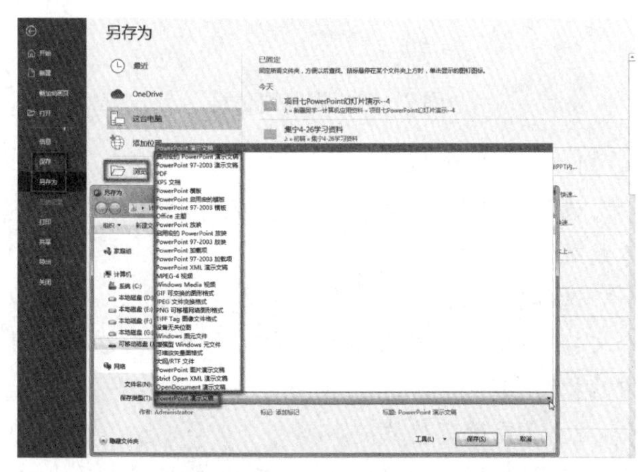

图 7－17 “另存为”对话框

2. 保存曾经保存过的演示文稿

方法同“保存新建演示文稿”，但有一处区别：如果想用原名保存，就直接选择“保存”命令；如果想换名保存，则必须选择“另存为”命令进行保存操作。

3. 注意事项

保存 PowerPoint 演示文稿时，PowerPoint 2016 版默认用“PowerPoint 演示文稿”类型来保存，即用“.pptx”作为扩展名保存，而非用“.ppt”，此时该文件移到 PowerPoint 2007 之前的版本时是无法打开的。若用“PowerPoint 演示文稿 97－2003”类型保存，则不存在上述问题。

在保存时也可以选择“.pdf”、“gif”、“jpeg”、“png”等格式，这样可以起到一定的保护内容不被随意更改的作用。

若演示文稿中还有超链接的音频、视频等其他文件时，一定要一起移动，否则会丢失音频和视频文件在播放时的链接。

二、幻灯片的基本操作

在 PowerPoint 2016 中，工作区以页为单位进行编辑，每一页代表展示时一屏的内容（即一张幻灯片）。在设计时页面分为封面页和正文页，二者的主要区别在于其默认模板和内容格式不同，其中，封面页有两个字体较大的文本框，分为“主标题”和“副标题”，在色彩分配上会突出显示。正文页则由标题文本框和正文文本框组成。正文文本框中可以选择和添加文字、图片、表格、图形、音频、视频等内容，且在模板颜色分配上突出显示正文内容。

有关幻灯片的操作最好是在大纲视图或幻灯片浏览视图下进行。

（一）插入新幻灯片

启动 PowerPoint 后会自动打开一张幻灯片，若此时要添加一张新的幻灯片，则在左侧窗格内单击幻灯片后选择“插入”功能菜单内“新建幻灯片”下拉菜单中的相关内容，如图 7－18 所示。当然，也可以在选中首页后，直接按回车键完成新增幻灯片的目的。

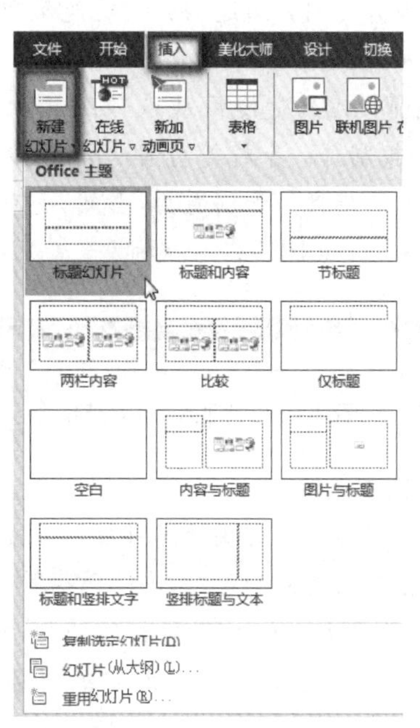

图 7－18 插入新幻灯片

（二）删除幻灯片

若幻灯片添加数量超过实际需要，一定要把多余的幻灯片删掉，否则在播放时也会将空白页播放出来影响效果。

若想删除多余幻灯片，可以用鼠标右键在左侧

窗格内单击要删除的幻灯片，选择“删除幻灯片”。也可用鼠标左键在左侧窗格内单击选择要删除的幻灯片，用键盘上的退格键或删除键进行删除，一直按下去，则可以删掉不需要的连续幻灯片。

（三）移动、复制幻灯片

在 PowerPoint 中，移动幻灯片是指将一张幻灯片从一个位置移动到另外一个位置，而原位置不保留该幻灯片。复制幻灯片是指将幻灯片的副本从一个位置移动到另一个位置，而原位置将保留该幻灯片。

移动与复制幻灯片的方法相同。

1. 移动幻灯片

在移动幻灯片时，用户可以一次移动单张或同时移动多张幻灯片。

首先，选择需要移动的幻灯片（若想连续或非连续多张幻灯片一起移动，可以配合使用【Ctrl】和【Shift】组合键进行幻灯片的选取），拖动鼠标至合适的位置后即可。当然，也可以配合快捷键来完成。

2. 复制幻灯片

具体操作方法同移动幻灯片。

三、PowerPoint 中各类对象的基本操作

对于 PowerPoint 来说，工作区只是一个白板，所有内容都需要用户通过“插入”功能菜单中的相关分组命令来完成，如图 7－19 所示。

PowerPoint 只是使用默认项给用户一个简单的界面，要想制作一个精美的演示文稿，仍然需要用户发挥自己的想象力和创造力，当然，也可以利用一些插件来实现，如 PPT 美化大师。

图 7－19 “插入”功能菜单

（一）文本的操作

一个优秀的演示文稿必不可少的就是文本。由于文本内容是幻灯片的基础，在幻灯片中输入文本、编辑文本、设置文本格式等是制作幻灯片的基础操作。PowerPoint 提供的默认文字编辑项就是占位符，也就是文本框，如图 7－20 所示。它的主要特点就是可以随意编辑内容以及更改位置，一般用于编辑普通标题、正文内容。与 Word 相比，PowerPoint 最主要的区别是边框不需要进行修改，默认是隐藏的。

文本操作主要在普通视图中进行，输入文本之后用户还可以编辑文本，如修改、复制、移动文本等。

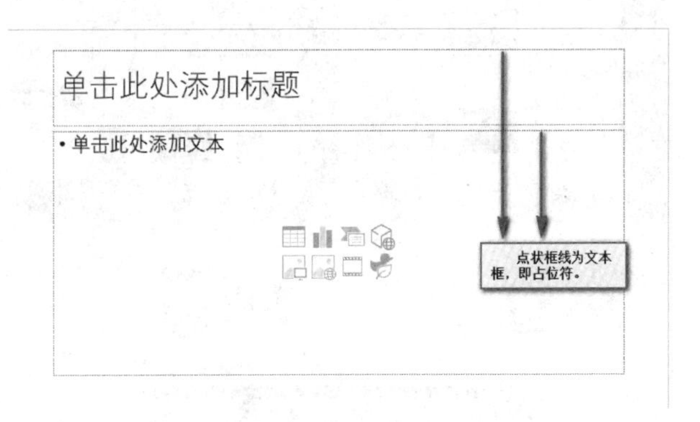

图 7－20 占位符

删除占位符是将鼠标移到点状线的占位符处，鼠标变为“＋”字箭头时左键单击，然后按【Del】，如图 7－21 所示。

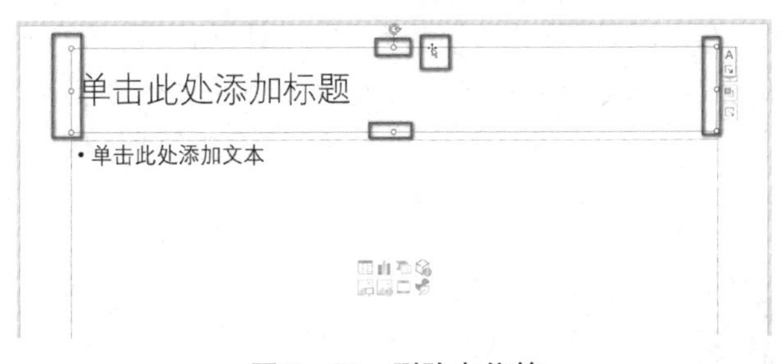

图 7－21 删除占位符

1. 设置字体格式

设置字体格式是指设置字形、字体或字号等字体效果。

选择需要设置字体格式的文字，也可以选择包含文字的占位符或文本框，随后的操作与在 Word 中的操作相同。

2. 设置段落格式

在 PowerPoint 2016 中还可以像在 Word 2016 中一样设置段落格式，即设置行距、对齐方式、文字方向等格式。

（二）图表的插入

用户可以将在 Excel 中创建的图表复制到幻灯片中，也可以在 PowerPoint 中选择“插入”功能菜单内“插图”分组命令中的“图表”按钮命令，如图 7－22 所示。在弹出的 Excel 窗口中进行相关编辑后，单击图表区域外的任何位置，便可以返回幻灯片的编辑状态。

（三）插入表格

与 Word 中的表格相比较，PowerPoint 中的表格自带隔行色差功能，能够让观众更加明确地看到不同行的内容，同时也更加醒目，如图 7－23 所示。

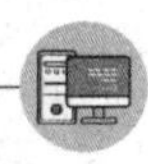

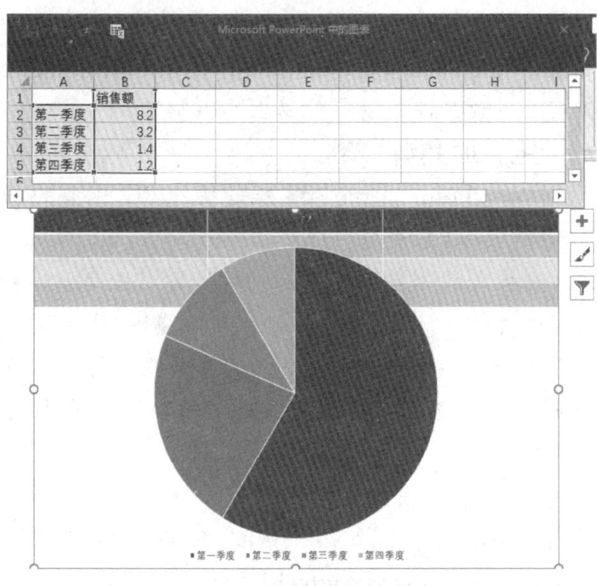

图 7-22 PowerPoint 图表编辑环境

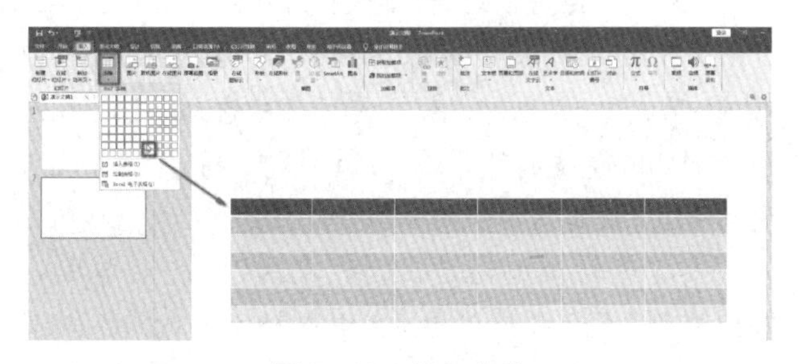

图 7-23 插入表格

(四) SmartArt 图形的插入

与 Word 中的 SmartArt 图形相同，都是用来设计流程、循环、层次结构、关系、矩阵、棱锥图。区别在于 Word 一般用于纸质版材料，幻灯片一般用于电子版文件演示操作，因此在色彩搭配上要更加丰富多彩，使用率也更高。

选择“插入”功能菜单内“插图”分组命令中的“SmartArt”命令按钮，在弹出的“选择 SmartArt 图形”对话框中根据需要进行相关选择操作，如图 7-24 所示。在随后出现的编辑窗口根据需要输入相关内容，如图 7-25 所示，最后在空白处单击即可得到想要的结果，如图 7-26 所示。

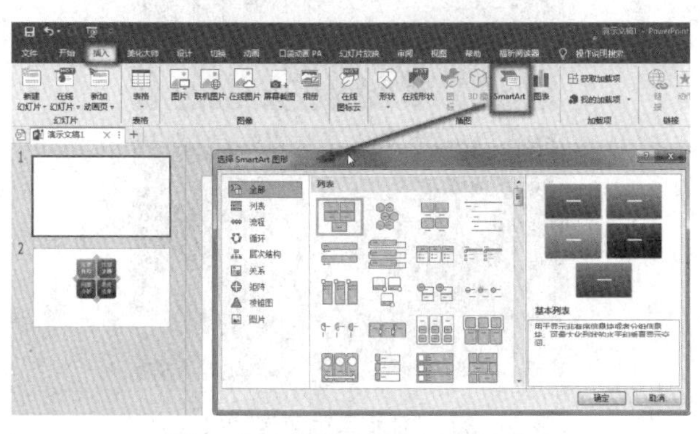

图 7-24 选择“SmartArt”命令

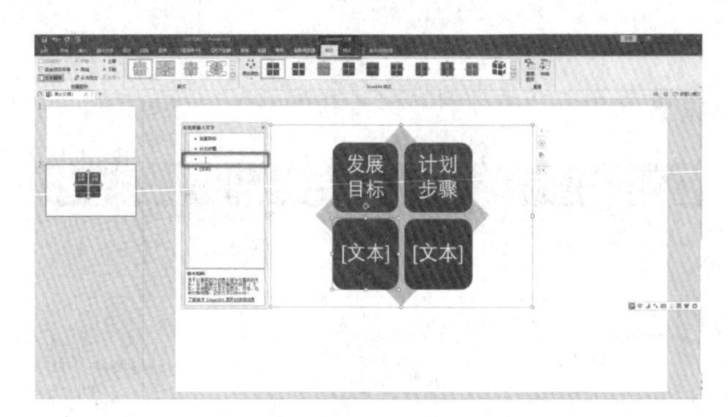

图 7-25 进行“SmartArt”图形内容设置

图 7-26 SmartArt 图形效果

(五) 图片的插入

在 PowerPoint 中，每张幻灯片可以插入一张图片，平铺全屏显示后可以达到通过图片的形式说明内容。也可以插入多张图片，缩小每张图片的大小，排列在一张幻灯片上。还可以在一张幻灯片中插入若干张图片，设置叠放层次，如图 7-27 所示。

图 7-27 图片的排版

若计算机上没有合适的图片，可以利用 PowerPoint 2016 中自带的“联机图片”按钮命令进

行网络搜索，如图 7-28 所示。单击搜索按钮后在所需图片上双击即可。

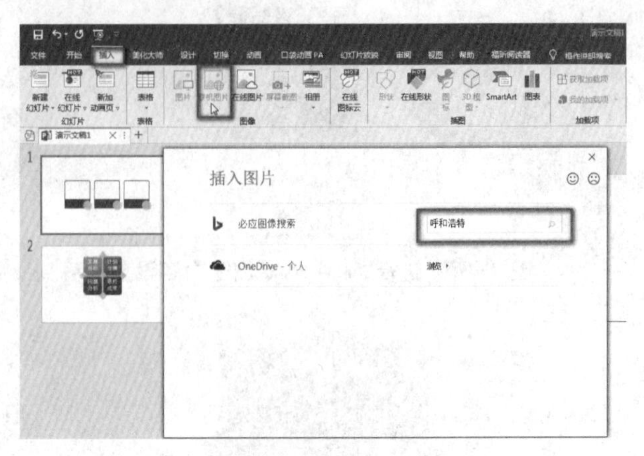

图 7-28 联机图片

(六) 音频和视频的插入

1. 音频的插入

为了在放映演示文稿的同时播放背景音乐或解说词，可以在幻灯片中插入音频对象。这样在播放幻灯片时，音乐也会同时播放。也可以将录制好的解说词音频文件插入幻灯片中，这样在播放时就不需要人工在旁解说。现在很多宣传广告、车展广告、房展广告就是这样做的。PowerPoint 2016 常用“. mp3”、“. mp4”、“. wav”等格式的音频文件。

2. 视频的插入

视频文件是作为某一幻灯片中的对象进行播放的。当播放到有视频文件的幻灯片时，点击视频链接就可以进行播放。“. mp4”、“. avi”、“. mov”、“. wmv”等格式的视频文件均可播放。图 7-29 所示为插入视频时所需的工具界面。

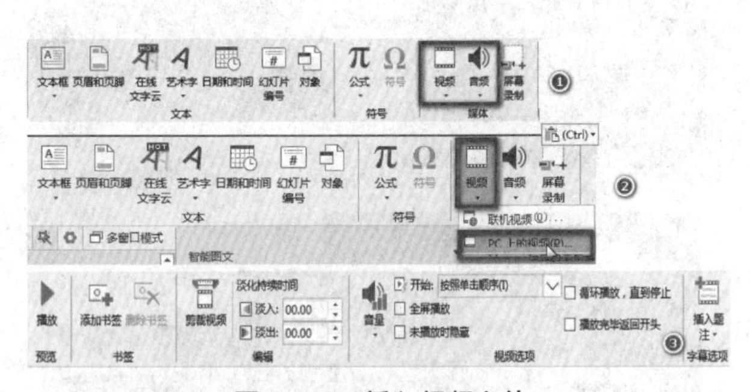

图 7-29 插入视频文件

需要注意的是，不同版本的 PowerPoint 在插入音频和视频时是有区别的。在 PowerPoint 2010 版之前，若插入音频或视频文件，它在 PowerPoint 中是以超链接的形式存在的。编辑时必须把音频或视频文件与幻灯片放在一个文件夹中，移动时也一定要一起移动，而不能将幻灯片单独移走。否则，幻灯片在新的位置上播放时无法找到超链接的路径及音频或视频文件，将无法正常播放。PowerPoint 2010 版之后则是以嵌入的方式插入 PowerPoint 中，对原音频或视频文件就没有位置上的限制了。

(七) 3D 模型

PowerPoint 2016 中增加了插入 3D 模型的功能，也就是说，它支持“. fbx”、“. 3mf”、“. obj”、“. stl”这 4 种格式的 3D 文件。在播放时，可以借助平滑和缩放过渡演示 3D 效果，会更加生动、形象地表达演示内容，如建筑结构、机械构造、装饰装修等。注意必须提前准备好 3D 模型文件，而不是通过 PPT 制作。

3D 模型下载网站有 https://sc. chinaz. com/3D/, https://poly. google. com/, https://sketchfab. com/, http://www. cgmodel. com/, http://www. 3dxy. com。其中，站长素材（网址：https://sc. chinaz. com/3D/）是一家很不错的 3D 建模网站，模型数量多，质量也很高。需要注意的是，目前 PowerPoint 仅支持“. fbx”、“. 3mf”、“. obj”、“. stl”这 4 种格式，下载时需要特别留意一下。

有了素材模型之后，选择“插入”功能菜单中的“3D 模型”下拉命令按钮，从中选择所需的 3D 模型文件。如果想要模型“动”起来，就需要使用 PowerPoint 中的一个切换效果——平滑。复制当前有 3D 模型的幻灯片页面，在新的页面去调整画面里的模型（调整第二张幻灯片中模型的角度与大小，直至符合自己的需要）。为第二张幻灯片加入“平滑”切换，播放时整个模型便会动起来，如图 7-30 所示。

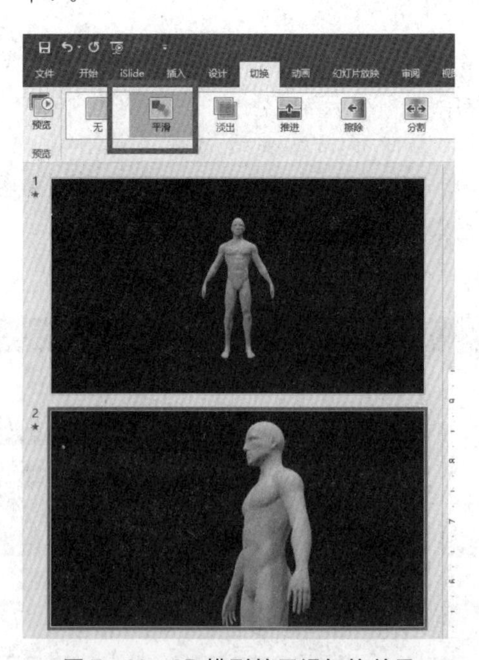

图 7-30 3D 模型的平滑切换效果

如果已安装的 Office 2016 中 PPT 插入里没有“3D 模型”命令按钮，则需要将操作系统升级，并安装 Office 2016 完整版。

（八）页眉和页脚

与 Word 相比，PowerPoint 中的页眉和页脚有很大区别。

在 PowerPoint 中插入页眉和页脚后，主要体现在页脚位置分为 3 个部分，分别可以添加时间、自定义内容和页码，且时间是可以根据电脑网络进行同步的，而不是只固定在某个时间点。在幻灯片视图中只可以显示页脚，如图 7－31 所示。在备注和讲义中才可以全部显示页眉和页脚，如图 7－32 所示。

图 7－31　PowerPoint 页眉和页脚（幻灯片视图）

图 7－32　PowerPoint 页眉和页脚（备注和讲义）

（九）超链接

一个完整的幻灯片一般会由很多张幻灯片组成，或在幻灯片页面中需要引用其他的文件，甚至是网页页面。为了能够在幻灯片中灵活地调用所需页面，PowerPoint 提供了超链接功能。在一页中的所有对象都可以作为超链接关联按钮，包括文本框、图形、图片、音频、视频等。

在某张幻灯片中选择好要关联的对象，再选择“插入”功能菜单内“链接”分组命令中的“链接”按钮，此时会打开“插入超链接”对话框，如图 7－33 所示。或者在所需对象上鼠标右键单击左键选择“超链接”命令，如图 7－34 所示。也可打开“插入超链接”对话框，根据需求选择相关内容，即可完成链接的目的。

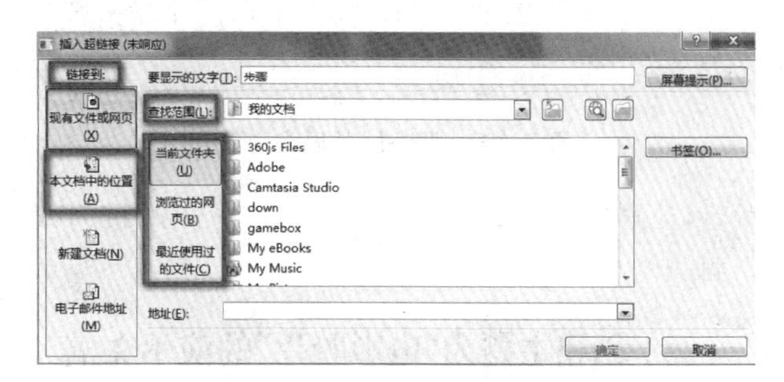

图 7－33　PowerPoint 超链接

图 7－34　超链接快捷菜单命令

任务拓展

一、如何任意调整模版竖版

选择“设计”功能菜单内“自定义”分组菜单中的“幻灯片大小”下拉菜单中的相关命令，如图 7－35

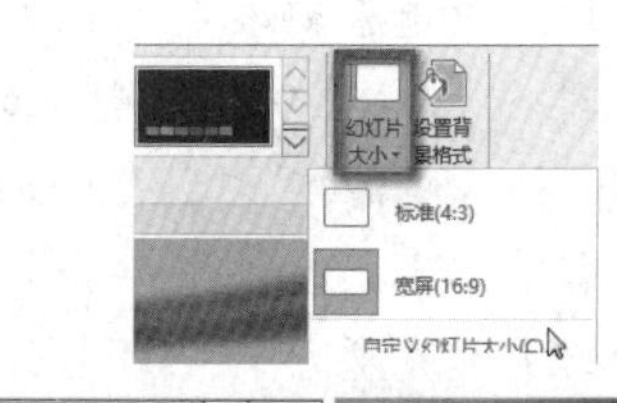
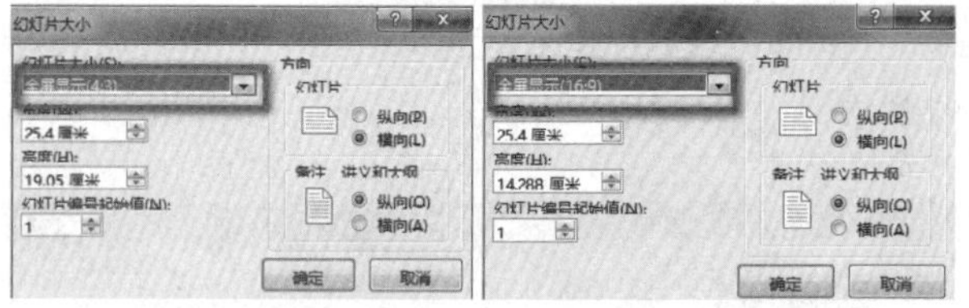

图 7-35 调整屏幕显示比例

所示，这样不仅能更改尺寸比例，还能修改横向或竖向。

二、创建主题为“电影胶片”的演示文稿

用 PPT 所学知识制作一幅电影胶片海报，其效果如图 7-36 所示。

图 7-36 电影胶片

(一) 背景设置

新建幻灯片，选择“设计”功能菜单内“变体”分组菜单的下拉按钮内“背景样式”中的“样式 10”，如图 7-37 所示。

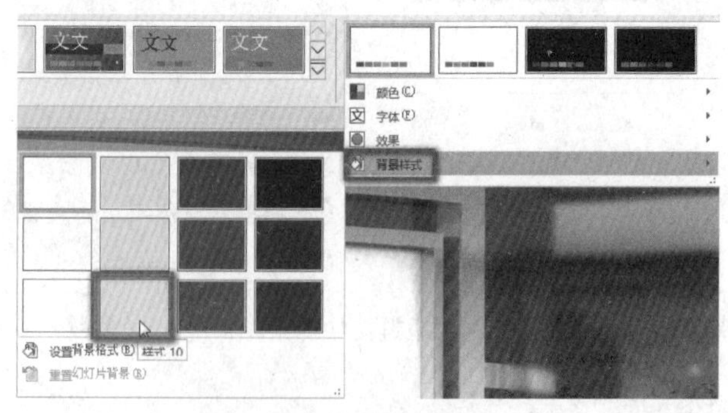

图 7-37 选择背景

(二) 插入形状并设置格式

将幻灯片中的占位符删掉，选择“插入”功能菜单内“形状”中的“矩形”，如图 7-38 所示，在幻灯片上绘制一个矩形。

图 7-38 插入矩形

选中插入的矩形，选择“绘图工具”下的“格式”，将矩形的形状填充和形状轮廓均设置为黑色，设置矩形大小为“8.18 厘米 * 33.8 厘米”，如图 7-39 所示。

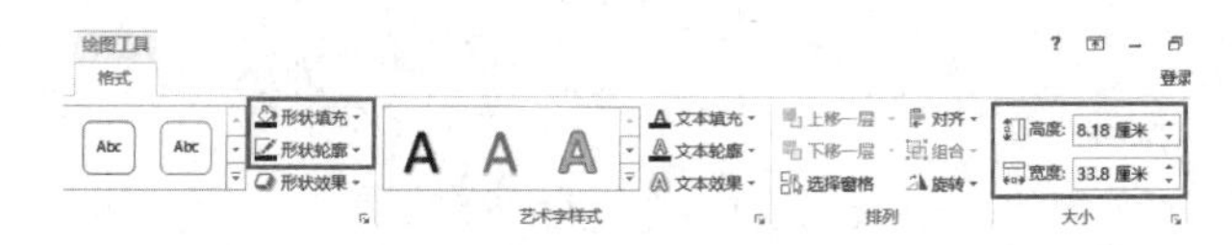

图 7-39 设置矩形格式

在幻灯片中继续插入一个小矩形，设置该矩形的形状填充和形状轮廓均为白色，大小“0.75 厘米 * 0.5 厘米”。复制白色矩形，并进行排列，效果如图 7-40 所示。

图 7-40 电影胶片效果

(三) 插入图片并设置格式

插入的图片可自选，也可使用给定素材。选择“插入”菜单中的“图片”菜单，弹出“插入图片”对话框，选中想要的图片。在幻灯片中点击选中已经插入的图片，选择“图片工具”下的“格式”，将图片大小设置为高度 4.08 厘米、宽度 5.44 厘米、柔化边缘 2 磅，分别如图 7-41 和图 7-42 所示。设置完毕，其效果如图 7-43 所示。依次插入其他图片，效果设置的方法相同。

(四) 插入音频

选择“插入”菜单中“媒体”下的“音频”，打开“插入音频”对话框，选择要插入的音频文件。电影胶片的 PPT 效果设置完成。

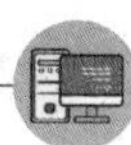

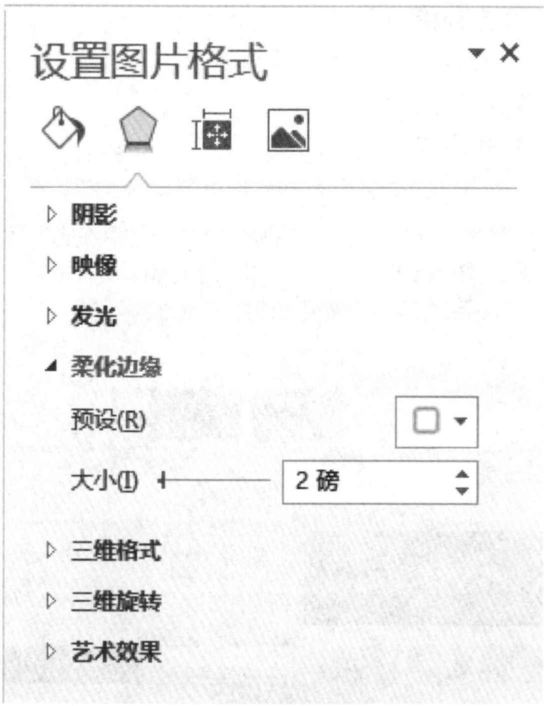

设置图片格式

阴影

映像

发光

柔化边缘

预设(R)

大小(I) 2 磅

三维格式

三维旋转

艺术效果

图 7-41 设置图片效果

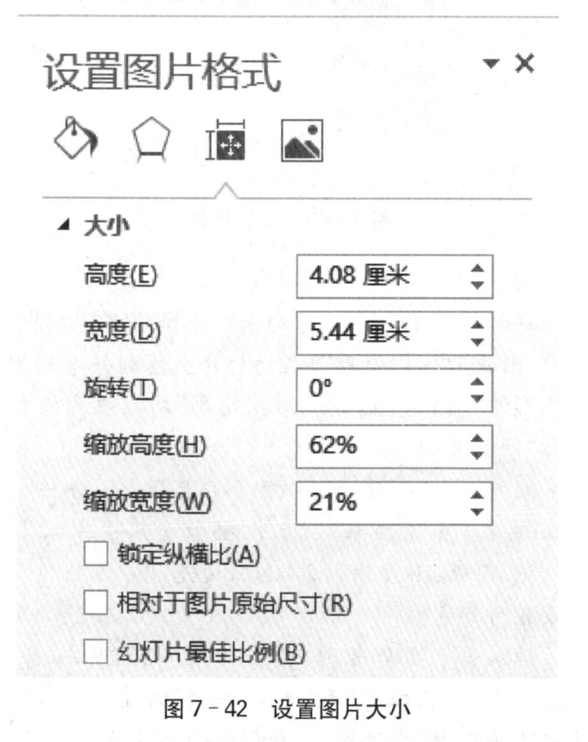

图 7-42 设置图片大小

图 7-43 插入图片后的效果

三、使用 PPT 美化大师插件

PPT 美化大师是一款幻灯片美化插件，能够完美嵌套在 Office 软件中，系统稳定，操作简单，运行速度快。PPT 美化大师插件包含大师演示文稿模板、精美图示、实用形状、分类细致、持续更新，可以满足用户的美化需求。

PPT 美化大师插件的下载地址为 http://meihua.docer.com。安装前务必把 Office 所有软件全部关闭。具体安装步骤如图 7-44 所示。安装成功后再启动 PowerPoint 2016，会发现如图 7-45 所示内容。

图 7-44 “PPT 美化大师&口袋动画”的安装步骤

图 7-45 “PPT 美化大师&口袋动画”的界面及工具

四、使用 iSlide 插件

iSlide 是一款基于 PowerPoint 的一键化效率插件，提供了便捷的排版设计工具，能够帮助使用者快速进行字体统一、色彩统一、矩形/环形布局、批量裁剪图片等操作。它具备 8 个资源库，包括主题库、色彩库、图示库、智能图表库、图标库、图片库和插图库，所有资源即插即用。其启动后的界面及功能菜单内容如图 7－46 所示。

图 7－46　iSlide 工作界面及功能菜单

iSlide 插件的安装过程如图 7－46 所示，双击 iSlide 安装程序图标，然后单击“立即安装”，直至安装完成。

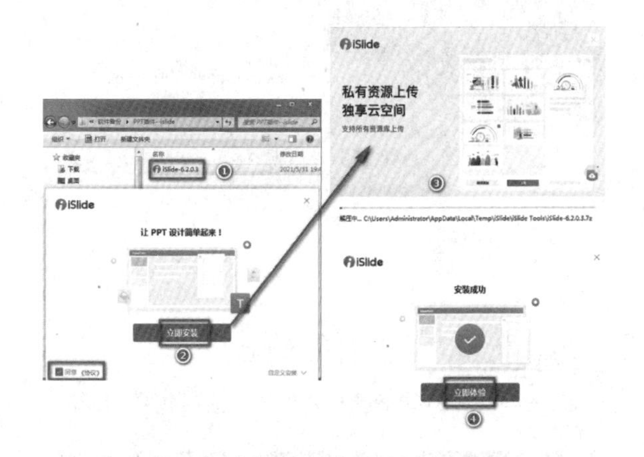

图 7－47　iSlide 程序及安装过程

五、设计封面

用 PowerPoint 所学知识做一张学院的宣传海报，其效果如图 7－48 所示。

图 7－48　学院宣传海报效果

要点分析

设置幻灯片背景；在幻灯片中插入图片；插入形状；设置图片和形状的格式。

操作步骤

(1) 设计制作背景。新建一张幻灯片，选择“设计”功能菜单内“变体”分组菜单中“其他”三角按钮中“背景样式”内的“样式 2”，进行背景填充，如图 7－49 所示。

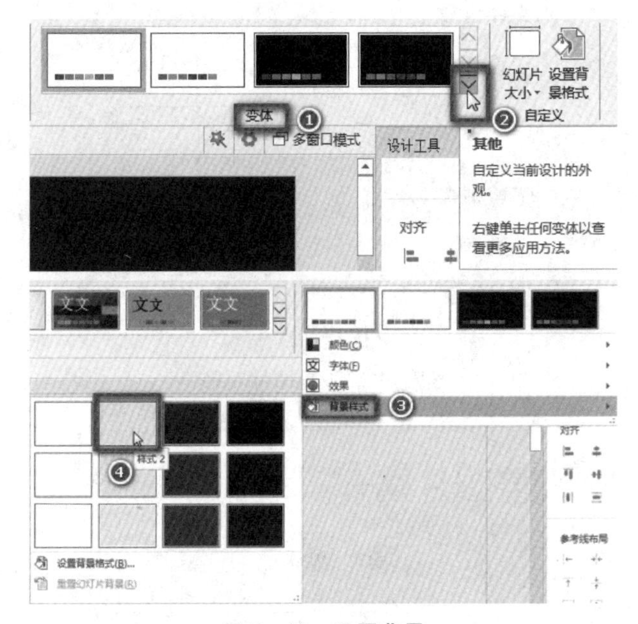

图 7－49　设置背景

(2) 插入形状并设置其格式。

将幻灯片中的占位符删除。选择“插入”功能菜单内“形状”中的“矩形”，在幻灯片上绘制一个矩形。将矩形的“形状填充”和“形状轮廓”均设置为黄色，设置“矩形大小”为“4 厘米 * 17.5 厘米”。

继续插入 3 个小矩形，其大小分别为“2.8 厘米 * 4.8 厘米”、“0.8 厘米 * 8.9 厘米”和“2.8 厘米 * 4.8 厘米”，其“形状填充”和“形状轮廓”均设置为黄色。

插入一个圆角矩形，大小为“2.02 厘米 * 2.02 厘米”，将“形状填充”和“形状轮廓”均设置为黄色。选中圆角矩形，右键单击，在弹出的快捷菜单中选择“编辑文字”，再输入“骨干院校”，如图 7－50 所示。将圆角矩形中字体设置为“方正兰亭黑体”，字号为“18”，颜色为白色。

(3) 插入文本框。

在幻灯片中插入横排文本框，在文本框中输入“整合资源，打造一流高职院校”，将文本框中字体设置为“方正兰亭黑体”，字号为“32”，粗体字，字体颜色为白色。

选中文本框，按住键盘上的【Ctrl】，再选中矩形

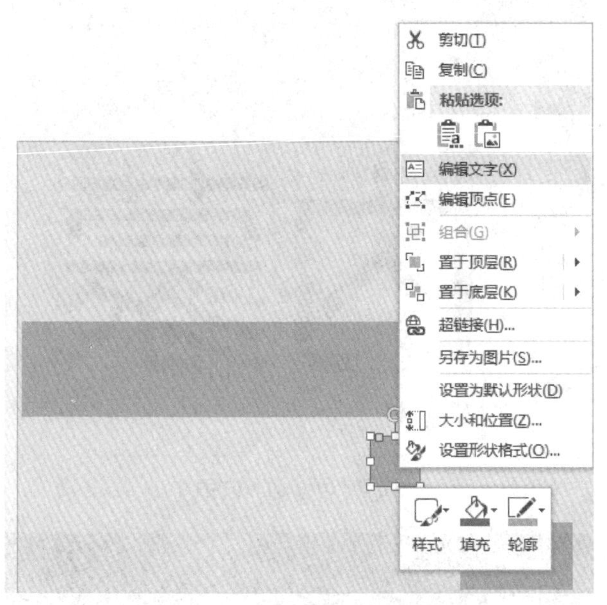

图 7-50 在图形中编辑文字

框，如图 7-51 所示。右键单击，在弹出的快捷菜单中选择“组合”菜单内的“组合”命令，将矩形和文本框组合在一起。

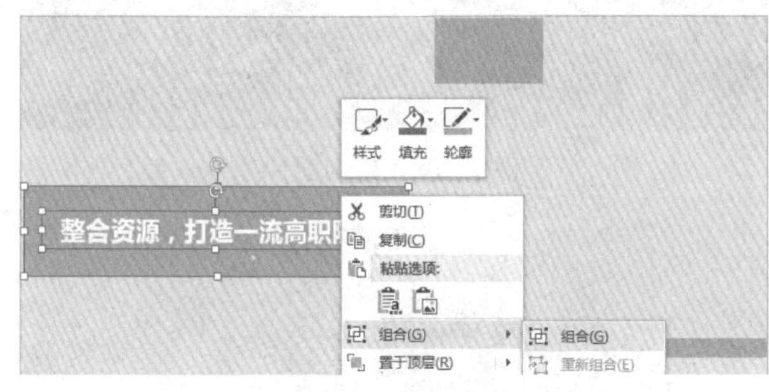

图 7-51 组合图形

(4) 插入图片并设置格式。在幻灯片中插入 5 张图片，将图片的大小均设置为“4 厘米 * 6.66 厘米”，将“锁定纵横比”选项去掉。选中图片，选择“图片工具”下“格式”中的“图片边框”，点开下拉菜单，在“粗细”中选择“3 磅”，颜色选择黄色，如图 7-52 所示。对所有图片均作此设置。

(5) 插入直线。在幻灯片中插入一条直线，长度为 1.8 厘米，粗细为 1.5 磅。

(6) 插入文本框。再次插入一个横排文本框，在文本框中输入文字内容“职教集团 NMGJDXY”，文本框中的字体设置为“方正兰亭黑体”，字号为“20”，字体颜色为黑色。

调整幻灯片中矩形、文本框、图片的位置，可以获得最终效果。

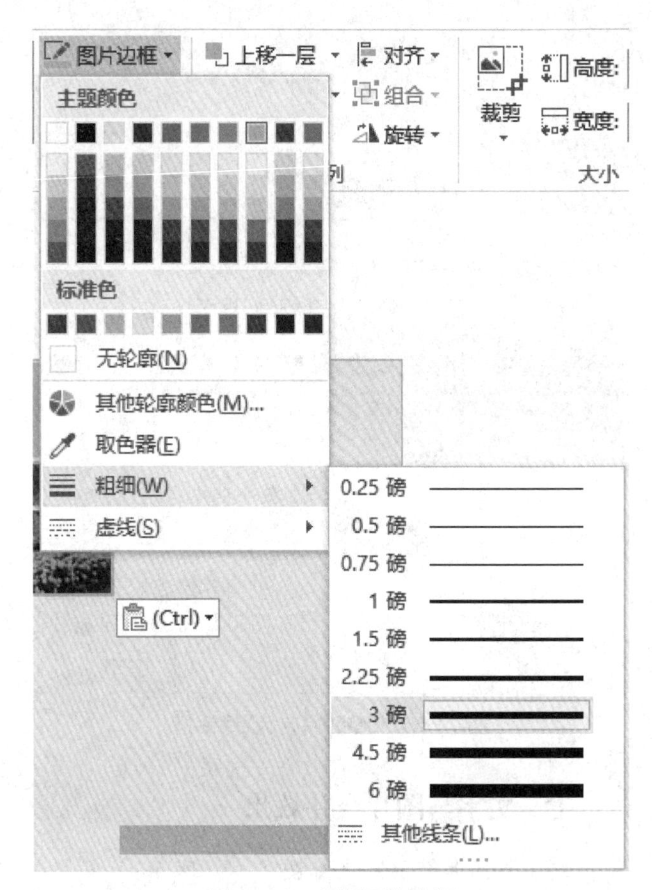

图 7-52 设置图片边框

六、PPT 转换视频

PowerPoint 转换视频的功能方便在特殊情况下自动播放，也可以防止 PPT 的内容被轻易更改。

先打开一个准备转换成视频的演示文稿，选择“文件”功能菜单内“导出”命令，从中选择“创建视频”命令按钮，如图 7-53 所示。然后，根据需要选择视频质量像素，单击“创建视频”按钮命令，如图 7-54 所示。最后，在“另存为”对话框中确定视频要保存的位置，如图 7-55 所示。

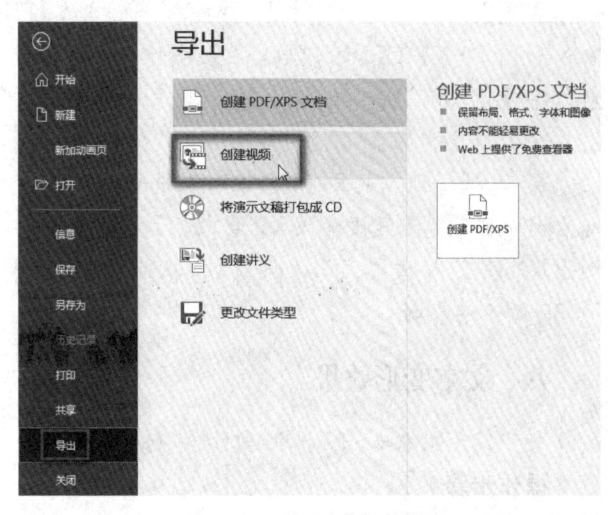

图 7-53 “导出”命令界面

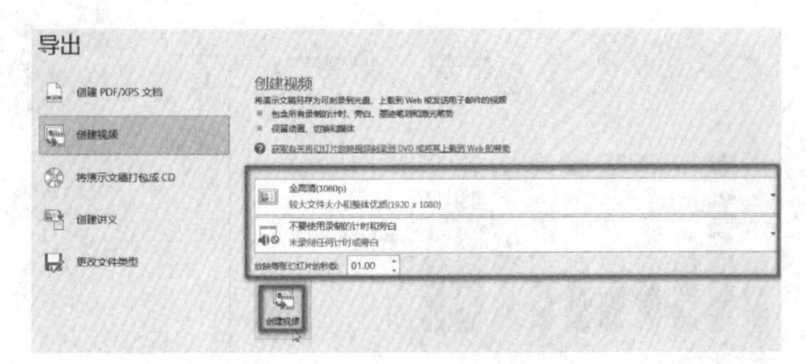

图 7－54 “创建视频”界面

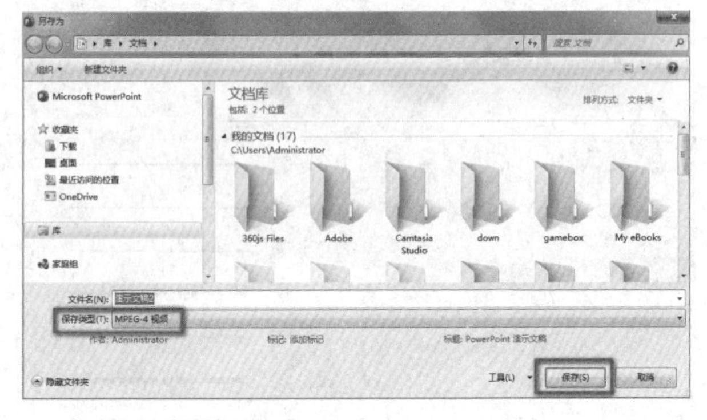

图 7－55 视频“另存为”对话框

七、文字与图片合并效果

文字与图片合并效果如图 7－56 所示。

图 7－56 文字与图片合并效果

操作步骤

首先定位到所需幻灯片上，再插入一个文本框，输入如图 7－57 所示的内容，设置字体为“微软雅黑”，字号为“360”磅。然后，剪切如图 7－58 所示的图片。

最后，选择所需的文字“内蒙”，在选中状态下鼠标右键单击“设置形状格式”命令，随后会在屏幕右侧出现“设置形状格式”命令面板，在此设置如图 7－59 所示的参数。

八、文字变形效果

文字变形效果如图 7－60 所示。

操作步骤

先输入“蒙”字，设置合适的字体、字号。然后，

图 7－57 输入文字

图 7－58 剪切图片

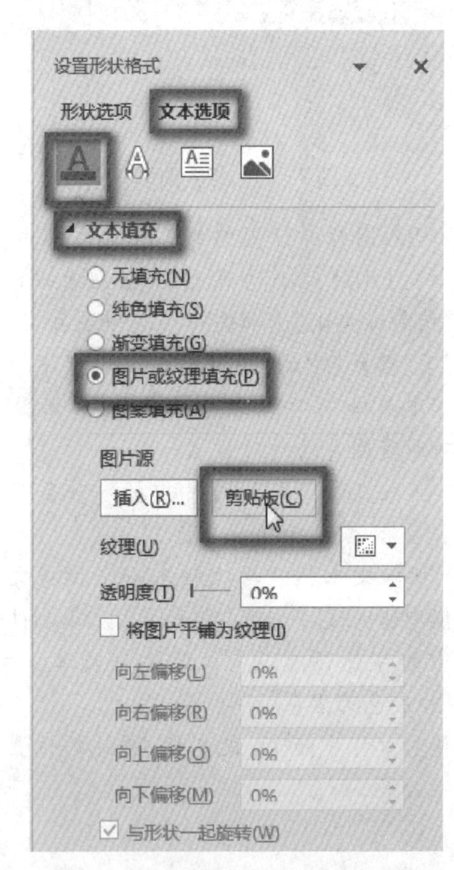

图 7－59 “设置形状格式”命令面板

图7-60 变形文字效果

选择“插入”功能菜单内“插图”分组中“形状”内的矩形，再把矩形置于底层。将矩形的填充设为“无填充”。

选中文字所在文本框和矩形形状，即同时选择图片和文字(先选中一个，然后按【Ctrl】再选择另一个)，选择“绘图工具 格式”功能菜单内“插入形状”分组菜单中“合并形状”下拉菜单中的“相交”，如图7-61所示。

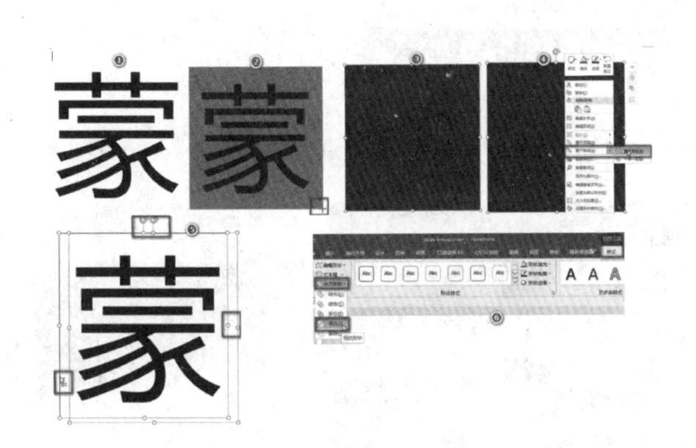

图7-61 合并形状——相交过程

在相交后的效果状态下鼠标右键单击，从中选择“编辑顶点”命令，根据需要在各个锚点上单击，此时会出现两个白色方框的手柄，通过拖动手柄调整所需样式，如图7-62所示。

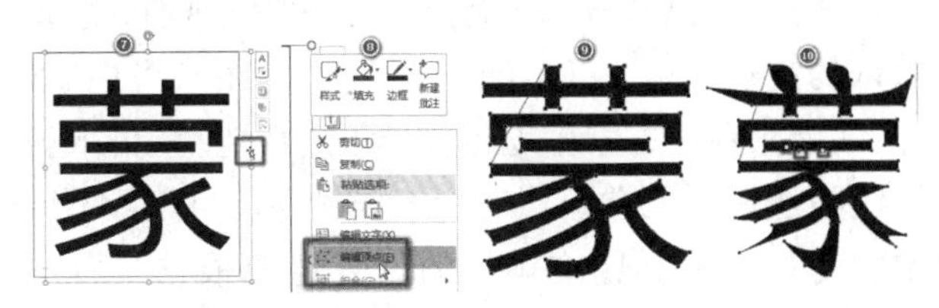

图7-62 文字变形过程

九、演示文稿和幻灯片

在PowerPoint中，演示文稿和幻灯片这两个概念是有差别的：利用PowerPoint做出来的是演示文稿，它是一个文件；演示文稿中的每一页就是幻灯片，每张幻灯片都是演示文稿中既相互独立又相互联系的内容。利用它可以更生动、直观地表达内容，图表和文字都能够清晰、快速地呈现出来，还可以插入图片、动画、备注和讲义等丰富的内容。

任务二 PowerPoint演示文稿的编辑修饰

任务目标

(1) 掌握PowerPoint主题的设置；
(2) 掌握PowerPoint背景的设置；
(3) 掌握PowerPoint母版的应用；
(4) 掌握利用母版确定整体风格的技巧。

任务资讯

创建完演示文稿之后，用户可以使用PowerPoint中的设计、插入、格式等功能，来增加演示文稿的可视性、实用性与美观性。同时，通过更改主题格式，可以增加演示文稿的美观性。

一、主题设置

在PPT播放时，不仅仅是白板和内容的演示，主题和背景也很重要。

PowerPoint中的主题是指给PPT添加的一种色彩搭配方案，由主题颜色、标题颜色、正文颜色、线条、填充效果等一组格式构成。可以简单理解为主题是主题颜色、主题字体和主题效果等格式的集合。其中，主题颜色为PowerPoint提供的一套控制颜色的机制，它以预设的方式控制，演示文稿的一些基本颜色特征，如幻灯片背景、标题文本和所绘图形等对象的默认颜色；主题字体是指演示文稿中所有标题文字和正文文字的默认字体；主题效果是幻灯片中图形轮廓和填充效果设置的组合，包含多种常用的阴影和三维设置组合。

PowerPoint 为用户提供了画廊、环保、电路、徽章、水汽尾迹等 31 种主题类型。每种主题类型以不同的字体、颜色及效果进行显示。一般情况下，系统默认的主题类型为“Office 主题”类型，用户可在“设计”功能菜单内“主题”分组命令的“其他”箭头下拉按钮中选择所需类型，如图 7－63 所示。有时，不同主题的首页中标题文本框的位置也会根据主题图形、图片的颜色及布局而放在不同的位置，但依然是为了突出显示首页的标题内容。

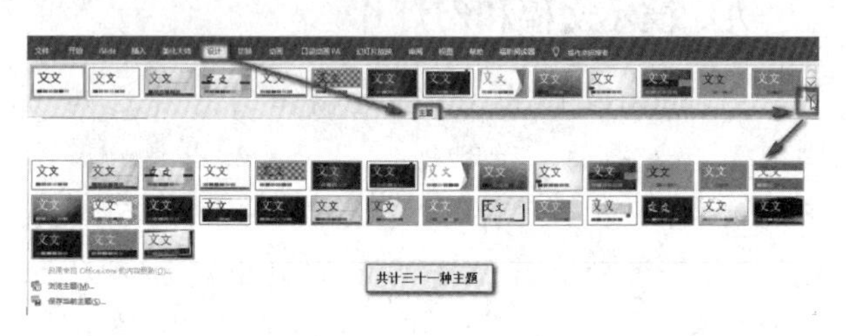

图 7－63 主题

在选择主题时通常是根据内容来确定的。例如，内容较为活泼的，在主题选择时就可以选择一些色彩搭配比较鲜艳的；内容较为庄重的，主题就可以选择色彩搭配较为深沉的。选择合适的主题能够给 PPT 增加美观的效果，还能让观众更加容易接受要表现的信息内容，因此，选择适合自己内容的主题就显得十分重要。

（一）自带的主题模板

选择“设计”功能菜单内“主题”分组菜单中的“其他”箭头下拉按钮，此时会列出当前版本 PowerPoint 中全部自带的主题模板，可以根据实际需要来选择合适的主题。

如果感觉这些主题都不合适，还可以从网上找到更多的主题方案，下载后在“浏览主题”中导入自己下载的主题并应用，如图 7－64 所示。

若有特殊需要，也可选择多个主题。可将鼠标放在所选主题上右键单击，选择“应用于选定幻灯片”，操作步骤如图 7－62 所示。

（二）变体主题

如果对主题仍有不满意的地方，还可以选择“设计”功能菜单内“变体”分组命令中的“变体”，对主题中的颜色、字体、效果和背景样式进行修改，如图 7－66 所示。

标准幻灯片的页面长宽比例一般为 4∶3，而现在市场上有很多宽屏显示器或幕布，其长宽比例为 16∶9，因此，在添加主题时要注意避免播放时图像

图 7－64 浏览主题

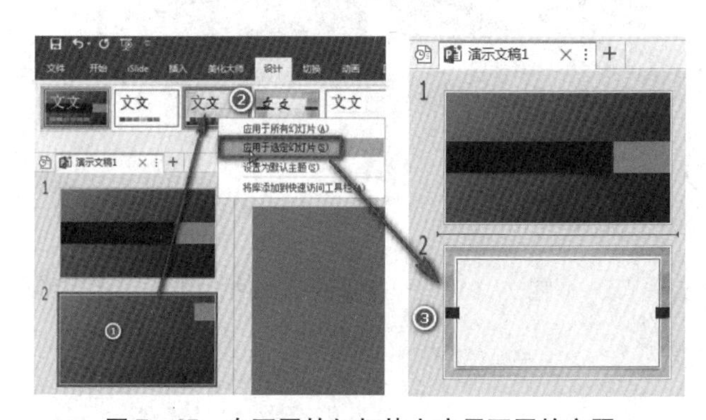

图 7－65 在不同的幻灯片上应用不同的主题

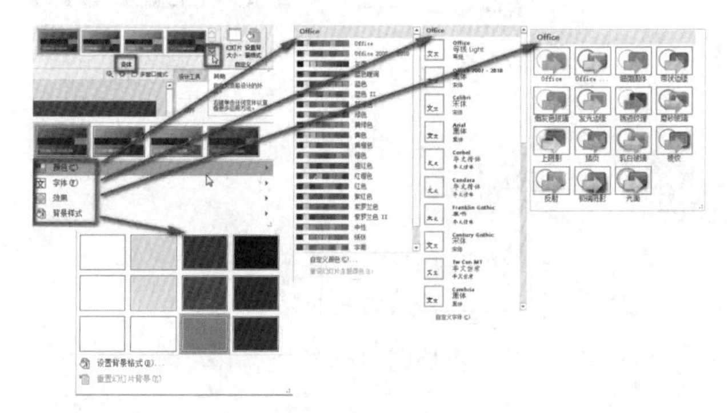

图 7－66 变体

出现拉伸。如有必要需要在“设计”功能菜单内“自定义”分组菜单中选择“幻灯片大小”下拉命令，并提前设置好播放比例，如图 7－67 所示。

（三）背景格式的设置

如果觉得有必要修改主题的相关内容，用户可以通过“设置背景格式”命令实现自己的想法。通过

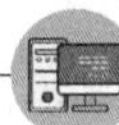

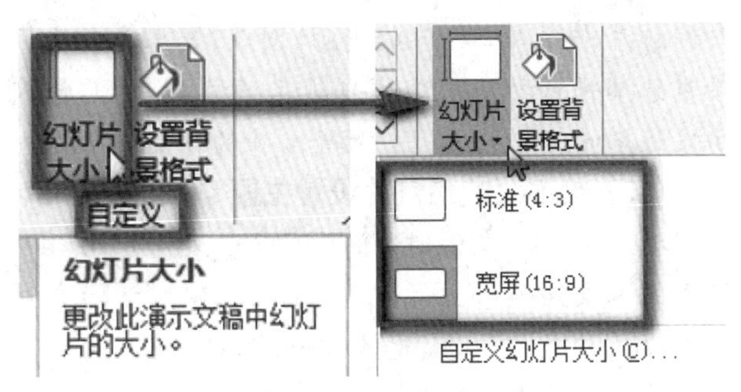

图7-67 幻灯片大小的调整

"设置背景格式",用户可以修改主题背景,如纯色填充、渐变、图片和纹理、图案等,此时就可以将自己喜欢的图片填入背景中。

选择"设计"功能菜单内"自定义"分组菜单中的"设置背景格式"命令,此时会在屏幕右侧打开"设置背景格式"窗口,如图7-68所示。

图7-68 "设置背景格式"对话框

二、母版设计

PowerPoint提供了母版设计。母版是模板的一部分,主要用来定义演示文稿中所有幻灯片的格式,其内容主要包括文本与对象在幻灯片中的位置、文本与对象占位符的大小、文本样式、效果、主题颜色、背景灯等信息。母版是幻灯片层次结构中的顶层幻灯片。

可以通过设置、修改等方式创建母版,来建立一个具有特色风格的幻灯片模板。也就是说,可以将幻灯片中的文字格式、符号样式、图片位置等都设定好,再将所需图片放到幻灯片某一指定位置上,如将校徽、公司名称、Logo等作为页眉或页脚的一部分或安放在幻灯片某一位置。这样在关闭母版后就可以得到一个按着自己意愿设计好的主题模板,以后可以直接调用该主题演示文稿,在每张幻灯片上按照提示添加相关内容。修改和使用幻灯片母版的主要优点是可以对演示文稿中的每张幻灯片进行统一的样式更改,而不必一张一张地去修改。

PowerPoint中的字体默认为宋体。为了区分标题和正文,有些主题中的标题和正文会采用不同的字体,颜色也会不同。

选择"视图"功能菜单内"母版视图"分组中的"幻灯片母版"命令,此后屏幕上的功能菜单会有一些变化,会新增一个"幻灯片母版"功能菜单,如图7-69所示。

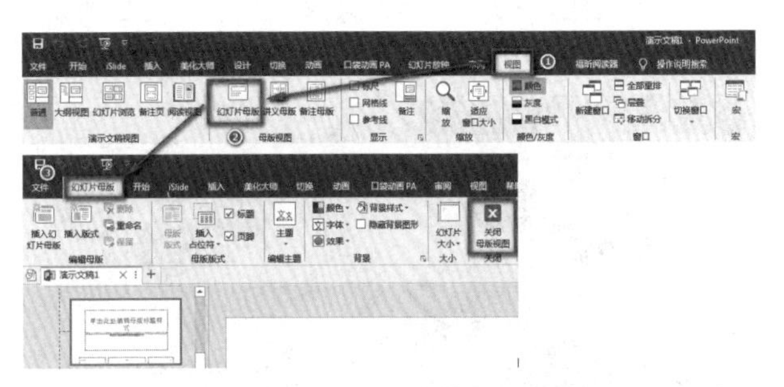

图7-69 "幻灯片母版"功能菜单

设计幻灯片母版时,一定要区分该幻灯片的位置、作用。一般幻灯片分为封面页、目录页、过渡页、正文页和结尾页5个部分。如果封面页、正文页的内容较多,为了能让观众对正文内容有个整体的了解,一般会在封面页后添加一个目录页。

所以,设置母版时也要分为以上5种不同样式的页面。其中,封面页主要是为了显示标题,因此,图片添加、文字大小、位置、颜色搭配上都要和其他页面有所区别。图片可以稍大一些,但依然要把突出的位置留给标题,标题字体要大,颜色要醒目,位置要显著。目录页可以灵活设计,可以采用项目编号或符号形式,也可以采用不同的图形、图像代表不同内容的方式,字体也要比正文的字体大些,在颜色搭配上可以和正文相同、也可以不同。

一般情况下,一张幻灯片母版下都有几个版式与其相关联,在修改幻灯片母版下的一个或多个版式时,实质上是修改该幻灯片母版,这种操作会应用到每一张不同版式的幻灯片上,但在母版下的子版中进行的修改只能应用到该版式的幻灯片上。

任务实施

一、模板和主题

利用主题可以创建具有特定版面、格式但无内容的演示文稿。模板是 PowerPoint 的骨架性组成部分，利用模板可以创建具有特定内容和格式的演示文稿。利用模板创建演示文稿后，只需修改相关内容，就可以快速制作出各种专业的演示文稿。

（1）共性。模板和主题都可以帮助以用户在 PowerPoint 中创建外观引人注目且一致的内容，同时避免大量手动设置格式的操作。

（2）区别。主题是组成模板的元素，包括颜色、字体、设计风格等。也就是说，主题是一组预定义的颜色、字体和视觉效果，让幻灯片具有统一、专业的外观。图 7－70 便是应用于同一张幻灯片的 4 种不同主题。而模板是把这些主题元素组合起来，并保存成一个文件，即 PPT 模板文件，并可以反复调用。

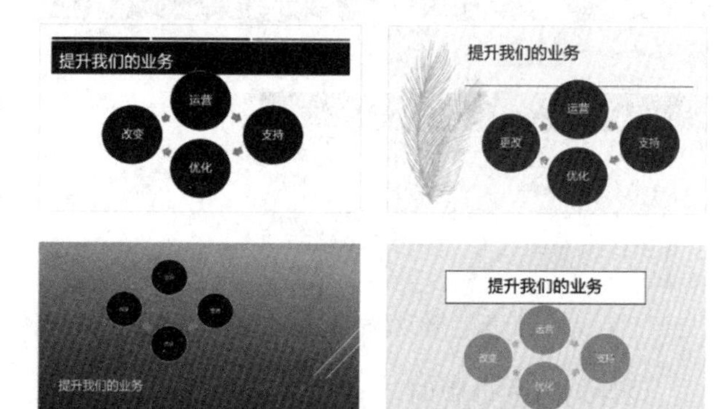

图 7－70　应用于同一张幻灯片的四种不同主题

模板包含主题。传统的 PPT 模板包括封面、内页两张背景以供添加 PPT 内容。近年来国内外专业 PPT 设计公司对 PPT 模板进行了提升和发展，含封面、目录、内页、封底、片尾动画等页面。

二、主题的设置

（一）应用主题（空白幻灯片设置主题）

在幻灯片窗格中选中所需幻灯片，然后，从“设计”功能菜单内选择“主题”分组菜单中某一样式，双击或在此主题上鼠标右单左选“应用于选定幻灯片”，如图 7－71 所示。

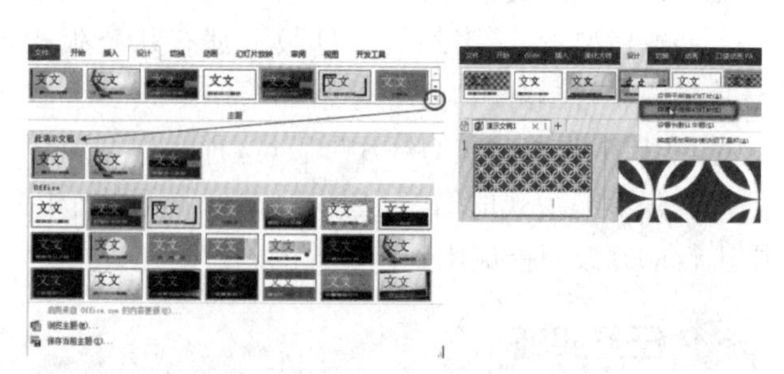

图 7－71　主题的应用

在为演示文稿中的幻灯片应用某主题之后，这些幻灯片将自动应用该主题规定的背景，而且在这些幻灯片中插入或输入的图形、图表、艺术字或文字等对象都将自动应用该主题规定的格式，从而使演示文稿中的幻灯片具有一致而专业的外观。

（二）给不同的幻灯片设置主题

在新建演示文稿时，除了可以给某一张幻灯片根据需求设置一个主题之外，还可在创建演示文稿后再应用某个主题，或是给同一演示文稿中的不同幻灯片设置不同的主题。

在幻灯片窗格中分别选中所需幻灯片，然后，分别从“设计”功能菜单内选择“主题”分组菜单中所需的某一样式，分别在此主题鼠标右单左选“应用于选定幻灯片”，即可实现在不同的幻灯片上设置不同的主题，如图 7－72 所示。

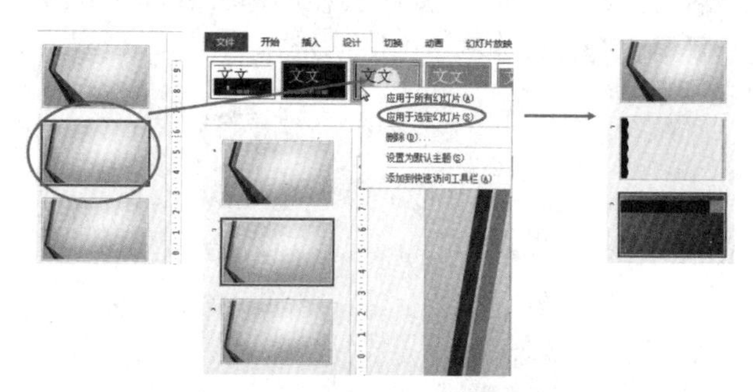

图 7－72　在不同的幻灯片上设置不同的主题

三、背景的设置

背景有很多种设置方法，在此仅介绍其中的 3 种。

方法 1：在“设计”功能菜单的“变体”分组菜单处，单击“其它”向下三角按钮中“背景样式”中的“设置背景格式”，然后，在屏幕右侧“设置背景格式”对话框中，根据需要进行相关参数设置，如图 7－73 所示。

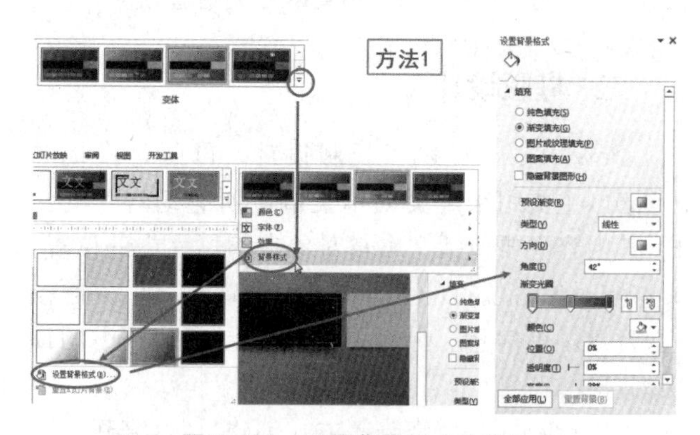

图 7－73　设置背景格式方法 1

方法 2：在幻灯片窗格中先选择一张幻灯片，然后，在“主题”列表框中所需背景颜色处，右单左选相关内容，如图 7－74 所示。

方法 3：在幻灯片窗格中先选择一张幻灯片，然

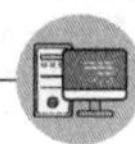

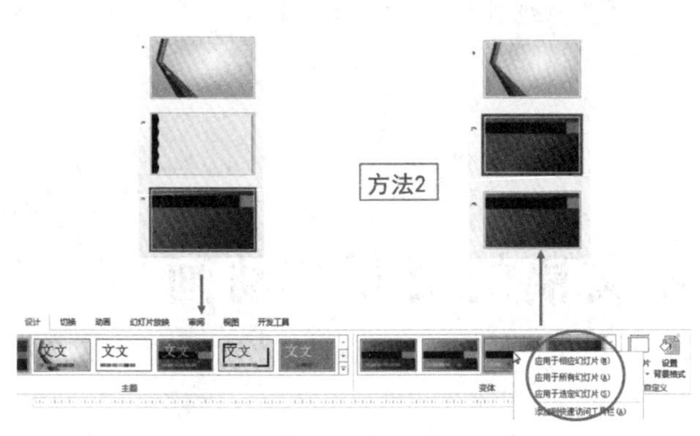

图 7 - 74　设置背景格式方法 2

后，在"自定义"分组菜单中选择"设置背景格式"，在弹出的"设置背景格式"对话框中设置相关参数，如图 7 - 75 所示。

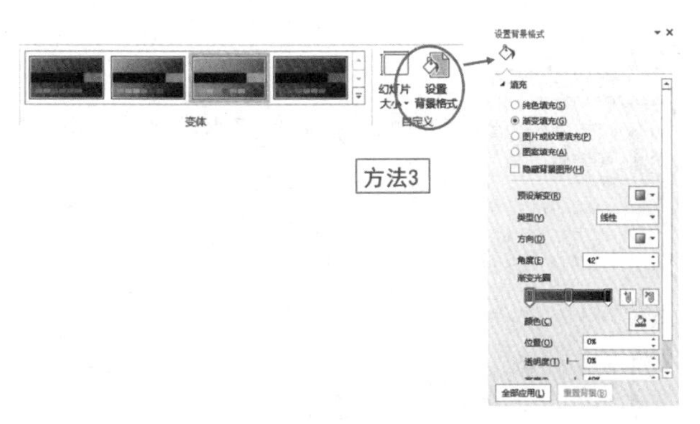

图 7 - 75　设置背景格式方法 3

四、制作"个人简历"PPT

制作一个内容完整的 PPT，主题为"个人简历"。具体要求如下：在百度中搜索"第一 PPT"，该网站提供了很多免费的下载资源。选择适合的模板并下载，根据自己的实际情况设计模板。

(1) 从网络上下载模板。打开 https://www.1ppt.com，如图 7 - 76 所示。找到适合自己风格的模板。

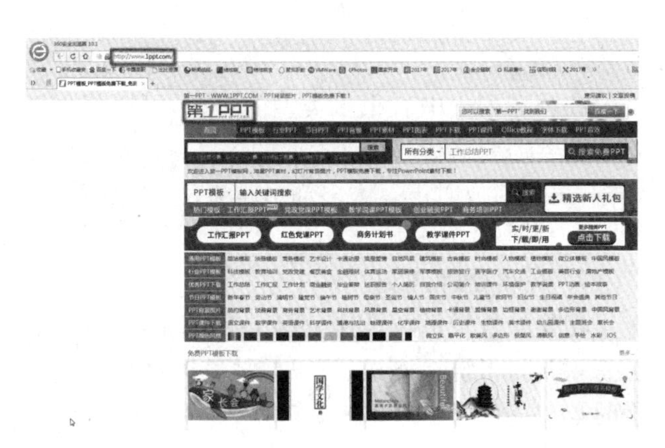

图 7 - 76　www.1ppt.com 网站

(2) 确定模板内容。包括封面文字"个人简历"、"姓名"，正文内容包括"个人基本情况"、"学习经历"、"获奖经历"、"个人爱好及特长"、"求职意向"。

用图片、图形、表格等其他元素表现的内容进行格式转换。

任务拓展

一、制作 PowerPoint 特色母板

PowerPoint 提供控制幻灯片外观的一般要素主题、背景和母版。PowerPoint 特色母版的效果如图 7 - 77 所示。

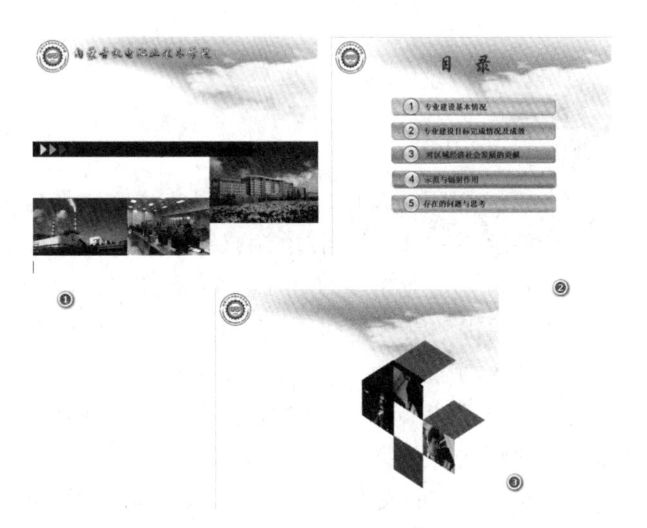

图 7 - 77　PowerPoint 特色母版效果

二、制作演示文稿

(一) PPT 个性化设计：青春无悔

要求：准备个人工作照一张、生活照若干；个人简介一份；将工作照设为首页右下角，选择一张生活照虚化后作为正文背景；以"青春无悔"为主题，设计表达内容。

(二) 制作内容主题为"我的家乡"的演示文稿一份

要求：

(1) 制作一组不少于 5 张介绍自己家乡的幻灯片，可参考如下提纲：

- 标题幻灯片，如我的家乡——青城呼和浩特；
- 导航目录幻灯片；
- 家乡简介；
- 名优特产；
- 民俗风情；
- 旅游景点；
- 结尾幻灯片。

(2) 在幻灯片设计中应用母版进行内容页设计。内容页要添加动作按钮,返回导航目录页,导航目录页要有到其他幻灯片的超链接。在幻灯片中适当插入图像、表格、图标、音频等对象。

任务三　PowerPoint 演示文稿的交互与动画

任务目标

(1) 了解添加动画及叠加动画的设计原则;
(2) 掌握幻灯片的切换方式;
(3) 掌握创建动作按钮及设计超链接的方式;
(4) 掌握幻灯片动画设计效果。

任务资讯

在播放 PPT 过程中,如果仅仅是将内容添加后就进行展示,势必显得比较单调、枯燥,这就类似于原始胶片的静态换片放映方式。PowerPoint 中的动画功能可以解决这个问题,它能使幻灯片中的各个对象产生动态效果,还能让幻灯片的切换更加流畅、自然。与模板配合,合理的切换方式能给观众耳目一新的感觉,能够增强播放效果。

为幻灯片中的文本和各对象设置动画效果,可以突出重点、控制信息流程、提高演示效果。在设计动画时,有两种设计方法:一种是幻灯片切换时的动画效果,另一种是幻灯片内各对象或文字的动画效果。

一、为幻灯片添加切换效果

(一) 幻灯片间的切换

幻灯片间的切换效果是指两张连续的幻灯片在播放时如何实现从一张幻灯片到另一张幻灯片的动态切换。PowerPoint 通过设计两张幻灯片之间的动态切换效果,使得换片过程更加自然、衔接、流畅。切换方式共有 47 种,如图 7-78 所示。

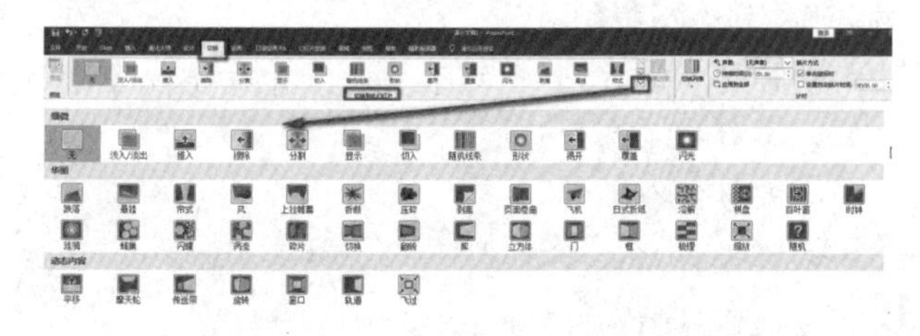

图 7-78　幻灯片切换方式

切换方式可以在全篇使用一种,也可以根据内容调整,在不同页面采用不同的切换方式。界面右侧还有几项辅助设置,可以对切换方式进行完善,如图 7-79 所示。切换效果可以使原本静止的演示文稿更加生动,以增加视觉冲击力。

图 7-79　幻灯片切换辅助功能

1. 声音

在声音列表中有很多类型的声音,可以根据喜好和内容需要选择一个切换时的提示音。也可以不设置,以免播放时声音太多而显得杂乱,如图 7-80 所示。

2. 持续时间

切换的方式不同,切换的默认时间是不同的,有长有短。为了统一格式,可以在持续时间处调整切换时长。

3. 换片方式

若 PPT 播放是由人工手动操作,则换片方式采

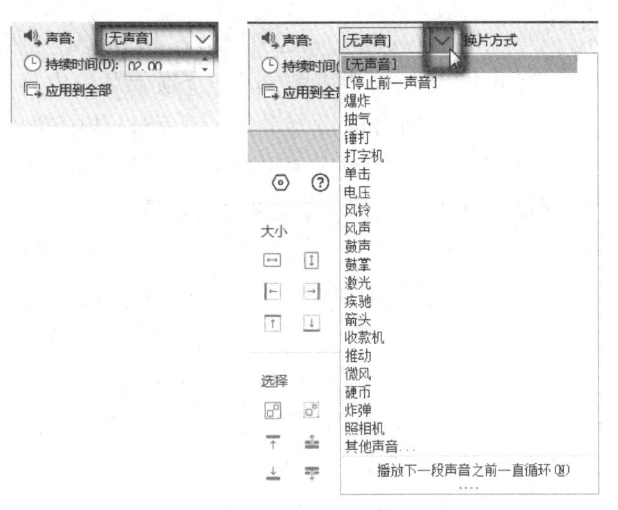

图 7－80　幻灯片声音设置

用默认的“单击鼠标时”。若想设置成在屏幕上自动播放，就需要“设置自动换片时间”。可以根据 PPT 的内容，预估最长需要多久才能看完一页，或配上音频解说时多长时间才能讲解完一页，然后设置时间。

（二）动作按钮和超链接

为了在播放 PPT 时能够灵活翻页，PPT 提供了动作按钮和超链接功能。利用超链接功能和动作按钮可以在放映幻灯片时快速跳转到不同的位置。

1. 动作按钮

PowerPoint 中提供了预设功能的动作按钮，用户只需要将其添加到幻灯片中即可使用。在放映演示文稿时，单击动作按钮，就可以切换到指定的幻灯片或启动其他应用程序。利用动作按钮也可以创建同样效果的超链接。

在 PPT 中，所有插入的独立元素都可以作为动作按钮，如插入文本框、图形、图标等。组合图形不属于独立元素，故不能作为动作按钮使用。

选择“插入”功能菜单内“插图”分组菜单中的“形状”下拉命令按钮，在其下拉列表中就能看到动作按钮选项，如图 7－81 所示，与前进、后退、转到开头、转到结尾、转到首页、获取信息、上一张、视频、文件、音频、帮助、空白分别对应。

使用时可以根据实际需要来选择使用哪个动作按钮。当确定某一动作按钮后，可以从动作按钮列表中选择，在幻灯片所需位置处拖放，此时会出现如图 7－82 所示的“操作设置”对话框，可以进行相关设置。

2. 超链接和动作

超链接是一个对象跳转到另一个对象的快捷途径。幻灯片中的任何对象（包括文本、图片、图形和图表等）都可以设置成超链接。若对文本设置了超链接，它就会被添加下划线，并且显示成系统配色方

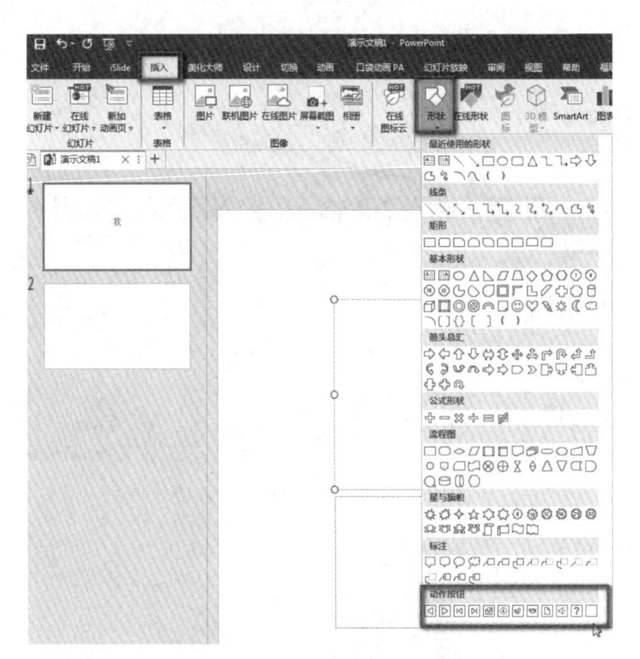

图 7－81　PowerPoint 动作按钮

图 7－82　动作按钮“操作设置”对话框

案中指定的颜色；若对图片等对象设置了超链接，在放映幻灯片的过程中，鼠标经过时会变成手指状。

选中对象或在插入的对象上右单左选鼠标，选择“插入”功能菜单内“链接”分组命令中的“链接”命令按钮，或在菜单中选择“超链接”命令，分别如图 7－83 和 7－84 所示。

使用“超链接”命令或“链接”按钮，可以链接到当前 PPT 中的任意位置，还可以根据需要链接到外部其他文件、网址、邮箱等。而使用“动作”按钮，主要是链接到当前 PPT 中的任意位置，还能链接到外部文件和程序。

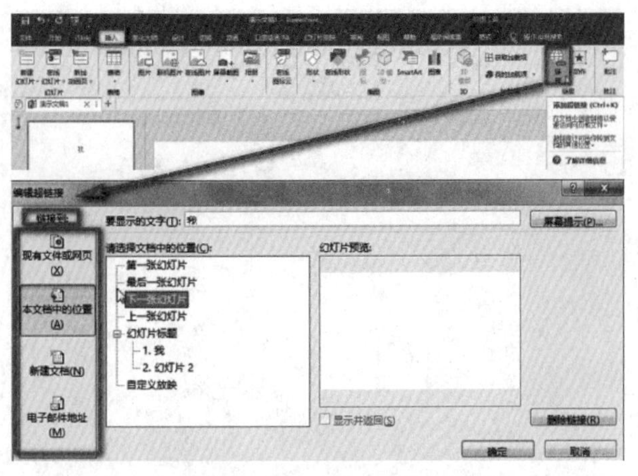

图 7 - 83　PowerPoint 超链接

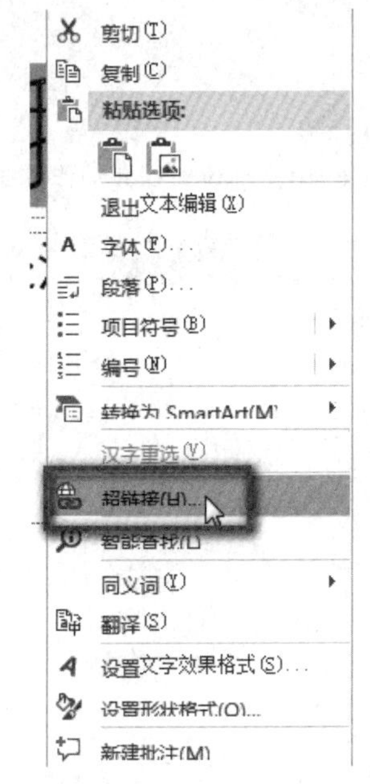

图 7 - 84　PowerPoint 超链接快捷菜单

二、为对象添加动画效果

为幻灯片添加切换效果是完成幻灯片之间的换片方式，而为对象添加动画效果是为了设置幻灯片中各项内容的动画效果。PowerPoint 中实现动画效果有预定义动画和自定义动画两种方式。

(一) 预定义动画

预定义动画提供了一组基本的动画设计效果，其特点是动画与音效的设置一次完成。放映时只有在单击鼠标、按回车或按向下箭位时，动画对象才会出现。

在幻灯片中选定要设置动画的某个对象(如文本、文本框、图形、图表等)，选择“动画”功能菜单内“动画”分组菜单中的“其他”下拉按钮，在展开的列表中选择“进入”选项区域中的动画选项，如图 7 - 85 所示，如“飞入”效果。还可以通过单击“动画”分组菜单中的“效果选项”下拉命令按钮，如图 7 - 86 所示，或单击“显示其他效果选项”按钮，如图 7 - 87 所示，在此可以设置“效果”和“计时”选项卡菜单内容。其中，“效果”选项可以设置动画提示音和动画播放完毕后的效果；在“计时”中可以修改动画的持续时间、速度，“触发器”可将动画的发生时间设置为点击当前页某个其他对象后。对于“触发器”可以简单地理解为通过按钮控制幻灯片页面中已设定动画的执行，如图 7 - 88 所示。

对于“效果选项”，每个类型的动画都对应不同的效果，可以根据设计需要选择适当的效果选项。例如，给对象添加“飞入”动画，就可以在“效果选项”中选择飞入的方向，可以从上、下、左、右、斜上、斜下等方向飞入。同理，给对象添加“飞出”动画，也可以在“效果选项”中选择飞出的方向。

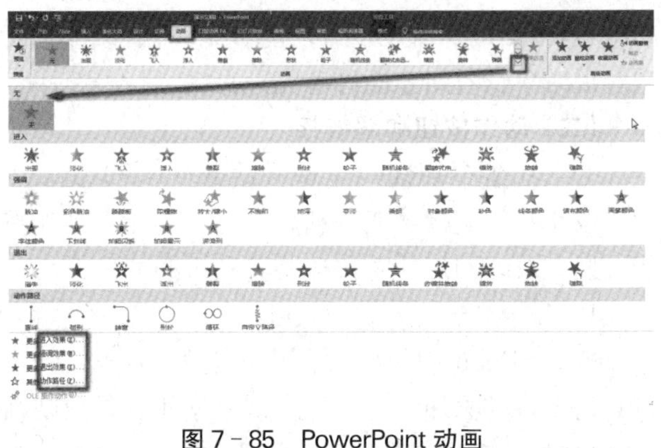

图 7 - 85　PowerPoint 动画

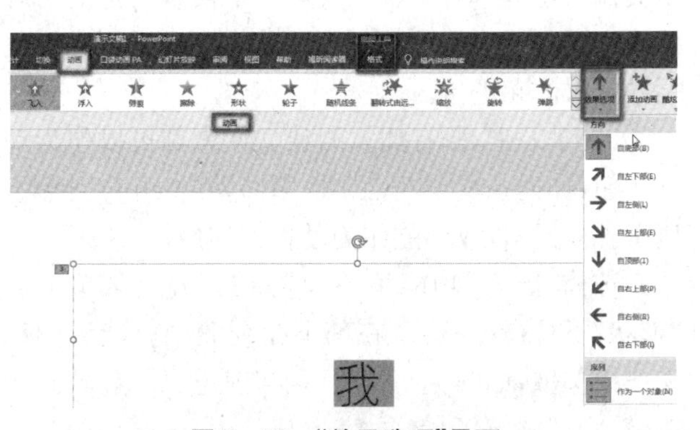

图 7 - 86　“效果选项”界面

图 7 - 87　“显示其他效果选项”界面

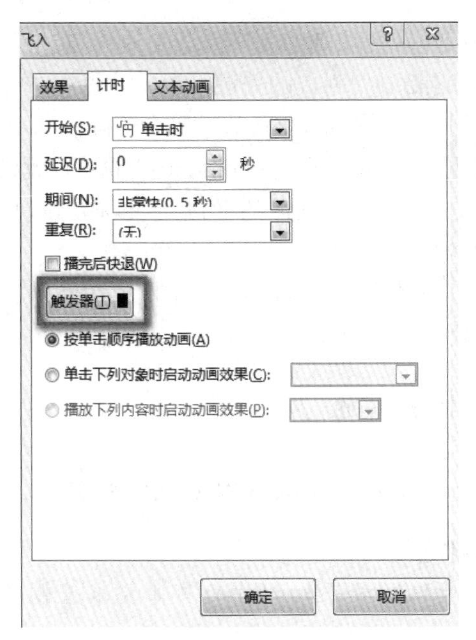

图 7－88 “计时”选项卡内的“触发器”

单击“高级动画”分组菜单中“动画窗格”按钮命令，可以打开其对应的对话框进行相应操作，如图 7－89 所示。

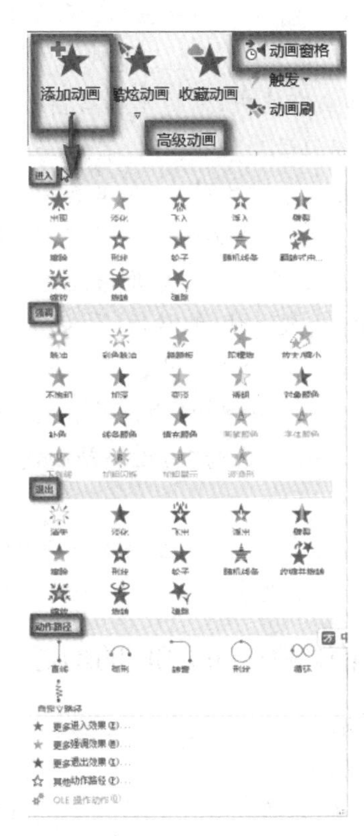

图 7－89 “添加动画”界面

“高级动画”是指每个对象可以添加多个动画效果，形成组合或叠加动画。

选择要添加动画的对象，再点击“高级动画”分组命令中的“添加动画”命令，如图 7－89 所示，即可进行动画添加。也可以通过在如图 7－90 所示的

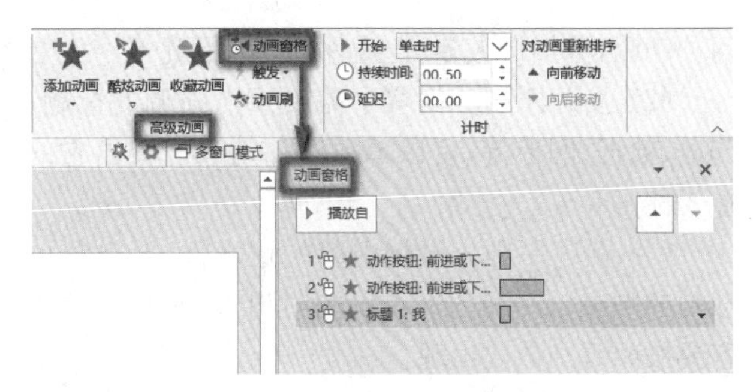

图 7－90 “动画窗格”界面

“动画窗格”界面中直接拖拽来调整动画的顺序。

单击“预览”分组菜单中的“预览”命令按钮，或单击“动画窗格”界面内的“播放”按钮，即可实现设置动画效果的预览目的。

若要取消幻灯片的动画效果，可以先选定该幻灯片设置动画效果的对象，然后，在“动画”功能菜单内选择“动画”分组菜单中的“动画”列表框内的“无”选项。

（二）自定义动画

在自定义动画中，PowerPoint 提供了更多的动画形式和音效方式，还可以规定动画对象出现的顺序和方式。

PowerPoint 中包含以下 4 种不同类型的动画效果，如图 7－91 所示。

图 7－91 动画效果

（1）进入效果。可使对象逐渐淡入焦点、从边缘飞入幻灯片或者跳入视图中。

（2）退出效果。可使对象飞出幻灯片、从视图中消失或者从幻灯片旋出。

（3）强调动画。可使对象缩小或放大、更改颜色或沿其中心旋转。

（4）动作路径。可使对象上下移动、左右移动或沿星形或圆形路径移动。

三、添加动画的原则

虽然可选择的动画效果有很多，但在实际应用中并不是动画效果越多就越好，而是应根据需要来选择。添加动画的原则如下：

（1）动画重复原则。在一页中尽量只添加一到

两种动画，添加得太多就会显得复杂、混乱。

（2）强调原则。内容中需要重点强调的标题、词语、数据、图形等，可以单独添加动画以突出它的重要性。

（3）顺序原则。根据内容的逻辑性，要设置好动画的顺序。并列内容可以同时出现，有顺次的内容要按照级别依次出现。

（4）层级原则。一页中可以根据内容分为从上到下、从左到右、从低到高、从里到外等层次结构，然后，按照层次结构调整动画效果。

四、叠加动画设计

在 PowerPoint 2016 强大的动画效果中，叠加动画设计是重中之重。叠加动画是指允许用户对一个对象在同一时间叠加设置多个基本动画，制作自然的叠加动画需要有创意、敢创新，需要大胆尝试不同的叠加方式并反复实践与测试，需要在实践中积累经验和想象力。例如，一个汽车车轮的图片，在飞入动画效果上同时叠加螺旋强调动画，就可以呈现车轮进入 PPT 视野的效果。又如，在气球图片上同时应用向上飞出和弯曲的路径动画，就能够模拟气球飘空的效果。

掌握让人舒服、眼前一亮的叠加动画技能，能够提升 PPT 的效能。

（一）叠加动画设计的原则

恰当、精彩的 PPT 叠加动画能为演示带来意想不到的助推力。那么，如何选择适当的动画效果？其实这是一个比较费工夫的事情。为了更好地展现 PPT 的效果，动画需要满足有效、自然、流畅、精致 4 个原则。

（1）有效是指动画的设定要有明确的动机，不能随意，动画效果必须与演示者的动机相符。

（2）自然是指动画效果不能让观众产生“刻意为之”的感觉，而应该给人留下“本该如此”的印象。动画效果必须让人是舒服、符合经验的直觉，如细长的对象用擦除动画进入时更加符合认知经验。

（3）流畅是指动画效果行云流水、不停顿、拖沓。一般来说，比较小的对象出现动画不要超过 1 秒；在若干对象依次出现时，相邻两个动画的执行时间要紧密，切忌上一个对象动作完全结束之后才开始执行下一个动作；在对象比较多时，可以让多个对象同时出现以缩短动画的总时长。

（4）精致是指动画的细节丰富，丰富的细节包括快速进入后的回弹设置等。

（二）叠加动画制作的关键

要想能够信手拈来地制作漂亮的叠加动画，必须勤于动手、多看优秀的 PPT 动画作品以积累经验，分析和研究动画的制作方法与原理，培养制作叠加动画的能力。制作的关键是以下 3 点：

（1）对于最终的动画效果要有明确预期，并能将其在头脑中分解为 PowerPoint 2016 的动画效果。

（2）挑选搭配合适的动画效果，熟练运用动画设置选项。

（3）对各个动画的进出时间、动作长短进行耐心、细致的多次试验和微调。

任务实施

一、制作落叶飘飘效果的幻灯片

制作要求

落叶飘飘效果幻灯片的具体要求及制作要点如下：

（1）准备一张树叶的图片，删除背景，仅保留树叶部分(也可以利用 PPT 中的图片编辑功能删除背景)。

（2）在 PPT 中插入树叶图片，调整图片大小，并放在 PPT 左上角编辑区外侧边缘。

（3）给树叶图片添加动画，选择动作路径中“自定义路径”，手动绘制由左上角到右下角的螺旋线路；在右侧动画窗格中，右键单击当前动画，选择“计时”，将动画期间设为“20 秒(非常慢)”。

（4）继续选择树叶图片，在工具栏中选择“添加动画”，选择“旋转”；在右侧动画窗格中，右键单击刚添加的动画，选择“计时”，将开始设为“与上一动画同时”，期间设为“20 秒(非常慢)”。

（5）继续选择树叶图片，“添加动画”，选择“陀螺旋”；在右侧动画窗格中，右键单击刚添加的动画，选择“计时”，将开始设为“与上一动画同时”，期间设为“20 秒(非常慢)”。

（6）将背景设为浅蓝色，或插入秋天类型的合适图片，查看播放效果。

二、制作“跳动的心脏”的幻灯片

制作要求

设计一张如图 7－92 所示的幻灯片，为心形添加动画效果，使其播放效果如同一颗跳动的心脏。

操作步骤

（1）插入形状。新建幻灯片，插入文字内容“跳动的心脏”，选择黑体、红色、40 磅、分散对齐。插入形状中的“心形”，为心形填充红色，无边框。

（2）为心形添加动画效果。选中心形，选中“动画”功能菜单内的“添加动画”命令按钮，从中选择“强调”类别中的“放大/缩小”效果，如图 7－93 所示。

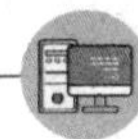

图 7 - 92　"跳动的心脏"效果

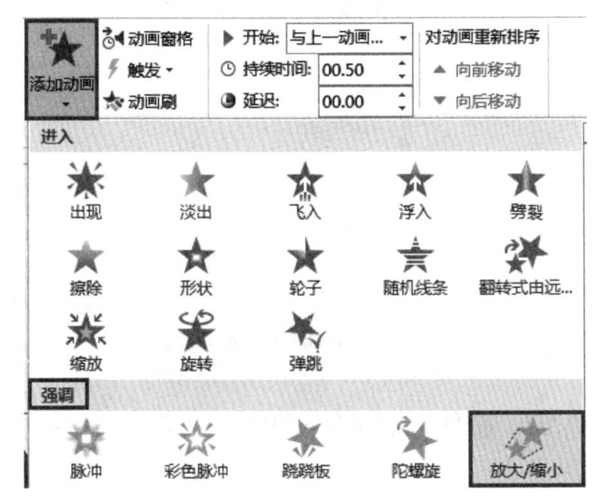

图 7 - 93　选择"添加动画"

(3) 设置动画的开始播放方式和动画的播放速度。继续选中心形，打开"动画"分组菜单内"显示其他效果选项"按钮命令，在出现的"放大/缩小"对话框中，勾选"效果"选项卡菜单内的"自动翻转"，如图 7 - 94 所示。再选择"计时"选项卡菜单中的"开始"选项，将其设置为"与上一动画同时"，将"期间"设置为"非常快(0.5 秒)"，如图 7 - 95 所示。

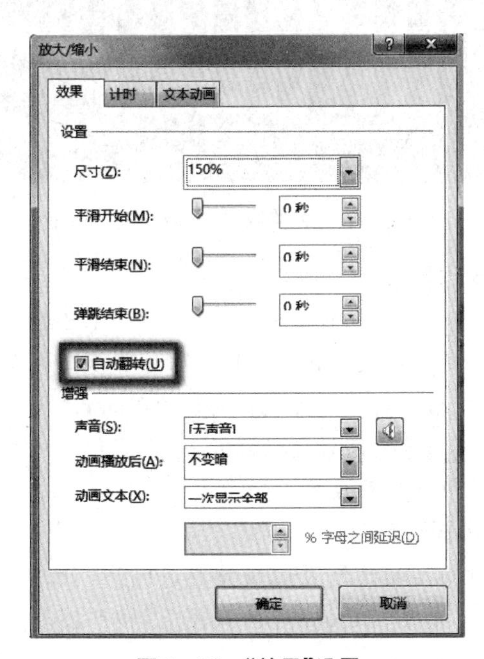

图 7 - 94　"效果"设置

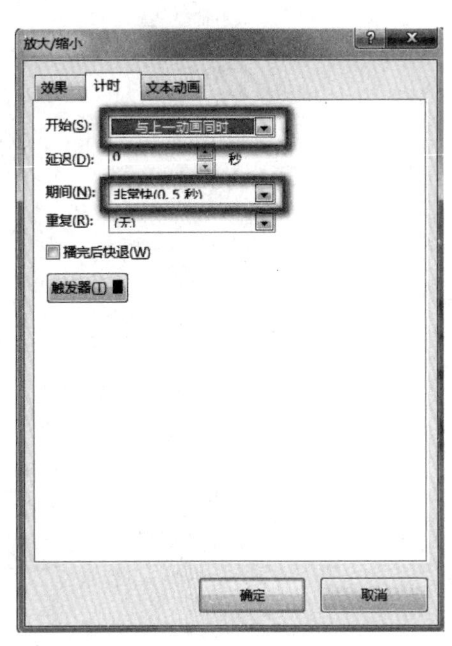

图 7 - 95　"计时"设置

三、设计"旋转的轮子"的动画

制作要求

用 PowerPoint 所学知识制作动画"旋转的轮子"，其效果如图 7 - 96 所示，使其在播放时的效果如同旋转的轮子。

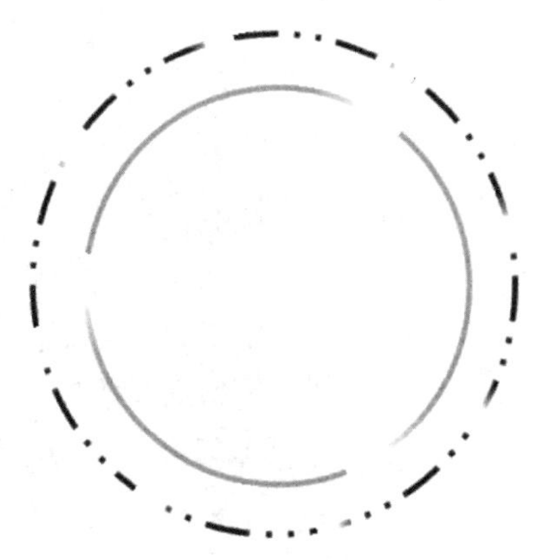

图 7 - 96　"旋转的轮子"效果

操作步骤

(1) 插入形状。新建幻灯片，插入两个同心圆。在绘制圆形时按住【Shift】，可使画出的圆形为正圆。设置外侧圆环的参数如图 7 - 97 所示，内侧圆环的参数设置如图 7 - 98 所示。

(2) 设置动画。选中内侧黄色圆环，添加其进入动画效果为"轮子"，从"效果选项"下拉命令按钮中选择"3 轮辐图案"；再设添加强调动画效果为"陀螺旋"，"效果选项"设置为"顺时针"。将两种动画效果均选中，"开始"播放方式设置为"上一动画之后"，如图 7 - 99 所示。

选中外侧圆环，添加其进入动画效果为"轮子"，

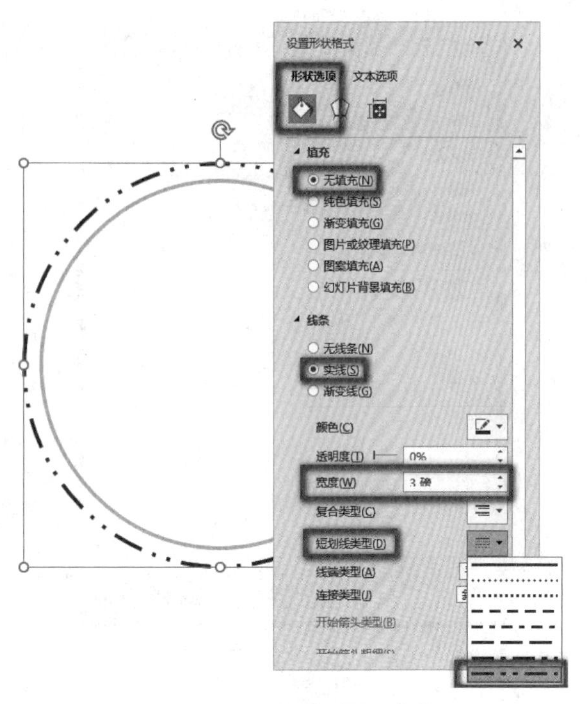

图 7-97　设置外侧圆环参数

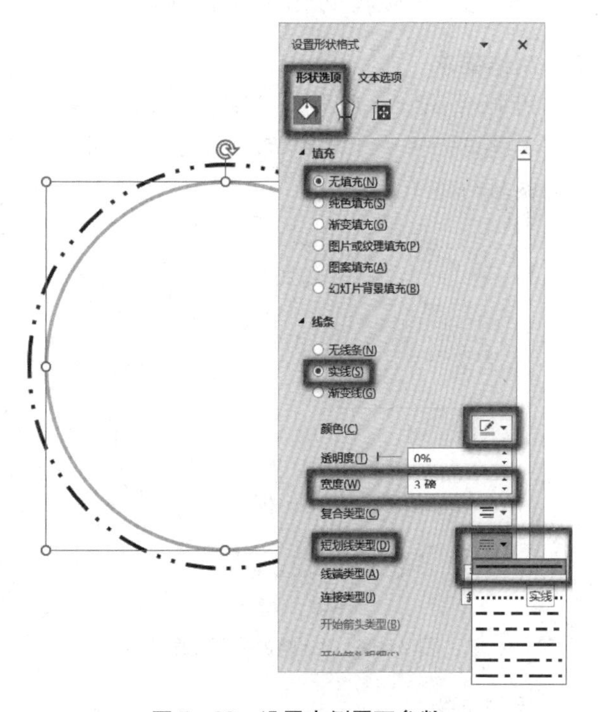

图 7-98　设置内侧圆环参数

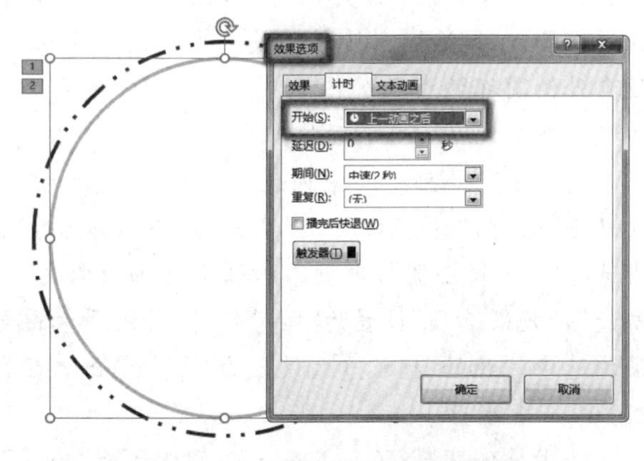

图 7-99　内侧圆环动画参数设置

从“效果选项”下拉命令按钮中选择“8 轮辐图案”；再设添加强调动画效果为“陀螺旋”，“效果选项”设置为“逆时针”。将两种动画效果都选中，“开始”播放方式设置为“与上一动画同时”，如图 7-100 所示。

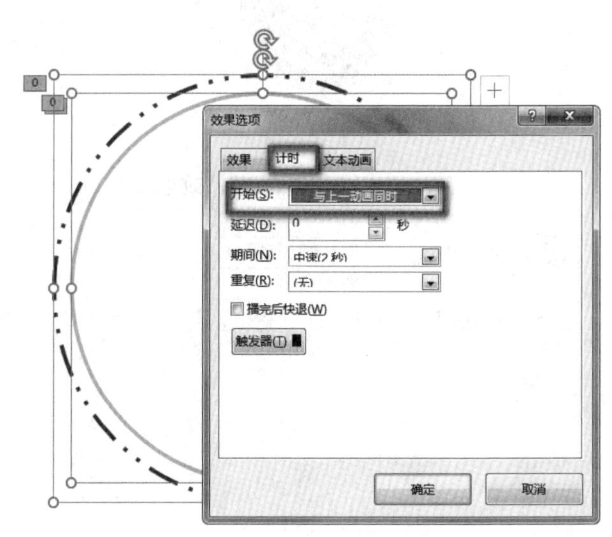

图 7-100　外侧圆环动画参数设置

四、制作“人均收入”的演示文稿

制作一张如图 7-101 所示的动态“人均收入”演示效果幻灯片。

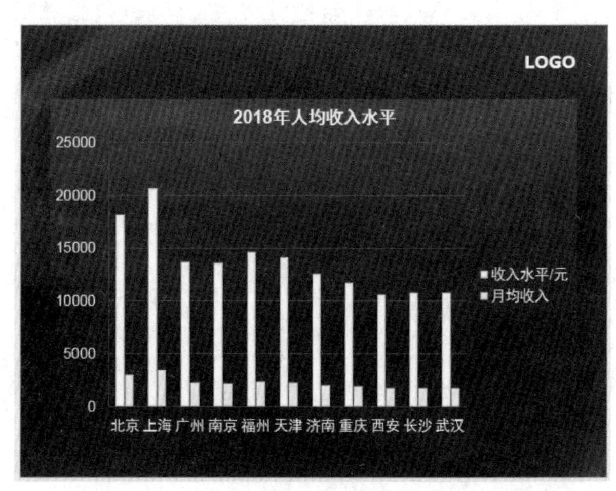

图 7-101　“人均收入”的演示文稿效果

制作要求

2018 年上半年人均收入如图 7-102 所示。创建相应的演示文稿，在演示文稿中必须有封面页和结尾页；给幻灯片设置统一的切换效果；结尾页插入艺术字，为艺术字设置动画效果；设置柱状图表在演示过程中有动画效果。

操作要点

封面页和结尾页比较简单，自行设计。在内容页中，首先要在 Excel 中生成图表，按照图表数据生

	A	B	C
1	2018年上半年人均收入		
2	一线城市	收入水平/元	月均收入
3	北京	18154	3025.667
4	上海	20689	3448.167
5	广州	13778.97	2296.495
6	南京	13655	2275.833
7	福州	14661	2443.5
8	天津	14155	2359.167
9	济南	12627	2104.5
10	重庆	11760	1960
11	西安	10684	1780.667
12	长沙	10864	1810.667
13	武汉	10833	1805.5

图 7－102 “人均收入”原始数据

成柱状图，并设置图表格式。然后，将柱状图复制到 PowerPoint 的内容页中，为柱状图设置“擦除”动画效果，将“效果选项”设置为“按类别中的元素”。

任务拓展

一、PPT 动画常见误区

PowerPoint 2016 版的动画有 40 种进入效果、40 种退出效果、24 种强调效果、63 种默认的路径效果和 49 种切换效果，共计 216 种动画效果。组合动画的运用又可以变化出不计其数的动画效果。

PPT 动画初学者一般有以下 4 种常犯错误：

（1）滥用动画，眼花缭乱。只是为了“动”而“动”地添加动画，并不能达到实现传达的本质目的。

（2）过分炫技，喧宾夺主。有人能用 PPT 做出堪比专业动画软件才能做出的作品，让人叹为观止。但是，幻灯片在多数情况下是用于演讲或阅读，而非参加专门的 PPT 动画大赛，所以，酷炫动画真的没有太大作用。

（3）拖沓冗长，打乱节奏。对于演讲使用的 PPT，大量的动画可能会打乱演讲节奏，特别是当每一个动画的启动方式都是“单击时”的时候尤为明显。如果在某一演讲现场频频看到主讲人一边回头看自己的 PPT，一边手里在拼命按动翻页器，多数是因为犯了这个错误。

（4）本末倒置，花费过多时间和精力。如图 7－103 所示的这个完美酷炫的 PPT 动画作品，只要单击“动画”功能菜单，页面中就会呈现让人目瞪口呆的一幕，密密麻麻的路径让人眼花缭乱，“动画窗格”里一长列样式各异的动画让人望而生畏。由此可知，单就完成这一页动画，就需要花费大量的时间和精力。若在职场中要在规定时间内完成一份 PPT，此时花费大量时间在动画上绝对不是明智的

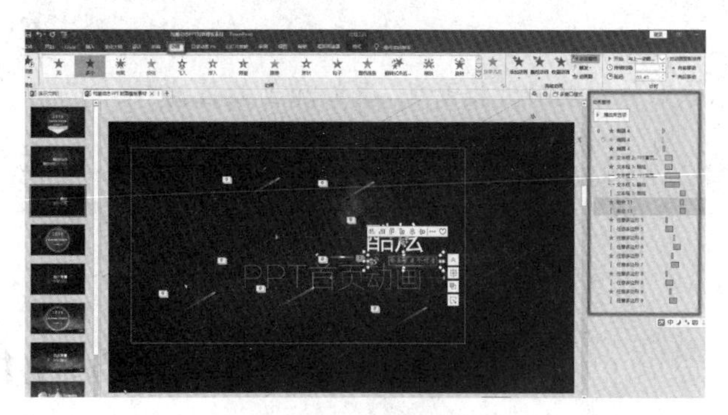

图 7－103 动画效果路径

选择。

二、常用的 PPT 动画

常用的 PPT 动画有以下 4 种：

（1）进入动画，包括飞入、浮入、擦除、淡出、基本缩放、出现，有时还会用到飞旋、上挥鞭子效果。

（2）强调动画，包括放大/缩小、陀螺旋、脉冲，有时还会用到色彩、放大。

（3）退出动画，包括飞出、淡出、擦除、基本缩放、消失，也会配上水平方向的放大和淡出来增加文字或图形的冲击力。

（4）路径动画。在汇报类、形象类 PPT 中一般不使用路径动画，其原因是路径动画的过程长。即便使用也是根据实际效果考虑设置，一般为直线、自定义。

三、设计行进路线动画

用 PowerPoint 2016 所学知识制作路线进行图。播放时箭头方向先从机场位置向北到地铁站，然后向车站方向行进，最后，从车站到政府大楼，如图 7－104 所示要求动态演示。

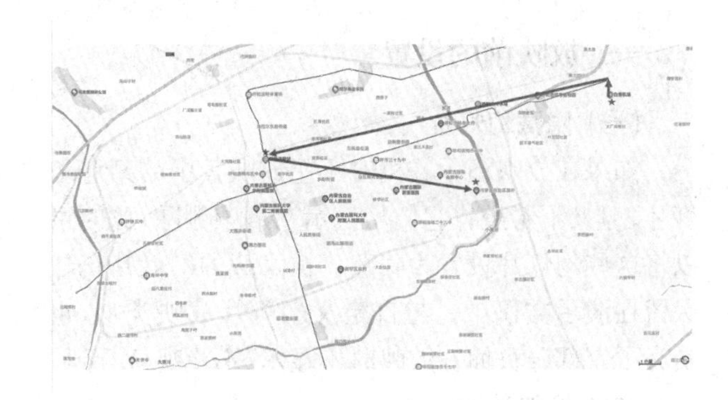

图 7－104 行进路线

操作要点

新建幻灯片，插入呼和浩特市的地图。在地图上绘制 3 个五角星，分别表示 3 个地点，在 3 个地点之间绘制箭头，表示行进路线示意图。将箭头的宽

度进行适当设置。分别选中机场所在箭头、到车站箭头和到政府大楼箭头，添加动画效果为“擦除”，再分别将“效果选项”中的“方向”设置为“自底部”、“自右侧”和“自左侧”。适当设置“计时”选项卡菜单中的参数。

任务四 PowerPoint 演示文稿的展示发布

任务目标

(1) 掌握 PowerPoint 排练计时设置；
(2) 掌握 PowerPoint 打印及保护；
(3) 掌握 PowerPoint 转化为视频发布；
(4) 掌握 PPT 现场演示技术。

任务资讯

当演示文稿制作完成，下一步就是播放给观众看，放映本身就是设计效果的展示。在幻灯片放映前，不同的使用者可以利用“幻灯片放映”功能菜单，对制作的幻灯片进行放映前的设置，如隐藏幻灯片、录制排练计时、创建自定义放映和设置放映方式等，如图 7-105 所示。

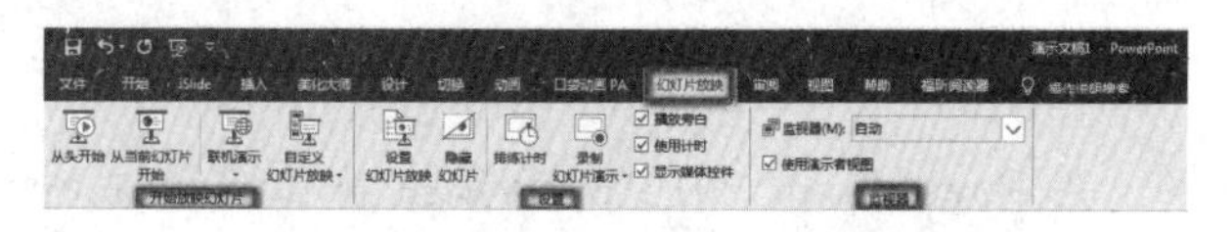

图 7-105 “幻灯片放映”功能菜单

当整个幻灯片内容设计完毕，就可以进行放映（播放）设置。

一、放映前的设置

（一）隐藏幻灯片

如果在放映演示文稿时不想放映其中的某些幻灯片，但又不希望将它们从演示文稿中删除，此时可以将这些幻灯片设置为隐藏。被隐藏的幻灯片仍然保留在演示文稿中。与自定义幻灯片放映类似，也是为了有部分页面在放映时不显示，不让观众看到。

（二）排练计时

为了使演讲者的讲述与幻灯片的切换保持同步，除了将幻灯片的切换方式设置为“单击鼠标时”之外，还可以使用 PowerPoint 提供的“排练计时”功能，即预先排练好每张幻灯片的播放时间。当然，也可以将解说词录制成音频文件，直接插入幻灯片中，与幻灯片一起播放，如图 7-106 所示。

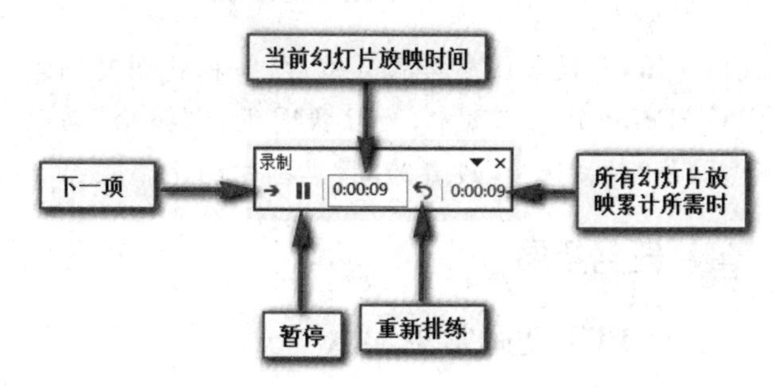

图 7-106 “录制”工具栏

（三）创建自定义幻灯片放映

一个演示文稿可以针对不同观众，将其中的内容任意组合，形成一套新的幻灯片，并加以命名。根据各种需要，选择其中自定义放映名进行放映，这就是自定义放映的含义。利用 PowerPoint 提供的“自定义放映”功能，可以将已有演示文稿中的幻灯片有选择地组成一个“自定义放映”，按照自定义的顺序来播放幻灯片。

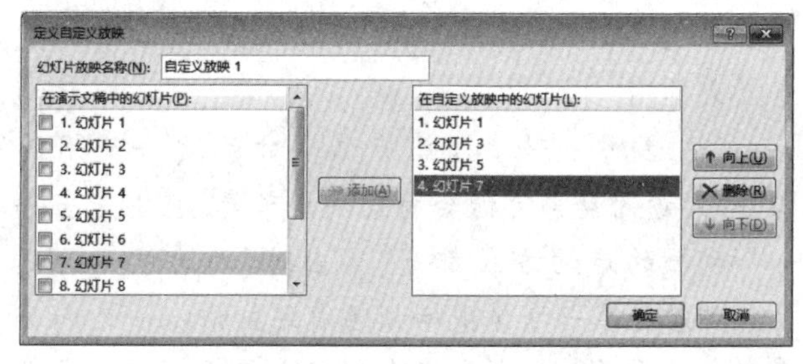

图 7-107 定义自定义放映

（四）设置幻灯片播放方式

用户可以设置不同的放映方式，如可以由演讲者控制放映，这是最常用的放映方式。还可以改成由观众自行浏览，或者让演示文稿自动播放。此外，对于每一种放映方式，可以控制是否循环播放、指定播放哪些幻灯片以及确定幻灯片的换算方式等。

其中，演讲者放映方式是将内容全屏显示，演讲者对幻灯片的播放具有完全的控制权，适合在现场

观众前全屏放映演示文稿；观众自行浏览方式是指放映时在标准窗口中显示幻灯片，适合观众自己在计算机上以窗口方式浏览演示文稿；在展台浏览方式是指不需要专人来控制幻灯片的播放，适合在展览会等场所全屏放映演示文稿。PowerPoint 的放映方式设置如图 7-108 所示。

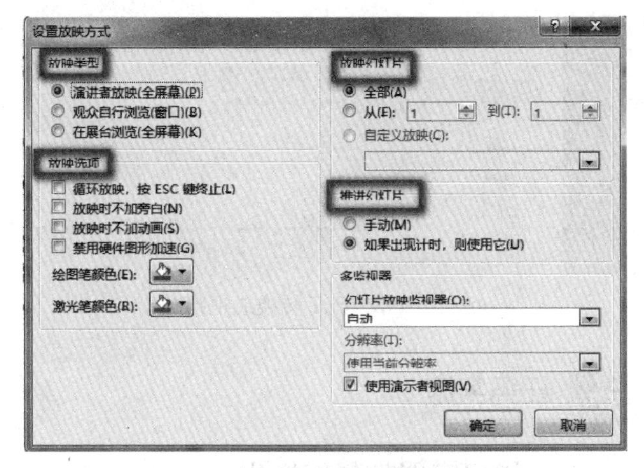

图 7-108 设置放映方式

二、演示文稿的放映

在完成所有设置后就可以放映幻灯片。根据幻灯片的用途和观众的需求，可以有多种放映方式。

(一) 放映方式

(1) 直接在 PowerPoint 中放映演示文稿。根据需要选择“从头开始”按钮，则直接从第一张幻灯片开始播放；如果选择“从当前幻灯片开始”按钮，则从当前幻灯片开始放映演示文稿。

(2) 利用快捷键方式。直接按【F5】或【Shift】+【F5】组合键进行播放。

(3) 利用状态栏工具。可以从屏幕底端右侧状态栏内直接单击“幻灯片放映”按钮播放。

(二) 控制幻灯片的前进

在放映幻灯片时单击鼠标，按回车键或按空格键，或在快捷菜单中选择“下一张”菜单命令，或按键盘上的【PageDown】，或按向下或向右方向键等，均能控制幻灯片的前进。

(三) 控制幻灯片的后退

在放映幻灯片时，选择快捷菜单中的“上一张”菜单命令，或按【Backspace】，或按【PageUp】，或按向上或向左方向键等，均能控制幻灯片的后退。

(四) 幻灯片的退出

在放映幻灯片时，选择快捷菜单中的“结束放映”命令，或按键盘上【Esc】等，都可以实现退出幻灯片放映状态。

(五) 录制幻灯片演示

在幻灯片放映过程中，可以直接将过程录制成一个视频文件。与现在流行的网络授课、讲座等的过程相类似，可以自动录制幻灯片放映过程，观众可以通过观看录制的视频重新复习 PPT 内容，如图 7-109 所示。

图 7-109 录制幻灯片演示

(六) 监视器

使用电脑和投影仪共同播放，可以让操作更加方便，给播放者更多的准备时间。若只有一个显示器，可以使用【Alt】+【F5】组合键进行双屏设置，即：让观众观看主屏内容，让演示者能够看到下一页内容和备注，以免演示者在播放过程中忘记下一页要讲述的内容。

三、演示文件的保存

当一个完整的 PPT 设计完成后，就会有演示文件的保存、打印和保护问题。保存演示文件时可以选择电子版形式和纸质形式。电子版文档保存需要注意以下 3 项问题。

(1) 文件的保存路径和文件的名称。

(2) 文件的格式。文件格式可以仍然是. ppt 格式，但需要注意版本问题，也可以是. pdf、. jpg、. wmv 等其他格式。

(3) 文件的加密。保存时可以给文件加密，包括“打开权限密码”和“修改权限密码”。如图 7-110 所示，在“另存为”对话框中选择“工具”下拉列表命令，从中选择“常规选项”命令，就可以进入加密界面。

PPT 还提供了文件的自动保存功能。在编辑文档的过程中出现突然断电、死机等情况时，文件还未来得及保存，自动保存功能可以帮助用户找回之

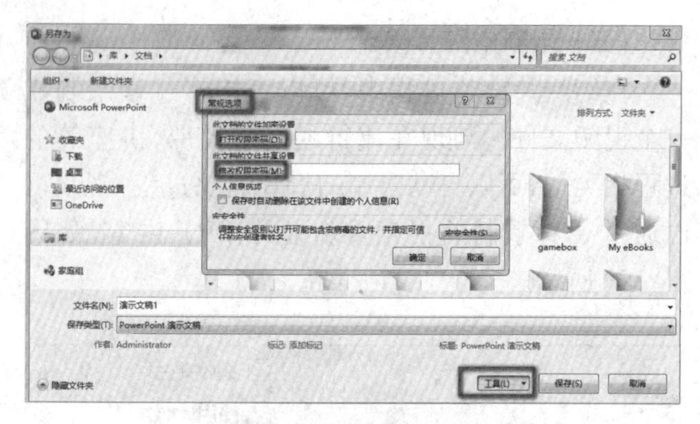

图 7－110 密码保护

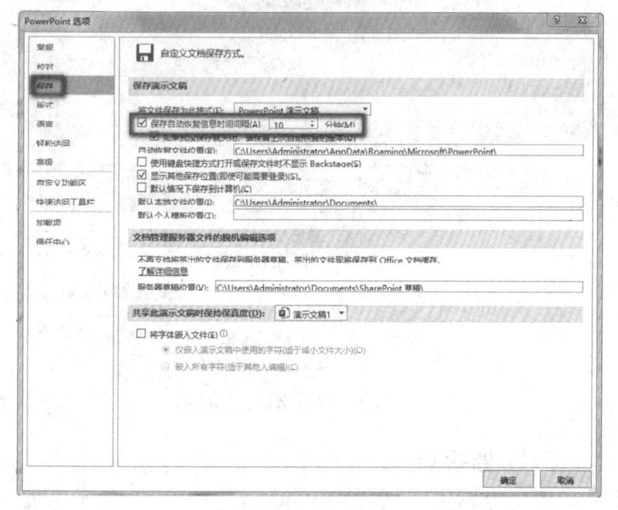

图 7－111 设置自动保护时间

前的文件。具体设置方法如图 7－111 所示。

四、演示文件的打印、导出

保存演示文件的纸质版时，需要将 PPT 打印出来。由于幻灯片会有很多页，每页的内容又不一定很多，因此，可以在一张纸上打印多页幻灯片，具体数量可在打印选项中自定义，每张纸最多可以打印 9 页幻灯片。这种方式在一定程度上比较浪费纸张，还影响翻阅效果。在实践中用户可以将 PPT 转换成 Word 打印成讲义，如图 7－112 所示。也可以实现 PPT 窄边打印。

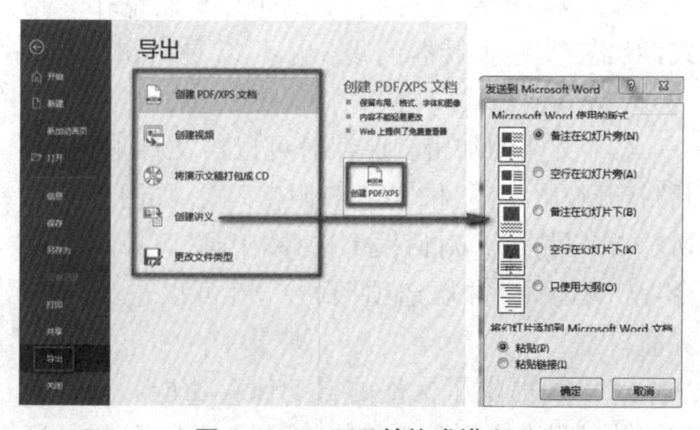

图 7－112 PPT 转换成讲义

五、PPT 转化为视频发布

在所需演示文稿文件中，选择“文件”功能菜单，单击“导出”命令，此时选择“创建视频”命令，根据需求设置视频相关参数进行保存，一般保存为.mp4 格式，如图 7－113 所示。

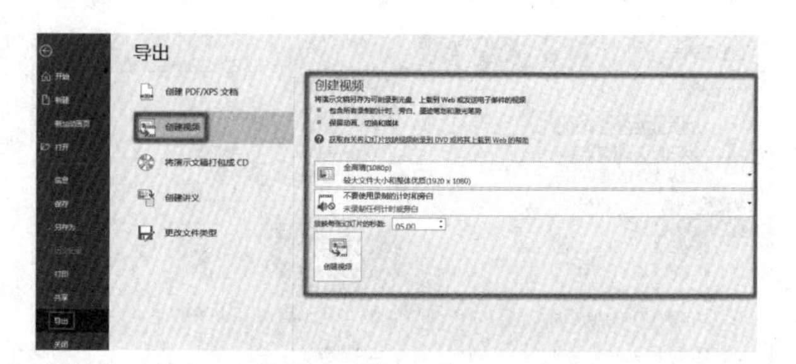

图 7－113 PPT 转换成视频

任务实施

一、如何实现隐藏幻灯片

在“幻灯片”窗格中选中需要隐藏的幻灯片，然后，单击“幻灯片放映”功能菜单中“设置”分组菜单内的“隐藏幻灯片”命令按钮，如图 7－114 所示。此时会发现在“幻灯片”窗格中该幻灯片左侧有一个灰色的隐藏标志。若想解除隐藏状态，可以对该幻灯片再做一次上述操作。

图 7－114 隐藏幻灯片

二、设置排练计时

打开要设置排练计时的演示文稿，然后，单击“幻灯片放映”功能菜单中“设置”分组菜单内的“排练计时”按钮命令，此时从第一张幻灯片开始进入全屏放映状态，并在右上角显示“录制”工具栏，演讲者可以对自己要讲述的内容进行排练，以确定当前幻灯片的放映时间。

任务拓展

一、以“我爱我的祖国”为主题制作幻灯片演示文稿

具体要求如下：

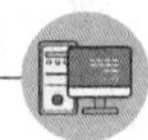

(1) 利用网络查找相关资料，可以包括文字、图片、音频、视频等各类文件，整理资料，确定要放入PPT内的部分。

(2) 选择合适模板或自行设计模板，将所选内容放入PPT，并进行排版。

(3) 在备注部分编辑页面解说词。

(4) 添加幻灯片切换、动画、超链接和动作按钮。

(5) 进行排练计时，合理安排播放方式。

(6) 添加背景音乐，录制旁白，并加入PPT中。

(7) 录制1分钟视频。

二、以“走进中国”为主题制作PPT宣传片

电视上经常播放有关历史、人文、地理、事件等的纪录片，请以“走进中国”为题，选取7项内容（可以是以上任何一类内容），采用灵活的方式，合理分配布局，制作一部PPT宣传片。

具体要求如下：

(1) 内容积极向上，紧扣主题。

(2) 布局完整、合理。

(3) 切换、动画设计自然、流畅。

(4) 解说详细、自然。

(5) 录制完整视频（有背景音乐）。

项目阶段测试

一、单项选择题

1. 要快速生成风格统一的演示文稿，应该使用PowerPoint的（　　）。

A. 配色方案　　B. 幻灯片母版　　C. 幻灯片版式　　D. 设计模板

2. 在PowerPoint中普通视图方式，状态栏中出现“幻灯片2/7”的文字，表示（　　）

A. 共有9张幻灯片，目前显示的是第二张

B. 共有9张幻灯片，目前显示的是第七张

C. 共有7张幻灯片，目前显示的是第二张

D. 共有2张幻灯片

3. 在PowerPoint中通过对幻灯片中的对象设置（　　），可以实现作品的交互功能。

A. 自定义动画　　B. 幻灯片切换　　C. 超级链接　　D. 幻灯片放映

4. 在PowerPoint中，设置幻灯片放映时的换页效果为“盒状展开”，应使用（　　）命令。

A. 动作按钮　　B. 切换　　C. 自定义动画　　D. 预设动画

5. 在PowerPoint中，若希望演示文稿作者的名字在播放时出现在所有的幻灯片中，则应将其加入（　　）中。

A. 配色方案　　B. 动作按钮　　C. 幻灯片母版　　D. 备注母版

6. 在PowerPoint中，对于已创建的多媒体演示文稿可以（　　），然后，就可以在其他未安装PowerPoint的计算机上放映。

A. 执行“文件”菜单中的“打包”命令

B. 执行“文件”菜单中的“发送”命令

C. 执行“幻灯片放映”菜单的“设置幻灯片放映”命令

D. 执行“编辑”菜单中的“复制”命令

7. 在演示文稿中，插入超级链接中所链接的目标不能是（　　）。

A. 其他应用程序

B. 另一个演示文稿

C. 同一个演示文稿的某一张幻灯片

D. 幻灯片中的某个对象

8. 在PowerPoint中打开文件，以下说法正确的是（　　）。

A. 能打开多个文件，但不可能同时使用它们

B. 只能打开一个文件

C. 能打开多个文件，可以同时使用它们打开

D. 最多能打开4个文件

9. 在PowerPoint中，当要改变一张幻灯片的设计模板时，（　　）。

A. 所有幻灯片均采用新模板
B. 只有当前幻灯片采用新模板
C. 除已加入的空白幻灯片外，所有的幻灯片均采用新模板
D. 所有的剪贴画均丢失

10. 用 PowerPoint 制作的演示文稿，默认的扩展名是（　　）。
A. “. pptx”　　B. “. doc”　　C. “. txt”　　D. “. xls”

11. 直接启动 PowerPoint 制作一个新的演示文稿，标题栏默认显示文件名称为“演示文稿 1”，当执行“文件”菜单的“保存”命令后，会（　　）。
A. 直接保存“演示文稿 1”，并退出 PowerPoint　　B. 弹出“另存为”对话框供进一步操作
C. 自动以“演示文稿 1”为名存盘，可继续编辑　　D. 弹出“保存”对话框供进一步操作

12. 下列说法中错误的是（　　）。
A. 同一个 PPT 中文字的颜色一般不宜超过 3 种　　B. 同一个 PPT 中文字的字体一般不宜超过 3 种
C. 在一个对象上可以添加多个动画　　D. 在 PPT 中动画效果越多越好

13. 下列有关 PowerPoint 超链接的说法中，错误的是（　　）。
A. 可以在文本上建立超链接
B. 可以在图片上建立超链接
C. 当点击超链接时，它就可以转向这个地址所指向的位置
D. 增删、调换幻灯片页面后，不需要修正相关的超链接

14. 为了使 PPT 每一张的播放时间为 5 秒，并实现自动播放，需要执行的操作是（　　）。
A. 单击鼠标　　B. 使用【Enter】
C. 设置计时播放　　D. 使用【Alt】+【F5】组合键，设置演示者视图播放

15. 关于备注的说法，正确的是（　　）。
A. 备注有字数限制
B. 备注完内容之后不可以删除
C. 如果演示者能看到、观众看不到备注的内容，只需要一个显示器就行
D. 如果演示者能看到、观众看不到备注的内容，需要两个以上显示器

16. 小高做了一组幻灯片（70 张），为了使演讲更加精彩，他需要调整幻灯片的顺序。调整最方便的是下列方式中的（　　）。
A. 幻灯片播放　　B. 大纲视图　　C. 浏览视图　　D. 幻灯片母版

17. 在 PowerPoint 演示文稿中，（　　）格式能够自动播放。
A. “. pps”　　B. “. ppsx”　　C. “. potx”　　D. “. pot”

18. 创建新的 PowerPoint 时，一般使用（　　）。
A. 标题模版　　B. 设计模版　　C. 空白模版　　D. 标题和内容模版

19. 在 PowerPoint 2016 中，文字借用（　　）呈现在幻灯片中。
A. 图片　　B. 文本框　　C. 图形　　D. 不用任何工具

20. PowerPoint 是（　　）公司的产品。
A. IBM　　B. Microsoft　　C. 金山　　D. 联想

21. 在 PowerPoint 中，幻灯片（　　）是一张特殊的幻灯片，包含已设定格式的占位符，这些占位符是为标题、主要文本和所有幻灯片中出现的背景项目而设置的。
A. 模板　　B. 母版　　C. 版式　　D. 样式

22. 如果希望在演示过程中终止幻灯片的演示，随时可按的终止键是（　　）。
A. 【Del】　　B. 【Ctrl】+【E】　　C. 【Shift】+【C】　　D. 【Esc】

23. 在 PowerPoint 中，若为幻灯片中的对象设置“飞入”，应选择对话框（　　）。
A. 自定义动画　　B. 幻灯片版式　　C. 自定义放映　　D. 幻灯处放映

24. 在 PowerPoint 中，如果想要把文本插入某个占位符，正确的操作是（　　）。

A. 单击标题占位符，将插入点置于占位符内　　B. 单击菜单栏中插入按钮
C. 单击菜单栏中粘贴按钮　　D. 单击菜单栏中新建按钮

25. 在制作 PowerPoint 演示文稿时可以使用设计模版，方法是单击（　　）菜单，选中“应用设计模版”命令。
A. 编辑　　B. 格式　　C. 视图　　D. 工具

26. 在制作过程中如果对页面版式不满意，可以通过（　　）菜单中的“幻灯片版式”来调整。
A. 格式　　B. 工具　　C. 文件　　D. 视图

27. 如果想在幻灯片中插入一张图片，可以选择（　　）菜单。
A. 图片　　B. 插入　　C. 视图　　D. 工具

28. 插入幻灯片的图片可以进行简单的编辑，方法是选择（　　）菜单，在“工具栏”中单击（　　）选项。
A. 视图、颜色　　B. 视图、图片　　C. 编辑、对象　　D. 格式、背景

29. 在幻灯片放映时，每一张幻灯片切换时都可以设置切换效果，方法是单击（　　）菜单，选择“幻灯片切换”命令，在对话框中进行选择。
A. 格式　　B. 工具　　C. 视图　　D. 幻灯片放映

30. 在一个演示文稿中选择了一张幻灯片，按下【Del】则（　　）。
A. 这张幻灯片被删除，且不能恢复　　B. 这张幻灯片被删除，但能恢复
C. 这张幻灯片被删除，但可以利用“回收站”恢复　　D. 这张幻灯片被移到回收站内

31. 如果想在幻灯片中的某段文字或是某个图片添加动画效果，可以单击“幻灯片放映”菜单的（　　）命令。
A. 动作设置　　B. 自定义动画　　C. 幻灯片切换　　D. 动作按钮

32. PowerPoint 提供了方便用户操作的视图，分别是普通视图、幻灯片浏览视图和（　　）。
A. 幻灯片放映视图　　B. 图片视图　　C. 文字视图　　D. 一般视图

33. 要设置幻灯片的动画效果，应在（　　）中进行。
A. 格式　　B. 幻灯片放映　　C. 工具　　D. 文件

34. 选择不连续的多张幻灯片，可以借助（　　）。
A.【Shift】　　B.【Ctrl】　　C.【Tab】　　D.【Alt】

35. 在 PowerPoint 中创建表格时，假设创建的表格为 6 行、4 列，则在表格对话框中的列数和行数分别应写为（　　）。
A. 6 和 4　　B. 6 和 6　　C. 4 和 6　　D. 4 和 4

36. 在下列关于 PowerPoint 插入图片的操作中，叙述有错的一项是（　　）。
A. 在幻灯片视图中，显示要插入图片的幻灯片
B. PowerPoint 中插入图片操作也可以从菜单栏中的插入菜单开始
C. 插入图片的路径可以是本地，也可以是网络驱动器
D. 以上说法全不正确

37. 插入声音操作应该用“插入”功能菜单中的（　　）命令。
A. 影片和声音　　B. 特殊符号　　C. 图片　　D. 新幻灯片

38. 以下关于设置一个链接到另一张幻灯片按钮的操作，正确的是（　　）。
A. 在“动作按钮”中选择一个按钮，并在“动作设置”对话框中的“超级链接到”中选择“幻灯片”，并在出现的对话框中选择需要的幻灯片，点击“确定”
B. 在“动作按钮”中选择一个按钮，并在“动作设置”对话框中的“超级链接到”中选择“下一张”，点击“确定”
C. 在“动作按钮”中选择一个按钮，并在“动作设置”对话框中的“超级链接到”中直接键入需要链接的幻灯片名称，点击“确定”
D. 在“动作按钮”中选择一个按钮，并在“动作设置”对话框中的“运行程序”中直接键入需要链接的幻灯片的名称，点击“确定”

39. 如果要从第三张幻灯片跳转到第八张幻灯片，需要在第三张幻灯片上设置（　　）。
A. 预设动画　　B. 动作按钮　　C. 幻灯片切换　　D. 自定义动画

40. 如果想将幻灯片的方向更改为纵向，可通过执行（　　）命令来实现。
A. 文件→页面设置　B. 文件→打印　C. 格式→幻灯片版式　D. 格式→应用设计模板

41. 关于 PowerPoint 的配色方案，正确的描述是（　　）。
A. 用户不能更改配色方案的颜色
B. 配色方案只能应用到某张幻灯片上
C. 配色方案不能删除
D. 应用新配色方案，不会改变进行了单独设置颜色的幻灯片颜色

42. 如果要想使某幻灯片与其母版的格式不同，可以（　　）。
A. 更改幻灯片版面设置　B. 设置该幻灯片不使用母版
C. 直接修改该幻灯片　D. 修改母版

43. PowerPoint 提供了多种（　　），包含相应的配色方案、母版和字体样式等，可供用户快速生成风格统一的演示文稿。
A. 版式　B. 模板　C. 母版　D. 幻灯片

44. 下列视图方式中，不属于 PowerPoint 视图的是（　　）。
A. 幻灯片视图　B. 备注页视图　C. 大纲视图　D. 页面视图

45. 在 PowerPoint 的幻灯片普通视图窗口中，在状态栏中出现了“幻灯片 3/7”的文字，它表示（　　）。
A. 共有 7 张幻灯片，目前只编辑了 3 张　B. 共有 7 张幻灯片，目前显示的是第三张
C. 共编辑了 3/7 张幻灯片　D. 共有 10 张幻灯片，目前显示的是第三张

46. 要以连续循环方式播放幻灯片，应使用“幻灯片放映”菜单中的（　　）命令。
A. 动画方案　B. 幻灯片切换　C. 自定义放映　D. 设置放映方式

47. 若要将另一张表格链接到当前幻灯片中，则从“插入”菜单选择（　　）。
A. 超链接　B. 对象　C. 表格　D. 图表

48. 在 PowerPoint 中文字区的插入光标存在，证明此时处于（　　）状态。
A. 复制　B. 文字编辑　C. 选中　D. 移动

49. 演示文稿中删除幻灯片应（　　）。
A. 选中幻灯片后单击右键选择删除　B. 选中幻灯片后按【Del】
C. 将文本放在每张幻灯片和注释页的顶端　D. 用作标题

50. 需要设置放映类型为演讲者放映，用到的命令是（　　）。
A. “幻灯片放映”→“动作设置”　B. “幻灯片放映”→“动画设置”
C. “幻灯片放映”→“预设动画”　D. “幻灯片放映”→“设置放映方式”

二、填空题

1. 选择 PowerPoint 格式工具栏中的（　　）命令，可以改变幻灯片的背景。
2. 在 PowerPoint 2003 中，（　　）是一种特殊的幻灯片，其中包含已设定格式的占位符。这些占位符是为标题、主要文本和所有幻灯片中出现的背景项目而设置的。
3. 在 PowerPoint 中，如果想把文本插入某个占位符，正确的操作是单击（　　），将插入点置于（　　）。
4. 在 Powerpoint 中，需输出演示文稿为图形文件，应执行（　　）内的（　　）操作。
5. 在 Powerpoint 中，只有在（　　）视图下，“超级链接”功能才起作用。
6. 在 PowerPoint 中，观看幻灯片效果应选择（　　）。
7. 在 PowerPoint 中，可以直接通过（　　）的方式将图表插入幻灯片中。
8. 在 PowerPoint 中，为了将某种格式的图片插入，必须安装相应的（　　）。
9. 在 PowerPoint 中，插入表格时要指明插入的（　　）和（　　）。
10. 在 PowerPoint 中，有关裁剪图片是指保存图片的大小不变，而将不希望显示的部分（　　）起来。
11. PowerPoint 中的版式指的是幻灯片中所含对象的（　　）。
12. 在 PowerPoint 中实现自动播放，选择（　　）方式。
13. 从幻灯片的放映状态切换回编辑状态，应使用（　　）键。

14. 复制当前正在编辑的幻灯片，应选择“插入”菜单中的(　　　)命令。
15. 在 PowerPoint 中，通过“插入”菜单中的(　　　)命令可插入自绘图形。
16. 新建一个演示文稿时，第一张幻灯片的默认版式是(　　　)。
17. 幻灯片母版包含(　　　)个占位符，用来确定幻灯片母版的版式。
18. 要打印一张幻灯片，可以选择工具栏中的(　　　)按钮。
19. 配色方案由(　　　)种颜色组成，使用配色方案可以指定幻灯片各个部分的重新配色。
20. 在 PowerPoint 中，如果要设置文本链接，可以选择(　　　)菜单中的“超级链接”。
21. 使用幻灯片(　　　)命令，可以对幻灯片的各个部分重新配色。
22. 在 PowerPoint 视图中，能够添加和显示备注文字的视图是(　　　)。
23. 要真正更改幻灯片的大小，可通过选择“文件”(　　　)命令来实现。
24. 在 PowerPoint 中，不仅可以打印幻灯片，还可以打印(　　　)和(　　　)。
25. PowerPoint 运行于(　　　)环境下。
26. 在 PowerPoint 窗口中制作幻灯片时，需要使用“绘图”工具栏，使用菜单中的(　　　)命令可以显示该工具栏。
27. PowerPoint 允许设置幻灯片的方向，使用(　　　)对话框完成此设置。
28. 将一个幻灯片上多个已选中的自选图形组合成一个复合图形，使用(　　　)菜单。
29. 幻灯片中母版文本格式的改动会影响(　　　)。
30. 要在 PowerPoint 中设置幻灯片动画，应在(　　　)选项卡中进行操作。
31. 要在 PowerPoint 中显示标尺、网络线、参考线，以及对幻灯片母版进行修改，应在(　　　)选项卡中进行操作。
32. 在 PowerPoint 中要用到拼写检查、语言翻译、中文简繁体转换等功能时，应在(　　　)选项卡中进行操作。
33. 在 PowerPoint 中对幻灯片进行页面设置时，应在(　　　)选项卡中进行操作。
34. 在 PowerPoint 中设置幻灯片的切换效果以及切换方式，应在(　　　)选项卡中进行操作。
35. 在 PowerPoint 中插入表格、图片、艺术字、视频、音频时，应在(　　　)选项卡中进行操作。
36. 在 PowerPoint 中对幻灯片进行另存、新建、打印等操作时，应在(　　　)选项卡中进行操作。
37. 在 PowerPoint 中对幻灯片放映条件进行设置时，应在(　　　)选项卡中进行操作。
38. 在 PowerPoint 中，若要改变手写多边形对象的形状，应该首先(　　　)该对象。
39. 直接按(　　　)键可以从第一张幻灯片开始放映演示文稿。
40. 在放映中按(　　　)键可以终止放映。
41. 在 PowerPoint 中，为建立图表而输入数字的区域是(　　　)。
42. 在 PowerPoint 中，当在幻灯片中移动多个对象时可以将这些对象(　　　)，把它们视为一个整体。
43. 使用(　　　)工具栏，可以在幻灯片中绘制椭圆、直线、箭头、矩形和圆等图形。
44. 如果要从一个幻灯片换到下一个幻灯片，应使用菜单“幻灯片放映”中的(　　　)命令进行设置。
45. 在 PowerPoint 中，按行列显示并可以直接在幻灯片上修改其格式和内容的对象是(　　　)。
46. 在 PowerPoint 中，演示文稿的作者必须非常注意演示文稿的两个要素，这两个要素是(　　　)。
47. PowerPoint 的页眉可以用作(　　　)。
48. 在 PowerPoint 的数据表中，数字默认的对齐方式是(　　　)。
49. 在 PowerPoint 中，当向幻灯片中添加数据表时，首先从电子表格复制数据，再用“编辑”菜单中的(　　　)命令。
50. PowerPoint 的旋转工具能旋转(　　　)和(　　　)。

三、判断题

1. 在 PowerPoint 中，利用编辑菜单中的复制、粘贴命令，不能实现整张幻灯片的复制。(　　)
2. 在 PowerPoint 中，可以将演示文稿保存成网页文件。(　　)
3. 在 PowerPoint 中，文本、图片和表格在幻灯片中都可以设置为动画的对象。(　　)

4. 在 PowerPoint 中，只能同时打开一份演示文稿。（　）
5. 利用 PowerPoint 可以制作出交互式的演示文稿。（　）
6. 在 PowerPoint 中，在幻灯片浏览视图下能方便地实现幻灯片的插入和复制。（　）
7. 在 PowerPoint 中，如果修改幻灯片的母版，那么，所有采用这一母版的幻灯片的版面风格也会随之发生改变。（　）
8. PowerPoint 提供了多种动画效果，一旦为某对象设置了动画效果，就不能取消，除非删除该幻灯。（　）
9. 在 PowerPoint 中，凡是带有下划线的文字都表示有超级链接。（　）
10. 在 PowerPoint 中，一个演示文稿文件可以包含很多张幻灯片。（　）
11. 在 PowerPoint 中，可以利用绘图工具栏中的工具绘制各种图形。（　）
12. 在 PowerPoint 中，如果要终止幻灯片的放映，可以直接按【Esc】键。（　）
13. 在 Powerpoint 中幻灯片浏览视图方式下，不能改变幻灯片内容。（　）
14. 用 Powerpoint 制作演示文稿时，如果用户对已定义的版式不满意，只能重新创建新的演示文稿，无法重新选择自动版式。（　）
15. 用 Powerpoint 制作的演示文稿只能顺序播放。（　）
16. 在幻灯片中添加的声音文件只能在单击之后播放。（　）
17. 为幻灯片中的对象设置的动画效果越丰富，越能增强幻灯片的吸引力。（　）
18. 设置幻灯片母版时不必考虑幻灯片所要表达的主题，只要实用就行。（　）
19. 幻灯片母版其实就是一种特殊的幻灯片。（　）
20. PPT 规划和设计的关键是如何把演讲的重点内容通过视觉效果呈现出来，并运用艺术手法推送到观众面前，让观众接受这些信息。（　）
21. 在 PowerPoint 的窗口中，无法改变各个区域的大小。（　）
22. 在保存 PowerPoint 文档时可以更改名字和文件类型。（　）
23. 想要启动 PowerPoint，只能从开始菜单选择程序，再点击 Microsoft PowerPoint。（　）
24. 在 PowerPoint 幻灯片文档中，既可以包含常用的文字和图表，也可以包含声音和视频图像。（　）
25. 在 PowerPoint 中，只能插入 gif 文件的图片动画，不能插入 Flash 动画。（　）
26. 在 PowerPoint 中，在大纲视图模式下可以实现在其他视图中可实现的一切编辑功能。（　）
27. 在 PowerPoint 中，添加文本框可以从菜单栏的插入菜单开始。（　）
28. 在 PowerPoint 中，文本框的大小不可改变。（　）
29. 在幻灯片中添加图片操作，文本框的大小可以改变。（　）
30. 在 PowerPoint 中，用自选图形在幻灯片中添加文本时，插入的图形是无法改变其大小的。（　）
31. 在 PowerPoint 编辑时，单击文本区会显示文本控制点。（　）
32. 在 PowerPoint 中，文本复制的快捷键是【Ctrl】+【C】，粘贴的快捷键为【Ctrl】+【V】。（　）
33. 在 PowerPoint 中，如果操作过程中出现错误，可以点击工具栏的撤消按钮来撤销操作。（　）
34. PowerPoint 规定，对于任何一张幻灯片中的文字、图片，只能选择一种动画方式。（　）
35. 新幻灯片输出的类型可以根据需要来设定。（　）
36. 新幻灯片的输出类型是固定不变的。（　）
37. 在 PowerPoint 中，应用设计模板设计的演示文稿无法进行修改。（　）
38. PowerPoint 应用设计模板设计演示文稿，可以节省大量的时间、提高工作效率。（　）
39. 将两个幻灯片演示文稿合并为一个幻灯片，可以采用复制、粘贴的方法。（　）
40. 演示文稿在放映中可以使用绘图笔进行实时修改和标注。（　）
41. 幻灯片中插入的声音不能循环播放。（　）
42. PPT 中的声音不能跨幻灯片播放。（　）
43. 在任何时候幻灯片视图只能查看或编辑一张幻灯片。（　）
44. 在 PowerPoint 中，可以在利用绘图工具绘制的图形中加入文字。（　）
45. 在 PowerPoint 中，直接按快捷键【F5】总是从头开始放映幻灯片。（　）

46. 利用 PowerPoint 可以制作出交互式幻灯片。 ( )
47. 双击一个演示文稿文件，计算机会自动启动 PowerPoint 程序，并打开这个演示文稿。 ( )
48. 关闭所有演示文稿后会自动退出 PowerPoint 系统。 ( )
49. 在 PowerPoint 中，能设置声音的循环播放。 ( )
50. 在 PowerPoint 中，要向幻灯片中插入表格，可以切换到幻灯片浏览视图。 ( )

四、多项选择题

1. 在 PowerPoint 2016 中插入文本框的方法是( )。
A. 单击插入“文本框”的按钮
B. 单击插入“竖排文本框”的按钮
C. 使用在“插入”菜单内“文本框”子菜单中的“横排”命令
D. 使用在“插入”菜单内“文本框”子菜单中的“竖排”命令

2. 在 PowerPoint 2016 中，在幻灯片浏览视图中，用户可以进行( )操作。
A. 插入新幻灯片 B. 设置幻灯片的设计主题
C. 设置幻灯片的播放方式 D. 预览幻灯片的版式

3. 在 PowerPoint 2016 中，可以插入( )格式的图片文件。
A. “. bmp” B. “. jpg” C. “. tif” D. “. gif”

4. 在 PowerPoint 2016 中，下列叙述正确的是( )。
A. PowerPoint 2016 设计主题可以随时自行修改
B. 用户可以根据需要在任何时候应用设计主题
C. 应用设计主题必须谨慎，因为一旦应用，就无法更改
D. 设计主题是控制演示文稿统一外观最快捷的一种手段

5. 在 PowerPoint 2016“插入”选项卡内“插图形状”选项中包含的内容有( )。
A. 基本形状、箭头总汇 B. 标注、流程图 C. 动作按钮、星与旗帜 D. 线条、连接符

6. 在 PowerPoint 2016 中，播放声音的控制方式可以设置成( )。
A. 单击鼠标播放 B. 鼠标移过播放 C. 动画播放声音 D. 在幻灯片开始时播放

7. 在 PowerPoint 2016 中，下列说法中正确的是( )。
A. 在 PowerPoint 2016 中，用户可以自己录制声音
B. 在 PowerPoint 2016 中，可以插入和播放影片
C. 在幻灯片中插入播放 CD 乐曲时，显示为一个小唱盘图标
D. 在幻灯片中插入的声音用一个小喇叭图标表示

8. 在 PowerPoint 2016 中，下列选项中正确的是( )。
A. 在一组幻灯片集中，不同幻灯片可以采用不同版式
B. 在一组幻灯片集中，所有幻灯片只能采用相同的背景格式
C. 在一组幻灯片集中，所有幻灯片只能采用相同的版式
D. 在一组幻灯片集中，不同幻灯片可以采用不同的背景格式

9. PowerPoint 2016 主要用于实现( )功能。
A. 制作用于计算机的电子幻灯片 B. 制作数据库文件
C. 制作用于幻灯机的 35 毫米的幻灯片或投影片 D. 播放制作完成的幻灯片

10. PowerPoint 2016 可以插入( )对象。
A. Word 文档 B. Excel 文档
C. Access 文档 D. 其他 Windows 程序所创建的对象

11. PowerPoint 2016 的主要编辑功能有( )。
A. 制作多媒体动画
B. 在幻灯片中插入表格
C. 在幻灯片中绘制自选图形

D. 实现自动循环播放、要点播放、标注页播放功能的综合

12. PowerPoint 2016 实现了(　　)这 3 个区域的同步编辑。

A. 菜单区　　B. 大纲区　　C. 幻灯片区　　D. 备注区

13. 启动 PowerPoint 2016 以后，出现的 PowerPoint 对话框中有(　　)。

A. 内容提示向导　　B. 模板和主题　　C. 空演示文稿　　D. 打开已有的演示文稿

14. PowerPoint 2016 的文本编辑可以在(　　)进行。

A. 大纲区　　B. 备注区　　C. 幻灯片区　　D. 绘图工具区

15. PowerPoint 2016 可以保存的文件格式有(　　)。

A. “. pptx”　　B. “. ppt”　　C. “. doc”　　D. “. wri”

16. 要打开一个 PowerPoint 2016 文稿，(　　)。

A. 直接双击想要打开的文稿文件

B. 选定想要打开的文件，单击右键，选择“打开”命令

C. 在 PowerPoint 2016 中按下【Ctrl】+【O】组合键，选定想要打开的文件后，单击确定

D. 在 PowerPoint 2016 中单击“文件”菜单中的打开命令，双击想要打开的文件

图书在版编目(CIP)数据

计算机应用基础/舍乐莫,赵亮主编. —上海:复旦大学出版社,2021.10(2022.8 重印)
ISBN 978-7-309-15914-1

Ⅰ.①计… Ⅱ.①舍…②赵… Ⅲ.①电子计算机 Ⅳ.①TP3

中国版本图书馆 CIP 数据核字(2021)第 178496 号

计算机应用基础
舍乐莫 赵 亮 主编
责任编辑/梁 玲

复旦大学出版社有限公司出版发行
上海市国权路 579 号 邮编:200433
网址:fupnet@fudanpress.com http://www.fudanpress.com
门市零售:86-21-65102580 团体订购:86-21-65104505
出版部电话:86-21-65642845
常熟市华顺印刷有限公司

开本 890×1240 1/16 印张 20.25 字数 642 千
2021 年 10 月第 1 版
2022 年 8 月第 1 版第 2 次印刷

ISBN 978-7-309-15914-1/T·703
定价:68.00 元